elemente chemie I

Baden-Württemberg

Unterrichtswerk für Gymnasien

von
Werner Eisner
Paul Gietz
Axel Justus
Klaus Laitenberger
Werner Schierle

Ernst Klett Verlag
Stuttgart Düsseldorf Leipzig

Das vorliegende Unterrichtswerk ist eine für Baden-Württemberg entwickelte Ausgabe des Werkes „Elemente Chemie I“ von Werner Eisner, Paul Gietz, Rüdiger Fladt, Axel Justus, Klaus Laitenberger, Werner Schierle und Michael Sternberg.

2. Auflage A 2 8 7 | 2004

Alle Drucke dieser Auflage können im Unterricht nebeneinander benutzt werden, sie sind untereinander unverändert. Die letzte Zahl bezeichnet das Jahr dieses Druckes.

Internetadresse: http://www.klett-verlag.de

ISBN 3-12-759420-8

Redaktion: Dr. Thomas Bitter

Grafiken: Dieter Gebhardt, Asperg; Conrad Höllerer, Stuttgart; Helmut Klotzbücher, Stuttgart; Karin Mall, Berlin; Mathias Wosczyna, Rheinbreitbach

DTP-Satz und Satzgrafiken: topset Computersatz, Metzingen

Reproduktion: Lihs GmbH, Medienhaus, Ludwigsburg

Druck: Universitätsdruckerei H. Stürtz, Würzburg

Hinweise zur Benutzung

elemente chemie
ist ein Lern- und Arbeitsbuch. Es dient sowohl der **unterrichtlichen Arbeit** als auch dem **Nachbereiten** und **Wiederholen** von Lerneinheiten. Das Buch kann jedoch den Unterricht nicht ersetzen. Das **Erleben von Experimenten** und die **eigene Auseinandersetzung mit deren Ergebnissen** sind unerlässlich. Wissen muss erarbeitet werden.

Eine geeignete Aufbereitung soll den Umgang mit dem Buch erleichtern. Zu diesem Zwecke sind verschiedene Symbole und Kennzeichnungen verwendet worden, die überall im Buch die gleiche Bedeutung haben:

Projekt. Zusammenhängende, leicht durchführbare Schülerexperimente, die das projektorientierte Arbeiten unterstützen.

Überprüfung und Vertiefung. Inhaltliche Vertiefungen und Aufgaben unterschiedlicher Schwierigkeit zur Überprüfung des Gelernten.

Arbeitsteil

Einige Substanzen, mit denen im Chemieunterricht umgegangen wird, sind als Gefahrstoffe eingestuft. Die alphabetische Liste der in diesem Buch vorkommenden Gefahrstoffe mit R- und S-Sätzen sowie weitere Hinweise finden sich im Anhang, ebenso Hinweise zur Entsorgung.

Vor der Durchführung eines Versuchs müssen mögliche Gefahrenquellen besprochen werden. Die geltenden Richtlinien zur Vermeidung von Unfällen beim Experimentieren sind zu beachten. Da chemisches Experimentieren grundsätzlich umsichtig erfolgen muss, wird auf die im Labor üblichen Verhaltensregeln und die Regeln für Sicherheit und Gesundheitsschutz beim Umgang mit Gefahrstoffen im Unterricht nicht jedes Mal erneut hingewiesen. Das Tragen einer Schutzbrille beim Experimentieren ist unerlässlich, weitere notwendige Schutzmaßnahmen sind beim Versuch vermerkt.

Die Versuchsanleitungen sind nach Schüler- und Lehrerversuch unterschieden und enthalten in besonderen Fällen Hinweise auf mögliche Gefahren.

V **Schülerversuch.** Die allgemeinen Hinweise zur Vermeidung von Unfällen beim Experimentieren müssen bekannt sein.
Auch Schülerversuche sind nur auf Anweisung des Lehrers auszuführen.

V **Lehrerversuch**

⚠ **Gefahrensymbol.** Bei Versuchen, die mit diesem Zeichen versehen sind, müssen vom Lehrer besondere Vorsichtsmaßnahmen getroffen werden.

A **Problem oder Arbeitsaufgabe**

▷ **Verweis auf Bild, Versuch oder Aufgabe**

↗ **Querverweis auf einen Text an anderer Stelle im Buch**

Fettdruck (schwarz) im Text **Wichtiger neuer Begriff**

(Texthinterlegung) Ergebnis vorangegangener Überlegungen, Definition, kurz: **Merksatz**

Wichtigste Begriffe eines Kapitels

Inhaltsverzeichnis

Inhaltsverzeichnis

Sicherheit beim Experimentieren

In Beruf und Alltag gibt es viele Stoffe, von denen beim leichtsinnigen Umgang zahlreiche Gefahren ausgehen. Bei der Verwendung muss man über mögliche Gefahren genau Bescheid wissen.
Deshalb ist es selbstverständlich, dass der Umgang mit Stoffen, die beispielsweise brennbar sind, die vielleicht giftig wirken oder deren Abfälle nicht in den Abfluss gehören, besonderen Regeln unterliegt und entsprechende Kenntnisse erfordert.

Ein Maler muss wissen, wie er mit Farbverdünnern oder Pinselreinigern umgeht; in der chemischen Industrie gibt es besondere Sicherheitseinrichtungen. Auch von manchen Haushaltsprodukten können bei unsachgemäßer Verwendung Gefahren ausgehen. Auf der Verpackung solcher Stoffe sind deshalb Warnhinweise vorgeschrieben.
Da im Chemieunterricht wie in großen Labors mit einer Vielzahl von Stoffen mit den unterschiedlichsten Eigenschaften gearbeitet wird, gibt es hierzu Kennzeichnungen, Sicherheitseinrichtungen und Regeln für den verantwortungsvollen, gefahrlosen Umgang.
Ihre Kenntnis und Beachtung sind die Voraussetzung für sicheres Experimentieren.

Sicherheit im Chemieunterricht

B1 Ein Schülerarbeitsplatz

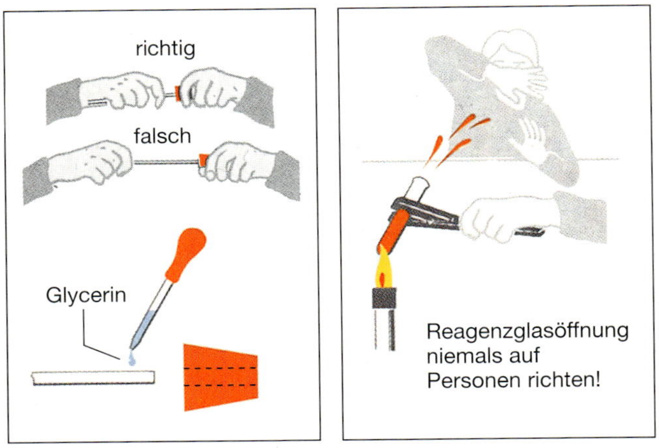

B2 Richtiges Experimentieren verhindert Verletzungen

In der Chemie beschäftigt man sich mit Umwandlungen von Stoffen. Experimente, die diese Vorgänge zeigen, nehmen eine zentrale Stellung im Chemieunterricht ein. Um Experimente ohne Schaden für andere und sich selbst durchführen zu können, müssen Regeln beachtet werden. Diese Regeln betreffen sowohl das Verhalten im Unterrichtsraum als auch den Umgang mit gefährlichen Stoffen.

Verhalten im Chemieraum

Die Chemieräume dürfen nicht ohne Aufsicht der Fachlehrerin bzw. des Fachlehrers betreten werden.

Unerlaubtes Anfassen von Versuchsapparaturen, Experimentiergeräten und Chemikaliengefäßen sowie Spielen an Schaltungen und Armaturen können zu Unfällen führen und sind daher zu unterlassen.

In Experimentierräumen ist Essen und Trinken nicht erlaubt.

Es ist wichtig zu wissen, wo sich der Verbandskasten, die Augenwaschflasche, die Feuerlöschdecke, der Feuerlöscher und der Not-Aus-Schalter befinden und wie sie zu bedienen sind.

Anweisungen der Fachlehrerin bzw. des Fachlehrers müssen unbedingt befolgt werden.

Vor der Versuchsdurchführung

– Versuchsanleitung sorgfältig durchlesen oder Durchführung genau besprechen.

– Notwendige Geräte und Chemikalien vor der Durchführung auf dem Arbeitsplatz bereitstellen. Geräte auf Sauberkeit und einwandfreie Beschaffenheit überprüfen. Brenner, Geräte und Chemikalien in die Mitte des Labortisches stellen. Geräte vor dem Herunterrollen sichern.

– Die ausgehändigte Schutzausrüstung (Schutzbrille, Schutzhandschuhe) muss beim Experiment benutzt werden. Längere Haare werden mit einem Band zusammengefasst.

Regeln beim Experimentieren

Ordnung, Sauberkeit und Genauigkeit sind Grundvoraussetzungen für erfolgreiches Experimentieren.

Durch sorgfältiges und überlegtes Arbeiten erhält man bessere Versuchsergebnisse.

Beim Erhitzen von Flüssigkeiten kann es leicht zum plötzlichen Herausspritzen kommen (Siedeverzug). Das Reagenzglas wird daher höchstens zu einem Drittel gefüllt und beim Erwärmen vorsichtig bewegt (geschüttelt). Die Öffnung des Reagenzglases nie auf Personen richten (▷B2)!

Glasrohre (scharfe Kanten werden in der rauschenden Flamme des Brenners rundgeschmolzen) und Thermometer werden unter vorsichtigem Drehen in die Bohrung des Stopfens eingeführt. Vorher gibt man zur Verbesserung der Gleitfähigkeit einen Tropfen Glycerin auf das Glasrohr (▷B2).

Mit der Versuchsdurchführung beginnt man erst, wenn die Lehrerin bzw. der Lehrer den Versuchsaufbau überprüft hat.

Geschmacks- und Geruchsproben darf man nur durchführen, wenn die Lehrerin bzw. der Lehrer ausdrücklich dazu auffordert.

Nach der Versuchsdurchführung

– Alle Chemikalienreste zur Entsorgung in Abfallgefäße geben, die von der Lehrerin bzw. vom Lehrer bereitgestellt werden.

– Gebrauchte Gefäße sorgfältig spülen, abtrocknen und wegräumen. Enge Gefäße, die sich innen nicht abtrocknen lassen, mit destilliertem Wasser nachspülen.

– Nach dem Abräumen der Geräte und Chemikalien den Labortisch abwischen; prüfen, ob Gas- und Wasserhähne geschlossen sind.

– Beschädigungen an Experimentiergeräten der Lehrerin bzw. dem Lehrer melden.

Umgang mit Chemikalien. Sparsamer Verbrauch von Chemikalien vermindert Kosten, Gefahren und Umweltbelastungen.
Zur Entnahme von Chemikalien wird die Flasche mit dem Etikett zur Hand ergriffen und geöffnet; der Stopfen wird umgekehrt auf den Tisch gelegt. Nach der Entnahme wird die Flasche sofort wieder verschlossen. Zur Entnahme fester Stoffe benutzt man einen Spatel; Chemikalien werden nie mit den Fingern angefasst.
Pipettieren mit dem Mund ist verboten; daher muss zur Entnahme flüssiger Stoffe eine Pipettierhilfe oder ein Saughütchen benutzt werden.
Nur einwandfreie Chemikalien ohne Verunreinigungen dürfen in die Vorratsflasche zurückgegeben werden.
Kennzeichnung von Chemikalien. Chemikalien dürfen nicht in Behältern für Lebensmittel aufbewahrt werden. Alle Chemikalienbehälter müssen eindeutig und dauerhaft beschriftet sein. Behälter mit Gefahrstoffen sind durch international gebräuchliche Gefahrensymbole gekennzeichnet (▷B3). Auf den Umgang mit Gefahrstoffen weisen zusätzlich die aufgedruckten Nummern der Gefahrenhinweise (R-Sätze, R: Risiko) und der Sicherheitsratschläge (S-Sätze) hin.
Eine Liste der R- und S-Sätze befindet sich im Anhang.

Symbol	Gefahrenbezeichnung	Kennbuchstabe	Gefährlichkeitsmerkmale
	Sehr giftig	T^+	Dieser Stoff verursacht äußerst schwere Gesundheitsschäden, schon weniger als 25 mg pro kg Körpergewicht können bei Einnahme zum Tod führen.
	Giftig	T	Dieser Stoff kann erhebliche Gesundheitsschäden verursachen, 25–200 mg pro kg Körpergewicht können zum Tod führen.
	Gesundheitsschädlich	Xn	Dieser Stoff ist gesundheitsschädlich, 200–2000 mg pro kg Körpergewicht können tödlich sein.
	Reizend	Xi	Dieser Stoff hat Reizwirkung auf Haut und Schleimhäute, er kann Entzündungen auslösen.
	Ätzend	C	Dieser Stoff kann lebendes Gewebe zerstören.
	Explosionsgefährlich	E	Dieser Stoff kann unter bestimmten Bedingungen explodieren.
	Brand fördernd	O	Dieser Stoff ist Brand fördernd, er reagiert mit brennbaren Stoffen.
	Hochentzündlich	F^+	Dieser Stoff ist selbstentzündlich, er kann bereits bei Temperaturen unter 0 °C entflammen.
	Leicht entzündlich	F	Dieser Stoff ist leicht entzündlich, er kann bei Temperaturen unter 21 °C entflammen. *Oder:* Dieser Stoff bildet explosionsfähige Gemische mit Luft. *Oder:* Dieser Stoff bildet, mit Wasser zusammengebracht, brennbare Gase.
	Umweltgefährlich	N	Dieser Stoff kann längerfristig schädliche Wirkungen auf die Umwelt haben. Er ist schädlich in Gewässern, Boden oder Luft und (sehr) giftig für Organismen.

B3 Gefahrensymbole mit Erklärungen

A 1 Die Abbildung unten zeigt das Etikett einer älteren Flasche mit Korrekturflüssigkeit. Es fehlt das Gefahrensymbol. Stelle mit Hilfe der R- und S-Sätze und ▷B3 die richtige Kennzeichnung zusammen.

B4 Richtige Kennzeichnung eines Gefahrstoffs auf dem Flaschenetikett

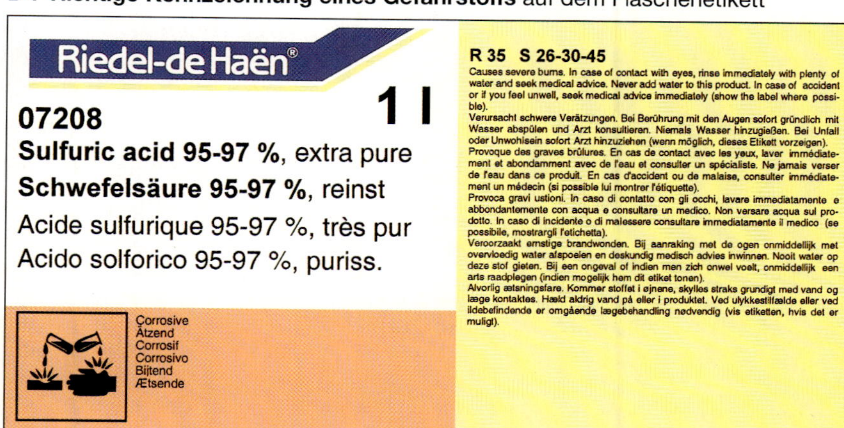

Projekt: Sicherheit im Umgang mit dem Gasbrenner

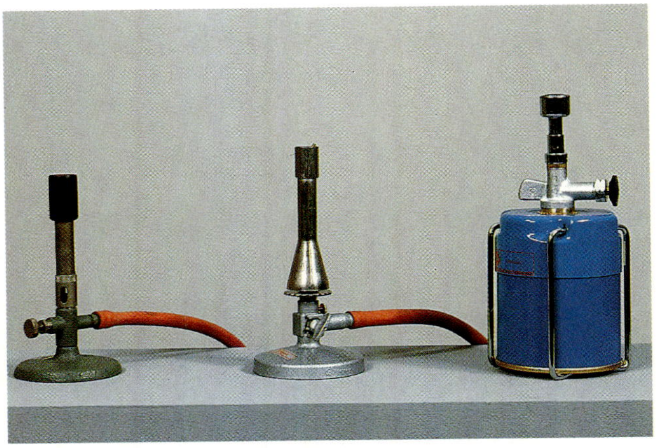

B1 Verschiedene Typen von Gasbrennern: Bunsen-, Teclu-, Kartuschenbrenner

A 1 Zeichne einen Längsschnitt durch die rauschende Brennerflamme. Gib die drei Temperaturzonen und die in ihnen vorherrschenden Temperaturen an.

A 2 Was ist beim Erhitzen von Flüssigkeiten im Reagenzglas zu beachten? Schreibe die beiden wichtigsten Punkte auf.

A 3 Im chemischen Labor werden hauptsächlich drei Glassorten benutzt, die sich in ihren Erweichungstemperaturen unterscheiden (AR-Glas: oberhalb 700 °C, DURAN-Glas: 815 °C, SUPREMAX-Glas: 950 °C). Was wird geschehen, wenn man feste Substanzen in einem Gefäß aus AR-Glas in der heißen Zone der rauschenden Brennerflamme erhitzt?

Für viele Experimente wird eine Wärmequelle benötigt. Im Chemieunterricht benutzt man hierzu meist den Gasbrenner. Das Arbeiten mit dem Gasbrenner ist nicht ganz ungefährlich. Unverbrannt ausströmendes Gas kann mit Luft ein explosives Gemisch bilden, außerdem besteht bei unachtsamem Umgang mit dem Brenner Brandgefahr. Es ist daher wichtig, Aufbau und Wirkungsweise des Gasbrenners zu kennen, um vorschriftsmäßig mit ihm umgehen zu können.

Entzünden des Brenners

1. Schließe den Brenner an den Gashahn des Tisches an. Prüfe, ob die Luftzufuhr geschlossen ist.
2. Setze die Schutzbrille auf und halte Streichhölzer oder Feuerzeug bereit.
3. Öffne zuerst die Gaszufuhr am Tisch, dann am Brenner und entzünde das ausströmende Gas sofort.

Regulierung der Brennerflamme

Der Brenner zeigt bei geschlossener Luftzufuhr eine *leuchtende Flamme*, ihre Größe kann durch Verstellen der Gasregulierungsschraube geregelt werden.
Wird die Luftzufuhr etwas geöffnet, entsteht eine fast farblose, *nicht leuchtende Flamme*. Beim Erhitzen von Flüssigkeiten wird meist diese Flamme benutzt.
Bei weiterem Öffnen der Luftzufuhr entsteht die *rauschende Flamme*. Sie ist die heißeste Flamme, die mit dem Brenner erzeugt werden kann.

Bedienungsfehler

Wird bei nicht leuchtender oder rauschender Flamme die Gaszufuhr vermindert, kann sich die Flamme in das Brennerrohr bis zur Gasdüse zurückziehen und dort weiterbrennen. Das Brennerrohr wird dabei sehr heiß. In diesem Fall muss die Gaszufuhr am Tisch sofort geschlossen werden. Nach dem Erkalten des Brennerrohres und Schließen der Luftzufuhr wird der Brenner wieder entzündet.

B2 Aufbau des Teclubrenners und Flammentemperaturen bei geöffneter Luftzufuhr

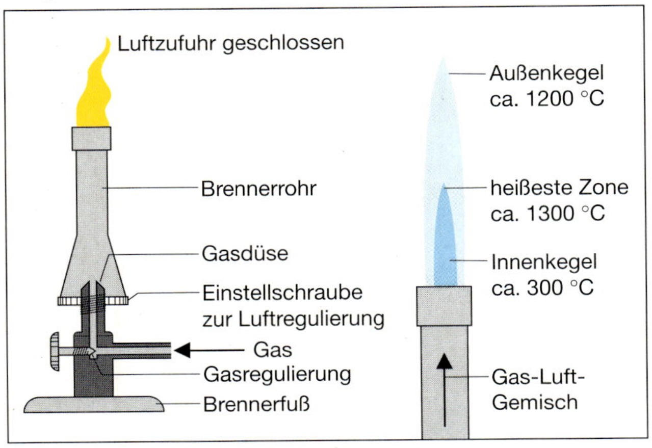

Versuch 1 Wir zerlegen einen Gasbrenner

Geräte und Materialien:
Teclu-Brenner

Durchführung:

1. Entferne den Gasschlauch, nimm den Brenner in die Hand und prüfe, welche Teile beweglich sind.
2. Schraube das Brennerrohr, den Kamin, ab.
3. Schraube die Einstellschraube für die Luftregulierung ab; sie sitzt unter dem Brennerrohr.
4. Drehe die Schraube für die Gasregulierung so weit nach links, bis du sie auch ohne Drehen vor und zurück bewegen kannst. Ziehe sie vorsichtig aus der Führung heraus. Achtung! Du könntest den Dichtungsring beschädigen!

5. Lege alle Teile geordnet vor dich hin und skizziere sie in dein Heft.
6. Baue den Teclubrenner in der umgekehrten Reihenfolge wieder zusammen.
Vorher kannst du, wenn es nötig ist, die einzelnen Teile mit dem Lappen reinigen. Die Düse wird mit einer Pinselborste durchfahren.

Auswertung: Schreibe die Namen der Einzelteile des Brenners unter die entsprechende Zeichnung ins Heft.

Versuch 2 Wir lernen die Brennerflamme kennen

Geräte und Materialien: Teclubrenner, Magnesiastäbchen, Eisendrahtnetz, Tiegelzange

Durchführung: 1. Entzünde den Brenner nach Vorschrift.
2. Stelle durch langsames Öffnen der Luftzufuhr (Einstellschraube nach links drehen) die drei verschiedenen Brennerflammen ein.
Die folgenden Versuche zeigen dir die Temperaturzonen in der rauschenden Brennerflamme.
3. Halte ein Magnesiastäbchen über der Mitte des Brennerrohres in die Flamme. Durchfahre jetzt langsam die Flamme mit dem Stäbchen von unten nach oben.
4. Halte das Eisendrahtnetz mit Hilfe der Tiegelzange waagerecht knapp über die Brennerflamme, bis es teilweise glüht. Durchfahre jetzt mit dem Drahtnetz die Flamme langsam von oben nach unten. Halte anschließend das Drahtnetz auch senkrecht in die Flamme, bis es teilweise glüht.

Auswertung: Zeichne eine Skizze der rauschenden Brennerflamme im Längsschnitt in dein Heft. Kennzeichne mit den Farben Blau, Rot und Gelb die verschieden heißen Zonen der Flamme. Zeichne ebenfalls einen Querschnitt durch die Flamme in Höhe der Spitze des blauen Innenkegels und kennzeichne die Temperaturzonen farbig.

Versuch 3 Wir erhitzen Wasser im Reagenzglas

Geräte und Materialien: Brenner, Reagenzglas, Reagenzglasklammer, Wasser

Durchführung: 1. Fülle das Reagenzglas bis etwa zwei Fingerbreit unter dem Rand mit Wasser. Halte es mithilfe der Reagenzglasklammer ruhig in die nicht leuchtende Flamme.

Achte darauf, dass niemand in Richtung der Reagenzglasöffnung steht!

2. Um einen *Siedeverzug* wie in (1) zu vermeiden, fülle das Reagenzglas nun etwa zwei Fingerbreit mit Wasser. Halte es mithilfe der Reagenzglasklammer schräg in die Flamme und bewege (schüttle) es dabei aus dem Handgelenk. Lass etwa die Hälfte des eingefüllten Wassers verdampfen.

Versuch 4 Wir bearbeiten Glas

Geräte und Materialien:
Brenner, Glasstab, Glasrohr ($d \approx 7\,\text{mm}$), Ampullensäge, Tiegelzange, Holzplatte

Durchführung:
1. *Herstellen eines Rührstabes.* Halte einen Glasstab mit einem Ende leicht schräg in die heiße Zone der rauschenden Flamme oberhalb des Innenkegels. Wenn das Glas weich wird und zu einem Tropfen zusammenläuft, nimm den Stab aus der Flamme. Willst du einen Löffel bekommen, drücke das weiche Ende mit der Tiegelzange zusammen. Soll der Rührstab auch zum Zerkleinern der zu lösenden Kristalle dienen, drücke das weiche Ende sofort nach dem Herausnehmen aus der Flamme senkrecht auf eine Holzplatte o. Ä.
2. *Rundschmelzen eines Glasrohres.* Ritze ein Glasrohr mit der Ampullensäge an. Nimm es so in beide Hände, dass die innen liegenden Daumen an der angeritzten Stelle liegen. Ziehe mit leichtem Abknicken das Rohr auseinander. Halte nun das scharfkantige (Vorsicht!) Ende der einen Rohrhälfte leicht schräg nach unten in die heiße Zone der rauschenden Flamme. Erhitze das Rohrende unter dauerndem Drehen, bis das Glas zu fließen beginnt.
3. *Blasen einer kleinen Kugel.* Halte ein Glasrohr (Mitte) waagerecht unter Drehen in die heiße Zone der Flamme, bis es erweicht. Lass die erweichte Stelle unter ständigem leichten Ziehen etwas zusammenfallen. Nimm nun das Glasrohr aus der Flamme und ziehe es auseinander. Trenne die beiden Hälften und erhitze eine Glasspitze wieder, bis sie zu einem Tropfen zusammenläuft. Schmilz den erhaltenen Boden unter ständigem Drehen rund. Wenn du das Glasrohr jetzt aus der Flamme nimmst und hineinbläst, kannst du eine Kugel erzeugen.

B3 Glasbläser bei der Herstellung von Laborgeräten. Als Wärmequelle dient der Gasbrenner

„Gestern haben wir den Unterschied zwischen Wasser und Wasserstoff kennen gelernt."

Stoffe und ihre Eigenschaften

Viele Stoffe sind uns aus dem Alltag bekannt. Sie begegnen uns als Werkstoffe, Baustoffe, Treibstoffe, Farbstoffe, Kunststoffe, Arzneistoffe und so weiter. Ihre Eigenschaften bestimmen ihren Verwendungszweck. So wird beispielsweise Stahl zur Herstellung von Werkzeugen verwendet, weil er hart und schlagfest ist.
Manche Stoffe liegen in reiner Form vor, andere sind miteinander vermischt. Oft stellt man sich auch nach speziellen Rezepten Gemische aus reinen Stoffen her.

In chemischen Labors werden zahlreiche Stoffe untersucht. Eine wichtige Aufgabe der dort arbeitenden Chemikerinnen und Chemiker ist es, durch Anwendung geeigneter Verfahren aus Gemischen reine Stoffe zu gewinnen.

1.1 Einfache Möglichkeiten zur Unterscheidung von Stoffen

B 1 Gleiche Form – verschiedene Stoffe

B 2 Gleicher Stoff – verschiedene Formen

V 1 Untersuche folgende pulverförmig vorliegende Stoffe auf ihr Aussehen und beschreibe sie: Kochsalz, Eisen, Schwefel, Zucker, Tafelkreide.

V 2 Prüfe vorsichtig den Geruch von Essig, Reinigungsbenzin, Spiritus, Salmiakgeist (stark verdünnt). Versuche, den jeweiligen Geruch zu beschreiben.

A 1 Nenne Wörter, die den Begriff „Stoff" enthalten.

A 2 Welche Gegenstände bezeichnet man als Kristalle?

A 3 Warum ist es nicht erlaubt unbekannte Stoffe auf ihren Geschmack zu überprüfen?

A 4 Nenne drei Eigenschaften, die typisch für Eisen sind.

Alle Gegenstände bestehen aus Stoffen. Wir kommen täglich mit einer Vielzahl von Gegenständen in Berührung. Sie haben alle eine bestimmte Form oder Gestalt. In ▷B1 sind kugelförmige Gegenstände abgebildet. Sie bestehen aus unterschiedlichen Materialien. Solche Materialien werden in der Chemie **Stoffe** genannt. Dagegen zeigt ▷B2 Gegenstände von unterschiedlicher Form, die alle aus dem gleichen Stoff hergestellt wurden.
Zur genauen Beschreibung eines Gegenstandes gibt man sowohl den Stoff als auch seine Form an. Man spricht von einer Glaskugel, einem Eisendraht, einem Kupferblech. Neben den *Feststoffen* gehören zu den Stoffen auch die *Flüssigkeiten* wie Wasser und Benzin und die *Gase* wie Sauerstoff und Erdgas. Im Chemieunterricht untersucht man immer nur einen kleinen Teil eines Stoffes, eine **Stoffportion**.

Beim Vergleich verschiedener Stoffe fällt auf, dass sie unterschiedliche Eigenschaften besitzen. Diese Stoffeigenschaften sind unabhängig von der Form und der Größe der Stoffportion.

Aussehen. Untersucht man einen Stoff, nimmt man zuerst seine **Farbe** wahr. Metalle zeigen außer ihrer Farbe noch einen besonderen **Oberflächenglanz**, der sich häufig erst nach dem Bearbeiten der Oberfläche zeigt. Andere Stoffe kann man an ihrer **Kristallform** erkennen (▷B3). Als *Kristalle* werden Gegenstände bezeichnet, die ohne Bearbeitung glatte, glänzende Flächen und scharfe Ecken und Kanten aufweisen. Häufig muss man zur Untersuchung der Kristallform eine Lupe oder ein Mikroskop benutzen.
Viele Stoffe kann man allerdings an ihrem Aussehen allein nicht sicher erkennen. So lässt sich z. B. Puderzucker kaum von anderen weißen Pulvern unterscheiden.

B 3 Unterschiedliche Kristallformen

B 4 Geruchsprobe durch Zufächeln mit der Hand

B 5 Gefahrenhinweise und Sicherheitsratschläge

Salzsäure
25 %

C Ätzend

R 34 Verursacht Verätzungen

R 37 Reizt die Atmungsorgane

S 1/2 Unter Verschluss und für Kinder unzugänglich aufbewahren

S 26 Bei Berührung mit den Augen sofort gründlich mit Wasser abspülen und Arzt konsultieren

S 45 Bei Unfall oder Unwohlsein sofort Arzt zuziehen (wenn möglich, dieses Etikett vorzeigen)

Geschmack. Viele Stoffe wie z.B. Salz und Zucker erkennt man an ihrem besonderen Geschmack. Es gibt aber zahlreiche Stoffe, die Vergiftungen verursachen, selbst wenn sie in geringen Mengen in den Mund gelangen. Deshalb ist es sehr gefährlich den Geschmack unbekannter Stoffe zu untersuchen!

Geruch. Manche Gase oder Stoffe, die Dämpfe freisetzen, haben einen für sie typischen Geruch (▷V2). Viele Stoffe sind jedoch gesundheitsschädlich beim Einatmen, daher sollte man bei Geruchsproben sehr vorsichtig sein. Um kleine Stoffportionen in die Nase zu bekommen, fächelt man sie sich mit der Hand zu (▷B4).

Geschmacks- und Geruchsproben werden im Chemieunterricht nur auf ausdrückliche Anweisung der Lehrerin oder des Lehrers durchgeführt.

Verformbarkeit. Wachs und Knetmasse lassen sich mit den Händen formen, sie sind verformbar. Versucht man, dünne Stäbe aus Glas oder Eisen zu biegen, zeigen sie unterschiedliches Verhalten: Glas ist *spröde* und zerbricht, Eisen dagegen ist *biegsam*. Gegenstände aus Gummi sind zwar verformbar, nehmen aber anschließend wieder ihre ursprüngliche Gestalt an. Gummi ist *elastisch*.

Härte. Blei und Kerzenwachs lassen sich leicht ritzen, sie sind weich. Bei anderen Stoffen wie Glas oder Stahl gelingt das nicht so einfach, sie weisen eine größere Härte auf. Mit einem Diamanten kann man alle Stoffe ritzen, er ist der härteste Stoff, den wir kennen.

Elektrische Leitfähigkeit und Magnetismus. Untersucht man einen Eisendraht, einen Holzstab und eine Graphitmine (Bleistiftmine) auf ihre elektrische Leitfähigkeit (▷B8), so stellt man fest, dass nur der Eisendraht und die Graphitmine den elektrischen Strom leiten. Die Leitfähigkeit für den elektrischen Strom ist eine Eigenschaft der Metalle und von Graphit.
Die Metalle Eisen, Cobalt und Nickel lassen sich durch ihre Eigenschaft, vom Magneten angezogen zu werden, von anderen Metallen unterscheiden.

Stoffe erkennt man an ihren Eigenschaften. Stoffeigenschaften sind die Farbe, der Oberflächenglanz, die Kristallform, der Geschmack, der Geruch, die Verformbarkeit, die Härte, die elektrische Leitfähigkeit und der Magnetismus.

B6 Verformbarkeit. Links: Schwefel ist spröde und zerbricht. Rechts: Kupfer lässt sich plastisch verformen

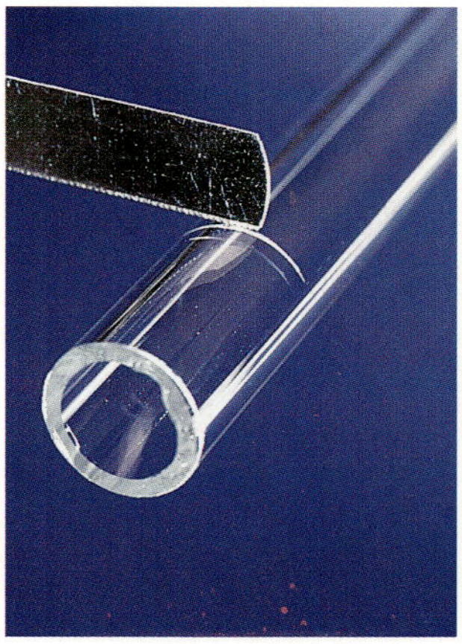

Stoffe	Härtestufe
Kerzenwachs Ton	sehr weich
Blei Kupfer Speckstein	weich
Eisen Ziegelstein Fensterglas	hart
Werkzeugstahl Quarz Diamant	sehr hart

B7 Härte. Ritzversuche führen zu einer einfachen Ordnung

B8 Versuchsanordnung zur Prüfung der elektrischen Leitfähigkeit bei festen Stoffen

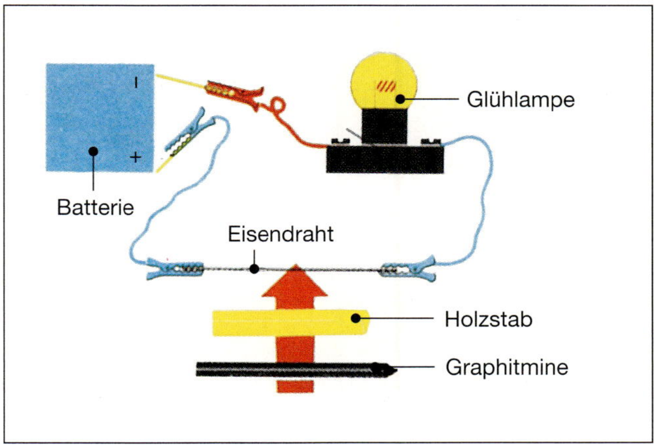

1.2 Was geschieht beim Erhitzen von Stoffen?

KARAMELLBONBONS

Zutaten: Butter, Zucker, süße Sahne

1. Ein Eckchen Butter wird in einer kleinen Pfanne bei mittlerer Temperatur erhitzt, bis sie flüssig ist.
2. 1 Esslöffel Zucker wird hinzugefügt und gut mit der flüssigen Butter durchmischt.
3. Nun gibt man 2 Teelöffel süße Sahne hinzu und verrührt das Ganze gut.
4. Unter leichtem Schäumen wird das Gemisch allmählich braun und sämig. (Immer gut rühren!) Es darf nicht zu dunkel werden, sonst wird der Karamell bitter!
5. Wenn das Gemisch hellbraun und cremig geworden ist, gibt man es mit einem Löffel auf etwas Backpapier und lässt es erkalten.

B1 Ein Rezept für Karamellbonbons zum Nachkochen

B2 Farbänderung beim Erhitzen von Zinkoxid

B3 Benzindämpfe sind leicht entzündlich

V 1 Erhitze ein Porzellanschiffchen in der heißen Zone der rauschenden Brennerflamme. Schreibe deine Beobachtungen auf.

A 1 Nenne die Stoffeigenschaften, in denen sich Zucker und Karamell unterscheiden.

A 2 Gib an, bei welchen der folgenden Vorgänge nur vorübergehende Veränderungen der Stoffeigenschaften auftreten:
a) Glas erweicht in der Hitze,
b) Porzellan glüht,
c) Holz verbrennt,
d) Zucker verkohlt,
e) Zinkoxid wird in der Hitze gelb.

Auch das Verhalten eines Stoffes beim Erhitzen kann ein erster Hinweis darauf sein, um welchen Stoff es sich handelt. Manche äußerlich ähnlich aussehenden Stoffe lassen sich voneinander unterscheiden, wenn sie erhitzt werden.

Eigenschaftsänderung beim Erhitzen. Hält man einen Glasstab in die heiße Zone der rauschenden Brennerflamme, glüht er nach einiger Zeit. Er wird weich und verformbar. Nach dem Abkühlen sind alle Stoffeigenschaften des Glases erhalten geblieben, nur seine Form hat sich verändert.
Ein Stab aus Plexiglas, äußerlich dem Glasstab zum Verwechseln ähnlich, brennt mit rußender Flamme, wenn man ihn erhitzt. Die Stoffeigenschaften des Plexiglases verschwinden. Es entsteht mindestens *ein* neuer Stoff.

Erhitzt man Zucker, so bildet sich zunächst ein brauner, zähflüssiger Stoff, der nach Karamell riecht. Bei weiterem Erhitzen entsteht unter Rauchentwicklung ein schwarzer, poröser Stoff, der auch beim Abkühlen erhalten bleibt. Der entstandene Stoff hat keine Ähnlichkeit mehr mit dem Ausgangsstoff Zucker.
Führt man das gleiche Experiment mit Zinkoxid durch, einem weißen Pulver, das wie Puderzucker aussieht, macht man eine erstaunliche Feststellung: In der Hitze wird das Pulver gelb, nach dem Abkühlen ist es wieder weiß. Den Vorgang kann man beliebig oft wiederholen, Zinkoxid liegt immer wieder unverändert vor.

Während sich Glas und Zinkoxid beim Erhitzen nur vorübergehend verändern, treten bei Plexiglas und Zucker bleibende Veränderungen ein.

Brennbarkeit. Viele Stoffe beginnen zu brennen, wenn sie in eine Flamme gehalten werden. Ein Stück Papier entflammt auf diese Weise sofort. Zurück bleibt grauweiße Asche.
Nähert man einer Porzellanschale, die etwas Benzin enthält, einen brennenden Holzspan (▷B3), so springt die Flamme bereits über, bevor der Span die Flüssigkeit berührt. Über der Flüssigkeit haben sich Benzindämpfe gebildet, die rußend verbrennen, aber keine Asche hinterlassen.

Zum Entzünden eines Stoffes ist nicht unbedingt eine Flamme nötig. Brennbare Stoffe können sich allein durch Erhitzen entzünden, wenn sie eine bestimmte Temperatur, ihre **Zündtemperatur**, erreicht haben.

Stoffe erfahren beim Erhitzen vorübergehende Veränderungen, oder es entstehen neue Stoffe mit anderen Eigenschaften.

1.3 Exkurs: Das Versuchsprotokoll

In chemischen Labors und im Chemieunterricht wird häufig experimentiert. Die Versuche müssen *sorgfältig geplant* und *sicher durchgeführt* werden.
Zur ordnungsgemäßen Ausführung eines Experiments gehört die Anfertigung eines schriftlichen **Versuchsprotokolls.** Dies ist eine in chemischen Labors alltägliche Beschäftigung, die mit großer Genauigkeit ausgeübt wird (▷B1). Auf diese Weise wird ein einmal ablaufendes Geschehen festgehalten und keine Einzelheit kann in Vergessenheit geraten. Das Experiment kann so jederzeit überprüft und wiederholt werden. Auch im Chemieunterricht werden Versuchsprotokolle angefertigt.

Wie man ein Versuchsprotokoll erstellt. Ein Versuchsprotokoll muss *deutlich gegliedert* werden, damit es übersichtlich ist. Die folgende Einteilung hat sich bewährt:

- Aufgabe oder Fragestellung
- Geräte und Chemikalien
- Zeichnung des Versuchsaufbaus
- Durchführung des Versuchs
- Beobachtungen
- Auswertung

Vor Beginn des Experiments wird die *Aufgabenstellung* notiert. Dann werden die *Geräte* und *Chemikalien* benannt, eine *Zeichnung des Versuchsaufbaus* angefertigt und die *Durchführung* des Versuchs festgelegt. Häufig ist es sinnvoll, Aufbau und Durchführung des Versuchs unter einem Punkt zusammenzufassen.

Während des Versuchsablaufs ruht die Arbeit am Protokoll; das Versuchsgeschehen soll aufmerksam beobachtet werden.

Nach Beendigung des Experiments werden die *Beobachtungen* in der richtigen Reihenfolge und in übersichtlicher Form schriftlich niedergelegt. Dabei ist es häufig notwendig, die mit den Beobachtungen in Zusammenhang stehenden *Tätigkeiten* mit aufzuführen.
Es ist unbedingt darauf zu achten, dass hier noch keine Deutungsversuche vorgenommen werden. Dies ist dem letzten Teil des Protokolls, der *Auswertung* des Experiments, vorbehalten.

Beobachtungen und Deutungen sind voneinander zu trennen.

Zuerst soll darüber nachgedacht werden, wie die aufgeschriebenen Beobachtungen *gedeutet* werden können. Dann wird das Ergebnis dieser Überlegungen ins Protokoll aufgenommen. Häufig lässt ein Experiment mehrere Deutungen zu. Auch dies wird im Protokoll vermerkt.

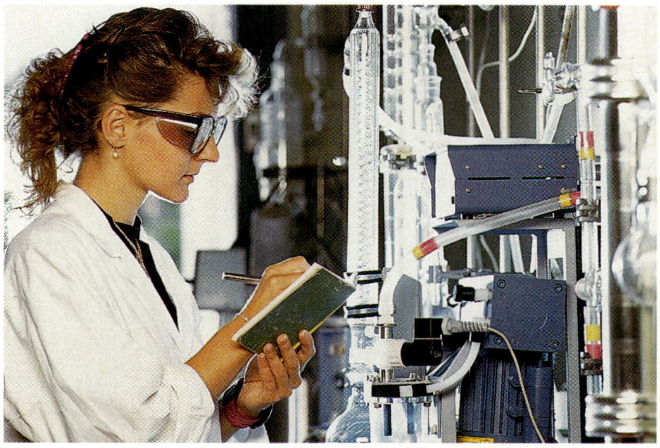

B1 Laborantin beim Protokollieren eines Versuchs

B2 Beispiel für ein Versuchsprotokoll. Es soll klar gegliedert werden und alle wichtigen Angaben enthalten

Versuchsprotokoll

Fragestellung: Was geschieht beim Erhitzen von Zinkoxid?

Geräte: Reagenzglas
Reagenzglasklammer
Brenner

Chemikalien: Zinkoxidpulver

Durchführung: Das zu etwa einem Drittel mit trockenem Zinkoxid gefüllte Reagenzglas wird mit dem unteren Teil in die heiße Zone der Brennerflamme gehalten.

Beobachtungen: 1. Das weiße, pulvrige Zinkoxid wird von unten her gelb.
2. Bei längerem Erhitzen wird der gesamte Inhalt gelb.
3. Nach dem Herausnehmen des Reagenzglases aus der Flamme geht die Gelbfärbung langsam zurück.
4. Nachdem alles wieder abgekühlt ist, sieht der Inhalt aus wie vorher: ein weißer, pulvriger Stoff.

Auswertung: Zinkoxid ist bei hohen Temperaturen gelb, bei Zimmertemperatur weiß. Seine Eigenschaften sind demnach bei hohen Temperaturen anders als bei Zimmertemperatur. In dem Versuch ist der Stoff Zinkoxid offensichtlich nicht verändert worden.

1.4 Die Aggregatzustände der Stoffe

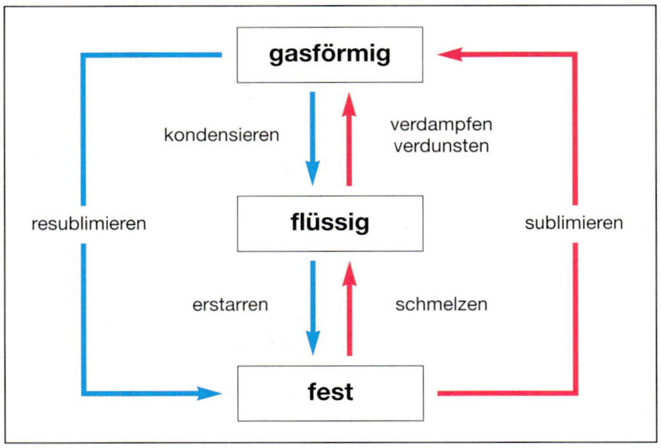

B 1 Die Aggregatzustände und die Übergänge zwischen ihnen

B 2 Raureif auf einer Pflanze

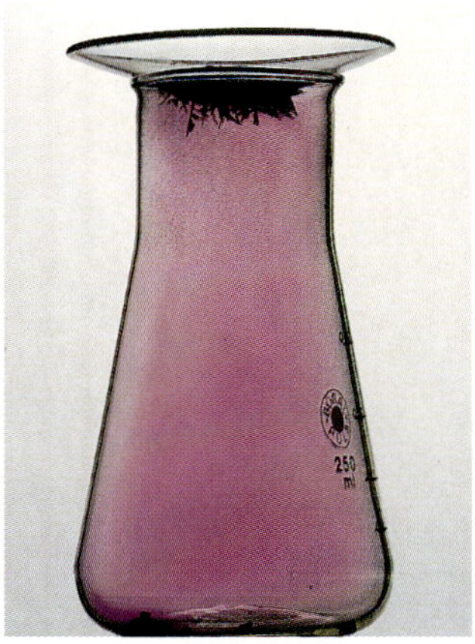

B 3 Iod sublimiert und resublimiert

V 1 Man gibt einige Iodkristalle in einen Weithals-Erlenmeyerkolben, deckt mit einem Uhrglas ab und gibt etwas Eiswasser darauf. Man erwärmt im Wasserbad. Nach dem Abkühlen nimmt man das Uhrglas vorsichtig ab und betrachtet die Unterseite. Fertige ein Protokoll an.

A 1 Welche Vorgänge werden mit folgenden Begriffen bezeichnet: Schmelzen, Erstarren, Verdampfen, Kondensieren, Sublimieren, Resublimieren?

A 2 Wenn an manchen schönen Wintertagen die Sonne auf schneebedeckte Felder scheint, kann man beobachten, dass immer mehr Schnee verschwindet, obgleich die Temperaturen bei Tag und Nacht weit unter dem Gefrierpunkt liegen. Erkläre, was tagsüber geschieht.

Wasser bei verschiedenen Temperaturen. Im Winter überziehen sich Flüsse und Seen mit einer festen Eisdecke. Tropfendes Wasser *erstarrt* zu Eiszapfen. Bei wärmerem Wetter *schmilzt* das Eis und es entsteht wieder flüssiges Wasser.
Wird Wasser erhitzt, so beginnt es zu sieden und *verdampft*. Dabei geht es in den gasförmigen Zustand über. Der entstehende Wasserdampf ist farblos. Wenn er sich abkühlt, entstehen winzige Tröpfchen flüssigen Wassers. Sie können weißen Nebel bilden. Der Wasserdampf ist *kondensiert*.
Wasser kommt also in drei Zustandsformen vor: *fest, flüssig* und *gasförmig* (Eis, flüssiges Wasser, Wasserdampf). Sie werden als die **Aggregatzustände** des Wassers bezeichnet.

Wasser verdunstet. Lässt man Wasser in einem geöffneten Gefäß einige Zeit stehen, so stellt man fest, dass es allmählich weniger wird. Es *verdunstet*. Wasser kann auch ohne zu sieden in den gasförmigen Zustand übergehen. Der in der Luft enthaltene Wasserdampf wird *Luftfeuchtigkeit* genannt.

Sublimation und Resublimation. Nasse Wäsche, die im Winter im Freien zum Trocknen auf die Leine gehängt wird, erstarrt zuerst durch gefrierendes Wasser und trocknet dann, ohne dass das Eis schmilzt.
Aus Eis ist unter Umgehung des flüssigen Zustandes unsichtbarer Wasserdampf geworden. Diesen Vorgang nennt man **Sublimation**.
An kalten Tagen sind oft Eisblumen an den Fenstern zu sehen. Sie entstehen dadurch, dass gasförmiges Wasser (Luftfeuchtigkeit) ohne Beteiligung des flüssigen Zustandes zu festem Eis wird. Dieser Vorgang heißt **Resublimation**. Auch die Bildung von Raureif ist auf diese Weise zu erklären (▷ B 2).

Auch andere Stoffe können ihren Aggregatzustand ändern. Festes *Wachs* schmilzt, wenn es erwärmt wird, und verdampft bei weiterem Erhitzen.
Auch *Metalle* schmelzen bei höheren Temperaturen. Dies geschieht z. B. beim Löten mit Zinn. Nach dem Erkalten der Lötstelle sind die beiden Werkstücke durch das erstarrte Zinn fest miteinander verbunden.
Wird festes *Iod* erwärmt (▷ V 1), so entsteht durch Sublimation violetter Ioddampf. Beim Abkühlen bildet sich daraus durch Resublimation wieder festes Iod (▷ B 3).

Stoffe können in drei Aggregatzuständen vorkommen: fest, flüssig und gasförmig. Die Begriffe Schmelzen, Erstarren, Verdampfen, Kondensieren, Sublimieren und Resublimieren bezeichnen die Übergänge zwischen den Aggregatzuständen.

1.5 Schmelz- und Siedetemperatur

Manche der bisher behandelten Stoffeigenschaften (z. B. Geruch und Farbe) können nicht immer eindeutig beschrieben werden.
Für die Kennzeichnung von Stoffen werden deshalb die Eigenschaften bevorzugt, die *messbar* sind und mit *Zahlen* belegt werden können.

Bestimmung der Siedetemperatur. Um die **Siedetemperatur** des Wassers zu bestimmen, erhitzt man dieses und verfolgt den Temperaturverlauf (▷ V 1). Bei 100 °C beginnt das Sieden. Von nun an zeigt das Thermometer keine weitere Temperaturerhöhung an (▷ B 1). Oft werden allerdings abweichende Werte festgestellt. Die Siedetemperatur ist nämlich vom *Luftdruck* abhängig. Um vergleichen zu können, wird einheitlich die Siedetemperatur bei *Normdruck* (1013 hPa) angegeben.
Die Siedetemperaturen anderer Flüssigkeiten werden auf entsprechende Weise ermittelt. Siedetemperatur und **Kondensationstemperatur** stimmen überein.

Bestimmung der Schmelztemperatur. Zur Bestimmung der **Schmelztemperatur** eines Feststoffes wird im Reagenzglas eine kleine Portion, z. B. von Stearinsäure, erwärmt. Bei 69 °C beginnt der Schmelzvorgang. Von hier an erfolgt kein weiterer Anstieg der Temperatur, bis eine klare Schmelze entstanden ist. Erst dann steigt die Temperatur der Flüssigkeit weiter (▷ B 3).
Zur Kontrolle kann bei langsamer Abkühlung die **Erstarrungstemperatur** gemessen werden (▷ V 2).

Schmelz- und Erstarrungstemperatur, Siede- und Kondensationstemperatur sind messbare Eigenschaften vieler Stoffe und dienen zu deren Kennzeichnung.

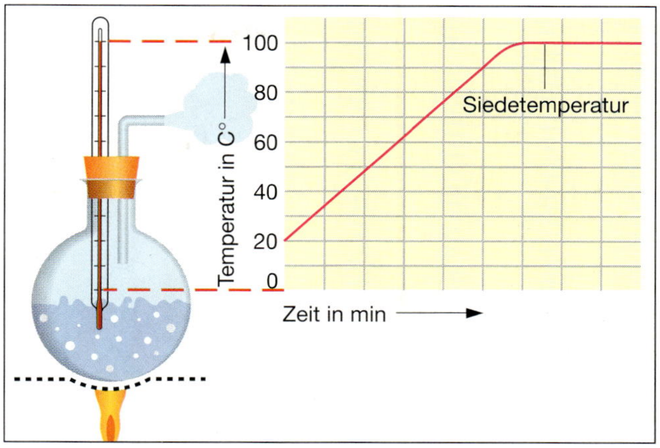

B 1 Siedetemperatur von Wasser und Temperaturverlauf beim Erhitzen

V 1 Erhitze nach ▷ B 1 Wasser bis zum Sieden (Siedesteinchen!). Notiere die Temperatur in regelmäßigen Zeitabständen. Erstelle ein Siedediagramm und bestimme daraus die Siedetemperatur.

V 2 Bringe in einem Reagenzglas etwas Cetylalkohol im Wasserbad (80 °C) zum Schmelzen. Nimm das Glas einige Minuten danach aus dem Bad. Ermittle im Minutenabstand die Temperaturwerte bis zum Erstarren (jeweils umrühren!). Erstelle ein Diagramm und bestimme die Erstarrungstemperatur.

A 1 Welche der in ▷ B 2 aufgeführten Stoffe sind bei Zimmertemperatur (20 °C) fest, welche flüssig und welche gasförmig? Überprüfe anhand der Schmelz- und Siedetemperaturen.

B 2 Schmelz- und Siedetemperaturen einiger Stoffe bei Normdruck (wenn nicht anders angegeben)

Stoff	Schmelztemperatur in °C	Siedetemperatur in °C
Sauerstoff	–219	–183
Ether	–116	34
Alkohol	–117	78
Quecksilber	–39	356
Benzol	5	80
Glycerin	18	290
Stearinsäure	69	232 (20 hPa)
Schwefel	119	444
Blei	327	1740
Kochsalz	800	1460
Eisen	1535	2750

B 3 Schmelztemperatur von Stearinsäure. Während des Schmelzens ändert sich die Temperatur nicht

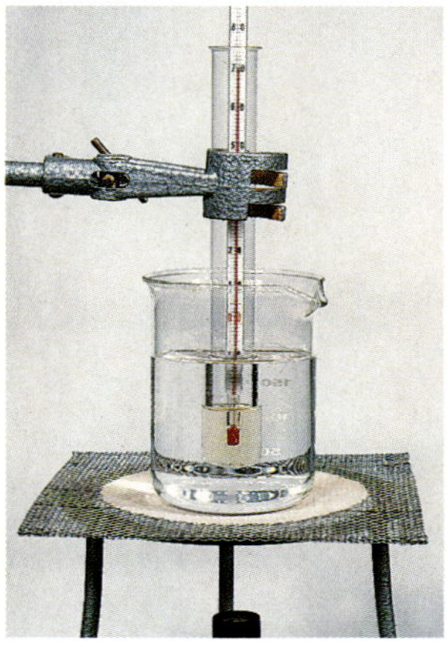

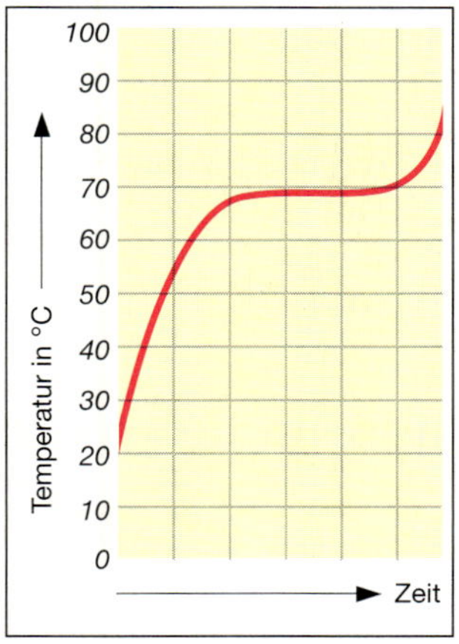

1.6 Aggregatzustand und Teilchenmodell

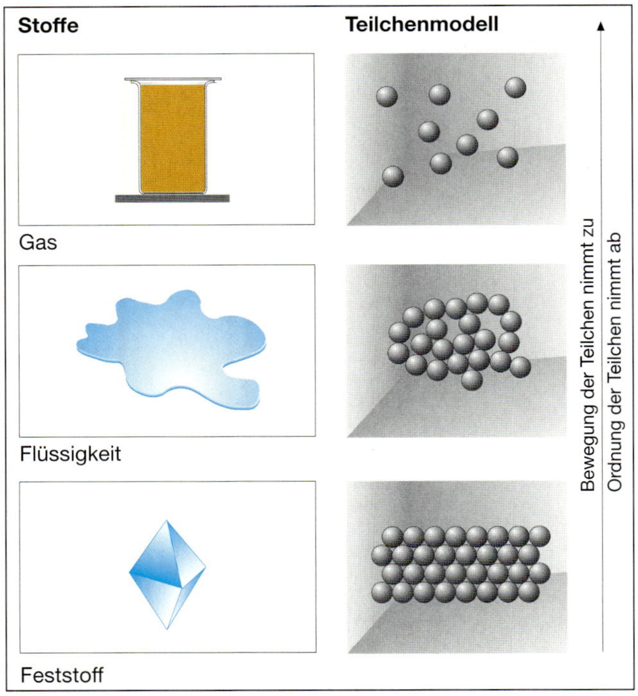

B1 Die Aggregatzustände im Modell

B2 Übergänge zwischen den Aggregatzuständen

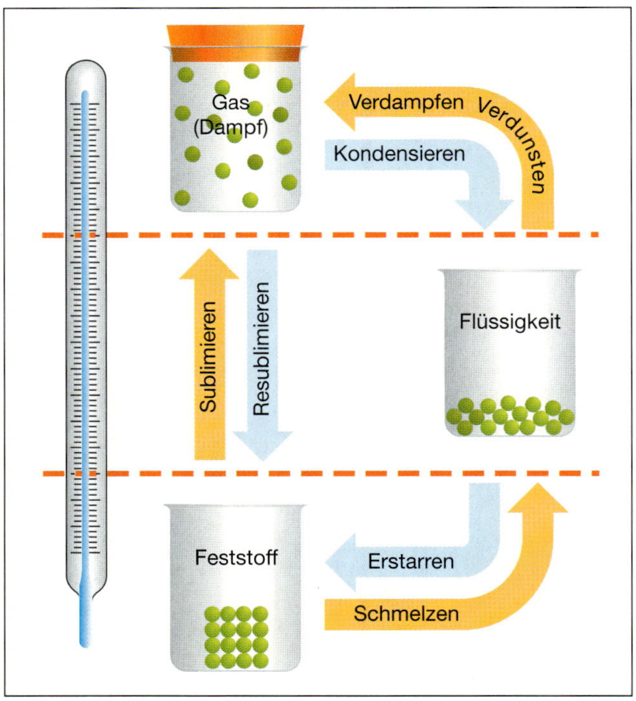

Alle Stoffe sind aus kleinsten Teilchen aufgebaut. Wegen ihrer geringen Größe kann man diese Teilchen auch mit einem starken Mikroskop nicht einzeln wahrnehmen. Wir stellen uns vor, dass diese Teilchen eine kugelförmige Gestalt besitzen und sprechen deshalb vom **Kugelteilchen-Modell**. Die kleinsten Teilchen eines Stoffes sind untereinander gleich, sie haben die gleiche Masse und Größe. Kleinste Teilchen verschiedener Stoffe können sich voneinander in Masse und Größe unterscheiden.

Stoffe im festen Zustand. Um einen Glasstab zu zerbrechen oder einen Eisenstab zu verbiegen, muss man Kraft aufwenden. Die kleinsten Teilchen des Feststoffs lassen sich offenbar nur schwer voneinander trennen oder gegeneinander verschieben.
Zwischen den kleinsten Teilchen herrschen **Anziehungskräfte**. Diese halten die Kugelteilchen auf ihren Plätzen fest. Ein Feststoff lässt sich kaum zusammenpressen, weil die Teilchen *dicht nebeneinander angeordnet* sind. Die Kristallform vieler fester Stoffe spiegelt die *regelmäßige Anordnung* der kleinsten Teilchen wider.

Stoffe im flüssigen Zustand. Flüssigkeiten lassen sich kaum zusammendrücken (▷V2), sie sind jedoch beweglich und passen sich jeder Gefäßform an.
Die Anziehungskräfte zwischen den kleinsten Teilchen des Stoffes können sich offenbar weniger gut auswirken als im festen Zustand. Die Kugelteilchen nehmen keine festen Plätze mehr ein, sie sind *gegeneinander beweglich*. Die strenge Ordnung des festen Zustands ist aufgehoben.

Stoffe im gasförmigen Zustand. Ein Gas lässt sich im Gegensatz zu einer Flüssigkeit oder einem Feststoff leicht zusammendrücken, es nimmt auch jeden zur Verfügung stehenden Raum ein (▷V2).
Die kleinsten Teilchen eines Stoffes im gasförmigen Zustand müssen *sehr weit voneinander entfernt* sein. Sie besitzen keinen Zusammenhalt mehr, ihre Anziehungskräfte wirken sich kaum noch aus. Jedes Teilchen kann sich unbeeinflusst durch die Anziehung anderer Teilchen fortbewegen. Bei ihrer Bewegung stoßen die Teilchen ständig zusammen und ändern dadurch ihre Richtung. Sie bewegen sich somit *ungeordnet* im Raum.

Übergänge zwischen den Aggregatzuständen. In unserer Erklärung der Aggregatzustände mithilfe des Teilchenmodells spielen die Anziehungskräfte zwischen den Teilchen eine wichtige Rolle. Die Wirkung der Anziehungskräfte hängt von der Entfernung der Teilchen untereinander ab: je weiter entfernt sie voneinander sind, desto geringer wirken sich die Anziehungskräfte aus. Je geringer aber diese Kräfte sind, umso ungeordneter können sich die Teilchen bewegen. Diese Bewegung ist umso heftiger, je mehr Wärme dem Stoff zugeführt wird.

Im festen Zustand führt die Wärmezufuhr zu immer heftigeren Vibrationen der Kugelteilchen – der Feststoff dehnt sich aus. Die Vibrationen werden schließlich so stark, dass sich Gruppen von Teilchen voneinander lösen, die Ordnung bricht zusammen – der Feststoff schmilzt. Durch die zugeführte Wärme vergrößern sich die Teilchenabstände, der leere Raum zwischen den Teilchen wird größer. Erhitzt man die Flüssigkeit weiter, wird die Bewegung der Teilchen so groß, dass auch noch vorhandene Gruppen zerstört werden. Wenn die Siedetemperatur erreicht ist, lösen sich die Teilchen voneinander – die Flüssigkeit verdampft.

Das *Verdunsten* lässt den Schluss zu, dass auch unterhalb der Siedetemperatur einzelne Teilchen die Flüssigkeit verlassen können. An der Oberfläche wirken die Anziehungskräfte nicht mehr von allen Seiten. Hier kann die Bewegung der Teilchen so heftig werden, dass sie die Anziehungskräfte überwinden. Sie verlassen den Teilchenverband. Das ist bei einigen Stoffen auch aus dem festen Zustand heraus möglich. Wir beobachten dies als *Sublimation*.

Diffusion. Parfüm und andere stark riechende Stoffe, die in einem offenen Gefäß stehen, sind nach einiger Zeit im ganzen Raum wahrnehmbar, ohne dass Luftbewegung eine Rolle spielt. Eine solche spontane Durchmischung heißt *Diffusion*. Sie beruht auf der Eigenbewegung der Teilchen. Auch in Flüssigkeiten findet Diffusion statt. (↗ Kap. 1.7, ▷ B5)

Teilchenbewegung und Gasdruck. Erhitzt man ein Gas in einem verschlossenen Behälter, kann sein Druck so groß werden, dass der Behälter platzt. Die Druckerhöhung lässt sich zurückführen auf die Eigenschaft aller Gase sich beim Erwärmen auszudehnen.
Bei ihrer Bewegung stoßen die Teilchen eines Gases nicht nur untereinander, sondern auch ständig mit der Gefäßwand zusammen. Der Druck im Gefäß wird mit zunehmender Erwärmung größer, die Stöße der Gasteilchen müssen also häufiger und heftiger werden. Das ist nur mit einer größeren Geschwindigkeit der Teilchen zu erklären. Diese hängt außer von der Temperatur auch von der Art der kleinsten Teilchen ab, d. h. zu welchem Stoff sie gehören (▷ B4). Vergrößert man den Raum, in dem sich das Gas befindet, stoßen die sich bewegenden Teilchen nicht mehr so häufig mit der Gefäßwand zusammen, der Druck sinkt.

Kleinstes Teilchen und Aggregatzustand. Aus den bisherigen Forderungen für ein Teilchenmodell folgt unmittelbar, dass ein einzelnes Teilchen eines Stoffes nicht in verschiedenen Aggregatzuständen vorkommen kann. Ein Aggregatzustand ist immer an eine Stoffportion, die aus einer sehr großen Zahl von Teilchen besteht, gebunden.

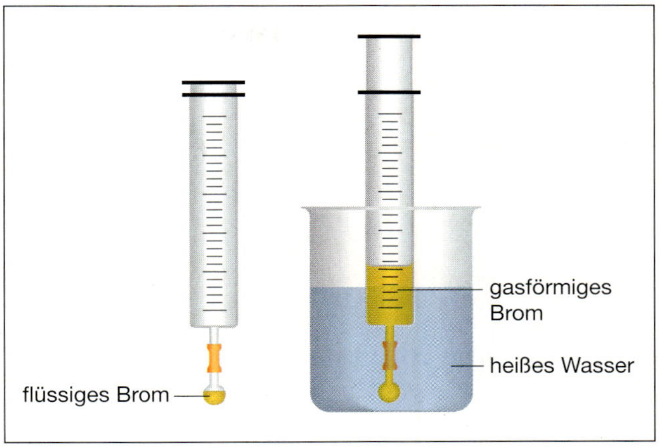

B3 Volumen und Aggregatzustand. Die Bromportion nimmt im gasförmigen Zustand einen größeren Raum ein

V 1 Fülle ein Reagenzglas etwa zu einem Drittel mit Eis. Stülpe über die Öffnung des Reagenzglases einen Luftballon. Erwärme langsam. (Achtung, heißer Wasserdampf!)
Beschreibe deine Beobachtungen und deute mithilfe des Kugelteilchen-Modells.

V 2 Versuche, einen zur Hälfte mit Wasser gefüllten Kolbenprober zusammenzudrücken. Wiederhole den Versuch mit Luft. Vergleiche die Volumina vor und nach dem Zusammendrücken und deute mithilfe des Kugelteilchen-Modells.

A 1 Aus einer Feuerzeugampulle lässt man Butangas in den Zylinder eines Kolbenprobers (mit Hahn) strömen. Drückt man bei geschlossenem Hahn den Kolben fest in den Zylinder, bildet sich ein Beschlag aus Tröpfchen einer Flüssigkeit. Deute die Beobachtung mithilfe des Kugelteilchen-Modells.

B4 Durchschnittliche Geschwindigkeit von Teilchen verschiedener Gase

Gas	mittlere Geschwindigkeit von Teilchen verschiedener Gase in m/s		
	bei 0 °C	bei 100 °C	bei 1000 °C
Wasserstoff	1693	1980	3657
Helium	1202	1405	2596
Stickstoff	454	531	981
Sauerstoff	425	497	918
Brom	190	222	411

1.7 Löslichkeit

V 1 Gib in ein Becherglas 100 g Wasser und löse unter Umrühren 30 g Kochsalz auf. Füge nach und nach Portionen von je 1 g hinzu, bis ein Bodenkörper bestehen bleibt. Wie viel Gramm Kochsalz lösen sich?

V 2 Gieße eine gesättigte Kochsalzlösung auf ein Uhrglas und stelle es an einen warmen Ort. Betrachte die Kristalle, die übrig bleiben, wenn das Wasser verdunstet ist.

V 3 Gib 50 ml Wasser und 5 g Kochsalz in einen Standzylinder. Verschließe mit einem Stopfen und schüttle, bis das Salz gelöst ist. Bestimme den Massenanteil des Salzes in der Lösung.

A 1 Nenne je drei in Wasser leicht lösliche, schwer lösliche und unlösliche Stoffe.

A 2 Alkohol löst sich gut in Wasser. Warum ist in keinem Tabellenwerk seine Löslichkeit angegeben?

A 3 In 100 g Meerwasser sind 3,5 g Salz enthalten. Gib den Massenanteil des Salzes im Meerwasser an.

A 4 Welche Arbeitsschritte sind nötig, um 1 kg einer 1-prozentigen Kochsalzlösung herzustellen?

Wird Kochsalz in Wasser gegeben, so sind die Salzkristalle nach einiger Zeit nicht mehr zu sehen. Es ist aber noch vorhanden, wie eine Geschmacksprobe zeigt. Man sagt, das Kochsalz hat sich **gelöst**. Dabei ist eine **Lösung**, Kochsalzlösung, entstanden. Außer vielen weiteren Feststoffen löst Wasser auch Flüssigkeiten und Gase, wie z. B. alkoholische Flüssigkeiten und Mineralwasser zeigen. Gelöste Gase lassen sich durch Erhitzen der Lösung austreiben (▷ B 1).

Fette, Öle und Lacke lassen sich in Wasser nicht lösen. Für viele dieser Stoffe kann man Benzin als **Lösungsmittel** verwenden. So kann man Fettflecken in der Kleidung mit Benzin entfernen (▷ B 2). Nagellackentferner, Pinselreiniger und „Fleckenwasser" enthalten andere Flüssigkeiten als Lösungsmittel.

Flüssigkeiten, die Stoffe lösen, heißen Lösungsmittel. Gelöst werden können Feststoffe, Flüssigkeiten und Gase. Nicht jedes Lösungsmittel kann auch jeden Stoff lösen.

Löslichkeit in Wasser. Die wasserlöslichen Stoffe lösen sich nicht alle gleich gut in Wasser. Leicht löslich sind z. B. Zucker und Kochsalz, schwer löslich sind Stoffe wie Gips oder Löschkalk, in Wasser unlöslich sind z. B. Sand und Schwefel. In welchem Maße sich ein Stoff in einem Lösungsmittel löst, wird durch seine Löslichkeit ausgedrückt.

Die Löslichkeit gibt an, wie viel Gramm eines Stoffes sich in 100 Gramm Lösungsmittel lösen.

Die Bestimmung der Löslichkeit von z. B. Kochsalz in Wasser lässt sich im Experiment zeigen (▷ V 1). Nach Zugabe von 36 g Kochsalz zu 100 g Wasser hat man eine **gesättigte Lösung** erhalten. Die Lösung nimmt kein weiteres Kochsalz mehr auf. Der überschüssige Feststoff setzt sich als Bodenkörper ab.

Den Gehalt an gelöstem Stoff in einer fertigen Lösung gibt man häufig in Prozent an. Sind z. B. 10 g Kochsalz in 100 g Kochsalzlösung enthalten, liegt eine 10-prozentige Lösung vor. Sie hat einen Massenanteil des Salzes von 10 %.

B 1 Auch Luft löst sich in Wasser

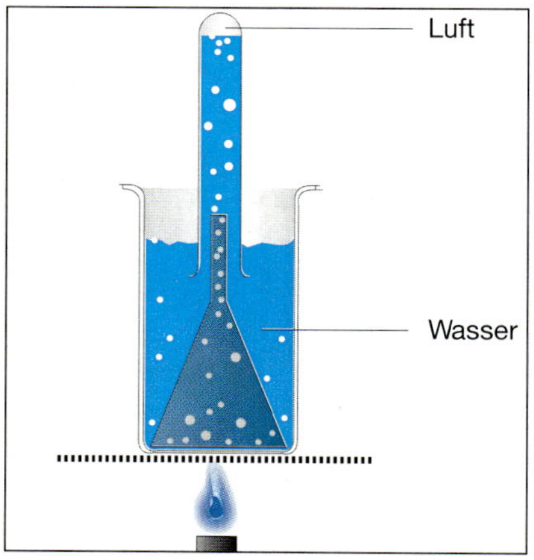

B 2 Fettfleckentfernung. Anwendung eines geeigneten Lösungsmittels

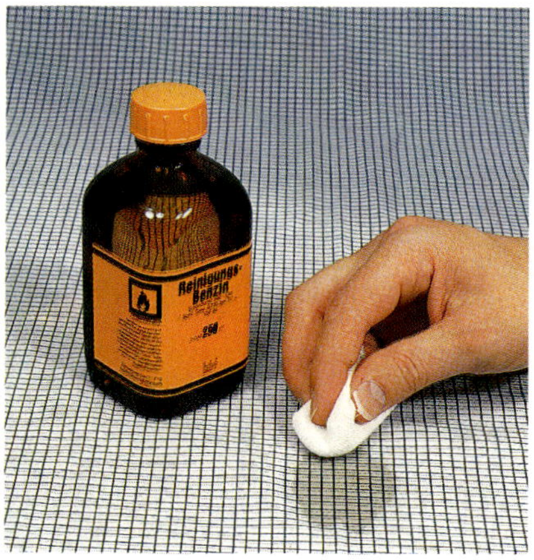

B 3 Löslichkeit einiger Stoffe in Wasser bei 20 °C

Stoff	**Löslichkeit in g** pro 100 g Wasser
Zucker	203,9
Kochsalz	35,88
Kaliumnitrat	31,66
Soda	21,66
Kalium-aluminium-sulfat	6,01
Gips	0,20
Löschkalk	0,12
Sauerstoff	0,0043
Stickstoff	0,0019
Kalkstein	0,0015

Löslichkeit und Temperatur. Erwärmt man eine gesättigte wässrige Lösung von Kaliumnitrat (Salpeter), die noch etwas Bodenkörper enthält, so löst sich dieser auf. Beim Abkühlen bilden sich lange Kaliumnitratkristalle. Wiederholtes Erwärmen und Abkühlen zeigen dasselbe Ergebnis. Die Löslichkeit von Kaliumnitrat ist *temperaturabhängig*, sie nimmt beim Erwärmen zu. Auch bei anderen Stoffen wie z. B. Alaun (Kalium-aluminium-sulfat) ändert sich die Wasserlöslichkeit mit der Temperatur, bei Kochsalz (Natriumchlorid) dagegen fast nicht (▷ B4).
Tabellen mit Angaben über Löslichkeiten müssen immer einen Hinweis auf die Temperatur enthalten.

Die Wasserlöslichkeit bei einer bestimmten Temperatur ist eine messbare Stoffeigenschaft.

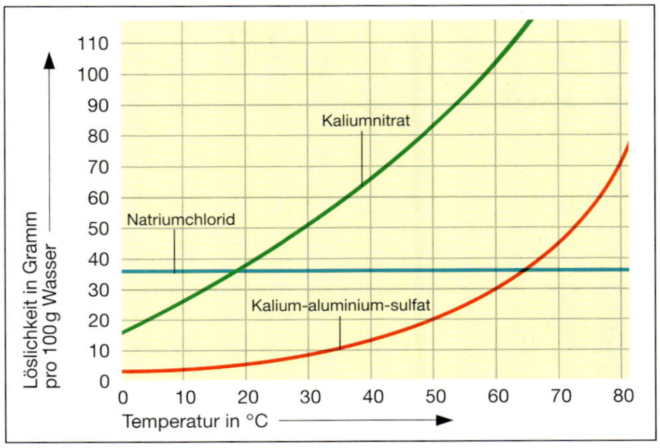

B4 Einfluss der Temperatur auf die Löslichkeit verschiedener Stoffe in Wasser

Lösen und Kristallisieren. Den Lösungsvorgang kann man gut mit dem Teilchenmodell beschreiben. Löst man z. B. Kochsalzkristalle in Wasser, kann man sich vorstellen, dass sich die kleinsten Teilchen des Wassers zwischen die kleinsten Teilchen des Kristalls schieben und ihre Ablösung von der Oberfläche erleichtern (▷ B6). Die kleinsten Teilchen des Salzes verteilen sich dann aufgrund ihrer Eigenbewegung (↗ Kap. 1.6) im Wasser (▷ B5). Diese selbstständige Durchmischung (Diffusion) ist dafür verantwortlich, dass immer mehr Salzteilchen vom Kristall abgelöst werden können.
Lässt man das Wasser langsam verdunsten, bildet sich wieder kristallines Salz. Wasserteilchen verschwinden aus der Lösung, die Abstände zwischen den kleinsten Teilchen des Salzes werden immer kleiner. Schließlich werden wieder Anziehungskräfte wirksam. Die kleinsten Teilchen lagern sich zu regelmäßigen Körpern zusammen. So entstehen aus der Lösung des Salzes wieder würfelförmige Kristalle.

B5 Diffusion. Kaliumpermanganat in Wasser

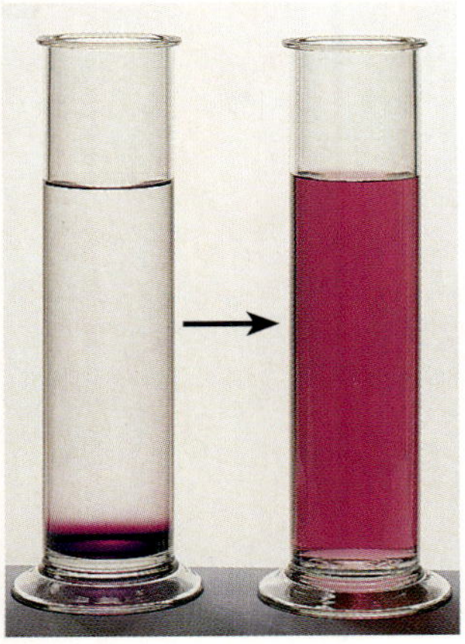

B6 Lösungsvorgang in der Modellvorstellung

V 4 Gib in zwei Reagenzgläser je 5 g Wasser. Füge 3 g Kochsalz bzw. Kaliumnitrat hinzu und erwärme die Gläser im Wasserbad auf 70 °C. Beschreibe die Beobachtungen und erkläre sie mithilfe von ▷ B4.

V 5 Fülle je eine Petrischale (d = 60 mm) ca. 0,5 cm hoch mit gesättigter Alaun- bzw. Kupfersulfatlösung. Gib in eine dritte Petrischale etwa 0,5 cm hoch ein Gemisch aus gleichen Teilen der gesättigten Kupfersulfat- und der Alaunlösung. Stelle die drei Petrischalen an einen erschütterungsfreien Ort und bedecke sie zur gleichmäßigen und langsamen Verdunstung mit je einem Rundfilter. Lass die Lösung etwa eine Woche stehen und betrachte die Kristalle in den Petrischalen. Entnimm mit der Pinzette einige Kristalle, spritze sie mit wenig destilliertem Wasser ab und trockne sie anschließend mit weichem Papier.
Vergleiche die Kristalle aus der 3. Petrischale mit denen aus der 1. und 2. Schale. Erkläre das Ergebnis mit den Eigenschaften der kleinsten Teilchen.

A 5 Wie viel Gramm Kaliumnitrat müssen wenigstens zu 50 g Wasser gegeben werden, um bei 40 °C (60 °C) eine gesättigte Lösung zu erzielen?

A 6 Eine warm gesättigte Lösung von Alaun in Wasser wurde im verschlossenen Gefäß über Nacht stehen gelassen. Am Morgen war ein Bodensatz sichtbar. Eine daneben stehende gesättigte Kochsalzlösung blieb unverändert. Erkläre!

A 7 Erkläre unter Verwendung des Teilchenmodells die Vorgänge, die ablaufen, wenn ein Kochsalzkristall sich in unbewegt stehendem Wasser auflöst. Wieso kann der Vorgang durch Umrühren oder Erwärmen beschleunigt werden?

1.8 Projekt: Wir züchten einen großen Kristall

B 1 Kristalle haben regelmäßige Formen

B 2 Kristallzüchtung

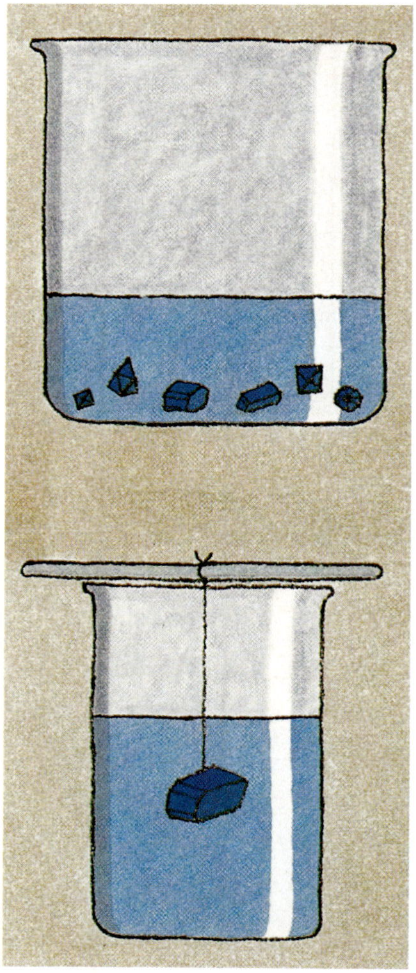

Aus Salzlösungen kristallisieren häufig Kristalle, die durch ihre schönen Formen, ihren Glanz und ihre leuchtenden Farben beeindrucken. Schöne Kristalle entstehen meist nur, wenn sie zu ihrem Wachstum lange Zeit haben. Das Züchten von Kristallen gelingt nur mit Geduld und Ausdauer.

Geräte und Chemikalien:
Schutzbrille, 2 Bechergläser (150 ml, hohe Form), 1 Becherglas (400 ml), Messzylinder (100 ml), Spatel, Gasbrenner, Dreifuß, Keramik-Drahtnetz, Trichter, Filterpapier, dünnes Kunststoffnähgarn, Thermometer, Pinzette, Glasstab, Nagel, Papierhandtuch, Vorratsgefäß (mit Schraubdeckel oder Kunststoffstopfen), Schnappdeckelglas,
blaues Kupfersulfat oder Alaun (Kalium-aluminium-sulfat), dest. Wasser

Durchführung:
a) Gib zu etwa 120 ml dest. Wasser in einem 150-ml-Becherglas unter ständigem Rühren portionsweise blaues Kupfersulfat oder Alaun, bis sich ein Bodenkörper gebildet hat. Erwärme den Inhalt des Becherglases unter Umrühren auf höchstens 50 °C. Füge erneut portionsweise Kupfersulfat oder Alaun unter Rühren zu, bis sich wieder ein Bodenkörper gebildet hat. Gieße die Lösung mit dem Bodenkörper in das Vorratsgefäß. Lass die Lösung abkühlen.
b) Filtriere einen Teil der Lösung aus dem Vorratsgefäß in das große Becherglas (400 ml). Die Lösung sollte etwa 2 cm hoch im Becherglas stehen. Bedecke das Becherglas mit einem Filterpapier. Stelle das Becherglas an einen erschütterungsfreien Ort und warte, bis sich größere Kristalle (Kantenlänge etwa 5 mm) gebildet haben. Dies kann ein oder zwei Tage dauern. Wähle einen großen Kristall aus und tupfe ihn mit einem Papierhandtuch trocken. Ritze mit dem Nagel vorsichtig kleine Rillen in die Kanten des Kristalls und befestige ihn in der Schlaufe eines Kunststofffadens. Bewahre die anderen größeren Kristalle als Vorrat auf.
c) Filtriere die Lösung aus dem großen Becherglas und aus dem Vorratsgefäß in ein 150-ml-Becherglas. Spritze dann den eingebundenen Kristall kurz mit dest. Wasser ab, tupfe ihn mit dem Papierhandtuch trocken und hänge ihn anschließend in die Lösung. Stelle die Lösung an einen erschütterungsfreien, gleichmäßig temperierten Ort. Bedecke das Becherglas mit einem Filterpapier.
d) Kontrolliere die Lösung alle zwei Tage. Wenn sich am Boden, an den Gefäßwänden oder auf der Lösung Kristalle gebildet haben, filtriere die Lösung in das andere saubere 150-ml-Becherglas. Spritze den eingebundenen Kristall erneut kurz ab, tupfe ihn trocken und hänge ihn wieder in die Lösung.
e) Entnimm nach einigen Tagen den großen Kristall der Lösung. Spritze ihn kurz mit dest. Wasser ab und tupfe ihn trocken. Bewahre ihn in einem kleinen Glasgefäß (z. B. Marmeladenglas) auf. Gib die restliche Lösung in das Vorratsgefäß.

Aufgaben:
1. Du schaust nach zwei Tagen nach deiner Lösung. In der Schlinge des Fadens befindet sich kein Kristall mehr, auf dem Boden des Gefäßes liegen einige Kristalle. Deute die geschilderten Beobachtungen. Kleine Hilfe: In den Raum, in dem das Gefäß steht, scheint am Tag stark die Sonne.
2. Von dem in die Lösung gehängten Kristall sinken Schlieren herab. Was wirst du nach einiger Zeit beobachten?

Das Lösen der Aufgaben soll dir helfen, bei weiteren Züchtungsversuchen Fehler zu vermeiden oder die Ursachen für Misserfolge zu erkennen.

1.9 Dichte

Von jeder Stoffportion lassen sich das Volumen und die Masse bestimmen. Besonders einfach ist dies bei Flüssigkeiten. Bestimmt man die Volumina verschiedener Portionen des gleichen Stoffes und deren Masse und trägt diese in einem Diagramm auf, kann man die Abhängigkeit der beiden Größen voneinander feststellen:
Da der Graph im Diagramm eine Ursprungsgerade ist (▷ B1), liegt eine proportionale Zuordnung von Masse und Volumen vor. Der Quotient aus Masse und Volumen ist also konstant. Er wird als **Dichte** bezeichnet.
Werden andere Stoffe geprüft, ergeben sich in den meisten Fällen Geraden mit unterschiedlicher Steigung.
Verschiedene Stoffe haben im Allgemeinen unterschiedliche Dichten. Für *einen* Stoff ist seine Dichte charakteristisch.

$$\text{Dichte} = \frac{\text{Masse}}{\text{Volumen}}; \quad \varrho = \frac{m}{V}$$

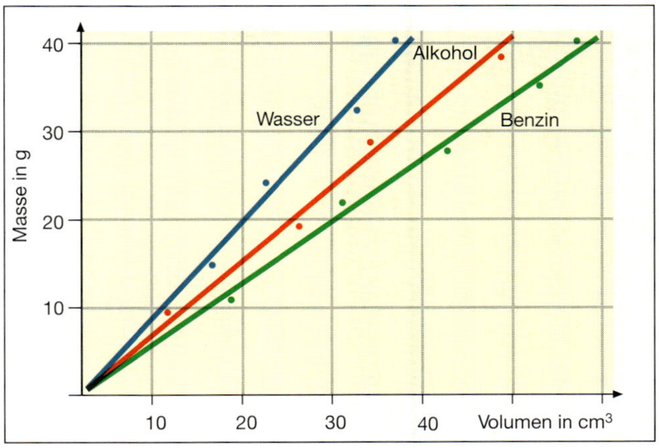

B1 Volumen und Masse einiger flüssiger Stoffportionen im Diagramm

Bestimmung der Dichte. Bestimmt man die Masse kompakter Würfel aus verschiedenen Stoffen mit einer Seitenlänge von $l = 1\,\text{cm}$ (▷ B2), kann man daraus leicht die Dichte ermitteln, da das Volumen $1\,\text{cm}^3$ beträgt.
Um die Dichte unregelmäßig geformter Körper bestimmen zu können, wird zuerst auf der Waage die Masse ermittelt, dann wird das Volumen durch Wasserverdrängung bestimmt. Zur Bestimmung der Dichte flüssiger Stoffe misst man mit einem Messzylinder oder einer Pipette das Volumen einer Flüssigkeitsportion und bestimmt durch Wägung deren Masse.

Dichten sind abhängig von Temperatur und Druck. Tabellenwerte im Buch beziehen sich meist auf einen Druck von 1013 hPa und eine Temperatur von 20 °C.

V 1 Bestimme durch Abwiegen die Masse eines Stücks Aluminium (z. B. von einem Profilstab). Ermittle sein Volumen durch Wasserverdrängung. Berechne die Dichte von Aluminium.

A 1 Ein Messzylinder, der 73 g wog, wurde mit $50\,\text{cm}^3$ Alkohol gefüllt. Die Waage zeigte nun 112,5 g an. Berechne die Dichte des Alkohols.

A 2 Die Dichte von Neutronensternen wird auf $1\,000\,000\,000\,000\,000\,\text{g/cm}^3$ geschätzt. Wie viel wiegt ein stecknadelkopfgroßes Stück ($V \approx 1\,\text{mm}^3$) von diesem Material?

A 3 Blei hat eine Dichte von $11{,}4\,\text{g/cm}^3$. Welche Masse hat ein Bleistück mit dem Volumen $3\,\text{cm}^3$?

B2 Kubikzentimeterwürfel einiger Stoffe. Ihre Dichte lässt sich einfach bestimmen

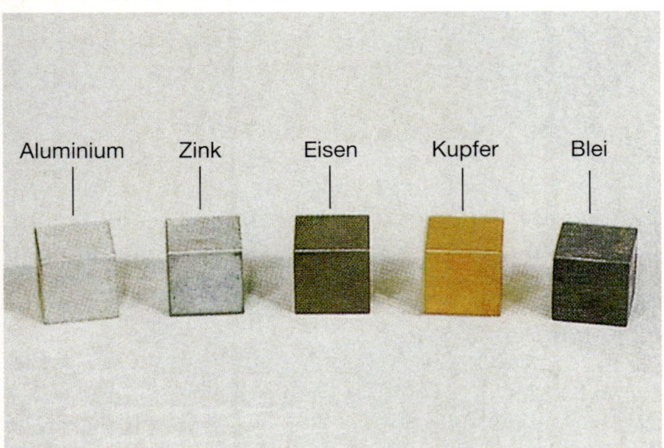

B3 Dichten einiger Stoffe bei 20 °C und 1013 hPa

Stoffe	Aggregatzustand	Dichte in g/cm³
Stickstoff	gasförmig	0,00116
Sauerstoff	gasförmig	0,00133
Alkohol	flüssig	0,79
Wasser	flüssig	1,0
Quecksilber	flüssig	13,55
Magnesium	fest	1,74
Schwefel	fest	2,07
Aluminium	fest	2,70
Zink	fest	7,14
Eisen	fest	7,87
Kupfer	fest	8,93
Silber	fest	10,5
Blei	fest	11,4
Gold	fest	19,32

1.10 Eigenschaftskombination und Steckbrief

B 1 Schwefelkristalle und Schwefelpulver

V 1 Erwärme Schwefel im Reagenzglas langsam bis zum Sieden. Beschreibe die Veränderungen.

V 2 Man entzündet eine Probe Schwefel in einem Verbrennungslöffel unter dem Abzug.

A 1 Stelle einen Steckbrief für Eisen (Kupfer, Kochsalz, Zucker) auf.

A 2 Welche Eigenschaften kennzeichnen einen Stoff?

A 3 Welche Eigenschaften eines Stoffes lassen sich nur mithilfe von Messgeräten ermitteln?

A 4 Nenne die gemeinsamen Eigenschaften von Eisen, Kupfer, Blei und Aluminium.

B 2 Steckbrief für Schwefel

Zustandsform:	*fest*
Farbe:	*gelb*
Kristallform:	*rhombisch*
Geruch:	*geruchlos*
Verformbarkeit:	*spröde*
elektr. Leitfähigkeit:	*keine*
Löslichkeit:	*in Wasser nicht löslich, in Toluol löslich*
Schmelztemperatur:	*119 °C*
Siedetemperatur:	*444 °C (Dampf rotbraun)*
Dichte:	*2,07 g/cm³*
Verhalten beim Erhitzen:	*schmilzt, typische Veränderungen in der Schmelze*
Brennbarkeit:	*brennt mit blauer Flamme*

Wir haben bisher zahlreiche Stoffeigenschaften kennen gelernt. Manche treffen allerdings für mehrere Stoffe zu, ein einzelner Stoff ist durch die Angabe nur einer Stoffeigenschaft meist nicht zu identifizieren.

Erst mehrere Eigenschaften kennzeichnen einen Stoff. Um einen Stoff eindeutig zu beschreiben, muss man mehrere und für den Stoff typische Eigenschaften heranziehen. Am Beispiel des Schwefels lässt sich das gut zeigen. Schwefel erhält man meist in Form von gelben Kristallen oder als gelbes Pulver (▷ B 1). In dieser Form unterscheidet er sich nicht sehr von anderen gelben pulverförmigen Stoffen. Typisch für ihn ist aber sein Verhalten beim Erhitzen.

Schwefel schmilzt zunächst bei 119 °C zu einer honiggelben, leicht beweglichen Flüssigkeit, die bei weiterem Erhitzen rotbraun und zähflüssig wird. Schließlich nimmt die Beweglichkeit der Schmelze wieder zu, die Farbe wird noch dunkler. Bei einer Temperatur von 444 °C siedet die Schmelze, es entsteht rotbrauner Schwefeldampf. Im oberen Teil des Reagenzglases resublimiert Schwefeldampf zu gelbem Schwefelpulver.
Auch die Untersuchung der Brennbarkeit zeigt ein für Schwefel typisches Ergebnis: Schwefel verbrennt mit blauer Flamme, dabei entsteht ein stechend riechendes Gas.
Sein Aussehen, sein Verhalten beim Erhitzen, Brennbarkeit, Schmelz- und Siedetemperatur kennzeichnen den Stoff eindeutig als Schwefel. Nur bei ihm treten diese Eigenschaften kombiniert auf.

Jeder Stoff hat wenigstens eine für ihn typische Eigenschaftskombination.

Stellt man die Eigenschaften eines Stoffes zusammen, so erhält man seinen **Steckbrief**. Mit dessen Hilfe kann man den Stoff *identifizieren* und ihn von anderen Stoffen *unterscheiden*.

In einen Steckbrief sollten alle Eigenschaften aufgenommen werden, die wir bisher kennen gelernt haben: die Zustandsform, die Farbe, die Kristallform, der Geschmack (wenn möglich), der Geruch, die Härte, die Verformbarkeit, die elektrische Leitfähigkeit, die magnetischen Eigenschaften, die Schmelz- und die Siedetemperatur, die Löslichkeit, die Dichte, das Verhalten des Stoffes beim Erhitzen, seine Brennbarkeit.
Häufig reicht allerdings eine Auswahl zur Identifizierung des Stoffes schon aus.

1.11 Projekt: Wir erstellen einen Steckbrief

Durch einen Fingerabdruck kann eine Person eindeutig identifiziert werden. Auch zur Identifizierung eines Stoffes muss nach unverwechselbaren Kennzeichen gesucht werden. Dies ist nicht so einfach. Die Unterschiede z. B. in der Farbe oder Dichte zwischen zwei Stoffen sind nicht immer so groß, dass die experimentellen Ergebnisse für eine eindeutige Zuordnung ausreichen. Werden mehrere Eigenschaften ermittelt, reicht der zusammengestellte Steckbrief zur Identifizierung meist aus.

Im Folgenden erhält deine Gruppe eine Probe Citronensäure oder Fruchtzucker. Es ist eure Aufgabe herauszufinden, welchen Stoff ihr ausgehändigt bekommen habt. Zur Identifizierung der Probe mithilfe der eigenen Versuchsergebnisse kann man ein Chemielexikon heranziehen. Es ist aber auch möglich, dass ein oder zwei Schülergruppen die Versuche mit der Citronensäure und dem Fruchtzucker durchführen. Durch einen Vergleich der Ergebnisse kann die unbekannte Probe dann identifiziert werden. Es sind zu jedem Versuch die Beobachtungen und Deutungen aufzuschreiben; diese sind zusammen mit den untersuchten Eigenschaften in einem Steckbrief zusammenzufassen.

Alle Versuche werden mit Citronensäure (Citronensäure-Monohydrat, krist.) bzw. Fruchtzucker (Fructose) durchgeführt.

Versuch 1 Aussehen der Probe

Geräte und Materialien: Schwarzes Papier, Spatel, Lupe

Durchführung: Gib einige Kristalle der Probe auf das Papier und betrachte sie unter der Lupe.

Versuch 2 Löslichkeit in Wasser und Benzin

Geräte und Chemikalien: Reagenzglasständer, 2 Reagenzgläser mit Stopfen, Spatel, dest. Wasser, Benzin

Durchführung: Gib in je ein Reagenzglas etwa 2 cm hoch dest. Wasser bzw. Benzin und je eine Spatelspitze der Probe. Verschließe das Reagenzglas und schüttle kräftig.

Versuch 3 Bestimmung der Dichte

Geräte und Materialien: Reibschale mit Pistill, Messzylinder (10 ml), Spatel, Waage

Durchführung: Zerreibe einen Teil der Probe. Wiege den Messzylinder. Gib portionsweise 2 ml der zerriebenen Probe in den Messzylinder, rüttle die Probe während des Einfüllens mehrmals zusammen. Bestimme die Masse des Messzylinders mit der 2-ml-Probe.

Versuch 4 Bestimmung der Schmelztemperatur

Geräte und Chemikalien:
Schutzbrille, Stativ, 2 Doppelmuffen, 2 Universalklemmen, Dreifuß, Keramik-Drahtnetz, Thermometer, Becherglas (200 ml, hohe Form), Reagenzglas, gesättigte Kochsalzlösung, Gasbrenner

Durchführung:
Gib in das Reagenzglas 2 Spatel der Probe und baue die Versuchsapparatur wie in der Skizze auf. Verfolge ständig die Temperatur und beobachte die Probe im Reagenzglas.
Es muss die Schutzbrille getragen werden!

Zusatzfrage:
Warum wird als Heizbad nicht Wasser, sondern eine Kochsalzlösung eingesetzt?

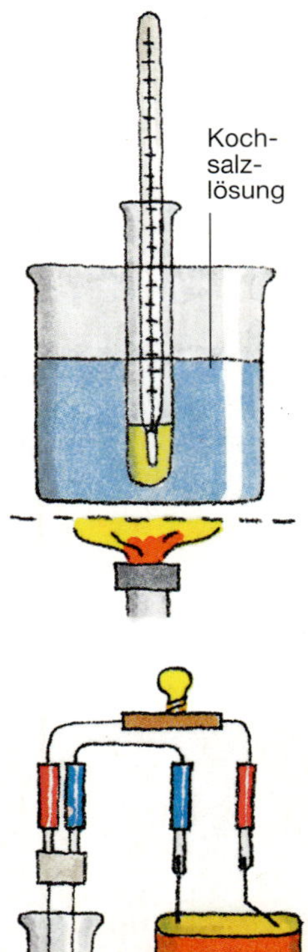

Versuch 5 Untersuchung der elektrischen Leitfähigkeit

Geräte und Materialien:
Batterie (4,5 V), Glühlampe (3,8 V; 0,07 A), Lampenfassung, 3 Experimentierkabel, 2 Krokodilklemmen, Leitfähigkeitsprüfer, Reagenzglas, Spatel, Glasstab, dest. Wasser

Durchführung:
Fülle die Probe etwa 1 cm hoch in das Reagenzglas. Baue die Schaltung nach der Abbildung in der Skizze auf. Stecke den Leitfähigkeitsprüfer in die Probe. Gib anschließend dest. Wasser in das Reagenzglas, schüttle. Prüfe die Leitfähigkeit der Lösung der Probe.

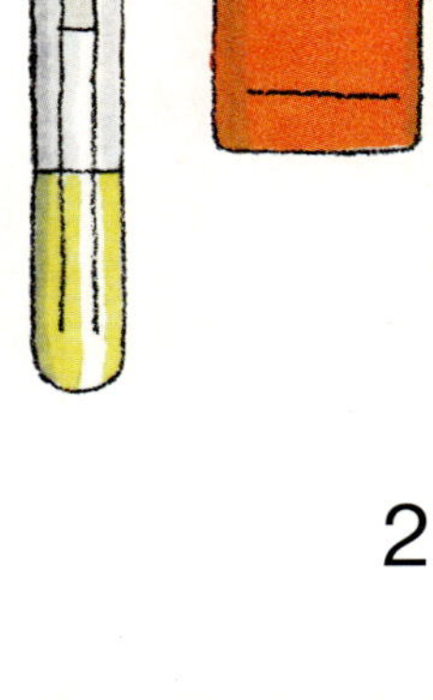

1.12 Stoffklassen

Eigenschaft	Titan	Gold
Zustandsform	fest	fest
Farbe/Oberfläche	grau glänzend	gelb glänzend
Härte	hart	weich
Verformbarkeit	gut	gut
elektrische Leitfähigkeit	gut	gut
Schmelztemperatur	1660 °C	1064 °C
Dichte	4,51 g/cm^3	19,32 g/cm^3

B 1 Steckbriefe von Titan und Gold

V 1 Prüfe Stäbe aus Holz, Glas, Eisen, Kupfer, Kunststoff, Messing, Aluminium, Graphit auf
a) Glanz bei frisch bearbeiteter Oberfläche,
b) Wärmeleitfähigkeit (Eintauchen in heißes Wasser),
c) elektrische Leitfähigkeit (↗ Kap. 1.1, ▷ B 8).
Vergleiche die Ergebnisse.

A 1 Erstelle Steckbriefe für die Stoffe Aluminium, Blei, Eisen, Kochsalz (Natriumchlorid), Kaliumnitrat, Kupfersulfat, Sauerstoff, Schwefel und Wasser. Suche ähnliche Eigenschaftskombinationen heraus und bilde Gruppen.

A 2 Schreibe die Eigenschaften auf, die alle Metalle gemeinsam haben.

Vergleicht man die Steckbriefe einzelner Stoffe, findet man bei verschiedenen Stoffen gemeinsame Eigenschaftskombinationen (▷ B 1). Diese Stoffe kann man zu einer **Stoffklasse** zusammenfassen.

Drei wichtige Stoffklassen. Stoffe, die niedrige Schmelz- und Siedetemperaturen haben, werden zur Gruppe der **flüchtigen Stoffe** gerechnet. Die meisten dieser Stoffe sind bei Zimmertemperatur flüssig oder gasförmig, sie leiten den elektrischen Strom nicht. In diese Stoffklasse gehören z. B. Wasser, Alkohol und alle Gase.

Stoffe, die wie Kochsalz Kristalle bilden können, hart und spröde sind und eine hohe Schmelztemperatur haben, zählt man zur Stoffklasse der **Salze** (▷ B 2). Salze lösen sich im Allgemeinen in Wasser, wenn auch ihre Löslichkeiten recht unterschiedlich sind. Die wässrigen Lösungen der Salze können wie ihre Schmelzen den elektrischen Strom leiten. Außer Kochsalz gehören in diese Stoffklasse z. B. Kaliumnitrat, Alaun und Kupfersulfat.

Eine besondere Stoffklasse bilden die **Metalle**. Diese Stoffe haben als kompakte Stücke einen typischen Oberflächenglanz, sie sind verformbar durch Hämmern, Biegen, Walzen oder Ziehen, sie leiten den elektrischen Strom und zeigen eine gute Wärmeleitfähigkeit. In diese Stoffklasse gehört außer den bekannten Metallen wie Eisen, Kupfer, Gold und Silber auch das Quecksilber, das einzige bei Zimmertemperatur flüssige Metall (▷ B 3).

Nicht alle Stoffe können in diese drei Stoffklassen eingeordnet werden. So gehört Zucker z. B. nicht in die Stoffklasse der Salze, obwohl er Kristalle bildet und sich gut in Wasser löst. Seine wässrige Lösung leitet jedoch den elektrischen Strom nicht, beim Schmelzen zersetzt er sich.

B 2 Salze. Kristalle von Flussspat, Pyrit, Calcit

B 3 Quecksilber, das einzige bei Zimmertemperatur flüssige Metall. Seine Dämpfe sind sehr giftig

1.13 Die Stoffklasse der Metalle

Metalle werden von Menschen schon seit mehreren tausend Jahren für Gebrauchs- und Schmuckgegenstände verwendet. Zwei Epochen der Menschheitsgeschichte tragen den Namen von Metallen: die *Bronzezeit* und die *Eisenzeit*.
Auch der Name „Chemie“ hat sehr wahrscheinlich mit Metallen zu tun. Man vermutet den Ursprung des Wortes im altägyptischen „chemia“, dem Namen der schwarzen Erde im Nildelta, mit deren Hilfe die Priester des Osiris zur Zeit der Pharaonen Gold und Silber herstellen wollten. Diese beiden Metalle hatten kultische Bedeutung.

Vorkommen der Metalle. Bis auf wenige Ausnahmen müssen die Metalle aus ihren **Erzen**, im Bergbau geförderten Mineralien, gewonnen werden. Die dazu notwendige Technologie mussten die Menschen erst über viele Jahrtausende erlernen. Gold und Silber gehören zu den wenigen Metallen, die man gediegen, d.h. in metallischer Form, an manchen Stellen findet (▷B1). Daher ist Gold bereits seit 10000 Jahren, Silber seit 6000 Jahren bekannt. Das recht schwierig herzustellende Aluminium kennt man erst seit etwas mehr als hundert Jahren.
Auf die Art der Gewinnung der Metalle bzw. ihrer Erze deutet schon der Name „Metall“ hin: „metallon“ ist das griechische Wort für Grube oder Bergwerk.

Einteilung der Metalle. Ihre Seltenheit und ihre schon immer bedeutende Stellung z.B. als Schmuckmetall oder als Zahlungsmittel machen Gold und Silber sehr wertvoll. Aber nicht deshalb gehören sie zu den Edelmetallen. Im Gegensatz zu anderen Metallen behalten **Edelmetalle** ihren Glanz auch an feuchter Luft. Das **Halbedelmetall** Kupfer überzieht sich bei Wind und Wetter nach einiger Zeit mit einer schwarzen oder grünen Schicht. **Unedle Metalle** wie z.B. Eisen sind an feuchter Luft nicht lange unverändert beständig: Eisen rostet.

Die *Dichte* ist eine weitere Möglichkeit, Metalle zu ordnen. So bezeichnet man Metalle, deren Dichte kleiner ist als $5\,g/cm^3$, als **Leichtmetalle**, alle übrigen als **Schwermetalle**. Die bekanntesten Leichtmetalle sind Magnesium und Aluminium, Beispiele für Schwermetalle sind Gold und Blei.

Legierungen. Werden verschiedene Metalle zusammengeschmolzen, so entstehen *Legierungen* (▷B3). Diese haben andere Eigenschaften als die reinen Metalle. Aus den recht weichen Metallen Kupfer und Zinn entsteht so die wesentlich härtere und bei niedrigeren Temperaturen schmelzende Bronze. In der Bronzezeit wurden aus ihr Skulpturen, Schmuckstücke und Werkzeuge hergestellt (▷B2).

B1 Gold auf Quarzgestein

B2 Bronzeplastik aus Ninive (um 2300 v. Chr.)

B3 Legierungen

Name der Legierung ***Verwendungsbeispiele***	**Zusammensetzung** (Massenanteile)
Duraluminium *Fenster, Profile, Felgen, Fahrräder*	91,9–96,8 % Aluminium 2,5–5 % Kupfer 0,2–1,6 % Magnesium 0,5–1,5 % Mangan
Alpaka (Neusilber) *Modeschmuck, Kern von versilbertem Besteck*	30–70 % Kupfer 11–26 % Nickel 12–44 % Zink
Glockenbronze *Glocken, Skulpturen*	75–80 % Kupfer 20–25 % Zinn
Konstantan *Widerstandsdraht*	55 % Kupfer 45 % Nickel
Messing *Beschläge, Armaturen, Schrauben, Schmuck*	60–70 % Kupfer 30–40 % Zink
Münzmetall *Münzen, Schmuck*	80–90 % Silber 10–20 % Kupfer
Grauguss *Werkstücke, Öfen, Pfannen*	91,2–97,3 % Eisen 2–4 % Kohlenstoff 0,3–3 % Silicium 0,3–1,2 % Mangan 0,1–0,6 % Phosphor
Edelstahl, V2a *„rostfreie“ Gegenstände aus „Eisen“, Besteck*	68–88 % Eisen 12–18 % Chrom 0–14 % Nickel

B4 Barren aus **Aluminium**

B5 Feuerverzinkung

V 1 Ritze Bleche verschiedener Metalle (z. B. Aluminium, Blei, Eisen, Kupfer, Zink) mit einem Stahlnagel. Achte auf etwa gleiche Druckausübung. Prüfe die Ritzspuren mit einer Lupe und ordne die Metalle nach ihrer Härte.

A 1 Ordne die in diesem Kapitel aufgeführten Metalle nach ihrer Dichte (↗ Kap. 1.9, ▷ B3 und ↗ Kap. 1.12, ▷ B1). Markiere Leicht- und Schwermetalle.

A 2 Stelle für die Metalle Aluminium, Blei, Gold, Kupfer, Silber und Zink in tabellarischer Form wichtige Verwendungsmöglichkeiten zusammen.

A 3 Aluminium ist ein wichtiges Gebrauchsmetall. Warum wird es nur selten in reiner Form verwendet?

Aluminium ist heute das wichtigste Leichtmetall. Es wird allerdings nur selten rein verwendet, z. B. in Form von Folien. Aus Legierungen des Aluminiums werden z. B. Fensterrahmen, Autofelgen, Leichtfahrräder und Flugzeuge hergestellt.
Aluminium wurde erst 1827 durch FRIEDRICH WÖHLER entdeckt. Auf der Weltausstellung in Paris 1855 war es eine Sensation. Da es nicht in großen Mengen hergestellt werden konnte, war es so wertvoll, dass am Hof NAPOLEONS III. das beste Essbesteck aus Aluminium bestand.

Blei ist weich und daher leicht verformbar. So wird es z. B. zur Abdichtung auf Dächern an Schornsteinen und Dachfenstern verwendet. Seine große Dichte nutzt man in Tauchergürteln und im Gardinenband als Beschwerung aus. Platten aus Blei befinden sich in Autobatterien. Weil es Röntgenstrahlen nicht durchlässt, braucht man es als Strahlungsschutz, z. B. in Bleischürzen beim Röntgen. Seit der Römerzeit wurde Blei als Rohmaterial für Trinkwasserleitungen verwendet. Heute weiß man, dass Blei giftig ist; man stellt daher Trinkwasserleitungen aus Kupfer oder Kunststoff her.

Eisen ist das wichtigste Gebrauchsmetall. Man verwendet es schon seit einigen tausend Jahren, obwohl Gegenständen aus Eisen durch Rosten an feuchter Luft zerstört werden können. Zu seinem Schutz überzieht man Eisen mit Lack oder Zink. Die „Verzinkung" kann durch Eintauchen des Eisens in geschmolzenes Zink (Feuerverzinkung, ▷ B5) erfolgen.
Reines Eisen wird sehr selten verwendet. Häufig bestehen eiserne Gegenstände aus Legierungen des Eisens mit anderen Metallen und Kohlenstoff, den Stählen. Stahl, der aus Eisen, Nickel und Chrom besteht, rostet nicht, er heißt deshalb Edelstahl (▷ B3).

Zur Gewinnung von Gold macht man sich schon seit der Steinzeit die große Dichte des Metalls zunutze. Wie in dem Bild aus dem Jahre 1556 gezeigt, wäscht man das gemahlene Gestein oder den Flusssand und spült die Anteile mit geringerer Dichte weg. Die Goldstückchen bleiben am Boden liegen. Seit dem Mittelalter, als man in Spanien aus dem dort geförderten Mineral Zinnober Quecksilber herstellen konnte, sammelte man kleine Goldflitter mit diesem flüssigen Metall. Das goldhaltige Gemenge wurde mit Quecksilber geknetet, wobei sich eine feste Legierung, Goldamalgam, bildete. Das überschüssige Quecksilber wurde durch ein Tuch gedrückt und so vom Goldamalgam getrennt. Dieses erhitzte man in Schmelztiegeln, Die Legierung trennte sich wieder, das leicht flüchtige Quecksilber verdampfte und das Gold blieb zurück.
Die Arbeiter wurden wegen des giftigen Quecksilbers – wie auch bei dessen Gewinnung in Spanien – häufig krank. 1796 schrieb man: „Diese Art Leute sind freilich vielen Übeln ausgesetzt und wenn sie das Zittern oder Krämpfe bekommen, so behalten sie zeitlebens diese Krankheiten". Wie lange dieses Leben dauerte, wird nicht gesagt. Auch heute wendet man dieses Verfahren noch manchmal in Südamerika und auf den Philippinen an.

Gold ist ein sehr weiches Metall, das sich leicht zu Blattgold auswalzen lässt. Mit Blattgold vergoldet man Plastiken und besondere Teile an alten Bauwerken (▷ B6). Für Schmuck verwendet man Gold mit Silber und/oder Kupfer legiert. Man kann so verschiedene Färbungen der Legierung erreichen (Weißgold, Rotgold). Die Zahl 585 auf einem Ring bedeutet, dass die Legierung zu 585 von 1000 Teilen aus Gold besteht. Gold dient auch als Geldanlage.

Kupfer ist ein weiches, dehnbares Schwermetall; Kupferblech lässt sich durch Hämmern verformen (↗ Kap. 1.1). Beim Bauen wird Kupfer für Leitungsrohre, Dachrinnen und Verkleidungen gebraucht. Aufgrund seiner guten Leitfähigkeit für den elektrischen Strom verwendet man es in Elektrokabeln.
Kupfer ist Bestandteil vieler Legierungen (▷ B3). So ist z. B. Messing eine Legierung aus Kupfer und Zink.

B6 Vergoldung an einem Hausgiebel

Silber ist ein weiches Edelmetall. Weil es so weich ist, legiert man es meist mit anderen Metallen. Silberschmuck wird aus Silberlegierungen mit Kupfer hergestellt; der Silbergehalt lässt sich aus dem eingedrückten Stempel ermitteln. Die Zahl gibt den Silberanteil in 1000 Teilen Legierung an. Silberbesteck hat häufig nur eine Silberauflage. Die Zahl 90 bedeutet, dass 12 Esslöffel und -gabeln mit 90 g Silber überzogen sind. Mit Quecksilber legiertes Silber, Silberamalgam, wird häufig für Zahnfüllungen verwendet.

B7 Gegenstände aus Silber

B8 Teller aus Zinn

Zink ist ein hellgraues Schwermetall, das an der Luft schnell seinen Glanz verliert. Zinkbleche werden als Dachrinnen und zum Abdichten beim Hausbau verwendet. Zink ist Bestandteil vieler Batterien. In den Legierungen Messing und Neusilber (▷ B3) ist es enthalten.

Zinn ist ein weiches, silberglänzendes Schwermetall mit einer Dichte von 7,3 g/cm^3. Es wird verwendet zur Herstellung von Zinntellern und -bechern, für Folien (Stanniol) und als Legierungsbestandteil in Bronze und Lötzinn. Mit Zinn überzogenes Eisen ist Weißblech, aus dem z. B. Dosen hergestellt werden.

B9 Rotorkopf eines Hubschraubers aus einer Titanlegierung

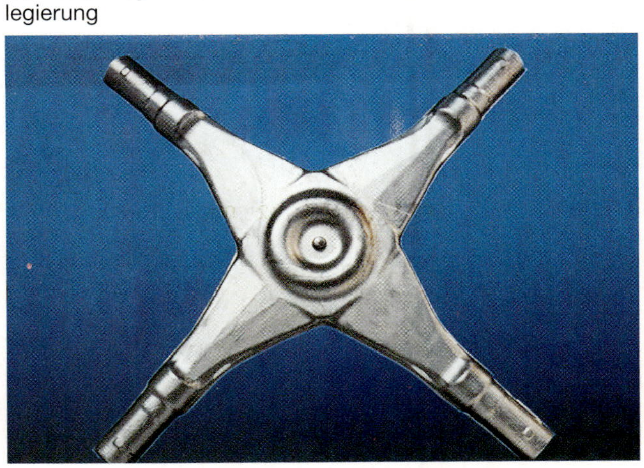

Titan ist ein silbergraues Metall mit einer geringen Dichte (↗ Kap. 1.12, ▷ B1), das in Legierung mit anderen Metallen, z. B. Aluminium, eine vielseitige Verwendung findet. Titanlegierungen zeichnen sich durch ihre geringe Dichte, hohe Festigkeit und große Korrosionsbeständigkeit aus. Ihr wichtigster Einsatzbereich liegt in der Raum- und Luftfahrt, wo sie Stähle ersetzen, die eine etwa doppelt so hohe Dichte besitzen. Aber auch in der Medizintechnik findet Titan wegen seiner ausgezeichneten Bioverträglichkeit Verwendung, z. B. bei der Herstellung von Prothesen.

1.14 Reinstoff und Stoffgemisch

B 1 Granit, ein natürliches Stoffgemisch aus Feldspat, Quarz und Glimmer

B 2 Beton aus Sand, Zement und Wasser

B 3 Chemikalienetikett mit Reinheitsangabe. Selbst reinste Stoffe enthalten meist noch Beimengungen anderer Stoffe

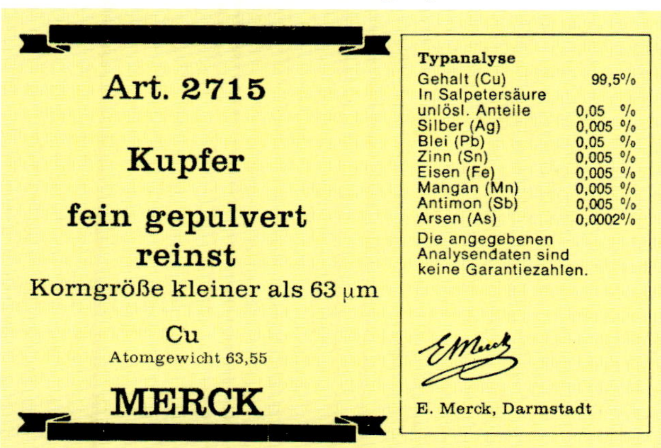

Art. 2715

Kupfer

fein gepulvert

reinst

Korngröße kleiner als 63 μm

Cu

Atomgewicht 63,55

MERCK

Typanalyse

Gehalt (Cu)	99,5%
In Salpetersäure unlösl. Anteile	0,05 %
Silber (Ag)	0,005 %
Blei (Pb)	0,05 %
Zinn (Sn)	0,005 %
Eisen (Fe)	0,005 %
Mangan (Mn)	0,005 %
Antimon (Sb)	0,005 %
Arsen (As)	0,0002%

Die angegebenen Analysendaten sind keine Garantiezahlen.

E. Merck, Darmstadt

Stoffgemische in unserer Umwelt. Wir haben bisher zahlreiche Stoffe kennen gelernt und erfahren, dass Stoffe bestimmte Eigenschaften besitzen. Dabei haben wir meist Stoffe verwendet, die nicht mit anderen Stoffen vermischt waren. In der Chemie werden solche Stoffe als **Reinstoffe** bezeichnet. Reinstoffe sind durch ihre messbaren Eigenschaften eindeutig gekennzeichnet.

Die Mehrzahl der Stoffe, die uns täglich begegnen, sind jedoch **Stoffgemische**. Sie bestehen aus verschiedenen Reinstoffen. So sieht man bereits mit bloßem Auge, dass der Stoff Granit (▷ B 1) nicht einheitlich aufgebaut ist. Bei näherem Betrachten erkennt man, dass er aus drei verschiedenen festen Bestandteilen besteht: aus rötlichem Feldspat, weißem Quarz und schwarzem Glimmer (▷ V 1). Granit ist ein Stoffgemisch, das in seine Bestandteile zerlegt werden kann (▷ V 3).
Steinsalz, Sandstein und Gartenerde sind Gemische von festen Stoffen, die ebenfalls in der Natur vorkommen. Für viele Zwecke im Alltag stellt man sich Stoffgemische her, beispielsweise beim Mischen von Farben und Zubereiten von Medikamenten, bei der Herstellung von Beton (▷ B 2), bei der Zubereitung von Speisen und bei der Herstellung von Teig.

Wie das Chemikalienetikett (▷ B 3) zeigt, enthalten selbst viele Reinstoffe, die im Chemielabor verwendet werden, immer noch geringe Mengen an Verunreinigungen. Die Herstellung von möglichst reinen Stoffen ist eine wichtige und schwierige Aufgabe der Chemikerin bzw. des Chemikers.

Die Bestandteile eines Gemisches fester Stoffe kann man an ihren Eigenschaften erkennen. So erkennt man die Bestandteile des Granits an ihrer Farbe. Häufig reicht das Auge nicht mehr aus und man muss ein Mikroskop zu Hilfe nehmen (▷ V 4).

> Die meisten Stoffe unserer Umwelt sind keine Reinstoffe, sondern Gemische von Reinstoffen.
> In den Gemischen fester Stoffe bleiben die Eigenschaften der Reinstoffe erhalten.

Arten von Stoffgemischen. Reinstoffe treten in drei Aggregatzuständen auf. Man unterscheidet deshalb *verschiedene Arten* von Gemischen.
Ist ein fester, wasserunlöslicher Stoff in Wasser fein verteilt, handelt es sich um eine **Suspension (Aufschlämmung)**. So entsteht eine Suspension bei der Verteilung von Lehm oder Sand in Wasser. Nach einiger Zeit setzt sich der feste Bestandteil des Gemisches am Boden des Gefäßes ab (▷ B 4). Suspensionen entstehen auch, wenn feste, unlösliche Stoffe statt in Wasser in anderen flüssigen Stoffen fein verteilt werden.

B4 Vergleich einiger Gemische. Nur Lösungen sind homogen

Stoffgemisch	Aggregatzustand der Reinstoffe	Benennung
Granit, Steinsalz	fest–fest	Feststoffgemisch
Lehmwasser Kochsalzlösung	fest–flüssig	Suspension Lösung
Fetttropfen in Milch Weinbrand	flüssig–flüssig	Emulsion Lösung
Flüssigkeitströpfchen in der Luft	flüssig–gasförmig	Nebel
Sprudel	fest–flüssig–gasförmig	Lösung
Ruß- und Staubkörnchen in der Luft	fest–gasförmig	Rauch

B5 Einteilung und Bennenung von Stoffgemischen nach dem Aggregatzustand der Bestandteile

Wasser und Speiseöl sind zwei nicht ineinander lösliche Flüssigkeiten. Schüttelt man Wasser mit Speiseöl, erhält man eine milchige Flüssigkeit, eine **Emulsion**. Emulsionen entstehen, wenn eine Flüssigkeit in feinen Tropfen in einer anderen Flüssigkeit verteilt wird. Die Öl-Wasser-Emulsion entmischt sich nach kurzer Zeit, das Öl scheidet sich über dem Wasser ab (▷B4). Eine über längere Zeit haltbare Emulsion ist Milch, ein Gemisch von Fetttröpfchen in Wasser.
Schweben feinste Flüssigkeitströpfchen in einem Gas, spricht man von einem **Nebel**. Ein Gemisch aus feinen Feststoffteilchen in einem Gas nennt man **Rauch**.

Ein Stoffgemisch, bei dem die verschiedenen Bestandteile noch zu erkennen sind, ist *nicht einheitlich* aufgebaut. Man bezeichnet solche Stoffgemische als **heterogen** (griech. ungleichartig). Feste Stoffgemische, Suspensionen und Emulsionen sind heterogene Stoffgemische. Daneben gibt es Stoffgemische, bei denen man auch bei stärkster Vergrößerung mit dem Mikroskop keine einzelnen Bestandteile erkennen kann. Sie sehen völlig *einheitlich* aus. Diese Stoffgemische bezeichnet man als **homogen** (griech. gleichartig).

Die **Lösung** von blauem Kupfersulfat in Wasser ist ein homogenes Stoffgemisch (▷B4). Solche Lösungen haben wir bereits in ↗ Kap. 1.7 kennen gelernt. Lösungen entstehen auch, wenn zwei ineinander lösliche Flüssigkeiten vermischt werden (z. B. Alkohol und Wasser) oder ein gasförmiger Stoff sich in einer Flüssigkeit löst (z. B. Kohlenstoffdioxid im Sprudel).

Suspensionen und Emulsionen sind heterogene, Lösungen sind homogene Stoffgemische.

V 1 Untersuche Granit mit einer Lupe. Wie viele Bestandteile kannst du erkennen?

V 2 Untersuche auf die gleiche Weise Steinsalz.

V 3 Zerkleinere möglichst grobkörnigen Granit und sortiere mit einer Pinzette die verschiedenen Bestandteile.

V 4 Mische gleichgroße Portionen a) Eisen- und Schwefelpulver, b) Zucker und Kochsalz. Betrachte die Gemische unter dem Mikroskop. An welchen Eigenschaften kann man die Bestandteile erkennen?

V 5 Gib einige der folgenden Stoffe in Wasser und schüttle: Zucker, Sand, Kreidepulver, Speiseöl, Kochsalz, Benzin, Alkohol. Benenne die Gemische. Welche sind homogen, welche heterogen?

A 1 Ordne die folgenden Stoffe nach Reinstoffen und Stoffgemischen: Holz, Kupfer, Meerwasser, Limonade, Kochsalz, Papier, Aluminium, Apfelsaft, Leitungswasser, Schwefel, Milch, Tee.

A 2 Gib an, ob Aufschlämmungen oder Lösungen entstehen, wenn man folgende Stoffe mit Wasser schüttelt: a) Mehl, b) Sand, c) Zucker, d) Spülmittel, e) Kochsalz, f) Holzkohlepulver.

A 3 Zu welchem Gemischtyp gehört ein Gemisch aus a) Benzin und Wasser, b) Sand und Wasser, c) Alkohol und Wasser, d) Zucker und Wasser, e) Zucker und Mehl?

A 4 Begründe, warum ein Reinstoff homogen ist.

1.15 Überprüfung und Vertiefung

B 1 Zu Aufgabe 2

Stoff	**Lösungsmittel**	
	Benzin	**Wasser**
Holzkohle	nein	nein
Öl, Fett	ja	nein
Kochsalz	nein	ja
Alkohol	ja	ja
Rohrzucker	nein	ja
Naphthalin	ja	nein
Kerzenwachs	ja	nein

B 2 Zu Aufgabe 7

B 3 Zu Aufgabe 12

1 Gib die Stoffe an, die zur Herstellung eines Fahrrades verwendet werden.

2 Ein Becher wurde auf eine heiße Platte gestellt. Das Ergebnis siehst du in ▷B 1. a) Du kannst sicher entscheiden, ob der Becher aus Glas oder Kunststoff besteht. Begründe deine Entscheidung.
b) Was ist beim Erhitzen des Bechers geschehen? Handelt es sich um eine vorübergehende oder bleibende Veränderung des Stoffes? Warum?

3 Beim Gefriertrocknen von Kaffee wird flüssiger Kaffeextrakt tiefgefroren und vermindertem Druck (Vakuum) ausgesetzt. Dabei verflüchtigt sich das Eis, zurück bleibt trockenes Kaffeepulver. Welcher Übergang zwischen den Aggregatzuständen erfolgt hier?

4 Erkläre das Auftreten von Nebel beim Ausatmen in kalter Luft.

5 Erkläre, warum in Polargebieten keine Quecksilberthermometer verwendet werden können, sondern nur solche mit gefärbtem Alkohol.

6 Beim Erhitzen von Wasser entweicht die darin gelöste Luft (↗ Kap. 1.7, ▷B 1).
a) Was folgt daraus für die Löslichkeit von Luft in Wasser?
b) Wie verändert sich im Vergleich dazu die Löslichkeit von Alaun in Wasser bei steigender Temperatur?

7 In ▷B 2 findest du eine Tabelle, in der Lösungseigenschaften von Benzin und Wasser aufgeführt sind. Versuche mit ihrer Hilfe zu ermitteln, worin sich Paraffin bzw. Kandis lösen.

8 Bei einem Schmuckstück soll überprüft werden, ob es sich tatsächlich um Gold oder um eine Fälschung handelt, bei der ein anderer Stoff lediglich mit Gold überzogen wurde. Bei der Untersuchung darf der Gegenstand natürlich nicht zerstört werden. Plane die Vorgehensweise.

9 Manchmal wird der Gehalt eines Stoffes in einer Lösung unter Verwendung der Einheit g/ℓ angegeben. Was ist damit gemeint?

10 Auch aus verdünnter Kochsalzlösung kann man Kristalle züchten, es dauert nur länger. Warum? Beschreibe unter Einbeziehung des Kugelteilchen-Modells, was bis zum Auftreten der Kristalle geschieht.

11 22 cm³ eines Stoffes wiegen 298,1 g. Berechne seine Dichte. Um welchen Stoff könnte es sich handeln (↗ Kap. 1.9, ▷B 3)?

12 Gibt man einen Tropfen Brom auf eine Glasplatte und bedeckt sie mit einem Standzylinder, beobachtet man, dass sich im ganzen Zylinder vom Boden her Bromdampf allmählich ausbreitet, obwohl seine Dichte größer ist als die der ihn umgebenden Luft.
a) Nenne den Fachausdruck für diese selbstständig erfolgende Durchmischung.
b) Erkläre die ablaufenden Vorgänge mit dem Kugelteilchen-Modell.

13 100 cm³ Wasser mit einer Temperatur von 25 °C wiegen 99,70 g. Nimmt man Wasser, das 4 °C kalt ist, wiegen 100 cm³ 100,00 g. Erkläre.

Wichtige Begriffe

Gegenstand – Stoff, Stoffeigenschaften, Eigenschaftsänderungen vorübergehend/bleibend, Aggregatzustände, Kugelteilchen-Modell, Schmelz-/Siedetemperatur, Lösung – Lösungsmittel, Löslichkeit, Diffusion, Kristallbildung, Dichte, Eigenschaftskombination/Steckbrief, Stoffklassen, Arten von Stoffgemischen

Trennverfahren

In der Natur kommen viele Stoffe miteinander vermischt vor. Eine wichtige Aufgabe der Chemikerinnen und Chemiker ist es, daraus Reinstoffe herzustellen.
Dabei wird die Auswahl der Trennverfahren durch die unterschiedlichen Eigenschaften der Stoffe und der Gemische bestimmt.

Die Müllsortierung und Wiederverwendung der Bestandteile hilft Rohstoffe zu sparen und entlastet die Deponien.

2.1 Vom Steinsalz zum Speisesalz

B 1 Steinsalz, ein natürliches Gemisch aus Kochsalz und Gestein

V 1 Zerkleinere rohes Steinsalz und gib reichlich Wasser hinzu. Statt Steinsalz kann auch eine Mischung von Kochsalz und Sand verwendet werden.
a) Dekantiere einen kleinen Teil der überstehenden Lösung.
b) Filtriere einen Teil der Flüssigkeit von ▷ V 1a. Verwende dazu einen Glastrichter und ein rundes Filterpapier (▷ B 2). Prüfe Farbe und Geschmack des Filtrates. Bewahre das Filtrat für ▷ V 2 auf.

A 1 Eine Suspension von Sand in Wasser soll filtriert werden. Zeichne die Apparatur.

A 2 Gib an, worauf die Trennwirkung eines Papierfilters beim Filtrieren beruht.

In der Natur kommt Steinsalz in großen Lagerstätten vor. Untersucht man einen rohen Steinsalzbrocken, so erkennt man, dass Steinsalz ein *Gemisch aus Kochsalz und Gestein* ist (▷ B 1). Wie lässt sich daraus der Reinstoff Kochsalz abtrennen?

Steinsalz wird in seine Bestandteile zerlegt. Eine Trennung durch **Auslesen** aufgrund der unterschiedlichen *Farbe* der Gemischbestandteile wäre zu mühsam. Außerdem wäre eine vollständige Abtrennung nicht möglich.

Zur Trennung nutzt man die unterschiedlichen *Löslichkeiten* der Stoffe in Wasser aus. Kochsalz ist in Wasser sehr gut löslich, das Begleitgestein dagegen kaum. Gibt man zu zerkleinertem Steinsalz Wasser, erhält man eine Suspension. Das Kochsalz löst sich auf, das Begleitgestein setzt sich am Gefäßboden ab. Die überstehende Lösung schmeckt salzig.

Durch **sedimentieren (absetzen) Lassen** und **Dekantieren (Abgießen)** erfolgt eine grobe Trennung von Salz und Gestein. Die Lösung ist jedoch noch durch Verunreinigungen getrübt.

Schneller und vollständiger erfolgt die Trennung der Salzlösung vom Gestein durch **Filtrieren** (▷ B 3). Ein Filter wirkt wie ein Sieb mit sehr feinen Poren. Die unlöslichen Bestandteile verbleiben aufgrund ihrer Größe als **Rückstand** auf dem Filter. Das gelöste Salz kann ungehindert die Filterporen passieren. Die hindurchgeflossene Lösung, das **Filtrat**, ist klar und schmeckt salzig (▷ V 1b).

Durch Filtrieren können unlösliche Stoffe von gelösten Stoffen getrennt werden.

B 2 Falten eines runden Filterpapiers zum Einlegen in den Trichter

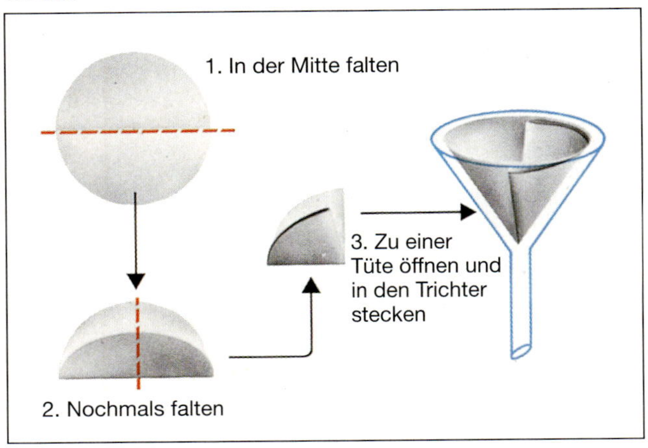

B 3 Filtrieren. Feststoff und Flüssigkeit werden durch den Filter getrennt

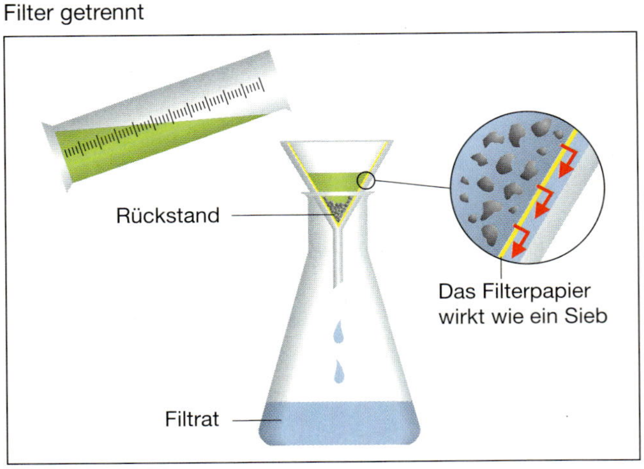

Wir gewinnen Kochsalz aus der Salzlösung. Um aus der Salzlösung das feste Kochsalz zu gewinnen, muss das Wasser entfernt werden. Durch Stehenlassen der Salzlösung an der Luft würde das Wasser nach einiger Zeit verdunsten. Diese Methode ist jedoch sehr zeitraubend. Schneller geht es, wenn man die Salzlösung bis zum Sieden erhitzt (▷ V2). Die unterschiedlichen Siedetemperaturen von Wasser (100 °C) und Kochsalz (1461 °C) erlauben eine Trennung. Es verdampft nur das Wasser. Beim vollständigen **Eindampfen** bleibt in der Schale das weiße Kochsalz zurück (▷ B4).

Durch Eindampfen können viele feste Stoffe aus Lösungen zurückgewonnen werden.

Es ist damit gelungen, mithilfe zweier Trennverfahren, Filtrieren und Eindampfen, den Reinstoff Kochsalz vom Begleitgestein abzutrennen.

B4 Eindampfen. Der gelöste Stoff (Kochsalz, rechts) wird vom Lösungsmittel (Wasser) getrennt

Industrielle Salzgewinnung. Sedimentieren und Eindampfen werden als Trennverfahren auch bei der Salzgewinnung in Salinen angewandt. Man leitet Wasser in eine Salzlagerstätte, wodurch das Salz gelöst wird und die unlöslichen Gesteinsbestandteile im entstehenden Hohlraum zu Boden sinken. Das mit Salz gesättigte Wasser, **Sole** genannt, wird herausgepumpt und in Verdampfungsapparaturen (▷ B5) eingedampft. Das so gewonnene **Siedesalz** wird vorwiegend als Speisesalz verwendet.
In südlichen Ländern gewinnt man unter Ausnutzung von Sonnenenergie **Meersalz** durch Verdunsten von Meerwasser (▷ B6).

Stoffgemische können durch geeignete Trennverfahren in Reinstoffe zerlegt werden.

V 2 Gib das farblose Filtrat von ▷ V1 in eine (schwarz glasierte) Porzellanschale und dampfe die Lösung vorsichtig ein (Schutzbrille!).

V 3 Stelle eine Kochsalzlösung her und dampfe sie vorsichtig in einer Porzellanschale ein (Schutzbrille!). Fertige ein Versuchsprotokoll an.

A 3 Warum ist die Gewinnung von Meersalz aus Nordseewasser in Salzgärten wirtschaftlich nicht sinnvoll?

A 4 Aus rohem Steinsalz soll reines Kochsalz hergestellt werden. Gib die notwendigen Schritte an und benenne die jeweiligen Trennverfahren.

B5 Blick in eine Saline. Die Sole wird in großen Apparaturen eingedampft. Das Salz setzt sich unten ab

B6 Salzgewinnung in Salzgärten durch Verdunsten von Meerwasser

2.2 Trinkwasser aus Salzwasser

Neues Meerwasserentsalzungsprojekt

Madeira. Portugal wird mit technischer Unterstützung der Bundesrepublik auf der nördlich von Madeira gelegenen Atlantikinsel Porto Santo eine besonders wirtschaftliche Variante des Verdunstungsverfahrens zur Entsalzung von Meerwasser mithilfe von Sonnenenergie erproben. Auf Porto Santo leben etwa 3000 Menschen, die mit Trinkwasser versorgt werden müssen. Es fällt aber nur sehr wenig Regen. Die geringen Niederschläge fließen zudem durch den karstigen Boden ins Meer ab, ohne als Quelle zutage zu treten.

Wie in vielen Trockengebieten der Erde herrscht akuter Mangel an Süßwasser, besonders in den Sommermonaten. Die Verbesserung auch herkömmlicher Entsalzungsverfahren ist zu begrüßen, da weltweit sinkende Süßwasserreserven, steigende Bevölkerungszahlen und fortschreitende Industrialisierung immer häufiger den Rückgriff auf Meerwasser zur Trinkwasserversorgung erfordern.

B 1 Trinkwasser ist knapp in Trockengebieten. Es kann durch Entsalzung von Meerwasser gewonnen werden

V 1 Erhitze Kochsalzlösung in einem Becherglas zum Sieden (Siedesteine!). Halte mit einer Reagenzglasklammer ein gut gesäubertes Uhrglas in den Dampf. Prüfe Farbe und Geschmack der kondensierten Flüssigkeit.

V 2 Baue eine Apparatur nach ▷ B 3 auf und destilliere Kochsalzlösung (Schutzbrille!). Verwende dann eine gekühlte Vorlage nach ▷ B 4. Wie wirkt sich die Veränderung aus?

V 3 Baue eine Destillationsapparatur nach ▷ B 6 auf und destilliere a) Kochsalzlösung, b) Tinte.
Vergleiche das Destillat mit der Ausgangslösung und fertige eine Zeichnung der Apparatur an.

Wegen seines hohen Salzgehaltes ist Meerwasser als Trinkwasser und zur Bewässerung nicht geeignet. So enthält ein Liter Nordseewasser 32 Gramm Salz. In vielen südlichen Ländern herrscht Trinkwassermangel, obwohl sie ans Meer grenzen. Es ist deshalb für die dort lebenden Menschen eine wichtige Aufgabe, Meerwasser zu entsalzen.

Wie kann man aus einer Salzlösung *Trinkwasser* gewinnen? Durch Filtrieren ist eine Trennung nicht möglich. Dampft man die Salzlösung ein oder lässt das Wasser verdunsten, erfolgt zwar eine Trennung, das Wasser entweicht jedoch als Dampf. Wir müssen eine Apparatur bauen, mit der man den Wasserdampf *auffangen* und wieder *verflüssigen* kann.

Wir entwickeln eine Destillationsapparatur. Hält man in den Dampf von siedendem Salzwasser eine Glasplatte, so schlägt sich der Wasserdampf nieder, er kondensiert (▷ B 2). Das kondensierte Wasser schmeckt nicht mehr salzig (▷ V 1). Das Salz bleibt also im Siedegefäß zurück.

Auf diese Weise lässt sich nur wenig reines Wasser gewinnen. Günstiger ist es, den Dampf in einem langen Glasrohr kondensieren zu lassen (▷ B 3). Die Ausbeute ist aber immer noch gering, weil sich das Rohr erwärmt und Wasserdampf entweicht. Ein besseres Ergebnis wird erreicht, wenn man das Auffanggefäß, die *Vorlage*, zusätzlich von außen mit kaltem Wasser kühlt (▷ B 4).

Eine weitere Verbesserung wird erzielt, wenn man das Kondensationsrohr mit einem Glasrohr umgibt, das mit Wasser gefüllt ist. In der Praxis verwendet man einen **Kühler** (▷ B 6). Sein *Kühlmantel* wird von unten her von kaltem Wasser durchströmt, sodass der Dampf mit einer immer kühler werdenden Gefäßwand in Berührung kommt *(Gegenstromprinzip)*.

B 2 Kondensation von Wasserdampf an kühler Glasplatte

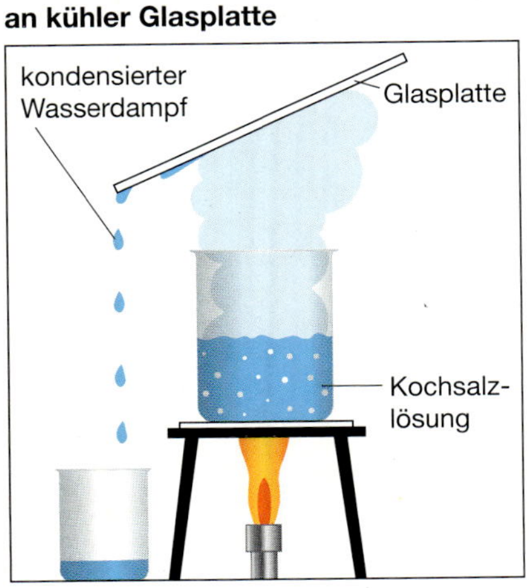

B 3 Kondensation in luftgekühltem Glasrohr

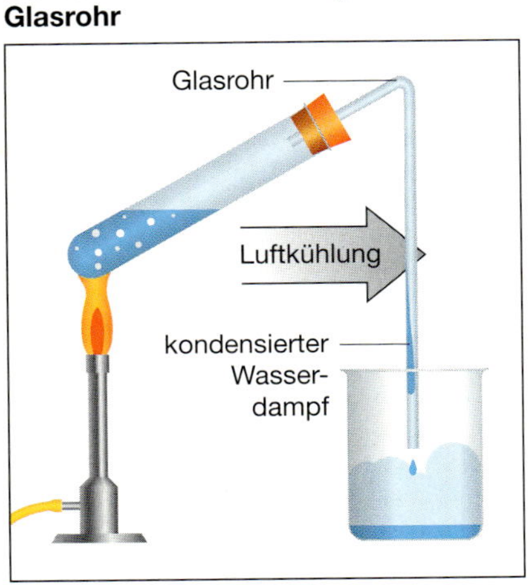

B 4 Kondensation in wassergekühlter Vorlage

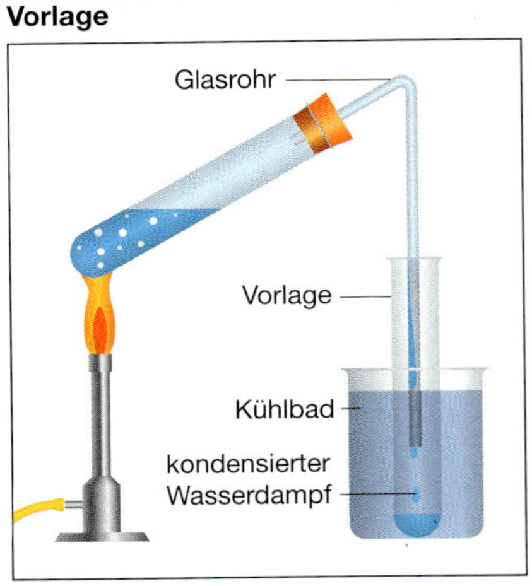

Man erhält **destilliertes Wasser** (von lat. destillare, herabträufeln). Es ist ein Reinstoff, der keine gelösten Stoffe mehr enthält.

Destilliertes Wasser hat im Vergleich zu Leitungswasser einen faden Geschmack und ist ungenießbar. Trinkwasser enthält geringe Mengen an gelösten Stoffen (▷V4). Diese Mineralsalze sind für den Menschen lebensnotwendig, sie verleihen dem Trinkwasser den typischen Geschmack.

Entsalzung von Meerwasser. In einigen südlichen Ländern wird die Destillation von Meerwasser zur Gewinnung von Trinkwasser angewandt. In großen Destillationsanlagen (▷B5) wird Meerwasser durch Sonneneinstrahlung erwärmt. Das verdampfte Wasser kondensiert an kühlen Teilen der Anlage und wird in Sammelrinnen aufgefangen (▷B7). Vor der Verwendung als Trinkwasser werden ihm geringe Mengen an Mineralsalzen zugefügt.

Trennung anderer Stoffgemische durch Destillation. Nicht nur eine Lösung von Kochsalz in Wasser, auch andere Stoffgemische lassen sich aufgrund unterschiedlicher Siedetemperaturen durch Destillation trennen. Destilliert man z. B. ein *Gemisch aus Alkohol und Wasser*, gelingt die Trennung jedoch nicht vollständig, da die Siedetemperaturen der Mischungsbestandteile nahe beieinander liegen. Als Destillat sammelt sich hauptsächlich Alkohol (Siedetemperatur 78 °C), der aber noch Wasser enthält, das unterhalb seiner Siedetemperatur verdunstet ist.

Die Trennung eines Stoffgemisches durch Verdampfen und anschließendes Kondensieren heißt Destillation. Durch Destillation können Stoffe mit unterschiedlichen Siedetemperaturen getrennt werden.

B5 Destillationsanlage zur Entsalzung von Meerwasser auf Porto Santo. Die Sonne liefert die erforderliche Wärme

V 4 Dampfe Leitungswasser in einer (schwarz glasierten) Porzellanschale oder im Reagenzglas vorsichtig ein. Ist Leitungswasser ein Reinstoff?

V 5 Man destilliert in einer Apparatur nach ▷B6 Rotwein. Die Vorlage wird mehrmals gewechselt. Prüfe die verschiedenen Destillate auf Geruch und Brennbarkeit. Deute das Ergebnis.

A 1 Welche Gemische lassen sich durch Destillation trennen? Begründe!

A 2 Vergleiche destilliertes Wasser, Meerwasser, Regenwasser (Geschmack, Reinstoff oder Stoffgemisch, Entstehungsweise).

B6 Destillationsapparatur mit Gegenstromkühler. Der Wasserdampf kondensiert vollständig

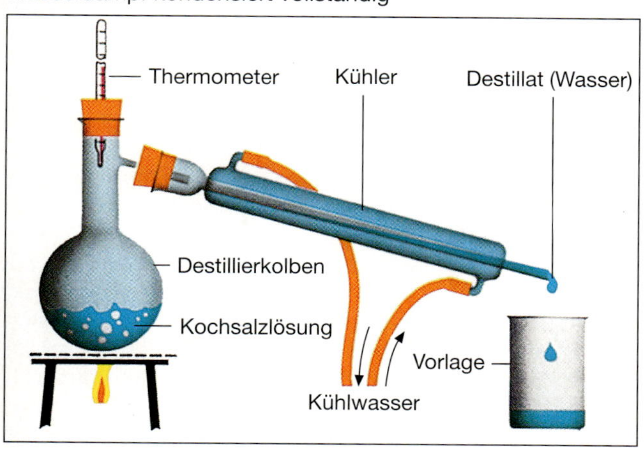

B7 Schemabild einer Destillationsanlage zur Entsalzung von Meerwasser

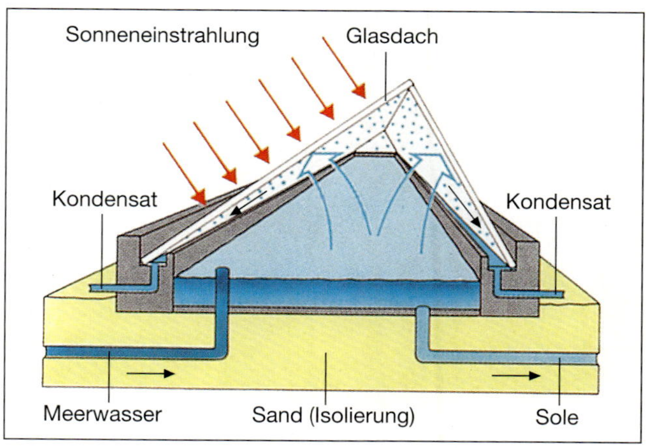

2.3 Projekt: Untersuchung von Orangenlimonade

B 1 Orangenlimonade. Das Etikett gibt an, welche Zutaten bei der Herstellung verwendet werden

Limonaden sind süße, alkoholfreie, mit Kohlenstoffdioxid („Kohlensäure") versetzte Erfrischungsgetränke. Der Name leitet sich von dem italienischen Wort für Zitrone (Limone) ab.

Die meisten Limonaden werden aus einem sogenannten *Limonadengrundstoff* hergestellt. Er wird z. B. aus Zitronen oder Orangen gewonnen und kann verschiedene Zusatzstoffe enthalten. Dazu gehören Zucker, natürliche Aromastoffe, für den Genuss zugelassene Säuren (z. B. Citronensäure), Vitamin C, natürliche Farbstoffe (z. B. Carotin) und Stabilisator (Johannisbrotkernmehl). Der Stabilisator bewirkt, dass sich die feinen Stückchen aus dem Fruchtfleisch nicht am Boden absetzen.

Klare Limonaden enthalten keinen Limonadengrundstoff.

B 2 Arbeitsplatz mit Geräten zur Untersuchung von Limonade

Orangenlimonade ist beliebt, weil sie den Durst löscht, auf der Zunge prickelt, zugleich süß und säuerlich schmeckt und nach Orangen duftet. Es gibt keinen reinen Stoff, der alle diese Eigenschaften besitzt. Orangenlimonade ist ein Gemisch aus mehreren Stoffen.

In den folgenden Experimenten soll mit geeigneten Verfahren Orangenlimonade in verschiedene Bestandteile getrennt werden. Außerdem werden einige Inhaltsstoffe nachgewiesen.
Da im Verlauf der Untersuchungen auch eine Geschmacksprobe ausgeführt werden soll, ist ein sorgfältiges Arbeiten mit sauberen Geräten unerlässlich.

Versuch 1 Ausschütteln

Geräte und Chemikalien:
Glaskolben, Stopfen, Glasrohr, Schlauch, Becherglas, Kalkwasser

Durchführung:
Gib etwa 100 ml Limonade in einen Glaskolben. Schüttle kräftig und leite das entstehende Gas in ein Becherglas mit Kalkwasser.

Auswertung:
Notiere das Versuchsergebnis. Gib an, welcher Stoff abgetrennt wurde.

Versuch 2 Filtration

Geräte und Chemikalien:
Glastrichter, Filtriergestell, Becherglas, Filterpapier

Durchführung:
a) Filtriere etwa 20 ml Limonade unter Verwendung eines Filterpapiers.
b) Wiederhole die Filtration mit einer doppelten Lage Filterpapier.

Auswertung:
Überlege, wie der Ausgang des Experimentes zu erklären ist.

Versuch 3 Einsatz der Trennsäule

Geräte und Chemikalien:
Glasrohr (Durchmesser ca. 2 cm, Länge ca. 15 cm), Gummistopfen mit Bohrung, Glashahn, Glaswolle, Glasstab, Trichter, Becherglas, Tonerde

Durchführung:
Gib in ein senkrecht eingespanntes Glasrohr („Säule"), das unten mit einem Hahn verschlossen werden kann, einen Bausch Glaswolle oder Watte und drücke ihn mit einem Glasstab leicht an. Fülle nun etwa 4 cm hoch Tonerde ein und schlämme sie mit Wasser ein, bis sie vollständig durchfeuchtet ist. Lass überstehendes Wasser ablaufen und schließe dann den Hahn. Bedecke die Oberfläche der Tonerdefüllung locker mit einem weiteren Bausch Glaswolle und gib vorsichtig 20 ml ausgeschüttelte Limonade aus Versuch 1 in das Glasrohr und lass sie durch die Tonerde

laufen. Schütte die ersten 5 ml der ablaufenden Flüssigkeit weg und fange den übrigen Teil in einem Becherglas auf.

Auswertung:
Prüfe das Aussehen der Säule und des Filtrats und fertige eine Zeichnung von der Versuchsapparatur an.

Versuch 4 Untersuchung des Filtrats

Geräte und Chemikalien:
Brenner, Keramik-Drahtnetz, Dreifuß, Becherglas, Uhrglas, Teststäbchen für Vitamin C (Ascorbinsäure)

Durchführung:
a) Führe mit einem kleinen Teil der klaren Flüssigkeit vorsichtig eine Geschmacksprobe aus.
b) Tauche ein Vitamin-C-Teststäbchen in das Filtrat.
c) Gieße einen Teil des Filtrats auf ein Uhrglas, stelle es auf den Dreifuß und erhitze es vorsichtig über einer ganz kleinen Flamme.

Auswertung:
Notiere die Versuchsergebnisse und gib an, welche Stoffe nachgewiesen sind.

Versuch 5 Untersuchung der Oberfläche der Säule

Geräte und Chemikalien:
Glasstab, Spatel, Reagenzglas, Wasser

Durchführung:
Entferne den Glashahn und schiebe den Inhalt der Säule vorsichtig mit dem Glasstab nach oben, bis er etwa 3 mm weit aus dem Glasrohr herausschaut. Betrachte genau die Oberfläche. Hebe anschließend mit einem Spatel den herausragenden Teil der Füllung ab, gib ihn in ein Reagenzglas mit Wasser, schüttle und lass das Reagenzglas anschließend einige Minuten ruhig stehen.

Auswertung:
Gib an, welcher Teil der Limonade abgetrennt wurde.

Versuch 6 Untersuchung des gelben Teils der Säule

Geräte und Chemikalien:
Spatel, Becherglas (50 ml), Glasstab, kleines verschließbares Gläschen, Filterpapier, Tropfpipette, Pentan

Durchführung:
Schiebe mit dem Glasstab den gesamten gelben Teil der Säule heraus und gib ihn in ein kleines Becherglas. Gib etwa 2 bis 3 ml Pentan (Vorsicht! Leicht entzündlich!) hinzu und rühre um. Fülle die entstehende gelbe Flüssigkeit in ein kleines verschließbares Gläschen. Gib einen Tropfen davon mit einer Pipette auf ein Filterpapier, wedele kurz das Papier hin und her und setze einige weitere Tropfen auf dieselbe Stelle.

Auswertung:
Stelle nach dem vollständigen Verdunsten des Pentans Aussehen und Geruch des Filterpapiers an der Eintropfstelle fest. Gib an, welche Inhaltsstoffe der Limonade in der gelben Flüssigkeit vorliegen.

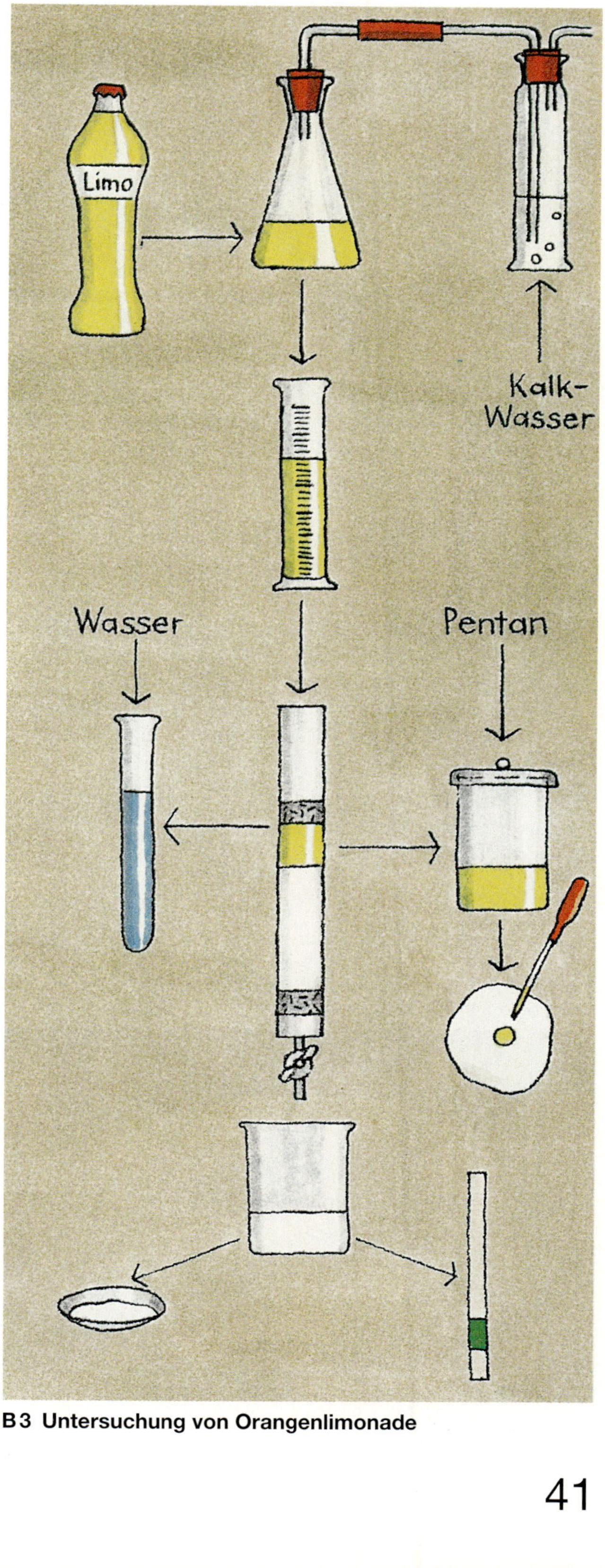

B3 Untersuchung von Orangenlimonade

2.4 Weitere Trennverfahren

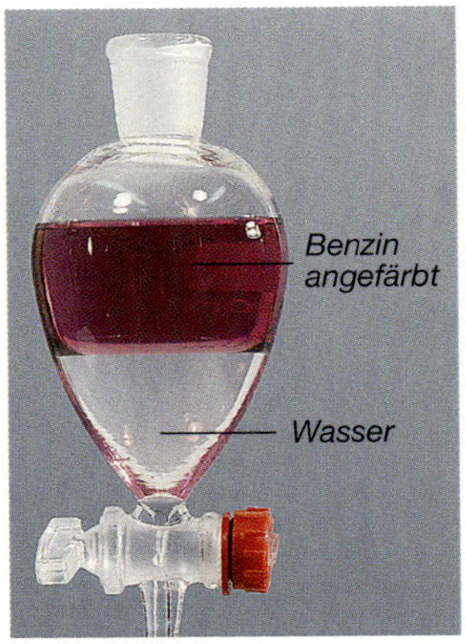

B 1 Trennung zweier Flüssigkeiten im Scheidetrichter

B 2 Zentrifugieren beschleunigt das Absetzen

V 1 Stelle im Becherglas eine Mischung aus Sand und Styroporkügelchen her und fülle mit Wasser auf. Erkläre deine Beobachtungen.

V 2 Untersuche die Zusammensetzung schwarzer und anderer Filzstiftfarben (▷ B 3). Der Papierdocht taucht in eine mit Wasser gefüllte Schale. Als Fließmittel kann auch ein Gemisch aus Wasser (2 Teile), Butanol (2 Teile) und Eisessig (1 Teil) verwendet werden. Protokolliere.

A 1 Warum lässt sich ein Gemisch aus Alkohol und Wasser im Scheidetrichter nicht trennen?

A 2 Worauf ist die in ▷ B 3 gezeigte Trennung von Farbstoffen zurückzuführen?

Feststoffe verschiedener *Dichten* können mithilfe einer Flüssigkeit getrennt werden, deren Dichte so gewählt ist, dass der eine Stoff nach oben steigt, während der andere zu Boden sinkt (**Schwimmtrennung**, ▷ V 1). Zwei ineinander nicht lösliche Flüssigkeiten lassen sich mit dem *Scheidetrichter* dadurch trennen, dass man die Flüssigkeit mit der größeren Dichte unten ablässt (▷ B 1).

Durch **Zentrifugieren** (▷ B 2) kann das Entmischen einer Suspension oder Emulsion beschleunigt werden.

Schwefel lässt sich aus schwefelhaltigem Gestein aufgrund seiner niedrigen *Schmelztemperatur* durch **Ausschmelzen** gewinnen. Auch das Auslassen von Fett beruht auf diesem Prinzip.

Beim **Extrahieren (Herauslösen)** nutzt man die unterschiedliche *Löslichkeit* der Gemischbestandteile aus. So kann Kochsalz aus Steinsalz herausgelöst (extrahiert) werden, ebenso Pflanzenfett aus Samen mit geeigneten Lösungsmitteln.

Mithilfe der **Chromatografie** (Hafttrennung) lassen sich *kleinste Portionen* von Gemischen schnell und schonend auftrennen. Trägt man Filzstiftfarbe um das Loch eines durchbohrten Rundfilters auf und tränkt dieses von innen mit einem Fließmittel, so entstehen verschiedene Farbzonen (▷ B 3, ▷ V 2). Der Farbstoff ist demnach ein Gemisch. Die Auftrennung kommt dadurch zustande, dass die einzelnen Farben an den Papierfasern unterschiedlich fest haften. Die Farbe mit der geringsten *Haftfestigkeit* wird vom Fließmittel am weitesten vom Ausgangspunkt wegbefördert. Da die Trennung auf Papier stattfindet, spricht man von **Papierchromatografie**.

B 3 Papierchromatografie. Schwarze Filzschreiberfarbe wird in einzelne Farbstoffe aufgetrennt

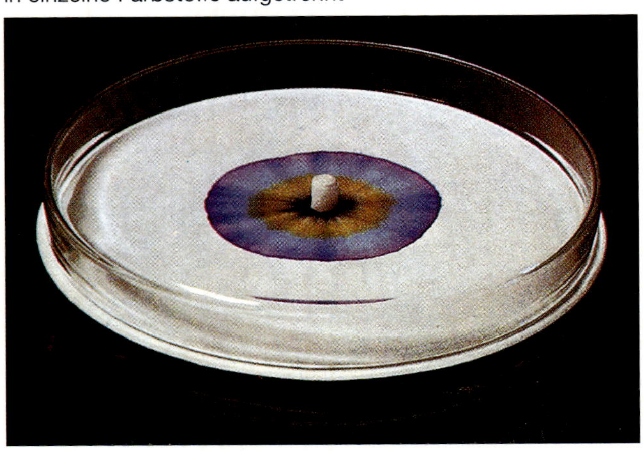

B 4 Einige wichtige Trennverfahren und ihre Anwendung

Trennverfahren	Anwendungsbeispiele	Unterschiedliche Eigenschaften
Ausschmelzen	Schwefelgewinnung	Schmelztemperatur
Magnettrennung	Müllsortierung	Magnetisierbarkeit
Schwimmtrennung	Erzaufbereitung	Dichte
Sedimentation	Abwasserreinigung	Dichte
Filtration	Wasserreinigung	Teilchengröße
Eindampfen	Salzsieden	Siedetemperatur
Entstaubung	Elektrofilter	Elektrische Anziehung
Zentrifugieren	Milchentrahmung	Dichte
Destillation	Weinbrennen	Siedetemperatur
Extraktion	Fettgewinnung	Löslichkeit
Chromatografie	Farbstofftrennung	Haftfähigkeit

2.5 Müllsortierung

Hausmüll ist ein Gemisch aus ganz verschiedenen Bestandteilen. Er enthält Küchenabfälle, Metalle, Kunststoffe, Holz, Papier, Glas und vieles mehr. Pro Kopf und Jahr produziert jeder Einwohner ca. 400 kg Müll. Es wird immer schwieriger, für seine Ablagerung genügend große Deponieflächen (von lat. deponere, niederlegen) zu finden.

Müllsortierung. Mit dem Müll gehen große Mengen an wieder verwertbaren Stoffen verloren. Deshalb ist es geboten, Hausmüll zu sortieren und möglichst viele Bestandteile einer Wiederverwertung zuzuführen (Recycling). Dies geschieht in Müllsortierungsanlagen. Hier kann ein Massenanteil von ca. zwei Dritteln des Mülls zurückgewonnen werden. Dabei finden sehr verschiedene Trennverfahren Anwendung.
Auf einem *Leseband* wird der Müll sortiert (▷ B 2). Sperrige Gegenstände und Plastikfolien werden entfernt. Durch *Elektromagnete* werden dem zerkleinerten Müll Eisenteile und auch Batterien entzogen. In einem *Windkanal* werden aus dem getrockneten Müll Papier und Pappe weggeblasen (Windsichten) und gesammelt. Durch *Mühlen* und *Siebe* werden die Müllbestandteile in Stufen zerkleinert und sortiert. Dabei werden kompostierbare organische Abfälle von nicht verwertbaren oder nur sehr schwer abtrennbaren Bestandteilen (z. B. Glasscherben) getrennt.
Aufwändige Trennverfahren können weitgehend eingespart werden, wenn die Abfälle gar nicht erst in eine einzige Mülltonne gegeben werden, sondern beim Verlassen des Haushaltes bereits vorsortiert werden. Die Benutzung der dazu bereitstehenden Sammelbehälter ist ein aktiver Beitrag zur Bewältigung des Müllproblems.

Verwendung der abgetrennten Bestandteile. Viele Müllbestandteile können wieder verwertet werden, z. B. Metalle. Auch das aus Abfällen gewonnene graue Papier („Umweltpapier") ist für viele Zwecke, z. B. Schulhefte, gut einzusetzen. Vermischtes Altglas ist dagegen nur eingeschränkt verwendbar. Aus ihm können nur sog. Buntgläser, aber keine farblosen Getränkeflaschen hergestellt werden. Für Kunststoffabfälle finden sich bisher nur wenige Verwendungsmöglichkeiten. Aus organischem Abfall kann Kompost hergestellt werden. Brennbare, aber nicht mehr verwendbare Bestandteile können zur Energiegewinnung verbrannt werden oder werden zusammen mit anderen unverwertbaren Resten einer Deponie zugeführt. Batterien werden wegen ihrer giftigen Inhaltsstoffe zu Sondermülldeponien gebracht.

Müllvermeidung. Die wichtigste Maßnahme zur Schonung der Rohstoffvorräte und der Umwelt ist die Vermeidung von Abfällen. Dazu gehört: auf Wegwerfgeschirr aus Pappe oder Plastik verzichten, keine Getränkedosen und Einwegflaschen, sondern Pfandflaschen kaufen, Waren ohne aufwändige Verpackung kaufen.

B 1 Zusammensetzung von Hausmüll

B 2 Müllsortierung von Hand

A 1 Müllsortierung ist ein guter Weg Deponieraum zu schonen, aber nicht der beste. Begründe.

A 2 Batterien sollen zwar gesondert gesammelt werden, trotzdem werden sie von wenig umweltbewussten Menschen in den Hausmüll gegeben und müssen bei der Müllsortierung abgetrennt werden. Gib mithilfe von ▷ B 3 an, wie dies geschieht.

A 3 In einer Großstadt von ca. 370 000 Einwohnern produzieren die Schüler aller Schulen zusammen einen wöchentlichen Müllberg von 240 m^3. Ermittle die Anzahl der Schulwochen pro Jahr und berechne das jährliche Müllvolumen. Schätze das in den Schulen deines Heimatortes anfallende Müllvolumen ab und überlege, wie du selbst mitwirken kannst es zu verringern.

B 3 Hauptwege der Müllsortierung

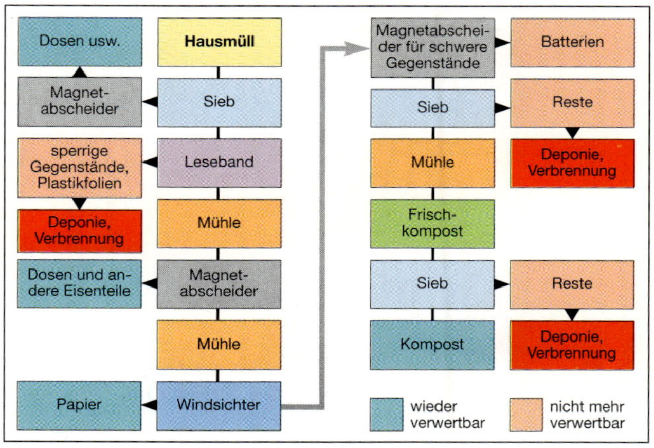

2.6 Projekt: Untersuchung von Lebensmittelfarbstoffen

B1 Etikett von Schokolinsen

E-Nr.	Name	Farbe	Herkunft
101	Lactoflavin	gelb	natürliches Vitamin
104	Chinolingelb	gelb	künstlicher Farbstoff
120	Cochenille	rot	Naturfarbstoff
122	Azorubin	rot	künstlicher Farbstoff
124	Cochenillerot A	rot	künstlicher Farbstoff
131	Patentblau V	blau	künstlicher Farbstoff
132	Indigotin I	blau	künstlicher Farbstoff
140	Chlorophyll	grün	natürliches Blattgrün
141	kupferhaltiges Chlorophyll	grün	natürliches Blattgrün
142	Brillantsäuregrün BS	blaugrün	künstlicher Farbstoff
151	Brillantschwarz BN	schwarz/violett	künstlicher Farbstoff
153	medizinischer Kohlenstoff	schwarz	Pflanzen
160e	Carotinal	orangerot	naturidentischer Farbstoff
161	Xanthophylle	gelb	natürlicher Blattfarbstoff
163	Anthocyane	rot, blau, braun	Rotwein-Trester
171	Titandioxid	weiß	Mineralstoff

B2 Zugelassene Lebensmittelfarbstoffe. Die Liste ist nicht vollständig

B3 Vorbereitung des Chromatografiepapiers

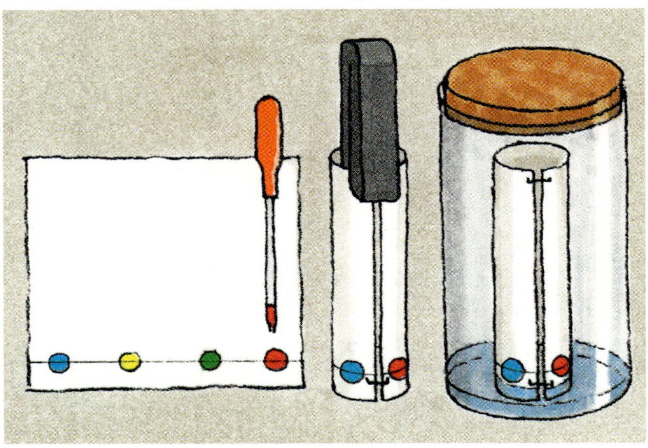

Viele Lebensmittel werden von ihren Herstellern mit Farbstoffen versetzt. Oft soll dadurch der natürliche Farbton, der z. B. durch Kochen verloren gegangen ist, wieder erreicht werden. Manche Zuckerwaren werden oberflächlich angefärbt, damit sie bunt und lustig aussehen.

Nur amtlich zugelassene Farbstoffe dürfen dabei verwendet werden. Sie müssen auf dem Warenetikett aufgeführt werden (▷B1) und sind an ihren in Europa einheitlichen E-Nummern zu erkennen (▷B2). Die Mehrzahl dieser Farbstoffe ist künstlich hergestellt.

Es ist eine reizvolle Aufgabe Farbstoffe aus Lebensmitteln herauszulösen und sie mithilfe der Papierchromatografie zu untersuchen. Häufig wird dabei die sogenannte aufsteigende Methode angewandt.

Als Untersuchungsobjekt eignen sich mit einer Zuckerglasur überzogene bunte Schokolinsen (z. B. Smarties) oder Lakritzstäbchen.

Versuch Papierchromatogramm von Schokolinsen

Geräte und Materialien: 2 Bechergläser (100 ml), Messzylinder (10 ml), Trennkammer (z. B. Marmeladenglas mit Deckel), Chromatografiepapier, Schere, Pasteurpipette, Föhn, Büroklammern bzw. Heftapparat, bunte Schokolinsen, Salzwasser (Massenanteil 1 %), Brennspiritus

Extraktion der Farbstoffe: Jeweils vier Linsen oder Stäbchen einer Farbsorte werden in einem kleinen Becherglas mit 2 ml Wasser übergossen und kurz geschüttelt. Sobald sich der größte Teil des Farbstoffs – und damit auch ein Teil der Zuckerglasur – abgelöst hat, wird die farbige Lösung durch Dekantieren abgetrennt. Ein zu langes Behandeln mit Wasser erhöht nur den unerwünschten Zuckeranteil der Lösung.

Fließmittel: Geeignet ist eine wässrige Kochsalzlösung mit einem Massenanteil von 1 %. Auch Brennspiritus (Vorsicht! Leicht entzündlich!) ist als Fließmittel geeignet und führt zu einer guten Trennung.

Vorbereitung der Trennkammer: In die verschließbare Trennkammer wird eine Portion des Fließmittels gegeben, die so bemessen ist, dass der Boden des Gefäßes ca. 0,5 bis 1 cm hoch bedeckt ist.

Vorbereitung des Chromatografiepapiers: Von einem Bogen Chromatografiepapier werden mit einer Schere passende Stücke abgeschnitten. Höhe und Breite sollen so gewählt sein, dass sie zu einer Röhre geformt und in die Kammer gestellt werden können, ohne die Wand zu berühren. Etwa 2 cm über dem unteren Rand des Papiers wird mit einem weichen Bleistift eine dünne waagerechte Linie gezogen.

Untersuchung von Lebensmittelfarbstoffen

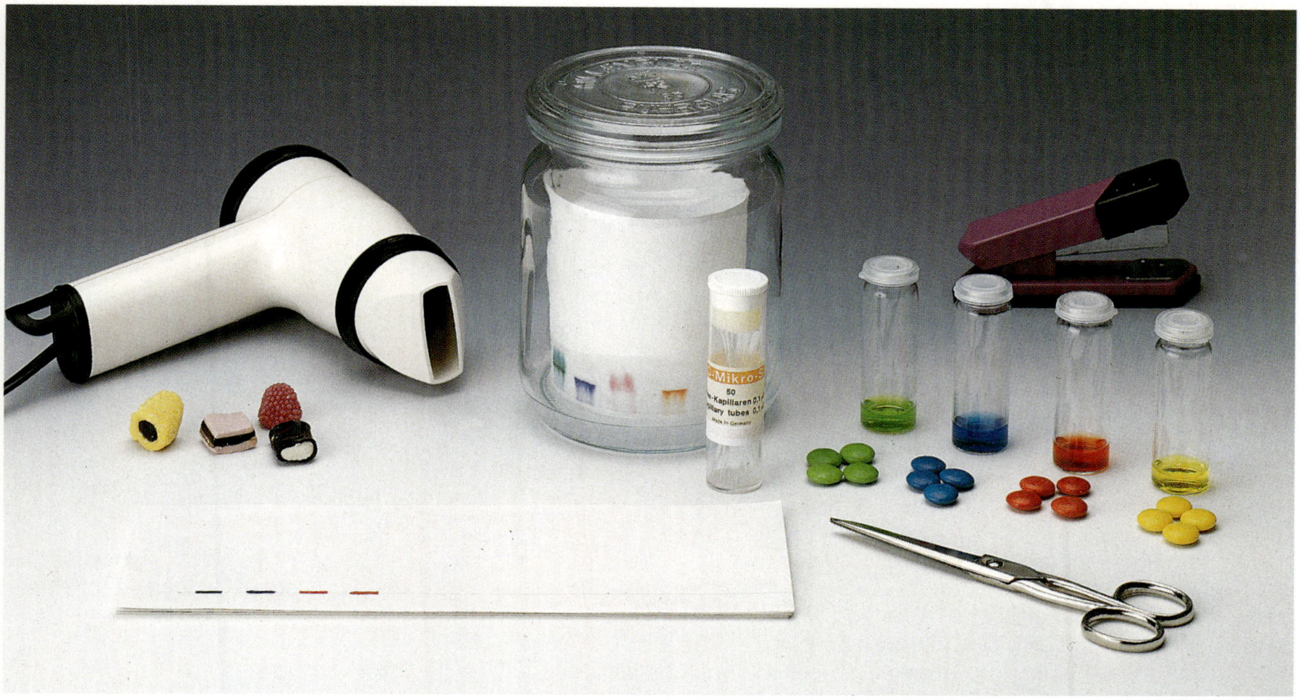

B4 Arbeitsplatz zur Untersuchung von Lebensmittelfarbstoffen mithilfe der Papierchromatografie

(Andere Stifte sind wegen der in ihnen enthaltenen Farbstoffe ungeeignet.) Auf ihr werden in gleichmäßigen Abständen – mindestens 2 cm – so viele Punkte markiert, wie Farblösungen aufgetragen werden sollen. Die äußeren Punkte sollen auch 2 cm vom Rand entfernt liegen.

Auftragen der Farblösungen: Mit der kapillaren Spitze einer Pasteurpipette wird ein wenig Farblösung aufgenommen und anschließend kurz und sanft auf den ersten Markierungspunkt getupft. Dabei fließt eine kleine Portion aus, die einen Flecken von nicht mehr als 5 mm Durchmesser erzeugen soll. Am oberen Rand des Papiers über der Auftropfstelle wird vermerkt, welche Farblösung aufgetragen wurde.
Für jede weitere Farblösung wird eine eigene Pipette verwendet. Am Ende einer Serie werden die Farbflecken mit einem Föhn getrocknet.
Nun kann ein zweiter Durchgang erfolgen. Insgesamt sollen nicht mehr als vier Portionen der Farblösung auf eine Stelle getupft werden, da sonst der mitgeführte Zuckeranteil die Auftrennung behindert.

Entwicklung des Chromatogramms: Das getrocknete Chromatografiepapier wird mit Heftklammern so zu einer Röhre geformt, dass sich die Enden des Papiers nicht berühren. Diese Röhre wird mit den Farbflecken nach unten in die vorbereitete Kammer gestellt. Der Deckel wird geschlossen. Nun darf die Kammer nicht mehr bewegt werden.

Kurz bevor die Fließmittelfront die Oberkante des Papiers erreicht hat, bzw. nach einer Steighöhe von 10 cm (nach ca. 30 min), wird das Papier herausgenommen. Die Heftklammern werden entfernt und das Chromatogramm wird waagerecht zum Trocknen ausgebreitet.

Zur besseren Markierung der Farbflecken empfiehlt sich eine Umrandung mit dem Bleistift.

Lebensmittelchemikerinnen und -chemiker können aus der Steighöhe eines Fleckens ermitteln, um welchen Farbstoff es sich handelt.

Fehlerquellen und ihre Beseitigung:
- zu dünne Farbflecken: erneute Extraktion mit weniger Flüssigkeit oder eine insgesamt größere Portion der Farblösung auftupfen.
- nicht gut getrennte Farbzonen: beim Auftupfen kleinere Farbflecken erzeugen oder Steighöhe vergrößern oder anderes Fließmittel ausprobieren.
- in der Längsrichtung verschmierte Farbzonen: kleinere Portion Farblösung auftragen oder Papier sorgfältiger trocknen.

2.7 Überprüfung und Vertiefung

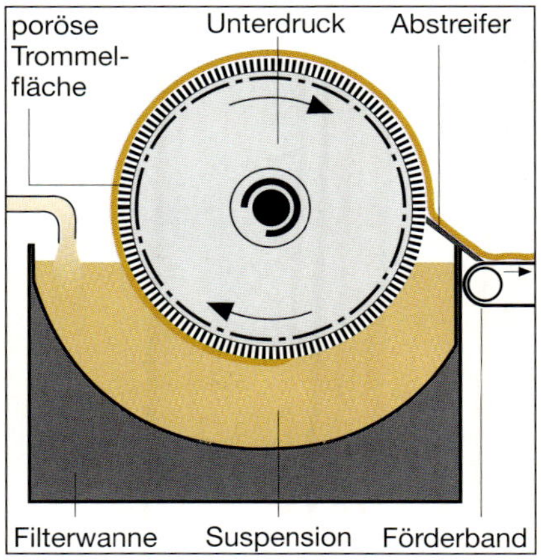

B 1 Zu Aufgabe 1

B 2 Zu Aufgabe 3

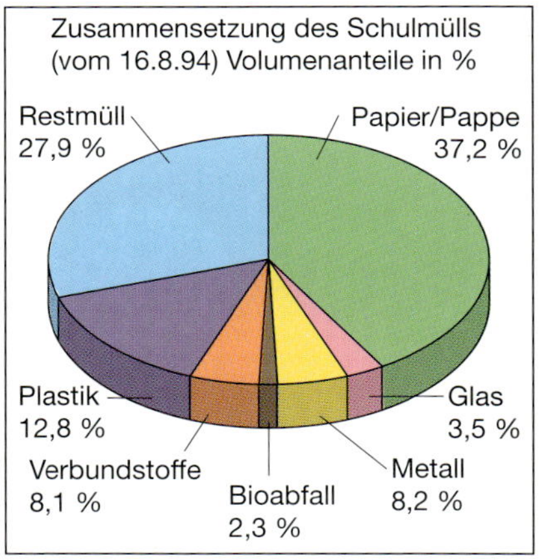

B 3 Zu Aufgabe 8

1 Die Saugfiltration ist ein Verfahren, das sich vor allem in technischen Anlagen, die einem Dauerbetrieb ausgesetzt sind, bewährt hat. Das Filtrat wird in das Innere einer rotierenden Trommel mit einer porösen Oberfläche gesaugt. Erläutere die Arbeitsweise der Apparatur (▷ B 1). Welcher Vorteil ergibt sich im Vergleich mit der Apparatur ↗ Kap. 2.1, ▷ B 3?

2 Stelle zusammen, bei welchen aus dem Alltag bekannten Vorgängen die Destillation eine entscheidende Rolle spielt.

B 4 Zu Aufgabe 5

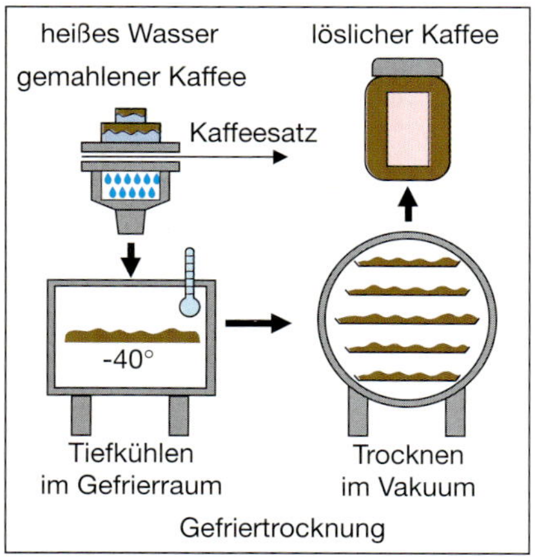

3 Auf welche Weise gewinnt man beim Goldwaschen (▷ B 2) aus Schlamm, Steinen und Sand die winzigen Goldkörner? Welche Stoffeigenschaft nutzt man dabei aus?

4 Gib an, wie man folgende Gemische trennen kann:
a) Schwefelpulver, Eisenspäne
b) Sand, Eisenspäne, Kochsalz
c) Sand, Sägespäne, Kochsalz, Wasser
d) Sand, Iod
Nenne jeweils die unterschiedlichen Stoffeigenschaften, die eine Trennung ermöglichen.

5 Erläutere die Herstellung von löslichem Kaffee („Gefriertrocknung"), (▷ B 4). Welche Trennverfahren finden Anwendung?

6 Welches Trennverfahren wird angewandt
a) beim Entfernen eines Fettflecks aus Textilien,
b) beim Entrahmen von Milch in der Milchzentrifuge?
Nenne weitere Trennverfahren, die im Alltag und in der Industrie Verwendung finden.

7 Schwefel kommt in der Natur als Bestandteil schwefelhaltigen Gesteins vor. Mit welcher Methode kann daraus der Reinstoff Schwefel gewonnen werden? Welche Stoffeigenschaft wird ausgenutzt?

8 In einer Schule wird das getrennte Einsammeln der Anteile des Schulmülls erprobt. Neben dem üblichen Abfalleimer steht in jeder Klasse ein blauer Eimer für Papier und Pappe sowie ein gelber für alle Gegenstände, die auch in den „gelben Sack" kommen. Außerdem steht auf einem Gang ein spezieller Behälter für Sondermüll; auf dem Schulgelände stehen eine Biotonne und ein Glascontainer. Gib an, wie die verschiedenen Anteile des Mülls (▷ B 3) in die Behälter einsortiert werden müssen.
Überlege, wie du dazu beitragen kannst, dass in deiner Schule weniger Müll anfällt.

Wichtige Begiffe

Destillieren
Filtrieren
Sedimentieren lassen
Dekantieren
Papierchromatografie
Scheidetrichter
Müllsortierung

Die chemische Reaktion

In unserer Umwelt spielen sich viele Vorgänge ab, die mit stofflichen Veränderungen verbunden sind. So überziehen sich Kupferdächer im Laufe der Zeit mit einer grünen Schicht. Silberne oder versilberte Gegenstände laufen an der Luft allmählich schwarz an. Erst wenn die schwarze Schicht entfernt ist, kommt wieder Silber zum Vorschein: Der schwarze Stoff ist kein Silber, sondern ein neuer Stoff, an dessen Entstehung das Silber beteiligt ist.

Im Folgenden beschäftigen wir uns mit Vorgängen, bei denen neue Stoffe entstehen. Viele dieser Vorgänge laufen nicht von allein ab, sondern sie müssen erst ausgelöst werden. Eine Wunderkerze muss erst entzündet werden, dann erfolgt ein Aufglühen und Funkensprühen. Zurück bleibt ein dunkelgrauer Stoff. Im Folgenden wird auch behandelt, welche Bedeutung das Entzünden hat und wie das Glühen zustande kommt.

3.1 Metalle reagieren mit Schwefel

V 1 Gib in ein Reagenzglas etwa 6 erbsengroße Schwefelstücke und spanne es fast waagerecht ein. Schiebe einen 1 cm × 4 cm großen Kupferblechstreifen (Dicke 0,1 mm) bis zur Mitte in das Reagenzglas und verschließe es locker mit einem Glaswollebausch. Erhitze das Kupferblech und bringe den Schwefel zum Sieden, sodass der Schwefeldampf über das heiße Kupferblech streicht.
Protokolliere die Versuchsbeobachtungen.
Ziehe den noch heißen, nun blauschwarzen Streifen aus dem Reagenzglas und halte ihn kurz in die nicht leuchtende Brennerflamme, sodass noch anhaftender Schwefel verbrennt. (Abzug!)

V 2 Untersuchung des blauschwarzen Stoffes im Vergleich zu Kupfer und Schwefel:
a) Halte zur Untersuchung der Wärmeleitfähigkeit ein dünnes Stück Schwefel, ein Kupferblech und den blauschwarzen Streifen aus ▷ V 1 in heißes Wasser.
b) Versuche, den blauschwarzen Streifen zu verbiegen. Vergleiche mit einem Kupferblechstreifen und einem Stück Schwefel.
c) Zerreibe den blauschwarzen Stoff und betrachte eine kleine Portion unter dem Mikroskop oder Vergrößerungsglas. Verfahre ebenso mit einem Gemisch aus Kupfer- und Schwefelpulver.
d) Fülle zwei Reagenzgläser etwa zur Hälfte mit Wasser und gib in das eine eine kleine Portion des zerriebenen blauschwarzen Stoffes und in das andere eine kleine Portion des Kupfer-Schwefel-Gemisches.
Schüttle kräftig und lass die Reagenzgläser eine Weile stehen.
Stelle die Versuchsbeobachtungen zusammen und deute sie.

Viele Vorgänge in unserer Umwelt, bei denen neue Stoffe entstehen, sind sehr kompliziert.
Leichter lassen sich diese Vorgänge beobachten, beschreiben und erfassen, wenn man dabei von wenigen und bekannten Reinstoffen ausgeht.

Aus Kupfer und Schwefel entsteht ein neuer Stoff. Wenn *Schwefeldampf* über einen heißen *Kupfer*blechstreifen streicht (▷ V 1), beobachtet man ein Aufglühen, das sich langsam durch den ganzen Streifen fortpflanzt. Nach dem Erkalten des Streifens erkennt man, dass sich *kleine, blauschwarze, glänzende Kristalle* gebildet haben. Versucht man, den Streifen zu verbiegen (▷ V 2b), so bricht er im Gegensatz zu einem Kupferblechstreifen sofort auseinander, der blauschwarze Stoff ist spröde. Unter der Lupe oder dem Mikroskop erscheint der pulverisierte, blauschwarze Stoff im Gegensatz zu einem Gemisch aus Kupfer- und Schwefelpulver durch und durch einheitlich (▷ V 2c). Ein Gemisch aus Kupfer- und Schwefelpulver lässt sich mithilfe von Wasser trennen, der blauschwarze Stoff nicht (▷ V 2d); dieser lässt sich mit keinem uns bisher bekannten Verfahren trennen. Da so viele Eigenschaften des blauschwarzen Stoffes nicht mit denen der Stoffe Kupfer und Schwefel übereinstimmen, bleibt kein Zweifel: Die Stoffe Kupfer und Schwefel sind nicht mehr vorhanden, an ihre Stelle ist ein *neuer Stoff* getreten.

Der neue Stoff ist ein *Reinstoff*, der eine nur für ihn *typische Kombination von Eigenschaften* (bestimmte Schmelztemperatur, Dichte usw.) aufweist.
Wegen seiner Sprödigkeit und hohen Schmelztemperatur (▷ B 2) ordnet man den neuen Stoff den salzartigen Stoffen zu.

B 1 Ein neuer Stoff entsteht aus Kupfer und Schwefel. Der neue Stoff ist bereits an seiner Farbe erkennbar

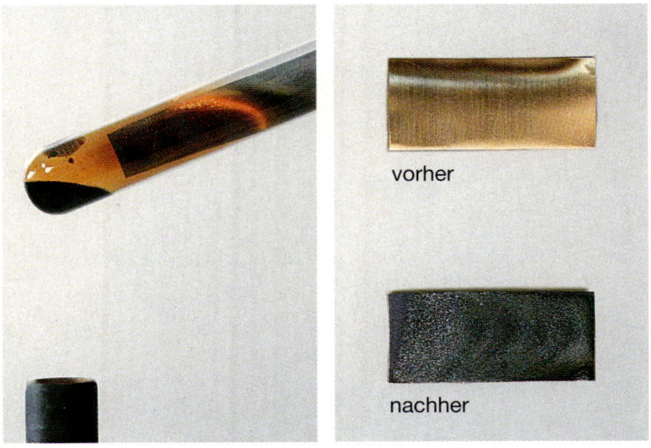

B 2 Vergleich der Eigenschaften von Kupfer und Schwefel mit denen des neu entstandenen Stoffes

Eigenschaften	Kupfer	Schwefel	neu entstandener Stoff
Farbe	rötlich	gelb	blauschwarz
Verformbarkeit	biegsam	spröde	spröde
Wärmeleitfähigkeit	sehr gut	schlecht	schlecht
Dichte in g/cm^3	8,92	2,07	5,6
Schmelztemperatur in °C	1083	119	1130
Aussehen unter dem Mikroskop	Gemisch nicht einheitlich, zwei verschiedene Stoffe		durch und durch einheitlich

Wir stellen weitere Stoffe aus Metallen und Schwefel her. Erhitzt man ein *Eisen-Schwefel-Gemisch* (▷V3), so beginnt es an einer Stelle aufzuglühen. Ohne weiteres Erwärmen durchdringt eine Glühfront das restliche Gemisch. Aus dem pulverförmigen, hellgrauen Ausgangsgemisch ist ein *spröder, grauschwarzer neuer Reinstoff* entstanden.
Aus *Silber und Schwefel* bildet sich ein *schwarzer Reinstoff* (▷V4). Auf seine Bildung ist auch das langsame „Anlaufen" oder „Schwarzwerden" von silbernen oder versilberten Gegenständen zurückzuführen.

Metalle und Schwefel reagieren zu Metallsulfiden. Beim Zusammenbringen und Erhitzen von Schwefel und einem Metall (mit Ausnahme von Metallen wie Gold und Platin) entsteht ein völlig neuer Stoff, während das jeweilige Metall und der Schwefel verschwinden. Einen Vorgang, bei dem ein neuer Stoff unter gleichzeitigem Verschwinden anderer Stoffe entsteht, bezeichnet man als **chemische Reaktion**. Aus den **Ausgangsstoffen** entstehen die **Reaktionsprodukte**. Die Reaktionsprodukte haben andere Eigenschaften als die Ausgangsstoffe. Bei den Reaktionen der Metalle mit Schwefel haben zwei Ausgangsstoffe zu einem Reaktionsprodukt reagiert. Es gibt auch chemische Reaktionen, bei denen aus einem oder mehreren Ausgangsstoff(en) mehrere Reaktionsprodukte entstehen.

Einen Vorgang, bei dem aus Ausgangsstoffen neue Stoffe entstehen, bezeichnet man als chemische Reaktion. Die neu gebildeten Stoffe nennt man Reaktionsprodukte. Die Reaktionsprodukte weisen andere Eigenschaftskombinationen als die Ausgangsstoffe auf.

Die Reaktionsprodukte, die bei den Reaktionen der Metalle mit Schwefel entstehen, heißen *Sulfide* (von lat. sulfur, Schwefel). Kennen gelernt haben wir: *Kupfersulfid, Eisensulfid* und *Silbersulfid*.

Das Reaktionsschema. Chemische Reaktionen lassen sich durch eine Kurzschreibweise darstellen, die man als **Reaktionsschema** bezeichnet: Dieses lautet für die Reaktion von Kupfer und Schwefel:

Kupfer + Schwefel ⟶ Kupfersulfid
Lies:
Kupfer und Schwefel reagieren zu Kupfersulfid.

Zwischen den Namen der Ausgangsstoffe und Reaktionsprodukte steht der **Reaktionspfeil**. Er bezeichnet die Richtung der chemischen Reaktion. Auf der linken Seite des Reaktionsschemas stehen die Ausgangsstoffe, auf der rechten Seite die Reaktionsprodukte. Der Reaktionspfeil wird gelesen als „reagieren zu". Das „+"-Zeichen ist als aufzählendes „und" zu verstehen.

V 3 Mische 14 g Eisenpulver und 8 g Schwefelpulver in einer Reibschale.
a) Gib eine Hälfte des Gemisches in ein Reagenzglas und spanne es fast waagerecht ein. Verschließe das Reagenzglas locker mit einem Glaswollebausch. Erhitze das Gemisch an einer Stelle mit der rauschenden Brennerflamme (Schutzbrille!). Nimm den Brenner weg, wenn das Gemisch aufglüht und beobachte den weiteren Verlauf.
b) Untersuche den in ▷V3a entstandenen Stoff im Vergleich zu Eisen und Schwefel. Gehe dazu wie in ▷V2 vor und untersuche zusätzlich die magnetischen Eigenschaften der verschiedenen Stoffe. Stelle die Versuchsbeobachtungen in einer Tabelle wie ▷B2 zusammen und deute sie.

V 4 Führe den Versuch ▷V1 entsprechend mit einem Silberblech durch. Vergleiche die Ausgangsstoffe und den neuen Stoff miteinander.

A 1 Verreibt man etwas Schwefelpulver auf der Oberfläche eines versilberten Löffels oder einer Silbermünze, färbt sich diese(r) nach einiger Zeit dunkel. Deute diese Beobachtung.

A 2 Woran kann man den Ablauf einer chemischen Reaktion erkennen?

A 3 Warum muss ein Vergleich der Eigenschaften der Ausgangsstoffe und der Reaktionsprodukte immer unter den gleichen Bedingungen durchgeführt werden? Nenne einige Bedingungen, die einzuhalten sind.

A 4 Stelle für die Reaktionen der Metalle Eisen und Silber mit Schwefel jeweils das Reaktionsschema auf.

B3 Das Reaktionsschema beschreibt in kurzer Form eine chemische Reaktion

Kupfer + Schwefel ⟶ Kupfersulfid
Kupfer und Schwefel reagieren zu Kupfersulfid

3.2 Element und Verbindung

B 1 Natürlich vorkommende Metallsufide. Links: Bleiglanz (Bleisulfid). Rechts: Zinnober (Quecksilbersulfid)

V 1 Eine kleine Portion Silbersulfid (aus ↗ Kap. 3.1, ▷ V 4) wird in ein 15 bis 20 cm langes Quarzrohr (Durchmesser 0,8 cm) gebracht. Durch das Rohr wird kurz ein Stickstoffstrom geleitet, anschließend wird eine Seite verschlossen und das Silbersulfid mit dem Gebläsebrenner erhitzt. Die Kugel, die sich nach dem Erhitzen gebildet hat, wird nach dem Erkalten ausgehämmert.

A 1 Woran kann man erkennen, dass es sich bei der Zerlegung von Silbersulfid um eine chemische Reaktion und nicht um die Trennung eines Gemisches handelt?

A 2 Formuliere für die Bildung und Zerlegung von Eisensulfid das jeweilige Reaktionsschema.

Viele Metallsufilde kommen in der Natur in Erzen vor (▷ B 1), aus denen wichtige Metalle gewonnen werden. Silbersulfid lässt sich aus Silber und Schwefel herstellen. Lässt sich das wertvolle Silber zurückgewinnen?

Silbersulfid wird erhitzt. Wird das schwarze Silbersulfid sehr stark erhitzt (▷ V 1), schmilzt es zu einer glühenden Kugel zusammen. Nach kurzer Zeit bilden sich links und rechts von der Kugel Ringe aus einem gelben Feststoff. Schüttelt man die Kugel aus dem Rohr, erstarrt sie und lässt sich zu einem silbrig glänzenden, biegsamen Plättchen aushämmern. Silbersulfid ist in Silber und Schwefel *zerlegt* worden. Diese *Zerlegung* ist eine *chemische Reaktion*, bei der Silbersulfid der Ausgangsstoff sowie Silber und Schwefel die Reaktionsprodukte sind.

Silbersulfid ⟶ Silber + Schwefel

Der Reinstoff Silbersulfid hat sich in die Stoffe zerlegen lassen, aus denen er auch gebildet werden kann. Weder Silber noch Schwefel können durch eine chemische Reaktion in weitere Stoffe zerlegt werden. Silber und Schwefel sind **Grundstoffe** oder **Elemente**. Silbersulfid ist eine **Verbindung** aus den Elementen Silber und Schwefel.

Elemente sind Reinstoffe, die sich nicht in andere Stoffe zerlegen lassen.

Verbindungen sind Reinstoffe, die sich aus Elementen aufbauen und sich in wenigstens zwei Elemente zerlegen lassen.

Man kennt heute über 100 Elemente. Etwa vier Fünftel zählen zu den Metallen, die Übrigen zu den Nichtmetallen.

B 2 Thermische Zerlegung von Silbersulfid. Es entstehen Schwefel (rechts oben) und Silber (rechts unten)

B 3 Einteilung der Stoffe. Auf diese Weise kann man die Vielzahl der Stoffe ordnen

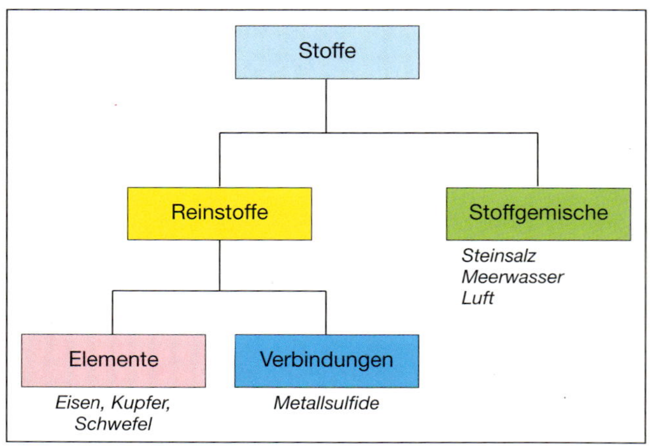

Heute sind schon über 13 Millionen Verbindungen bekannt und beschrieben, die aus den Elementen aufgebaut sind. Bei der Bildung und Zerlegung einer Verbindung handelt es sich nicht um die Herstellung und Trennung eines Gemisches, sondern um eine chemische Reaktion. Die Zerlegung von Silbersulfid in Silber und Schwefel ist die Umkehrung der chemischen Reaktion, die bei der Bildung von Silbersulfid aus den Elementen abläuft.

Grundsätzlich lässt sich jedes Metallsulfid in die Elemente zerlegen. Mit den Möglichkeiten des Schullabors gelingt dies aber nur bei sehr wenigen Metallsulfiden, weil die notwendigen hohen Temperaturen nicht erreicht werden.

Ein Element – zwei Stoffe. Lässt man wenig Schwefel aus einer Lösung unterhalb einer Temperatur von 95 °C kristallisieren, so erhält man rhombische Kristalle (▷ B5, links). Beim Erstarren einer Schwefelschmelze bilden sich dagegen nadelförmige Kristalle (▷ B5, rechts). Man bezeichnet die beiden Arten als *rhombischen* bzw. *monoklinen Schwefel*. Der monokline Schwefel schmilzt bei 119 °C, der rhombische Schwefel bei 113 °C. Jedoch wandelt sich der rhombische Schwefel bei langsamem Erwärmen vorher in den monoklinen um, sodass man auch hier die Schmelztemperatur von 119 °C erhält. Beim Schmelzen entsteht in beiden Fällen der gleiche flüssige Schwefel, der bei 444 °C in den gasförmigen Zustand übergeht. Beide Formen lassen sich also ineinander umwandeln, sie sind aus den gleichen kleinsten Teilchen aufgebaut.
In einem Feststoff sind die kleinsten Teilchen regelmäßig angeordnet. Beim Übergang vom rhombischen zum monoklinen Schwefel vergrößert sich das Volumen. Daher ist die Dichte des rhombischen Schwefels mit 2,07 g/cm^3 größer als die des monoklinen Schwefels, die 1,96 g/cm^3 beträgt. Das zeigt, dass die kleinsten Teilchen des Schwefels im rhombischen Schwefel dichter als im monoklinen Schwefel angeordnet sind. Die beiden Formen des Schwefels unterscheiden sich nur durch die Anordnung der kleinsten Teilchen des Schwefels.

Von einigen der über 100 Elemente gibt es mehrere Stoffe, in denen die kleinsten Teilchen des Elements nur jeweils unterschiedlich angeordnet sind. Im Fall des *Kohlenstoffs* haben diese sogar sehr unterschiedliche Namen, nämlich *Graphit* und *Diamant*. Verschiedene Erscheinungsformen eines Elements oder einer Verbindung nennt man **Modifikationen**. In den letzten Jahren sind sogar noch weitere Modifikationen des Kohlenstoffs, die Fullerite, entdeckt worden (↗ Kap. 11.3).

Die Eigenschaften eines Feststoffs werden nicht nur durch die Art der Teilchen, sondern auch durch deren Anordnung bestimmt.

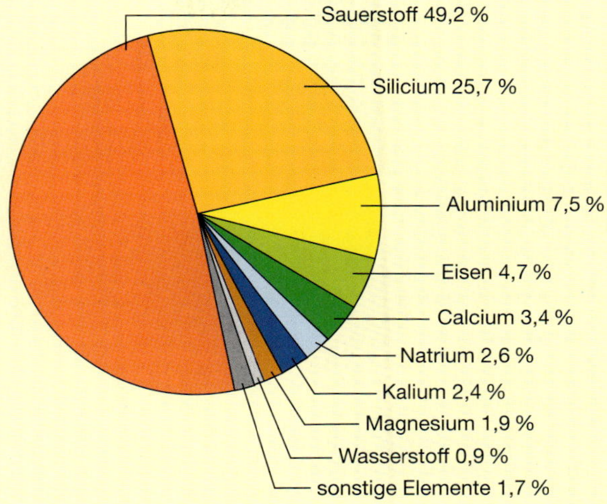

Die Elemente kommen auf unserer Erde mit unterschiedlicher Häufigkeit vor. Untersucht man die Zusammensetzung der Lufthülle (Atmosphäre), Wasserhülle (Hydrosphäre) und die etwa 16 km dicke Gesteinsschicht des äußeren Erdmantels (Lithosphäre), die unter dem Namen „Erdrinde" oder „Erdhülle" zusammengefasst werden, so erhält man die im obigen Kreisdiagramm angegebene Häufigkeit der Elemente.

Bis heute sind 112 Elemente bekannt. Etwa 98 % der Masse der Erdrinde entfallen auf nur 9 Elemente. Allerdings kommen die meisten Elemente in der Natur in Verbindungen vor und können nur durch chemische Reaktionen aus ihnen gewonnen werden.

B4 Häufigkeit der Elemente in der Erdrinde (Massenanteil in %)
B5 Kristalle von rhombischem (links) **und monoklinem Schwefel** (rechts)

3.3 Chemische Reaktion und Teilchenmodell

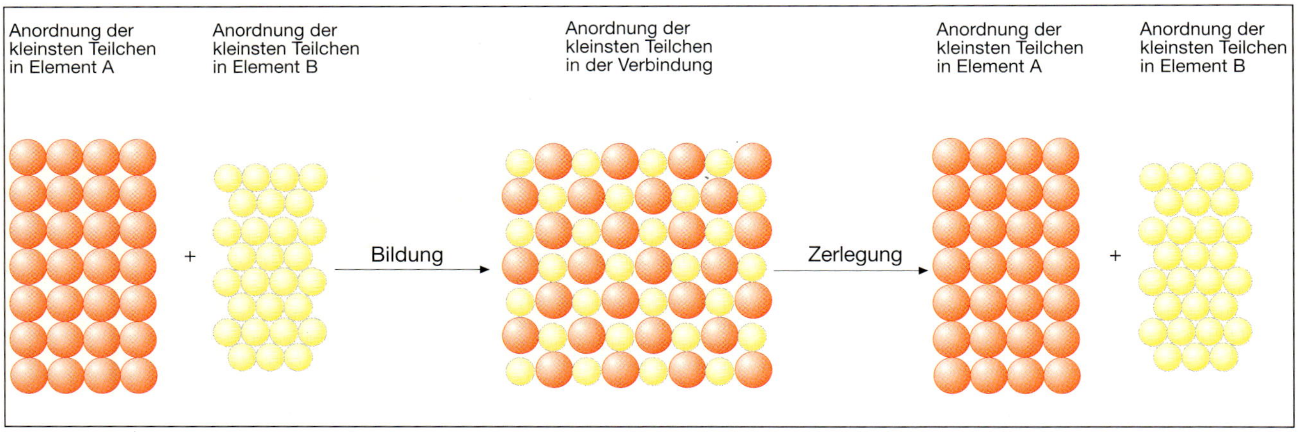

B 1 Einfache Modellvorstellung zur chemischen Reaktion. Mit dem Teilchenmodell lässt sich die chemische Reaktion als Umgruppierung der kleinsten Teilchen deuten

A 1 Bleiben die Teilchenanordnungen der Elemente bei der Bildung der Verbindung Silbersulfid oder bei der Herstellung eines Gemisches aus Silber- und Schwefelpulver erhalten?
Gib eine kurze Begründung.

A 2 Die Darstellung der chemischen Reaktion als Teilchenumgruppierung in ▷ B 1 enthält einige Vereinfachungen.
Nenne einige dieser Vereinfachungen.

Auch in Legierungen bestimmt die Anordnung der kleinsten Teilchen die Eigenschaften. Legierungen haben häufig eine größere Härte als ihre einzelnen Bestandteile. So ist Messing härter als Kupfer und Zink, legierter Stahl härter als seine Ausgangsstoffe. Die Erhöhung der Härte eines Metalls wird meistens dadurch hervorgerufen, dass in die Anordnung der kleinsten Teilchen des Grundmetalls einzelne kleinste Teilchen des Zusatzmetalls eingestreut sind. Diese rufen eine „Aufrauhung" hervor, sodass die Ebenen des Grundmetalls, die aus kleinsten Teilchen aufgebaut sind, sich nicht mehr so leicht gegeneinander verschieben lassen.

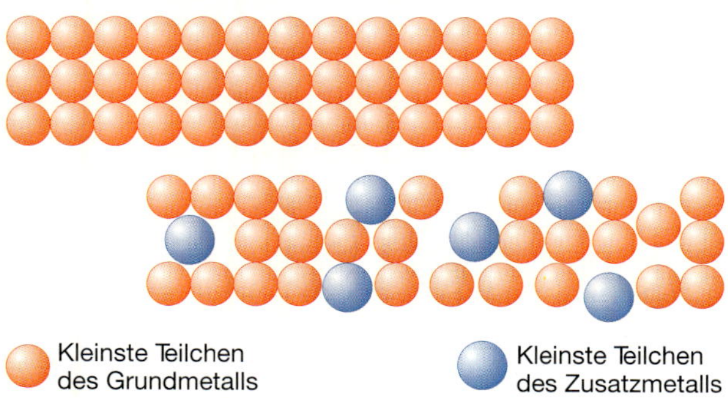

Silber und Schwefel reagieren zu Silbersulfid. Im Silbersulfid ist weder der Stoff Silber noch der Stoff Schwefel enthalten. Trotzdem gelingt es, durch starkes Erhitzen aus Silbersulfid Silber und Schwefel herzustellen.
Wie lässt sich diese bemerkenswerte Tatsache deuten?

Chemische Reaktion als Teilchenumgruppierung. Nach unserer Vorstellung bestehen alle Elemente aus kleinsten kugelförmigen Teilchen. Geht man davon aus, dass bei einer *chemischen Reaktion* diese *kleinsten Teilchen nicht zerstört* werden, so müssen z. B. im Silbersulfid die kleinsten Teilchen des Silbers und des Schwefels noch enthalten sein. Bei einer chemischen Reaktion geht die Anordnung der kleinsten Teilchen in den Ausgangsstoffen verloren, dafür bauen sie im neuen Stoff, dem Reaktionsprodukt, eine neue Anordnung auf.

Die Anordnung der kleinsten Teilchen bestimmt aber die Eigenschaften eines Stoffes, z. B. seine Schmelz- und Siedetemperatur, seine Kristallform, seine Dichte usw. In einem Stoff weisen die kleinsten Teilchen immer die gleiche Anordnung auf. Es ist deshalb nicht verwunderlich, dass ein Reaktionsprodukt andere Eigenschaften hat als die Stoffe, aus denen es entstanden ist.

Mit dem Teilchenmodell lässt sich die chemische Reaktion als Umgruppierung der kleinsten Teilchen deuten.

Unsere bisherigen Kenntnisse über die chemische Reaktion und ihre Deutung als Teilchenumgruppierung lassen aber keine Aussagen darüber zu, in welchem Anzahlverhältnis die kleinsten Teilchen der verschiedenen Elemente in einer Verbindung vertreten sind.

3.4 Chemische Reaktion und Energie

Meist bildet sich ein Metallsulfid in einer raschen Reaktion, wenn das Metall und der Schwefel erhitzt werden. Bei einigen Sulfidbildungen ist ein Aufglühen zu beobachten. Warum müssen die Ausgangsstoffe erhitzt werden und wie kommt das Glühen zustande?

Exotherme und endotherme Reaktion. Erhitzt man ein Gemisch aus Eisen und Schwefel nur in einem kleinen Bereich bis zum Aufglühen (▷ V 1), so pflanzt sich das Glühen durch die ganze Stoffportion fort. Das Reaktionsprodukt Eisensulfid ist sehr heiß.
Das Glühen der Stoffportion beobachtet man auch dann noch, wenn der Brenner schon lange entfernt worden ist. Deshalb kann die Wärmeenergie, die das Glühen verursacht, nicht von außen kommen. Sie muss bei der Reaktion selbst frei werden.
Dies kann man sich so vorstellen: Das Gemisch der Ausgangsstoffe Eisen und Schwefel hat einen bestimmten **Energieinhalt**. Die aus dem Gemisch entstehende Eisensulfidportion hat ebenfalls einen bestimmten Energieinhalt, dieser ist aber kleiner als der der Ausgangsstoffe (▷ B 2). Der Unterschied zwischen den Energieinhalten zeigt sich bei der Reaktion: *Es wird Energie in Form von Wärme abgegeben*.

Chemische Reaktionen, die unter *Energieabgabe* verlaufen, bezeichnet man als *exotherme Reaktionen*, solche, die nur unter andauernder *Energiezufuhr* ablaufen, als *endotherme*. Meist erfolgt die Zufuhr oder Abgabe von Energie bei chemischen Reaktionen in Form von Wärme. Neben der Bildung eines oder mehrerer neuer Stoffe ist die Abgabe oder Aufnahme von Energie ein Hinweis auf eine chemische Reaktion.
Im Reaktionsschema wird der exotherme oder endotherme Verlauf einer Reaktion auf folgende Weise festgehalten:

Silber + Schwefel ⟶ Silbersulfid | exotherm

Silbersulfid ⟶ Silber + Schwefel | endotherm

Die Energie, die bei der Bildung einer Verbindung aus den Elementen frei wird, ist genauso groß wie die Energie, die zur Zerlegung der Verbindung aufgebracht werden muss.

Aktivierungsenergie. Obwohl bei der Reaktion von Eisen und Schwefel sehr viel Wärmeenergie frei wird, kommt die Reaktion nicht von allein in Gang. Die Ausgangsstoffe müssen in einen reaktionsbereiten Zustand gebracht werden (▷ B 1). Die dazu notwendige Energie bezeichnet man als **Aktivierungsenergie** (aktivieren: reaktionsbereit machen). Dabei genügt es allerdings, nur einen sehr kleinen Anteil des Gemisches zu erhitzen. Hat die Reaktion an einer Stelle eingesetzt, reicht die frei werdende Wärmeenergie aus, dass sich die Reaktion fortpflanzt.

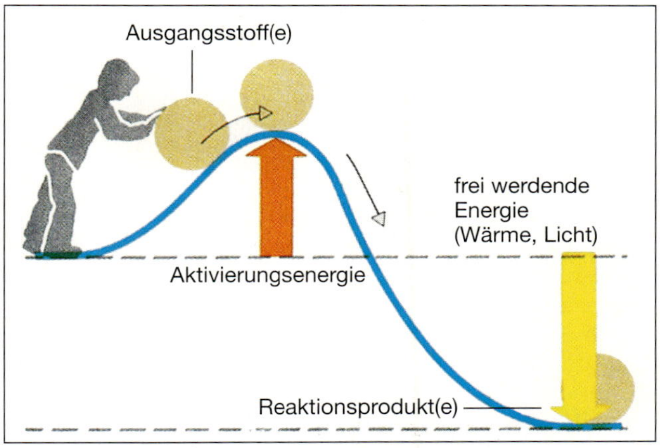

B 1 Veranschaulichung der Aktivierungsenergie. Die Ausgangsstoffe werden reaktionsbereit gemacht

V 1 Mische 7 g Eisenpulver und 4 g Schwefelpulver in einer Reibschale und häufe das Gemisch auf einem Keramik-Drahtnetz auf. Berühre das Gemisch mit einer glühenden Stricknadel oder der Spitze der rauschenden Brennerflamme. (Abzug! Schutzbrille!)

A 1 Formuliere zu den Begriffen „exotherme“ und „endotherme“ Reaktion jeweils einen Merksatz.

A 2 Ein Gemisch aus Kupfer- und Schwefelpulver kann man längere Zeit stehen lassen, ohne dass eine merkliche Reaktion einsetzt. Verreibt man ein solches Gemisch sehr intensiv in einer Reibschale, kann eine sehr heftige Reaktion ausgelöst werden. Gib eine Erklärung.

B 2 Exotherme chemische Reaktionen. Der Energieinhalt der Ausgangsstoffe ist größer als der der Produkte

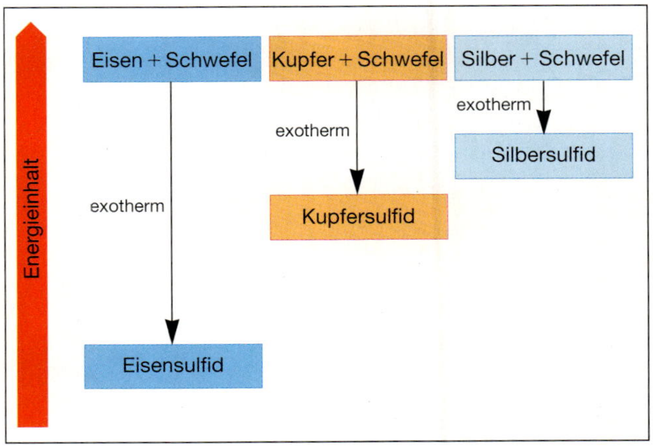

3.5 Überprüfung und Vertiefung

1 Unterscheide bei den folgenden Vorgängen zwischen Herstellung eines Stoffgemisches, Stofftrennverfahren, Änderung des Aggregatzustandes, chemischer Reaktion:
a) Kupfersulfid wird in die Elemente zerlegt. b) Salzwasser wird destilliert. c) Ein Kuchenteig wird aus Zucker, Milch, Mehl, Eiern und weiteren Zutaten hergestellt. d) Ein Kuchenteig wird gebacken. e) Benzin verdunstet. f) Wasser erstarrt zu Eis. g) Kaffee wird filtriert.
Worin liegt der entscheidende Unterschied zwischen einer chemischen Reaktion und der Vermischung oder Trennung von Stoffen?

B1 Zu Aufgabe 4

2 Ein Sand-Schwefel-Gemisch kann durch kräftiges Erhitzen getrennt werden, nicht aber ein Gemisch aus Eisen und Schwefel. Begründe.

3 Erläutere den Unterschied zwischen Element und Verbindung an selbst gewählten Beispielen.

4 Wird ein Gemisch aus 4 g Schwefel- und 8 g Zinkpulver mit einer glühenden Nadel berührt, tritt eine sehr heftige Reaktion ein (▷ B1; Schutzbrille! Abzug!).
Zurück bleibt ein bei hoher Temperatur gelber und nach dem Abkühlen weißer Stoff.
a) Welcher Stoff ist entstanden? Formuliere das Reaktionsschema.
b) Verläuft die Reaktion exotherm oder endotherm? Begründe.
c) Warum genügt es, das Gemisch nur an einer Stelle zu erhitzen?

5 Viele Feststoffe glühen, wenn sie erhitzt werden. Ein Feststoff zeigt beim Erhitzen erst Rotglut, bei weiterer Zufuhr von Wärmeenergie Gelb- und schließlich sogar Weißglut. Farbe und Helligkeit glühender Körper hängen dabei nur von der Temperatur, nicht von dem Stoff ab (▷ B2).
a) Welchen Schluss kann man daraus ziehen, dass Kupfer bei Gelbglut und Eisen erst bei Weißglut schmilzt?
b) Bei der Bildung von Silbersulfid aus den Elementen ist ein Glühen nur im verdunkelten Raum wahrzunehmen. Worauf ist es zurückzuführen, dass bei der Bildung von Eisensulfid ein viel kräftigeres und helleres Glühen als bei der Bildung von Silbersulfid zu beobachten ist?

6 Warum lässt sich Silbersulfid wesentlich leichter zerlegen als Eisensulfid?

B2 Zu Aufgabe 5

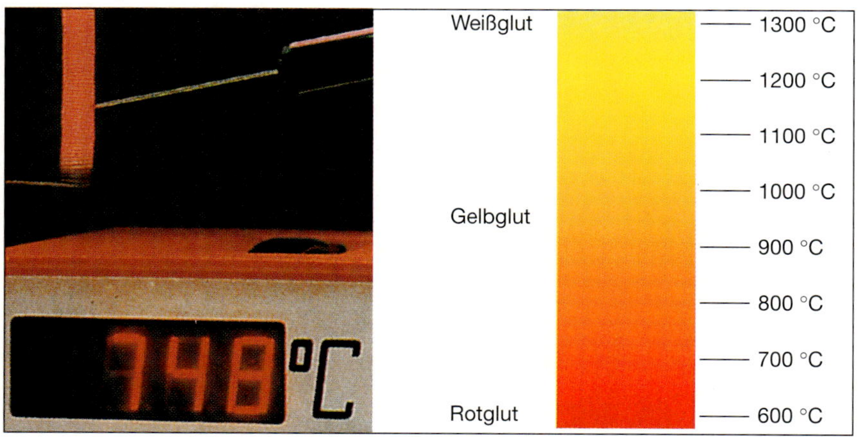

Wichtige Begiffe

Chemische Reaktion
Ausgangsstoff
Reaktionsprodukt
Sulfid
Reaktionsschema
Reaktionspfeil
Verbindung
Element/Grundstoff
exotherme Reaktion
endotherme Reaktion
Aktivierungsenergie
chemische Reaktion/Teilchenumgruppierung

Luft, Sauerstoff und Oxide

Verbrennungen sind alltägliche Erscheinungen. Sie begegnen uns in Form von Flammen oder als kaum sichtbare Glut.

Meist steht die dabei freigesetzte Wärme im Vordergrund, vielfach will man auch das erzeugte Licht nutzen.

Die meisten Verbrennungsvorgänge, die wir direkt beobachten können, finden an der Luft statt. Vieles deutet darauf hin, dass die Luft Einfluss auf die Verbrennung hat. Mit einem Blasebalg kann ein Feuer entfacht werden. Ein Windstoß bringt ein Feuer zum Aufflammen oder führt zur Ausbreitung eines Brandes. Die Feuerwehr versucht beim Löschen die Voraussetzungen, die zur Verbrennung notwendig sind, zu beseitigen.

Als Brennstoffe verwendet man brennbare Feststoffe, Flüssigkeiten und Gase. Zurück bleibt oft Asche. Es entstehen aber auch gasförmige Verbrennungsprodukte, die wir nicht sehen. Wir werden den Vorgang der Verbrennung genauer untersuchen, um herauszufinden, unter welchen Bedingungen Stoffe verbrennen und welche Stoffe dabei entstehen.

4.1 Die Verbrennung von Metallen

B 1 Magnesium verbrennt mit gleißender Flamme

B 2 Eisenwolle verbrennt ohne Flamme; sie verglüht

V 1 Man entzündet Magnesiumband (Zinkwolle) und beobachtet die auftretenden Veränderungen.

V 2 Entzünde etwas Eisenwolle und untersuche das Reaktionsprodukt.

V 3 Halte mit der Zange einen Eisennagel in die Flamme. Untersuche ihn nach dem Erkalten.

V 4 Man bläst Eisenpulver in die Brennerflamme (Schutzbrille!). Vergleiche die Heftigkeit der Reaktion mit jener in ▷ V 2 und ▷ V 3. Deute die Unterschiede.

A 1 Begründe, warum Metallpulver heftiger verbrennt als Metallwolle.

B 3 Zerteilung und Oberfläche. Beim Zerteilen einer Stoffportion vergrößert sich seine Oberfläche

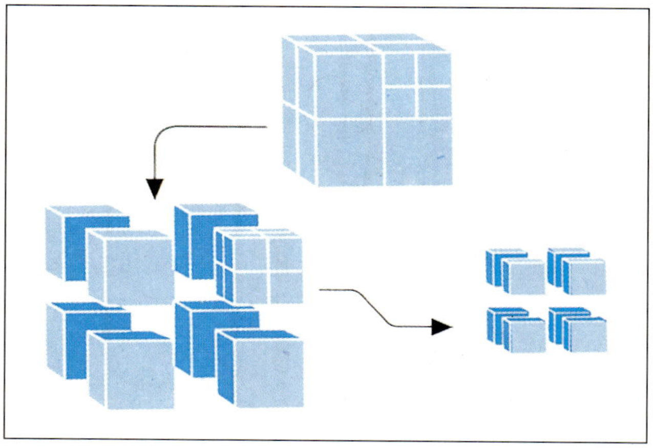

Heizungskeller sind mit Feuer hemmenden Türen aus Metall versehen. Zylinder von Verbrennungsmotoren, Brennräume von Raketen und Rauchabzüge in Heizungsanlagen sind aus Metall und brennen nicht, obwohl sie hohen Temperaturen ausgesetzt werden.

Manche Metalle brennen. Hält man dagegen *Magnesiumband* in die Flamme eines Brenners (▷ V 1), so entzündet es sich und verbrennt mit grellweißer Flamme und unter Abgabe von Wärme (▷ B 1). Zurück bleibt ein weißer, ascheartiger Stoff, der keine Ähnlichkeit mehr mit dem Metall hat. Ein neuer Stoff ist entstanden. Die Verbrennung von Magnesium ist eine chemische Reaktion.

Auch *Zinkwolle* verbrennt mit Flammenerscheinung und unter Abgabe von Wärme. Der neu entstandene Stoff sieht in der Hitze gelb und nach dem Abkühlen weiß aus.

Wird *Eisenwolle* entzündet (▷ V 2), so beobachtet man ein lebhaftes Aufglühen (▷ B 2). Es ist allerdings keine Flamme zu sehen. Zurück bleibt ein blauschwarzer, spröder Stoff. Auch das Eisen ist verbrannt. Da bei der Verbrennung keine Flamme zu beobachten war, sagt man, es ist *verglüht*. Es gibt aber auch Metalle (Platin, Gold), die nicht verbrennen.

Manche Metalle können verbrennen. Dabei entstehen unter Wärmeentwicklung neue Stoffe. Die Verbrennung ist eine chemische Reaktion.

Verbrennung und Zerteilungsgrad. Prüft man einen *Eisennagel* auf Brennbarkeit (▷ V 3), so zeigt sich, dass er – im Gegensatz zu Eisenwolle – nicht brennt. Er überzieht sich lediglich mit einer dünnen, schwarzen Schicht.

Bläst man dagegen *Eisenpulver* (▷ V 4) in die Flamme eines Brenners, so verbrennt es unter Funkensprühen. Mit wachsendem Zerteilungsgrad reagiert Eisen bei der Verbrennung also heftiger.

Dies trifft auch für andere Metalle zu. So verbrennt *pulverisiertes* Magnesium in der Flamme mit grellem Lichtblitz und unter Abgabe von Wärme heftiger als Magnesium*band*.

Die Heftigkeit, mit der ein Stoff verbrennt, ist abhängig von seinem Zerteilungsgrad.

Wird eine Portion eines Feststoffes zerteilt, so bleibt zwar deren Masse erhalten, die *Oberfläche* vergrößert sich jedoch sehr stark (▷ B 3). Das deutet darauf hin, dass an der Verbrennung ein zweiter Stoff aus der unmittelbaren Umgebung beteiligt ist, der bei Zunahme der Oberfläche mit dem brennbaren Stoff besser in Kontakt treten kann.

4.2 Die Rolle der Luft bei der Verbrennung

Luft ermöglicht die Verbrennung. Wird Eisenwolle in einem Glasrohr entzündet (▷V1), so wandert die Glutzone hell aufleuchtend durch das Rohr, wenn *Luft* hindurchgesaugt wird. Bei *Unterbrechung* der Luftzufuhr erlischt das Glühen. Andere Metalle verhalten sich ähnlich. Luft ermöglicht die Verbrennung von Metallen.

Entzündet man Eisenwolle am Arm einer austarierten Waage, so neigt er sich zur Seite des brennenden Eisens und zeigt damit eine *Zunahme der Masse* an (▷B1). Es muss jedoch noch überprüft werden, ob die gesamte Luft oder nur ein Teil der Luft für die Massenzunahme verantwortlich ist.

Die Zusammensetzung der Luft. Um zu prüfen, ob die gesamte Luft bei der Verbrennung reagiert, verbrennen wir in einer geschlossenen Apparatur Eisenwolle in einer genau bekannten *Luftportion* (▷V3a, ▷B2). Es zeigt sich, dass das Volumen nur um etwa ein *Fünftel* abnimmt. Eine Wiederholung des Experiments mit einer größeren Portion Eisenwolle führt zum gleichen Ergebnis. Nur ein Teil der Luft reagiert also bei der Verbrennung.

Luft ist ein *Gasgemisch*. Der bei der Verbrennung reagierende Teil der Luft heißt **Sauerstoff**.

In dem verbliebenen *Restgas* erstickt die Flamme eines Holzspans (▷V3b). Es besteht zum größten Teil aus **Stickstoff**.

Sehr genaue Untersuchungen haben ergeben, dass Luft in geringen Mengen noch andere Gase enthält (▷B3).

Luft ist ein Gasgemisch. Neben den Hauptbestandteilen Stickstoff und Sauerstoff enthält sie noch Edelgase und Kohlenstoffdioxid.

Metalle reagieren beim Verbrennen mit dem Sauerstoff der Luft.

B1 Massenzunahme beim Verbrennen. Der Wägearm neigt sich zur Seite des brennenden Eisens

V 1 Fülle ein mit einer Wasserstrahlpumpe verbundenes Verbrennungsrohr mit Eisenwolle. Entzünde sie und sauge stoßweise Luft hindurch. Erkläre.

V 2 Entzünde einen Bausch Eisenwolle, der an einer austarierten Waage hängt. Beobachte den Wägearm und deute die Veränderung.

V 3 a) Baue eine Apparatur nach ▷B2 auf. Schiebe die eingeschlossene Luftportion (100 ml) mehrmals über die erhitzte Eisenwolle. Lies das Volumen des erkalteten Restgases ab und ermittle den Verbrauch. Zeichne die Versuchsapparatur.
b) Drücke das Restgas in einen Standzylinder und halte einen brennenden Holzspan hinein.

B2 Ermittlung des Sauerstoffgehalts der Luft. Nur ein Fünftel der Luftportion nimmt an der Reaktion teil

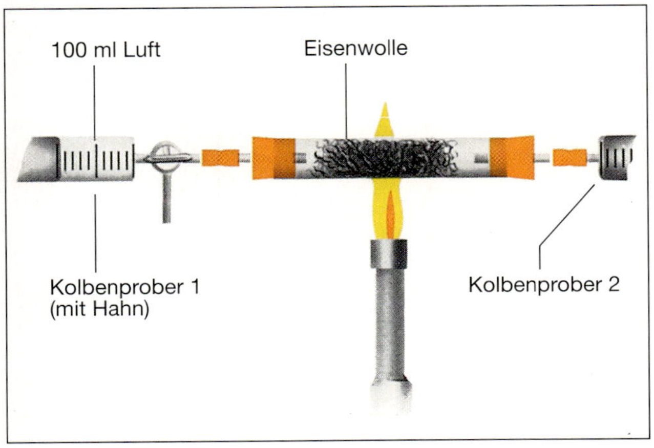

B3 Zusammensetzung von Luft (Volumenanteile) ohne Berücksichtigung der Luftfeuchtigkeit, Werte gerundet

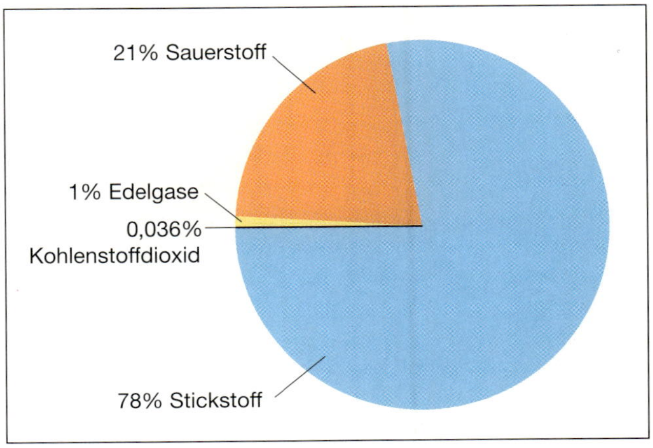

4.3 Sauerstoff und andere Luftbestandteile

B 1 **Flüssige Luft**

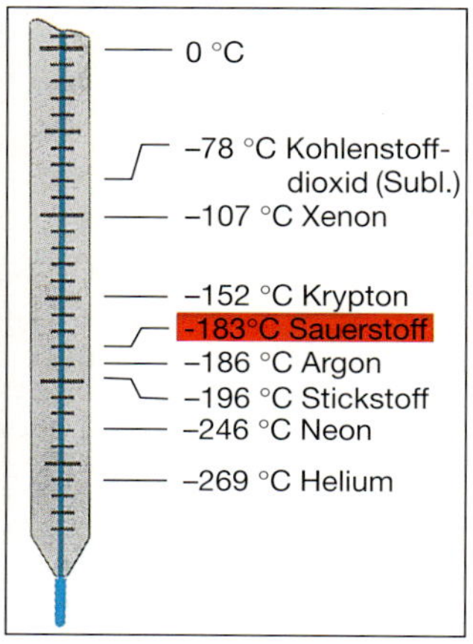

B 2 Siedetemperaturen einiger Luftbestandteile

Da Luft ein Gasgemisch ist, ist es möglich, durch ein geeignetes Trennverfahren Sauerstoff und andere Bestandteile der Luft rein zu gewinnen.

Gewinnung von Sauerstoff aus der Luft. Wird eine Luftportion zusammengepresst, so steigt ihre Temperatur. Vergrößert man hingegen den Gasraum, so sinkt die Temperatur. Führt man die beim Zusammenpressen frei werdende Wärme ab und lässt die Luft sich wieder ausdehnen, so wird diese kälter, als sie ursprünglich war. Durch mehrfaches Wiederholen des Vorganges werden so niedrige Temperaturen erreicht, dass die Luft kondensiert. Es entsteht *flüssige Luft*. Aus ihr lassen sich durch Destillation einzelne Luftbestandteile aufgrund ihrer unterschiedlichen Siedetemperaturen (▷ B 2) abtrennen. Nach diesem Prinzip wird reiner Sauerstoff gewonnen. Er kommt in blauen Stahlflaschen in den Handel. Darin steht er unter hohem Druck und darf nur über Druck mindernde Ventile entnommen werden (▷ B 4).

Eigenschaften und Nachweis. Sauerstoff ist ein farb-, geruch- und geschmackloses Gas. Wir können ihn mit den Sinnesorganen nicht wahrnehmen. Seine Dichte beträgt 1,33 g/ℓ bei 20 °C, sie ist größer als die von Luft (1,19 g/ℓ). Er unterhält die Verbrennung. Man nutzt diese Eigenschaft aus, um ihn nachzuweisen: Hält man einen an der Luft nur glimmenden Holzspan in Sauerstoff, so flammt er auf und brennt mit heller Flamme (▷ B 5).

Mit der Glimmspanprobe kann Sauerstoff nachgewiesen werden. Sie dient auch zur Unterscheidung von Sauerstoff, Luft und Stickstoff.

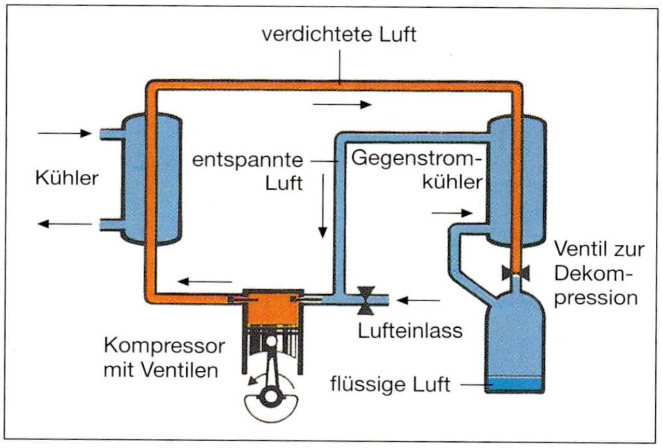

B 3 Gewinnung flüssiger Luft nach dem Lindeverfahren

B 4 Sauerstoffflasche mit Druckminderungsventil zur Gasentnahme

B 5 Glimmspanprobe

Bedeutung der Luftbestandteile. Die in der Luft enthaltenen Stoffe sind für das Leben auf der Erde und für die Technik von großer Bedeutung.

Sauerstoff wird von Menschen und Tieren zum Atmen benötigt. Auch bei Verbrennungsanlagen, z. B. in Motoren oder Heizungsanlagen, wird der Luft Sauerstoff entzogen. In Krankenhäusern wird Sauerstoff in Reinform oder mit Luft vermischt zum Beatmen und Inhalieren verwendet (▷ B 7). Grüne Pflanzen hingegen produzieren Sauerstoff.

Stickstoff, der Hauptbestandteil der Luft, ist farblos, geruch- und geschmacklos. Er ist sehr reaktionsträge. Eine Kerzenflamme oder die Flamme eines Holzspans erlischt, wenn nur Stickstoff anwesend ist. Stickstoffverbindungen werden von allen Lebewesen benötigt. Den in der Luft enthaltenen Stickstoff können jedoch die meisten Lebewesen nicht nutzen. Pflanzen nehmen Stickstoffverbindungen mit den Wurzeln aus dem Boden, Menschen und Tiere mit der Nahrung auf.

Farbe	farblos
Geruch	geruchlos
Geschmack	geschmacklos
Aggregatzustand bei Zimmertemp.	gasförmig
Dichte (20 °C)	1,33 g/ℓ
Schmelztemperatur	–219 °C
Siedetemperatur	–183 °C
Brennbarkeit	brennt nicht, unterhält Verbrennung
Löslichkeit in Wasser (20 °C)	geringfügig (31 cm^3/ℓ)

B6 Eigenschaften von Sauerstoff

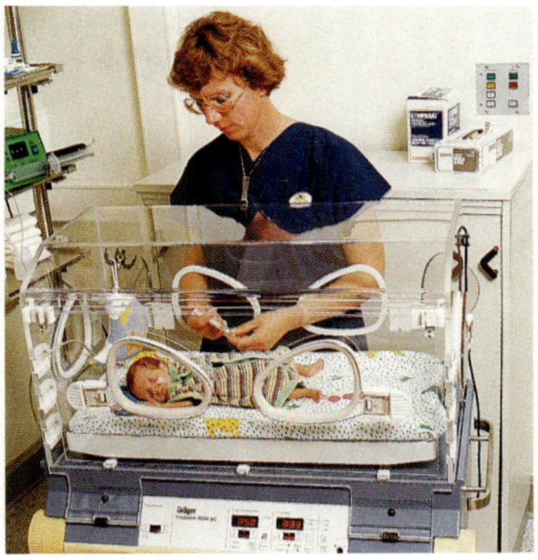

B7 Sauerstoffeinsatz in der Medizin

V 1 Entzünde einen Holzspan an einem Ende, blase die Flamme aus und halte den nur noch glimmenden Holzspan in einen mit Sauerstoff gefüllten Standzylinder.

V 2 Befestige einen mit Sauerstoff gefüllten Zylinder mit der Öffnung nach oben, einen weiteren umgekehrt an einem Stativ. Entferne die Verschlüsse und führe nach einigen Minuten die Glimmspanprobe durch.
Wie ist das Ergebnis der Probe zu erklären?

A 1 Erläutere mithilfe von ▷ B2 und ▷ B3 die Gewinnung von Sauerstoff aus der Luft nach dem Lindeverfahren.

A 2 Durch Atmung und Verbrennung wird der Luft Sauerstoff entzogen. Wodurch wird dieser Verlust ausgeglichen?

A 3 Auf welchem Wege gelangen lebensnotwendige Stickstoffverbindungen in den Körper des Menschen?

A 4 Gib einige Verwendungsmöglichkeiten für Edelgase an.

Flüssiger Stickstoff ist heute ein unentbehrlicher Stoff in der Kältetechnik. Lebensmittel werden damit in kürzester Zeit tiefgefroren und haltbar gemacht. In der Medizin werden sogar Organe darin aufbewahrt.

Edelgase sind sehr reaktionsträge und nicht brennbar. Helium wird wegen seiner geringen Dichte als Füllgas für Luftschiffe und Ballons verwendet. Argon dient als Schutzgas beim Schweißen (▷ B9). Es hält den Sauerstoff von der Schweißstelle ab und schützt das Metall vor der Verbrennung. Mit Neon und anderen Edelgasen gefüllte Leuchtstoffröhren spenden farbiges Licht (▷ B10). Viele Glühlampen sind mit Krypton und Xenon gefüllt, um ein Durchschmelzen der Glühwendel zu erschweren. Dadurch kann die Glühtemperatur auf etwa 2500 °C gesteigert und die Lichtausbeute erhöht werden.

Kohlenstoffdioxid ist lebensnotwendig für das Wachstum grüner Pflanzen. Sie nehmen Kohlenstoffdioxid und Wasser aus ihrer Umgebung auf und bauen daraus unter Ausnutzung des Sonnenlichts energiereiche Stoffe auf. Dabei geben sie zugleich Sauerstoff ab.

B8 Kryptonfüllung der Glühlampe erschwert Durchschmelzen der Wendel

B9 Schutzgasschweißen. Das Edelgas Argon verhindert den Luftzutritt

B10 Leuchtstoffröhren mit Edelgasfüllung verbreiten farbiges Licht

4.4 Metalle reagieren mit Sauerstoff

B 1 Eisenwolle verbrennt in Sauerstoff

B 2 Magnesium verbrennt in Sauerstoff

V 1 Man hält brennende Eisenwolle bzw. brennendes Magnesiumband in einen mit Sauerstoff gefüllten Standzylinder. (Vorsicht! Schutzbrille!)

V 2 Erhitze ein mehrfach gefaltetes Kupferblech in der Brennerflamme. Vergleiche anschließend Innen- und Außenseite. Deute die Beobachtungen.

V 3 Man bläst Pulver gleicher Korngröße der Metalle Eisen, Kupfer und Magnesium mit Sauerstoff in die nicht leuchtende Brennerflamme. (Schutzbrille!)
Vergleiche die Heftigkeit der Reaktionen.

A 1 Formuliere einen Merksatz zur Unterscheidung von edlen und unedlen Metallen.

Ein Holzspan, der an der Luft nur glimmt, flammt in reinem Sauerstoff auf. Offensichtlich verläuft die Verbrennung in *reinem Sauerstoff heftiger* als an der Luft.

Verbrennung von Metallen mit reinem Sauerstoff. Eisenwolle, die an der Luft nur verglüht, verbrennt in reinem Sauerstoff unter lebhaftem Funkensprühen (▷V 1, ▷B 1). Magnesium verbrennt darin sogar so heftig, dass das gesamte Reaktionsprodukt sich in Form eines weißen Rauches zeigt (▷B 2). Die Reaktionsprodukte unterscheiden sich in beiden Fällen nicht von denen, die beim Erhitzen der Metalle an der Luft entstehen.

Die Oxidation. Eine Reaktion, bei der sich ein Stoff mit Sauerstoff verbindet, nennt man **Oxidation** (von griech./lat. oxygenium, Sauerstoff). Die dabei entstehenden Stoffe heißen **Oxide**. So bildet sich aus Eisen und Sauerstoff *Eisenoxid*, aus Magnesium und Sauerstoff *Magnesiumoxid*.

Eisen + Sauerstoff ⟶ Eisenoxid

Zur Kennzeichnung der *Aggregatzustände* der Ausgangsstoffe und Reaktionsprodukte können die folgenden *Kurzzeichen:* **s** für *fest (solid)*, **l** für *flüssig (liquid)* und **g** für *gasförmig (gaseous)* in Klammern hinter den jeweiligen Namen geschrieben werden.

Magnesium (s) + Sauerstoff (g) ⟶ Magnesiumoxid (s)

Auch ein Kupferblech überzieht sich in der Hitze mit einer Schicht aus schwarzem Kupferoxid (▷V 2).
Oxide unterscheiden sich deutlich von den Metallen, aus denen sie entstehen (▷B 3). Es sind spröde Stoffe mit hoher Schmelztemperatur. Manche werden als Farbpulver verwendet, z. B. Zinkoxid, rotes Bleioxid, Titandioxid (▷B 4).

B 3 Eigenschaften einiger Metalle und ihrer Oxide im Vergleich

Metall		**Metalloxid**	
Name	Eigenschaften	Name	Eigenschaften
Magnesium	silberglänzend; Schmelztemp. 649 °C	Magnesiumoxid	weiß, spröde; Schmelztemp. 2802 °C
Eisen	grau glänzend; Schmelztemp. 1535 °C	Eisenoxid	blauschwarz, spröde; Schmelztemp. 1594 °C
Zink	hellgrau glänzend; Schmelztemp. 419 °C	Zinkoxid	weiß, in der Hitze gelb; Schmelztemp. 1975 °C
Silber	silberglänzend; Schmelztemp. 962 °C	Silberoxid	schwarz, spröde; zersetzt sich ab 160 °C

B 4 Titandioxid wird wegen seines hervorragenden Aufhellungs- und Deckvermögens vielen Stoffen zugesetzt

Verwendung in:

Lackfarben
Kunststoffen
Textilfasern
Papier
Druckfarben
Korrekturflüssigkeit
Zahnpasta
Puder

Verbrauch 1992: über 2,8 Mio. Tonnen

Metalle reagieren mit Sauerstoff

Für die Reaktionen von Metallen mit Sauerstoff gilt allgemein:

Metall + Sauerstoff $\longrightarrow$ Metalloxid

Bei den Oxidationen wird Energie in Form von Wärme und Licht frei. Es sind exotherm verlaufende Reaktionen.

> Die Reaktion eines Stoffes mit Sauerstoff wird Oxidation genannt. Bei der Reaktion von Metallen mit Sauerstoff entstehen Metalloxide.

Das Bindungsbestreben der Metalle zu Sauerstoff. Bei den bisher beobachteten Reaktionen reagieren die Metalle offensichtlich unterschiedlich heftig. Da hierbei auch der Zerteilungsgrad eine wichtige Rolle spielt, kann ein Vergleich der Heftigkeiten nur mit Stoffportionen gleicher Korngröße durchgeführt werden.
Bläst man Pulver der Metalle Kupfer, Eisen bzw. Magnesium mit Sauerstoff durch die nicht leuchtende Brennerflamme (▷V3, ▷B5), so zeigen sich deutliche Unterschiede in der Helligkeit der Flamme und damit der Heftigkeit der Reaktion.
Von den untersuchten Metallen hat Magnesium das größte und Kupfer das geringste Bestreben mit Sauerstoff eine Verbindung zu bilden. Es ergibt sich die Reihenfolge:

$\xrightarrow{\text{Kupfer, Eisen, Magnesium}}$

Von Kupfer zu Magnesium nimmt das Bindungsbestreben zu Sauerstoff zu (▷B5). Metalle, die ein großes Bindungsbestreben zu Sauerstoff haben, werden *unedle Metalle* genannt. Ihnen stehen die *Edelmetalle* gegenüber. Sie sind die einzigen Metalle, die man in der Natur gediegen finden kann. Von allen anderen Metallen findet man dort nur Verbindungen.

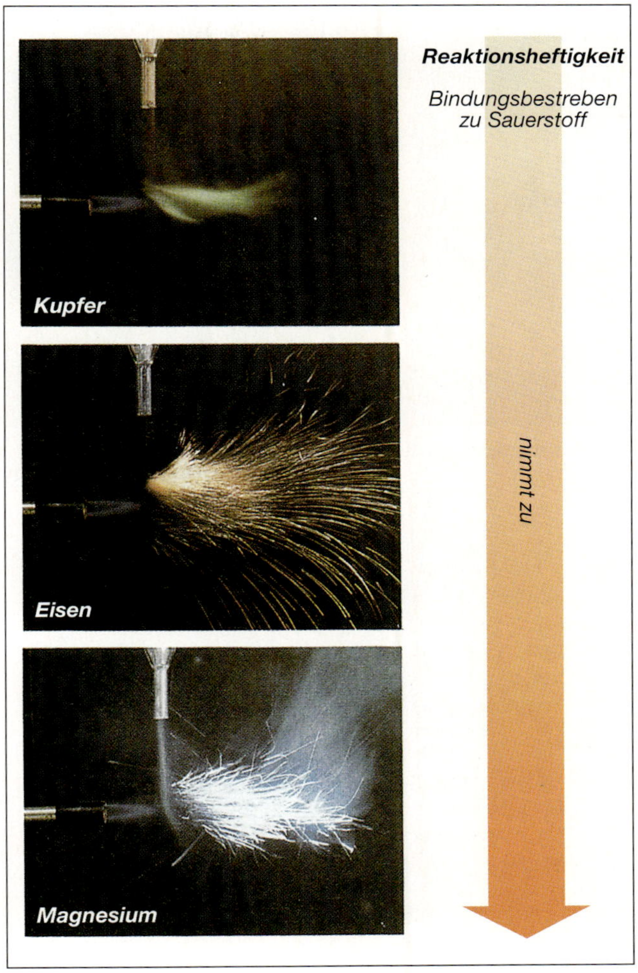

B5 Reaktionsheftigkeit und Bindungsbestreben

B6 Durchtrennen einer Eisenplatte mit einem Schneidbrenner

Auf Baustellen kann man oft beobachten, dass Eisenplatten oder Stahlträger mit Schneidbrennern zerteilt werden. Auch hier spielt die Bildung des Eisenoxids eine wichtige Rolle.
Zunächst erhitzt man das Metall mit der Brennerflamme bis zum Glühen. Anschließend schließt man die Zufuhr des brennbaren Gases und lässt nur noch reinen Sauerstoff auf die glühende Metalloberfläche strömen. Das Metall wird oxidiert, die dabei frei werdende Wärmeenergie führt zum weiteren Schmelzen des Metalls und seiner Reaktion mit Sauerstoff. Es bildet sich ein heftiger Funkenregen von verglühendem Eisen und weggeschleudertem Eisenoxid. Zurück bleibt ein schmaler Spalt.

4.5 Nichtmetalle reagieren mit Sauerstoff

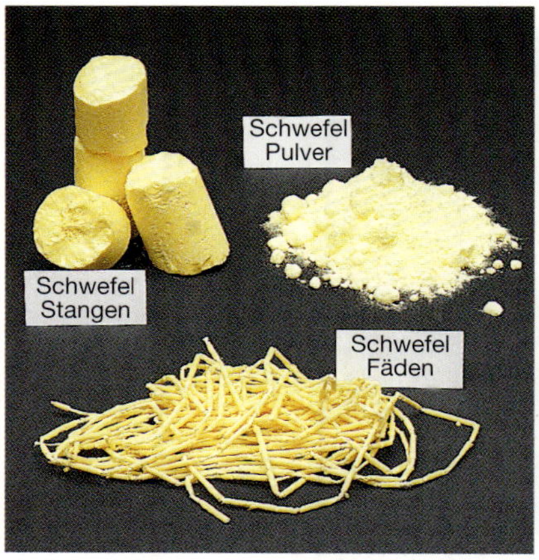

B 1 Handelsformen des Schwefels

B 2 Schwefel verbrennt in Sauerstoff

V 1 a) Schwefel wird in einem blanken Verbrennungslöffel unter dem Abzug entzündet und in einen mit Sauerstoff gefüllten Standzylinder eingeführt.
b) Anschließend wird eine rote Rose oder Nelke in den Zylinder gegeben. Für einige Minuten lässt man den Standzylinder abgedeckt stehen.

V 2 Entzünde ein Stück Holzkohle auf dem Verbrennungslöffel und senke es in einen kleinen Standzylinder, der mit Sauerstoff und einer kleinen Portion Kalkwasser gefüllt ist. Verschließe den Standzylinder und schüttle ihn. Erkläre die Beobachtungen.

A 1 Warum werden aus Brennstoffen wie Heizöl und Erdgas Schwefelverbindungen entfernt?

B 3 Holzkohle verbrennt in Sauerstoff

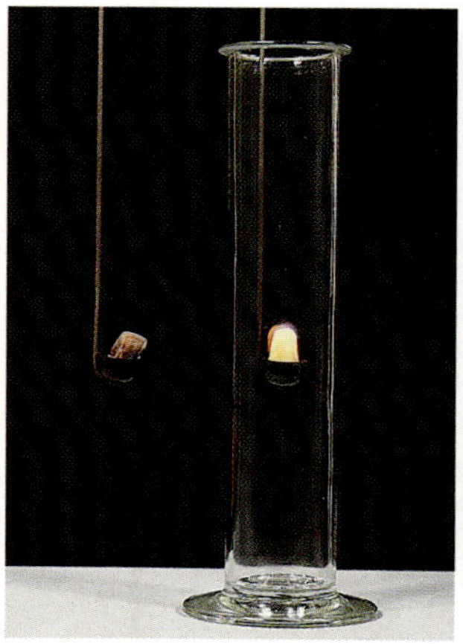

B 4 Kohlenstoffdioxid trübt Kalkwasser

Oxidationsreaktionen haben wir bisher nur an Metallen untersucht. Die im Alltag verwendeten Brennstoffe enthalten Kohlenstoff und Kohlenstoffverbindungen. Kohlenstoff ist ein Element und gehört ebenso wie der Schwefel zu den Nichtmetallen, deren Verhalten gegenüber Sauerstoff wir im Folgenden untersuchen.

Schwefeldioxid. Erhitzt man Schwefel, so schmilzt er und entzündet sich. An der Luft verbrennt er mit nur schwach blauer Flamme und in reinem Sauerstoff mit *leuchtend blauer Flamme* (▷ B 2). Dabei bildet sich ein *farbloses, gasförmiges, giftiges Oxid* mit stechendem Geruch. Dieses Oxid wird **Schwefeldioxid** genannt.

Schwefel + Sauerstoff ⟶ Schwefeldioxid | exotherm

Schimmelpilze und Kleinlebewesen wie Bakterien werden durch Schwefeldioxid abgetötet, deshalb wird es zum Haltbarmachen von Trockenfrüchten eingesetzt. Die Verpackungen tragen dann den Hinweis „geschwefelt". Auch zur Desinfektion von Wein- und Bierfässern aus Holz wird es verwendet. Schwefeldioxid bleicht Blütenfarbstoffe (▷ V 1b) und andere Farbstoffe.

Die Brennstoffe Kohle und Öl enthalten Verbindungen des Schwefels. Bei ihrer Verbrennung entsteht ebenfalls Schwefeldioxid, das unsere Umwelt gefährlich belastet. Deshalb müssen entweder die Schwefelverbindungen vor der Verbrennung aus den Brennstoffen oder das Schwefeldioxid aus den Abgasen entfernt werden.

Verbrennung von Kohlenstoff. Holzkohle besteht fast ausschließlich aus Kohlenstoff, daneben enthält sie noch geringe Anteile mineralischer Stoffe. Diese sind von den Bäumen aus dem Boden aufgenommen und bei der Gewinnung der Holzkohle aus dem Holz nicht entfernt worden. Zündet man Holzkohle an, so glüht sie bei Luftzufuhr hell auf und verglüht langsam. Zurück bleibt eine hellgraue, fast weiße Asche. Diese Asche ist nicht das Oxid des Kohlenstoffs, sondern der Rückstand der mineralischen Begleitstoffe der Holzkohle.
Bei der Verbrennung des Kohlenstoffs entsteht kein sichtbares Oxid, sondern das *gasförmige, farb-* und *geruchlose* **Kohlenstoffdioxid**.

Kohlenstoff + Sauerstoff ⟶ Kohlenstoffdioxid | exotherm

Nachweis von Kohlenstoffdioxid. Schüttelt man ein Gefäß, in dem sich Kohlenstoffdioxid und Kalkwasser befinden, so bildet sich in der Flüssigkeit ein Feststoff, der eine *Trübung* verursacht und nach einer Weile als *Niederschlag* ausfällt.

Die Trübung von Kalkwasser ist ein Nachweis für Kohlenstoffdioxid.

Eigenschaften von Kohlenstoffdioxid. Die Dichte des Kohlenstoffdioxids (1,83 g/ℓ bei 20 °C und 1013 hPa) ist etwa anderthalbmal so groß wie die der Luft. Das Kohlenstoffdioxid lässt sich deshalb umgießen wie eine Flüssigkeit und sammelt sich am Boden eines Raumes oder Gefäßes, wo es eine Kerzenflamme ersticken kann (▷ V 3). Es ist selbst nicht brennbar.

Verwendung von Kohlenstoffdioxid. Unter Druck verflüssigt kommt Kohlenstoffdioxid in grauen Stahlflaschen in den Handel. Erstarrtes Kohlenstoffdioxid wird als Trockeneis bezeichnet. Festes Kohlenstoffdioxid wird bei Zimmertemperatur und 1013 hPa nicht flüssig, sondern es sublimiert. Dabei kühlt sich die Umgebung stark ab. Trockeneis wird deshalb zum Kühlen von Lebensmitteln (▷ B 5) bei deren Herstellung und Transport verwendet. Auch „künstlicher Nebel" kann mithilfe von Kohlenstoffdioxid hergestellt werden (▷ B 6).
Viele Mineralwässer enthalten „natürliches" Kohlenstoffdioxid gelöst, das z. B. bei vulkanischer Tätigkeit entstanden ist. Limonaden und manchen alkoholischen Getränken wird es zugesetzt, was ihnen einen erfrischenden Geschmack verleiht. Mit steigendem Druck nimmt die Löslichkeit von Kohlenstoffdioxid in Wasser zu, deshalb wird es in Getränke hineingepresst. Wird die Flasche geöffnet, sprudelt ein großer Teil des Kohlenstoffdioxids heraus. In Gaststätten drückt es das Bier zum Zapfhahn und bildet mit dem Bier den Schaum.

Kohlenstoffmonooxid, ein gefährliches Gas. Verbrennen Kohlenstoff oder Kohlenstoffverbindungen bei ungenügender Luftzufuhr, so entsteht als Nebenprodukt das *giftige Kohlenstoffmonooxid*. Kohlenstoffmonooxid ist *farb-* und *geruchlos* und verbrennt mit blauer Flamme zu Kohlenstoffdioxid. Wird Kohlenstoffmonooxid eingeatmet, wird es durch den roten Farbstoff der Blutkörperchen gebunden. Sie können dadurch keinen Sauerstoff mehr transportieren und an die Körperzellen weitergeben. Vergiftungen äußern sich in Kopfschmerzen, Sehstörungen, Schwindelgefühl, Übelkeit und können zum Tode führen. Kohlenstoffmonooxid wird von Kraftfahrzeugen emittiert. Bereits ein Volumenanteil von 1 % in der Atemluft kann tödlich wirken. Als Gegenmaßnahme bei Vergiftungen dient die sofortige Sauerstoffbeatmung.

Der Anteil an Kohlenstoffmonooxid und anderen gasförmigen Schadstoffen in der Luft kann mit einem *Gasspürgerät* (▷ B 7) gemessen werden. Dazu gehören eine *Pumpe* und spezielle *Messröhrchen* für die einzelnen Stoffe.

B 5 Trockeneis beim Tiefkühlen von Lebensmitteln

V 3 Stelle in ein Glasbecken Kerzen verschiedener Länge und zünde sie an. Fülle mehrere große Bechergläser mit Kohlenstoffdioxid und gieße das Gas durch einen Trichter mit weiter Öffnung in das Glasbecken um.

A 2 Der gasförmige Anteil des Tabakrauches enthält etwa 73 % Stickstoff, 10 % Sauerstoff, 9,5 % Kohlenstoffdioxid, 4,2 % Kohlenstoffmonooxid und 3,3 % andere Gase. Vergleiche mit Luft. Welche Schlussfolgerungen ziehst du?

B 6 Künstlicher Nebel aus Trockeneis und Wasser

In Theatern oder in Diskotheken setzt man zur Erzeugung einer besonderen Stimmung häufig künstlichen Nebel ein. Dieser wird meist aus Trockeneis und Wasser hergestellt.
Dazu wird ein Drahtkorb mit Trockeneisstückchen in heißes Wasser gesenkt. Sofort bildet sich Nebel, der mit einem Schlauch an den gewünschten Ort geleitet werden kann.
Erklärung: Das Trockeneis sublimiert in dem heißen Wasser sehr schnell. Dabei kühlt sich die feuchte Luft über dem Wasser ab, sodass der Wasserdampf zu feinen Tröpfchen kondensiert. Dieser Nebel wird aus der „Nebelmaschine" über den Schlauch herausgedrückt, weil das Kohlenstoffdioxidgas einen viel größeren Raum einnimmt als das Trockeneis.

B 7 Ein Gasspürgerät besteht aus Pumpe und Messröhrchen

4.6 Projekt: Untersuchung der Kerzenflamme

Versuch 1 Die Kerzenflamme

Materialien:
Kerze, Unterlage (z. B. Fliese), Zündhölzer

Aufgaben:
a) Entzünde eine Kerze und beobachte die Flamme. Welche Veränderungen hast du beobachtet?
b) Zeichne die Kerzenflamme. Wie viele Zonen kannst du erkennen?
c) Blase die Flamme aus und beobachte etwa 1 Minute. Schreibe deine Beobachtungen auf.

Versuch 2 Was verbrennt in der Kerze?

Materialien:
Kerze, Unterlage, Zündhölzer, Glasrohr ($d = 6 - 8$ mm, $l = 6$ cm), Tiegelzange

Aufgaben:
a) Entzünde eine Kerze. Warte etwa 2 Minuten und blase dann die Flamme aus. Führe sogleich ein brennendes Streichholz in die Nähe des Dochtes. Beschreibe und deute deine Beobachtungen.
b) Halte ein Ende des Glasrohres mit der Tiegelzange unmittelbar über das Dochtende einer brennenden Kerze. Führe ein brennendes Streichholz an das andere Ende des Glasrohres. Beschreibe und deute deine Beobachtungen.
c) Was ist der Brennstoff der Kerze?

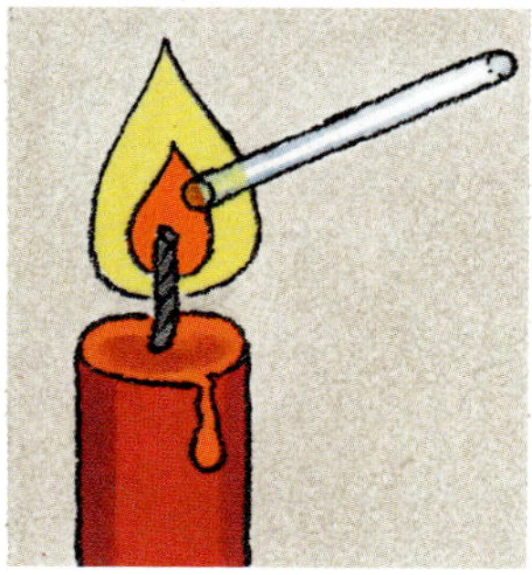

Versuch 3 Die Aufgabe des Dochtes

Materialien:
Schutzbrille, feuerfeste Unterlage, Porzellantiegel, dicker Baumwollfaden, Speiseöl, Tiegelzange

Aufgaben:
a) Halte den Baumwollfaden an einem Ende zwischen Daumen und Zeigefinger und lass das untere Ende in das Speiseöl hängen. Was fühlst du nach einiger Zeit?
b) Halte den Faden jetzt mit der Tiegelzange und führe ein brennendes Streichholz an das obere Ende des Fadens. Beschreibe deine Beobachtungen.
c) Welche Aufgaben hat der Docht der Kerze?

Versuch 4 Die Flammenzonen unterscheiden sich

Materialien:
Kerze, feuerfeste Unterlage, Zündhölzer, Holzspan

Aufgaben:
a) Halte einen Augenblick dünne Holzstäbchen mit ihren Mitten in verschiedene Höhen in eine Kerzenflamme.
b) Halte einen Streichholzkopf kurz in die dunkle Zone einer Kerzenflamme. Halte ihn dann ebenso kurz in die Spitze der Flamme.

Wo ist die Flamme der Kerze besonders heiß?

Versuch 5 Welche Stoffe entstehen bei der Verbrennung einer Kerze?

Geräte und Materialien:
Kerze, feuerfeste Unterlage, Zündhölzer, Trichter, U-Rohr mit Ansätzen und Stopfen, Gaswaschflasche, Schlauchstücke, Kalkwasser, Wasserstrahlpumpe

Aufgabe:
Eure Gruppe erhält von der Lehrerin bzw. vom Lehrer die obigen Geräte und Materialien. Bei der Verbrennung der Kerze entstehen neue Stoffe, die Reaktionsprodukte. Baut aus obigen Geräten eine Apparatur zusammen, mit der die Reaktionsprodukte aufgefangen werden können. Stellt die Apparatur der Lehrerin oder dem Lehrer vor und führt dann den Versuch durch. Zeichnet auch die Apparatur.

Versuch 6 Warum leuchtet die Kerzenflamme?

Geräte und Materialien:
Kerze, feuerfeste Unterlage, Porzellanschale, Tiegelzange, Kohlepulver, Glasrohr mit Biegung, Zündhölzer

Aufgaben:
a) Zünde die Kerze an und halte in einem Abstand von etwa 1 cm über die Flamme eine Porzellanschale.
b) Blase eine Spatelspitze Kohlepulver in die Kerzenflamme.
c) Beschreibe deine Beobachtungen und beantworte die Frage zum Versuch.

4.7 Projekt: Ermittlung der Grundlagen der Brandbekämpfung

Versuch 1 Möglichkeiten zum Löschen eines Brandes

Geräte und Materialien: Schutzbrille, feuerfeste Unterlage, Holzwolle, Tiegelzange, Zündhölzer, Keramik-Drahtnetz, Spritzflasche mit dest. Wasser

Durchführung: Gib einige kleinere Portionen der Holzwolle nebeneinander auf die feuerfeste Unterlage. Entzünde ein Knäuel. Suche nach mehreren Möglichkeiten, die Ausbreitung des Feuers mit den dir zur Verfügung gestellten Geräten und Materialien zu verhindern.

Auswertung: Wie viele Möglichkeiten hast du gefunden? Erkläre jeweils die Grundlagen.

Versuch 2 Ein erstaunliches Versuchsergebnis

Geräte und Materialien: Kerze, dicker Kupferdraht, Tiegelzange, Zündhölzer

Durchführung: Zünde die Kerze an. Wickle dir aus dem Kupferdraht eine Wendel und halte diese über die Flamme.

Auswertung: Beschreibe und deute deine Beobachtungen.

Versuch 3 Ein wirksames Löschmittel

Geräte und Chemikalien: Schutzbrille, Kerze, Zündhölzer, Stopfen mit zwei Bohrungen, gewinkeltes Glasrohr, 2 Erlenmeyerkolben (50 ml), Einwegspritze (5 ml), Schlauchstück (l = 17 cm), Spatel, Reagenzglas, Reagenzglasklammer, Reagenzglasgestell, Holzspan, Natriumhydrogencarbonat, Salzsäure (ca. 3,65 %), Kalkwasser

Durchführung: a) Zünde die Kerze an. Gib in den Erlenmeyerkolben einen Spatel Natriumhydrogencarbonat. Halte den Erlenmeyerkolben so, dass die Öffnung des gewinkelten Glasrohres knapp über der Kerzenflamme ist. Spritze anschließend durch die zweite Bohrung des Stopfens 5 ml Salzsäure auf das Natriumhydrogencarbonat in dem Kolben. Achte darauf, dass die zweite Bohrung verschlossen bleibt.
b) Verfahre wie in a), aber leite das Gas über das Schlauchstück in ein Reagenzglas. Untersuche das Gas mit den dir bekannten Nachweisreaktionen.

Auswertung: a) Beschreibe und deute deine Beobachtungen.
b) Welches Gas ist zur Brandbekämpfung eingesetzt worden?

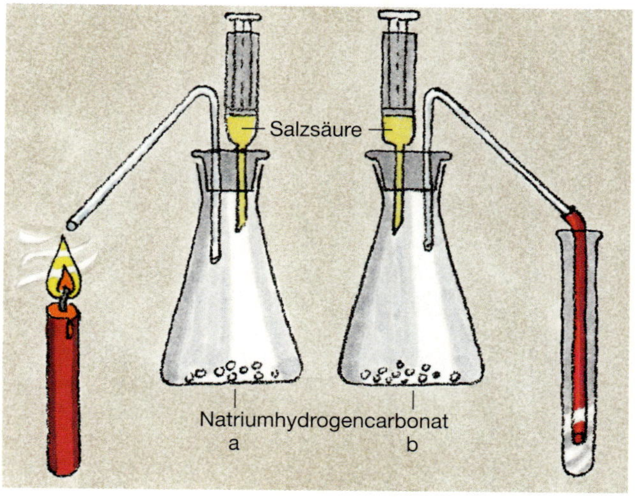

Versuch 4 Modell eines Kohlenstoffdioxid-Schaumlöschers

Geräte und Chemikalien: Schutzbrille, Erlenmeyerkolben (300 ml), Stopfen mit zwei Bohrungen, gebogenes Glasrohr, Einwegspritze (20 ml), Porzellanschale, feuerfeste Unterlage, kleines Reagenzglas, Holzwolle, Natriumhydrogencarbonatlösung (5 %), Salzsäure (3,65 %), Spülmittel

Durchführung: Gib in den Erlenmeyerkolben 100 ml Natriumhydrogencarbonatlösung und ca. 3 ml Spülmittel. Baue das Gerät entsprechend der Abbildung auf und gib in die Einwegspritze 15 ml Salzsäure. Drücke den Stempel in den Zylinder, sodass die Salzsäure zu der Flüssigkeit im Erlenmeyerkolben fließt. Halte den Stempel hinuntergedrückt. Richte das Glasrohr auf brennende Holzwolle in einer Porzellanschale.

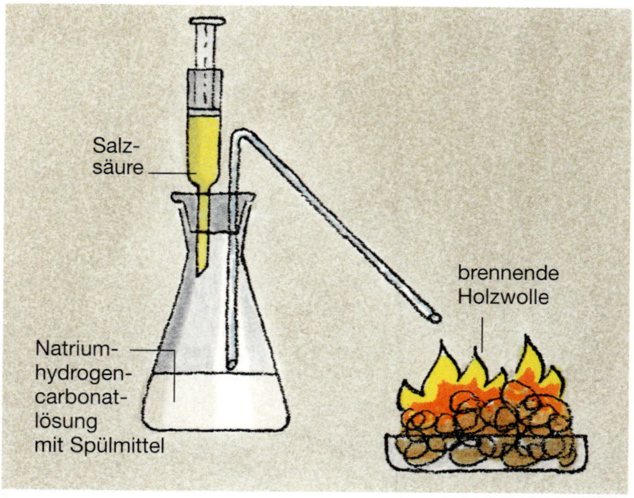

4.8 Brandbekämpfung – Verhinderung einer Oxidation

B1 Unterschiedliche Entzündbarkeit. Die Streichhölzer werden zuerst entzündet

V 1 Man gibt in eine Porzellanschale eine kleine Portion Wundbenzin und in eine zweite Schale eine kleine Portion Paraffinöl. Dann versucht man, die beiden Flüssigkeiten mit einem brennenden Holzspan zu entzünden. (Schutzbrille!)

V 2 Man gibt 4 bis 6 Tropfen Wundbenzin in ein Zündrohr. Wenn nach dem Verschließen mit dem Deckel die Flüssigkeit völlig verdunstet ist (Beschleunigung durch ein Stückchen Pappe im Rohr und kräftiges Schütteln), wird das Gemisch im abgedunkelten Raum gezündet. Der Versuch wird mit veränderter Tropfenzahl wiederholt. Nach jedem Versuch muss das Rohr kräftig mit Luft ausgeblasen werden. (Schutzscheibe! Schutzbril-

Immer wieder entstehen durch Brandstiftung, Unachtsamkeit oder Selbstentzündung Brände, die große Schäden anrichten und Menschen und Umwelt gefährden.

Entstehung eines Brandes. Die Entstehung eines Feuers ist an einige Voraussetzungen gebunden. Zunächst muss ein **brennbarer Stoff** vorhanden sein. Es muss auch **Sauerstoff**, der meist aus der Luft stammt, an den brennbaren Stoff herankommen.

Obwohl Heizöl brennbar ist, gelingt es meist nicht, es mit einem Streichholz zu entzünden. Erst beim Erwärmen bilden sich genügend Dämpfe, die entflammt werden können. Die **Flammtemperatur** ist die niedrigste Temperatur bei einem Luftdruck von 1013 hPa, bei der sich aus einer Flüssigkeit genügend Dämpfe entwickeln, die mit der Luft über der Flüssigkeit ein durch Fremdzündung entflammbares Gemisch bilden. Ein Stoff kann sich aber auch entzünden, ohne dass dazu eine Flamme notwendig ist. Es muss dazu nur die **Zündtemperatur** des Stoffes (▷ B4) erreicht sein. Ein Stoff ist umso feuergefährlicher, je niedriger seine Flamm- und Zündtemperatur sind.

Verbrennung und Zündgrenze. Erdgas und Reinigungsbenzin können, wie alle brennbaren Gase und leicht verdunstenden brennbaren Flüssigkeiten, mit Luft bzw. Sauerstoff explosive Gasgemische bilden. Eine Explosion kann aber nur erfolgen, wenn der Anteil des brennbaren Gases zwischen zwei Extremwerten liegt, der *unteren* und der *oberen Explosions-* oder *Zündgrenze*. Ein explosives Gemisch liegt z. B. vor, wenn der Volumenanteil von Autobenzindampf in Luft zwischen etwa 1 % und 7 % liegt.

B2 Aus der Geschichte des Zündholzes

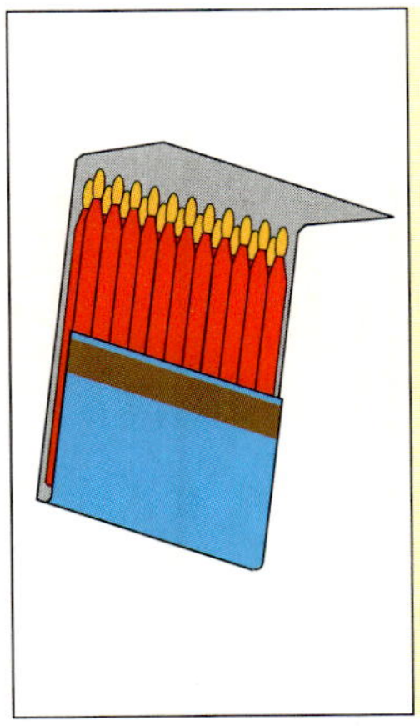

Es war früher nicht einfach ein Feuer zu entfachen. Noch bis in das 19. Jahrhundert schlug man mit Feuerstein und Stahl Funken. Mit diesen versuchte man leicht entzündbares Material, z. B. Feuerschwamm, zum Glimmen zu bringen. In Deutschland entwickelte **Johann Friedrich Kammerer** 1832 die ersten gebrauchsfähigen Zündhölzer. Das Zündköpfchen enthielt Kaliumchlorat als Sauerstoffspender, den leicht entzündlichen weißen Phosphor und einige Zusätze. Die Hölzer wurden zur Unterstützung der Verbrennung bei der Herstellung in flüssigen Schwefel getaucht. Diese Schwefelhölzer konnten an jeder rauhen Fläche entzündet werden. Da weißer Phosphor sehr giftig ist, wurden diese Zündhölzer 1903 in Deutschland verboten.
1848 hat **Rudolf Christian Böttger** die **Sicherheitszündhölzer** erfunden, die auch heute noch in Gebrauch sind. Der Kopf eines Sicherheitszündholzes enthält Kaliumchlorat als Sauerstoffspender, Schwefel und einige Zusätze. Die Hölzer sind zur Förderung der Brennbarkeit mit Paraffin imprägniert. Die Reibefläche besteht im Wesentlichen aus rotem Phosphor, Glaspulver und Bindemitteln. Streicht man mit dem Zündholzkopf über die Reibfläche, bildet sich eine kleine Menge des sehr reaktionsfähigen Gemisches aus Kaliumchlorat und Phosphor, das sich durch die Reibungswärme entzündet und den Entflammungsvorgang im Zündholzkopf einleitet.

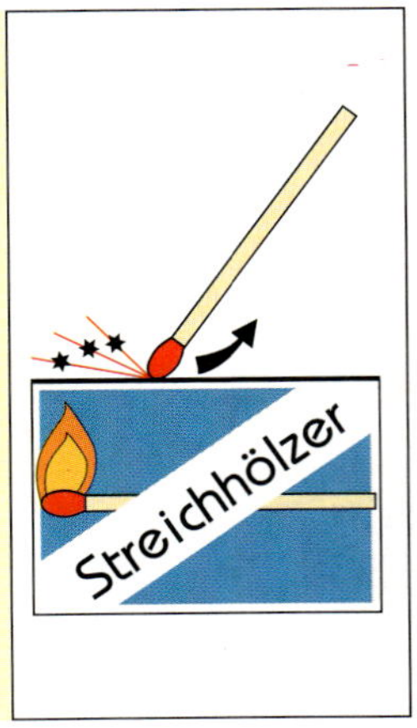

Beim **Löschen eines Brandes** sorgt man dafür, dass mindestens eine der Voraussetzungen, die zur Entstehung eines Brandes notwendig sind, nicht mehr gegeben ist.

Entzug des brennbaren Stoffes. Nach Möglichkeit werden alle brennbaren Stoffe aus der Nähe eines Feuers entfernt. Hat sich das Feuer allerdings schon stark ausgebreitet, verhindern Hitze, Rauch und bei Gebäudebränden die Einsturzgefahr ein Näherkommen an den Brandherd. Bei Waldbränden kann das Feuer häufig durch das Anlegen breiter Gräben und Schneisen zum Stillstand gebracht werden.

Abkühlen unter die Zündtemperatur. Größere Brände werden meist mit Wasser bekämpft. Es kühlt die brennenden Teile so ab, dass die Zündtemperaturen der brennbaren Stoffe unterschritten werden. Gleichzeitig bildet sich ein Teppich aus Wasser und Wasserdampf über dem Brandherd und behindert die Luftzufuhr. Tanks mit brennbaren Gasen oder Flüssigkeiten, die sich in der Nähe eines Brandes befinden, werden auch mit Wasser bespritzt, damit die Zündtemperatur erst gar nicht erreicht wird.

Ist bei einem Autounfall Benzin ausgelaufen, muss verhindert werden, dass dieses durch Fremdzündung, z.B. durch eine weggeworfene Zigarette, entzündet wird.

Entzug des Sauerstoffs. Bewährt hat sich Wasser zur Brandbekämpfung von vielen festen Stoffen. Benzin aber schwimmt z.B. auf Wasser und brennt dort weiter. In diesem Fall helfen andere Löschmittel.

B3 Bestimmung der Zündgrenze

B4 Zündtemperatur einiger brennbarer Stoffe

brennbarer Stoff	**Zündtemperatur in °C**
Ether	160
Benzin	220
trockenes Holz	250–350
Heizöl	350
Wachs	400
Alkohol	425
Papier	440
Stadtgas	560
Steinkohle	600–900
Erdgas	650
Koks	650–750

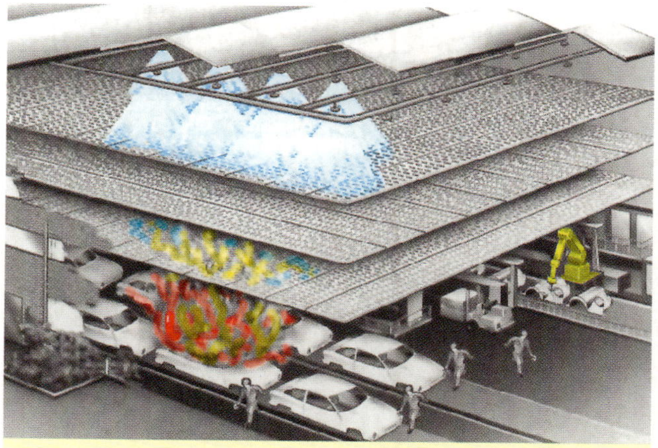

In vielen Kaufhäusern, Theaterräumen, Werkstätten und Lagerräumen sind zum Brandschutz Sprinkleranlagen (von engl. to sprinkle, sprühen) eingebaut.

Diese bestehen aus Druckwasserleitungen, die die zu schützenden Räume durchziehen. In regelmäßigen Abständen sind diese Leitungen mit Brausen, den Sprinklern, versehen.

Die Öffnungen der Sprinkler sind häufig durch Glasfässchen mit einer Flüssigkeit verschlossen. Bricht an einer Stelle des Raumes ein Brand aus, erwärmt sich die Flüssigkeit und dehnt sich aus, bis das Glasfässchen bei einer bestimmten Temperatur (z.B. 68 °C) platzt. Das Wasser strömt aus der Leitung, prallt auf den Sprühteller und regnet auf das Feuer. Dieses ist meist schon gelöscht, bevor die Feuerwehr eintrifft.

Sprinkleranlagen können auch ein anderes Löschmittel anstelle des Wassers enthalten. Die Sprinkler können auch durch eine niedrig schmelzende Metalllegierung verschlossen sein.

B5 Brandbekämpfung mit Sprinkleranlagen

Voraussetzungen zur Verbrennung	Maßnahmen zur Brandbekämpfung allgemein	Beispiele
Brennstoff	Entfernen des brennbaren Stoffes	
Zündtemperatur	Abkühlen unter die Zündtemperatur	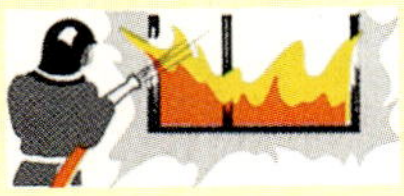
Luft	Unterbrechung der Luftzufuhr	

B 6 Möglichkeiten der Brandbekämpfung im Überblick

A 1 Informiere dich über die Geräte und Materialien im Chemieraum zur Brandbekämpfung und den Fluchtweg.

A 2 Warum sollen vor dem Verlassen eines Raumes, in dem ein Feuer ausgebrochen ist, die Fenster geschlossen werden, wenn dies ohne Gefährdung möglich ist?

A 3 Warum ist festes Kohlenstoffdioxid („Kohlensäureschnee"), das sich bei Einsatz eines Kohlenstoffdioxidlöschers (▷ B 8) bilden kann, ein wirksameres Löschmittel als Wasser?

A 4 Bläst man kräftig in eine Kerzenflamme, erlischt diese, ein Holzkohlefeuer hingegen glüht hell auf. Gib eine Erklärung für diesen Unterschied.

Kohlenstoffdioxid aus Feuerlöschern kann zur Brandbekämpfung eingesetzt werden. Es hat den Vorteil, dass es aufgrund seiner hohen Dichte eine Schicht über dem Brandherd bildet, die der Luft den Zutritt zum Brandherd versperrt. Bei heftigen Bränden wird das Kohlenstoffdioxid so stark verwirbelt, dass es nicht mehr schützend wirkt. Deshalb verwendet man häufig die wirksameren *Schaumlöscher*. Der mit Kohlenstoffdioxid gefüllte Schaum bedeckt den brennenden Stoff, sodass das Feuer sofort erstickt. Der Inhalt von *Pulverlöschern* unterbricht meist schlagartig die Reaktion des brennbaren Stoffes mit Sauerstoff und bildet zusätzlich eine Decke über dem Brandherd. Bei einigen Löschpulvern entsteht in der Hitze noch Kohlenstoffdioxid.

Magnesium- und *Aluminiumbrände* können weder mit Wasser noch mit Kohlenstoffdioxid oder dem Inhalt von Pulverlöschern gelöscht werden, da die Metalle heftig mit diesen Löschmitteln reagieren. In diesem Fall bedeckt man den Brandherd mit Sand, Salz oder Zement. Die Feststoffe werden stark erwärmt, so dass sie z. T. schmelzen und verkrusten. Die harte Kruste unterbricht die Luftzufuhr.

Wenn die *Kleidung eines Menschen* brennt, kann man das Feuer mit einer Decke oder durch Wälzen auf dem Boden zum Erlöschen bringen.

Nach der Zugehörigkeit eines brennenden Stoffes zu einer der *vier Brandklassen* (▷ B 7) richtet sich die Wahl des einzusetzenden Feuerlöschmittels.

Veränderung des Mengenverhältnisses. Bei Bränden in Kohlebergwerken kann der Volumenanteil des Grubengases z. B. durch Einleiten von Stickstoff so verdünnt werden, dass kein zündfähiges Gemisch mehr vorliegt.

B 7 Brandklassen und Löschmittel

Brandklasse	Beispiele für Stoffe	Löschmittel
A **Klasse A** Brände fester Stoffe, die normalerweise unter Glutbildung verbrennen	Holz, Kohle, Papier, Stroh, Faserstoffe, Textilien	Wasser (W), Schaum (S), Pulver für Glutbrände (PG)
B **Klasse B** Brände von flüssigen oder flüssig werdenden Stoffen	Benzin, Benzol, Heizöl, Ether, Alkohol, Stearin, Harze, Teer	Schaum (S), Pulver (P–PG), Kohlenstoffdioxid (K), Halone
C **Klasse C** Brände von Gasen	Acetylen, Wasserstoff, Methan, Propan, Stadtgas, Erdgas	Pulver (P–PG), Kohlenstoffdioxid (K)
D **Klasse D** Brände von Metallen	Aluminium, Magnesium, Natrium, Kalium	Pulver für Metallbrände (PM), Steinsalz, trockener Sand

B 8 ABC-Löscher mit Pulver als Löschmittel

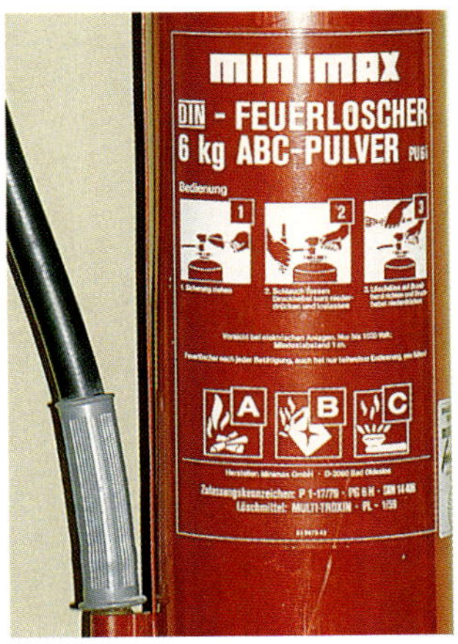

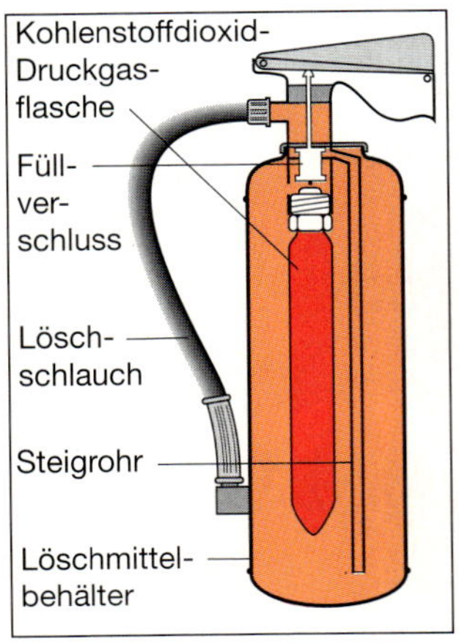

4.9 Oxidationen in unserer Umwelt

Oxidationsreaktionen spielen im Alltag und in der Natur eine bedeutende Rolle. Dabei steht meist die freigesetzte Energie im Vordergrund.

Brennstoffe liefern Energie für vielerlei Zwecke. Im Haushalt und in der Industrie werden große Mengen von Brennstoffen, die aus Kohlenstoff oder Kohlenstoffverbindungen bestehen (z. B. Kohle, Heizöl, Erdgas), verbrannt, um die *Wärme* für Heizzwecke zu gewinnen. Kraftwerke nutzen die Verbrennungswärme, um über Turbinen Generatoren zu betreiben, die *elektrischen Strom* erzeugen. In Verbrennungsmotoren werden Benzin oder andere Kraftstoffe verbrannt, um Maschinen, Autos und Flugzeuge *anzutreiben*. Mit Petroleumlampen und Gasleuchten wird das bei Verbrennungen entstehende *Licht* genutzt.

Energie zum Leben. Auch in unserem Körper finden Oxidationsvorgänge statt. Die *Nährstoffe* aus der Nahrung sind Kohlenstoffverbindungen (z. B. Fette, Kohlenhydrate). Sie werden durch den eingeatmeten Sauerstoff stufenweise oxidiert. Man bezeichnet diese Oxidation deshalb als **langsame** (oder **stille**) **Oxidation**. Die dabei ständig frei werdende Energie ermöglicht die Aufrechterhaltung der Körpertemperatur und die Arbeit des Organismus.

Bei der Oxidation der Nährstoffe im Körper entsteht auch *Kohlenstoffdioxid*. So enthält beim Menschen ein Liter ausgeatmete Luft etwa 160 ml Sauerstoff und 40 ml Kohlenstoffdioxid gegenüber 209 ml Sauerstoff und 0,3 ml Kohlenstoffdioxid in der eingeatmeten Luft. Die ausgeatmete Luft trübt Kalkwasser deshalb viel stärker als die eingeatmete Luft (▷V1, ▷B2).

Oxidation von Metallen. Auf Gegenständen aus Eisen, die mit feuchter Luft in Berührung kommen, bildet sich eine rotbraune *Rostschicht*. Im Experiment (▷V2, ▷B3) zeigt sich, dass nur etwa ein Fünftel der Luft an der Reaktion beteiligt ist. Das Eisen reagiert in der Feuchtigkeit mit dem Sauerstoff der Luft. Die bei der Reaktion ständig frei werdende Wärmeenergie ist kaum bemerkbar. Das *Rosten* gehört ebenfalls zu den *langsamen Oxidationen*.

Eine Rostschicht ist locker und porös (▷B4). Der Sauerstoff kann sie durchdringen und an das darunter liegende Metall gelangen, sodass selbst dicke Eisenteile im Laufe der Zeit durchrosten.

Auch andere Metalle verändern sich an der Luft. Dabei überziehen sie sich zum Teil mit einer festen, dichten Oxidschicht, die vor weiterer Oxidation schützt. So bewahrt eine Oxidschicht z. B. Blei, Aluminium und Zink vor weiterer Oxidation.

Nahrungsmittel	Energiegehalt
0,2 ℓ Apfelsaft	40 kJ
1 Karamellbonbon	84 kJ
0,2 ℓ Cola	380 kJ
1 Scheibe Mischbrot (40 g)	420 kJ
Tätigkeit	**Energieverbrauch**
20 min Spazierengehen	100 kJ
12 min Schwimmen	100 kJ
10 min Fußballspiel	100 kJ
6 min Seilspringen	100 kJ

B1 Energiegehalt und Energieverbrauch

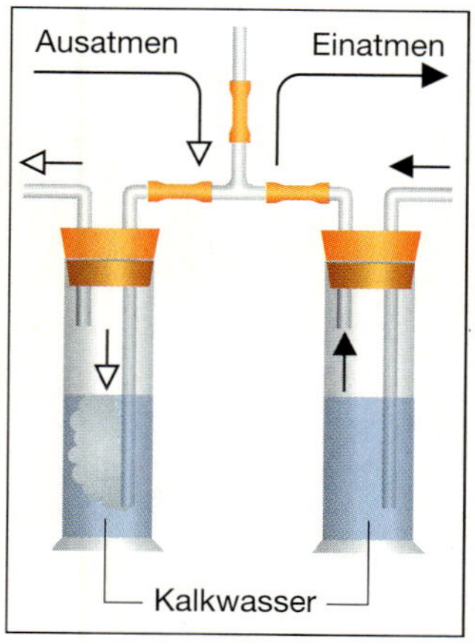

B2 Kohlenstoffdioxid in ausgeatmeter Luft

V 1 Baue eine Apparatur nach ▷B2 auf. Fülle die Waschflaschen zur Hälfte mit Kalkwasser. Atme durch eine Flasche Luft ein (Austrittsrohr dabei verschließen) und durch die andere aus (Einlassrohr verschließen). Vergleiche die Trübung des Kalkwassers.

V 2 Fülle die Kuppe eines Reagenzglases mit angefeuchteter Eisenwolle und stelle es mit der Öffnung nach unten in ein Becherglas mit Wasser. Gleiche den Wasserspiegel in beiden Gefäßen aus und markiere das Luftvolumen im Reagenzglas. Ermittle die Volumenänderung nach einigen Tagen.

A 1 Worauf beruht es, dass die Körpertemperatur eines Menschen wesentlich höher ist als die Zimmertemperatur?

B3 Sauerstoffverbrauch beim Rosten

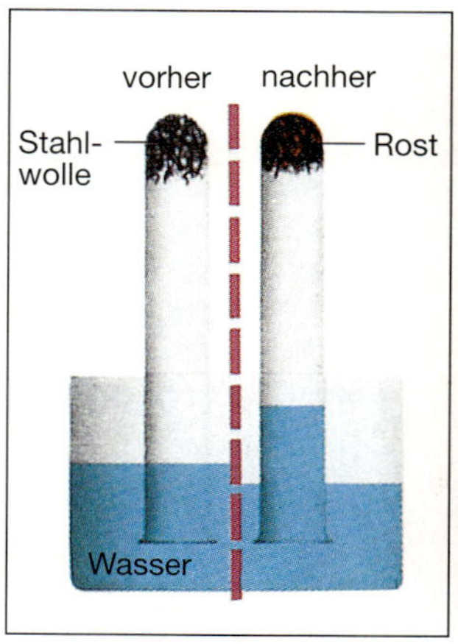

B4 Mikroaufnahme von Rost

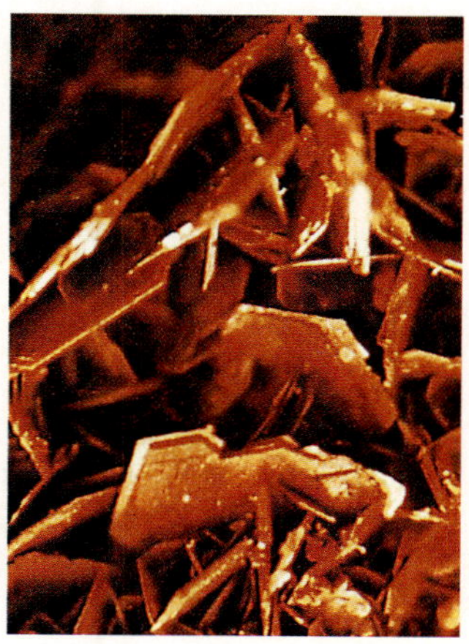

4.10 Reduktion von Metalloxiden

B1 Eisen reagiert mit Kupferoxid. Nach der Reaktion sind rotes Kupfer und grauschwarzes Eisenoxid erkennbar

V 1 Mische 1,6 g schwarzes Kupferoxidpulver und 0,8 g Eisenpulver. Erhitze das Gemisch im Reagenzglas bis zum ersten Aufglühen und entferne das Reagenzglas sofort aus der Brennerflamme. (Schutzbrille!)

⚠ **V 2** Man mischt 0,5 g Kupferoxid- und 0,4 g Zinkpulver, bringt das Gemisch auf eine Magnesiarinne oder Porzellanscherbe und erhitzt es. (Schutzbrille! Schutzscheibe!)

⚠ **V 3** Ein Gemisch aus einer Spatelspitze Kupferoxid- und Magnesiumpulver auf einer Magnesiarinne oder Porzellanscherbe wird mit der Brennerflamme berührt. (Schutzbrille! Schutzscheibe! Schutzhandschuhe!)

A 1 Mit welchen der in ▷B2 aufgeführten Metalle kann man Eisenoxid reduzieren?

B2 Reduktions- und Oxidationsvermögen einiger Metall-Metalloxid-Paare

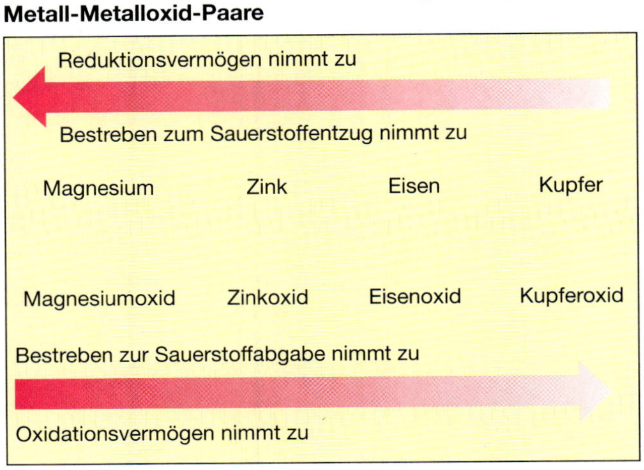

Wie kann man aus Metalloxiden das Metall zurückgewinnen?
Im Prinzip können Metalle durch Erhitzen ihrer Oxide erhalten werden, ähnlich wie Silber aus Silbersulfid gewonnen werden kann (↗ Kap. 3.2). Jedoch müssen die meisten Oxide zu ihrer Zerlegung sehr stark erhitzt werden. Diese hohen Temperaturen lassen sich im Schulversuch kaum erzeugen.
Bei einer anderen Möglichkeit Metalle aus Metalloxiden herzustellen wird das unterschiedliche Bindungsbestreben der Metalle zu Sauerstoff genutzt.

Ein Metall reagiert mit einem Metalloxid. Ein Gemisch aus Eisen und Kupferoxid glüht nach kurzem Erhitzen auf (▷V1, ▷B1 links). Eine Glühfront bewegt sich durch das Gemisch hindurch. Nach dem Erkalten erkennt man rote Kupferkügelchen und grauschwarzes Eisenoxid.

Das schwarze Kupferoxid reagiert mit dem grauen Eisen zu rotem Kupfer und grauschwarzem Eisenoxid (▷B1 rechts). Diese Reaktion verläuft exotherm. Eisenoxid reagiert dagegen mit Kupfer nicht.

Eisen wird **oxidiert** zu Eisenoxid, gleichzeitig wird Kupferoxid **reduziert** zu Kupfer. Die Zurückführung eines Metalloxides zum Metall nennt man **Reduktion** (von lat. reducere, zurückführen).
Man spricht auch von einer Reduktion, wenn eine Sauerstoffverbindung Sauerstoff abgibt. So ist z. B. die Zerlegung von Silberoxid in Silber und Sauerstoff eine Reduktion.
Die Reduktion ist die Umkehrung der Oxidation.

Bei der Reaktion zwischen Kupferoxid und Eisen laufen Reduktion und Oxidation *gleichzeitig* ab. Eine solche Reaktion bezeichnet man als **Red**uktions-**Ox**idations-Reaktion, abgekürzt **Redoxreaktion**.

Eine Reaktion, bei der Oxidation und Reduktion gleichzeitig ablaufen, nennt man Redoxreaktion.

Oxidation (Eisen → Eisenoxid)

Kupferoxid + Eisen ⟶ Kupfer + Eisenoxid

Reduktion (Kupferoxid → Kupfer)

Stoffe, die wie Kupferoxid andere Stoffe oxidieren, nennt man **Oxidationsmittel**. Sie selbst werden reduziert. Sauerstoff selbst ist auch ein Oxidationsmittel.

Stoffe, die wie Eisen einen anderen Stoff reduzieren, nennt man **Reduktionsmittel**. Sie selbst werden oxidiert. Je größer das Bindungsbestreben eines Metalles zu Sauerstoff ist, desto stärker wirkt es als Reduktionsmittel.

B 3 Verschweißen von Eisenbahnschienen unter Anwendung des Thermitverfahrens

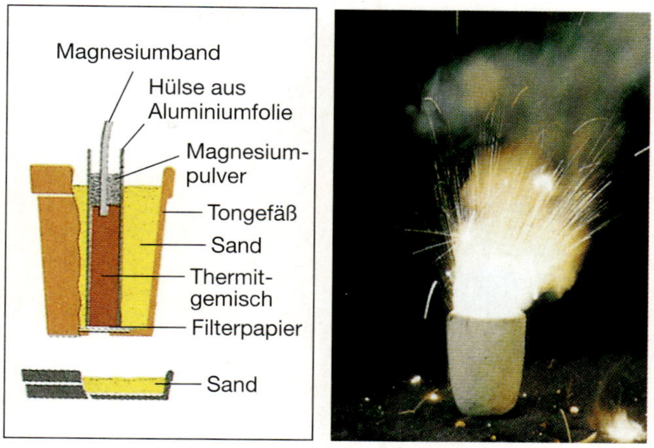

B 4 Thermitreaktion. Links: Versuchsaufbau. Rechts: Reaktion des Thermitgemisches in einem Spezialtiegel

Thermitverfahren. Redoxreaktionen, bei denen starke Reduktionsmittel eingesetzt werden, können teilweise sehr heftig und unter äußerst *starker Wärmeentwicklung* ablaufen.

Ein Gemisch aus rotem Eisenoxidpulver und Aluminiumgrieß dient zum Schweißen von Eisenteilen wie z. B. Schienen (▷ B 3). Es liefert nach Zündung in wenigen Sekunden *weißglühendes, flüssiges* Eisen. Beim Abkühlen erstarrt es und verbindet dabei die Eisenteile miteinander. Es werden Temperaturen bis zu 2400 °C erreicht.

Eisenoxid + Aluminium ⟶
Eisen + Aluminiumoxid | exotherm

Kohlenstoff reagiert mit Metalloxiden. Bei der Redoxreaktion zwischen einem Metall und einem Metalloxid verbacken die neu gebildeten Stoffe häufig miteinander. Das neue Gemisch muss dann mühsam getrennt werden. Dieser Nachteil entfällt, wenn das Reduktionsmittel zu einem *gasförmigen Stoff* oxidiert wird.

Erhitzt man ein Gemisch aus schwarzem Kupferoxid und Kohlenstoff (▷ V 5), so glüht es auf. Im Kalkwasser perlen Gasblasen hoch, das Kalkwasser trübt sich (▷ B 5). Nach dem Erkalten erkennt man im Reagenzglas einen rötlichen festen Stoff.

Kupferoxid und Kohlenstoff reagieren in einer exothermen Reaktion zu Kupfer und Kohlenstoffdioxid.

Oxidation (Kohlenstoff → Kohlenstoffdioxid)

Kupferoxid + Kohlenstoff ⟶ Kupfer + Kohlenstoffdioxid

Reduktion (Kupferoxid → Kupfer)

Auch aus anderen Metalloxiden lassen sich mithilfe von Kohlenstoff als Reduktionsmittel die entsprechenden Metalle gewinnen.

V 4 Man mischt 15 g rotes Eisenoxidpulver, 5 g Aluminiumgrieß und 0,5 g Aluminiumpulver und schüttet das Gemisch in eine Hülse aus Alufolie, die in einem mit Sand gefüllten Blumentopf steckt (▷ B 4, links). Auf das Gemisch gibt man etwas Magnesiumpulver und zündet mit einem Magnesiumband.
(Schutzbrille! Schutzscheibe! Schutzhandschuhe! Feuerfeste Unterlage, z. B. Sandwanne benutzen!)

V 5 Gib in ein Reagenzglas ein Gemisch aus 2 g schwarzem Kupferoxidpulver und 0,2 g Holzkohlepulver. Verschließe entsprechend ▷ B 5 mit einem Stopfen, in dem ein gewinkeltes Gasableitungsrohr steckt, das in Kalkwasser eintaucht. Erhitze bis zum Glühen und löse sofort den Stopfen. (Schutzbrille!)

B 5 Kohlenstoff reduziert Kupferoxid zu Kupfer und wird zu Kohlenstoffdioxid oxidiert

4.11 Exkurs: Eisengewinnung

B1 Nachgebauter Rennfeuerofen. Schüler gewinnen Eisen mit dem von ihnen errichteten Rennfeuerofen

A 1 Warum musste das im Rennofen gewonnene Eisen mehrfach aufgeheizt und geschmiedet werden?

A 2 Warum ist es günstig, in einen selbstgebauten Rennofen die Luft mithilfe eines Föhns einzublasen?

A 3 Kennzeichne bei der Reaktion von Eisenoxid mit Kohlenstoffmonooxid zu Eisen und Kohlenstoffdioxid den Oxidations- und den Reduktionsvorgang.

A 4 Ein vierachsiger Güterwagen der Deutschen Bahn fasst 30 t Schüttgut. Ein Zug besteht häufig aus 50 Güterwagen. Wie viele Güterzüge müssen täglich zum Hochofen fahren, um Erz, Koks und Zuschläge heranzuschaffen?

B2 Schnitt durch einen Rennfeuerofen mit Füllung

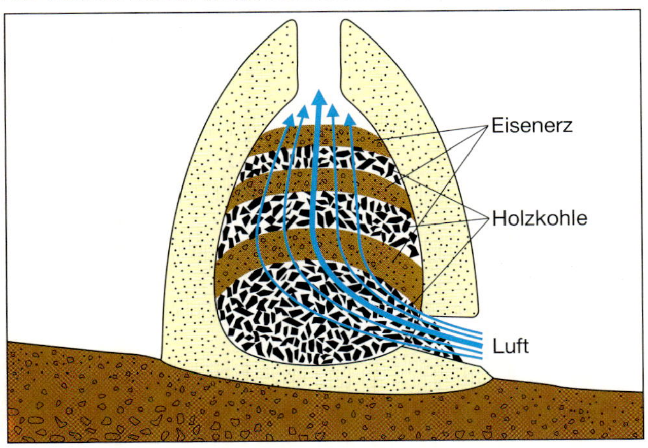

Es ist nicht bekannt, welche Metalle zuerst und wo diese Metalle bearbeitet wurden. Wahrscheinlich wurden aber zunächst nur in der Natur gediegen vorkommende Metalle wie Gold oder Kupfer genutzt.

Metalle aus Erz. Ein riesiger Fortschritt war die Entdeckung, dass man *Kupfer* aus *Kupfererzen* gewinnen kann. Kupfererze sind Gemische aus Kupferverbindungen und Gestein. Der älteste bekannte Ort dieser Kupfergewinnung, der etwa 4100 v. Chr. besiedelt wurde, ist im heutigen Iran entdeckt worden. Das Kupfer wurde zunächst in einem Ofen aus Erz und Holz gewonnen. Holz wurde schließlich durch Holzkohle ersetzt. Brennende Holzkohle kann unter Luftzufuhr sehr stark erhitzt werden, sodass die Reduktion des Kupferoxids schnell abläuft. Die Öfen wurden später an Berghängen errichtet, sodass der Hangwind zum Feuer geleitet werden konnte. Die Schmiede lernten auch die Entwicklung von Gussformen und das Gießen von geschmolzenem Kupfer zu Plastiken, zu Werkzeugen und Waffen. Ihre Herstellung war teuer, Werkzeuge und Waffen verbogen leicht und wurden schnell stumpf. Die Nachteile des Kupfers weist die *Bronze*, eine Legierung des Kupfers mit einem Zinnanteil von 10 bis 15 Prozent, nicht auf. Bronze ist härter als Kupfer. Der *Bronzezeit* folgte die *Eisenzeit*. Ihr Beginn liegt im geschichtlichen Dunkel.

Die frühe Eisengewinnung. Die Eisengewinnung wurde wahrscheinlich an mehreren Orten der Erde, mehr als 1000 Jahre v. Chr., unabhängig voneinander „erfunden". In Mitteleuropa haben erstmals die Kelten um etwa 800 v. Chr. an mehreren Stellen, z. B. auch auf der schwäbischen Ostalb, Eisenerze verarbeitet. Die dabei verwendete Technik war das Rennfeuerverfahren. Die dafür gebauten Öfen waren sicherlich unterschiedlich in der Form, aber immer recht klein, wahrscheinlich nicht höher als 1 m. Von oben wurde als Mischung oder in Schichten Eisenerz und Holzkohle in den Ofen gegeben (▷ B2). Von unten wurde durch Düsen oder ein Feuerungsloch die Luft mit einem Blasebalg oder an begünstigten Stellen durch den Wind zugeführt.
Bei diesem Verfahren bildeten sich ein Eisenklumpen, der noch viel Kohlenstoff enthielt, und Schlacke. Durch wiederholtes Erhitzen und Schmieden wurden Schlackenreste und ein großer Teil des Kohlenstoffs entfernt und das Eisen bearbeitet.

An dieser Verfahrensweise änderte sich bis ins Mittelalter grundsätzlich nichts. Als man im Mittelalter die Blasebälge mit Wasserkraft betrieb, kam man durch Erhöhung der Ofenwände zum sogenannten *Stückofen*. Auch diese Öfen lieferten ein Erzeugnis, das nach Befreiung von Schlacke direkt schmiedbar war. Die immer bessere Ausnutzung der Wärme im Stückofen ließ die Temperaturen so weit ansteigen, dass das Eisen in flüssiger Form anfiel. Mit diesem Produkt begann die Entwicklung der *Eisengewinnung im Hochofen*.

Exkurs: Eisengewinnung

Die Eisengewinnung im Hochofen. Die Erze für die Eisengewinnung werden am Ort ihrer Förderung meist schon aufbereitet, um den größten Teil des Gesteins nicht zum Ort der Eisengewinnung befördern zu müssen. Die Eisenverbindungen mit nur noch wenigen Gesteinsbeimengungen werden zu kugelförmigen *Pellets* verbacken. Aus ihnen wird in hohen Schachtöfen, den *Hochöfen*, durch Reduktion mit Steinkohlenkoks Eisen gewonnen.

Die Hochöfen sind bis zu 50 m hoch. Ihre Wände bestehen aus feuerfesten Steinen, die von einem Stahlmantel umgeben sind. Zur Kühlung sind in das Mauerwerk Kästen eingelassen, durch die fortwährend Wasser fließt. Der Hochofen wird von oben abwechselnd mit *Koks* und *Möller*, einem Gemisch aus Pellets und Zuschlägen, beschickt. Die Zuschläge (Kalk oder Feldspat) sind notwendig, um die restlichen Gesteinsbestandteile der Pellets in niedrigschmelzende Schlacken zu überführen.

Von unten wird erhitzte Luft über eine Ringleitung in den Hochofen eingeblasen. Die untere Koksschicht reagiert mit dem Sauerstoff der etwa 800 °C heißen Luft zu Kohlenstoffdioxid. Da bei dieser Reaktion sehr viel Wärme frei wird, steigt die Temperatur auf über 1600 °C, in einem kleinen Bereich sogar auf über 2000 °C. Kohlenstoffdioxid reagiert mit der darüber liegenden Koksschicht fast vollständig zu Kohlenstoffmonooxid. Dieses reduziert den größten Teil der Eisenoxide zu Eisen und wird selbst zu Kohlenstoffdioxid oxidiert.

Alle zwei bis vier Stunden wird das flüssige Roheisen „abgestochen" und über Sandrinnen in Spezialbehälter geleitet. In diesen wird es ohne größere Wärmeverluste in Stahlwerke und Gießereien transportiert.

B5 Massenbilanz für einen Hochofen je Arbeitstag

Einsatz	Abgabe
15 800 t Erz (Pellets)	11 000 t Roheisen
2 300 t Zuschläge	3 500 t Schlacke
5 000 t Koks	23 500 t Gichtgas und Staub
15 000 t Heißwind	
96 000 t Kühlwasser	96 000 t erwärmtes Kühlwasser

Ein Hochofen ist durchschnittlich 10 Jahre in Betrieb. Man lässt ihn nie ausgehen, da er sonst abgebrochen und neu aufgebaut werden müsste.

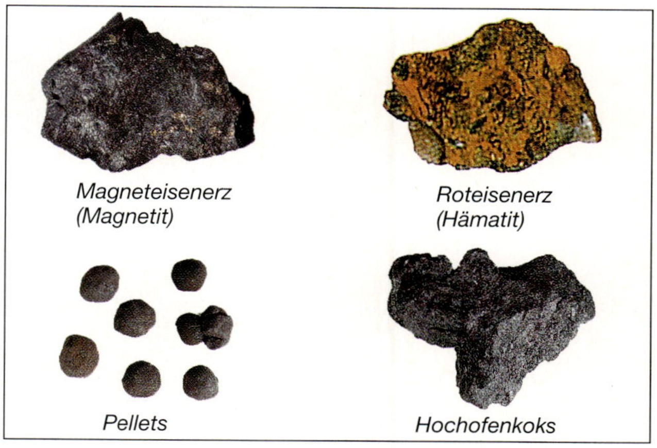

B3 Erze und Koks sind die Ausgangsstoffe zur Eisengewinnung

B4 Schnitt durch einen Hochofen

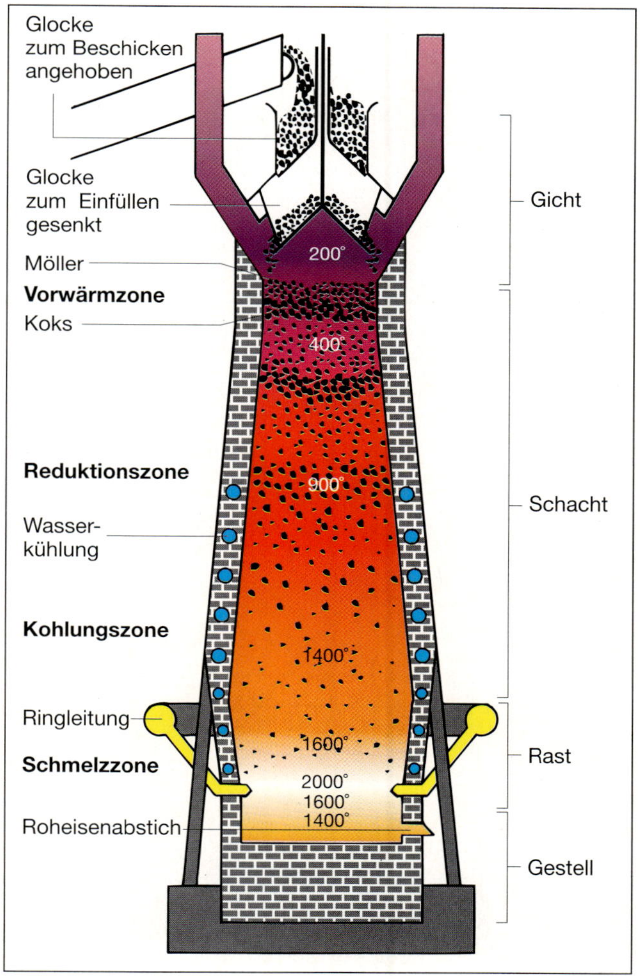

4.12 Überprüfung und Vertiefung

1 Warum leuchtet ein Knäuel angezündeter Eisenwolle beim Schwenken durch die Luft hell auf?

2 Obwohl Magnesium sehr heftig mit Sauerstoff reagieren kann, muss ein Magnesiumband doch zunächst stark erhitzt werden, bis es mit Sauerstoff reagiert. Warum ist dies erforderlich? Handelt es sich bei der Bildung von Magnesiumoxid aus den Elementen um eine exotherme oder endotherme Reaktion?

3 Bei einer Kerzenflamme sieht man einen gelb leuchtenden Flammenmantel umgeben von einem bläulichen Flammensaum (▷B1). Das Leuchten des Mantels entsteht durch glühenden Kohlenstoff, Ergebnis einer unvollständigen Verbrennung des Wachses. Im Flammensaum verbrennt dieser Kohlenstoff.
a) Zu welchem Stoff verbrennt der Kohlenstoff? Wie könnte man dieses Verbrennungsprodukt nachweisen?
b) Warum kann am Ende des Metallrohres eine Tochterflamme entzündet werden?
c) Hält man ein 20 cm langes Metallrohr über das Dochtende der brennenden Kerze, kann man keine Tochterflamme entzünden. Warum gelingt dies mit diesem langen Metallrohr nicht?

B2 Zu Aufgabe 4

B3 Zu Aufgabe 5

4 In der Nähe von Neapel gibt es eine Grotte (▷B2), in der Hunde und andere kleine Tiere nach einiger Zeit bewusstlos werden und ersticken können. Deshalb heißt diese Grotte auch Hundegrotte. Aus dem vulkanischen Gestein strömt Kohlenstoffdioxid in die Grotte.

a) Warum können in dieser Grotte Hunde ersticken, erwachsene Personen sich aber gefahrlos bewegen?
b) Warum betritt ein Kellermeister den Gärkeller mit einer brennenden Kerze, obwohl der Keller ausreichend beleuchtet ist?

5 Hält man ein brennendes Magnesiumband in einen mit Kohlenstoffdioxid gefüllten Standzylinder, so brennt das Magnesiumband weiter. Auf dem Boden und an den Wänden des Gefäßes setzen sich ein weißer und ein schwarzer Feststoff ab (▷B3).
a) Welche Stoffe haben sich gebildet?
b) Formuliere das Reaktionsschema und kennzeichne den Oxidations- und den Reduktionsvorgang.

Wichtige Begriffe

Zusammensetzung der Luft
Sauerstoff
Glimmspanprobe
Oxidation
Metalloxide
Nichtmetalloxide
Zerteilungsgrad
Brandentstehung
Brandbekämpfung
langsame Oxidation
Reduktion
Redoxreaktion
Oxidationsmittel
Reduktionsmittel
Eisengewinnung
Thermitverfahren
Vorgänge im Hochofen

B1 Verbrennungsvorgang in der Kerzenflamme. Zu Aufgabe 3

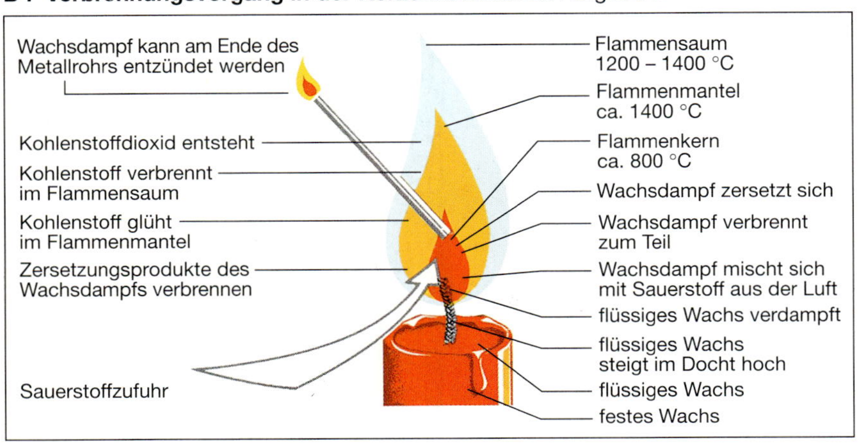

Wasser und Wasserstoff

Ohne Wasser ist kein Leben auf unserer Erde denkbar. Wasser ist das wichtigste Lebensmittel für Mensch, Tier und Pflanze. Obwohl etwa drei Viertel der Erde von Wasser bedeckt sind, gibt es Gebiete, die infolge Wassermangels kaum genutzt werden können. Mit Wasser gehen wir täglich um. Doch was ist Wasser chemisch gesehen?
Im Alltag spricht man häufig von Wasser als Element. Ob dies auch unserer Betrachtungsweise entspricht, werden wir prüfen.

Bei der Untersuchung des Wassers werden wir einen neuen Stoff kennen lernen. Außerdem werden wir erfahren, wie ein Katalysator chemische Reaktionen beeinflusst.

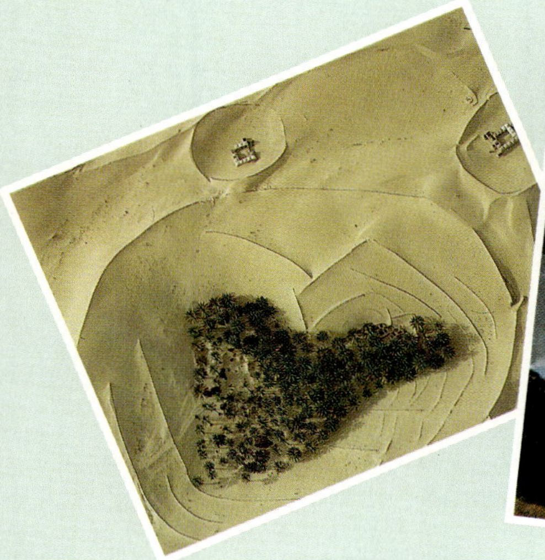

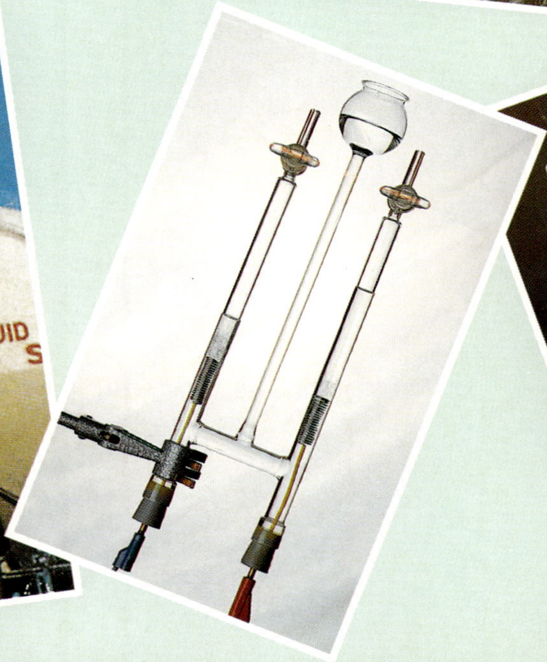

5.1 Bedeutung und Gefährdung des Wassers

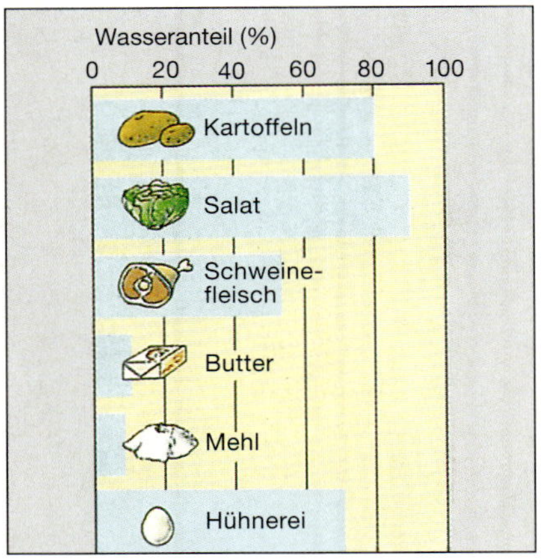

B 1 Wasseranteil in Nahrungsmitteln (Massenanteil)

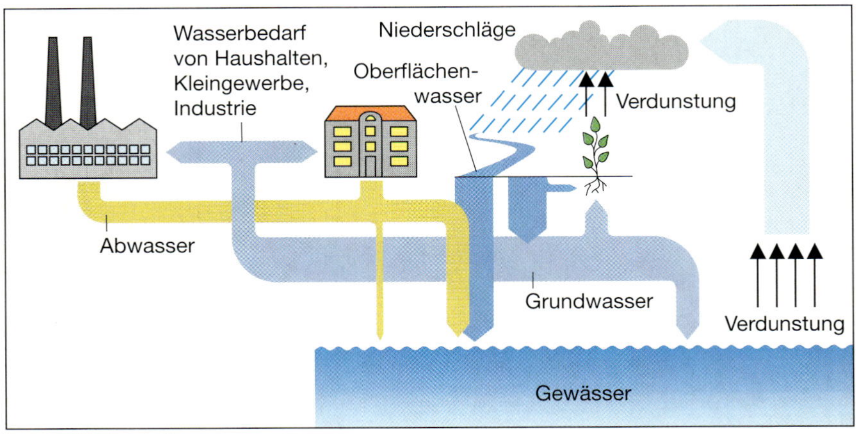

B 2 Wasserkreislauf. In der Natur vollzieht sich ein Kreislauf des Wassers, in den sich der Mensch eingeschaltet hat

V 1 Zerschneide etwa 10 g Kartoffeln sowie Obst und Gemüse verschiedener Sorten und stelle die Proben in Porzellanschalen für 12 Stunden in einen Trockenschrank bei 80 °C. Bestimme die Massen der Proben vor und nach dem Erhitzen. Berechne den Wasseranteil (Massenanteil).

V 2 Erhitze Leitungswasser und abgestandenes Mineralwasser auf etwa 40 °C. Vergleiche die Gasentwicklung.

B 3 Durchschnittlicher Wasserverbrauch pro Person und Tag (Aufteilung)

	Liter
Duschen Baden	45
Wäsche waschen	15
WC	40
Körperpflege (ohne Baden)	10
Wohnungsreinigung	5
Geschirr spülen	7
Trinken und Kochen	3
Sonstiges (z. B. Garten)	15

Pflanzen, Tiere und Menschen bestehen zu einem großen Teil aus Wasser. Ein Erwachsener muss täglich mindestens 3 ℓ Wasser mit der Nahrung aufnehmen, um seinen *Wasserbedarf* zu decken. Völliger Wasserentzug führt bereits nach wenigen Tagen zum Tode. Wasser erfüllt in den Körpern der Lebewesen wichtige Aufgaben. Es *löst* und *transportiert* die lebensnotwendigen Stoffe und die Abfallprodukte des Stoffwechsels. Durch Ausscheiden und Verdunsten von Wasser regulieren viele Lebewesen ihren Wärmehaushalt.

Der Kreislauf des Wassers. Fast drei Viertel der Erdoberfläche sind von Ozeanen, Seen, Flüssen und Eis bedeckt. Die gesamte Wassermenge schätzt man auf 1,32 Milliarden Kubikkilometer. Davon befinden sich etwa 97 % in den Ozeanen, rund 2 % liegen im Eis der Polargebiete und Gletscher fest, nur etwa 1 % des Wassers steht als Süßwasser zur Verfügung. Die Gesamtmenge des Wassers bleibt weitgehend unverändert. Im Alltag spricht man zwar vom Wasserverbrauch, tatsächlich wird das Wasser nur für kurze Zeit einem *Kreislauf* (▷ B2) entzogen. Wasser verdunstet zu Wasserdampf. In großen Höhen kondensiert der unsichtbare Wasserdampf unter Bildung von Wolken. Als Niederschlag kehrt das Wasser zur Erdoberfläche zurück. Etwa die Hälfte des Niederschlages verdunstet sofort wieder. Ein weiterer großer Teil fließt direkt in Flüsse und Seen ab, die das **Oberflächenwasser** bilden. Nur ein Achtel des Gesamtniederschlages versickert im Erdreich und bildet über wasserundurchlässigen Schichten das **Grundwasser**.

Wasserverbrauch. Früher wurde das Trinkwasser nur aus Grundwasser gewonnen. Hohe Ansprüche an Lebensqualität und Hygiene haben den Tagesverbrauch bei uns auf etwa 140 ℓ pro Person (▷ B3) hochgetrieben. Hinzu kommt der enorme Wasserverbrauch der Industrie. Das Grundwasser reicht deshalb schon lange nicht mehr aus, es muss zusätzlich Oberflächenwasser eingesetzt werden. Bevor dieses als Trinkwasser genutzt werden kann, muss es aufbereitet werden.

Im Wasser gelöste Gase. Erwärmt man Leitungs- oder Mineralwasser, steigen *Gasblasen* hoch, lange bevor das Wasser siedet. In manchen Mineralwässern ist besonders viel *Kohlenstoffdioxid* gelöst. Sowohl im Leitungs- als auch im Fluss- und Seewasser sind *Gase* der *Luft* gelöst. Besonders wichtig für das Leben in Gewässern ist der *Sauerstoff*.

B4 Aquarienbelüftung. Fische benötigen gelösten Sauerstoff zum Atmen

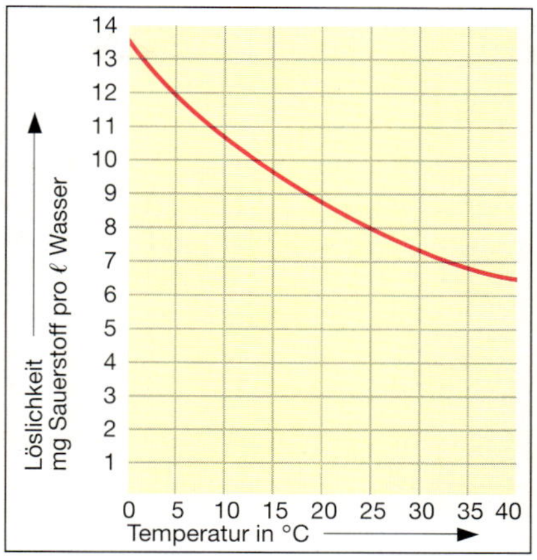

B5 Löslichkeit von Luftsauerstoff in Wasser (bei Normdruck)

B6 Kühltürme eines Kraftwerks zum Abkühlen des heißen Kühlwassers

Bei höheren Temperaturen löst Wasser weniger Sauerstoff (▷B5), deshalb kann eine starke Erwärmung des Wassers für die Lebewesen zu Sauerstoffmangel führen. Warme Abwässer von Betrieben und Kraftwerken müssen deshalb vor dem Einleiten in Flüsse und Seen gekühlt werden (▷B6).

Gefährdung durch Abwasser. Viel stärker wird das Wasser durch ungenügend oder überhaupt nicht gereinigte Abwässer gefährdet. Das Wasser nimmt Sauerstoff aus der Luft und von Wasserpflanzen auf. Er kann einen Teil der Abfallstoffe direkt zu ungefährlichen Rückständen oxidieren. Dadurch nimmt der Sauerstoffgehalt des Wassers ab. Insbesondere im Sommer ist wegen der höheren Temperaturen weniger Sauerstoff gelöst. Hinzu kommt, dass bei niedrigem Wasserstand der Schadstoffgehalt besonders hoch ist. Dies führt wiederum zu einer starken Sauerstoffzehrung. Zuerst sterben die Fische, dann alle weiteren Lebewesen.
Viele Abfallstoffe werden nur langsam oder gar nicht abgebaut. Dazu gehören Quecksilber- und andere Schwermetallsalze. Nur die teure Reinigung aller Abwässer kann unsere stark gefährdeten Flüsse und Seen schützen.

Gewässergüteklassen. Durch zahlreiche Untersuchungs- und Messmethoden kann man heute den Grad der Verschmutzung der Gewässer genau bestimmen. Für Fließgewässer werden Messwerte, die für Wasserlebewesen und Pflanzen von besonderer Bedeutung sind, in bestimmten Abständen von der Bundesanstalt für Gewässerkunde erfasst, ausgewertet und in einer *Gewässergütekarte* (▷B7) zusammengefasst. Die Qualität des Wassers wird dazu in *verschiedene Güteklassen* eingeteilt.

A 1 Erläutere den Wasserkreislauf (▷B2). Welche Folgen hat der Verschluss des Bodens durch Gebäude und Straßen?

A 2 a) Ermittle den Preis für 1 m^3 Trinkwasser (Kosten für den Wasserbezug und das Abwasser).
b) Zeige einige Maßnahmen auf, durch die jeder den Wasserverbrauch senken kann.

A 3 Wie groß ist die Löslichkeit von Sauerstoff in Wasser bei 0 °C, 10 °C, 20 °C, 25 °C (▷B5)?

B7 Gewässergütekarte von 1990 (Ausschnitt)

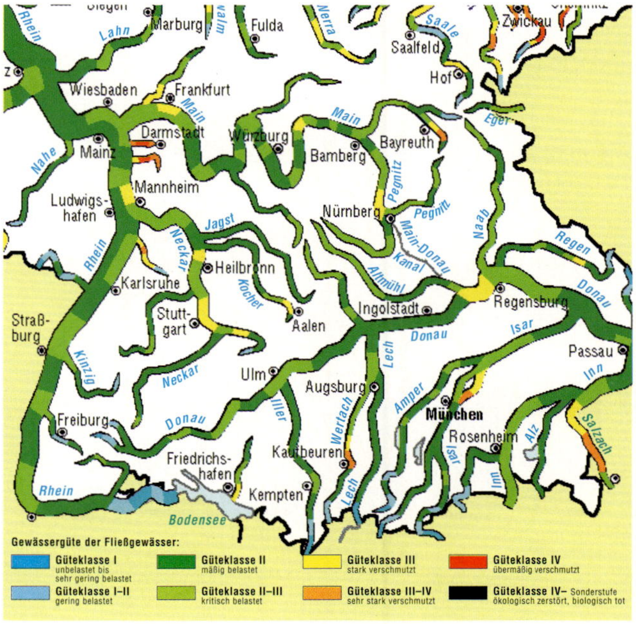

5.2 Saure und alkalische Lösungen

B 1 Farbänderung von schwarzem Tee bei Zugabe von Zitronensaft

B 2 Farbumschlag bei Rotkohl. Bei Zusatz von Essig wird er intensiver rot

V 1 Füge zu schwarzem Tee etwas Zitronensaft und beobachte die auftretende Veränderung.

V 2 Schneide ein Rotkohlblatt in sehr kleine Stückchen. Koche diese etwa 5 Minuten in wenig Wasser. Gieße nach dem Abkühlen den Rotkohlsaft in einen Erlenmeyerkolben. Gib a) zu Essig, b) zu Seifenwasser und c) zu Kochsalz- oder Zuckerlösung jeweils einige Tropfen Rotkohlsaft, bis eine deutliche Farbe auftritt. Beschreibe und deute die Beobachtungen.

V 3 Gib zu a) Essig, b) Seifenwasser und c) Kochsalz- oder Zuckerlösung einige Tropfen Bromthymolblaulösung. Welche Farbe zeigt dieser Indikator beim Vorliegen einer sauren, einer neutralen bzw. alkalischen Lösung?

B 3 Indikatoren zeigen durch den Wechsel ihrer Farben an, ob eine Lösung sauer, neutral oder alkalisch ist

Der Saft vieler Früchte, z. B. von Zitronen, Apfelsinen oder Weintrauben, schmeckt **sauer**. Auch mit Essig kann Speisen ein saurer Geschmack verliehen werden. Er wird durch Stoffe hervorgerufen, die im Wasser gelöst sind. Dagegen stellt man einen eigentümlich faden, unangenehmen Geschmack fest, wenn etwas Seifenlösung in den Mund gelangt. Solche Lösungen werden **alkalisch** genannt. Flüssigkeiten, die weder sauer noch alkalisch sind, wie z. B. reines Wasser, heißen **neutral**.

Wir werden im Folgenden die *Lösungen* einiger *Metall-* und *Nichtmetalloxide* in Wasser unter diesem Aspekt betrachten. Zugleich lernen wir Möglichkeiten kennen, um saure, neutrale und alkalische Lösungen gefahrlos und genau zu unterscheiden. Es gibt nämlich viele saure und alkalische Lösungen, deren Geschmack auf keinen Fall geprüft werden darf!

Indikatoren. Viele Farbstoffe ändern ihre Farbe, wenn sie mit sauren oder alkalischen Lösungen zusammengebracht werden. Versetzt man Tee mit Zitronensaft, so wird der Tee heller (▷ V 1, ▷ B 1). Auch der Farbstoff des Rotkohls verändert sich bei Zugabe von sauren Lösungen. Er wird intensiver rot (▷ B 2). Bei Zugabe von alkalischen Lösungen wird er dagegen grün (▷ V 2).

Solche Farbumschläge benutzt man dazu, das Vorliegen saurer oder alkalischer Lösungen anzuzeigen. Stoffe, die hierfür geeignet sind, heißen **Indikatoren** (von lat. indicare, anzeigen).

Außer Indikatoren pflanzlichen Ursprungs verwendet man in chemischen Laboratorien auch künstlich hergestellte Indikatoren wie z. B. Bromthymolblau (▷ V 3, ▷ B 3).

Indikatoren zeigen durch ihre Farben an, ob Lösungen sauer, alkalisch oder neutral sind.

Ob Lösungen schwach oder stark sauer (bzw. alkalisch) sind, kann mit einem einzigen Indikator meist nicht unterschieden werden, da er meist nur *einen* deutlichen Farbumschlag zeigt. Dagegen kann man mit *Indikatorgemischen* beim Übergang von stark sauren über schwach saure und neutrale bis zu schwach und stark alkalischen Lösungen mehrere Farbumschläge erhalten. Diese Indikatorgemische heißen **Universalindikatoren**. Mit einem Universalindikator kann man also feststellen, wie stark sauer oder alkalisch eine Lösung ist.
Häufig werden *Indikatorpapiere* benutzt (▷ B 5). Sie sind durch einen Indikator oder ein Indikatorgemisch gefärbt.

Der pH-Wert. Zur noch genaueren Kennzeichnung dafür, wie stark sauer oder alkalisch eine Lösung ist, wird der pH-Wert angegeben. Neutrale Lösungen (z. B. eine Kochsalzlösung) und reines Wasser besitzen den pH-Wert 7.

Saure Lösungen haben einen pH-Wert, der *kleiner* als 7 ist. Alkalische Lösungen weisen einen pH-Wert auf, der *größer* als 7 ist. Die meistens verwendete pH-Skala reicht von 0 bis 14.

Der richtige pH-Wert von Gewässern und Böden ist für Pflanzen und Tiere lebenswichtig (▷ B 4). So muss für die Mehrzahl der Fische der pH-Wert der Gewässer zwischen 5 und 9,5 liegen. Enger ist der optimale pH-Bereich des Bodens, den Pflanzen für ihr Gedeihen benötigen.

Zur Bestimmung des pH-Wertes mit Universalindikatorpapier (▷ B 5) benetzt man dieses mit der zu prüfenden Lösung und vergleicht die Färbung des Papierstreifens mit der zugehörigen Farbskala.

Der pH-Wert gibt an, wie stark sauer oder alkalisch eine Lösung ist.

Verhalten von Oxiden in Wasser. Prüft man Lösungen der Nichtmetalloxide Kohlenstoffdioxid oder Schwefeldioxid (▷ V 4) mit Indikatorpapier, so zeigt sich, dass sie sauer sind. Wird Calciumoxid in Wasser (▷ V 5) gegeben, ist die Lösung dagegen alkalisch.

Nichtmetalloxide ergeben mit Wasser saure, Metalloxide dagegen alkalische Lösungen.

Neutralisation. Eine saure und eine alkalische Lösung können so miteinander vermischt werden, dass eine neutrale Lösung entsteht.

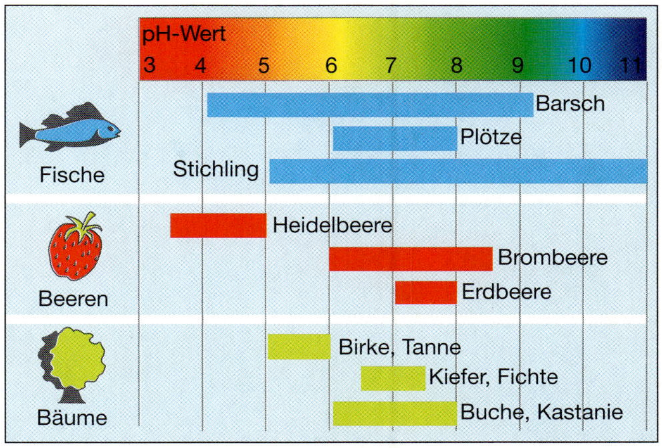

B 4 Der richtige pH-Wert von Böden und Gewässern ist lebenswichtig für Pflanzen und Fische

V 4 Man verbrennt unter dem Abzug Schwefel in einem Standzylinder, der etwas Wasser enthält, und prüft nach dem Umschütteln die Flüssigkeit mit Indikatorpapier oder flüssigem Universalindikator.

V 5 Ermittle mit Universalindikatorpapier die pH-Werte a) einer Suspension aus Wasser und Calciumoxid, b) von Sauerkraut und c) von Speiseessig.

A 1 Welche Vorzüge zeichnen einen Universalindikator gegenüber Bromthymolblau aus?

A 2 Welche Farbe weist eine Kohlenstoffdioxidlösung auf, die mit Bromthymolblaulösung versetzt worden ist?

A 3 Welchen pH-Wert hat eine neutrale Lösung?

B 5 Universalindikator und pH-Werte wässriger Lösungen einiger ausgewählter Stoffe

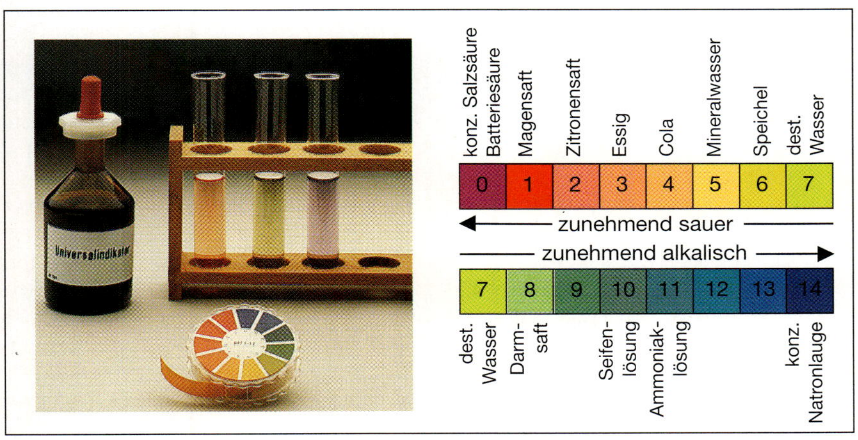

B 6 Oxide und Wasser. Es entsteht eine saure (links) bzw. alkalische Lösung

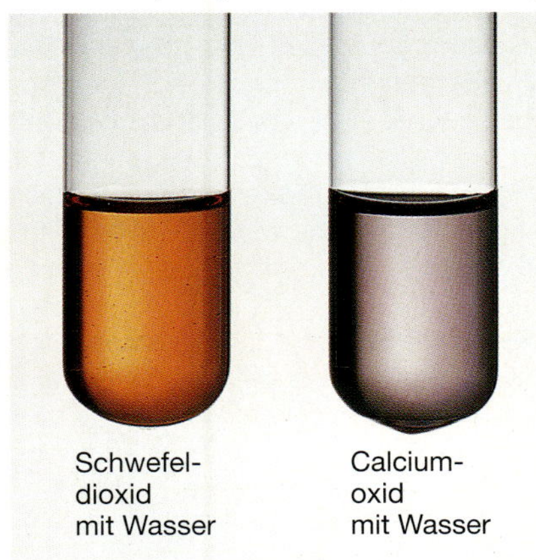

5.3 Exkurs: Abwasserreinigung und Trinkwassergewinnung

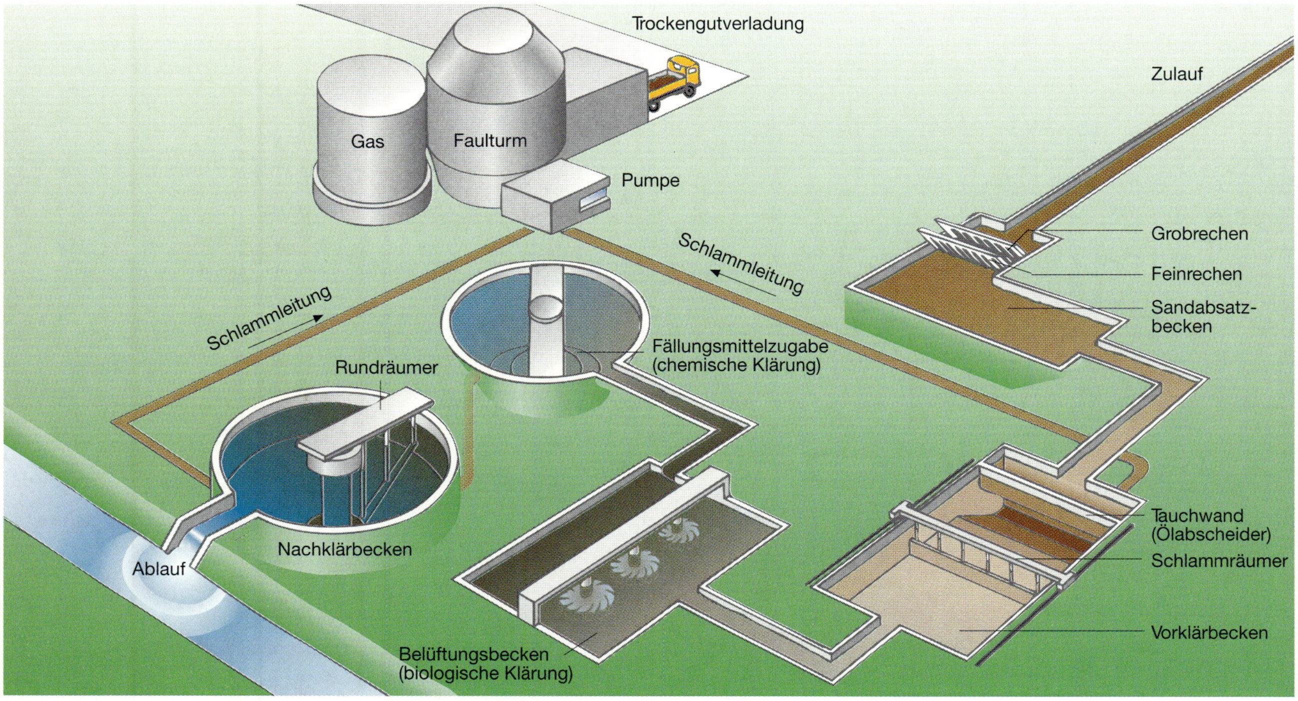

B 1 Schema einer dreistufigen Kläranlage. Wenn das Abwasser die mechanische, biologische und chemische Stufe durchlaufen hat, ist es zu ca. 95 % gereinigt

Die Kläranlage. In Kläranlagen erfolgt die Reinigung der Abwässer in mehreren Stufen. Die *erste Stufe* bildet die **mechanische Klärung**. Sie nutzt die Eigenschaft der ungelösten Stoffe aus, sich in ruhendem oder langsam fließendem Wasser abzusetzen. Zunächst fließt das Abwasser durch **Grob-** und **Feinrechen**, die wie ein Kamm die groben Verunreinigungen zurückhalten. Im **Sandabsetzbecken** lagern sich die schweren, erdigen Bestandteile ab. Anschließend durchläuft es den **Ölabscheider**. Benzin und Heizöl sind in Wasser nur wenig löslich und schwimmen wegen ihrer geringen Dichte auf dem Wasser. Sie können hier abgetrennt werden. Schließlich gelangt das Abwasser in das **Vorklärbecken**, wo es ca. 2 Stunden verweilt. Die fein verteilten Schwebstoffe sinken zu Boden und bilden eine dicke Schlammschicht. Durch die mechanische Reinigung wird etwa ein Drittel der im Abwasser enthaltenen Schmutzstoffe entfernt.

Die *zweite Stufe* bildet die **biologische Klärung**. Hier laufen Vorgänge wie bei der Selbstreinigung der Gewässer ab, nur auf engstem Raum und viel rascher. Im **Belüftungsbecken** können die Kleinstlebewesen unter ständiger Luftsauerstoffzufuhr den größten Teil der im Abwasser enthaltenen Schmutzstoffe abbauen. Der benötigte Sauerstoff gelangt entweder von oben durch starke Verwirbelung oder von unten durch Einblasen von Pressluft in das Becken. Stark saure oder stark alkalische Abwässer müssen neutralisiert werden, bevor sie in die biologische Klärung gelangen, da sonst die Kleinstlebewesen getötet werden.

Die *dritte Stufe* bildet die **chemische Klärung**. Abwässer enthalten zunehmend Schadstoffe, die durch die biologische Klärung unvollständig oder gar nicht abgebaut werden. Durch Zusatz von *Fällungsmitteln* werden sie ausgeflockt. Die Flocken setzen sich in einem **Nachklärbecken** zusammen mit den Abbauprodukten und den Kleinstlebewesen der biologischen Klärung ab. Das zu etwa 95 % geklärte Abwasser fließt in einen See oder Fluss ab.

Der **Klärschlamm**, der in den einzelnen Stufen anfällt, wird in einen Faulturm befördert. Dort wird der Schlamm von Bakterien unter Bildung von Faulgas vergoren. Das *Faulgas* ist brennbar und kann als Treibstoff für die Motoren der Pumpen und zur Heizung verwendet werden. Der ausgegorene Schlamm wird getrocknet und verbrannt oder gelagert (deponiert). Er kann auch, wenn er frei von giftigen Bestandteilen ist, als Dünger eingesetzt werden, da er wichtige Mineralstoffe enthält.

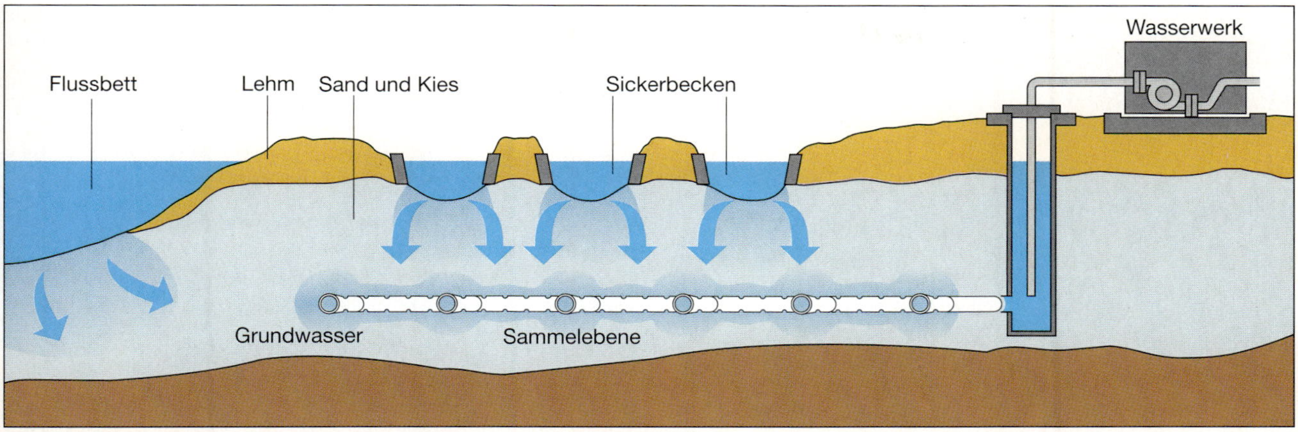

B 2 Filtration von Oberflächenwasser durch Sand- und Kiesschichten. Das so gereinigte Wasser wird anschließend noch weiter zu Trinkwasser aufbereitet

Trinkwassergewinnung. Trinkwasser soll klar, farb- und geruchlos sowie frei von Krankheitskeimen sein. *Grundwasser* entspricht diesen Anforderungen am besten. Das Grundwasservorkommen reicht bei uns zur Versorgung aber nicht mehr aus, es muss durch **Oberflächenwasser** ergänzt werden. Das Wasser unserer Flüsse und Seen ist aber stark verschmutzt. Man lässt es deshalb aus Sickerbecken (▷ B 2) langsam durch *Sand-* und *Kiesschichten* sickern, die wie ein riesengroßer Filter viele der Schmutzstoffe zurückhalten. Gelöste Verunreinigungen werden hierbei jedoch nicht entfernt. Das aus dem Grundwasser hochgepumpte Wasser muss deshalb noch große **Aktivkohlefilter** durchlaufen.

Aktivkohle kann durch Verkohlen von Holz gewonnen werden. Die winzigen Aktivkohlepartikelchen sind schwammige Gebilde mit vielen Hohlräumen (▷ B 3). Sie haben dadurch eine besonders große Oberfläche, an der viele Stoffe haften bleiben (▷ V 1). Dies bezeichnet man als **Adsorption**.

Das so gereinigte Wasser wird häufig zur Abtötung von Krankheitskeimen mit *Chlor* versetzt. Eine gute Belüftung verleiht dem Wasser einen frischen Geschmack.

Trinkwasser enthält noch Kalk, Eisenverbindungen und geringe Spuren anderer Stoffe gelöst.

Wasserschutzgebiete. Gebiete, die für die Versorgung der Bevölkerung von besonderer Bedeutung sind, werden Wasserschutzgebiete genannt und durch besondere Verkehrsschilder (▷ B 4) ausgewiesen. In ihnen ist alles verboten, was zur Verschmutzung des Grund- und Oberflächenwassers führen kann (z. B. Lagerung von Heizöl, Auto waschen). Die Beachtung der Wasserschutzgebiete ist ein wichtiger Teil des Umweltschutzes.

V 1 Gib in verschiedene Standzylinder a) verdünnte Methylenblaulösung, b) verdünnte Eosinlösung (rote Tinte), c) verdünntes Eau de Cologne, d) abgestandenes Blumenwasser oder einen Heuaufguss, e) Lösung von braunem Kandiszucker, f) Kochsalzlösung. Füge 1 bis 2 Spatellöffel Aktivkohle hinzu, schüttle kräftig und filtriere durch einen Papierfilter. Prüfe die Filtrate anschließend auf Farbe, Geruch und bei den Proben e) und f) auch auf Geschmack. Deute das Ergebnis.

A 1 Welche Trennverfahren finden
a) bei der Abwasserreinigung,
b) bei der Trinkwassergewinnung
Anwendung?

B 3 Aktivkohle bei 33 000facher Vergrößerung

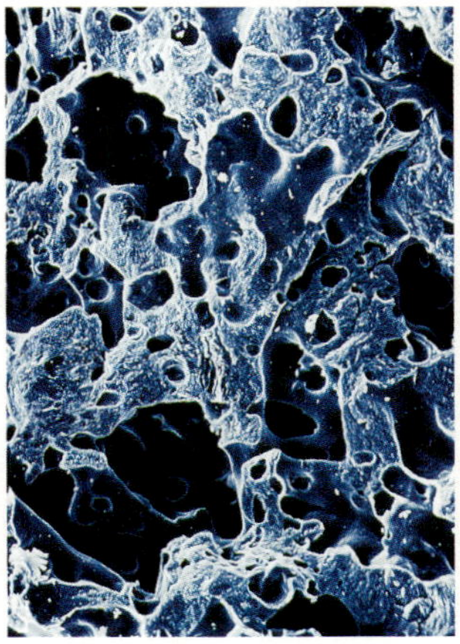

B 4 Wasserschutzgebiet, amtliches Verkehrsschild

5.4 Wasser – Element oder Verbindung?

B 1 Nebelbildung am Auspuff. An kalten Tagen kondensiert Wasserdampf aus Autoabgasen

V 1 Halte über eine Brennerflamme ein trockenes Becherglas.

V 2 Stelle den Gasbrenner nach ▷ B 3 unter einen Glastrichter und sauge mit der Wasserstrahlpumpe die heißen Verbrennungsgase ab.

V 3 Gib auf weißes Kupfersulfat im Reagenzglas etwas dest. Wasser. Wiederhole die Probe mit dem Flüssigkeitsbeschlag aus ▷ V 1 und ▷ V 2 sowie zum Vergleich mit Benzin. Deute das Ergebnis.

A 1 Überlege, wie man das bei der Verbrennung von Benzin entstehende Wasser nachweisen kann.

An kalten Wintertagen bilden sich hinter den Auspuffrohren von Kraftfahrzeugen weiße Nebelwolken (▷ B 1). Wenn im Chemieraum viele Gasflammen brennen, beschlagen manchmal die Fensterscheiben. Offenbar enthalten die Flammen der Gasbrenner und die Auspuffgase auch Wasserdampf, der an der kalten Luft oder den kalten Fensterscheiben zu Wassertröpfchen kondensiert.

Aufgrund dieser Beobachtungen kann man vermuten, dass bei der Verbrennung von Benzin und Brennergas Wasser gebildet wird. Diese Vermutung muss allerdings bestätigt werden.

Wasser – ein Verbrennungsprodukt. Ein Becherglas, das über eine Brennerflamme gehalten wird (▷ V 1), beschlägt mit einer farblosen Flüssigkeit (▷ B 2). Diese kleine Portion reicht jedoch für die Bestimmung der *Siedetemperatur* und *Dichte* nicht aus.
Lässt man die Brennerflamme längere Zeit unter einem Glastrichter brennen und saugt die Verbrennungsgase durch ein gut gekühltes Reagenzglas, so kondensiert bald eine größere Flüssigkeitsportion (▷ V 2, ▷ B 3). Die Siedetemperatur der Flüssigkeit beträgt 100 °C und die Dichte 1 g/cm^3.

Bei der Verbrennung des Brennergases entsteht Wasser.

Ein einfacher und schneller *Nachweis für Wasser* kann mit *weißem Kupfersulfat* durchgeführt werden. Es wird bei Berührung mit Wasser *blau* (▷ V 3, ▷ B 4). Hierfür genügen sehr kleine Wasserportionen.

Die Blaufärbung von weißem Kupfersulfat ist ein Nachweis für Wasser.

B 2 Kondensierte Flüssigkeit aus Verbrennungsgasen

B 3 Apparatur zum Sammeln des Kondensats aus der Brennerflamme

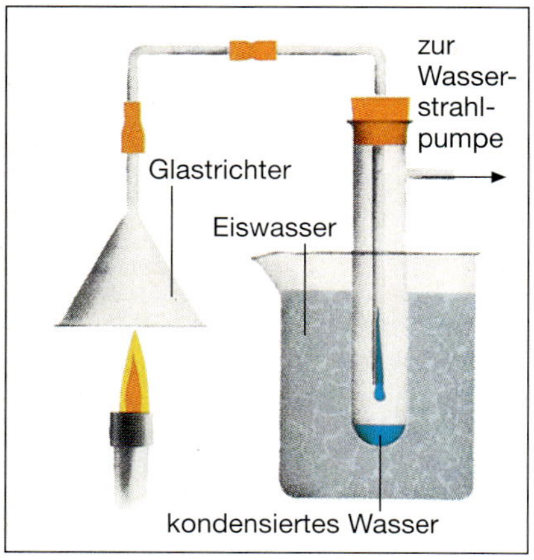

B 4 Wassernachweis. Weißes Kupfersulfat färbt sich blau

B 5 Magnesium brennt im Wasserdampf weiter

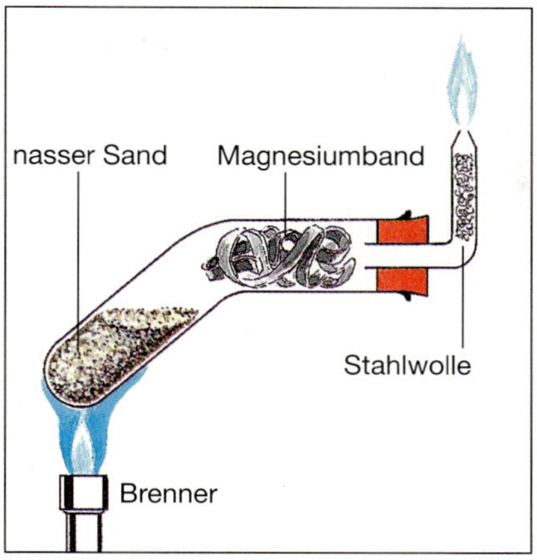

B 6 Wasserstoffbildung bei der Reaktion von Magnesium mit Wasser

B 7 Magnesiumbrände können nicht mit Wasser gelöscht werden

Wasser könnte eine Sauerstoffverbindung sein, da es bei Verbrennungsreaktionen entsteht. Diese Vermutung kann mithilfe von Experimenten überprüft werden.

Wasser – eine Sauerstoffverbindung? In ↗ Kap. 4.10 haben wir erfahren, dass Oxiden der Sauerstoff entzogen werden kann. Man benötigt dazu einen Stoff mit großem Bindungsbestreben zu Sauerstoff. Ein solcher Stoff ist Magnesium.
Hält man ein brennendes Magnesiumband in einen mit Wasserdampf gefüllten Kolben (▷ V 4), so verbrennt es unter Feuererscheinung zu Magnesiumoxid (▷ B 5). Das Magnesium kann den zur Verbrennung benötigten Sauerstoff nur dem Wasser entzogen haben, da bei dem Experiment kein Luftsauerstoff zugegen war.
Bei sehr genauem Hinsehen kann man eine weitere Flamme beobachten. Rührt auch diese Flamme vom brennenden Magnesium her oder ist neben Magnesiumoxid ein brennbares Gas entstanden? Um dieses zu klären, leiten wir in einem weiteren Experiment (▷ V 5) Wasserdampf über erhitztes Magnesium. Getrennt vom heftig reagierenden Magnesium lässt sich an der Spitze des Glasrohres ein brennbares Gas entzünden (▷ B 6).
Bei seiner Verbrennung entsteht Wasserdampf.

Magnesium reagiert mit Wasser zu Magnesiumoxid und einem brennbaren Gas; Magnesium hat also der Verbindung Wasser den Sauerstoff entzogen.
Da Magnesium mit Wasser heftig reagieren kann, darf Wasser auch nicht zum Löschen von Magnesiumbränden verwendet werden (▷ B 7).

Wasser ist eine Sauerstoffverbindung, ein Oxid.

Das brennbare Gas wird aufgrund seiner Entstehung aus Wasser als **Wasserstoff** bezeichnet.

V 4 In einem weithalsigen Rundkolben lässt man etwas Wasser sieden, bis die Luft aus dem Kolben verdrängt ist. Dann entzündet man ein 10 cm langes Magnesiumband und hält es mit der Tiegelzange in den wasserdampfgefüllten Kolben. (Schutzbrille!)
Zum Vergleich führt man den Versuch mit einem brennenden Holzspan anstelle von Magnesium durch.

V 5 Man füllt in ein schwer schmelzbares Reagenzglas ca. 2 cm hoch Sand und tropft aus einer Pipette so viel Wasser zu, dass ein dicker Brei entsteht. In die Mitte des Reagenzglases schiebt man ein Knäuel aus blankgeschmirgeltem Magnesiumband und verschließt das Glas mit Stopfen und Gasableitungsrohr. (Stahlwollesicherung!)
Man erhitzt das Magnesium bis zur beginnenden Rotglut und entwickelt gleichzeitig durch schwaches Erwärmen des nassen Sandes Wasserdampf. Wenn das Metall aufglüht, wird nur noch die Wasserdampfentwicklung fortgesetzt. An der Spitze des Gasableitungsrohres entzündet man das austretende Gas.
(Schutzbrille! Schutzscheibe!)

A 2 Welches Verbrennungsprodukt entsteht, wenn das aus der Spitze des Gasableitungsrohres austretende Gas (▷ V 5, ▷ B 6) entzündet wird?
Wie kann es nachgewiesen werden?

A 3 Zeichne eine Versuchsapparatur, mit der man das bei der Reaktion von Magnesium mit Wasser entstandene Gas auffangen kann.

A 4 Ist Wasser ein Element oder eine Verbindung? Begründe deine Antwort.

5.5 Wasserstoff

B 1 Brennendes Luftschiff Hindenburg. Wasserstoff wurde früher als Füllgas für Luftschiffe verwendet

V 1 Zwei Reagenzgläser werden mit Wasserstoff gefüllt. Das eine wird mit der Öffnung nach oben, das andere umgekehrt festgehalten. Nach kurzer Zeit versucht man, den Wasserstoff zu entzünden. (Schutzbrille!)

V 2 Man führt in einen mit Wasserstoff gefüllten, mit der Öffnung nach unten eingespannten dickwandigen Zylinder rasch eine brennende Kerze ein und zieht sie wieder heraus. (Schutzbrille! Schutzscheibe!) Erkläre die Beobachtungen.

A 1 Vergleiche die Eigenschaften von Sauerstoff, Stickstoff, Wasserstoff und Kohlenstoffdioxid und gib den Nachweis für jeden der Stoffe an.

Wasserstoff ist ebenso wie Sauerstoff ein *Element*. Wir wollen im Folgenden einige seiner Eigenschaften untersuchen und kennen lernen.

Eigenschaften des Wasserstoffs. Wasserstoff ist ein farb- und geruchloses Gas und deshalb mit unseren Sinnesorganen nicht wahrnehmbar.
Ein mit Wasserstoff gefüllter Ballon steigt auf. Wasserstoff muss also eine geringere Dichte als Luft besitzen. Er hat sogar die *geringste Dichte aller Elemente*. Ein Liter Luft ist ungefähr 14-mal so schwer wie ein Liter Wasserstoff, deshalb entweicht er auch sehr schnell aus einem Reagenzglas, dessen Öffnung nach oben und nicht nach unten gerichtet ist (▷ V 1).

Wegen seiner geringen Dichte wurde der Wasserstoff früher als Füllgas für Zeppeline verwendet. Als der mit 200 000 m^3 Wasserstoff gefüllte deutsche Zeppelin „Hindenburg" am 6. Mai 1937 in Lakehurst (USA) in Brand geriet und innerhalb weniger Minuten völlig vernichtet wurde (▷ B 1), war dies zunächst das Ende der Zeppelinluftfahrt. Heute werden die mit dem unbrennbaren Edelgas Helium gefüllten Luftschiffe wieder eingesetzt.

Beim Einführen einer brennenden Kerze in einen mit Wasserstoff gefüllten Zylinder (▷ V 2) *entzündet* sich der Wasserstoff am Rand, weil dort der zur Verbrennung notwendige Sauerstoff vorhanden ist. Im Innern des Zylinders erlischt die Kerze, beim Herausziehen entzündet sie sich wieder (▷ B 2).

Wasserstoff hat die geringste Dichte aller Stoffe. Er ist brennbar, unterhält die Verbrennung jedoch nicht.

B 2 Eine Kerze erlischt in Wasserstoff. Dieser unterhält die Verbrennung nicht

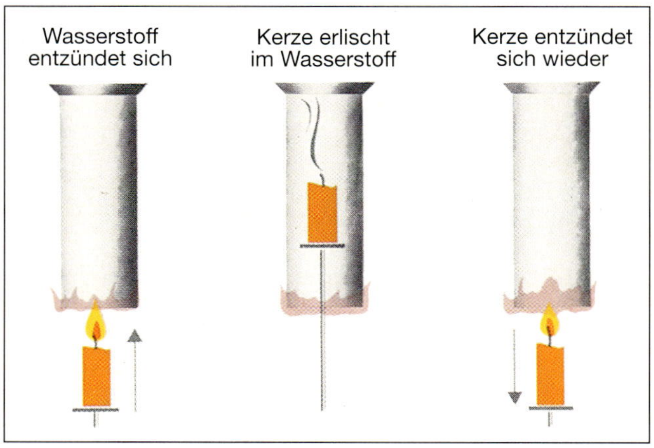

B 3 Eigenschaften des Wasserstoffs (bei Normdruck) im Überblick

Stoffeigenschaft	Eigenschaft des Wasserstoffs
Farbe	farblos
Geruch	geruchlos
Geschmack	geschmacklos
Aggregatzustand bei Zimmertemperatur	gasförmig
Löslichkeit in Wasser	sehr gering
Brennbarkeit	brennbar, bildet mit Luft und Sauerstoff explosive Gemische
Schmelztemperatur	−259 °C
Siedetemperatur	−253 °C
Dichte (20 °C)	0,083 g/ℓ

Gefahren beim Umgang mit Wasserstoff. Vermischt sich Wasserstoff mit Luft, so bildet sich ein Gemisch, das beim Zünden *explosionsartig* verbrennt (▷ V3, ▷ B5). Noch heftiger erfolgt die Verbrennung von Wasserstoff im Gemisch mit reinem Sauerstoff. Man bezeichnet solche explosiven Gasgemische als **Knallgas.**

Außer Wasserstoff können auch andere *brennbare Gase* wie Erdgas oder Campinggas und Dämpfe von brennbaren Flüssigkeiten wie Benzin und Alkohol mit Luft *explosive Gas-Luft-Gemische* bilden. Man muss die unerwünschte Entstehung solcher gefährlichen Gemische verhindern. Wo sie dennoch entstehen können (z. B. an Tankstellen und in Garagen), muss jede *Entzündungsmöglichkeit* (Rauchen, offenes Feuer, elektrische Funken) vermieden werden.

Gemische von brennbaren Gasen mit Luft können explodieren.

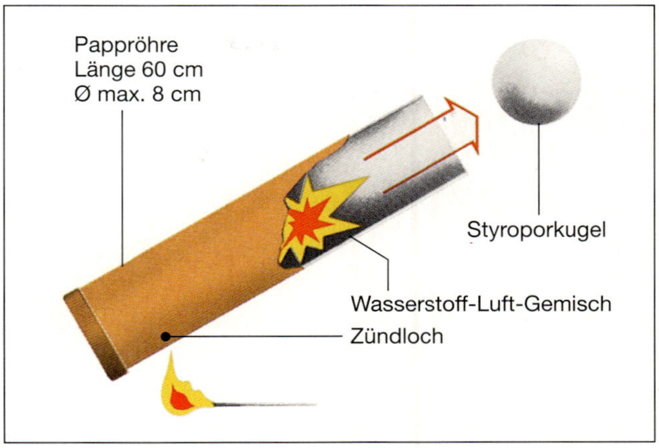

B5 Wasserstoff-Luft-Gemische sind gefährlich. Sie verbrennen explosionsartig

Die Knallgasprobe. Wenn aus einer Apparatur Wasserstoff austritt, entzündet man ihn, um Explosionen zu vermeiden. Vor dem Entzünden muss jedoch unbedingt geprüft werden, ob reiner Wasserstoff oder das gefährliche Knallgas entströmt.
Hierzu füllt man am besten ein kleines Reagenzglas durch Wasserverdrängung mit dem aus der Apparatur ausströmenden Gas und nähert die nach unten weisende Öffnung des Reagenzglases der Brennerflamme (▷ B4, ▷ B6).
Brennt das Gas *ruhig* ab, so handelt es sich um *reinen Wasserstoff*, der gefahrlos entzündet werden kann. Verbrennt es dagegen mit einem *pfeifenden Geräusch*, so liegt das gefährliche *Knallgas* vor. In diesem Fall wird die Probe so oft wiederholt, bis kein Geräusch mehr auftritt.

V 3 Man füllt eine einseitig verschlossene Pappröhre, in deren Zündloch ein Stopfen steckt, teilweise mit Wasserstoff, verschließt sie locker mit einer Styroporkugel und zündet das entstandene Gemisch mit einem brennenden Holzspan. (Rohröffnung nicht auf Personen richten! Schutzbrille!)

V 4 Man lässt Wasserstoff nach ▷ B4 durch ein mit Luft gefülltes Glasrohr strömen, fängt das entweichende Gas in vier Reagenzgläsern auf und hält sie mit der Öffnung an die Brennerflamme. (Schutzbrille!)

A 2 Bei der Ausführung der Knallgasprobe entsteht a) ein laut pfeifendes Geräusch, b) ein schwacher, dumpfer Ton. Welche Schlussfolgerung ist zu ziehen?

B4 Herstellung eines Prüfgemischs zur Durchführung der Knallgasprobe

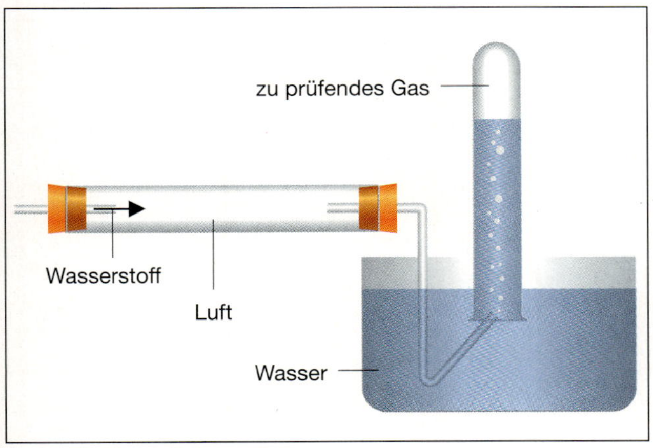

B6 Knallgasprobe zur Prüfung auf explosive Wasserstoff-Luft-Gemische

5.6 Bildung von Wasser

B1 Verbrennung von Wasserstoff an der Luft. Es bildet sich Wasser

⚠ **V 1** Man hält ein trockenes Becherglas über eine Wasserstoffflamme. (Schutzbrille!)

⚠ **V 2** Man entzündet Wasserstoff an einer Lötrohrdüse und führt die höchstens 1 cm hohe Flamme in die Apparatur nach ▷ B2 ein, in die von der Seite her langsam Sauerstoff einströmt. Der Sauerstoffstrom wird so reguliert, dass mit einem glimmenden Holzspan am offenen Ende des U-Rohres Sauerstoff nachgewiesen werden kann. (Schutzscheibe! Schutzbrille!)
Führe mit der gewonnenen Flüssigkeit den Wassernachweis mit weißem Kupfersulfat durch.

A 1 Welche Vorteile hat es, wenn ein Auto mit Wasserstoff anstelle von Benzin angetrieben wird?

Bei der Untersuchung des Wassers in ↗ Kap. 5.4 haben wir festgestellt, dass die Verbindung Wasser mindestens aus *Sauerstoff* und *Wasserstoff* bestehen muss.
Ob jedoch die beiden Stoffe allein diese Verbindung bilden, können wir noch nicht entscheiden. Es ist möglich, dass bei der Reaktion von Magnesium mit Wasser noch andere Stoffe entstehen, die uns entgangen sind. Gelingt es aber, nur aus Wasserstoff und Sauerstoff Wasser herzustellen, haben wir bewiesen, dass Wasser eine Verbindung aus diesen beiden Elementen ist.

Reaktion von Wasserstoff mit Sauerstoff. Sowohl beim Verbrennen von Wasserstoff an der Luft (▷ V 1) als auch in reinem Sauerstoff (▷ V 2) lässt sich eine farblose Flüssigkeit gewinnen. Die Prüfung mit weißem Kupfersulfat zeigt, dass es sich jeweils um *Wasser* handelt. Es hat sich durch Reaktion der beiden Elemente Wasserstoff und Sauerstoff gebildet. Wasser ist ein *Oxid des Wasserstoffs*, also **Wasserstoffoxid**. Bei seiner Bildung aus den Elementen wird viel Wärme frei.

Wasserstoff + Sauerstoff ⟶ Wasser(stoffoxid) | exotherm

Diese Reaktion wird in der Technik vielfältig genutzt. Viele Raketen führen in ihren Tanks flüssigen Wasserstoff und flüssigen Sauerstoff mit. In dem Triebwerk verbrennt dann der Wasserstoff mit dem Sauerstoff, dabei entsteht ein hoher Druck. Der austretende heiße Wasserdampf erzeugt den Schub der Rakete.
Autoingenieuren ist es gelungen, Wasserstoff anstelle von Benzin als Treibstoff einzusetzen. Dadurch könnte der Schadstoffgehalt der Luft erheblich vermindert werden.

Wasser ist eine Verbindung aus den Elementen Sauerstoff und Wasserstoff.

B2 Bildung von Wasser aus den Elementen. Wasserstoff und Sauerstoff verbinden sich in exothermer Reaktion

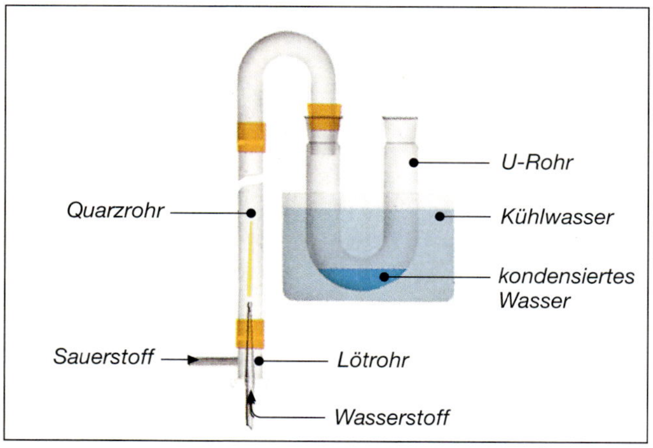

B3 In Raketentriebwerken verbrennt Wasserstoff mit Sauerstoff

5.7 Katalysator und Aktivierungsenergie

Bei Zimmertemperatur reagieren Wasserstoff und Sauerstoff gar nicht oder nur äußerst langsam miteinander. Ein Knallgasgemisch kann monatelang aufbewahrt werden, ohne dass eine messbare Wasserportion gebildet wird.

Auslösen der Knallgasreaktion. Nach Zufuhr von Energie, z. B. Entzünden durch die Brennerflamme oder durch einen Funken, reagieren Wasserstoff und Sauerstoff explosionsartig zu Wasser. Um die Reaktion auszulösen, genügt es, das Gasgemisch in einem kleinen Bereich zu erhitzen. Die Reaktion breitet sich vom Ort der Entzündung mit großer Geschwindigkeit aus.

Katalysatoren und Aktivierungsenergie. Lässt man Wasserstoff über eine Perle, die fein verteiltes Platin enthält, strömen, so beobachtet man nach kurzer Zeit, dass die Perle zu glühen beginnt. Schließlich entzündet sich der Wasserstoff oberhalb der Perle (▷ B 1) und verbrennt mit dem Sauerstoff der Luft zu Wasser. Die Reaktion kommt also unter diesen Bedingungen ohne äußere Energiezufuhr in Gang.

Den Vorgang erklärt man sich so: An der Oberfläche des Platins kann der Wasserstoff auf einem anderen Reaktionsweg mit dem Sauerstoff reagieren, wobei die *Aktivierungsenergie* niedriger ist als ohne Platin (▷ B 3). Die Reaktion setzt mit Platin schon bei Zimmertemperatur in merklichem Ausmaß ein, ohne Platin erst bei Temperaturen ab 400 °C bis 600 °C. Die bei der Reaktion frei werdende Wärme hängt nicht vom Reaktionsweg ab. Sie führt dazu, dass sich die Perle bis zur Rotglut erwärmt. Die Temperatur reicht aus, dass sich der ausströmende Wasserstoff entzündet.

Nach der Reaktion liegt das Platin unverändert vor, es wird auch nicht verbraucht und kann immer wieder eingesetzt werden.

Einen Stoff, der eine chemische Reaktion beschleunigt oder bei einer niedrigeren Temperatur ermöglicht, bezeichnet man als Katalysator. Er nimmt an der Reaktion teil, liegt aber nach der Reaktion unverändert vor.
Der Katalysator ermöglicht einen Reaktionsweg mit niedrigerer Aktivierungsenergie.

Platin wirkt also bei der Reaktion von Wasserstoff und Sauerstoff als Katalysator. Die Wirkung des Platins nutzte bereits 1823 J. W. Döbereiner bei der Erfindung des ersten Feuerzeugs (▷ B 2) aus. Der Wasserstoff wurde hierbei aus Zink und verdünnter Schwefelsäure erzeugt und bei Luftzutritt an einem Platinschwamm entzündet.

Die am Beispiel von Platin und der Reaktion von Wasserstoff und Sauerstoff gewonnenen Einsichten lassen sich auch auf andere Reaktionen mit Katalysatoren übertragen.

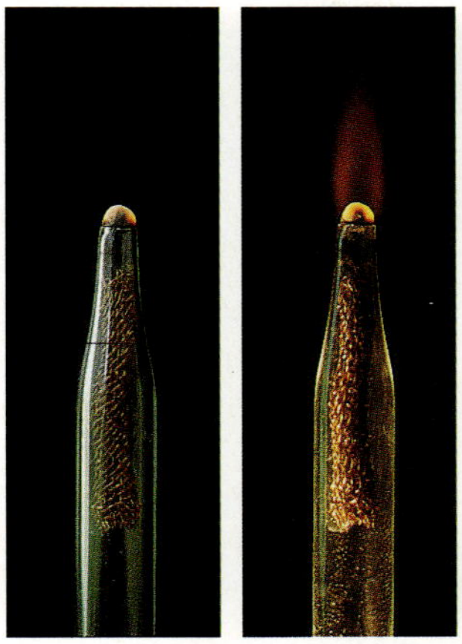

B 1 Entzündung von Wasserstoff am Platinkatalysator

B 2 Döbereinersche Zündmaschine, das erste Feuerzeug

V 1 Man legt eine Perle des Abgaskatalysators auf die Öffnung einer Glaspipette (▷ B 1), die als Rückschlagsicherung etwas Kupferwolle enthält. Von unten wird durch die Pipette mit ganz geringer Geschwindigkeit Wasserstoff zugeführt. Man regelt den Gasstrom so, dass die Perle zu glühen beginnt.

A 1 Beschreibe und interpretiere die Abbildung ▷ B 3, bei der es sich um die Veranschaulichung zum Ablauf einer chemischen Reaktion handelt.

A 2 Erläutere, warum die Katalysatorperle in ▷ B 1 zu glühen beginnt, wenn sie von Wasserstoff umspült wird.

B 3 Veranschaulichung der Wirkungsweise eines Katalysators. Der Reaktionsweg mit Katalysator hat eine kleinere Aktivierungsenergie

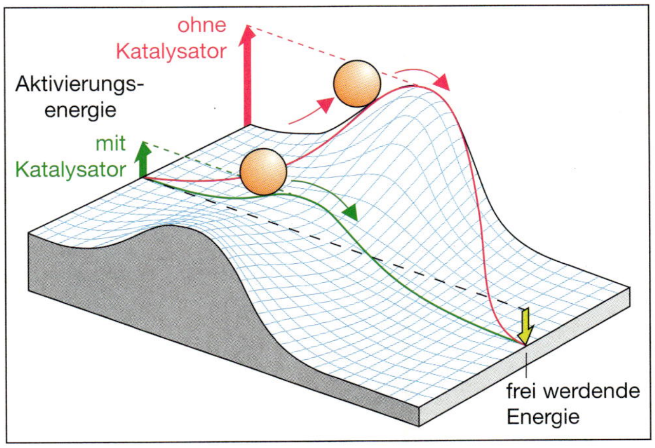

5.8 Wasserstoff in der Energietechnik

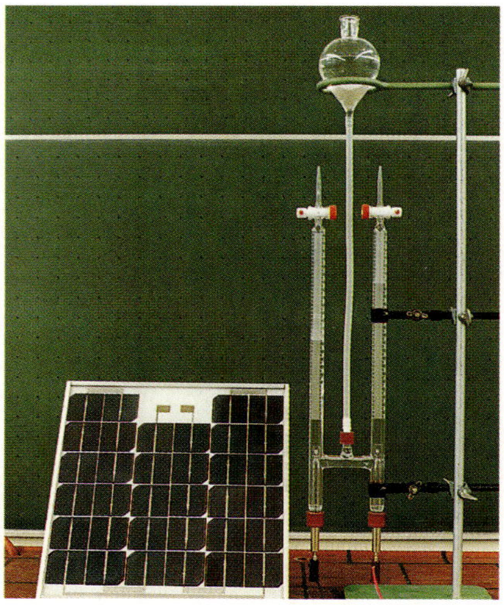

B 1 Wasserzerlegung mithilfe des elektrischen Stroms

Der „Energiehunger“ der wachsenden Weltbevölkerung ist riesengroß. Jeden Tag werden Kohle, Erdgas und Erdölprodukte wie Benzin und Heizöl zum Kochen und Heizen, zum Antrieb von Fahrzeugen und zur Erzeugung elektrischer Energie verbrannt. Es gibt sehr unterschiedliche Voraussagen, wie lange die Energieträger Kohle, Erdgas und Erdöl noch in ausreichenden Mengen und zu bezahlbaren Preisen zur Verfügung stehen werden. Es ist jedoch eine Tatsache, dass die einmal verbrannten Stoffe nicht wieder zur „Energiegewinnung“ herangezogen werden können. Sonne, Wind und Wasserkraft sind hingegen unerschöpfliche Energiequellen.

Erneuerbare Energiequellen. Die wirtschaftlich einsetzbare Wasserkraft wird in Deutschland schon fast vollständig genutzt. Unter den klimatischen Bedingungen Mitteleuropas ist das „Einsammeln“ der Wind- und insbesondere der Sonnenenergie und ihre Umwandlung in eine nutzbare Energieform noch immer erheblich teurer als die Nutzung der nicht erneuerbaren Energieträger. Wind- und Sonnenergie haben den Nachteil, dass sie nicht immer zur Verfügung stehen, nicht gelagert und transportiert werden können. Die Lücke zwischen der Sonnenenergie als Energiequelle und der Nutzung der Energie in ihren von den Verbrauchern gewünschten Formen kann der *Wasserstoff* schließen.

V 1 Man elektrolysiert im Hofmann'schen Zersetzungsapparat (▷ B 1) mit verd. Schwefelsäure oder mit Kalilauge versetztes Wasser. Ist der eine Schenkel bis zur Hälfte mit Gas gefüllt, unterbricht man die Elektrolyse und leitet die Gase in Reagenzgläser. Mit dem am Pluspol entstehenden Gas wird die Glimmspanprobe, mit dem anderen die Knallgasprobe durchgeführt.

Wasserstoff als Energieträger. Wasser lässt sich mithilfe des elektrischen Stroms in Wasserstoff und Sauerstoff spalten (▷ V 1). Wasserstoff kann gespeichert und über Gasleitungen transportiert werden. Bei Bedarf kann der Wasserstoff dann verbrannt und die dabei abgegebene Wärmeenergie genutzt werden.

Wird der elektrische Strom zur Spaltung des Wassers in die Elemente noch durch die Verbrennung nicht erneuerbarer Energieträger gewonnen, bietet Wasserstoff als Energieträger keine Vorteile. Mithilfe von *Solarzellen* kann *Sonnenenergie* aber direkt in *elektrische Energie* umgewandelt werden, die dann zur Spaltung des Wassers eingesetzt werden kann (▷ B 2).

B 2 Wasserstoff als Energieträger. Der mithilfe der Sonnenenergie erzeugte Wasserstoff kann vielseitig genutzt werden

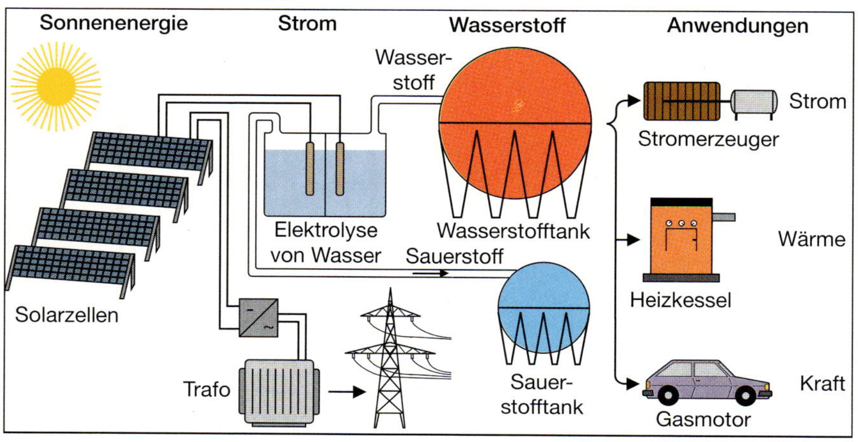

B 3 Wasserstoff-Speicher in einem Kraftfahrzeug

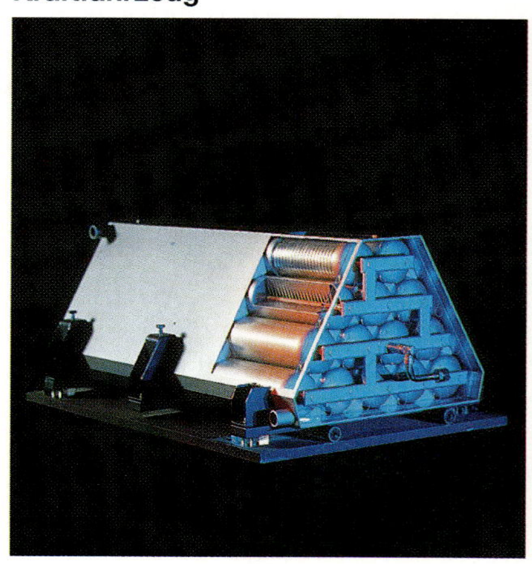

Speicherung von Wasserstoff. In der Schule wird Wasserstoff häufig in 10-ℓ-Stahlflaschen aufbewahrt. In einer frisch gefüllten Stahlflasche steht der Wasserstoff meist unter einem Druck von etwa 180 000 hPa (180 bar). Aus der 10-ℓ-Stahlflasche lassen sich damit etwa 1800 ℓ Wasserstoff entnehmen. Da Wasserstoff bei 20 °C und 1013 hPa eine Dichte von 0,083 g/ℓ hat, haben 1800 ℓ Wasserstoff eine Masse von etwa 150 g. Bei der Verbrennung von 150 g Wasserstoff wird eine Verbrennungswärme von 21 300 kJ (= 21,3 MJ) frei.

Der Tank eines größeren Personenwagens fasst etwa 100 ℓ Benzin, das eine Masse von etwa 70 kg hat. Bei der Verbrennung von 70 kg Benzin wird eine Verbrennungswärme von etwa 3080 MJ frei. Würde man in einen Autotank, dessen Volumen 100 ℓ beträgt, Wasserstoff unter einem Druck von 180 000 hPa füllen, so würden bei dessen Verbrennung doch nur 213 MJ frei. Wollte man also mit Wasserstoff die gleiche Fahrstrecke zurücklegen wie mit Benzin, müsste das Volumen des Tanks etwa 15-mal so groß sein und der Tank müsste auch noch einem Druck von 180 000 hPa standhalten. Ein solcher Tank hätte eine recht große Masse, während ein Benzintank meist aus Kunststoff besteht und damit eine kleine Masse hat. Flüssiger Wasserstoff hat eine wesentlich höhere Dichte als gasförmiger Wasserstoff, allerdings kondensiert Wasserstoff erst bei −253 °C. Auch durch Druck lässt sich Wasserstoff erst unter −240 °C verflüssigen. Flüssiger Wasserstoff kommt also als Treibstoff für Fahrzeuge im Alltag nicht infrage.

Eine technisch sinnvolle Lösung für die Zukunft ergibt sich aus der Eigenschaft des Wasserstoffs, mit Metallen und Metalllegierungen Verbindungen *(Metallhydride)* zu bilden. Wasserstoff wird unter Druck in einen Tank (▷ B3), der z. B. eine Eisen-Titan-Legierung enthält, gepresst. Der Wasserstoff wird von der Legierung gebunden. Dabei kann fast so viel Wasserstoff in den Tank gefüllt werden, als wenn der Wasserstoff flüssig vorläge. Wird die Legierung erwärmt, wird der Wasserstoff abgegeben. Er kann dann verbrannt werden und z. B. zum Antrieb eines Autos eingesetzt werden (▷ B5). Bei dieser Form der Speicherung des Wasserstoffs kann es auch bei einem Autounfall nicht zu einer „Knallgasexplosion" kommen.

Heizwerte von 1 kg des Stoffes in MJ	
Holz	14
Braunkohlenbriketts	20
Erdgas	29
Steinkohle	31
Heizöl	41
Benzin	44
Wasserstoff	142

B4 Heizwerte von einigen Brennstoffen und von Wasserstoff

A 1 a) Welche Masse haben 100 ℓ gasförmiger Wasserstoff ($\varrho = 0{,}083$ g/ℓ bei 20 °C, 1013 hPa) und 100 ℓ flüssiger Wasserstoff ($\varrho = 0{,}07\ g/cm^3$ bei −253 °C, 1013 hPa)?

b) Wie viel Wärmeenergie entsteht jeweils bei der Verbrennung dieser Wasserstoffportion?

c) Wie viel Wärmeenergie entsteht bei der Verbrennung von 100 ℓ Benzin ($\varrho = 0{,}7\ g/cm^3$ bei 20 °C, 1013 hPa)? Vergleiche mit den Werten aus b).

B5 Anwendung von Wasserstoff als Treibstoff

B6 Die Einheit der Energie

Um ein Einfamilienhaus zu heizen, benötigt man im Jahr rund 3000 kg Heizöl. Wenn dieses Haus mit Holz geheizt würde, wären rund 12 000 kg Holz notwendig. Beim Verbrennen der Brennstoffe wird der Unterschied der Energieinhalte der Ausgangsstoffe und der Reaktionsprodukte in Form von Wärme abgegeben. Der Energieinhalt von 1 kg Heizöl ist also größer als der von 1 kg Holz. **Energiebeträge** werden in der **Einheit Joule** angegeben. Um z. B. die Temperatur von 1 kg Wasser um 1 °C zu erhöhen, ist eine Energie von ca. 4,2 kJ erforderlich.

In der Gas- und Elektrizitätswirtschaft wird meist die Kilowattstunde (kWh) als Einheit für die Energie verwendet:
1 kWh = 3600 kJ = 3,6 MJ.

5.9 Überprüfung und Vertiefung

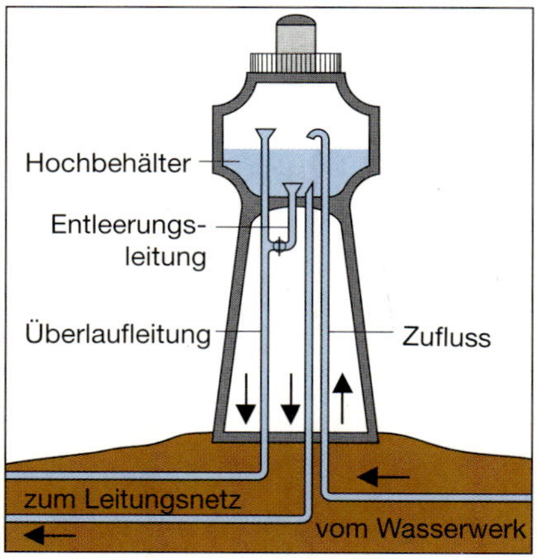

B 1 Zu Aufgabe 1

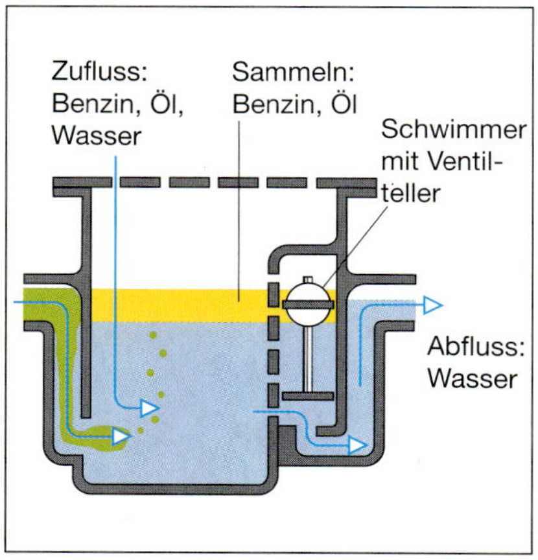

B 2 Zu Aufgabe 2

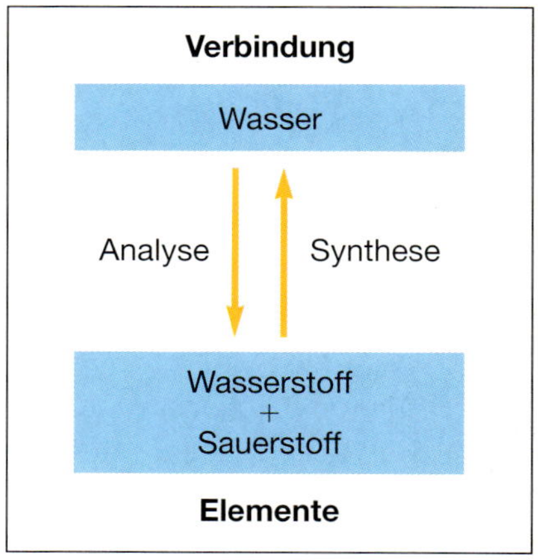

B 3 Zu Aufgabe 3

1 Zwischen Wasserwerk und Verbraucher ist zur Speicherung des Trinkwassers ein Wasserbehälter, häufig in Form eines Wasserturms (▷ B 1), geschaltet.
a) Warum ist die Zwischenschaltung eines Wasserspeichers notwendig?
b) Warum liegt ein solcher Speicher häufig auf dem höchsten Punkt eines Ortes?

2 Erläutere die Arbeitsweise eines Ölabscheiders (▷ B 2).
Begründe, warum man damit nicht Alkohol von.Wasser trennen kann.

3 Die Zerlegung einer Verbindung in die Elemente wird Analyse genannt. Die Herstellung von Verbindungen aus den Elementen oder anderen Verbindungen nennt man Synthese (▷ B 3). Der Begriff Analyse wird auch bei der Untersuchung eines Gemisches gebraucht, wenn die einzelnen Bestandteile bestimmt werden.
Nenne einige Beispiele für Synthesen bzw. Analysen.

4 Man schichtet auf eine Magnesiarinne schwarzes Kupferoxid und schiebt sie in das Reaktionsrohr der Apparatur (▷ B 4). Anschließend leitet man Wasserstoff ein. Nach Verdrängen der Luft und Knallgasprobe mit negativem Ausgang entzündet man das Gas an der Glasrohrspitze und reguliert den Gasstrom so, dass der Wasserstoff mit kleiner Flamme brennt. Das Kupferoxid wird dort erhitzt, wo der Wasserstoff einströmt. Nach dem ersten Aufglühen kann man den Brenner entfernen, das Glühen wandert durch die ganze Stoffportion; gleichzeitig ändert sich die Farbe von schwarz nach hellrot. Im gewinkelten Glasrohr kondensiert eine farblose Flüssigkeit.
a) Welche neuen Stoffe sind entstanden? Wie kann man die farblose Flüssigkeit identifizieren?
b) Formuliere das Reaktionsschema. Kennzeichne den Oxidations- und den Reduktionsvorgang.
c) Warum kann man nach dem ersten Aufglühen den Brenner entfernen?

B 4 Zu Aufgabe 4

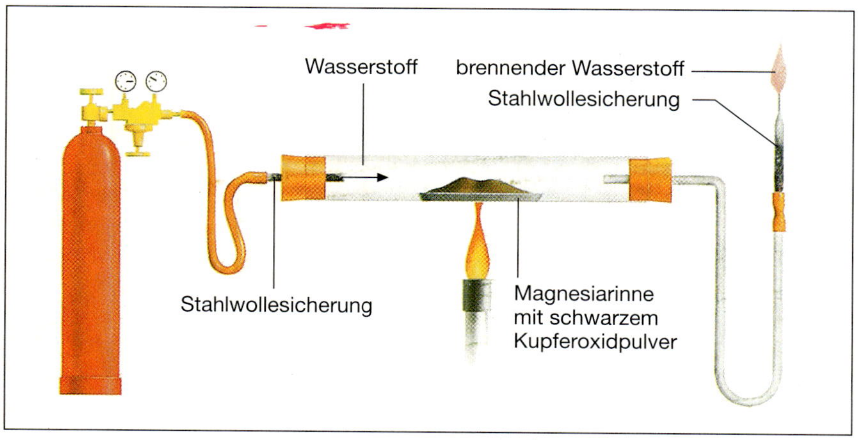

Wichtige Begriffe

Wasserkreislauf, Abwasserreinigung, Trinkwasserreinigung, Zusammensetzung des Wassers, Wassernachweis, Wasserstoffoxid, Eigenschaften des Wasserstoffs, Wasserstoff als Energieträger, Knallgasprobe, Aktivierungsenergie, Katalysator, Analyse/Synthese

Quantitative Beziehungen bei chemischen Reaktionen

In den vorangegangenen Kapiteln haben Stoffeigenschaften und Eigenschaftsänderungen bei chemischen Reaktionen eine Rolle gespielt. Die „Qualität" der Stoffe stand dabei im Vordergrund. Auch die Ermittlung quantitativer, d. h. messbarer Eigenschaften wie Schmelz- und Siedetemperatur oder Dichte diente vor allem der Stoffcharakterisierung.
Was geschieht aber bei einer chemischen Reaktion mit den Massen der eingesetzten Stoffportionen? Gibt es zwischen der Masse eines Reaktionsproduktes und der Masse eines Ausgangsstoffes eine Beziehung? Die Frage nach quantitativen Beziehungen zwischen Massen und anderen Größen bei chemischen Reaktionen führt auf Gesetze, die sich in Gleichungen formulieren lassen. Mit ihrer Hilfe kann z. B. der Bedarf an Ausgangsstoffen berechnet werden, wenn man eine bestimmte Menge eines Reaktionsproduktes herstellen will. Bei Reaktionen zwischen Gasen können die Volumina der eingesetzten und der entstehenden Stoffe miteinander verglichen werden. Auch dabei ergeben sich bemerkenswerte Zusammenhänge.
Die Deutung der quantitativen Beziehungen durch das Teilchenmodell führt zu genaueren Modellvorstellungen, die sogar etwas über den Aufbau der Teilchen eines Stoffes aussagen.
Darüber hinaus wird es uns möglich sein die genaue Masse der winzigen Teilchen anzugeben und auch die Teilchenanzahl in einer Stoffportion zu bestimmen.

6.1 Massengesetze

B1 Massenerhaltung. Masse eines Blitzlämpchens vor (links) und nach dem Zünden (rechts)

m (Kupfersulfid) in g	*m* (Kupfer) in g	*m* (Schwefel) in g (berechnet)	$\frac{m\text{(Kupfer)}}{m\text{(Schwefel)}}$
2,13	1,70	0,43	3,95
1,62	1,28	0,34	3,76
0,81	0,65	0,16	4,06
		Mittelwert:	3,92

B2 Massenverhältnis im Kupfersulfid (Messreihe)

V 1 Gib in ein Reagenzglas etwas Schwefel und ein kleines Kupferblech, stülpe über die Öffnung einen Luftballon und bestimme die Gesamtmasse. Erhitze zuerst das Kupferblech und dann den Schwefel, sodass Schwefelgas über das heiße Kupfer strömt. Bestimme nach dem Abkühlen noch einmal die Masse.

V 2 Gib in drei Reagenzgläser jeweils etwa 1 g Schwefel und ein genau abgewogenes Kupferblech (etwa 0,5 g; 1 g; 1,5 g) und bringe die Stoffe zur Reaktion. Gib das Reaktionsprodukt anschließend jeweils vorsichtig in ein zweites Reagenzglas und erhitze stark, um noch anhaftenden Schwefel zu entfernen. Bestimme nach dem Erkalten die Masse des entstandenen Kupfersulfids. Berechne die Masse des umgesetzten Schwefels und damit die Quotienten aus *m* (Kupferportion) und *m* (Schwefelportion). Bilde aus den Ergebnissen den Mittelwert.

A 1 Verglüht Eisenwolle an der Luft, ist die Masse des Eisenoxids größer als die Masse der Eisenwolleportion. Widerspricht dies dem Gesetz von der Erhaltung der Masse? Begründe!

Bei der Verbrennung eines Holz- oder Kohlestückchens hat der feste Rückstand (Asche) eine geringere Masse als der feste Ausgangsstoff. Verbrennt man dagegen ein Stück Magnesiumband, so ist die Masse des entstehenden Magnesiumoxids größer als die Masse des eingesetzten Magnesiums. Ist eine chemische Reaktion mit einer Massenänderung verbunden?

Gesetz von der Erhaltung der Masse. Beim Zünden eines Blitzlämpchens verbrennt die darin enthaltene Metallwolle, dennoch bleibt die Masse des Lämpchens unverändert (▷B1). Bei der Reaktion in dem geschlossenen Lämpchen können Stoffe weder hinzukommen noch entweichen. Will man bei einer chemischen Reaktion die Masse aller Ausgangsstoffe mit der Masse aller Reaktionsprodukte vergleichen, muss man die Reaktion in einer geschlossenen Apparatur durchführen (▷V1). Dabei lässt sich bei einer beliebigen Reaktion auch mit sehr empfindlichen Waagen keine Massenänderung feststellen. Diese Tatsache wurde Ende des 18. Jahrhunderts von dem französischen Chemiker Lavoisier (1743–1794) entdeckt.

Bei jeder chemischen Reaktion ist die Gesamtmasse der Reaktionsprodukte gleich der Gesamtmasse der eingesetzten Stoffe.

Massenverhältnisse bei der Synthese des Kupfersulfids. Für diese Synthese gilt nach dem Gesetz von der Erhaltung der Masse:

$$m\text{(Kupferportion)} + m\text{(Schwefelportion)} = m\text{(Kupfersulfidportion)}$$

Bei ▷V1 erkennt man nach der Reaktion noch Schwefel im Reagenzglas. Wird der Versuch mit sehr wenig Schwefel durchgeführt, bleibt ein Teil der Kupferportion übrig, während die Schwefelportion vollständig reagiert.
Um festzustellen, welche Portionen *vollständig* miteinander reagieren, lässt man über ein abgewogenes Kupferblech so lange Schwefeldampf strömen, bis ein vollständiger Umsatz erfolgt ist (▷V2). Im Gegensatz zur Masse der Kupfersulfidportion lässt sich die Masse der umgesetzten Schwefelportion experimentell nur schwer bestimmen. Man ermittelt diese daher aus der Differenz der beiden bekannten Massen.
Eine Gemeinsamkeit der verschiedenen Versuchsergebnisse zeigt sich, wenn man die Quotienten aus der Masse der Kupferportion und der Schwefelportion berechnet. Das Massenverhältnis *m* (Kupferportion) : *m* (Schwefelportion) beträgt für alle Versuche etwa 4 : 1. Der exakte Wert ist 3,96 : 1.

Bei der Untersuchung weiterer Massenverhältnisse können neben quantitativen Synthesen auch quantitative Zerlegungen von Verbindungen durchgeführt werden.

Quantitative Zerlegung von Silber- und Kupferoxid. Wird Silberoxidpulver vorsichtig erhitzt (Silberoxid zerfällt schon bei 250 °C) (▷ V 4, ▷ B 4), so entweicht ein farbloses Gas und aus dem schwarzen Pulver entsteht eine weiße, poröse Substanz. Diese kann man zu glänzenden Tröpfchen zusammenschmelzen, die ihren Silberglanz auch nach dem Erkalten behalten. Neben Silber lässt sich Sauerstoff nachweisen. Aus den Massen des Silberoxidpulvers und der erhaltenen Silberportion ergibt sich als Differenz die Masse des entstandenen Sauerstoffs. Liest man nach Abkühlen auf Zimmertemperatur das Gasvolumen ab, so kann man die Masse der Sauerstoffportion mithilfe der Dichte auch daraus ermitteln. Für das Massenverhältnis *m* (Silberportion) : *m* (Sauerstoffportion) ergibt sich etwa 13,5 : 1.

Die quantitative Zerlegung von Kupferoxid gelingt am einfachsten durch eine Reaktion mit Wasserstoff oder Erdgas (▷ V 3, ▷ B 3). Die Masse der Sauerstoffportion ergibt sich auch bei diesem Versuch aus der Differenz der Massen der Oxid- und der Kupferportion.

Aus *m* (Kupferoxidportion) : *m* (Kupferportion) = 1,25 : 1
folgt: *m* (Kupferportion) : *m* (Sauerstoffportion) = 4 : 1.

Gesetz von den konstanten Massenverhältnissen. Bei vielen weiteren Reaktionen kann man charakteristische konstante Massenverhältnisse feststellen. Die Tatsache, dass bei der Bildung einer Verbindung die Elemente in einem bestimmten Massenverhältnis reagieren, wurde bereits 1799 von dem französischen Chemiker Proust als Gesetz der konstanten Massenverhältnisse formuliert.

Das Massenverhältnis der Elemente, aus denen eine Verbindung entsteht oder in die sie zerlegt werden kann, ist konstant.

B 4 Quantitative Zerlegung von Silberoxid

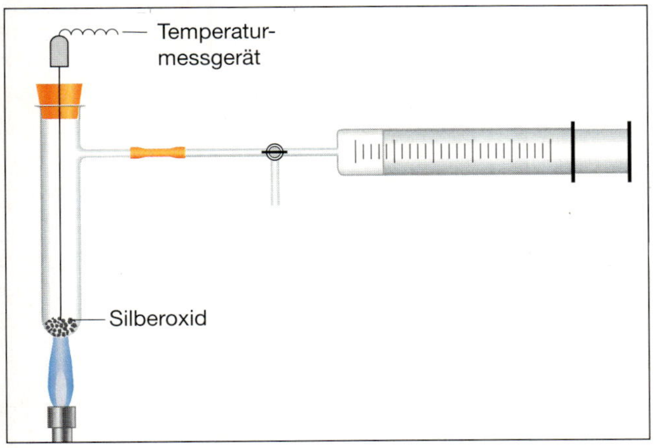

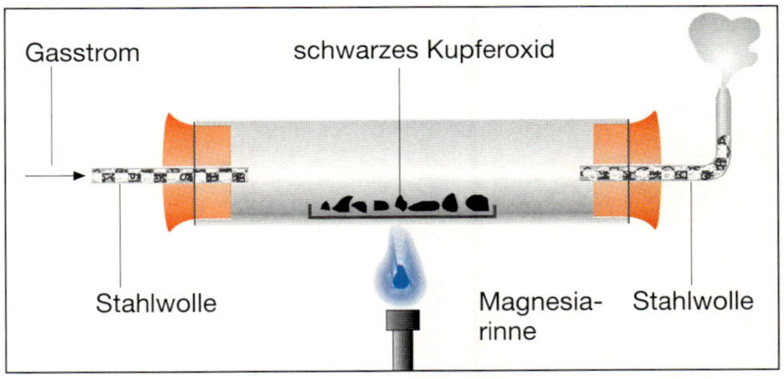

B 3 Quantitative Zerlegung von Kupferoxid mit Erdgas

V 3 Wiege 0,5 g bis 1 g schwarzes Kupferoxid (gekörnt) auf einer Magnesiarinne genau ab und gib diese in ein waagerecht eingespanntes Reaktionsrohr mit Gaszuleitung. Baue die Apparatur wie in der obigen Abbildung zusammen. Leite einen schwachen Brennergasstrom durch die Apparatur. Nach Verdrängen der Luft (Knallgasprobe!) wird das Gas an der Glasrohrspitze entzündet und das Kupferoxid kräftig erhitzt. Lass nach beendeter Reaktion das Reaktionsprodukt im Gasstrom abkühlen und bestimme anschließend die Masse.
Berechne die Masse der Sauerstoffportion, indem du die Differenz zwischen der Masse der Kupferoxidportion und der Kupferportion bildest. Berechne anschließend das Massenverhältnis *m* (Kupferportion) : *m* (Sauerstoffportion).

V 4 Gib etwa 0,7 g Silberoxid (genau gewogen) in ein Reagenzglas und verbinde dieses mit einem Kolbenprober (▷ B 4). Erhitze vorsichtig so lange, bis sich das Volumen des erhaltenen Gases nicht mehr ändert. Lass abkühlen, lies das Volumen ab, führe die Glimmspanprobe durch und wiege die entstandene Silberportion.

A 2 Für das rote Kupferoxid wurde experimentell ermittelt:
m (Kupferportion) : *m* (Sauerstoffportion) = 8 : 1
a) Wie groß ist die Masse der Sauerstoffportion, die man für die Oxidation von 5 g Kupfer benötigt?
b) Welche Masse hat die entstehende Kupferoxidportion?

A 3 Welche Masse hat die Eisenportion, die durch die Reduktion von 30 g des roten Eisenoxids entsteht?
m (Eisenoxidportion) : *m* (Eisenportion) = 10 : 7

A 4 Welche Masse hat eine Silberportion, die durch Zerlegung von 1,30 g Silberoxid entsteht?

A 5 Welches Gasvolumen lässt sich am Kolbenprober der Apparatur (▷ B 4) bei 20 °C und 1013 hPa ablesen, wenn eine Silberoxidportion von 0,750 g zerlegt wird? ϱ (Sauerstoff) = 1,33 g/ℓ

6.2 Atome und ihre Masse

B1 JOHN DALTON (1766–1844) und seine Atomvorstellung

Die Massengesetze lassen sich durch den Aufbau der Stoffe aus den kleinsten Teilchen erklären. Dazu werden wir die Teilchen der verschiedenen Teilchensorten bezeichnen und durch ihre Masse charakterisieren.

Die Atomhypothese von DALTON. Die Existenz kleinster Teilchen wurde schon vor über 2000 Jahren von dem griechischen Philosophen DEMOKRIT (460–371 v. Chr.) angenommen. DEMOKRIT nannte die Teilchen **Atome** (von griech. atomos, unteilbar). Er stellte sich diese als feste, unterschiedlich geformte, jedoch unveränderliche Teilchen vor. Der englische Gelehrte JOHN DALTON (1766–1844) griff diese Vorstellungen auf und verwendete die Atome erstmals zur Charakterisierung der Elemente. Danach sind die *Atome eines Elements untereinander gleich*. Sie unterscheiden sich von den Atomen anderer Elemente in ihrer Größe und Masse (▷ B1). Diese anschauliche Vorstellung von Atomen als winzigen Kügelchen mit bestimmter Masse bezeichnet man als **Dalton-Atommodell**.

Die Masse eines Atoms ist unvorstellbar klein; entsprechend ist die Anzahl der Atome in einer Stoffportion unvorstellbar groß. DALTON hielt die Masse eines einzelnen Atoms für nicht messbar. Aus den Massenverhältnissen der Elemente bei der Bildung von Verbindungen schloss er auf Atommassenverhältnisse. Dabei ergab sich, dass das Wasserstoffatom im Vergleich zu den anderen Atomen die kleinste Masse besitzen musste. DALTON wählte sie als Bezugseinheit und berechnete die Massen anderer Atome als Vielfache der Masse des Wasserstoffatoms.

Die Masse einer Stoffportion setzt sich zusammen aus der Masse aller ihrer Atome und lässt sich daher bei gleichen Atomen durch das Produkt aus der Anzahl N der Atome und der Masse m eines Atoms angeben (▷ B2). Z. B.:

m(Kupferportion) = N(Kupferatome) · m(1 Kupferatom)

A 1 Da die Samenkörner des Johannisbrotbaums eine kleine und ziemlich konstante Masse besitzen, wurden diese früher als Massestückchen zum Abwiegen von Diamanten verwendet. Auch heute noch gibt man die Masse von Diamanten in „Johannisbrotbaum-Sameneinheiten" (= Karat, von griech. kerátion, Johannisbrotbaumsamen) an. Die Masse von einem Karat ist heute festgelegt: 1 Karat = 0,2 g.
Der größte bisher gefundene Diamant hatte 3106 Karat. Wie groß ist seine Masse in Gramm?

A 2 Die Masse m eines unbekannten Atoms ist m = 0,000 000 000 000 000 000 000 019 92 g = 19,92 quadrillionstel Gramm. Berechne dessen Masse in u. Um welches Atom handelt es sich?

B2 Stoffportion und Teilchenverband. Zusammenhang zwischen den Massen und der Teilchenanzahl

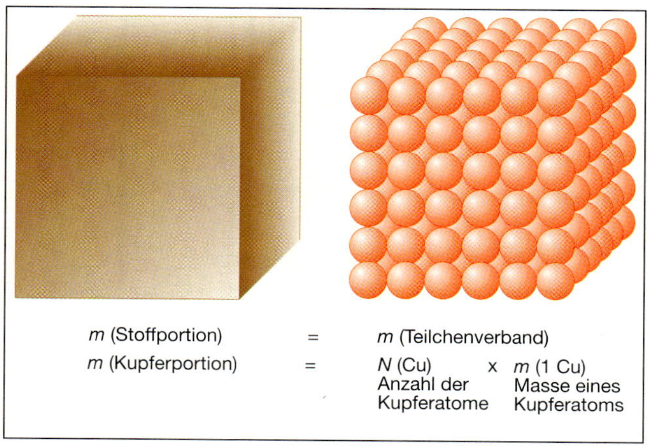

B3 Zeichen von LAVOISIER

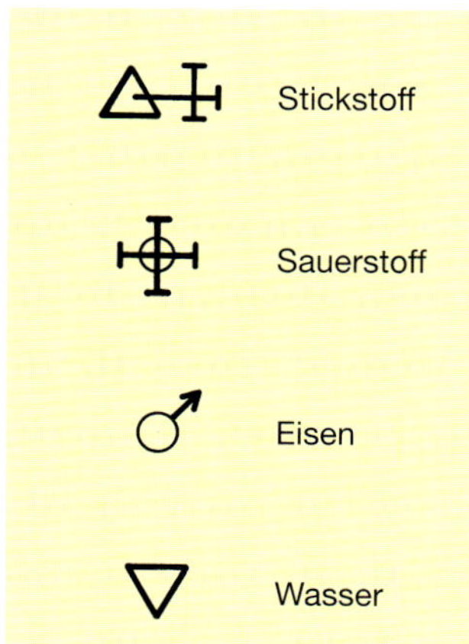

B4 Zeichen von DALTON

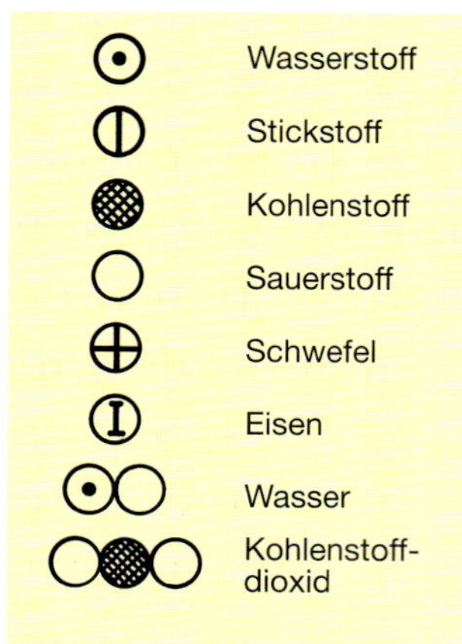

Die Masse von Atomen. Heute lassen sich die Massen einzelner Atome mit erstaunlicher Genauigkeit bestimmen. Das Prinzip des Verfahrens zeigt der abgebildete Modellversuch. Für das Atom mit der kleinsten Masse, das Wasserstoffatom, ergibt sich die Masse:

m(1 Wasserstoffatom) = 0,000 000 000 000 000 000 000 001 674 g

Die festgelegte **atomare Masseneinheit u** (von engl. unit, Einheit) weicht geringfügig von der Masse eines Wasserstoffatoms ab.

$$1\,\text{u} = 0{,}000\,000\,000\,000\,000\,000\,000\,001\,661\,\text{g} = 1{,}661 \cdot 10^{-24}\,\text{g}$$

Da die Angabe der Atommassen in Gramm umständlich ist, werden sie in Vielfachen von u angegeben. Für das Wasserstoffatom ergibt sich damit:

m(1 Wasserstoffatom) = 1,008 u.

Ein Sauerstoffatom, m(1 Sauerstoffatom) = 16,00 u, besitzt demnach ungefähr die Masse von 16 Wasserstoffatomen (▷ B6). Die Masse eines Atoms in der Einheit u gibt also ziemlich genau an, wievielmal so groß seine Masse wie die eines Wasserstoffatoms ist.

Chemische Zeichen. Um verschiedene Elemente und die dazugehörigen Atomarten zu kennzeichnen, verwendete DALTON Zeichen. Durch Kombination dieser Zeichen versuchte er, die Zusammensetzung von Verbindungen anzugeben (▷ B4). Gegenüber den Zeichen, die noch LAVOISIER verwendet hatte (▷ B3), war dies ein Fortschritt. Heute verwendet man Zeichen, die sich meist von den lateinischen oder griechischen Elementnamen ableiten (▷ B5). Damit die Zeichen eindeutig sind, ist es zweckmäßig sie nur zur Kennzeichnung von Atomen und nicht zur Abkürzung von Elementnamen zu verwenden.

B5 Zeichen für Atome einiger Elemente und Atommassen

Elementname deutsch	Elementname lat./griech.	Zeichen für das Atom	Atommasse in u
Wasserstoff	**H**ydrogenium	H	1,008
Kohlenstoff	**C**arboneum	C	12,01
Stickstoff	**N**itrogenium	N	14,01
Sauerstoff	**O**xygenium	O	16,00
Magnesium	**Mg**nesium	Mg	24,31
Aluminium	**Al**uminium	Al	26,98
Schwefel	**S**ulfur	S	32,07
Eisen	**Fe**rrum	Fe	55,85
Kupfer	**Cu**prum	Cu	63,55
Zink	**Zn**cum	Zn	65,41
Silber	**Ag**entum	Ag	107,87
Blei	**P**lum**b**um	Pb	207,2

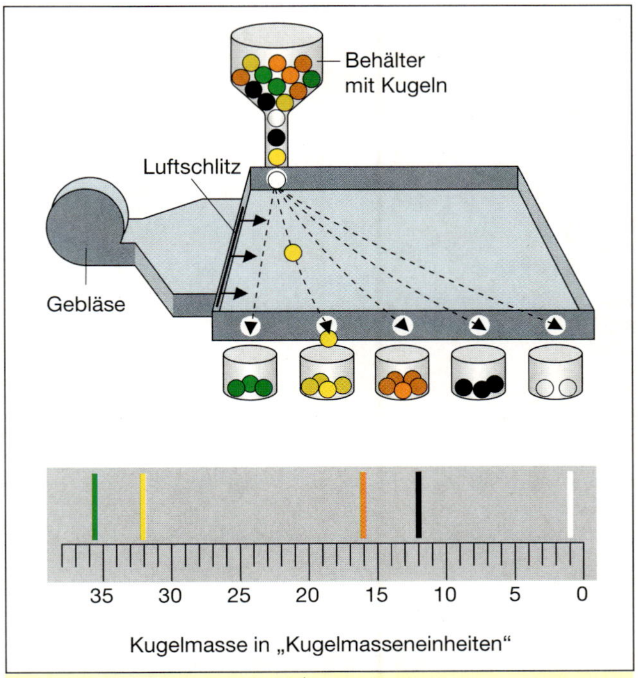

Im Modellversuch wird eine rollende Kugel durch eine seitlich wirkende Kraft umso stärker abgelenkt, je kleiner die Masse der Kugel ist. Kugeln gleicher Masse gelangen an dieselbe Stelle.
Im Gerät zur Bestimmung der Atommassen (Massenspektrometer) erhalten die Atome zunächst eine elektrische Ladung und werden dann beschleunigt. Die Teilchen erfahren durch elektrische und magnetische Kräfte eine Ablenkung, die von der Masse des Teilchens abhängt.
Die Masse eines geladenen Teilchens unterscheidet sich von der Masse des Atoms, aus dem es entsteht, nur geringfügig. Mit dem Dalton-Atommodell lässt sich die Entstehung geladener Teilchen noch nicht erklären.
Lässt man die Atome auf einen Film auftreffen, kann man ihre Ablenkung sichtbar machen. Da Teilchen gleicher Masse gleich weit abgelenkt werden, ergibt sich ein Streifenmuster. Es heißt Massenspektrum.

B6 Veranschaulichung verschiedener Atommassen.
m(1 Sauerstoffatom) = 16 · m(1 Wasserstoffatom)

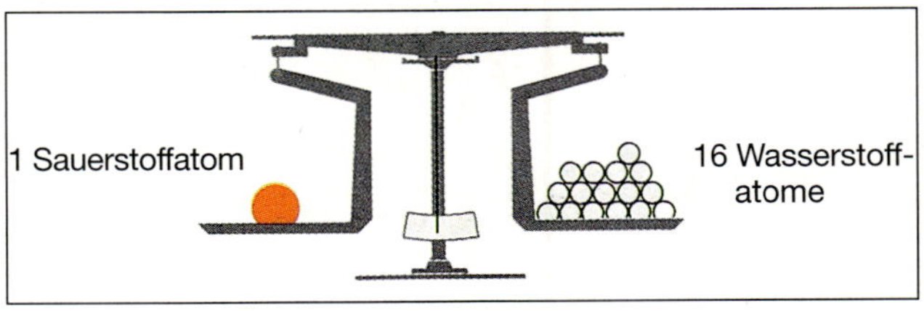

6.3 Die Verhältnisformel

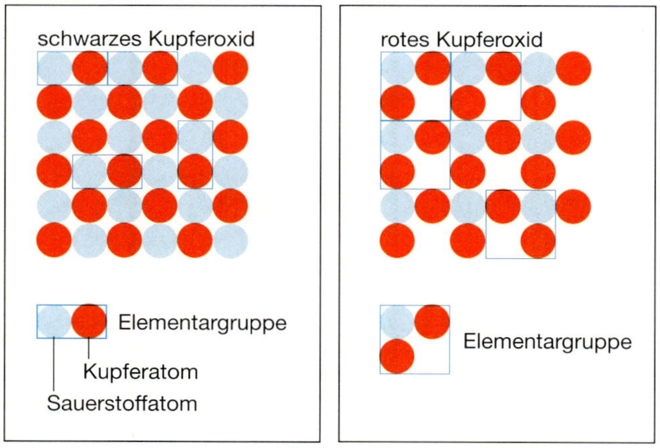

B 1 Elementargruppen in Atomverbänden.
N(Cu) : *N*(O) = 1 : 1 *N*(Cu) : *N*(O) = 2 : 1

A 1 Berechne das Massenverhältnis für eine Elementargruppe des roten Kupferoxids (Cu_2O). Vergleiche mit dem Massenverhältnis für eine Elementargruppe des schwarzen Kupferoxids.

A 2 Welche Masse hat die Kupferportion, die man aus 1 kg rotem Kupferoxid durch Reduktion gewinnen kann?

A 3 Die Verhältnisformel für das rote Eisenoxid ist Fe_2O_3. Welche Masse hat die Eisenportion, die sich aus 1 t dieses Oxids gewinnen lässt?

A 4 Die Verhältnisformel des grauen Eisenoxids ist Fe_3O_4. Welche Masse (in u) hat eine Elementargruppe dieses Oxids?

B 2 Räumliche Modelle von Atomverbänden.
a) Bleisulfid b) Pyrit

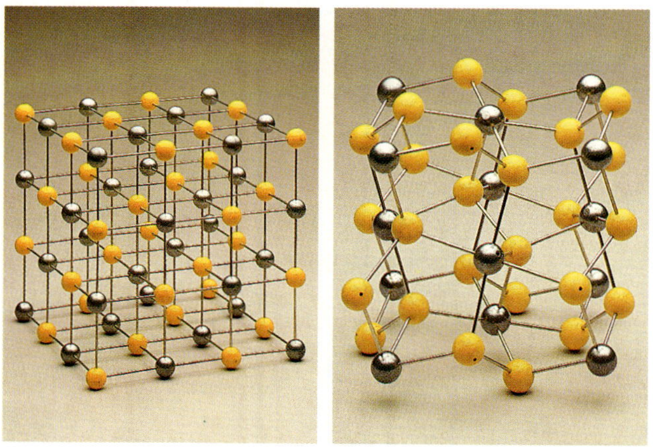

Mit dem Dalton-Atommodell lässt sich die Bildung einer Verbindung aus den Elementen als Umgruppierung der Atome deuten. Wir wissen aber nicht, in welchem Anzahlverhältnis die Atome der verschiedenen Elemente in der Verbindung vertreten sind. Wir setzen auch zunächst voraus, dass das Verhältnis der Atome der Elemente in einer Verbindung nicht beliebig ist. Dass diese Voraussetzung berechtigt ist, wird in diesem Kapitel ebenfalls geklärt.

Elementargruppe und Verhältnisformel. Im schwarzen Kupferoxid liegen *gleich viele* Kupfer- und Sauerstoffatome vor. Auf jedes Kupferatom kommt ein Sauerstoffatom. Man kann sich also das schwarze Kupferoxid aus kleinen Einheiten mit je einem Kupfer- und einem Sauerstoffatom aufgebaut denken. Solche gedachten Einheiten nennt man *Elementargruppen*.

Kupfer- und Sauerstoffatome können jedoch in einem Oxid nicht nur im Anzahlverhältnis 1 : 1 vorliegen. Außer dem schwarzen Kupferoxid gibt es auch rotes Kupferoxid. Das rote Kupferoxid unterscheidet sich in vielen Eigenschaften vom schwarzen Kupferoxid. Im roten Kupferoxid kommen *auf ein Sauerstoffatom zwei Kupferatome*. Die Elementargruppe besteht hier also aus zwei Kupferatomen und einem Sauerstoffatom.

Offenbar hat das Anzahlverhältnis der verschiedenen Atomsorten in einer Verbindung entscheidenden Einfluss auf deren Eigenschaften. Beim *roten* und *schwarzen Kupferoxid* handelt es sich um *zwei verschiedene Stoffe*. Weitere Kupferoxide sind nicht bekannt. Um eine Verbindung eindeutig zu kennzeichnen, gibt man das Anzahlverhältnis ihrer Atomsorten an. Dieses beträgt für das schwarze Kupferoxid:

Anzahl der Kupferatome : Anzahl der Sauerstoffatome = 1 : 1

Oder mit dem Zeichen *N* für Anzahl:

$$N(\mathrm{Cu}) : N(\mathrm{O}) = 1 : 1$$

Dieses Anzahlverhältnis wird in der Chemie einfacher durch die **Verhältnisformel** eines Stoffes ausgedrückt. Für das schwarze Kupferoxid lautet sie: Cu_1O_1. Die tiefgestellten Zahlen hinter den Zeichen für die Atome geben das Anzahlverhältnis der Atome in der Verbindung an. Die Verhältnisformel für das rote Kupferoxid ist demnach Cu_2O_1. In einer vereinfachten Schreibweise für Verhältnisformeln wird die Zahl 1 nicht geschrieben, also lauten die Formeln CuO und Cu_2O.
Räumliche Modelle der Atomverbände von Metallverbindungen (▷ B 2) lassen deutlich erkennen, dass keine abgegrenzten Atomgruppen vorliegen.
Damit auch die Kugeln im Innern des Verbands sichtbar sind, wurden die Abstände zwischen den Kugeln im Verhältnis zu den Kugeldurchmessern größer gewählt.

Die Verhältnisformel

Die Massenverhältnisse der Elementportionen bei chemischen Reaktionen können durch quantitative Versuche bestimmt werden. Da auch die Massen der Atome bekannt sind und dem Periodensystem der Elemente oder Tabellen entnommen werden können, ist es möglich, das **Anzahlverhältnis der Atome** verschiedener Atomsorten im Teilchenverband und damit in der Verbindung zu berechnen.

Massenverhältnis und Anzahlverhältnis. Der Zusammenhang zwischen dem Massenverhältnis reagierender Elementportionen und dem Anzahlverhältnis der reagierenden Atome soll am Beispiel der Kupfersulfidsynthese erläutert werden.
Die beiden reagierenden Elementportionen sind Atomverbände mit den Anzahlen $N(\text{Cu})$ und $N(\text{S})$. Die Massen dieser Stoffportionen lassen sich aus der Anzahl und der Masse der jeweiligen Atome berechnen (↗ Kap. 6.2, ▷ B2). Mit den Atommassen $m(1\,\text{Cu}) = 63{,}55\,\text{u}$ und $m(1\,\text{S}) = 32{,}07\,\text{u}$ ergeben sich für die reagierenden Atomverbände und damit für die reagierenden Stoffportionen:

$$m(\text{Kupferportion}) = N(\text{Cu}) \cdot 63{,}55\,\text{u}$$
und $$m(\text{Schwefelportion}) = N(\text{S}) \cdot 32{,}07\,\text{u}$$

Für die Synthese des Kupfersulfids (↗ Kap. 6.1) ist das Massenverhältnis $m(\text{Kupferportion}) : m(\text{Schwefelportion}) = 3{,}96 : 1$.

Das Massenverhältnis der reagierenden Elementportionen kann durch das Massenverhältnis der reagierenden Atomverbände angegeben werden:

$$\frac{m(\text{Kupferportion})}{m(\text{Schwefelportion})} = \frac{N(\text{Cu}) \cdot 63{,}55\,\text{u}}{N(\text{S}) \cdot 32{,}07\,\text{u}} = \frac{3{,}96}{1}$$

Für das Anzahlverhältnis ergibt sich:

$$\frac{N(\text{Cu})}{N(\text{S})} = \frac{3{,}96 \cdot 32{,}07\,\text{u}}{63{,}55\,\text{u}} = \frac{2{,}0}{1}$$

Das Anzahlverhältnis $N(\text{Cu}) : N(\text{S})$, in dem die Atome der Elementportionen reagiert haben, ist $N(\text{Cu}) : N(\text{S}) = 2:1$ und gibt das Anzahlverhältnis der Atomsorten in der Verbindung an.

Die Verhältnisformel für Kupfersulfid ist: **Cu_2S**.

Dem Gesetz der konstanten Massenverhältnisse (↗ Kap. 6.1) entspricht das Gesetz der konstanten Anzahlverhältnisse:

> Das Anzahlverhältnis der Atome der Elemente ist in einer Verbindung konstant.

Der allgemeine Zusammenhang zwischen dem Massenverhältnis der Elemente und dem Anzahlverhältnis der Atomsorten ist in ▷ B3 am Beispiel der Bildung von Silbersulfid veranschaulicht.

B3 Zusammenhang zwischen Massenverhältnis und Teilchenanzahlverhältnis

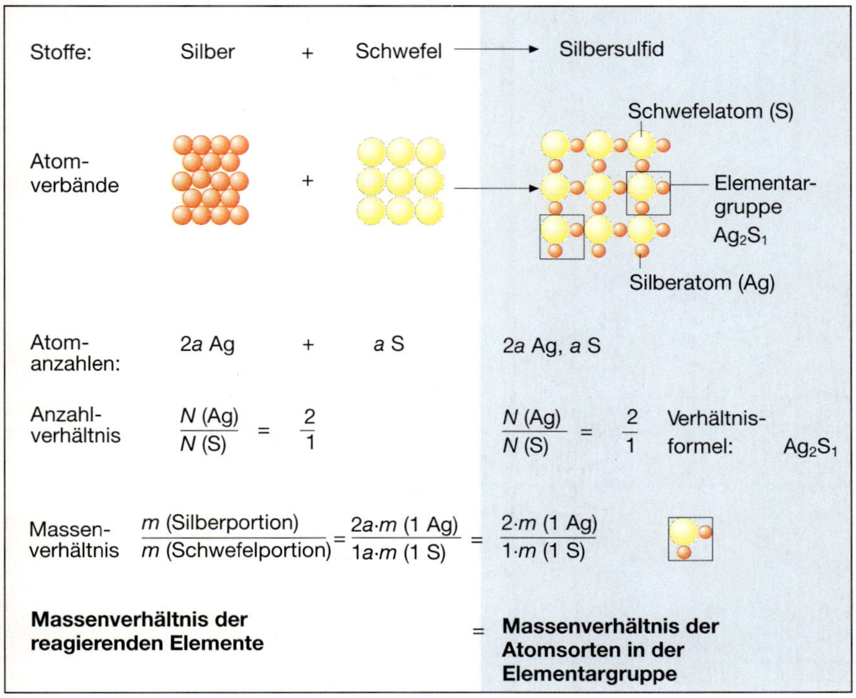

A 5 Ermittle aus den folgenden Massenverhältnissen von Elementportionen

a) $\frac{m(\text{Silber})}{m(\text{Sauerstoff})} = \frac{13{,}48}{1}$

b) $\frac{m(\text{Aluminium})}{m(\text{Sauerstoff})} = \frac{1{,}12}{1}$

c) $\frac{m(\text{Blei})}{m(\text{Sauerstoff})} = \frac{6{,}48}{1}$

die Verhältnisformeln von a) Silberoxid, b) Aluminiumoxid, c) Bleioxid. (Atommassen ↗ Kap. 6.2, ▷ B5)

A 6 Beim Erhitzen einer bestimmten Quecksilberoxidportion entstehen 4,0 g Quecksilber und 241 ml Sauerstoff. Berechne die Verhältnisformel von Quecksilberoxid.
$\varrho(\text{Sauerstoff}) = 1{,}33\,\text{g}/\ell$

A 7 Erkläre die Bedeutung folgender Angaben:
5 Cu, *a* Pb, 2 CuO, 1 FeS_2, *a* Fe_2O_3.

6.4 Projekt: Atomverbände aus Steckbausteinen

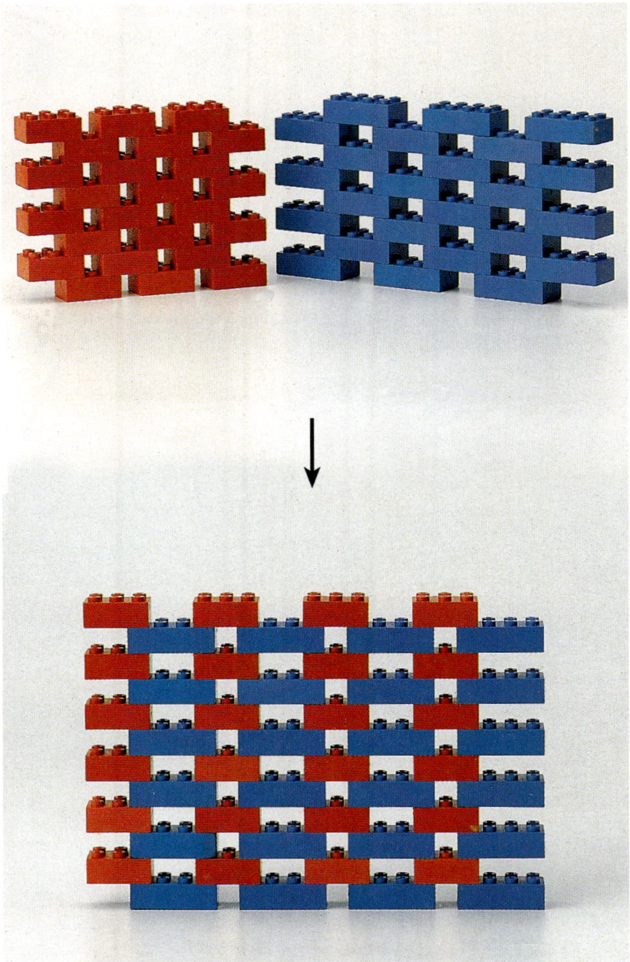

B1 Modell einer Teilchenumgruppierung

B2 Modell eines Atomverbands mit ungleichen Teilchenanzahlen

Modelle sind wichtige Hilfsmittel bei der Erklärung naturwissenschaftlicher Gesetzmäßigkeiten. An unseren selbst gebauten Modellen können wir eine ganze Reihe von Sachverhalten bei der Bildung einer Verbindung aus zwei Elementen erklären und veranschaulichen.
Verbindungen kann man sich als Atomverbände vorstellen, in denen die verschiedenen Atomsorten in einem bestimmten Anzahlverhältnis vorliegen. Die kleinste Gruppe von Atomen, in denen dieses Anzahlverhältnis noch vorliegt, nennt man eine Elementargruppe (↗ Kap. 6.3). Beim Bau eines Modells, ganz gleich welcher Art, müssen wir uns jedoch immer bewusst sein, dass es nie in allen Teilen eine Aussage über den tatsächlichen Aufbau eines Stoffes zulässt. So werden wir im Folgenden z. B. Modelle bauen, die flächig aufgebaut sind, während Atomverbände tatsächlich räumliche Gebilde darstellen. Auch stimmen die räumliche Zuordnung der Teilchen, deren Form, die Lücken, das Größenverhältnis der Bausteine usw. nicht mit der Wirklichkeit überein.

Aufgabe 1

Material: 12 A-Steine (6 Noppen), 24 B-Steine (8 Noppen); A- und B-Steine sollen sich in ihrer Farbe unterscheiden.

Durchführung: Baue mit Steckbausteinen ein Modell eines Atomverbandes mit der Verhältnisformel AB_2. Es soll ein „flächiges" Modell entstehen, d. h. alle Bausteine sollen sich in einer Ebene befinden (▷ B 1, das die Verhältnisformel AB veranschaulicht).
Es ist zweckmäßig, zuerst Elementargruppen zu bauen und diese dann so zusammenzufügen, dass der gesamte Verband zusammenhält. Gleiche Bausteine sollen sich so wenig wie möglich berühren. Orientiere dich auch an ↗ Kap. 6.3, ▷ B 1.

Aufgabe 2

Material: 12 A-Steine (4 Noppen), 36 B-Steine (8 Noppen)

Durchführung: Baue wie in Aufgabe 1 beschrieben ein Modell eines Atomverbandes mit der Verhältnisformel AB_3.

Aufgabe 3

Material: A-Steine (4 Noppen) und B-Steine (8 Noppen)

Durchführung: a) Suche in dem in ▷ B 2 dargestellten Modell eines Atomverbands eine Elementargruppe und baue sie nach.
b) Welche Verhältnisformel besitzt der Atomverband?
c) Wiege je einen A- und einen B-Stein und bestimme mithilfe des Anzahlverhältnisses N(A-Steine) : N(B-Steine) das Massenverhältnis der beiden Teilchensorten im Verband.
d) Welche Masse an A-Steinen muss man einkaufen, um zusammen mit 500 g B-Steinen ein Modell eines Atomverbands mit der Verhältnisformel A_2B_3 bauen zu können?

6.5 Projekt: Ermittlung einer Verhältnisformel

Von der Annahme zur Bestätigung einer Verhältnisformel. Ist die Verhältnisformel für eine Verbindung unbekannt, kann man zu ihrer Ermittlung von verschiedenen einfachen Zusammensetzungen ausgehen. Für Kupfersulfid könnten z. B. folgende Verhältnisformeln infrage kommen: Cu_1S_1, Cu_2S_1, Cu_1S_2.

Aufgabe: Berechne aus dem jeweiligen Anzahlverhältnis der Atome das Massenverhältnis der reagierenden Stoffportionen mithilfe folgender Beziehung (Atommassen siehe ↗Kap. 6.2, ▷B5):

$$\frac{m(\text{Kupferportion})}{m(\text{Schwefelportion})} = \frac{N(\text{Cu}) \cdot m(1\,\text{Cu})}{N(\text{S}) \cdot m(1\,\text{S})}$$

Versuch: Bestimme das tatsächliche Massenverhältnis.

Geräte und Materialien: Schutzbrille, Stativ, Doppelmuffe, Universalklemme, Waage (Ablesegenauigkeit 1 mg), Gasbrenner, 2 Reagenzgläser, Glaswolle/Steinwolle, Pinzette, Spatel, Schere, Filterpapier

Chemikalien: Kupferblech (0,1 mm dick), Schwefelpulver

Versuchsaufbau:

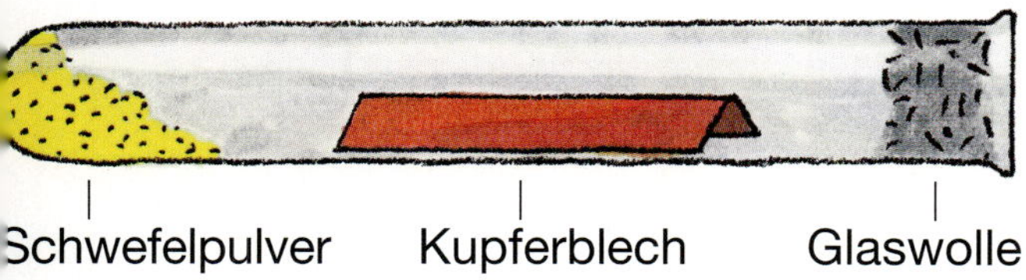

Durchführung: Gib in ein Reagenzglas etwa 1 g Schwefel und spanne das Reagenzglas waagerecht ein. Schiebe in die Mitte des Reagenzglases ein genau abgewogenes (etwa 0,5 g; 1 g; 1,5 g) Kupferblech. Das Kupferblech muss zuvor entlang der Mitte geknickt werden. Verschließe das Reagenzglas locker mit einem Glas- oder Steinwollebausch.
Erhitze anschließend das Kupferblech und dann den Schwefel, sodass der heiße Schwefeldampf über das heiße Kupferblech streicht.
Entferne nach der Reaktion den Kupfersulfidstreifen vorsichtig mit der Pinzette aus dem 1. Reagenzglas und gib ihn in ein 2. Reagenzglas, das ebenfalls wie das erste Reagenzglas verschlossen wird.
Erhitze das Reaktionsprodukt kräftig, um noch anhaftenden Schwefel zu entfernen.
Wiege das Reaktionsprodukt nach dem Abkühlen.

Auswertung: Lege in deinem Heft eine Tabelle nach folgendem Muster an:

Nr. der Gruppe	*m* (Kupfersulfid) in g	*m* (Kupfer) in g	*m* (Schwefel) in g	$\frac{m(\text{Kupfer})}{m(\text{Schwefel})}$
1				
2				
3				
			Mittelwert:	

1. Berechne die Masse der Schwefelportion.
2. Trage deine Werte in die Tabelle ein.
3. Übertrage die Werte der anderen Gruppen in deine Tabelle.
4. Berechne den Mittelwert.

Aufgabe: Vergleiche das experimentell ermittelte Massenverhältnis mit den berechneten Werten.
Welche Verhältnisformel ist für Kupfersulfid zutreffend?

Vom Massenverhältnis zum Anzahlverhältnis und damit zur Verhältnisformel. Man kann eine Verhältnisformel ermitteln, ohne dass man zuerst Anzahlverhältnisse der verschiedenen Atomsorten für eine Verbindung formuliert. Dieser Weg soll am Beispiel der Bestimmung der Verhältnisformel des Silbersulfids vorgestellt werden.

Da das Anzahlverhältnis $N(\text{Ag}) : N(\text{S})$ noch unbekannt ist, lässt sich für die Elementargruppe zunächst nur der folgende Ausdruck formulieren:

$$\text{Massenverhältnis der Atome in der Elementargruppe} = \frac{N(\text{Ag}) \cdot m(1\,\text{Ag})}{N(\text{S}) \cdot m(1\,\text{S})}$$

Dieses Verhältnis ist identisch mit dem Massenverhältnis der zu Silbersulfid reagierenden Elemente:

$$\frac{N(\text{Ag}) \cdot m(1\,\text{Ag})}{N(\text{S}) \cdot m(1\,\text{S})} = \frac{m(\text{Silberportion})}{m(\text{Schwefelportion})}$$

Sind die Massen der Silber- und Schwefelportionen experimentell bestimmt worden, sind alle Größen der Gleichung außer $N(\text{Ag})$ und $N(\text{S})$ bekannt. Die Gleichung lässt sich dann umstellen:

$$\frac{N(\text{Ag}) \cdot m(1\,\text{Ag})}{N(\text{S}) \cdot m(1\,\text{S})} = \frac{m(\text{Silberportion})}{m(\text{Schwefelportion})} \quad \begin{array}{l} | \cdot m(1\,\text{S}) \\ | : m(1\,\text{Ag}) \end{array}$$

$$\frac{N(\text{Ag})}{N(\text{S})} = \frac{m(\text{Silberportion}) \cdot m(1\,\text{S})}{m(\text{Schwefelportion}) \cdot m(1\,\text{Ag})}$$

Aufgabe: Bei der Zerlegung von 2,48 g Silbersulfid entstehen 2,16 g Silber und 0,32 g Schwefel. Welche Verhältnisformel hat Silbersulfid?

6.6 Vom Reaktionsschema zur Reaktionsgleichung

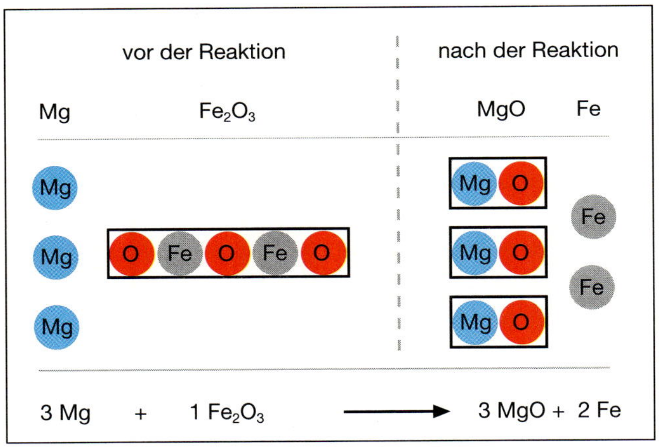

B 1 Aufstellen einer Reaktionsgleichung mit Atomen und Elementargruppen. Die Anzahl und Art der Atome bleiben gleich

A 1 Bei der Zerlegung von 100 Elementargruppen Pyrit entstehen 100 Eisenatome und 200 Schwefelatome. Wie lautet die Verhältnisformel des Pyrits?

A 2 Die Verhältnisformel für a) Zinksulfid lautet ZnS, für b) Silbersulfid Ag_2S. Stelle die Reaktionsgleichungen für die Bildung der beiden Sulfide aus den Elementen auf.

A 3 Stelle mithilfe der dargestellten Schrittfolge die Reaktionsgleichungen für die Reaktionen a) von Silberoxid (Verhältnisformel: Ag_2O) mit Kupfer zu Silber und schwarzem Kupferoxid und b) von schwarzem Kupferoxid mit Aluminium zu Kupfer und Aluminiumoxid (Verhältnisformel: Al_2O_3) auf.

B 2 Reaktionsgleichungen sind international verständlich

Deutsch:	Kupfer und Schwefel reagieren zu Kupfersulfid 2 Cu + S ⟶ Cu_2S
Englisch:	Copper and sulfur react to produce cuprous sulfide 2 Cu + S ⟶ Cu_2S
Griechisch:	Χαλκός και θείον αντιδρούν εις σουλφίδιον του χαλκού 2 Cu + S ⟶ Cu_2S
Russisch:	При реакции меди с серой образуется сульфид меди. 2 Cu + S ⟶ Cu_2S
Arabisch:	حامض الكبريت مع النحاس الأحمر = (ينتج من تفاعلهما) كبريتيد النحاس الأحمر 2 Cu + S ⟶ Cu_2S

Eine chemische Reaktion haben wir bisher mithilfe eines *Reaktionsschemas* beschrieben, z. B.:

Kupfer + Schwefel ⟶ Kupfersulfid

Diese Schreibweise gibt uns jedoch keine Informationen darüber, in welchem Anzahlverhältnis die Teilchen reagieren. Im Folgenden werden wir eine Schreibweise kennen lernen, die uns auch darüber Auskunft geben kann.

Formelschreibweise für Reaktionen. Die Verhältnisformel von Kupfersulfid, die experimentell bestimmt wird, lautet: Cu_2S. Dies bedeutet, dass in der Elementargruppe und damit in der gesamten Kupfersulfidportion auf zwei Kupferatome ein Schwefelatom kommt. Die Kupferatome und die Schwefelatome reagieren damit nur dann vollständig zu Kupfersulfid, wenn das Anzahlverhältnis der Kupferatome zu den Schwefelatomen in den Ausgangsstoffen ebenfalls 2 zu 1 ist.
Schreibt man in ein Reaktionsschema statt der Namen für die Stoffe die Zeichen und Formeln für die Atome und Verbindungen, muss man dafür sorgen, dass die *Anzahlen der Atome der einzelnen Atomsorten auf beiden Seiten des Reaktionspfeils gleich sind*.
Diese Schreibweise für eine chemische Reaktion heißt deshalb **Reaktionsgleichung**. Für die Bildung des Kupfersulfids aus den Elementen lautet die Reaktionsgleichung:

$2\,Cu + 1\,S \longrightarrow 1\,Cu_2S$

Für schwieriger aufzustellende Reaktionsgleichungen ist es günstig, nach folgenden Schritten vorzugehen (▷ B 1):

1. Schritt: **Aufstellen des Reaktionsschemas**, z. B.

rotes Eisenoxid + Magnesium ⟶
Eisen + Magnesiumoxid

2. Schritt: **Zuordnung der Zeichen für die Atome und der Verhältnisformeln zu den Stoffnamen**

$Fe_2O_3 + Mg \quad | \quad Fe + MgO$

Damit erhält man noch **keine** Reaktions**gleichung**, da die Anzahlen der entsprechenden Atome vor und nach der Reaktion nicht gleich sind.

3. Schritt: **Einfügen der Multiplikatoren:** „Einrichten von Gleichungen"

Durch Vervielfachung der Atome und Elementargruppen erhält man die Reaktionsgleichung.

$1\,Fe_2O_3 + 3\,Mg \longrightarrow 2\,Fe + 3\,MgO$

Beachte: Beim Einrichten der Reaktionsgleichung darf die Verhältnisformel für eine Elementargruppe **nicht** verändert werden, da sie durch das Atomzahlenverhältnis in der Verbindung festgelegt ist.

Die Zahl 1 vor einem Zeichen für ein Atom oder eine Elementargruppe wird meistens weggelassen.

6.7 Moleküle und molekulare Stoffe

Bei der Untersuchung der Zusammensetzung einiger Verbindungen, wie z. B. Kupfersulfid, haben wir uns deren Aufbau aus Elementargruppen vorgestellt. Alle diese Stoffe sind Feststoffe, die erst bei sehr hohen Temperaturen schmelzen (▷ B 1). Dies trifft auch für weitere Stoffe zu, die wir aus unserer Umgebung kennen, wie z. B. Kochsalz, oder die Stoffe, aus denen sich die Gesteine zusammensetzen.
Aus dem Chemieunterricht und dem Alltag kennen wir jedoch auch viele Stoffe, die sich davon stark unterscheiden, wie z. B. Wasser, Stickstoff oder Kerzenwachs. Diese sind bei Zimmertemperatur entweder gasförmig oder flüssig oder lassen sich, sofern es Feststoffe sind, sehr leicht schmelzen. Manche dieser Stoffe verdunsten, wenn man sie offen stehen lässt, alle besitzen relativ niedrige Siedetemperaturen (▷ B 1). Diese großen Unterschiede in den Eigenschaften sind auf einen wichtigen Unterschied im Aufbau dieser Stoffgruppen zurückzuführen.

Stoff	Schmelztemperatur in °C
Kupferoxid, rot	1230
Kupferoxid, schwarz	1330
Eisenoxid, grau	1594
Magnesiumoxid	2800
Kupfersulfid	1130
Eisensulfid	1193
Kochsalz	800

Stoff	Schmelztemp. in °C	Siedetemp. in °C
Wasser	0	100
Alkohol	−117	78
Benzin (Gemisch, je nach Zusammensetzung)	−130 bis −57	40 bis 140
Stickstoff	−210	−196
Ether	−116	34
Glycerin	18	290
Kerzenwachs (Gemisch, je nach Zusammensetzung)	38 bis 50	Zersetzung

B 1 Schmelz- und Siedetemperaturen einiger Stoffe

Moleküle. Die Elementargruppe Cu_2S kann man sich als Baueinheit des Atomverbands des Kupfersulfids denken. Sie lässt sich jedoch *beliebig* aus dem riesigen Atomverband herausgreifen, d. h. es ist nicht festgelegt, welche der Kupferatome, die ein Schwefelatom umgeben, zu dieser Elementargruppe gehören (▷ B 2). Bei Stoffen wie Wasser oder Alkohol ist die Zusammenfassung von Atomen zu einer Gruppe *nicht beliebig*, da tatsächlich Gruppen vorliegen, in denen die jeweiligen Atome sehr fest miteinander verbunden sind, während der Zusammenhalt der Gruppen untereinander schwach ist. Solche Gruppen von zwei oder mehreren fest miteinander verbundenen Atomen nennt man **Moleküle**. Stoffe, die aus Molekülen aufgebaut sind, nennt man *molekulare Stoffe*.
Beim Schmelzen werden die Kräfte *zwischen* den Molekülen zum Teil überwunden, die Moleküle bleiben jedoch *als zusammengesetzte Teilchen erhalten* und bewegen sich als Ganzes in der Flüssigkeit (▷ B 2). Dagegen können sich die verschiedenen Atomsorten, z. B. in geschmolzenem Kupfersulfid, *in der Schmelze bewegen*, ohne an ein bestimmtes Nachbaratom gebunden zu sein. Auch beim Verdampfen eines molekularen Stoffes bleiben die Atome eines Moleküls zusammen. Die Gasteilchen sind einzelne Moleküle.
Nicht nur Verbindungen, sondern auch Elemente können molekulare Stoffe sein. So sind z. B. die Gasteilchen von Stickstoff zweiatomige Moleküle (N_2-Moleküle). Die Größe der Moleküle ist von *Stoff* zu *Stoff* sehr verschieden. Moleküle können aus zwei oder auch aus mehreren Atomen bestehen. Um Anzahl und Art der Atome in einem Molekül anzugeben, verwendet man die **Summenformel**. So gibt z. B. C_4H_{10} (die Summenformel von Feuerzeuggas) an, dass ein Molekül dieses Stoffes aus 4 Kohlenstoffatomen und 10 Wasserstoffatomen besteht. Seine *Verhältnisformel* dagegen wäre C_2H_5.

A 1 Ein Molekül von Kohlenstoffdioxid hat die Masse 44 u. Gib die Molekülformel an.

A 2 Was bedeuten die folgenden Zeichen: 1 H_2, 2 H, N_2, CuO, 1 Fe_2O_3?

B 2 Moleküle und Elementargruppen. Bei der Änderung des Aggregatzustandes bleiben die Moleküle erhalten

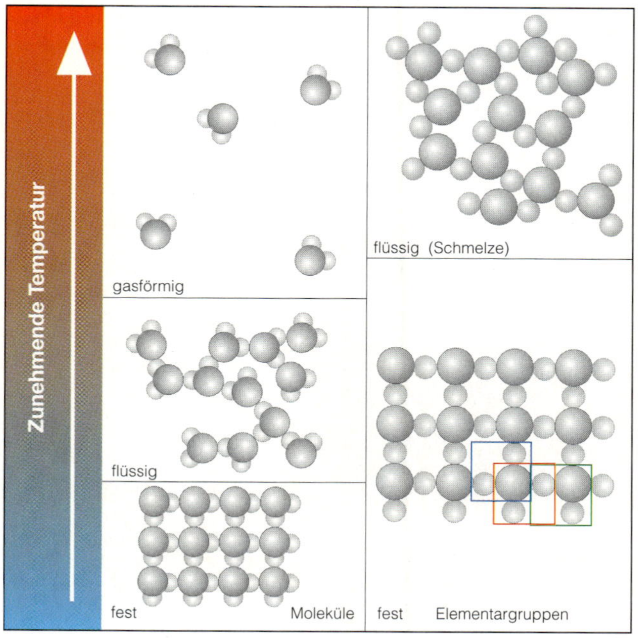

6.8 Teilchenanzahl und Stoffmenge

Stoffportionen mit gleichen Teilchenanzahlen. Die Reaktionsgleichung für die Reaktion von Eisen mit Schwefel lautet:

$$1\,\mathrm{Fe} + 1\,\mathrm{S} \longrightarrow 1\,\mathrm{FeS}$$

Sie gibt an, dass Eisen- und Schwefelatome in gleichen Anzahlen miteinander reagieren. Zwar kann jede beliebige Eisenportion oder Schwefelportion eingesetzt werden, diese reagieren jedoch nur dann vollständig zu Eisensulfid, wenn die Schwefelportion aus gleich vielen Schwefelatomen besteht, wie die Eisenportion Eisenatome enthält. Für diese Reaktion gilt also:

$$\text{Anzahl der Eisenatome} = \text{Anzahl der Schwefelatome}$$
$$N(\mathrm{Fe}) = N(\mathrm{S})$$

Die Masse der reagierenden Eisenportion lässt sich berechnen aus der Anzahl und der Masse der enthaltenen Eisenatome:

$$m(\text{Eisenportion}) = N(\mathrm{Fe}) \cdot m(1\,\mathrm{Fe})$$

Entsprechend gilt:

$$m(\text{Schwefelportion}) = N(\mathrm{S}) \cdot m(1\,\mathrm{S})$$

Daraus ergibt sich für das Massenverhältnis der reagierenden Stoffportionen:

$$\frac{m(\text{Eisenportion})}{m(\text{Schwefelportion})} = \frac{N(\mathrm{Fe}) \cdot m(1\,\mathrm{Fe})}{N(\mathrm{S}) \cdot m(1\,\mathrm{S})} = \frac{N(\mathrm{Fe}) \cdot 56\,\mathrm{u}}{N(\mathrm{S}) \cdot 32\,\mathrm{u}}$$

Für die durch die Reaktionsgleichung gegebene Bedingung $N(\mathrm{Fe}) = N(\mathrm{S})$ ergibt sich:

$$\frac{m(\text{Eisenportion})}{m(\text{Schwefelportion})} = \frac{56}{32}$$

Das heißt: 56 g Eisen und 32 g Schwefel oder jeweils gleiche Vielfache bzw. Bruchteile dieser Massen enthalten *jeweils gleich viele Atome*.

Sind die Atommassen bekannt, kann man also Massen für Elementportionen angeben, die *jeweils gleich viele Atome* enthalten. Es ist zweckmäßig, die Masse so zu wählen, dass ihr Zahlenwert dem der Atommassen entspricht, z. B. 12 g Kohlenstoff, 27 g Aluminium, 63,5 g Kupfer.

Teilchenanzahl in Stoffportionen. Wie groß ist nun die Anzahl der Atome in diesen Stoffportionen? Genauso wie sich die Anzahl von Schrauben berechnen lässt, wenn man z. B. 1 kg Schrauben gekauft hat und die Masse einer einzelnen Schraube kennt, kann man auch die Anzahl von Atomen in einer Stoffportion berechnen, wenn man deren Masse und die Masse eines einzelnen Atoms kennt:

$$\text{Teilchenanzahl } N = \frac{m(\text{Stoffportion})}{m(1\,\text{Teilchen})}$$

Für die Anzahl von Kohlenstoffatomen in 12 g Kohlenstoff ergibt sich:

$$N(\mathrm{C}) = \frac{12\,\mathrm{g}}{12\,\mathrm{u}}$$

Mit $1\,\mathrm{g} = 6{,}02 \cdot 10^{23}\,\mathrm{u}$ erhält man

$$N(\mathrm{C}) = \frac{12 \cdot 6{,}02 \cdot 10^{23}\,\mathrm{u}}{12\,\mathrm{u}} = 6{,}02 \cdot 10^{23}$$

Diese Zahl ist auch der Umrechnungsfaktor zwischen der Masseneinheit Gramm und der atomaren Masseneinheit u. Dieselbe Zahl gibt auch die Anzahl von Atomen an, die in 27 g Aluminium, 63,5 g Kupfer, 56 g Eisen usw. enthalten sind. Mithilfe der Verhältnisformel lassen sich auch Stoffportionen von Verbindungen angeben, die dieselbe Anzahl von Elementargruppen oder Molekülen enthalten wie 12 g Kohlenstoff, 27 g Aluminium usw.

Die Zahl $6{,}02 \cdot 10^{23}$ ist geradezu unvorstellbar groß (▷ B 1). So müsste z. B. ein Computer, der in der Lage ist, pro Sekunde 1 Million Atome zu zählen, mehr als 19 Milliarden Jahre arbeiten, um $6{,}02 \cdot 10^{23}$ Atome zu zählen.

B 1 Veranschaulichung der Teilchenanzahl $N_L = 6{,}02 \cdot 10^{23}$

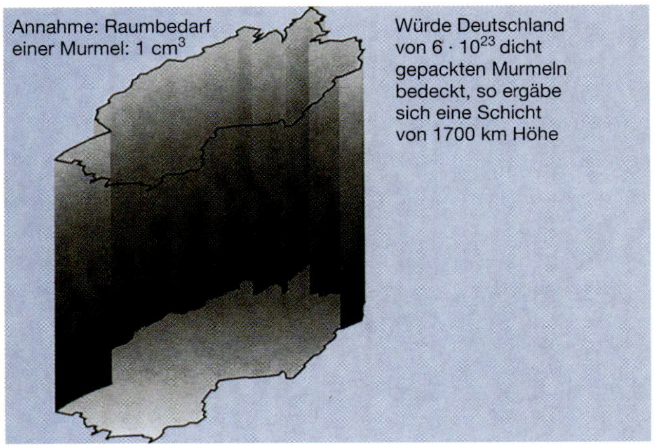

B 2 Teilchenanzahl und Stoffmenge von Stoffportionen

Stoffportionen	Teilchen/ Elementargruppe	Teilchenmasse in u	Teilchenanzahl N	Stoffmenge n
12 g Kohlenstoff	C	12	$6{,}02 \cdot 10^{23}$	$n(\mathrm{C}) = 1\,\mathrm{mol}$
32 g Schwefel	S	32	$6{,}02 \cdot 10^{23}$	$n(\mathrm{S}) = 1\,\mathrm{mol}$
14,3 g rotes Kupferoxid	Cu_2O	143	$0{,}1 \cdot 6{,}02 \cdot 10^{23}$	$n(\mathrm{Cu_2O}) = 0{,}1\,\mathrm{mol}$
56 g Stickstoff	N_2	28	$2 \cdot 6{,}02 \cdot 10^{23}$	$n(\mathrm{N_2}) = 2\,\mathrm{mol}$

Die Stoffmenge *n* und ihre Einheit. Um eine Stoffportion bestimmen zu können, benötigt man die Angabe des Stoffes und die Größe der Stoffportion. Als Größenangaben dienten bisher die Masse oder das Volumen. Natürlich könnte man die Größe einer Stoffportion auch mithilfe der Teilchenanzahl angeben. Da diese jedoch selbst in sehr kleinen Stoffportionen riesig groß ist, fasst man eine sehr große Anzahl zu einer neuen Einheit zusammen. So wie man z. B. 12 Stück zu der „Zähleinheit" Dutzend oder 144 Stück zu einem Gros zusammenfassen kann, bilden $6{,}02 \cdot 10^{23}$ Stück die Einheit Mol (Einheitenzeichen mol). Wie Gramm eine Einheit zur Angabe der Masse *m* ist und Liter eine Einheit zur Angabe des Volumens *V*, ist Mol die Einheit zur Angabe der **Stoffmenge** *n*.

Die Stoffmenge *n* ist neben der Masse und dem Volumen eine weitere Größe zur Bestimmung einer Stoffportion.

Eine Stoffportion mit der Stoffmenge $n = 1\,\text{mol}$ enthält $6{,}02 \cdot 10^{23}$ Teilchen.

Dies sind ebenso viele Teilchen, wie Atome in 12 g Kohlenstoff enthalten sind.
Diese Anzahl wird auch als *Loschmidt-Zahl* N_L bezeichnet, nach dem Physiker JOSEPH LOSCHMIDT, der sie als erster näherungsweise bestimmt hat. Für die Umrechnung von Teilchenanzahlen (*N*) in die Stoffmenge (*n*) verwendet man die *Avogadro-Konstante* $N_A = 6{,}02 \cdot 10^{23}\,\frac{1}{\text{mol}}$:

$$N_A = \frac{N}{n} \quad \text{und damit} \quad n = \frac{N}{N_A}$$

Bei der Angabe der Stoffmenge muss, wie bei der Teilchenanzahl, immer die Teilchenart (Atome, Moleküle bzw. die Elementargruppe) genannt werden.

B3 Zusammenhang zwischen Stoffmenge und Masse bei verschiedenen Stoffen. Die Masse ist zur Stoffmenge proportional

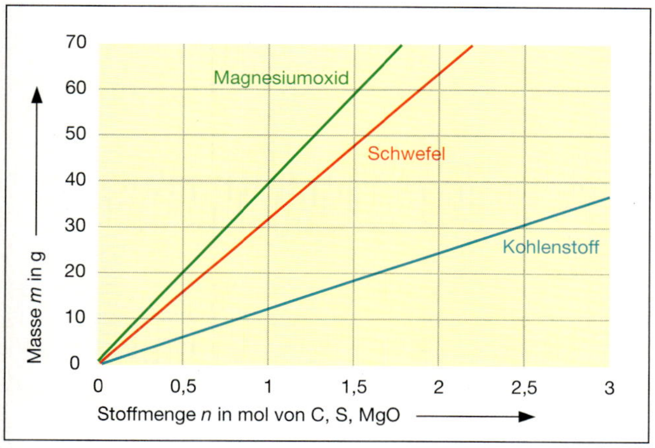

Die molare Masse. Stoffmengen können nicht durch Abzählen der Teilchen bestimmt werden. Da zwischen der Stoffmenge und der Masse einer Stoffportion ein Zusammenhang besteht, ist es möglich die Stoffmenge über die Bestimmung der Masse zu ermitteln. So besitzt z. B. eine Kohlenstoffportion mit $m = 12\,\text{g}$ die Stoffmenge $n(\text{C}) = 1\,\text{mol}$, eine Schwefelportion mit $m = 32\,\text{g}$ die Stoffmenge $n(\text{S}) = 1\,\text{mol}$. Natürlich besitzt eine Schwefelportion mit der doppelten bzw. dreifachen Masse eine doppelte bzw. dreifache Stoffmenge (▷ B3). Unabhängig von der Größe der Schwefelportion erhält man immer denselben Wert, wenn man ihre Masse durch ihre Stoffmenge dividiert:

$$\frac{m(\text{Schwefelportion})}{n(\text{S})} = 32\,\frac{\text{g}}{\text{mol}}$$

Entsprechend ergibt sich für jede Kohlenstoffportion:

$$\frac{m(\text{Kohlenstoffportion})}{n(\text{C})} = 12\,\frac{\text{g}}{\text{mol}}$$

Für jeden Stoff (genauer: jede Teilchenart) erhält man auf diese Weise einen typischen Wert. Den Quotienten aus der Masse *m* und der Stoffmenge *n* einer Stoffportion nennt man **molare Masse** *M*:

$$M = \frac{m}{n} \qquad \text{Einheit: } \frac{\text{Gramm}}{\text{Mol}} \left(\frac{\text{g}}{\text{mol}}\right)$$

Für die molare Masse eines Stoffes (einer Teilchenart) ergibt sich der gleiche Zahlenwert wie für die Masse eines Teilchens bzw. einer Elementargruppe in u oder für $6{,}02 \cdot 10^{23}$ Teilchen bzw. Elementargruppen in Gramm:

$m(1\,\text{Al}) = 27\,\text{u}$ $\quad m(6{,}02 \cdot 10^{23}\,\text{Al}) = 27\,\text{g}$ $\quad M(\text{Al}) = 27\,\frac{\text{g}}{\text{mol}}$

$m(1\,\text{MgO}) = 40\,\text{u}$ $\quad m(6{,}02 \cdot 10^{23}\,\text{MgO}) = 40\,\text{g}$ $\quad M(\text{MgO}) = 40\,\frac{\text{g}}{\text{mol}}$

A 1 Die Verpackung eines Kaugummis enthält etwa 80 mg Aluminium. Berechne die Anzahl der Atome.

A 2 Die Oberfläche der Erde beträgt etwa 510 Millionen km². Wie viele Kohlenstoffatome müssten auf einen Quadratmillimeter entfallen, wenn 12 g Kohlenstoff gleichmäßig über die gesamte Fläche verteilt würden?

A 3 Welche Stoffmenge besitzt eine Stoffportion Eisen, die aus $1{,}505 \cdot 10^{23}$ Teilchen besteht?

A 4 Berechne für 28,6 g rotes Kupferoxid die Stoffmenge $n(\text{Cu}_2\text{O})$. Wie groß sind die Stoffmengen $n(\text{Cu})$ und $n(\text{O})$ für die in der Stoffportion enthaltenen Kupferatome und Sauerstoffatome?

6.9 Reaktionsgleichung und Massenberechnung

A 1 Welche Masse besitzt die im Berechnungsbeispiel in ▷B 1 entstehende Eisenportion?

A 2 a) Wie viel Gramm Zink benötigt man, um 10 g Kupfer aus rotem Kupferoxid herzustellen?
b) Wie groß ist die Masse der entstehenden Zinkoxidportion (ZnO)?

A 3 Die Verhältnisformel von Silbersulfid ist Ag_2S.
a) Wie lautet die Reaktionsgleichung für die Silbersulfid-Synthese aus den Elementen?
b) Berechne das Massenverhältnis *m*(Silberportion) : *m*(Schwefelportion) für die Silbersulfid-Synthese.
c) Welche Masse hat die Schwefelportion, wenn 2 g Silber eingesetzt werden?

A 4 Schwarzes Kupferoxid kann mithilfe von Kohlenstoff reduziert werden. Außer Kupfer entsteht dabei Kohlenstoffdioxid (CO_2). a) Wie lautet die Reaktionsgleichung für diese Reaktion? b) Berechne alle aus der Reaktionsgleichung ableitbaren Massenverhältnisse der beteiligten Stoffportionen. c) Welche Masse hat die entstehende Kohlenstoffdioxidportion, wenn 12 g Kohlenstoff eingesetzt werden? d) Welches Volumen besitzt die Kohlenstoffdioxidportion, wenn die Dichte von Kohlenstoffdioxid $\varrho = 1{,}977\ \text{g}/\ell$ ist?

B 1 Rechenbeispiel

Welche Masse muss die Magnesiumportion besitzen, um damit 1 kg rotes Eisenoxid zu reduzieren? (Die Werte in den Klammern werden für die Aufgabenlösung nicht benötigt.)

1. Reaktionsgleichung

$$3\,Mg + Fe_2O_3 \longrightarrow 3\,MgO + 2\,Fe$$

2. Stoffmengen

3 mol   1 mol   (3 mol   2 mol)

3. Molare Massen

24,3 g/mol   159,6 g/mol   (40,3 g/mol   55,8 g/mol)

4. Massen nach $m = n \cdot M$

$3 \cdot 24{,}3$ g $1 \cdot 159{,}6$ g   ($3 \cdot 40{,}3$ g $2 \cdot 55{,}8$ g)

5. Massenverhältnis

$$\frac{m(\text{Magnesiumportion})}{m(\text{Eisenoxidportion})} = \frac{72{,}9\ \text{g}}{159{,}6\ \text{g}} = 0{,}46$$

6. Auflösen nach der gesuchten und Einsetzen der gegebenen Masse:

$$m(\text{Magnesiumportion}) = 0{,}46 \cdot m(\text{Eisenportion}) = 0{,}46 \cdot 1\ \text{kg} = 0{,}46\ \text{kg}$$

Bei einer chemischen Reaktion stehen die Massen der reagierenden und entstehenden Stoffportionen jeweils in einem bestimmten Verhältnis (↗ Kap. 6.1). Eine Reaktionsgleichung macht jedoch zunächst nur eine Aussage über das Anzahlverhältnis der Teilchen oder Elementargruppen.

Berechnung von Massen der an einer Reaktion beteiligten Stoffe. Die Reaktionsgleichung für die Reaktion des roten Eisenoxids mit Aluminium

$$1\,Fe_2O_3 + 2\,Al \longrightarrow 1\,Al_2O_3 + 2\,Fe$$

sagt z. B. aus, dass doppelt so viele Aluminiumatome wie Eisenoxid-Elementargruppen reagieren, also z. B. folgende Anzahlen:

	$N(Fe_2O_3)$	$N(Al)$	$N(Al_2O_3)$	$N(Fe)$
	1	2	1	2
oder	100	200	100	200
oder	$\mathbf{1} \cdot 6{,}02 \cdot 10^{23}$	$\mathbf{2} \cdot 6{,}02 \cdot 10^{23}$	$\mathbf{1} \cdot 6{,}02 \cdot 10^{23}$	$\mathbf{2} \cdot 6{,}02 \cdot 10^{23}$

Da Stoffportionen mit gleichen Teilchenanzahlen auch gleiche Stoffmengen besitzen, können z. B. Stoffportionen folgender Stoffmengen vollständig miteinander reagieren:

$n(Fe_2O_3)$	$n(Al)$	$n(Al_2O_3)$	$n(Fe)$
= 1 mol	= 2 mol	= 1 mol	= 2 mol

Unter Berücksichtigung der molaren Massen lassen sich die einzelnen Stoffmengen in Massen umrechnen. Dies geschieht mithilfe der Beziehung $m = n \cdot M$.
Damit erhält man:

m(Eisenoxidportion)	*m*(Aluminiumportion)	*m*(Aluminiumoxidportion)	*m*(Eisenportion)
= 159,6 g	= $2 \cdot 27$ g	= 102 g	= $2 \cdot 55{,}8$ g

Daraus lassen sich je nach Aufgabenstellung die jeweils gewünschten Massenverhältnisse ablesen, z. B.

$$\frac{m(\text{Eisenoxidportion})}{m(\text{Eisenportion})} = \frac{159{,}6\ \text{g}}{2 \cdot 55{,}8\ \text{g}} = 1{,}43 \quad \text{oder:}$$

$$\frac{m(\text{Eisenoxidportion})}{m(\text{Aluminiumportion})} = \frac{159{,}6\ \text{g}}{2 \cdot 27\ \text{g}} = 2{,}96 \quad \text{oder:}$$

$$\frac{m(\text{Aluminiumportion})}{m(\text{Eisenportion})} = \frac{2 \cdot 27\ \text{g}}{2 \cdot 55{,}8\ \text{g}} = 0{,}48$$

Mithilfe dieser Massenverhältnisse lässt sich die Masse jeweils eines Reaktionspartners oder Reaktionsprodukts berechnen, wenn die Masse eines anderen, an der Reaktion beteiligten Stoffs gegeben ist.
Der Rechenweg hierfür ist in ▷B 1 an einem Beispiel dargestellt.

6.10 Exkurs: Verhalten von Gasen – Volumengesetz

Das Verhalten von Gasportionen bei Temperatur- und Druckänderungen. Erwärmt man eine Gasportion in einem Kolbenprober, so erkennt man eine Volumenzunahme. Wird auf den Kolben eine Kraft ausgeübt und dadurch der Druck erhöht, verringert sich das Volumen der Gasportion. Weitere Möglichkeiten für Druck- und Temperaturänderungen veranschaulicht ▷ B 1.

Erwärmt man Portionen gleichen Volumens verschiedener Gase, so beobachtet man bei gleicher Temperaturerhöhung die gleiche Volumenvergrößerung (▷ V 1).
Portionen verschiedener Flüssigkeiten und Feststoffe gleichen Volumens dehnen sich im Gegensatz zu den Gasen unterschiedlich stark aus. Auch bei gleicher Druckänderung ist die Änderung des Volumens bei allen Gasen gleich groß, wenn die Temperatur konstant bleibt.

Zum Vergleich verschiedener Gasvolumina müssten Druck und Temperatur der Gasportionen gleich sein. Es ist jedoch möglich das Gasvolumen für einen vereinbarten **Normzustand** zu berechnen.

Normzustand für die Angabe von Gasvolumina:
Normtemperatur $T_n = 273\,\text{K}$ ($\vartheta_n = 0\,°\text{C}$)
Normdruck $p_n = 1013\,\text{hPa}$
Das Volumen einer Gasportion mit der Temperatur T_n und dem Druck p_n heißt **Normvolumen**.
Zeichen für das Normvolumen: V_n.

Berechnung des Normvolumens einer Gasportion. Ist der Druck p und die Temperatur ϑ einer Gasportion bekannt, so kann aus dem Volumen V das Normvolumen V_n berechnet werden. In einfacher Weise erfolgt dies durch einen Umrechnungsfaktor, der für verschiedene Druck- und Temperaturwerte berechnet wurde und der Tabelle im Anhang entnommen werden kann. Zum Beispiel:

Volumen einer Gasportion bei $p = 980\,\text{hPa}$ und $\vartheta = 20\,°\text{C}$:
$V = 1{,}50\,\ell$

Volumen dieser Gasportion bei Normbedingungen:
$V_n = V \cdot \text{Faktor} = 1{,}5\,\ell \cdot 0{,}901 = 1{,}35\,\ell$

Volumengesetz von Gay-Lussac. Eine Besonderheit von Gasen gegenüber festen und flüssigen Stoffen zeigt sich auch bei chemischen Reaktionen. Betrachtet man die Volumina von Sauerstoff und Schwefeldioxid bei der Verbrennung von Schwefel (▷ V 2), so ergibt sich ein sehr einfaches Volumenverhältnis. Ähnlich einfache Volumenverhältnisse der Gasportionen liegen bei allen chemischen Reaktionen vor, an denen Gase beteiligt sind. Es gilt eine allgemeine Gesetzmäßigkeit:

Bei chemischen Reaktionen stehen die Volumina der Gasportionen im Verhältnis kleiner ganzer Zahlen.

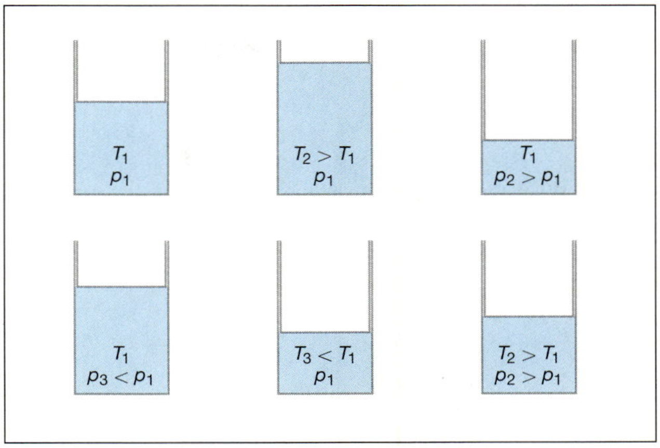

B 1 Volumen einer Gasportion bei Temperatur- und Druckänderungen

V 1 Man füllt jeweils einen Kolbenprober mit 40 ml Wasserstoff, 40 ml Stickstoff und 40 ml Kohlenstoffdioxid und verschließt mit einem Gummihütchen. Die Kolbenprober werden senkrecht bis zur 100-ml-Marke in siedendes Wasser gestellt. Man vergleicht die Endvolumina.

V 2 In das Reaktionsrohr der Apparatur ▷ B 2 gibt man etwa 100 mg (Überschuss) Stangenschwefel. Über den Dreiwegehahn wird K I mit 40 ml Sauerstoff gefüllt. Man erhitzt den Schwefel und leitet den Sauerstoff langsam darüber. Dabei entzündet sich der Schwefel. Das Gas wird von K II in K I und wieder zurück geleitet. Nach Erlöschen der Flamme und Abkühlen des Gases liest man das Volumen ab.

B 2 Verbrennen von Schwefel zur Bestimmung des Verhältnisses V(Sauerstoff) : V(Schwefeldioxid)

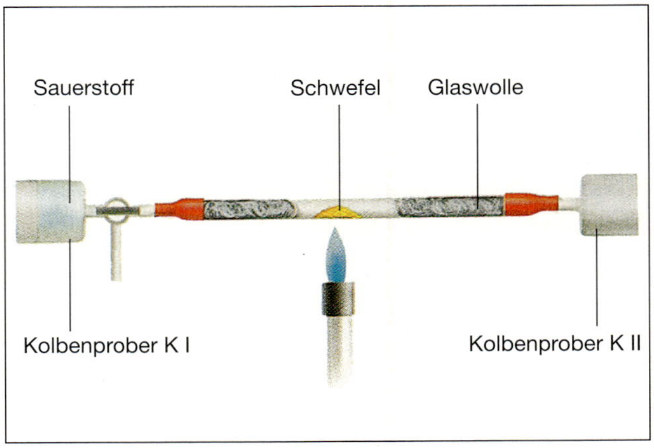

6.11 Moleküle – Satz von Avogadro

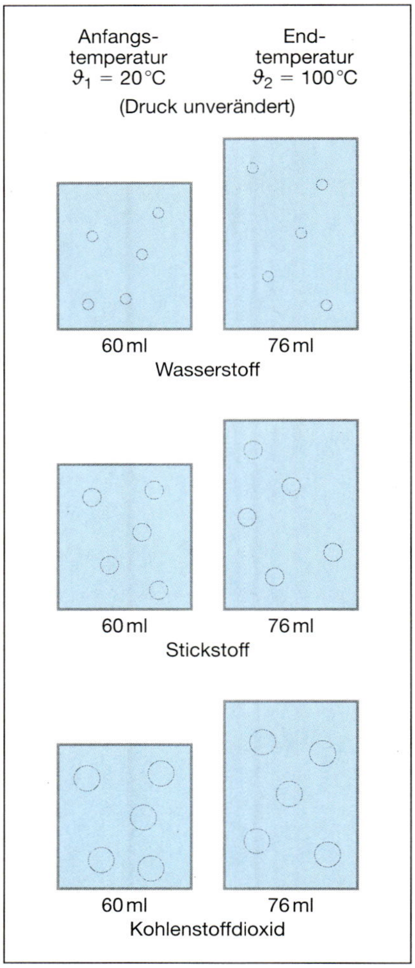

B 1 Teilchenanzahl in Gasvolumina

B 2 Amadeo Avogadro (1776–1856)

Ein Stoff im Gaszustand besteht aus isolierten kleinsten Teilchen. Gasteilchen können einzelne Atome oder Moleküle sein. So besteht z. B. gasförmiges Wasser aus frei beweglichen Molekülen, von denen wir wissen, dass sie Sauerstoff- und Wasserstoffatome enthalten müssen.

Die Verhältnisformel des Wassers. Um die Verhältnisformel von Wasser zu ermitteln, kann man eine quantitative Synthese aus Wasserstoff und Sauerstoff durchführen. Da das Volumen einer Gasportion einfacher ermittelt werden kann als deren Masse, bestimmt man zunächst das Volumenverhältnis der reagierenden Gasportionen (▷V 1, ▷B 4).
Es ergibt sich V(Wasserstoff) : V(Sauerstoff) = 2 : 1. Aus den Volumina lassen sich auch die Massen der reagierenden Gasportionen berechnen, wenn man die Gasdichten kennt ($m = \varrho \cdot V$).
Man erhält das Massenverhältnis m(Wasserstoff) : m(Sauerstoff) = 1 : 8.
Mit m(1 H) = 1 u und m(1 O) = 16 u ergibt sich N(H) : N(O) = 2 : 1.

Ein Wassermolekül muss also doppelt so viele Wasserstoff- wie Sauerstoffatome enthalten.

Der Satz von Avogadro. Die Zusammensetzung der Moleküle von Gasen lässt sich durch Anwendung einer Hypothese ermitteln, die der italienische Physiker Avogadro 1811 aufgestellt hatte, um das Volumengesetz von Gay-Lussac zu erklären. Avogadro nahm an:

In gleichen Volumina verschiedener Gase sind gleich viele Teilchen enthalten, wenn der Druck der Gasportionen und deren Temperatur gleich sind.

In ▷B 1 ist veranschaulicht, dass das Volumen einer Gasportion nicht von der Größe und der Masse der Gasteilchen abhängig ist, sondern allein von der Anzahl der Gasteilchen. Solange man die Zahl der Atome, aus denen sich ein Molekül zusammensetzt, nicht kennt, kann man es durch einen Kreis (○) darstellen.

Anwendung des Satzes von Avogadro: die Molekülformel des Wassers. Mithilfe des Satzes von Avogadro erhält man Hinweise auf die Zusammensetzung der Gasteilchen. Um den Satz von Avogadro auf die Wassersynthese anwenden zu können, muss auch das entstehende Wasser gasförmig vorliegen (▷V 2).

B 3 Synthese von gasförmigem Wasser. Das Volumenverhältnis der Gasportionen und das Verhältnis der Teilchenanzahlen sind gleich

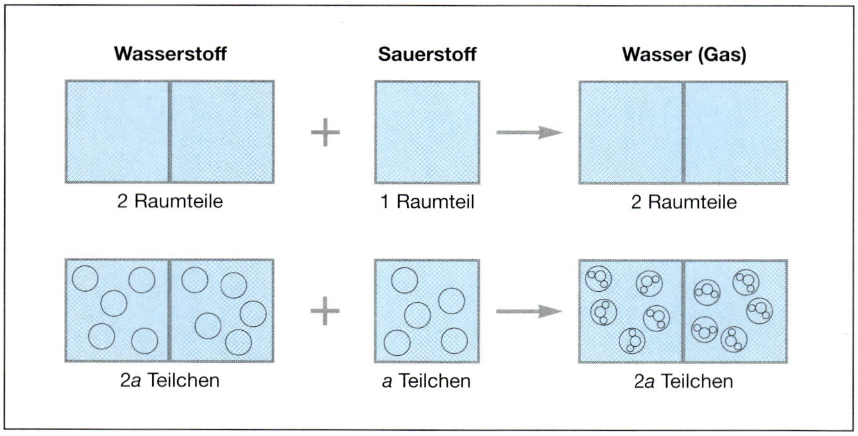

Geht man von 40 ml Wasserstoff aus, der mit 20 ml Sauerstoff reagiert, so erhält man 40 ml gasförmiges Wasser. Damit ist das Verhältnis:

$$V(\text{Wasserstoff}) : V(\text{Sauerstoff}) : V(\text{Wasser}) = 2:1:2$$

Es reagieren immer 2 Raumteile Wasserstoff mit 1 Raumteil Sauerstoff zu 2 Raumteilen gasförmigem Wasser. In jedem Raumteil liegen nach dem Satz von AVOGADRO gleich viele Gasteilchen vor. Allerdings ist die Anzahl der Teilchen in einer Gasportion riesig. In den in ▷B3 dargestellten Raumteilen wird die unbekannte Teilchenanzahl *a* deshalb durch 5 Gasteilchen vertreten.
Wenn wir davon ausgehen, dass die Gasteilchen von Sauerstoff und Wasserstoff Atome sind und die Moleküle des Wassers durch die Formel H_2O richtig beschrieben werden, erhalten wir:

$$2a\,H + 1a\,O \longrightarrow 1a\,H_2O$$

Nach dieser Reaktionsgleichung dürfte jedoch aus 2 Raumteilen Wasserstoff und 1 Raumteil Sauerstoff nur 1 Raumteil Wasser entstehen, die Gleichung stimmt also nicht mit dem Versuchsergebnis überein. Die *einfachste* Deutung, die nicht im Widerspruch zum Versuchsergebnis steht, ist:

$$2a\,H_2 + 1a\,O_2 \longrightarrow 2a\,H_2O$$

In ▷B5 ist diese einfachste Deutung des Versuchsergebnisses für $a = 1$ veranschaulicht. Eine weitere Deutung wäre auch mit Teilchen möglich, die aus der doppelten Anzahl von Atomen bestehen. Dass tatsächlich H_2-, O_2- und H_2O-Moleküle vorliegen, kann z. B. durch Ermittlung der molaren Masse (↗Kap. 6.12) bestätigt werden. Damit gibt die Formel H_2O nicht nur das Anzahlverhältnis der Atome an, sondern auch die Anzahl der Atome in einem Wassermolekül. Die Formel H_2O ist also die Molekülformel des Wassers.

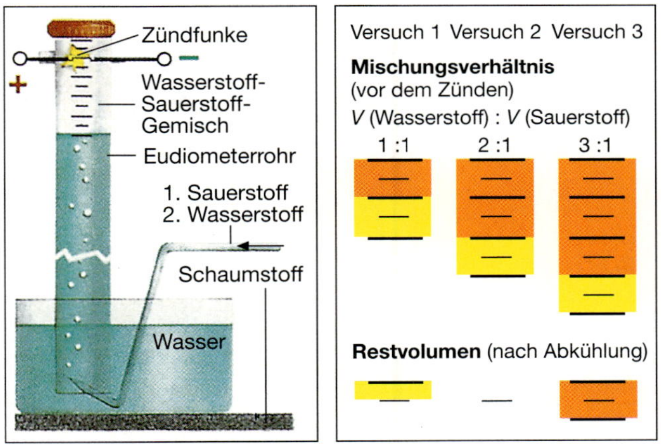

B4 Quantitative Knallgasreaktion. Die Ausgangsstoffe reagieren nur im Volumenverhältnis 2 : 1 vollständig

V 1 Man leitet in ein Eudiometerrohr Wasserstoff und Sauerstoff im Verhältnis 1 : 1 ein, zündet das Gemisch (Schutzscheibe!) und liest das Restvolumen ab. Man wiederholt den Versuch mit den Verhältnissen 2 : 1 (maximal 6 ml!), 1 : 2 und 3 : 1.

V 2 Versuchsaufbau wie in ▷B6. Die 2-Liter-Kugel wird mit Sauerstoff aus der Stahlflasche gespült und K II auf die Marke 20 ml eingestellt. Man füllt K I mit 40 ml Wasserstoff. Zwischen den Elektroden wird eine Funkenstrecke erzeugt und der Wasserstoff aus K I langsam in die Kugel geleitet (Schutzscheibe!). Man lässt abkühlen und liest das Endvolumen ab. Bei jeder Ablesung muss in den Manometerschenkeln Gleichstand herrschen.

B5 Anwendung des Satzes von AVOGADRO auf die Wassersynthese (Modell). Ein Kästchen entspricht einem Raumteil

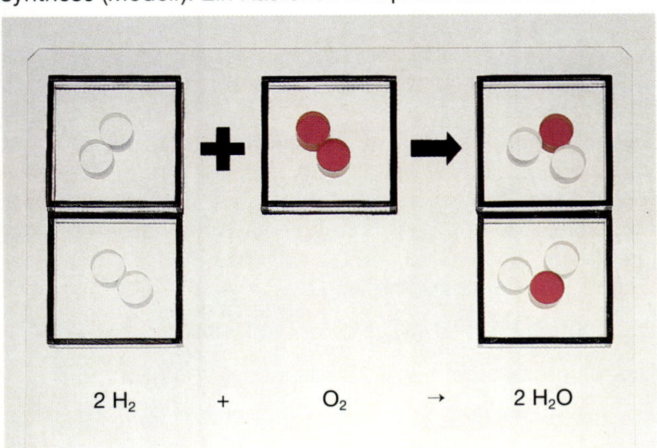

B6 Synthese von gasförmigem Wasser in trockenem Sauerstoff

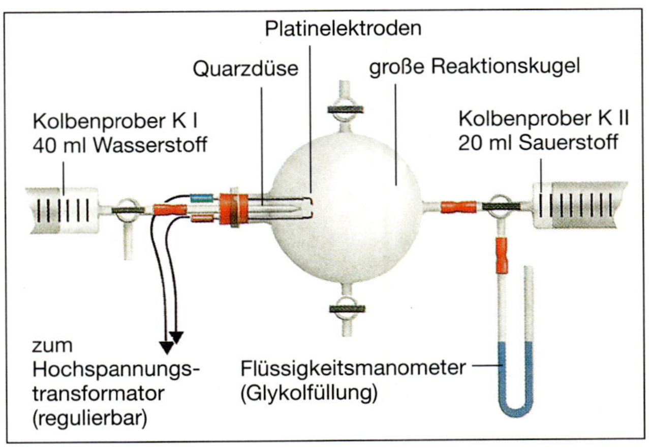

6.12 Bestimmung der Massen von Gasteilchen

1. Schritt: Abmessen des Volumens der Gasportion

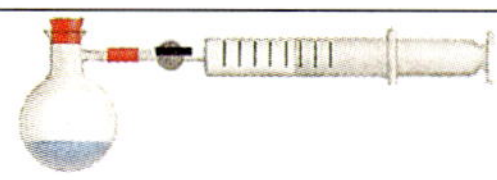

2. Schritt: Ermittlung der Masse der Gasportion z.B. durch Wägung der luftleeren und der gasgefüllten Kugel

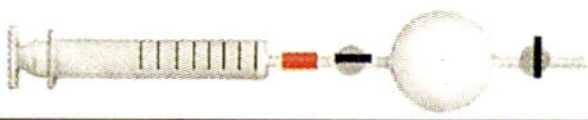

3. Schritt: Berechnung der Dichte des Gases $\varrho = \frac{m}{V}$
Ermittlung der Normdichte: $\varrho_n = \frac{m}{V_n}$

4. Schritt: Berechnung der Masse eines Gasteilchens aus den Normdichten des Gases und eines weiteren Gases mit Teilchen bekannter Masse

B 1 Bestimmung der Masse eines Gasteilchens. Aus der Gasdichte kann die Teilchenmasse bestimmt werden

V 1 Entferne durch zweimaliges Absaugen mit einem Kolbenprober aus einer Gaswägekugel ca. 150 ml Luft und bestimme die Masse der Kugel. Miss mit dem Kolbenprober 100 ml Kohlenstoffdioxid ab und lass dieses langsam in die Gaswägekugel einströmen (Vorsicht, Kolben festhalten!). Bestimme die Masse des eingefüllten Gases durch erneutes Wiegen der Kugel. Berechne aus Masse und Volumen die Gasdichte und unter Berücksichtigung der Temperatur und des Luftdrucks die Normdichte. Berechne daraus die Masse eines Gasteilchens von Kohlenstoffdioxid.

V 2 In den Kolben der Apparatur in ▷ B 3 gibt man ca. 10 Stahlkugeln ($d \approx 1$ cm). Der Kolben wird mit Stickstoff gespült, um den Gasraum wasserfrei zu machen. Anschließend gibt man mit einer Mikroliterspritze ein genau bestimmtes Volumen (ca. 10 µl) Wasser in den Kolben. Durch kreisende Bewegung des Kolbens wird der Verdunstungsvorgang des Wassers beschleunigt. Man bestimmt die Volumenzunahme sowie die Temperatur und den Luftdruck.
Zur Auswertung wird zunächst das entstandene Volumen des gasförmigen Wassers auf das Normvolumen umgerechnet. Zusammen mit der Masse des eingesetzten Wassers lässt sich nun die Normdichte des gasförmigen Wassers und weiter die molare Masse berechnen.

A 1 Bei der Verbrennung von Schwefel entsteht ein gasförmiges Oxid, dessen Normdichte zu $\varrho_n = 2{,}93\,\text{g}/\ell$ berechnet wurde.
a) Berechne die Masse eines Gasteilchens.
b) Welche Molekülformel besitzt dieses Schwefeloxid? ($m(1\,\text{S}) = 32{,}07\,\text{u}$; $m(1\,\text{O}) = 16{,}00\,\text{u}$)

Gasdichte und Masse von Gasteilchen. Die Masse eines unbekannten Gasteilchens lässt sich durch Anwendung einer bereits bekannten, einfachen Beziehung ermitteln:

$$m(\text{Gasportion}) = N(\text{Gasteilchen}) \cdot m(1\ \text{Gasteilchen})$$

Mit

$$m(\text{Gasportion}) = \varrho(\text{Gas}) \cdot V(\text{Gasportion})$$

ergibt sich allgemein:

$$\varrho(\text{Gas}) \cdot V(\text{Gasportion}) = N(\text{Gasteilchen}) \cdot m(1\ \text{Gasteilchen})$$

oder: $$\frac{\varrho(\text{Gas})}{m(1\ \text{Gasteilchen})} = \frac{N(\text{Gasteilchen})}{V(\text{Gasportion})}$$

Da nach Avogadro die Anzahl der Gasteilchen in einem bestimmten Volumen für *alle* Gase gleich ist, ergibt auch $\varrho(\text{Gas}) : m(1\ \text{Gasteilchen})$ für *alle* Gase *denselben Wert!* Also ist z. B.:

$$\frac{\varrho(\text{Gas A})}{m(1\ \text{Gasteilchen A})} = \frac{\varrho(\text{Wasserstoff})}{m(1\,H_2)}$$

oder $$\frac{\varrho(\text{Gas A})}{\varrho(\text{Wasserstoff})} = \frac{m(1\ \text{Gasteilchen A})}{m(1\,H_2)}$$

Da $m(1\,H_2)$ bekannt ist, kann die Masse des unbekannten Gasteilchens $m(1\ \text{Gasteilchen A})$ ermittelt werden, wenn man die Dichten der beiden Gase misst und in die Gleichung einsetzt.

Atom oder Molekül? Mit der oben genannten Beziehung lässt sich z. B. die Masse des Heliumteilchens aus der Dichte des Heliums (ein Edelgas) ermitteln:

$$m(1\ \text{Heliumteilchen}) = \frac{\varrho(\text{Helium})}{\varrho(\text{Wasserstoff})} \cdot m(1\,H_2) = \frac{0{,}178\,\text{g}/\ell}{0{,}090\,\text{g}/\ell} \cdot 2{,}0\,\text{u} \approx 4\,\text{u}$$

Aus diesem Wert und der Kenntnis der Atommasse ergibt sich, dass die Heliumgasteilchen Atome sind.

Zusammensetzung von Molekülen. Bei gasförmigen Verbindungen erhält man durch die Bestimmung der Molekülmasse Hinweise auf die Zusammensetzung der Moleküle. Bei der Verbrennung von Kohlenstoff entsteht ein gasförmiges Oxid, dessen Dichte in ▷ V 1 mit einer Gaswägekugel bestimmt wird (▷ B 1).

Der richtige Wert ist: $\varrho_n(\text{Kohlenstoffdioxid}) = 1{,}977\,\text{g}/\ell$

Daraus ergibt sich: $m(1\ \text{Gasteilchen}) = 43{,}93\,\text{u}$

Mit den Massen $m(1\,\text{C}) = 12{,}0\,\text{u}$ und $m(1\,\text{O}) = 16{,}0\,\text{u}$ ist für dieses Gasteilchen nur die Molekülformel CO_2 möglich.

Das molare Volumen. Nach AVOGADRO müssen Gasportionen mit gleichen Teilchenanzahlen auch gleiche Volumina besitzen. Diese Gemeinsamkeit aller Gase wird besonders deutlich bei der Betrachtung des Zusammenhangs zwischen dem Volumen einer Gasportion und der Stoffmenge (▷ B2). Für alle gasförmigen Stoffe ergibt sich derselbe Zusammenhang. Charakteristisch ist der Quotient aus dem Volumen V und der Stoffmenge n. Man bezeichnet diesen als **molares Volumen** V_m.

$$V_m = \frac{V}{n} \quad \text{Einheit: } \frac{\text{Liter}}{\text{Mol}} \quad \left(\text{Einheitenzeichen: } \frac{\ell}{\text{mol}}\right)$$

Bei gleichem Druck und gleicher Temperatur haben alle Gase (im Gegensatz zu Flüssigkeiten und Feststoffen) das gleiche molare Volumen. Bei Normbedingungen ist das *molare Normvolumen* $V_{mn} = 22{,}4\,\ell/\text{mol}$. Bei Zimmertemperatur und gewöhnlichem Luftdruck kann mit dem Wert $24\,\ell/\text{mol}$ gerechnet werden.

Ermittlung der molaren Masse und der Teilchenmasse. Setzt man $V_n = V_{mn} \cdot n$ und $m = M \cdot n$ in die Definitionsgleichung für die Dichte (↗ Kap. 1.9) ein, so erhält man:

$$\varrho_n = \frac{M}{V_{mn}} \quad \text{bzw.} \quad V_{mn} = \frac{M}{\varrho_n} \; (\triangleright \text{B4}) \quad \text{bzw.} \quad M = V_{mn} \cdot \varrho_n$$

Mithilfe der letzten Gleichung lässt sich die molare Masse und damit auch die Teilchenmasse für ein unbekanntes Teilchen sehr einfach bestimmen, wenn man nur die Gasdichte ermittelt. Ist die Masse eines Gasteilchens bekannt, sind weitere Rückschlüsse auf die Zusammensetzung des Teilchens möglich.
Die Arbeitsschritte bei der praktischen Durchführung sind identisch mit den Schritten 1 bis 3 in ▷ B1.
Der 4. Schritt ist jetzt:
Berechnung der molaren Masse aus der Normdichte und dem molaren Normvolumen: $M = V_{mn} \cdot \varrho_n$.

Molekülformel von Wasser. Die Deutung der quantitativen Wassersynthese (↗ Kap. 6.11, ▷ V2, ▷ B5) nach dem Satz von AVOGADRO ergab als *einfachste Möglichkeit* die Molekülformel H_2O. Eine weitere widerspruchsfreie Deutung wäre auch mit den Molekülformeln H_4O_2, H_6O_3 usw. möglich, die alle der Verhältnisformel H_2O_1 entsprechen. Die Bestimmung der Normdichte von gasförmigem Wasser (▷ V2) lässt eine eindeutige Entscheidung zu.
Ein Versuchsergebnis:

$$\varrho_n(\text{Wasser, gasförmig}) = 0{,}76\,\frac{\text{g}}{\ell}$$

Damit ist

$$M = 22{,}4\,\frac{\ell}{\text{mol}} \cdot 0{,}76\,\frac{\text{g}}{\ell} = 17{,}0\,\frac{\text{g}}{\text{mol}}.$$

Trotz einer Abweichung vom theoretischen Ergebnis lässt dieser Wert eine eindeutige Entscheidung für die Molekülformel H_2O zu, da die molare Masse z. B. bei der Molekülformel H_4O_2 doppelt so groß sein müsste.

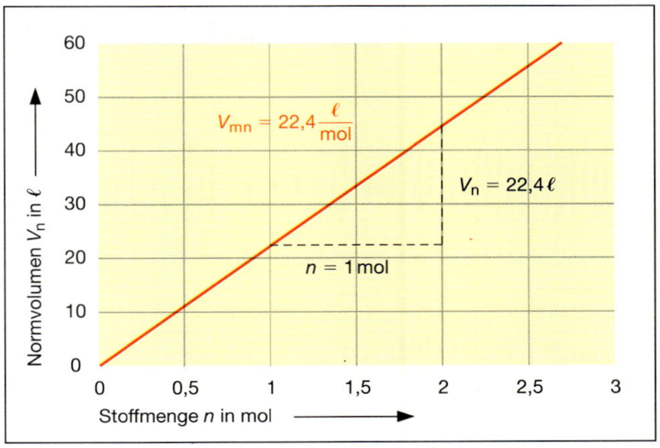

B2 Zusammenhang zwischen Stoffmenge und Volumen bei Gasen. Alle „idealen" Gase haben das gleiche molare Volumen

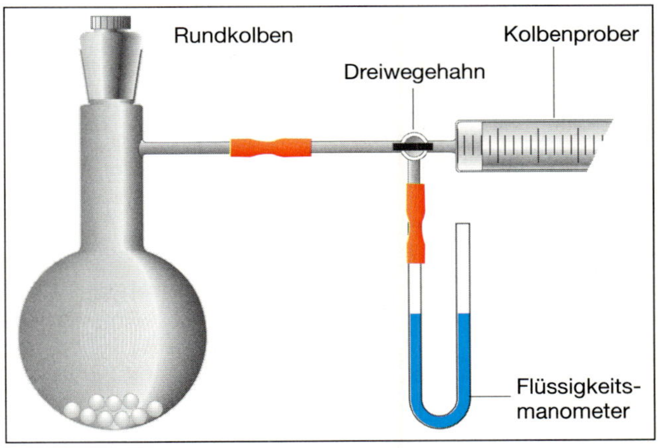

B3 Bestimmung der molaren Masse leicht verdampfbarer Flüssigkeiten

B4 Das molare Normvolumen beträgt bei allen „idealen" Gasen $22{,}4\,\ell/\text{mol}$

Gas	Teilchen X	molare Masse $M(X)$ in $\frac{g}{mol}$	Dichte ϱ_n(Gas) in $\frac{g}{\ell}$	molares Volumen V_{mn} in $\frac{\ell}{mol}$
Wasserstoff	H_2	2,016	0,090	22,4
Stickstoff	N_2	28,01	1,250	22,4
Sauerstoff	O_2	32,00	1,429	22,4
Helium	He	4,003	0,179	22,4
Kohlenstoffdioxid	CO_2	44,01	1,977	22,3
Schwefeldioxid	SO_2	64,07	2,926	21,9

6.13 Überprüfung und Vertiefung

1 Das Massenverhältnis der bei der Zerlegung von Quecksilberoxid entstehenden Elementportionen von Quecksilber und Sauerstoff beträgt 25 : 2. Welches Sauerstoffvolumen erhält man aus 5,4 g Quecksilberoxid? Die Dichte von Sauerstoff beträgt ϱ = 1,33 g/ℓ.

2 Eine Wasserstoffportion hat die Masse 4 g.
a) Welches Volumen nimmt diese Portion bei Normbedingungen ein?
b) Welches Volumen nimmt diese Portion bei Zimmertemperatur und Normdruck ein?

3 Eine Elementargruppe Magnesiumoxid hat die Masse 40,3 u. Welche Verhältnisformel hat die Verbindung?

4 Welches Volumen erhält man bei 35 °C und 980 hPa für eine Luftportion mit einem Normvolumen von 1 ℓ? Welche Dichte ergibt sich (ϱ_n = 1,29 g/ℓ)?

5 Welches Volumen hat die entstehende flüssige Wasserportion, wenn 1 ℓ Wasserstoff (0,09 g) mit Sauerstoff reagiert?

6 Zwei Gase, die beide aus zweiatomigen Molekülen (A_2 und B_2) bestehen, reagieren im Volumenverhältnis 1 : 1. Bei der Entstehung des gasförmigen Reaktionsprodukts erfolgt keine Volumenänderung. Welches ist die Molekülformel des Reaktionsprodukts?

7 Die in ▷ B2 abgebildeten Feststoff- und Flüssigkeitsportionen besitzen die gleiche Stoffmenge und bestehen aus den gleichen Teilchenanzahlen wie die in ▷ B3 modellhaft dargestellten Gase. (Jedes gezeichnete Teilchen steht für 10^{23} Stück.) Um welchen Faktor vergrößert sich das Volumen der Wasserportion, wenn diese bei Normbedingungen vollständig verdunstet?

8 Zeige, dass die Teilchen des Edelgases Neon Atome sind. Verwende dazu ϱ_n(Neon) = 0,90 g/ℓ und ϱ_n(Stickstoff) = 1,25 g/ℓ.

9 Berechne die Stoffmengen $n(H_2)$ für 1 ℓ Wasserstoff (bei Normbedingungen) und $n(H_2O)$ für 1 ℓ Wasser (bei 4 °C).

10 Ein Luftballon enthält bei Zimmertemperatur und Normdruck 4,8 ℓ Helium.
a) Welche Stoffmenge hat die Heliumportion?
b) Wie viele Heliumatome enthält der Luftballon?
c) Welche Masse hat die Heliumportion?
d) Welche Größen (V, n, N, m) ändern sich, wenn der Ballon aufsteigt?

11 Vergleiche ▷ B2 in ↗ Kap. 6.12 mit ▷ B1. Zeichne selbst ein Diagramm für weitere Feststoffe. Entnimm die erforderlichen Dichten einer Tabelle.

12 Die Hitzespaltung eines Gases ergibt Kohlenstoff und Wasserstoff. Die Dichte des untersuchten Gases ist ϱ_n(Gas) = 0,717 g/ℓ.
Ermittle die Molekülformel.

B1 Das molare Volumen. Zusammenhang zwischen Stoffmenge und Volumen

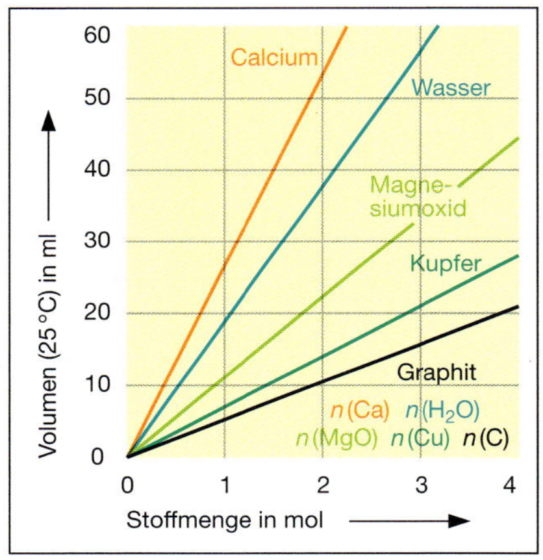

B2 Zu Aufgabe 7

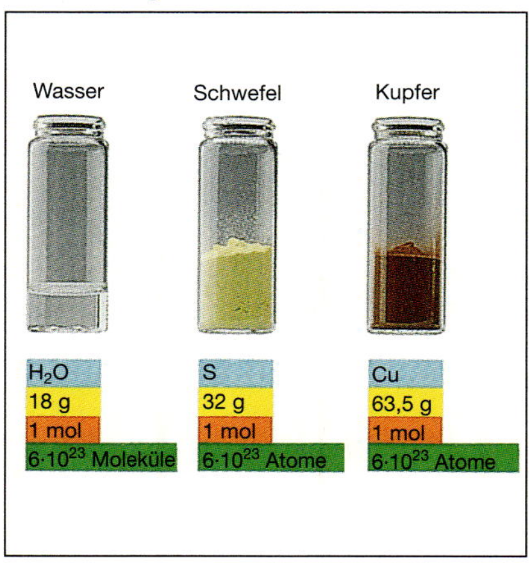

B3 Zu Aufgabe 7

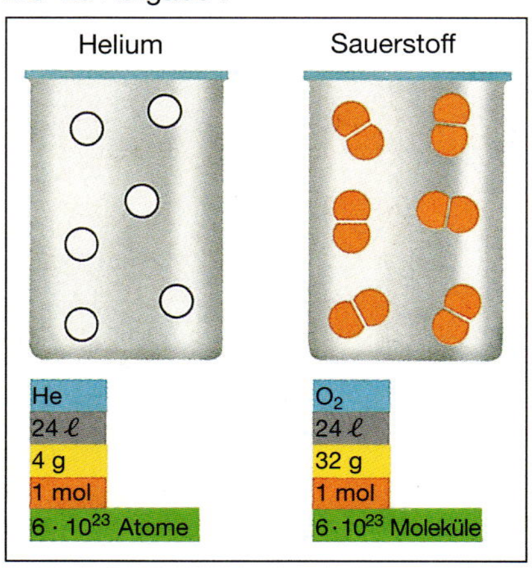

Wichtige Begriffe

Atommasse und ihre Einheit
Zeichen für Atome
Elementargruppe, Verhältnisformel
Reaktionsgleichung, Molekül
Teilchenanzahl und Stoffmenge
molare Masse, molares Volumen
Satz von AVOGADRO
Summenformel, Molekülformel
Berechnung von Massen und Volumina von Stoffportionen

Alkali- und Erdalkalimetalle

Die Elemente, die wir bisher kennen gelernt haben, konnten wir in Metalle und Nichtmetalle unterteilen. Den Metallen sind metallischer Glanz, gute Leitfähigkeit für elektrischen Strom sowie ihre Verformbarkeit gemeinsam. Sie lassen sich darüber hinaus aufgrund anderer Eigenschaften weiter in Gruppen unterteilen.

Zwei solcher Gruppen bilden die Alkalimetalle und Erdalkalimetalle. Sie sind durch eine Reihe außergewöhnlicher Eigenschaften gekennzeichnet.
So kann Natrium, ein Alkalimetall, im Dampfzustand unter Energiezufuhr ein intensiv gelbes Licht ausstrahlen. Da es Nebel durchdringt, nutzt man es zur Straßenbeleuchtung. Ungewöhnlich ist auch das große Reaktionsvermögen z. B. gegenüber Wasser, das beim Natrium zur Bildung von Natronlauge führt. Diese findet im Alltag u. a. beim Abbeizen von Farbanstrichen Verwendung.

Wir werden einige wichtige Alkalimetalle sowie das Erdalkalimetall Calcium kennen lernen und ihre Eigenschaften und Reaktionen untersuchen und vergleichen.

7.1 Natrium – ein außergewöhnliches Metall

V 1 Von einem Stück Natrium wird in einer Petrischale unter Benzin eine Scheibe abgeschnitten. Beobachte die Schnittfläche. (Schutzbrille!)

V 2 Man erhitzt in einem Reagenzglas langsam ein Stück Natrium (etwa 1 cm³) unter Paraffinöl. Beobachte die Veränderungen des Natriumstücks. (Schutzbrille!)

V 3 Man prüft die elektrische Leitfähigkeit eines Natriumstücks aus der Vorratsflasche. Dazu berührt man zunächst mit den beiden Elektroden die Oberfläche. Danach werden die Elektroden in das Natriumstück gesteckt. (Schutzbrille!)

V 4 Auf ein Uhrglas legt man ein mit Wasser getränktes Filterpapier, stellt es in eine Glasschale und gibt mit einer Pinzette ein kleines, krustenfreies Natriumstückchen darauf. Unter Verwendung von Abstandhaltern wird die Schale mit einer Glasplatte abgedeckt. (Vorsicht, das Reaktionsprodukt zerspritzt! Schutzscheibe! Schutzbrille!)

V 5 Eine große runde Glaswanne wird zu einem Viertel mit Wasser gefüllt und auf den Arbeitsprojektor gestellt. Man wirft ein sorgfältig entrindetes, etwa linsengroßes Stückchen Natrium in die Wanne und deckt diese sofort unter Verwendung von Abstandhaltern mit einer Glasplatte ab. (Um zu verhindern, dass das Natrium an der Glaswand haftet, gibt man zuvor einige Tropfen Spülmittel in das Wasser. Vorsicht, das Reaktionsprodukt kann zerspritzen! Schutzscheibe! Schutzbrille!)

V 6 ▷V5 wird wiederholt, vorher gibt man jedoch zusätzlich etwas Phenolphthaleinlösung in das Wasser.

Unter den Stoffen im Chemikalienschrank fällt Natrium auf. Die grauen Blöcke werden in einer Flasche unter einer Flüssigkeit aufbewahrt. Die Flasche ist mit zwei Gefahrensymbolen gekennzeichnet: das eine zeigt eine Flamme, das andere das Symbol für ätzende Gefahrstoffe (↗ Kapiteleinstiegsseite). Das Element Natrium hat einige besondere Eigenschaften, die wir bisher noch nicht kennen gelernt haben.

Natrium hat außergewöhnliche Eigenschaften. Bei Zimmertemperatur ist Natrium fest. Die Natriumstücke werden unter Paraffinöl oder Petroleum aufbewahrt, sie sind mit einer grauen, manchmal hellbraunen Kruste überzogen. Natrium ist weich und lässt sich gut verformen. Es lässt sich sogar mit dem Messer schneiden (▷V1, ▷B1). Die frische Schnittfläche glänzt silbrig. Den Glanz sieht man besonders gut, wenn ein Natriumstück unter Paraffinöl erhitzt wird. Bei 98 °C schmilzt Natrium; die graue Kruste, von der es überzogen war, hebt sich dabei ab und es entsteht eine silberglänzende Flüssigkeit (▷V2, ▷B2).

Natrium leitet den elektrischen Strom (▷V3, ▷B3). Glanz, Verformbarkeit und elektrische Leitfähigkeit zeigen, dass Natrium ein Metall ist. Im Vergleich zu vielen anderen Metallen besitzt Natrium eine sehr geringe Dichte (0,97 g/cm³). Selbst das Leichtmetall Aluminium hat eine fast dreimal so große Dichte wie Natrium.

Wird ein Natriumstück an der Luft geschnitten, glänzt die Schnittfläche nur kurz, sie überzieht sich mit einem mattgrauen Belag. Natrium reagiert mit der Luft. Erhitzt man ein Natriumstück ohne das schützende Paraffinöl, schmilzt das Natrium zunächst und verbrennt dann mit gelber Flamme.

B 1 Schneiden von Natrium an der Luft. Die Schnittfläche glänzt nur kurz

B 2 Natrium schmilzt in Paraffinöl zu einer silbrig glänzenden Flüssigkeit

B 3 Prüfung der elektrischen Leitfähigkeit von festem Natrium

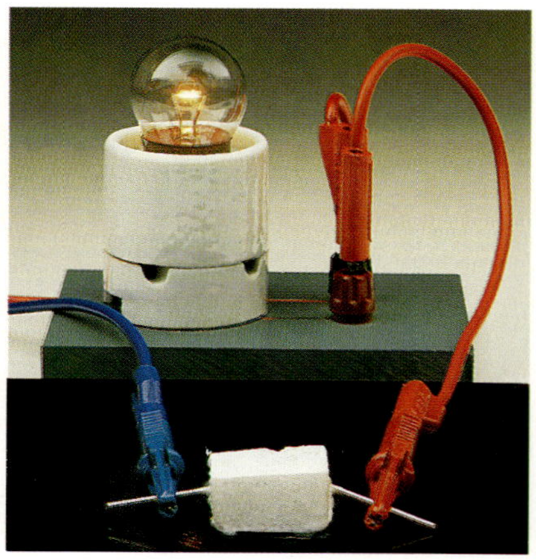

Natrium reagiert mit Wasser. Legt man ein kleines entrindetes Stückchen Natrium auf ein feuchtes Filterpapier (▷V4), schmilzt das Natrium zunächst zu einer Kugel und entzündet sich dann. Offensichtlich reagiert Natrium mit Wasser.

Lässt man ein Natriumstückchen mit einer größeren Wasserportion reagieren (▷V5), kann man beobachten, wie sich aus dem kantigen Stückchen sofort eine Kugel bildet, die sich auf der Wasseroberfläche hin- und herbewegt. Die Kugel wird schnell kleiner und verschwindet.

Man kann vermuten, dass die Natriumkugel auf einem Gaspolster über die Wasseroberfläche saust, das vielleicht von einem bei der Reaktion entstehenden Gas gebildet wird. Drückt man ein Natriumstück mit einem Sieblöffel unter Wasser, kann man tatsächlich eine Gasentwicklung beobachten. Das in einem Reagenzglas aufgefangene Gas ist Wasserstoff (▷V7, ▷B5).

Während die Natriumkugel über die Wasseroberfläche saust, kann man im Wasser die Bildung von Schlieren beobachten. Ein weiteres Reaktionsprodukt ist offensichtlich wasserlöslich. Das Eindampfen einer Probe der Lösung führt zu einem weißen Feststoff, dem zweiten Reaktionsprodukt.

Versetzt man die Lösung mit einer Lösung des Indikators Phenolphthalein, färbt sich dieser rotviolett. Die Lösung ist alkalisch. Wie sich die alkalische Lösung im Laufe der Reaktion des Natriums mit Wasser bildet, kann man beobachten, wenn man ▷V5 mit Indikatorzusatz durchführt (▷V6, ▷B6).

Die Reaktion von Natrium mit Wasser ist sehr heftig. Wird die bei der exothermen Reaktion entstehende Wärme nicht schnell genug vom Wasser aufgenommen, erhitzt sich das Natriumstück so stark, dass es sich entzündet und zusammen mit dem Wasserstoff verbrennt (▷B4).

B4 Die Reaktion von Natrium mit Wasser verläuft stark exotherm. Das Natrium kann sich dabei entzünden

V 7 Ein etwa linsengroßes Stück Natrium mit **frischen** (!) Schnittflächen wird in einen Sieblöffel gegeben und in einer Wanne unter Wasser gedrückt. Das entstehende Gas wird in einem großen Reagenzglas aufgefangen (▷B5). Mit dem Gas führt man die Knallgasprobe durch. (Schutzscheibe! Schutzbrille!)

A 1 Beschreibe die außergewöhnlichen Eigenschaften von Natrium.

A 2 Woran erkennt man, dass bei der Reaktion von Natrium mit Wasser ein Stoff entsteht, der eine alkalische Lösung erzeugt?

A 3 Warum kann ein Natriumbrand nicht mit Wasser gelöscht werden?

B5 Auffangen des Wasserstoffs aus der Reaktion von Natrium mit Wasser

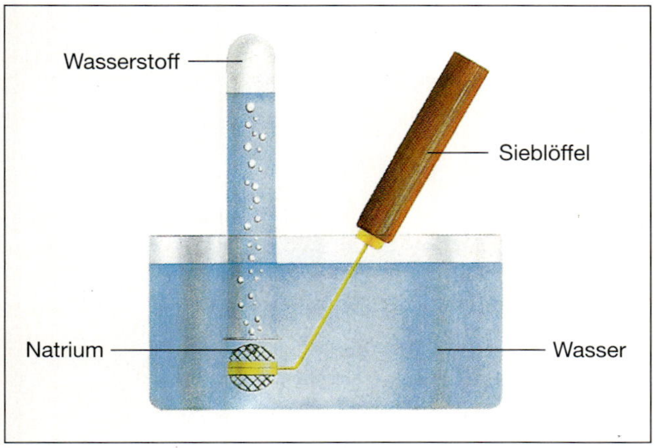

B6 Natrium reagiert mit Wasser. Es entsteht eine alkalische Lösung

7.2 Natriumhydroxid und Natronlauge

B1 Eindampfen der alkalischen Lösung aus der Reaktion von Natrium mit Wasser. Es bleibt ein Feststoff zurück

V 1 Man lässt ein kleines krustenfreies Natriumstückchen in einer Porzellanschale mit wenig Wasser reagieren und dampft die entstandene Lösung ein. Dann prüft man, ob sich das Reaktionsprodukt in Wasser löst, und gibt zu einer Probe etwas Indikatorlösung.

V 2 In einem Reagenzglas werden 20 Natriumhydroxidplätzchen mit etwa 2 g Zinkpulver durch Schütteln vermischt. In einen durchbohrten Stopfen steckt man ein Glasrohr mit Spitze und verschließt damit das Reagenzglas. Das Glasrohr muss eine Stahlwollesicherung enthalten. Das Gemisch wird kräftig erhitzt. Nach der Knallgasprobe wird das entstehende Gas an der Glasrohrspitze entzündet. (Schutzbrille! Schutzscheibe!)

Bei der Reaktion von Natrium mit Wasser entstehen Wasserstoff und eine alkalische Lösung, aus der nach dem Eindampfen ein weißer Feststoff zurückbleibt (▷ B 1). Dieser lässt sich leicht wieder in Wasser lösen, die Lösung ist alkalisch (▷ V 1).
In der neu entstandenen Verbindung könnten die Natriumatome in den Wassermolekülen jeweils beide Wasserstoffatome oder auch nur ein Wasserstoffatom ersetzt haben. Bei dem festen Reaktionsprodukt handelt es sich dann entweder um Natriumoxid oder um eine Verbindung aus Natrium, Sauerstoff und Wasserstoff.
Wir wollen nun der Frage nachgehen, wie der neue Stoff zusammengesetzt ist.

Natriumhydroxid. Erhitzt man den Feststoff, der bei der Reaktion von Natrium mit Wasser entsteht, zusammen mit Zinkpulver, entsteht ein Gas, das man als Wasserstoff identifizieren kann (▷ V 2). Offensichtlich stammt der Wasserstoff aus dem untersuchten Reaktionsprodukt. Der bei der Reaktion von Natrium mit Wasser entstandene Stoff muss also eine *Natrium-Sauerstoff-Wasserstoff-Verbindung* sein. Sie heißt *Natriumhydroxid*. Ihre Verhältnisformel ist **NaOH**.
Die Reaktionsgleichung für die Reaktion von Natrium mit Wasser lautet:

$$2\,Na + 2\,H_2O \longrightarrow 2\,NaOH + H_2$$

Im Handel erhält man Natriumhydroxid meist in Form kleiner Körner, Schuppen oder Plätzchen. Lässt man Natriumhydroxidplätzchen an der Luft stehen, so zerfließen sie langsam (▷ V 3, ▷ B 3).
Natriumhydroxid entzieht der Luft Wasserdampf, man sagt, es ist *hygroskopisch* (von griech. hygros, feucht und griech. skopein, betrachten, auf etwas gerichtet sein).

B 2 Erhitzen eines Gemisches aus Natriumhydroxid und Zink

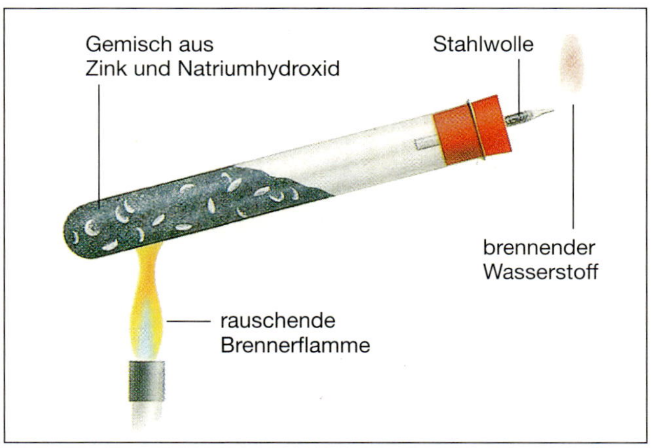

B 3 Festes Natriumhydroxid zerfließt an der Luft. Es ist hygroskopisch

Natriumhydroxid und Natronlauge

Natriumhydroxid kann starke Verätzungen auf der Haut verursachen. Besonders gefährdet sind Schleimhäute und Augen. Einen Hinweis auf die ätzende Wirkung des Natriumhydroxids finden wir in der alten Bezeichnung *Ätznatron*. Früher erhielt man Natriumhydroxid aus Natron – man machte Natron *ätzend* – oder Soda; dann hieß es *kaustifizierte* Soda, d.h. „ätzend gemachte“ Soda. Viele Abflussreiniger enthalten Natriumhydroxid (↗ Kap. 7.4), da die mit Wasser entstehende alkalische Lösung Haare und andere organische Stoffe in weitgehend wasserlösliche Verbindungen überführt (▷ V 5).

Natronlauge. Löst man Natriumhydroxidplätzchen in wenig Wasser, so stellt man eine Temperaturerhöhung fest (▷ V 4). Der Lösungsvorgang verläuft also unter Abgabe von Wärmeenergie. Die alkalische Natriumhydroxidlösung nennt man auch *Natronlauge*. Enthält diese einen großen Anteil an gelöstem Natriumhydroxid, spricht man von konzentrierter Natronlauge.
Wie Natriumhydroxid, so wirkt auch dessen konzentrierte Lösung ätzend auf Haut und Schleimhäute. Beim Umgang mit Natronlauge müssen deshalb die Augen durch eine Schutzbrille geschützt werden. Gelangt Natronlauge auf die Haut, fühlt diese sich glitschig an, da die Hautoberfläche sofort angegriffen wird. Die Natronlauge muss mit viel Wasser abgespült werden. Beim Umgang mit konzentrierter Natronlauge sind auch Schutzhandschuhe erforderlich (siehe auch ▷ V 5).

Natronlauge wird in großen Mengen erzeugt. Der größte Teil wird bei der Herstellung von Aluminium, Farben, Kunststoffen, Papier, Seife und Textilien eingesetzt.
Eine 3%ige Natronlauge benutzen Bäcker bei der Herstellung von Laugengebäck. Dabei wird der Teig kurz in die Lauge getaucht (▷ B 5). Sie wird beim Backvorgang in ungefährliche Stoffe umgewandelt.

V 3 Auf eine Uhrglasschale gibt man etwa 30 Natriumhydroxidplätzchen, stellt sie unbedeckt auf eine Waage und bestimmt die Masse. Nach einiger Zeit bestimmt man die Masse erneut.
Beschreibe, wie sich die Plätzchen verändert haben.

V 4 ⚠ In ein Reagenzglas füllt man ca. 5 ml Wasser und misst die Temperatur. Man gibt 1 g Natriumhydroxid (ca. 10 Plätzchen) hinzu, rührt und verfolgt die Temperaturänderung. (Schutzbrille!) Eine Probe verdünnt man mit etwas Wasser und gibt Indikatorlösung hinzu.

V 5 ⚠ In einem Reagenzglas werden zu wenig Natronlauge ($w = 33\,\%$) einige Haare gegeben. Die Mischung wird kurz erhitzt. (Schutzhandschuhe! Schutzbrille!) Beschreibe die auftretenden Veränderungen.

A 1 Welche Versuche zeigen, dass das feste Reaktionsprodukt der Reaktion von Natrium mit Wasser eine Natrium-Sauerstoff-Wasserstoff-Verbindung sein muss?

A 2 Erläutere den Unterschied zwischen Natriumhydroxid und Natronlauge.

A 3 Warum nennt man Natriumhydroxid auch Ätznatron?

A 4 Erkläre, warum man beim Umgang mit Natronlauge äußerst vorsichtig sein muss.

A 5 Jemand hat vergessen die Vorratsflasche für Natriumhydroxid fest zu verschließen. Nach einigen Tagen ist der Inhalt zusammengebacken. Was ist geschehen?

A 6 Natronlauge ist Bestandteil von Backofenreinigern. Was soll sie bei der Reinigung bewirken?

B 4 Manche Backofenreiniger enthalten Lösungen von Alkalimetallhydroxid

B 5 Laugenbrezeln werden vor dem Backen kurz in verdünnte Natronlauge getaucht

7.3 Die Elementgruppe der Alkalimetalle

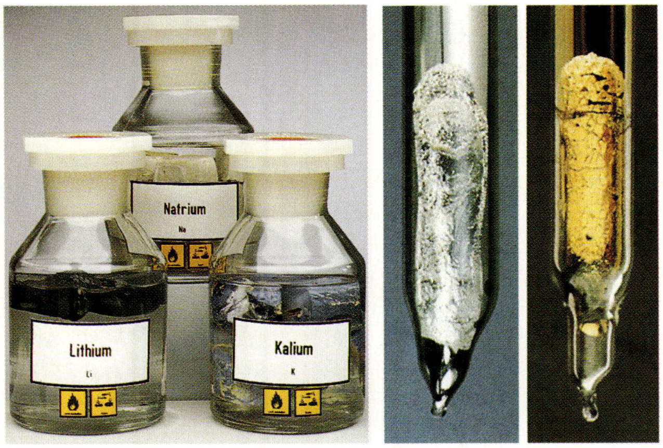

B 1 Alkalimetalle. Rubidium (Mitte) und Caesium (rechts) werden in Glas eingeschmolzen, die anderen unter Paraffinöl aufbewahrt

V 1 a) Man wirft ein entrindetes, ungefähr erbsengroßes Stück Lithium in eine runde, zur Hälfte mit Wasser gefüllte Glaswanne. (Schutzbrille!)
b) Von einem kleinen Stück Kalium wird die Kruste sorgfältig entfernt. Man wirft ein etwa linsengroßes Stück in eine große, runde Glaswanne, die zur Hälfte mit Wasser gefüllt ist. Über der Glaswanne muss sich im Abstand von einigen Zentimetern eine Glasscheibe befinden, um hochspritzendes Reaktionsprodukt zurückzuhalten. (Schutzscheibe! Schutzbrille!)

V 2 Ein linsengroßes, entrindetes Stück Lithium gibt man in ein großes Reagenzglas, das zu einem Drittel mit Wasser gefüllt ist. Der Öffnung nähert man eine Flamme. (Schutzscheibe! Schutzbrille! Abzug!)

V 3 Auf ein Keramik-Drahtnetz legt man je ein frisch geschnittenes Stückchen Lithium, Natrium und Kalium gleicher Größe. Ein Brenner mit rauschender Flamme wird so unter das Drahtnetz gestellt, dass alle Stückchen gleich weit von der erhitzten Stelle entfernt sind. (Schutzscheibe! Schutzbrille! Abzug!)

A 1 Erkläre die Beobachtung, dass sich die Schnittflächen von Kalium, Lithium und Natrium an der Luft mit einem Belag überziehen.

A 2 Bei der Reaktion mit Wasser entzündet sich Kalium sofort, Lithium dagegen nicht. Nenne mögliche Gründe für diesen Unterschied!

Außer Natrium gibt es weitere Elemente, die ähnliche Eigenschaften wie dieses Metall aufweisen. So bewahrt man auch die Elemente Lithium und Kalium in Paraffinöl auf. Die dunklen Lithiumstücke schwimmen auf der Flüssigkeit; Lithium hat von allen bei Zimmertemperatur festen Stoffen die geringste Dichte. Die Elemente Rubidium und Caesium sind so reaktionsfreudig, dass sie in Glasampullen eingeschmolzen aufbewahrt werden müssen (▷B 1).

Die Eigenschaften von Lithium, Kalium, Rubidium und Caesium. Lithium und Kalium lassen sich wie Natrium schneiden. Dabei fällt auf, dass Lithium im Vergleich zu Natrium wesentlich zäher, Kalium deutlich weicher ist. Die metallisch glänzenden Schnittflächen überziehen sich an der Luft schnell mit einem Belag. Dieser bildet sich bei Kalium fast momentan, bei Lithium wesentlich langsamer. Wird Caesium mit der Luft in Berührung gebracht, entzündet es sich sofort.

Wie Natrium reagieren auch Lithium, Kalium, Rubidium und Caesium mit Wasser. Wirft man ein Lithiumstück in Wasser, schwimmt es zischend hin und her, ohne dabei zu schmelzen. Die Reaktion verläuft deutlich langsamer als beim Natrium. Kalium dagegen reagiert wesentlich heftiger mit Wasser. Gelangt ein Kaliumstückchen in Wasser, schmilzt es sofort zu einer Kugel, entzündet sich und brennt gemeinsam mit dem entstehenden Wasserstoff mit hellvioletter Flamme (▷V 1, ▷B 3). Rubidium und Caesium reagieren mit Wasser sofort äußerst heftig.
In den exotherm verlaufenden Reaktionen der Elemente mit Wasser entstehen jeweils Wasserstoff und die entsprechenden Hydroxide, die sich in Wasser lösen und alkalische Lösungen bilden (▷V 1, ▷V 2). Für diese Hydroxide ergibt sich jeweils das gleiche Anzahlverhältnis der Atome wie im Natriumhydroxid. Für die Reaktionen von Lithium und Kalium mit Wasser lassen sich folgende Reaktionsgleichungen formulieren:

$$2\,Li + 2\,H_2O \longrightarrow 2\,LiOH + H_2$$

$$2\,K + 2\,H_2O \longrightarrow 2\,KOH + H_2$$

Die in den Reaktionen gebildeten wasserlöslichen Verbindungen **Lithiumhydroxid** und **Kaliumhydroxid**, auch Ätzkali genannt, sind farblose, bei Zimmertemperatur feste Stoffe. Sie haben ähnliche Eigenschaften wie Natriumhydroxid. Mit Wasser bilden auch diese Hydroxide alkalische Lösungen. Die Lösung von Kaliumhydroxid nennt man auch **Kalilauge**.

Auch Lithium und Kalium verbrennen beim Erhitzen an der Luft. Die Entzündungstemperatur nimmt in der Reihe Lithium, Natrium, Kalium ab (▷V 3).

Lithium, Natrium, Kalium, Rubidium und Caesium bilden eine Elementgruppe. Sowohl die Elemente Lithium, Natrium, Kalium, Rubidium und Caesium als auch ihre Verbindungen zeigen eine auffallende Ähnlichkeit in ihren Eigenschaften. Man fasst diese Elemente zu einer **Elementgruppe** zusammen und nennt sie **Alkalimetalle**. Der Name *al-kali* ist das arabische Wort für Pottasche, ein Stoff, den man aus der beim Verbrennen von Pflanzen zurückbleibenden Asche gewinnen kann. Pottasche und Natron (von ägyptisch neter, Laugensalz), Verbindungen von Kalium und Natrium, sind schon seit mehreren tausend Jahren bekannt. Die Elemente Kalium und Natrium wurden als erste Alkalimetalle 1807 von HUMPHRY DAVY (1778–1829) entdeckt.
In der Natur kommen die Alkalimetalle nicht elementar vor, man findet nur Alkalimetallverbindungen. Auch in der Zusammensetzung ihrer Verbindungen zeigt sich die Ähnlichkeit der Alkalimetalle, wie man z. B. an den Verhältnisformeln der Alkalimetallhydroxide sehen kann: LiOH, NaOH, KOH, RbOH, CsOH.
Alle Alkalimetallhydroxide bilden mit Wasser alkalische Lösungen. Viele Eigenschaften der Alkalimetalle ändern sich gleichmäßig in der Reihe vom Lithium zum Caesium (▷B4).

Flammenfärbung. Natrium brennt mit intensiv gelber Flamme. Bringt man eine beliebige Natriumverbindung in die nicht leuchtende Brennerflamme, leuchtet diese in derselben Farbe. Auch die übrigen Alkalimetalle und ihre Verbindungen erzeugen jeweils charakteristische Flammenfarben (▷B2, ▷V4). Man nutzt diese Eigenschaft zum *Nachweis* der jeweiligen Elemente aus. Der Name zweier Alkalimetalle stammt von diesen Farben:
Rubidium (von lat. rubidus, dunkelrot), Caesium (von lat. caesius, himmelblau).

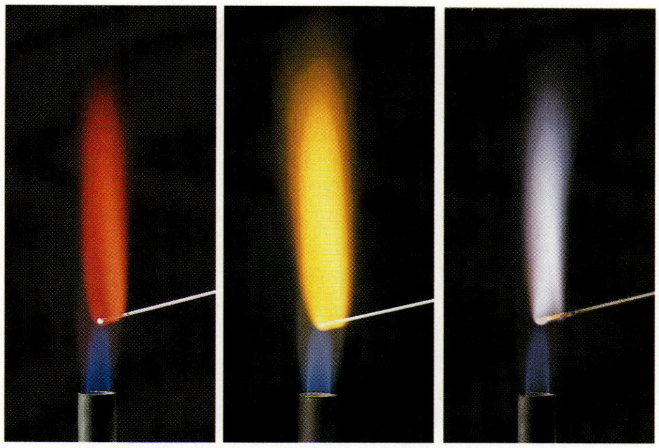

B2 Flammenfärbung durch Verbindungen der Alkalimetalle Lithium, Natrium und Kalium (von links nach rechts)

V 4 Auf Uhrgläsern werden geringe Mengen von Verbindungen der verschiedenen Alkalimetalle bereitgestellt. Erhitze die Spitze eines Magnesiastäbchens in der rauschenden Brennerflamme zur Rotglut und berühre damit eine der Stoffproben. Halte das Stäbchen mit dem anhaftenden Stoff wieder in die Flamme und erhitze stark. Bevor der Versuch mit einer weiteren Verbindung durchgeführt wird, muss die Spitze des Stäbchens abgebrochen werden, um die bereits untersuchte Verbindung vollständig zu entfernen.

V 5 Eine Glasampulle mit Caesium wird kurze Zeit in der Hand erwärmt und anschließend leicht geschüttelt.

B3 Reaktion von Kalium mit Wasser unter Flammenerscheinung

B4 Eigenschaften der Alkalimetalle im Vergleich. Viele Eigenschaften, in denen sich die Alkalimetalle ähnlich sind, ändern sich in gleichmäßiger Weise

Element	Zeichen für das Atom	Atommasse in u	Dichte in g/cm^3 (20 °C)	Schmelztemperatur in °C	Siedetemperatur in °C	Härte	Entzündungstemp.	Heftigkeit d. Reaktion mit Wasser	Flammenfärbung
Lithium	Li	6,9	0,53	180	1342	nimmt ab	nimmt ab	nimmt zu	karminrot
Natrium	Na	23,0	0,97	98	883				gelb
Kalium	K	39,1	0,86	63	760				violett
Rubidium	Rb	85,5	1,53	39	686				dunkelrot
Caesium	Cs	132,9	1,88	28	669				blau

7.4 Projekt: Untersuchung eines Abflussreinigers

Ein Abflussreiniger bietet scheinbar eine problemlose Möglichkeit Verstopfungen im Abfluss zu beseitigen. Ein Blick auf die Liste der Inhaltsstoffe zeigt jedoch, dass diese Mittel für die Umwelt und für die eigene Gesundheit nicht unbedenklich sind (▷B 1). Eine umweltfreundliche Alternative ist in ▷B 2 dargestellt: Häufig lassen sich Verstopfungen im Abfluss auf diese Weise beseitigen.

Inhaltsstoffe und Wirkung. Der Abflussreiniger ist ein Gemisch verschiedener Stoffe. Die Liste der Inhaltsstoffe nennt drei Bestandteile: Aluminium, Natriumhydroxid und „Salze“. Sie sollen Haare und Seifenreste zersetzen und „lösen“.
Welche Funktion den einzelnen Bestandteilen zukommt, wird in unserem Projekt geklärt. Zusammen mit den Ergebnissen der Versuche ▷V 4 und ▷V 5 aus ↗Kap. 7.2 können wir dann die Wirkungsweise des Abflussreinigers erklären.

Eine Information, die helfen soll Versuchsergebnisse zu verstehen:
Eine Blaufärbung von feuchtem Universalindikatorpapier rührt hier von dem Gas Ammoniak her. Ammoniak entsteht z. B. in einer Reaktion von Wasserstoff mit Kalium- oder Natriumnitrat.

Versuch Experimente mit dem Abflussreiniger

Geräte und Chemikalien:
Schutzbrille! Schutzhandschuhe! Uhrgläser, Pinzette, Reagenzgläser, Reagenzglashalter, Holzspan, Thermometer, Universalindikatorpapier, Aluminiumgrieß, Natronlauge ($c(NaOH) \approx 2\,mol/\ell$), Abflussreiniger, Wasser

Durchführung:
1. Zerlege eine Probe Abflussreiniger *mithilfe der Pinzette* in die Bestandteile.
2. Beobachte die Veränderungen an den voneinander getrennten weißen, nichtmetallischen Bestandteilen im Verlauf der Unterrichtsstunde.
3. Löse jeweils eine kleine Probe der weißen Bestandteile in wenig Wasser und prüfe die Lösungen mit Indikatorpapier.
4. Gib zu einer Spatelspitze Aluminiumgrieß im Reagenzglas etwa 1 cm hoch Natronlauge. (**Vorsicht! Nicht mehr nehmen! Überschäumen möglich!**) Während der Reaktion wird für die Durchführung der Knallgasprobe ein brennender Holzspan in den oberen Teil des Reagenzglases gehalten, ohne die Reagenzglaswand zu berühren. Prüfe nach der Reaktion die Temperatur der Lösung.
5. Gib zu einer kleinen Probe des vollständigen Abflussreinigers im Reagenzglas vorsichtig etwas Wasser.
a) Verfahre wie in 4. (ab Zeile 3) beschrieben.
b) Halte während der Reaktion ein angefeuchtetes Stück Indikatorpapier über die Mündung des Reagenzglases. Achte darauf, dass nichts von der Probelösung an das Indikatorpapier gelangt.

Aufgaben:
1. Ermittle aus den Ergebnissen der Versuchsdurchführungen 2 und 5 die Funktionen der „Salz“kügelchen. Warum hat eins der „Salze“ eine Sicherheitsfunktion?
2. Welche Funktion haben die Aluminiumkörnchen im Abflussreiniger?
3. Erkläre mithilfe der Eigenschaften der konzentrierten Natronlauge (↗Kap. 7.2, ▷V 4, ▷V 5) ihre Funktion im Abflussreiniger.
4. Stelle das Zusammenwirken der Komponenten des Abflussreinigers beim Reinigungsvorgang dar.

B 1 Abflussreiniger. Auf dem Etikett sind die Inhaltsstoffe angegeben

B 2 Abflussreinigen mit der Saugglocke. Mit Druck und Unterdruck wird die Verstopfung beseitigt

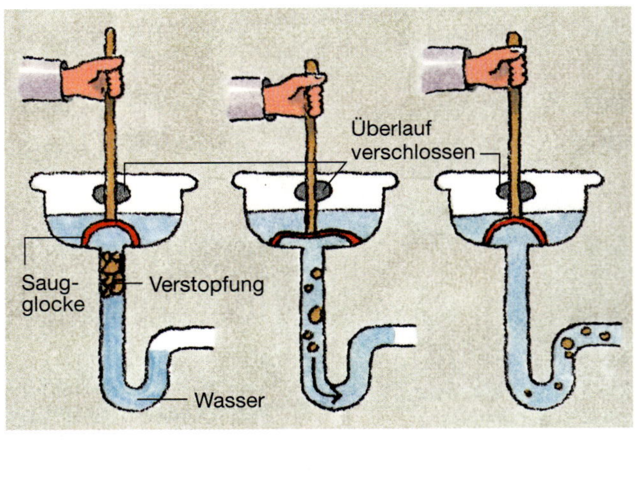

7.5 Calcium – ein Erdalkalimetall

Das Element Calcium. Im Labor verwendet man Calcium meist in Form von Körnern oder Spänen, die häufig unter Paraffinöl aufbewahrt werden. Reines Calcium glänzt silbrig und leitet den elektrischen Strom. Calcium ist ein Metall. An der Luft überzieht es sich mit einem matten, grauen Belag (▷V1). Calcium brennt mit einer hellen, rötlichen Flamme (▷V2). Dabei entsteht ein weißer Rauch, es bildet sich Calciumoxid mit der Verhältnisformel **CaO**.
Die Reaktionsgleichung lautet:

$$2\,Ca + O_2 \longrightarrow 2\,CaO$$

Calcium reagiert mit Wasser unter Bildung von Wasserstoff und einer Suspension (▷V3, ▷V4, ▷B1). Durch Filtration erhält man einen weißen Feststoff und eine alkalische Lösung. Der Feststoff ist eine Calcium-Sauerstoff-Wasserstoff-Verbindung mit der Verhältnisformel CaO_2H_2. Er ergibt in Wasser eine alkalische Lösung. Dieses Verhalten kennen wir von den Alkalimetallhydroxiden. Auch dieser Feststoff ist ein Hydroxid: **Calciumhydroxid**. Das Entstehen der alkalischen Lösung ist auch hier auf die **OH-Atomgruppe** zurückzuführen. Man schreibt deshalb **$Ca(OH)_2$**.

$$Ca + 2\,H_2O \longrightarrow Ca(OH)_2 + H_2$$

Calciumhydroxid entsteht auch bei der Reaktion von Calciumoxid mit Wasser, einem stark exothermen Vorgang:

$$CaO + H_2O \longrightarrow Ca(OH)_2$$

Die Löslichkeit des Calciumhydroxids in Wasser ist gering. Die aus einer Suspension von Calciumhydroxid in Wasser durch Filtration erhaltene Calciumhydroxidlösung nennt man auch *Kalkwasser*. Es kann zum Nachweis von Kohlenstoffdioxid verwendet werden (↗ Kap. 4.5).

Die Elementgruppe der Erdalkalimetalle. Ähnliche Reaktionen wie das Calcium zeigen auch die Elemente Magnesium, Strontium und Barium. Sie werden mit den Elementen Beryllium und Radium, die eine Sonderstellung einnehmen, zu einer Elementgruppe, den *Erdalkalimetallen*, zusammengefasst. Der Name drückt aus, dass einige ihrer Eigenschaften denen der Alkalimetalle ähnlich sind.

V 1 Halte ein Calciumkorn mit der Pinzette und reibe es auf Schleifpapier.

V 2 Ein Stückchen Calcium wird auf einer Magnesiarinne stark erhitzt. (Schutzbrille! Schutzscheibe! Abzug!)

V 3 Fülle ein Reagenzglas mit Wasser und wirf ein großes Calciumkorn hinein.
(Schutzbrille!)

V 4 a) Bringe ein Stückchen Calcium mit der Pinzette unter die Öffnung eines wassergefüllten, umgestülpten Reagenzglases. Ein Becherglas dient als pneumatische Wanne. Wiederhole den Versuch so lange, bis das Reagenzglas mit Gas gefüllt ist. Halte das Reagenzglas mit der Öffnung über eine Flamme.
(Schutzbrille!)
b) Filtriere die Flüssigkeit von a). Prüfe das Filtrat mit Phenolphthaleinlösung.

A 1 Eine Suspension von Calciumhydroxid nennt man auch „Kalkmilch". Erkläre, warum sich mit Phenolphthaleinlösung eine Rotfärbung ergibt.

B 1 Calciumkörner (links) und ihre **Reaktion mit Wasser** (rechts)

B 2 Farbiges Feuerwerk durch Erdalkalimetallverbindungen (links) und **Eigenschaften der Erdalkalimetalle** im Vergleich (rechts)

Element	Zeichen für das Atom	Dichte in g/cm³ (20 °C)	Schmelztemperatur in °C	Heftigkeit d. Reaktion mit Wasser	Flammenfärbung
Magnesium	Mg	1,74	649	↓ nimmt zu	—
Calcium	Ca	1,54	839		orange
Strontium	Sr	2,60	769		karminrot
Barium	Ba	3,51	725		grün

7.6 Projekt: Die Formeln von Hydroxiden

In den vorausgegangenen Kapiteln hieß es, dass das Anzahlverhältnis von Metallatomen zu OH-Gruppen in den Hydroxiden der Alkalimetalle 1 : 1, in den Hydroxiden der Erdalkalimetalle jedoch 1 : 2 beträgt. Diese Aussage lässt sich in zwei quantitativen Experimenten für LiOH und $Ca(OH)_2$ einfach bestätigen.

Wir wissen aus qualitativen Experimenten (↗ Kap. 7.3, ↗ Kap. 7.5), dass bei der Reaktion von Lithium bzw. Calcium mit Wasser außer den Verbindungen, die wir als Hydroxide kennen gelernt haben, das Gas Wasserstoff entsteht. Vergleicht man die angegebenen Reaktionsgleichungen, so fällt auf, dass die Stoffmengen des entstehenden Wasserstoffs unterschiedlich groß sind bei gleichen Stoffmengen der eingesetzten Metalle:

$$1\,Li + 1\,H_2O \longrightarrow LiOH + 0{,}5\,H_2$$

$$1\,Ca + 2\,H_2O \longrightarrow Ca(OH)_2 + 1\,H_2$$

So erhält man bei der Bildung von Lithiumhydroxid aus 1 mol Lithium 0,5 mol Wasserstoff. Bei der Reaktion von Calcium mit Wasser erhält man jedoch aus 1 mol Calcium 1 mol Wasserstoff. Vom Anzahlverhältnis der OH-Gruppen zu den Metallatomen im entstehenden Hydroxid hängt es also ab, wie viel Wasserstoff entsteht.

Im quantitativen Experiment muss man nun das Wasserstoffvolumen bestimmen, das aus einer abgewogenen Lithium- bzw. Calciumportion bei der Reaktion mit Wasser entsteht. Nach Berechnung der Stoffmengen (▷ B 2) lässt sich das entsprechende Verhältnis ermitteln. Aus ihm kann man dann auf die Formel für das jeweilige Hydroxid schließen.

Versuch 1 Reaktion von Lithium mit Wasser

Geräte und Chemikalien:

Schutzbrille! Schutzhandschuhe! Kolbenprober, Reagenzglas mit Ansatz, Stopfen, Schlauchverbinder, Pinzette oder Tiegelzange, Lithium, Wasser

Durchführung:

Setze die Apparatur wie in ▷ B 1 links gezeigt zusammen. Gib in das Reagenzglas ca. 2 cm hoch Wasser. Lass nun einen krustenfreien, genau gewogenen Lithiumwürfel (m(Lithium) ≈ 12 – 20 mg) mithilfe einer Pinzette in das Reagenzglas fallen und verschließe dieses *sofort* mit einem Stopfen. Lies nach Abschluss der Reaktion das Volumen des entstandenen Wasserstoffs ab.

Auswertung:

1. Schreibe deine Beobachtungen auf.
2. Berechne die Stoffmenge der eingesetzten Lithiumportion (M(Li) = 6,9 g/mol).
3. Berechne die Stoffmenge der entstandenen Wasserstoffportion (für V_m setze 24 ℓ/mol ein).
4. Bilde das Stoffmengenverhältnis (▷ B 2).

Versuch 2 Reaktion von Calcium mit Wasser

Geräte und Chemikalien:

Schutzbrille! Messzylinder (25 ml), Glasschale, Pinzette, Calcium, Wasser

Durchführung:

Versuchsaufbau wie in ▷ B 1 rechts. Gib ein genau gewogenes Calciumkorn (m(Calcium) ≈ 30 – 40 mg) mithilfe der Pinzette unter die Öffnung des Messzylinders, ohne dass Wasser ausfließt. Lies nach Beendigung der Reaktion das Volumen des entstandenen Wasserstoffs ab.

Auswertung:

1. Schreibe deine Beobachtungen auf.
2. Berechne das Stoffmengenverhältnis von Calcium und Wasserstoff wie in ▷ B 2 beschrieben (M(Ca) = 40 g/mol).

B 1 Reaktion von Lithium, links, und Calcium, rechts, mit Wasser. Quantitative Durchführung

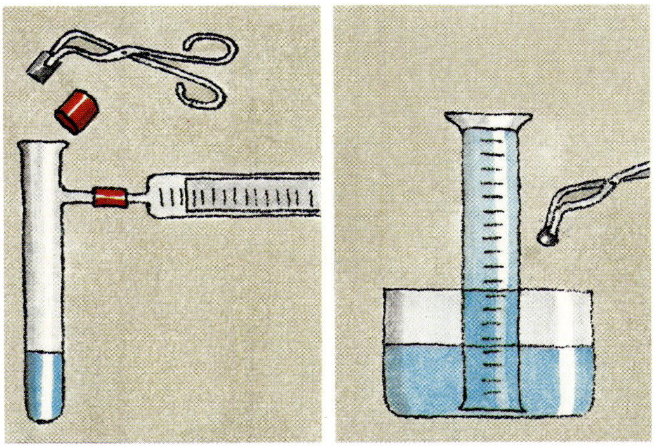

B 2 Beispiel für die Berechnung des Stoffmengenverhältnisses in Versuch 2

Die Stoffmenge n der Calciumteilchen erhält man, wenn die Masse der eingesetzten Calciumportion (in g) durch die molare Masse von Calcium (in g/mol) dividiert wird.

$$n(Ca) = \frac{m(\text{Calcium})}{M(Ca)}$$

Die Stoffmenge der Wasserstoffteilchen erhält man, wenn das Volumen der Wasserstoffportion (in ml) durch das molare Volumen (in ml/mol) dividiert wird.

$$n(H_2) = \frac{V(\text{Wasserstoff})}{V_m}$$

Das Stoffmengenverhältnis der Calcium- und Wasserstoffteilchen bestimmt man durch Bildung des Quotienten:

$$n(Ca) : n(H_2)$$

7.7 Projekt: Die Flammenfärbung verrät das Metall

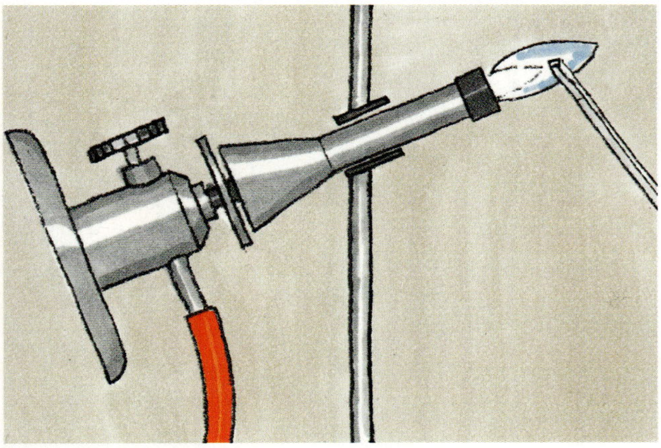

B 1 Versuchsaufbau

Bringt man Proben von Alkalimetallen, einigen Erdalkalimetallen oder ihren Verbindungen in die nicht leuchtende Flamme eines Gasbrenners, so zeigen sich charakteristische Flammenfärbungen, die zum Nachweis der jeweiligen Elemente und ihrer Verbindungen dienen können. Dies wird in der chemischen Analytik genutzt, um Hinweise auf die Zusammensetzung eines unbekannten Stoffs zu erhalten.

Mit der hier durchgeführten Versuchsreihe soll herausgefunden werden, ob eine unbekannte Substanz eine Lithium-, Natrium-, Kalium-, Strontium- oder Bariumverbindung ist. Damit diese Aufgabe erfolgreich gelöst werden kann, müssen vorher die Flammenfärbungen dieser Elemente bekannt sein.

Versuch Flammenfärbung

Geräte und Chemikalien:
Schutzbrille! Gasbrenner, Becherglas (100 ml), Stativ, Doppelmuffe, Universalklemme, 8 Uhrgläser, 2 Magnesiastäbchen, Cobaltglas, Tropfpipette, Lithiumchlorid, Natriumchlorid, Kaliumchlorid, Strontiumchlorid, Bariumchlorid, Speisesalz, Pflanzen(Holz-)asche, Salzsäure ($c = 1-2\,mol/\ell$), Schnappdeckelglas mit einer unbekannten Alkali- oder Erdalkalimetallverbindung

Durchführung:
Spanne den Gasbrenner wie in ▷B 1 gezeigt ein. Tauche ein Magnesiastäbchen in die verdünnte Salzsäure im Becherglas und glühe es in der nicht leuchtenden Brennerflamme so lange aus, bis die Flamme nicht mehr oder nur sehr wenig gefärbt erscheint. Tauche dann die erkaltete Spitze des Magnesiastäbchens in die durch Betropfen mit ganz wenig verdünnter Salzsäure angefeuchtete Lithiumchloridprobe auf dem Uhrglas. Halte das Stäbchen mit der Stoffprobe etwas oberhalb des blauen Kerns in die nicht leuchtende Brennerflamme. Betrachte die Flammenfärbung und notiere die Farbe.
Reinige das Magnesiastäbchen vor jeder Untersuchung einer neuen Probe durch Eintauchen in Salzsäure und Ausglühen. Untersuche ebenso Natriumchlorid, Kaliumchlorid, Strontium- und Bariumchlorid. Betrachte die Flammen auch durch das Cobaltglas.
Untersuche anschließend Speisesalz, Pflanzenasche und den unbekannten Stoff.

Auswertung:
1. Beschreibe das Aussehen der Flammen.
2. Welche Alkalimetalle oder Erdalkalimetalle sind am Aufbau der unbekannten Substanzen beteiligt?
3. Wozu dient das Cobaltglas?
4. Warum muss bei diesen Versuchen der Gasbrenner schräg eingespannt werden?

B 2 Linienspektrum und Spektralanalyse

Beim Durchgang von Sonnenlicht durch ein Prisma erscheinen alle Farben eines Regenbogens. Da die einzelnen Farben fließend und lückenlos zusammenhängend ineinander übergehen, spricht man von einem **kontinuierlichen Spektrum** (von lat. spectrum, Erscheinung).
Bringt man eine Natriumverbindung in die Flamme eines Gasbrenners, so tritt eine gelbe Flammenfärbung auf. Beim Durchgang dieses Lichts durch ein Prisma erscheint nur eine gelbe Linie, es liegt ein **Linienspektrum** vor. Ein Linienspektrum kann aus einer oder aus mehreren Spektrallinien bestehen. Es ist charakteristisch für ein bestimmtes Element, daher lassen sich Elemente aufgrund ihrer Spektrallinien bestimmen. Dieses Verfahren bezeichnet man als **Spektralanalyse**. Sie wurde 1859 von ROBERT BUNSEN und GUSTAV KIRCHHOFF begründet. BUNSEN entdeckte damit winzigste Spuren der bis dahin noch unbekannten Elemente Rubidium (in Gestein) und Caesium (in Mineralwasser).
Eine große Bedeutung besitzt die Spektralanalyse in der Astronomie. Man zerlegt das Licht, das von anderen Sternen ausgesandt wird, und erhält so Hinweise auf die Elemente, die am Aufbau dieser Sterne beteiligt sind.

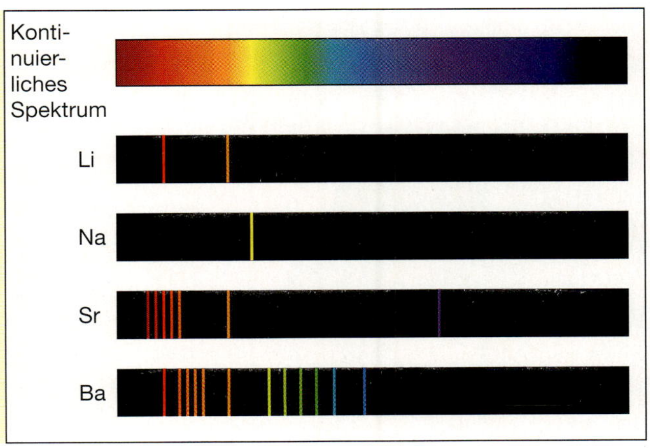

7.8 Überprüfung und Vertiefung

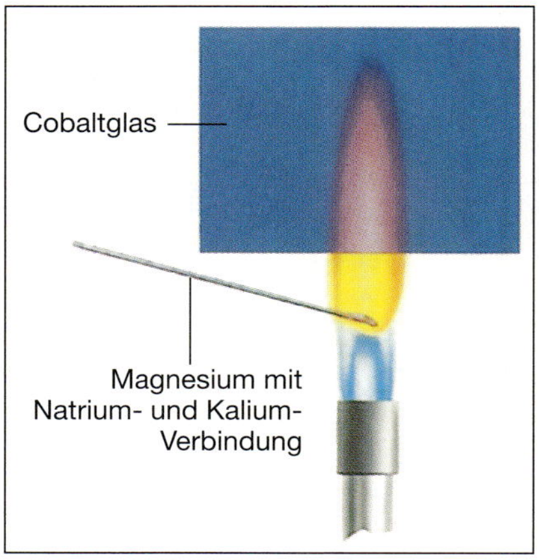

B 1 Zu Aufgabe 1

B 2 Zu Aufgabe 6

1 Um Kaliumverbindungen, die häufig durch Spuren von Verbindungen eines anderen Alkalimetalls verunreinigt sind, an ihrer Flammenfärbung zu erkennen, betrachtet man die Flamme durch ein Cobaltglas. Dieses blaue Glas hält gelbes Licht zurück (▷ B 1). Welche Verunreinigungen stören den Kaliumnachweis?

2 Frische Schnittflächen eines Natriumstücks überziehen sich an feuchter Luft sofort mit einem Belag. In völlig trockener Luft kann man den Glanz längere Zeit beobachten. Was schließt du aus diesen Beobachtungen?

B 3 Zu Aufgabe 7

3 Häufig werden Lösungsmittel, in denen nur noch wenig Wasser gelöst ist, im chemischen Labor mit Natrium „getrocknet". Natrium wird dazu als Draht verwendet, der mithilfe einer Natriumpresse in die betreffende Flüssigkeit eingepresst wird. Sobald der frische, glänzende Draht in die Flüssigkeit fällt, steigen Gasbläschen auf. Erkläre, was hier geschieht.

4 Die Alkali- und Erdalkalimetalle kommen in der Natur nicht elementar vor, dagegen gibt es viele Alkali- und Erdalkalimetallverbindungen.
Erkläre.

5 Warum enthalten Abflussreiniger Natriumhydroxid und nicht das billigere Calciumhydroxid?

6 Das intensiv gelbe Licht einer Natriumflamme erhält man auch mit einer *Natriumdampflampe*, die manchmal in Straßenlampen verwendet wird. Hierbei handelt es sich um eine Glasröhre, in der sich gasförmiges Natrium unter geringem Druck befindet. Beim Einschalten beobachtet man zunächst ein schwach violettes Licht, da die Lampe zum „Zünden" ein weiteres, leicht verdampfbares Alkalimetall enthält (▷ B 2). Um welches Metall könnte es sich handeln?

7 Tropft man Wasser auf Calciumoxidstücke, so erfolgt eine beachtliche Temperaturerhöhung (▷ B 3). Die Stücke zerfallen zu einem weißen Pulver. Benenne das Reaktionsprodukt und formuliere die Reaktionsgleichung.

8 Das Hydroxid des Erdalkalimetalls Barium ist wie Calciumhydroxid nur mäßig in Wasser löslich. Seine wässrige Lösung heißt Barytwasser. Wie Kalkwasser kann man auch Barytwasser zum Nachweis von Kohlenstoffdioxid einsetzen: Beim Einleiten von Kohlenstoffdioxid entsteht auch hier eine Trübung.
Welche Formel hat Bariumhydroxid? Was wird man bei Zugabe von Phenolphthaleinlösung zu Barytwasser beobachten?

Wichtige Begriffe
- Natrium
- Natronlauge
- Hydroxide
- alkalische Lösung
- Lithium
- Kalium
- Alkalimetalle
- Elementgruppe
- Calcium
- Erdalkalimetalle

Halogene

Auch Nichtmetalle können aufgrund ähnlicher Eigenschaften zu Gruppen zusammengefasst werden. So bilden die Elemente Fluor, Chlor, Brom und Iod die Elementgruppe der Halogene. Sie sind ähnlich wie die Alkalimetalle sehr reaktionsfähig.

Das Element Chlor begegnet uns bereits im Alltag. Es wird in Schwimmbädern in geringen Mengen dem Wasser zugesetzt, um Bakterien und andere Krankheitserreger abzutöten. Halogenlampen enthalten etwas Brom oder Iod, das eine besonders große Helligkeit der Glühwendel ermöglicht.

Da die Halogene sehr reaktionsfähig sind, kommen jedoch überwiegend ihre Verbindungen vor. Zu ihnen gehören so bekannte Stoffe wie das Kochsalz, aber auch die bei der Zahnpflege verwendeten Fluorverbindungen. Einige Verbindungen der Halogene sind sehr lichtempfindlich und dienen deshalb zur Herstellung fotografischer Schichten.

8.1 Eigenschaften der Halogene

B1 Die Halogene Chlor, Brom, Iod (von links) und ihre Farben im gasförmigen Zustand

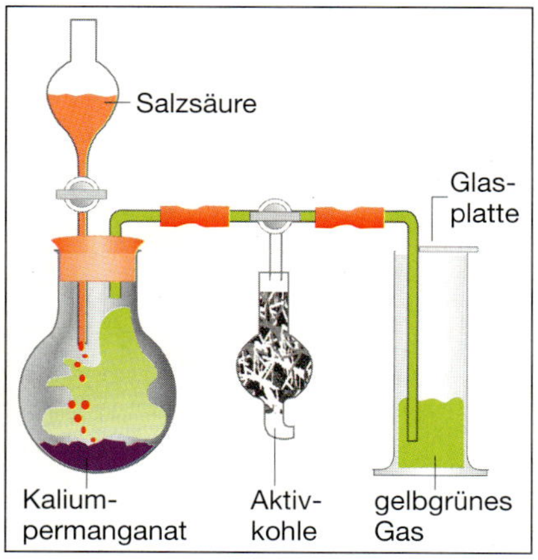

B2 Herstellung von Chlor aus Salzsäure

B3 Bleichende Wirkung von Chlor. Farbstoffe werden zerstört

⚠ **V 1** In einem Gasentwicklungsgerät lässt man halbkonzentrierte Salzsäure mit Calciumhypochlorit oder Kaliumpermanganat (▷B2) reagieren. Das entstehende Chlor leitet man in Standzylinder, die sofort verschlossen werden. (Vorsicht! Abzug!)
Um das Austreten von überschüssigem Chlor aus der Apparatur zu verhindern, wird es durch ein mit Aktivkohle gefülltes Rohr geleitet und adsorbiert.

⚠ **V 2** a) In ein Gefäß mit Chlor gibt man farbige Blüten oder ein mit Lackmus angefärbtes, feuchtes Filterpapier (Abzug!).
b) Etwas Methylrotlösung wird in einen Zylinder gegeben, der mit Chlor gefüllt ist. (Abzug!)

⚠ **V 3** Man gibt in ein mit Bromdampf (Chlor) gefülltes Gefäß etwas Aktivkohle und schüttelt. (Abzug!)

V 4 a) Versuche durch Schütteln etwas Iod in Wasser zu lösen.
b) Wiederhole den Versuch mit Alkohol (Brennspiritus) als Lösungsmittel.

A 1 Welches Volumen an Chlor benötigt man, um 1 ℓ Schwimmbadwasser zu chloren?

A 2 Berechne das Volumen an Chlor (Bromdampf), das im Chemieraum bei Beachtung der MAK-Werte höchstens enthalten sein darf.

A 3 Der Umgang mit Iod ist weniger gefährlich als der mit anderen Halogenen. Der MAK-Wert σ (Einheit ml/m^3) ist aber genauso hoch wie der von Brom und Fluor. Wie ist das zu erklären?

Die Elemente *Fluor*, *Chlor*, *Brom* und *Iod* gehören zu der *Elementgruppe* der **Halogene**. Es sind Nichtmetalle, die alle giftig bis sehr giftig sind. Deshalb erfordert der Umgang mit ihnen große Vorsicht.

Chlor. Das bekannteste Halogen ist das Chlor. Es ist ein stechend riechendes, gelbgrünes Gas, das seinen Namen von dieser Farbe erhalten hat (von griech. chloros, grün). Die Dichte des Gases beträgt 2,995 g/ℓ (also etwa 3 g/ℓ) bei 20 °C und 1013 hPa. In 100 g Wasser lösen sich 0,74 g Chlor, das entspricht einem Volumen von 0,25 ℓ.
Chlor kann im Labor aus seinen Verbindungen hergestellt werden (▷B2, ▷V1).

Giftwirkung von Chlor. Eingeatmetes Chlor verätzt die Schleimhäute der Atemwege und die Lungenbläschen. Beim Experimentieren sind daher besondere Vorsichtsmaßnahmen erforderlich, die verhindern, dass Chlorgas die Apparatur verlässt und in die Atemluft gelangt. Experimente werden deswegen entweder unter dem Abzug ausgeführt oder es werden Aktivkohlefilter auf die Öffnungen der Apparatur aufgesetzt. Solche Filter befreien auch in Atemschutzgeräten die Luft von eventuell vorhandenem Chlor.

Verwendung. Viele Farbstoffe werden von Chlor zerstört und dadurch ausgebleicht. Auf dieser Eigenschaft beruht auch der Einsatz von Chlor zum Bleichen von Papier und Textilien. Chlorbleichlaugen und manche Haushaltsreiniger (▷B4) enthalten Chlorverbindungen, aus denen elementares Chlor abgespalten werden kann.
Ein wichtiger Einsatzbereich für Chlor liegt in der Wasseraufbereitung. Wegen seiner keimtötenden Wirkung wird es dem Trinkwasser zugesetzt. Es enthält etwa 0,1 mg Chlor in 1 ℓ Wasser. Diese Konzentration reicht im Allgemeinen

VORSICHT

Nicht zusammen mit Säuren und sauren Reinigern, z. B. WC-Reinigern und Entkalkern, verwenden. Es können gefährliche Chlordämpfe entstehen.

Bei Spritzern in die Augen sofort mit Wasser ausspülen. Bei irrtümlicher Einnahme viel Wasser oder Milch trinken. In beiden Fällen sofort Arzt aufsuchen.

B4 Sanitärreiniger können gefährliche Chlorverbindungen enthalten. Die Vorsichtsmaßregeln sind zu beachten

Name, Molekülformel	Atommasse (u)	Schmelztemperatur (°C)	Siedetemperatur (°C)	Dichte bei 20 °C (g/ml)	Farbe des Gases
Fluor, F_2	19	−219	−188	0,00158	hellgelb
Chlor, Cl_2	35,5	−101	−35	0,00299	gelbgrün
Brom, Br_2	79,9	−7	59	3,12	rotbraun
Iod, I_2	126,9	113	184	4,93	violett

B5 Eigenschaften der Halogene im Vergleich

aus, um Bakterien abzutöten, gefährdet aber andererseits nicht die Gesundheit der Menschen. Das Wasser vieler Schwimmbäder wird ebenfalls gechlort. Hier kann die Konzentration 0,3 bis 0,6 mg/ℓ betragen.
Von der chemischen Industrie wird Chlor zur Herstellung von Kunststoffen, z. B. Polyvinylchlorid (PVC), gebraucht.

Brom ist eine leicht verdunstende, rotbraune, sehr giftige Flüssigkeit. Der unangenehme Geruch der Bromdämpfe (von griech. bromos, übel riechend) hat dem Element den Namen gegeben. Bei Kontakt mit Brom kann es zu starker Reizung der Augen und der Atmungsorgane kommen, auf der Haut entstehen tief gehende Verätzungen.

Iod ist bei Zimmertemperatur ein Feststoff, der in Form von metallisch glänzenden, grauschwarzen Plättchen vorliegt. Bereits bei geringer Erwärmung sublimiert er merklich. Dabei entsteht violetter Ioddampf. Der Farbe des Dampfes (von griech. iodes, veilchenblau) verdankt es seinen Namen. Ioddämpfe sind giftig.

Fluor ist ein hellgelbes Gas mit einem chlorähnlichen Geruch. Es verursacht schwere Verätzungen der Atemwege und der Haut. Wegen seiner außerordentlichen Reaktionsfähigkeit ist im Umgang mit Fluor größte Vorsicht geboten. Viele Stoffe reagieren mit Fluor unter Flammenerscheinung. Weil es auch Glas zerstört, wird es in Kupfergefäßen aufbewahrt.

Halogene bestehen aus zweiatomigen Molekülen F_2, Cl_2, Br_2 und I_2.

Der MAK-Wert. Beschäftigte in Laboratorien und Produktionsanlagen, in denen mit Halogenen oder anderen Gefahrstoffen gearbeitet wird, müssen vor den Auswirkungen giftiger Stoffe in der Atemluft geschützt werden. Auch sehr kleine Anteile giftiger Stoffe, die mit dem Geruchsinn nicht wahrgenommen werden, können die Gesundheit in Mitleidenschaft ziehen.
Dem Schutz der Gesundheit am Arbeitsplatz dienen die MAK-Werte (**m**aximale **A**rbeitsplatz**k**onzentration). Sie geben die höchstzulässige Konzentration eines Arbeitsstoffes als Gas, Dampf oder Schwebstoff in der Luft am Arbeitsplatz an. Bei Einhaltung der Werte wird bei einer wöchentlichen Arbeitszeit von 40 Stunden nach dem gegenwärtigen Stand der Wissenschaft auch bei langfristiger Einwirkung die Gesundheit im Allgemeinen nicht beeinträchtigt.
Die MAK-Werte werden immer wieder überprüft und neu festgesetzt, wenn es medizinisch erforderlich und messtechnisch möglich ist. In jährlich neu erscheinenden Listen werden die MAK-Werte aller untersuchten Stoffe veröffentlicht.
Bei den MAK-Werten ist zwischen der Massenkonzentration β (Einheit mg/m^3) und der Volumenkonzentration σ (Einheit ml/m^3 = ppm, parts per million) zu unterscheiden.

Tabelle der MAK-Werte der Halogene

Halogen	MAK-Wert β in mg/m^3	MAK-Wert σ in ml/m^3
Fluor	0,16	0,1
Chlor	1,5	0,5
Brom	0,66	0,1
Iod	1,1	0,1

8.2 Halogene sind Salzbildner

B 1 Natrium reagiert heftig mit Chlor

B 2 Reaktion von Eisenwolle mit Chlor

V 1 a) In ein bis zum Erweichen erhitztes Reagenzglas wird ca. 2 cm oberhalb des Bodens ein Loch geblasen. Ein entkrustetes, erbsengroßes Stück Natrium wird darin erhitzt. Kurz bevor sich das Natrium entzündet, bringt man das Reagenzglas in einen Zylinder mit Chlor. (Abzug! Schutzbrille!)
b) Der entstandene weiße Stoff wird mit möglichst wenig Wasser herausgelöst. Einen Tropfen gibt man auf einen Objektträger, lässt das Wasser verdunsten und betrachtet den Rückstand unter dem Mikroskop.

V 2 Ein Standzylinder, dessen Boden eine Sandschicht bedeckt, wird mit Chlor gefüllt. In den Zylinder wird erhitzte Eisenwolle getaucht. Der Versuch wird mit einem erhitzten Kupferblech wiederholt. (Abzug!)

B 3 Reaktion von Brom mit Aluminium

B 4 Bromwasser reagiert mit Kupfer

Halogene sind sehr reaktionsfreudige Elemente. Wir wollen prüfen, welche Reaktionen ablaufen, wenn sie mit verschiedenen Metallen, z. B. dem reaktionsfreudigen Natrium, zusammengebracht werden.

Bildung von Kochsalz. Lässt man Chlorgas auf geschmolzenes Natrium einwirken (▷ B 1, ▷ V 1), so setzt unter Aussendung von gelbem Licht eine heftige Reaktion ein. Dabei verschwindet die für das Chlor charakteristische Farbe des Gases und es entsteht ein *weißer Feststoff*, der als **Kochsalz** identifiziert werden kann. Die chemische Bezeichnung für Kochsalz ist **Natriumchlorid**.

Natrium + Chlor ⟶ Natriumchlorid

$$2\,Na + Cl_2 \longrightarrow 2\,NaCl$$

Im Gegensatz zu den Ausgangsstoffen ist Natriumchlorid ein ziemlich ungefährlicher Stoff, den jeder Mensch täglich, allerdings nur in kleinen Mengen, mit der Nahrung aufnehmen muss.

Auch andere Metalle reagieren mit Chlor. Die Reaktionsprodukte von Metallen mit Chlor heißen **Metallchloride**. Mit Eisen erhält man *Eisenchlorid* (▷ B 2), mit Kupfer *Kupferchlorid*.

$$2\,Fe + 3\,Cl_2 \longrightarrow 2\,FeCl_3$$
$$Cu + Cl_2 \longrightarrow CuCl_2$$

Alle drei Reaktionen verlaufen exotherm, jedoch mit unterschiedlicher Heftigkeit. Die Metalle besitzen offensichtlich ein *unterschiedliches Bindungsbestreben* zu Chlor. Von den eingesetzten Metallen ist das Bindungsbestreben bei Natrium am größten, bei Kupfer am kleinsten. Die Metalle verhalten sich in ihrem Bindungsbestreben zu Chlor ähnlich wie zu Sauerstoff.

Bromide und Iodide. Auch Brom und Iod reagieren mit Metallen. Aluminium und Brom bilden in einer exothermen Reaktion *Aluminiumbromid* (▷ B 3, ▷ V 3):

$$2\,Al + 3\,Br_2 \longrightarrow 2\,AlBr_3$$

Kupfer reagiert mit in Wasser gelöstem Brom (Bromwasser) zu löslichem *Kupferbromid* (▷ B 4, ▷ V 4).
Aus Magnesium und Iod entsteht in einer exothermen Reaktion *Magnesiumiodid* unter der katalytischen Wirkung von Wasser (▷ V 5).

$$Mg + I_2 \longrightarrow MgI_2$$

Salze. Die Reaktionsprodukte aus Metallen und Halogenen, die **Metallhalogenide**, sind feste Stoffe mit hohen Schmelztemperaturen. Viele lösen sich gut in Wasser. Sie haben ähnliche Eigenschaften wie Natriumchlorid („Salz"). Man zählt sie zur Stoffklasse der **Salze**. Dies erklärt auch die Bezeichnung *Halogen*: **Salzbildner** (von griech. hals, Salz und griech. gennan, bilden).

Halogene sind Salzbildner

Diese *Salze* entstehen in Reaktionen von *Nichtmetallen* mit *Metallen*. Zu ihnen zählen auch *Oxide* und *Sulfide*. Bei der Benennung der Salze wird zuerst das Metall genannt, danach folgt die Stammsilbe aus dem griechischen bzw. lateinischen Namen des Nichtmetalls mit angehängter Endung **-id**.

Bindungsbestreben der Halogene. Die unterschiedliche Heftigkeit der Reaktionen von Chlor, Brom und Iod mit jeweils demselben Metall (▷B5, ▷V6) zeigt dass die Halogene ein unterschiedliches Bindungsbestreben zu Metallen haben. Das Bindungsbestreben nimmt vom Chlor über Brom zum Iod hin ab.

> Halogene reagieren mit Metallen in exothermen Reaktionen zu Halogeniden. Das Bindungsbestreben nimmt hierbei von Chlor über Brom zu Iod hin ab.

Nachweis von Halogeniden. Gibt man zu Lösungen von Chloriden Silbernitratlösung, fällt jeweils ein weißer, flockiger Niederschlag aus (▷B6). Alle diese Niederschläge bestehen aus *Silberchlorid* ($AgCl$). Entsprechend erhält man mit Lösungen von Bromiden bzw. Iodiden weißgelbes *Silberbromid* ($AgBr$) bzw. gelbes *Silberiodid* (AgI) (▷V7). Man kann also durch Zusatz von Silbernitratlösung zu der Lösung eines Halogenids an dem auftretenden Niederschlag erkennen, welches Halogenid vorliegt.

> Silbernitratlösung ist ein Nachweismittel für Chloride, Bromide und Iodide. Es entstehen unterschiedlich aussehende Niederschläge des entsprechenden schwer löslichen Silberhalogenids.

V 3 In ein Reagenzglas füllt man ca. 1 cm hoch Brom (Abzug!) und stellt es in Sand. Hierzu gibt man ein angeschmirgeltes Aluminiumblech (ca. 1 cm × 3 cm). Abzug schließen!

V 4 Man gibt im Reagenzglas zu Bromwasser etwas Kupferpulver bzw. Zinkpulver und schüttelt kräftig. (Abzug!) Beobachte die Farbänderung.

V 5 Man verreibt ca. 1 g Magnesiumpulver mit ca. 2 g Iod und bildet daraus einen flachen Kegel. Man tropft etwas Wasser auf das Gemisch. (Abzug!)

V 6 Man hält eine Kupferfolie (Blattmetall) in je einen Standzylinder mit Chlor-, Brom- und Ioddampf. (Abzug!) Vergleiche die Reaktionsabläufe.

V 7 Stelle jeweils eine Lösung von Natriumchlorid, Kaliumchlorid, Calciumchlorid, Natriumbromid, Kaliumbromid, Natriumiodid und Kaliumiodid in dest. Wasser her und gib in jedes Reagenzglas einige Tropfen Silbernitratlösung. (Vorsicht! Silbernitratlösung darf nicht in die Augen gelangen!)
Schildere die Beobachtungen.

A 1 Formuliere für die Reaktion von Aluminium mit Chlor und Kupfer mit Brom die Reaktionsgleichungen. Die Formel für Aluminiumchlorid ist: $AlCl_3$, die für Kupferbromid: $CuBr_2$.

A 2 Die Formeln einiger Alkali- und Erdalkalihalogenide lauten: $LiCl$, $NaBr$, $MgCl_2$, KI, $CaBr_2$, MgI_2.
Gib die Namen der Verbindungen an.
Welche der Verbindungen sind Alkali-, welche Erdalkalihalogenide? Was fällt bei einem Vergleich der Formeln auf?

B5 Reaktion von Halogenen mit Kupfer. Die Reaktionsfähigkeit nimmt von Chlor (links) über Brom zu Iod ab

B6 Chloridnachweis. Chloridlösungen, mit Silbernitratlösung versetzt, ergeben einen weißen Silberchloridniederschlag

8.3 Natriumchlorid – ein wichtiges Salz

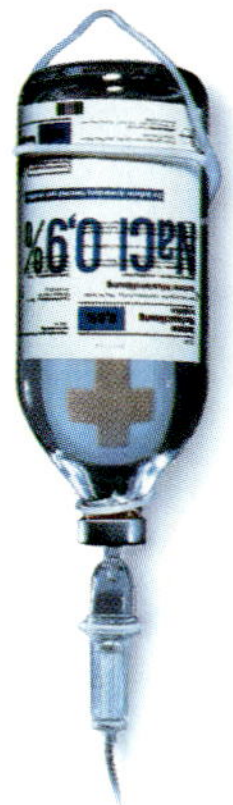

B 1 Physiologische Kochsalzlösung

B 2 Kochsalz im Alltag. Oben: Speisesalz. Unten: Streusalz (eingefärbt)

B 3 Entstehung einer Salzlagerstätte

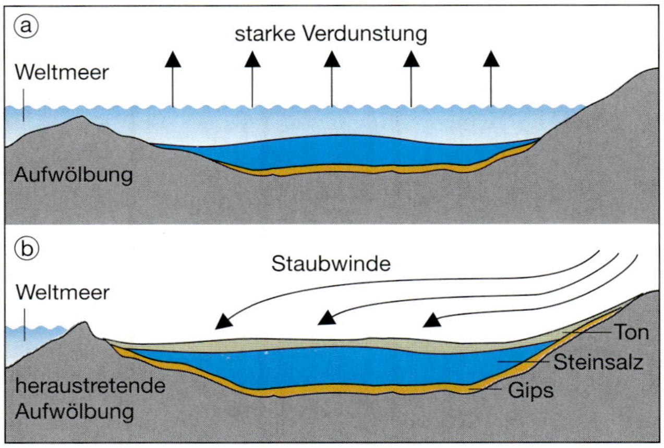

V 1 Mische Eisstückchen und Streusalz im Verhältnis 2 : 1 und bestimme die Temperatur des Gemisches.

A 1 Früher setzte man Sole vor dem Eindampfen dem Einfluss von Sonne und Wind aus und ließ sie oftmals über hohe, aus Reisig bestehende Wände fließen. Welchen Zweck hatten diese sogenannten Gradierwerke?

A 2 Erläutere die in ▷ B 3 dargestellten Vorgänge, die zur Bildung einer Salzlagerstätte geführt haben.

A 3 Gib an, was man unter physiologischer Kochsalzlösung versteht.

Kochsalz war früher ein sehr kostbarer Stoff. Viele Städte verdankten ihren Reichtum dem Salzvorkommen oder dem Salzhandel. Die Salzstraßen stellten wichtige Handelswege dar, auf denen das Salz über weite Entfernungen in Europa transportiert wurde. Siedlungen, deren Gründung mit dem Salz in Verbindung stehen, erkennen wir an den Silben -salz, -sulz oder -hall in der Ortsbezeichnung.

Bedeutung und Verwendung. Kochsalz wird zur geschmacklichen Verbesserung unserer Speisen eingesetzt. Darüber hinaus ist es ein lebenswichtiger Stoff, von dem der Mensch täglich 2 bis 3 g aufnehmen muss. Im Körper ist Kochsalz z. B. notwendig für die Funktion des Nervensystems und die Produktion von Magensäure. Eine zu salzreiche Ernährung ist andererseits aber schädlich und kann zahlreiche Krankheiten, z. B. einen zu hohen Blutdruck, verursachen.
In der Medizin wird die *„physiologische Kochsalzlösung“* (▷ B 1) eingesetzt, die in Notfällen bei hohem Blutverlust einem Verletzten als Blutersatzstoff übertragen wird. Sie enthält 9 g Kochsalz pro Liter. Dies entspricht etwa dem Salzgehalt des Blutes.

Kochsalz ist ein *Konservierungsstoff*, der die Lebensfähigkeit vieler Mikroorganismen einschränkt (z. B. bei Pökelfleisch und Salzheringen).

Große Bedeutung kommt dem Natriumchlorid im Winter als Hauptbestandteil des *Streusalzes* zu. Zur Unterscheidung von Speisesalz wird ihm meistens ein Farbstoff zugesetzt. Bei Zusatz von Salz beginnt Eis zu tauen. Dabei sinkt die Temperatur der entstehenden Salzlösung ab (▷ V 1). Salzwasser erstarrt erst bei niedrigerer Temperatur als reines Wasser. Der Einsatz von Streusalz ist allerdings bedenklich. Mit Schmelz- und Regenwasser gelangt es ins Erdreich und kann auf diesem Wege die Wurzeln von Pflanzen schädigen und sie zum Absterben bringen. Außerdem begünstigt Streusalz die Korrosion an Fahrzeugen.

Über 90 % des geförderten Kochsalzes werden in der chemischen Industrie als Rohstoff für die Herstellung zahlreicher Produkte, z. B. Natrium, Chlor und Natronlauge, verwendet.

Entstehung und Vorkommen. Die gewaltigen Salzlagerstätten sind Meeresablagerungen vergangener Erdzeitalter. Die großen Salzlager Deutschlands entstanden vor ca. 200 Millionen Jahren, als große Teile Mitteleuropas von Meeren bedeckt waren.
Kochsalz ist der Hauptbestandteil der im Meer gelösten Salze, die durch Verwitterung von Gestein ins Wasser gelangten und mit den Flüssen ins Meer transportiert

wurden. Durch Aufwölbungen am Meeresgrund entstanden flache Becken, in denen bei dem damals herrschenden heißen Klima das Wasser schnell verdunstete, sodass ständig frisches Meerwasser nachströmte. Dadurch nahm der Salzgehalt in den Becken zu. Zuerst begannen sich schwer lösliche Salze, z. B. Gips, dann aber auch das Kochsalz am Boden abzusetzen (▷ B 3a).

Wurden die Becken vom Meer abgetrennt, so trockneten sie vollständig aus. Staub und Sand bedeckten die entstandenen Salzschichten und schützten sie vor Witterungseinflüssen (▷ B 3b). Bei einer anschließenden Landsenkung konnte das Becken erneut überflutet werden und der Vorgang wiederholte sich. Im Laufe der Jahrmillionen senkten sich die Salzschichten weiter ab und wurden von neuen Gesteinsschichten überdeckt.

Gewinnung. Die Produktion von Kochsalz erfolgte in Mitteleuropa zuerst an den Stellen, an denen *Solequellen* zutage traten. Das Wasser aus der Sole wurde verdampft (Salzsiederei).
Heute erfolgt der Abbau von Natriumchlorid zumeist in Bergwerken. Auf eine Abstützung der dabei entstehenden Hohlräume (Kavernen) kann man verzichten, da das nicht abgebaute Salz fest und dicht ist. Oft löst man auch das Salz mit Wasser aus dem Lager und dampft das salzhaltige Wasser zur Gewinnung von Siedesalz ein.
Speziell hergestellte *Salzkavernen* werden zur Vorratshaltung von Erdöl eingesetzt.

In südlichen Ländern kann durch Verdunsten von Meerwasser in Salzgärten Meersalz gewonnen werden.

Speicherung von Erdöl in einem Salzstock. Um die Sicherheit und Regelmäßigkeit der Versorgung mit Erdöl zu gewährleisten, werden große Mengen an Erdöl gelagert. Dazu eignen sich besonders Hohlräume (Kavernen) in unterirdischen Salzlagerstätten, da sie für Erdöl undurchlässig sind.

Herstellung einer Kaverne. Der ausgewählte Salzstock wird angebohrt und mithilfe eines doppelten Rohrstranges ausgespült. Durch ein inneres Rohr (hier nicht dargestellt) wird Wasser (Seewasser) eingeleitet. Es löst das Salz aus der Lagerstätte und wird, nachdem es durch den äußeren Rohrstrang ausgetreten ist (Sole), dem Meer zugeleitet.

Erdölspeicherung. Wenn Erdöl eingelagert wird, verdrängt es von oben her die in der Kaverne befindliche Sole. Zur Entnahme von Erdöl (nur in Notzeiten) wird Seewasser hineingepumpt.

Maße einer Salzkaverne

Höhe:	bis 400 m
Breite:	bis 50 m
Gesamtvolumen:	ca. 300 000 m^3
Nutzvolumen:	ca. 250 000 m^3

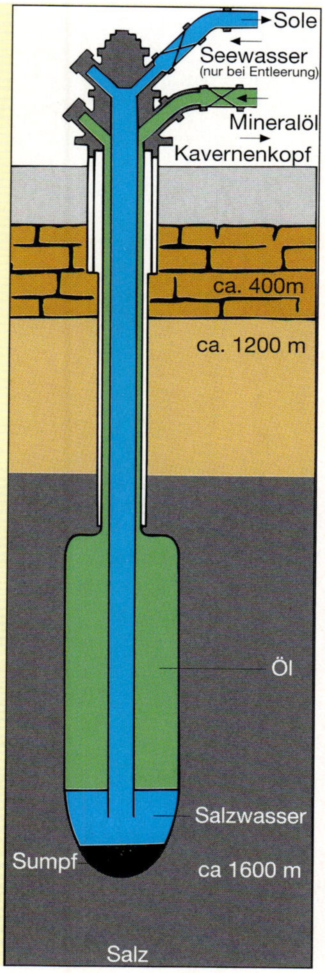

Iod- und Fluorverbindungen im menschlichen Körper. Von der Schilddrüse werden zwei lebenswichtige, stoffwechselsteuernde Iodverbindungen, das *Thyroxin* und das *Triiodthyronin*, gebildet. Um diese Hormone bilden zu können, muss der Körper andere Iodverbindungen, z. B. Iodide, aufnehmen. Die täglich notwendige Aufnahme an Iodid beträgt ungefähr 150 µg.
Wird zu wenig von diesen Hormonen gebildet, kommt es zu typischen Krankheitssymptomen, u. a. zu Verdickungen und Schwellungen der Haut und einer Vergrößerung der Schilddrüse (Kropfbildung). Extremer Iodmangel in der Nahrung und v. a. im Trinkwasser, wie er früher z. B. in manchen Alpentälern vorlag, kann zu einer starken Verzögerung der geistigen und körperlichen Entwicklung führen, im Extremfall zu Schwachsinn. Dies tritt hauptsächlich auf, wenn schon die Mutter während der Schwangerschaft zu wenig Schilddrüsenhormone produzierte.
Außer durch Mangel an Iodid in der Nahrung kann diese Krankheit auch durch Störungen im Hormonhaushalt bedingt sein. Um einem Iodidmangel vorzubeugen, wird in manchen Ländern Speisesalz generell „iodiert“, d. h. es werden Iodverbindungen zugesetzt. Auch in Deutschland ist neben „normalem“ Speisesalz „Iodsalz“ erhältlich.

Fluorapatit ist eine Fluorverbindung, die im Knochen gebildet wird und, neben anderen Mineralien, zu seiner Festigkeit beiträgt. Es ist auch wichtiger Bestandteil des Dentins und für die Härte der Zähne mitbestimmend. Zur Bildung von Fluorapatit benötigt der Körper Fluorverbindungen, z. B. Fluoride. Fluoridmangel in der Nahrung begünstigt Karies. In manchen Ländern werden deshalb dem Trinkwasser Fluoride zugesetzt. Auch manche Zahncremes enthalten Fluorverbindungen.

8.4 Salzsäure

V 1 Konz. Salzsäure wird erhitzt. (Schutzbrille!) Das entstehende Gas wird mit einem doppelt rechtwinklig gebogenen Glasrohr und einem umgedrehten Trichter zunächst auf Wasser, dann auf Wasser mit zugesetztem Universalindikator geleitet.

V 2 In einem Gasentwickler wird auf Natriumchlorid konz. Schwefelsäure (Schutzbrille!) getropft. Das entstehende Gas leitet man auf Wasser, das mit Universalindikator angefärbt wurde.

V 3 Gib zu verdünnter Salzsäure einige Tropfen Silbernitratlösung.

V 4 Gib in ein Reagenzglas verdünnte Salzsäure und füge ein Stück Magnesiumband (Spatelspitze Eisenpulver) zu. Fange das entstehende Gas durch Wasserverdrängung in einem Reagenzglas auf und führe die Knallgasprobe aus. (Schutzbrille!)

V 5 Wasserstoff wird an der Luft entzündet. Die Flamme wird langsam in einen Standzylinder mit Chlor getaucht. (Abzug!)
Nach Beendigung der Reaktion spritzt man etwas Wasser in den Zylinder hinein, verschließt ihn sofort mit einer Glasplatte und schüttelt. Danach gibt man Universalindikator hinzu.

V 6 Wie in ▷V2 stellt man Chlorwasserstoff her und füllt damit einen trockenen Rundkolben. Als Verschluss dient ein durchbohrter Gummistopfen mit einem ausgezogenen Glasrohr (Spitze nach innen). Der Kolben wird in ein Gefäß mit Wasser getaucht, das mit Universalindikator angefärbt wurde.
(Schutzbrille! Schutzscheibe!)

Eine im Labor häufig gebrauchte Säure ist Salzsäure, eine farblose, stark ätzende Flüssigkeit. Man verwendet sie z. B. zum Reinigen oxidierter Metalle („Lötwasser") und zum Entfernen von Kalkbelägen. Um Verwechslungen und ihren Folgen vorzubeugen, muss sie, wie alle Chemikalien, in ordnungsgemäß gekennzeichneten Gefäßen aufbewahrt werden, keinesfalls in Getränkeflaschen.

Stark verdünnte Salzsäure (ca. 0,3 %) ist Bestandteil des Magensaftes. Ein Überschuss an Salzsäure verursacht „Sodbrennen".

Untersuchung von Salzsäure. Öffnet man eine Flasche mit konzentrierter Salzsäure, so bilden sich Nebel. Es entweicht ein stechend riechendes, farbloses Gas, das mit der Feuchtigkeit der Luft Nebel entstehen lässt. Ein angefeuchtetes Indikatorpapier färbt sich rot (▷B1).

Erhitzt man konzentrierte Salzsäure (▷V1) und leitet das entweichende Gas auf eine Wasseroberfläche, kann man beobachten, dass sich Schlieren bilden. Wegen seiner großen Dichte sinkt das Gas herab und löst sich im Wasser. Ein zugesetzter Indikator zeigt an, dass eine saure Lösung vorliegt. Die Vermutung liegt nahe, dass wieder Salzsäure entstanden ist.

Zusammensetzung der Salzsäure. Man kann Salzsäure herstellen, indem man Schwefelsäure auf Natriumchlorid („Salz") tropft (▷B3, ▷V2) und das entstehende Gas auf Wasser leitet. Diese Methode, die heute nur noch im Labor verwendet wird, hat der Salzsäure ihren Namen gegeben. Die Zusammensetzung der Salzsäure kann durch die folgenden Versuche ermittelt werden.

Gibt man zu Salzsäure Silbernitratlösung (▷V3), fällt ein flockiger, weißer Niederschlag von Silberchlorid aus.

B 1 Salzsäuregas färbt feuchtes Indikatorpapier rot

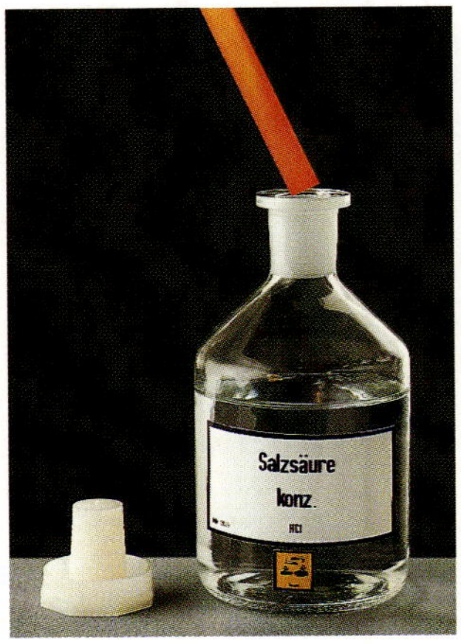

B 2 Reaktion von Chlor mit Wasserstoff

B 3 Herstellung von Chlorwasserstoff aus Natriumchlorid und konzentrierter Schwefelsäure

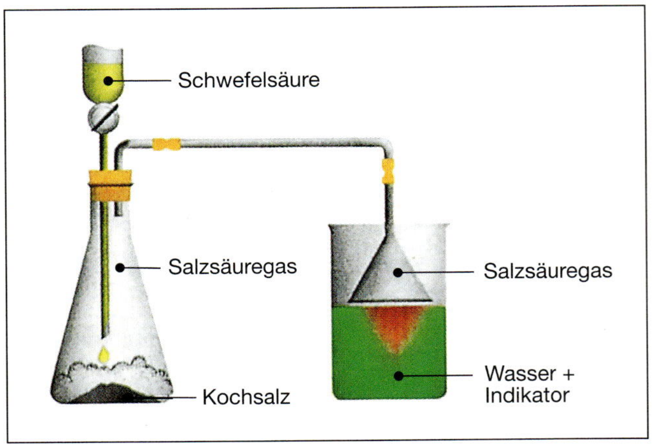

Salzsäure enthält offenbar ein gelöstes Chlorid. Wegen des Aggregatzustands des Salzsäuregases wird es sich hierbei wohl nicht um ein salzartiges Metallchlorid handeln.
Da Salzsäure mit vielen Metallen unter Bildung von Wasserstoff (▷V4) reagiert, lässt sich vermuten, dass das gelöste Salzsäuregas eine Verbindung des Chlors und des Wasserstoffs ist. Allerdings könnte der freigesetzte Wasserstoff auch aus dem Wasser stammen.

Herstellung von Salzsäure aus Wasserstoff und Chlor. Taucht man eine Wasserstoffflamme langsam in einen mit Chlor gefüllten Zylinder (▷B2, ▷V5), so beobachtet man, dass der Wasserstoff mit fahlweißer Flamme weiterbrennt. Mit zunehmender Eintauchtiefe verschwindet die Farbe des Chlors. Es entsteht ein farbloses Gas, das mit Feuchtigkeit, die im Zylinder enthalten ist, Nebel bildet.
Das in der Reaktion von Wasserstoff mit Chlor entstandene Gas heißt **Chlorwasserstoff**.

Wasserstoff + Chlor ⟶ Chlorwasserstoff

$$H_2 + Cl_2 \longrightarrow 2\,HCl$$

Setzt man Wasser und Universalindikator hinzu, beobachtet man eine Rotfärbung. Chlorwasserstoff besitzt dieselben Eigenschaften wie das Salzsäuregas. Beide Gase sind identisch.

Die Lösung von Chlorwasserstoff in Wasser heißt Salzsäure.

Löslichkeit des Chlorwasserstoffs in Wasser. In welchem Ausmaß sich Chlorwasserstoff in Wasser löst, zeigt der „Springbrunnenversuch" (▷B4, ▷V6). Anfänglich steigt das Wasser im Glasrohr sehr langsam hoch. Wenn aber die ersten Wassertropfen in den mit Chlorwasserstoff gefüllten Kolben gelangen, löst sich in ihnen ein großer Teil der Chlorwasserstoffportion. Dadurch entsteht ein starker Unterdruck, der den Springbrunnen entstehen lässt. Ein Liter Wasser bei 0 °C und einem Druck von 1013 hPa kann etwa 500 ℓ Chlorwasserstoff aufnehmen. Verglichen mit anderen Gasen ist diese Löslichkeit ungewöhnlich groß. Bei gleichen Bedingungen lösen sich etwa 0,05 ℓ Sauerstoff bzw. 1,7 ℓ Kohlenstoffdioxid. Bei der Aufnahme von Chlorwasserstoff in Wasser wird Wärme frei (▷B5).

Andere Halogenwasserstoffverbindungen. Ähnlich wie Chlor reagieren auch die anderen Halogene mit Wasserstoff. Die dabei entstehenden *Halogenwasserstoffverbindungen* bilden mit Wasser *Bromwasserstoffsäure* bzw. *Iodwasserstoffsäure*. *Fluorwasserstoffsäure* (Flusssäure) muss in Gefäßen aus Kunststoff aufbewahrt werden, da sie mit Glas zu einer löslichen Verbindung reagiert.

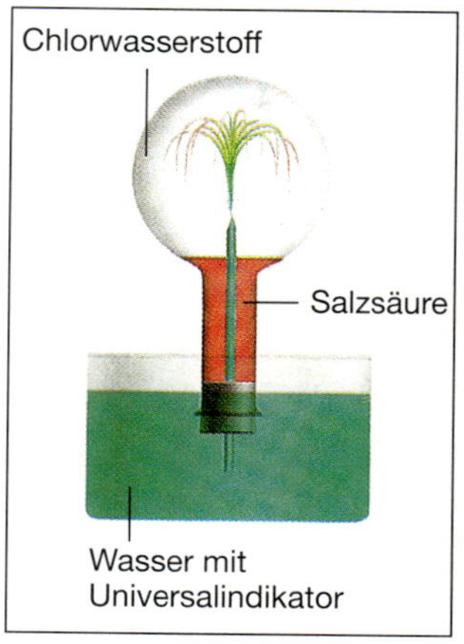

B4 Der Springbrunnenversuch beruht auf der außerordentlich guten Aufnahmefähigkeit von Wasser für Chlorwasserstoff

A 1 Gib zwei Methoden zur Herstellung von Salzsäure an.

A 2 Erkläre das Zustandekommen des Springbrunnens in ▷B4 in Einzelschritten.

A 3 Warum kann man durch Eindampfen von konz. (37%iger) Salzsäure keine 100%ige (wasserfreie) Salzsäure erhalten?

A 4 Was kann geschehen, wenn in ▷B3 der Glastrichter in das Wasser eintaucht?

A 5 Zur Kennzeichnung von Laborgeräten kann farblose „Glasätztinte" verwendet werden. Was enthält sie möglicherweise?

B5 Reaktion von Chlorwasserstoff mit Wasser. Es wird Wärme frei

8.5 Überprüfung und Vertiefung

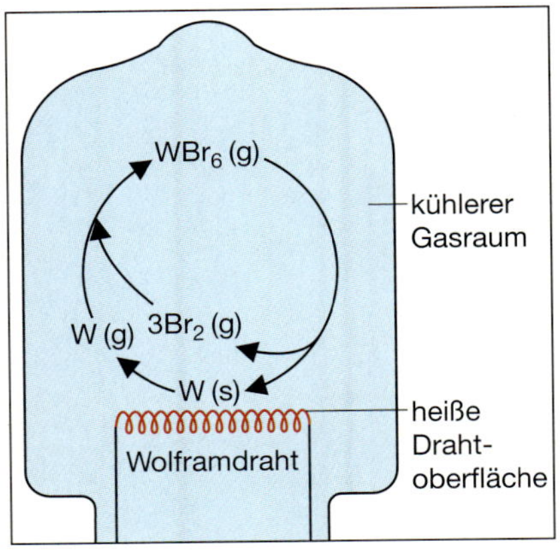

B 1 Zu Aufgabe 6

B 2 Zu Aufgabe 8

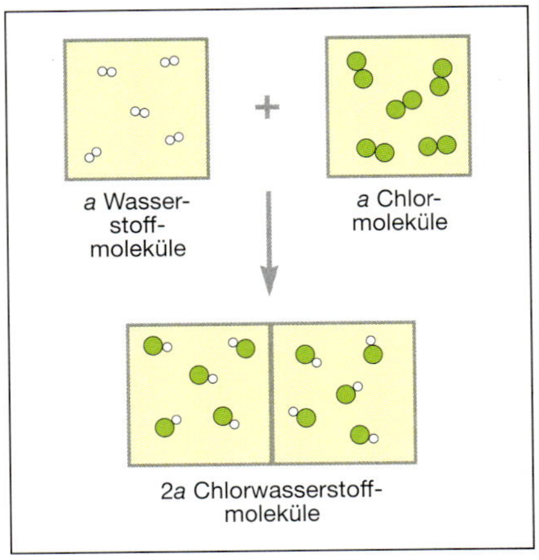

B 3 Zu Aufgabe 9

1 Fluor, Chlor und Brom treten in der Natur nicht elementar auf, dagegen gibt es viele Verbindungen dieser Elemente. Erkläre!

2 Wenn man Calciumfluorid mit konzentrierter Schwefelsäure in einem Bleitiegel erhitzt, entweicht ein Gas, das eine über die Öffnung des Tiegels gelegte Glasplatte anätzt. Welches Gas ist entstanden?

3 Wie kann man nachweisen, dass es sich bei einer Lösung um
a) gelöstes Natriumchlorid,
b) gelöstes Kaliumbromid,
c) gelöstes Kaliumiodid,
d) Salzsäure handelt?

4 Gibt man Silbernitratlösung zu Leitungswasser, so tritt eine schwache Trübung auf. Erkläre!

5 Konzentrierte 37%ige Salzsäure wird auch rauchende Salzsäure genannt. Warum ist diese Bezeichnung nicht korrekt?

6 Die Glühwendel einer Glühfadenlampe besteht aus Wolfram, einem Metall mit sehr hoher Schmelztemperatur. In einer Glühlampe kann damit eine Glühtemperatur bis ca. 3000 °C erreicht werden. Bei hoher Temperatur sublimiert allerdings ständig etwas Wolfram von der Wendel. An den kühleren Stellen, z. B. an der Glaswand, resublimiert das Wolfram wieder und es entsteht mit der Zeit ein dunkler Belag.
Halogenlampen enthalten (unter vermindertem Druck) eine geringe Menge an gasförmigem Brom. Dieses reagiert mit dem gasförmigen Wolfram zu Wolframhexabromid (WBr_6), ebenfalls ein Gas. Wolframhexabromid zerfällt allerdings wieder an Stellen hoher Temperatur in (festes) Wolfram und Brom (▷ B 1).
Versuche, folgende Vorzüge einer Halogenlampe gegenüber einer herkömmlichen Glühlampe zu erklären: Es kann ein sehr viel helleres Licht erzeugt werden und die Lebensdauer ist wesentlich höher.

7 Erkläre folgenden Versuchsablauf: Beim Auftropfen von konzentrierter Schwefelsäure auf Kochsalz entsteht ein Gas, das über geschmolzenes Natrium geleitet wird. Es reagiert mit heller Leuchterscheinung zu einem weißen Feststoff und einem Gas, das nach Durchführung der Knallgasprobe entzündet wird. An einem über die Flamme gehaltenen Becherglas kann man einen Beschlag aus kleinen Tröpfchen erkennen.

8 Kochsalz enthält in geringen Mengen hygroskopisches (Wasser anziehendes) Magnesiumchlorid. Ihm ist es zuzuschreiben, dass das Salz „klebrig“ wird und die Löcher des Salzstreuers verstopft. In vielen Haushalten ist es üblich, Reis in den Salzstreuer zu geben, um das Salz rieselfähig zu halten (▷ B 2).
Worauf ist die Wirkung dieses Zusatzes zurückzuführen?

9 In einer geschlossenen Apparatur lässt man 30 ml Chlor mit einem Überschuss an Wasserstoff reagieren. Nach Abschluss der Reaktion ist das Gesamtvolumen im Gefäß unverändert. Gibt man nun Wasser in das Gefäß, verringert sich das Gasvolumen um 60 ml.
Deute mithilfe von ▷ B 3 und dem Satz von AVOGADRO das Ergebnis des Experiments.

Wichtige Begriffe

Halogene
Fluor, Chlor, Brom, Iod
MAK-Wert
Halogenide
Nachweis von Halogeniden
Trinkwasserchlorierung
Chlorwasserstoff
Salzsäure

Periodensystem und Atombau

Wir haben die Atome der verschiedenen Elemente bisher im Sinne DALTONS als Kugeln betrachtet, die sich nur in ihrer Masse und Größe voneinander unterscheiden. Diese einfache Modellvorstellung reichte aus, um die Massengesetze zu veranschaulichen. Die meisten Eigenschaften von Stoffen und deren chemisches Verhalten lassen sich damit jedoch nicht erklären.

Wichtige physikalische Entdeckungen leiteten etwa ab Beginn dieses Jahrhunderts eine Entwicklung zu immer leistungsfähigeren Atommodellen ein, die insbesondere das Innere der Atome beschreiben. Sie ermöglichen ein tieferes Verständnis des Aufbaus und des Verhaltens von Stoffen. In diesem Kapitel befassen wir uns mit einigen wesentlichen Entdeckungen, von denen die Entwicklung verschiedener Atommodelle ausging. Wir gelangen zu einem Modell, durch das wir die Ähnlichkeiten innerhalb einer Elementgruppe erklären können und das uns ein allgemeines Ordnungsprinzip für die Atome aller Elemente liefert.

Die Bilder auf dieser Seite zeigen verschiedene Modelle für das Chloratom.

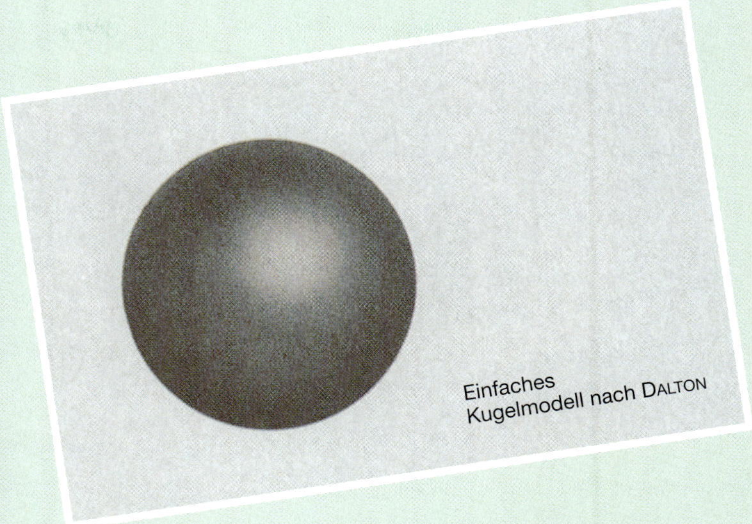

Einfaches Kugelmodell nach DALTON

Kern-Hülle-Modell

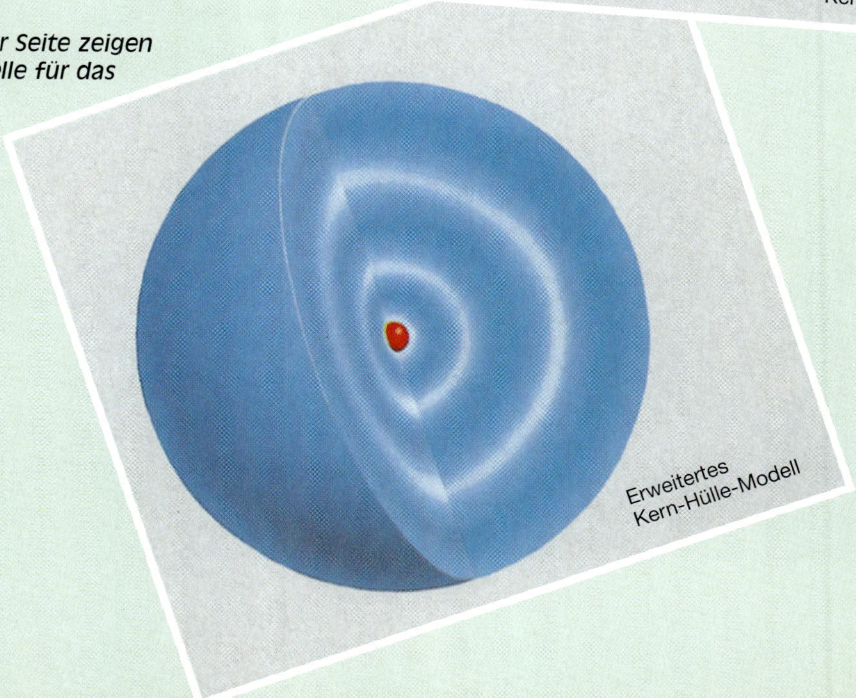

Erweitertes Kern-Hülle-Modell

9.1 Elementgruppen und Periodensystem

Element, Zeichen des Atoms	Atommasse in u	Siedetemperatur in °C	Dichte (20 °C, 1013 hPa) in g/ℓ	1 ℓ Luft enthält (ml)	Licht der Leuchtstoffröhre
Helium, He	4,0	–269	0,17	0,0046	gelb
Neon, Ne	20,2	–246	0,84	0,016	rot
Argon, Ar	39,9	–186	1,66	9,3	rot
Krypton, Kr	83,8	–152	3,48	0,0011	gelbgrün
Xenon Xe	131,3	–107	5,49	0,00008	violett

B1 Die Edelgase bilden eine Elementgruppe

a) Anordnung nach steigender Atommasse in u

Li	Be	B	C	N	O	F	Na	Mg	Al	Si	P	S	Cl	K	Ca
6,9	9	10,8	12	14	16	19	23	24,3	27	28,1	31	32,1	35,5	39,1	40,1

b) Verwandte Elemente werden untereinander gestellt. Für die Elemente stehen die Zeichen ihrer Atome.

Li	Be	B	C	N	O	F
Na	Mg	Al	Si	P	S	Cl
K	Ca					

B2 Ansatz zur Ordnung der Elemente

B3 Dimitrij Mendelejew (1834–1907)

B4 Lothar Meyer (1830–1895)

Die Elementgruppe der Edelgase. Wir haben bisher die Alkalimetalle und die Halogene als Elementgruppen ausführlich betrachtet. Eine Gruppe von Elementen, die ihre Verwandtschaft auf besonders einfache Weise erkennen lassen, sind die **Edelgase** (▷B1). Diese wurden erst Ende des 19. Jahrhunderts, jedoch alle innerhalb kurzer Zeit (1894–1898), entdeckt. Sie sind alle in der Luft enthalten. Ihr Anteil ist, mit Ausnahme des Argons, sehr gering. Es zeigte sich, dass das zuerst entdeckte Argon (von griech. argos, träge) mit keinem anderen Stoff reagierte. Entsprechend verhielten sich die anderen Elemente, deshalb nannte man sie Edelgase. Erst seit 1962 weiß man, dass Krypton und Xenon in besonderen Fällen reagieren.

Wegen ihrer Reaktionsträgheit werden Edelgase als Schutzgase verwendet, um unerwünschte Reaktionen zu verhindern, z. B. die Oxidation von Metallen beim Schweißen oder in Glühlampen. Edelgase erzeugen in Leuchtstoffröhren charakteristische Farben. Helium ist ein sichereres Füllgas für Ballons als Wasserstoff. Alle Edelgase sind farblos und geruchlos; die kleinsten Teilchen sind Atome.

Das System der Elemente von Mendelejew und Meyer. Bis zur Mitte des 19. Jahrhunderts waren etwa 50 Elemente bekannt. Zahlreiche Forscher beschäftigte damals die chemische Verwandtschaft der Elemente. Es wurden bereits Elemente mit ähnlichen Eigenschaften zu Gruppen zusammengefasst, z. B. die Elemente Lithium, Natrium, Kalium oder die Elemente Chlor, Brom, Iod.

Der russische Forscher Dimitrij Mendelejew und der deutsche Chemiker Lothar Meyer ordneten die Elemente nach steigender Atommasse. Beide erkannten unabhängig voneinander in der Abfolge der Elemente eine Regelmäßigkeit. So folgte z. B. auf jedes Alkalimetall ein Erdalkalimetall, auf jedes Halogen folgte ein Alkalimetall (▷B2a). In der Reihe fehlen die damals noch unbekannten Edelgase. Teilt man die Reihe in Abschnitte, die jeweils mit dem Alkalimetall beginnen, und stellt diese untereinander, so erhält man ▷B2b. Hier stehen jeweils die verwandten Elemente untereinander.

In dem von Mendelejew 1869 aufgestellten **System der Elemente** stehen die verwandten Elemente *nebeneinander* (▷B7). Die Ordnung nach der Verwandtschaft konnte Mendelejew nur dadurch erreichen, dass er die ihm bekannten Elemente nicht fortlaufend anordnete, sondern Plätze für noch nicht entdeckte Elemente freihielt. Er versah diese in seinem System mit einem Fragezeichen. Durch Vergleich mit den daneben stehenden Elementen gelang es ihm sogar, manche Eigenschaften von fehlenden Elementen, z. B. Gallium und Germanium, und deren Atomen vorherzusagen (▷B5 und ▷B6).

Das Periodensystem der Elemente. Heute sind mehr als 100 Elemente bekannt. MENDELEJEWS System konnte ergänzt und durch viele Elemente erweitert werden. Die heutige Anordnung der Elemente entspricht im Wesentlichen den Systemen von MENDELEJEW und MEYER. Jedoch stehen jetzt verwandte Elemente in Spalten untereinander. Ein gekürztes System zeigt ▷ B8. *Reihen* von Elementen, die jeweils mit einem Alkalimetall beginnen, nennt man **Perioden**. Diese Anordnung zeigt die periodische Änderung der Elementeigenschaften und wird **Periodensystem** genannt.

Untereinander in *Spalten* stehende Elemente gehören zu einer Elementgruppe. Das Periodensystem in ▷ B8 enthält nur die Elemente der **Hauptgruppen**. Weitere Elemente werden in *Nebengruppen* zusammengefasst. Ein Periodensystem, das auch Nebengruppenelemente enthält, ist im Anhang dargestellt.

Die erste Periode des Periodensystems umfasst nur zwei Elemente, die dadurch eine Sonderstellung einnehmen. Der Wasserstoff wird meist der ersten Hauptgruppe zugeordnet, obwohl er nicht zu den Alkalimetallen gehört.

Bei einer Anordnung nach steigender Atommasse müsste Kalium (K) vor Argon (Ar) und Iod (I) vor Tellur (Te) stehen. Um zu erreichen, dass in einer Gruppe immer nur verwandte Elemente stehen, musste man an einigen Stellen des Periodensystems die Plätze von jeweils zwei Elementen vertauschen. Die Reihenfolge der Elemente wurde durch eine **Ordnungszahl** festgelegt. Dabei hatte das Ordnungsprinzip der chemischen Verwandtschaft Vorrang vor der Atommasse. In ▷ B8 steht die Ordnungszahl unter, die Atommasse über dem Zeichen für das Atom.

B5 Gallium schmilzt wie vorhergesagt in der Hand

Germanium	vorausgesagt	festgestellt
Atommasse (u)	70	72,6
Schmelztemp. (°C)	hoch	937
Dichte (g/cm³)	5,5	5,32
Oxid	XO_2	GeO_2
Dichte (g/cm³)	4,7	4,7
Chlorid	XCl_4	$GeCl_4$
Siedetemp. (°C)	< 100	83

B6 Eigenschaften von Germanium

A 1 Welchen Vorteil besitzt Helium gegenüber Wasserstoff als Füllgas für Ballone? Warum ist hierfür Argon nicht geeignet?

A 2 Berechne das Volumen der Heliumportion, die aus der Luft in deinem Klassenzimmer gewonnen werden könnte.

A 3 An welchen Plätzen im Periodensystem MENDELEJEWS (▷ B7) müssten die Edelgase stehen?

A 4 In welchem Bereich des Hauptgruppenperiodensystems stehen die dir bekannten Nichtmetalle bzw. Metalle?

B7 MENDELEJEWS System der Elemente von 1869

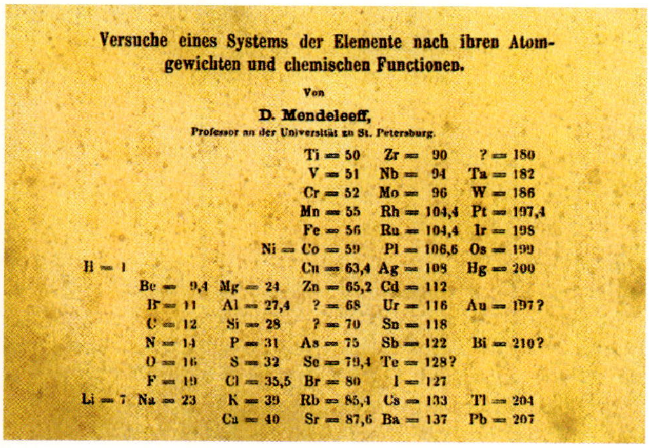

Versuche eines Systems der Elemente nach ihren Atomgewichten und chemischen Functionen.

Von

D. Mendeleeff,

Professor an der Universität zu St. Petersburg.

			Ti = 50	Zr = 90	? = 180
			V = 51	Nb = 94	Ta = 182
			Cr = 52	Mo = 96	W = 186
			Mn = 55	Rh = 104,4	Pt = 197,4
			Fe = 56	Ru = 104,4	Ir = 198
			Ni = Co = 59	Pl = 106,6	Os = 199
H = 1			Cu = 63,4	Ag = 108	Hg = 200
	Be = 9,4	Mg = 24	Zn = 65,2	Cd = 112	
	B = 11	Al = 27,4	? = 68	Ur = 116	Au = 197?
	C = 12	Si = 28	? = 70	Sn = 118	
	N = 14	P = 31	As = 75	Sb = 122	Bi = 210?
	O = 16	S = 32	Se = 79,4	Te = 128?	
	F = 19	Cl = 35,5	Br = 80	I = 127	
Li = 7	Na = 23	K = 39	Rb = 85,4	Cs = 133	Tl = 204
		Ca = 40	Sr = 87,6	Ba = 137	Pb = 207

B8 Gekürztes Periodensystem der Elemente. Bisher betrachtete Gruppen sind hervorgehoben

Perioden	Gruppen I	II	III	IV	V	VI	VII	VIII
1	1,0 H 1							4,0 He 2
2	6,9 Li 3	9,0 Be 4	10,8 B 5	12,0 C 6	14,0 N 7	16,0 O 8	19,0 F 9	20,2 Ne 10
3	23,0 Na 11	24,3 Mg 12	27,0 Al 13	28,1 Si 14	31,0 P 15	32,1 S 16	35,5 Cl 17	39,9 Ar 18
4	39,1 K 19	40,1 Ca 20	69,7 Ga 31	72,6 Ge 32	74,9 As 33	79,0 Se 34	79,9 Br 35	83,8 Kr 36
5	85,5 Rb 37	87,6 Sr 38	114,8 In 49	118,7 Sn 50	121,8 Sb 51	127,6 Te 52	126,9 I 53	131,3 Xe 54
6	132,9 Cs 55	137,3 Ba 56	204,4 Tl 81	207,2 Pb 82	209,0 Bi 83	209 Po 84	210 At 85	222 Rn 86

9.2 Die Bauteilchen der Atome

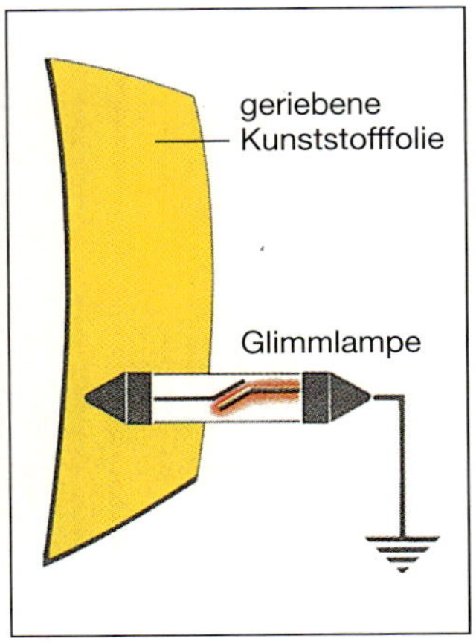

B1 Nachweis der Ladung einer Kunststofffolie, die mit Papier gerieben wurde. Die Glimmlampe leuchtet am negativen Pol

V 1 Reibe nacheinander zwei Acetatfolien (Arbeitsprojektorfolien) mit Papier. Halte beide Folien parallel und nähere sie einander.

V 2 Reibe zwei Acetatfolien mit je einem gleich großen, dicht aufliegenden Blatt Papier. Trenne das Papier von der Folie und lege eine Folie kurz auf die Metallplatte eines Elektroskops (▷ B 1).
Verbinde die zweite Folie mit einer geerdeten Glimmlampe. Führe diese Versuche auch mit dem zum Reiben verwendeten Papier durch.

A 1 Kesselwagen mit brennbaren Flüssigkeiten müssen beim Be- und Entladen geerdet werden (▷ B 2). Gib dafür eine Erklärung.

B2 Ableitung von elektrischer Ladung durch Erdung

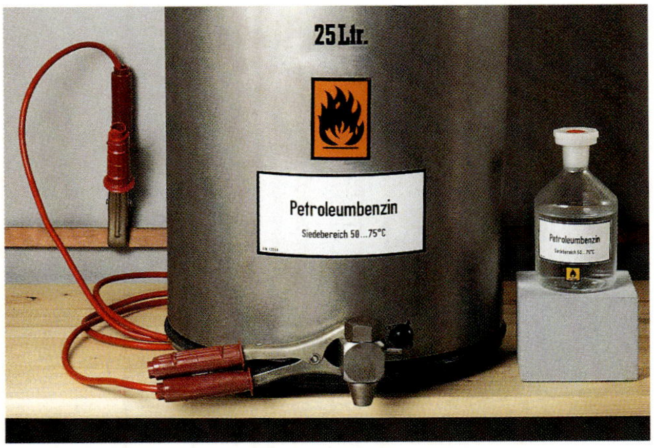

MENDELEJEW und anderen Forschern seiner Zeit gelang es noch nicht, die Rätsel, die das Periodensystem aufgab, zu lösen. Er machte aber eine wichtige Aussage: „Aller Wahrscheinlichkeit nach liegt die Ursache in der inneren Mechanik der Atome und Moleküle". Die weitere Forschung ergab, dass die Atome aller Atomarten aus kleineren Bauteilchen, den *Elementarteilchen*, zusammengesetzt sind.

Stoffe können sich elektrisch aufladen. Verbindet man ein Metallstück mit einem Pol einer Spannungsquelle, wird es elektrisch aufgeladen. Gegenstände können sich jedoch auch ohne Spannungsquelle *elektrisch aufladen*.
Reibt man eine Kunststofffolie mit Papier (▷ V 2), so ziehen sich beide gegenseitig an. Werden zwei Folien jeweils mit Papier gerieben und zusammengebracht, so stoßen sie sich ab. Am Zeigerausschlag des Elektroskops erkennen wir, dass Folie und Papier elektrisch aufgeladen sind (▷ B 1). Mit der Glimmlampe lässt sich zeigen, dass die Folie bei unserem Versuch *positiv* und das Papier *negativ* aufgeladen wird.

Alle Stoffe enthalten positive und negative Ladungen. Auch Gegenstände, die weder positiv noch negativ aufgeladen sind, enthalten *elektrische Ladungen*. Die positiven und negativen Ladungsportionen sind hier gleich groß und heben sich in ihrer Wirkung nach außen auf. Gleich große Portionen positiver und negativer Ladung *neutralisieren* sich.
Durch Reiben können Ladungsportionen von einem Gegenstand auf einen anderen übertragen werden. Dabei kann ein Überschuss an positiver oder negativer Ladung entstehen. Gleichnamig aufgeladene Gegenstände stoßen sich ab, zwischen entgegengesetzt aufgeladenen wirkt eine Anziehungskraft.

B 3 Elektrische Influenz. Die isoliert aufgehängte Metallkugel wird von der geladenen Kugel angezogen

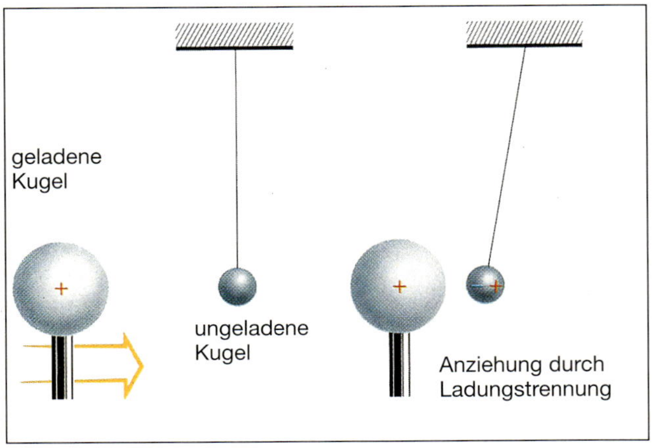

Die Bauteilchen der Atome

Die Verschiebung von Ladungen in Metallen. Uns ist bekannt, dass Ladungen durch einen Metalldraht fließen, wenn man ihn mit einer Spannungsquelle so verbindet, dass ein Stromkreis vorliegt. Ladungen lassen sich in Metallen aber auch ohne Spannungsquelle verschieben, wie der folgende Versuch zur elektrischen Influenz zeigt.
Bringt man eine positiv oder negativ geladene Kugel in die Nähe einer neutralen, isoliert aufgehängten Metallkugel, so wird diese angezogen. Die zunächst gleichmäßig verteilten positiven und negativen Ladungen werden durch die von der geladenen Kugel ausgehenden Kräfte getrennt (▷ B3). Dazu muss wenigstens eine der beiden Ladungen in Metallen leicht beweglich sein.

Bewegliche und fest sitzende geladene Teilchen. Hinweise darauf, dass in Metallen nur die negative Ladung beweglich ist, gibt der *glühelektrische Effekt*.
Ein glühender Metalldraht sendet negative Ladung aus. Zum Nachweis wird diese in einem evakuierten Glaskolben von einer Metallplatte aufgefangen. Verbindet man diese Platte mit einem positiv aufgeladenen Elektroskop, so geht der Zeigerausschlag zurück (▷ B4). Wird das Elektroskop und damit auch die Metallplatte negativ aufgeladen, bleibt der Ausschlag bestehen. Positive Ladungen können also den Glühdraht nicht verlassen, die ausgesandten negativen Ladungen werden von der negativen Ladung der Metallplatte abgestoßen.

Elektronen. Im Vergleich zu den positiven Atombestandteilen der Metalle haben deren negative Atombestandteile eine sehr geringe Masse. Sie sind untereinander alle gleich, auch wenn sie von verschiedenen Metallatomen stammen. Man nennt sie Elektronen.

Alle Elektronen haben eine gleich große negative elektrische Ladung. Diese ist die kleinste auftretende negative Ladungsportion, man nennt sie deshalb *negative Elementarladung*.
Fließt ein Strom durch einen Metalldraht, so bedeutet dies, dass Elektronen sich bewegen. Sie stammen von den Metallatomen. Der fest sitzende positive Rest des Atoms ist charakteristisch für das jeweilige Metall und besitzt fast die ganze Masse des Metallatoms.
Auch Verbindungen von Nichtmetallatomen können Elektronen abgeben (▷ V2). In fast allen Verbänden aus Nichtmetallatomen sind Elektronen jedoch kaum beweglich.

Elementarteilchen. Würden alle Elektronen von einem Atom abgespalten, so bliebe ein positives Teilchen, der **Atomkern**, zurück. Dieser unterscheidet sich in seiner Masse nur unwesentlich von dem Atom, aus dem er stammt, und ist charakteristisch für jede Atomsorte.
Von allen Atomkernen hat der Kern des Wasserstoffatoms die geringste Masse. Seine Ladung ist die kleinste positive Ladungsportion, die *positive Elementarladung*. Ihr Betrag entspricht dem der negativen Elementarladung, der Ladung eines Elektrons. Wasserstoffatomkerne sind am Aufbau der Kerne aller Atomsorten beteiligt und sind also wie die Elektronen Atombausteine. Man nennt sie **Protonen** (von griech. proton, das Erste). Mit Ausnahme des Wasserstoffatomkerns enthalten alle anderen Atomkerne einen weiteren *Kernbaustein*: das **Neutron**. Neutronen besitzen keine Ladung. Die Masse eines Neutrons unterscheidet sich nur wenig von der Masse eines Protons.
Elektronen, *Protonen* und *Neutronen* sind Bauteilchen der Atome. Man nennt sie **Elementarteilchen**.
In ▷ B5 sind die für uns wichtigen Daten dieser Elementarteilchen zusammengefasst.

B4 Glühelektrischer Effekt. Ein glühender Metalldraht (elektrisch beheizt) sendet negative Ladung aus

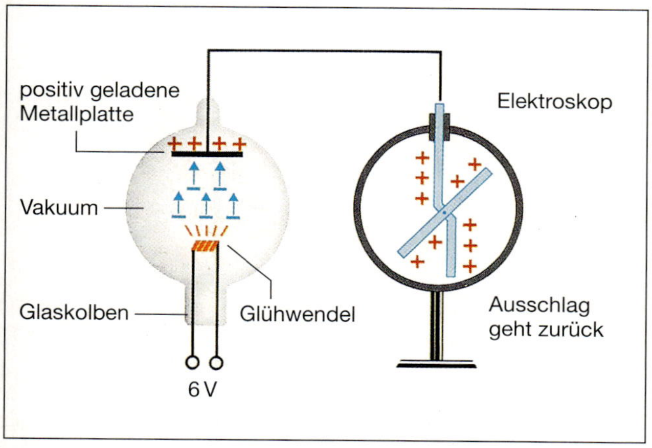

B5 Bauteilchen der Atome. Die Elementarteilchen unterscheiden sich in ihrer Masse und Ladung

	Elektron	Proton	Neutron
Zeichen	e^-	p^+	n
Masse in kg	$9{,}109 \cdot 10^{-31}$	$1{,}673 \cdot 10^{-27}$	$1{,}675 \cdot 10^{-27}$
Masse in u	0,0005	1,0073	1,0087
Ladung in Elementarladungen	-1	+1	0

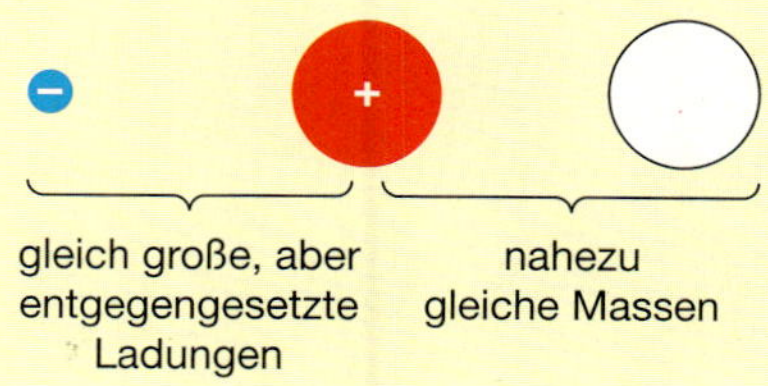

9.3 Das Kern-Hülle-Modell

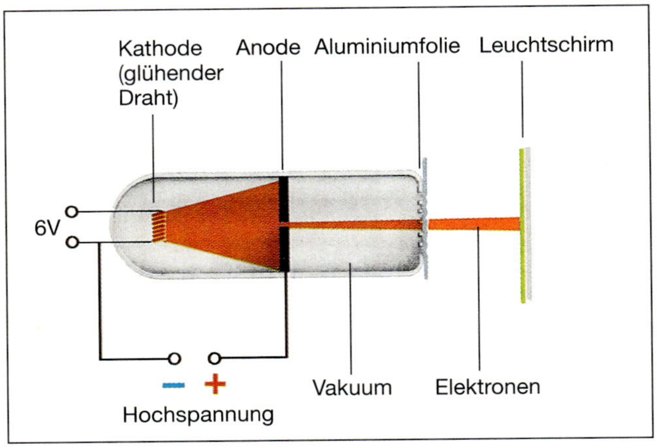

B 1 Kathodenstrahlen durchdringen eine Aluminiumfolie und lassen sich mit einem Leuchtschirm nachweisen

B 2 Apparatur RUTHERFORDS (Nachbildung)

Wir haben die Bauteilchen der Atome kennen gelernt und wollen uns nun mit der Anordnung der Elementarteilchen in den Atomen befassen. Dazu betrachten wir zunächst Experimente, die zu einem Modell von der Verteilung der Materie und der Ladung im Atom geführt haben.

Experimente zum Atombau. Die Untersuchung des Atominneren begann mit den Durchstrahlungsversuchen, die der Physiker PHILLIP LENARD zu Beginn des Jahrhunderts mit Kathodenstrahlen durchgeführt hat. Es handelt sich dabei um schnell fliegende Elektronen. In einer Kathodenstrahlröhre (▷ B 1) gehen von einem glühenden Metalldraht Elektronen aus. Diese werden mithilfe einer Hochspannungsquelle stark beschleunigt. LENARD bestrahlte dünne Blättchen verschiedener Stoffe. Er stellte fest, dass schnelle Elektronen dünne Metallschichten durchdringen können, obwohl diese aus vielen Lagen dicht gepackter Atome bestehen. Er schloss daraus, dass die Atome keine massiven Kugeln sein können, sondern zum größten Teil aus leerem Raum bestehen.

Um weitere Aufschlüsse über den Bau der Atome zu erhalten, bestrahlte der englische Physiker ERNEST RUTHERFORD ebenfalls dünne Metallschichten. Er verwendete dazu jedoch die von ihm entdeckten α-Strahlen, eine von radioaktiven Stoffen ausgehende Strahlenart. Die schnell fliegenden Teilchen dieser Strahlung sind positiv geladene Teilchen, deren Masse etwa 7000-mal größer ist als die der Elektronen. Als Strahlenquelle diente ein Radiumpräparat, das sich in der Bohrung eines Bleiblocks befand. RUTHERFORD erhielt dadurch einen scharf begrenzten Strahl von α-Teilchen. Diesen richtete er in einer evakuierten Apparatur auf eine sehr dünne Goldfolie (▷ B 2). Um auf den weiteren Weg der α-Teilchen schließen zu können, benutzte RUTHERFORD einen Leuchtschirm. Durch ein angesetztes

B 3 ERNEST RUTHERFORD (1871–1937)

B 4 Streuversuch. Durch Drehen von Folie und Strahlenquelle ließen sich die abgelenkten α-Teilchen erfassen. Nur wenige werden in den Goldatomen abgelenkt

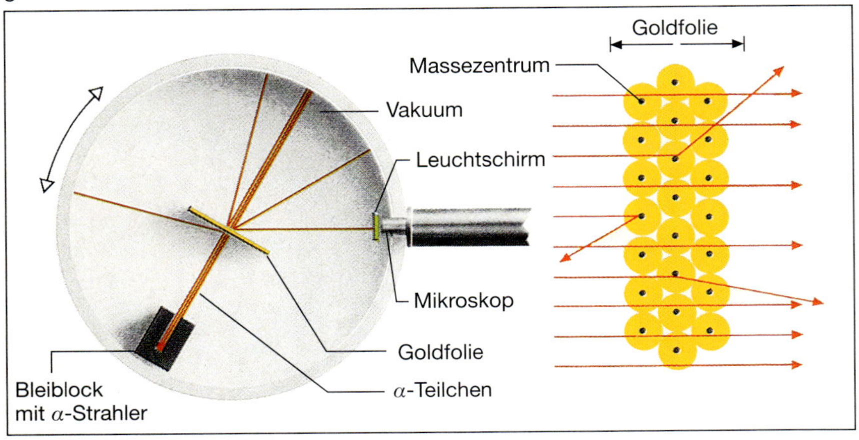

Mikroskop konnte er die Lichtblitze beobachten, die von den auftreffenden α-Teilchen verursacht wurden. Um das Experiment auszuwerten, mussten die Blitze mühsam ausgezählt werden. Später war es dann möglich, für derartige Untersuchungen das von RUTHERFORDS Mitarbeiter HANS GEIGER entwickelte Zählgerät (Geigerzähler) einzusetzen.
Als experimenteller Befund ergab sich, dass nahezu alle α-Teilchen die Goldfolie (mit einer Schichtdicke von etwa 2000 Atomen) ungehindert durchdrangen. Nur ein sehr geringer Anteil wurde deutlich abgelenkt (▷ B 4).

Atomkern und Elektronenhülle. RUTHERFORD ging davon aus, dass die α-Teilchen abgelenkt werden, wenn sie in die Nähe von positiv geladenen Teilchen gelangen (▷ B 4, ▷ V 1). Aus den Versuchsergebnissen schloss er, dass fast die ganze Masse des Goldatoms in einem winzigen Bereich vereinigt ist. Dieser liegt im Zentrum des Atoms und wird **Atomkern** genannt. Der Durchmesser des Atomkerns konnte berechnet werden. Er ist bis zu 100 000-mal kleiner als der Durchmesser des ganzen Atoms (▷ B 6). Aus den Bahnen der abgelenkten α-Teilchen ergab sich, dass der Kern des Goldatoms eine hohe positive Ladung besitzt. Untersuchungen mit Folien verschiedener Metalle führten zu entsprechenden Ergebnissen.

Durch seine Untersuchungen kam RUTHERFORD zu einer Modellvorstellung vom Bau der Atome. Danach enthalten alle Atome einen *positiv geladenen Atomkern*, der nahezu die gesamte Masse des Atoms besitzt. Die positive Ladung des Kerns wird durch die negative Ladung der Elektronen ausgeglichen, die sich mit hoher Geschwindigkeit um den Kern bewegen.

Heute weiß man, dass man für die Bewegung der Elektronen keine festen Bahnen angeben kann. Die Elektronen bewegen sich in einem kugelförmigen Raum, der **Elektronenhülle**, die den Atomkern umgibt (▷ B 5a). Ein Elektron kann überall in der Elektronenhülle angetroffen werden. Der Weg eines Elektrons in der Hülle lässt sich nicht verfolgen. Die Ladung des Elektrons ist über die gesamte Hülle verteilt. Um die Verteilung eines Elektrons in der Hülle zu veranschaulichen, denken wir uns viele Momentaufnahmen des Elektrons übereinandergelegt (▷ B 5 b). Je dichter die Punkte erscheinen, desto größer ist die Wahrscheinlichkeit das Elektron in diesem Bereich zu finden.

V 1 Modellversuch zur Ablenkung von α-Teilchen in Atomen: Ein mit Aluminiumbronze überzogener Tischtennisball wird an einem langen Faden aufgehängt. Dicht daneben stellt man eine große, isolierte Metallkugel und lädt diese mit einem geriebenen Kunststoffstab auf. Die kleine Kugel wird durch Berührung mit der großen Kugel gleichsinnig aufgeladen. Man lässt die kleine Kugel an der großen vorbeipendeln und beobachtet die Bahn.

A 1 a) Berechne die Masse eines Eisenwürfels der Kantenlänge $l = 1\,m$. (ϱ(Eisen) $= 7{,}9\,g/cm^3$)
b) Wie groß wäre die Kantenlänge des Würfels, wenn sich alle Eisenatome ohne Elektronenhülle, also die Atomkerne, dicht aneinander lagern würden? (Gehe zur Berechnung vereinfachend davon aus, dass sich sowohl die Atome als auch die Atomkerne wie kleine Würfel zusammenlagern würden und dass deren Kantenlängen im Verhältnis 100 000 : 1 stehen.)
Welche ungefähre Masse hätte dieser neue Würfel aus Eisenatomkernen?
c) Berechne die Dichte dieses neuen Würfels aus Atomkernen.

B 5 Kern-Hülle-Modell eines Atoms in verschiedenen Darstellungen. Der positiv geladene Kern (rot) wird vom negativ geladenen Elektron umhüllt (blau)

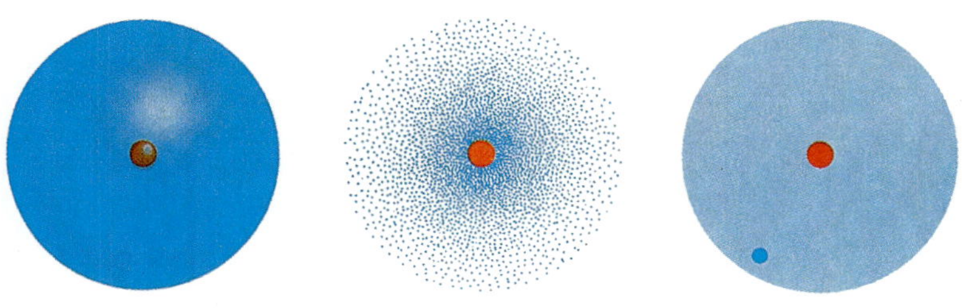

a) Kugelförmige Elektronenhülle um den Atomkern

b) Viele Momentaufnahmen eines Elektrons im Atom

c) Schemabild eines Atoms mit einem Elektron

B 6 Größenverhältnisse im Atom (Veranschaulichung)

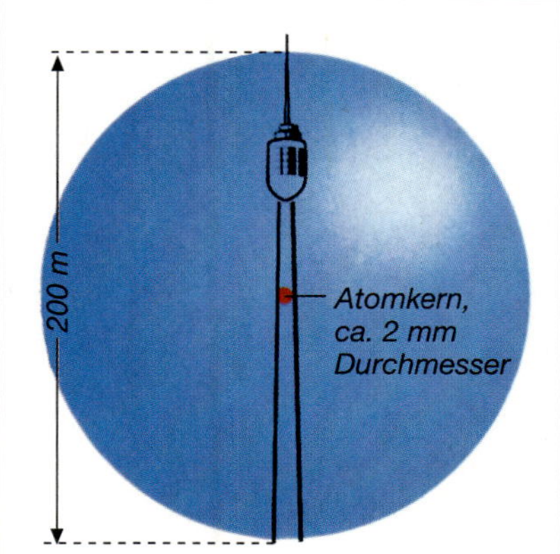

9.4 Der Atomkern

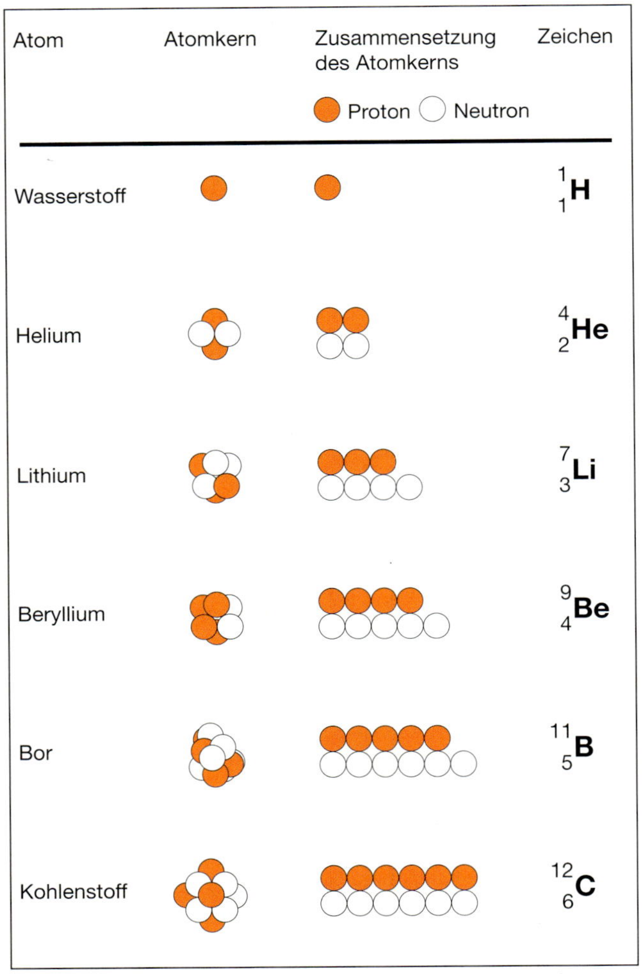

B 1 Schematische Darstellung der Atomkerne von Atomen der Elemente mit der Ordnungszahl 1 bis 6

B 2 Kennzeichnung eines Atoms und seines Kerns durch Angaben der Protonen- und Nukleonenanzahl

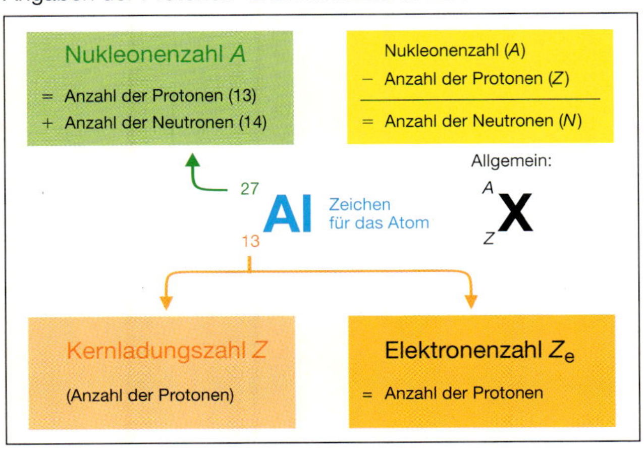

Der Aufbau der Atome aus Elementarteilchen. Die Streuversuche RUTHERFORDS wurden mit verschiedenen Metallfolien durchgeführt. Es gelang dabei nicht nur, die Größe des Kerns, sondern auch die Ladung der betreffenden Atomkerne zu bestimmen. Sie ist ein ganzzahliges Vielfaches der positiven Elementarladung. Die Anzahl der Elementarladungen des Kerns nennt man **Kernladungszahl**.

Mitarbeiter RUTHERFORDS ermittelten Kernladungszahlen für folgende Atomkerne: Gold +79, Platin +78, Silber +47, Kupfer +29, Aluminium +13. Zusammen mit weiteren Untersuchungen ergab sich, dass die Kernladungszahl mit der Ordnungszahl der Elemente im Periodensystem übereinstimmt. Später konnte bewiesen werden, dass die Kernladungszahl der Anzahl der Protonen im Kern entspricht. Damit war MENDELEJEWS Vermutung bewiesen, dass die Anordnung der Elemente im Periodensystem durch den Bau der Atome bestimmt wird. Mit der Entdeckung der Neutronen 1932 entstand ein Atomkernmodell, das den Aufbau aller Atomkerne aus Protonen und Neutronen beschreibt.

Der Atomkern ist aus Protonen und Neutronen aufgebaut. Die Anzahl der Protonen im Kern eines Atoms entspricht der Ordnungszahl des Elements. Die Anzahl der Elektronen in der Hülle stimmt mit der Anzahl der Protonen im Kern überein.

Die Atomkerne verschiedener Atomsorten. Bei den Atomen der Elemente, die im Periodensystem aufeinander folgen, nimmt die Anzahl der Protonen (und Elektronen) jeweils um 1 zu. Der Kern des Wasserstoffatoms besteht nur aus einem Proton. Der Kern des Heliumatoms enthält 2 Protonen, der Kern des Lithiumatoms 3 Protonen usw. Da die Masse des Protons etwa 1 u und die Masse des Heliumatoms 4 u beträgt, muss dessen Kern 2 Neutronen enthalten. Die Masse eines Neutrons stimmt fast mit der Masse des Protons überein (↗ Kap. 9.2, ▷ B 5).
In ▷ B 1 ist die Zusammensetzung einiger Atomkerne dargestellt. Zur Kennzeichnung eines Atoms und seines Kerns wird die in ▷ B 2 erläuterte Schreibweise verwendet. Die Kernbausteine Protonen und Neutronen bezeichnet man auch als **Nukleonen**. Die Nukleonen werden im Kern durch riesige Kräfte zusammengehalten, die durch einfache Modellvorstellungen nicht erklärt werden können.

Isotope. Ein Boratom (B), dessen Kern aus 5 Protonen und 6 Neutronen besteht, hat die Masse 11,0 u. Vergleicht man diesen Wert mit der Angabe der Atommasse im Periodensystem 10,8 u (↗ Kap. 9.1, ▷ B 8), so stellt man eine deutliche Abweichung fest.

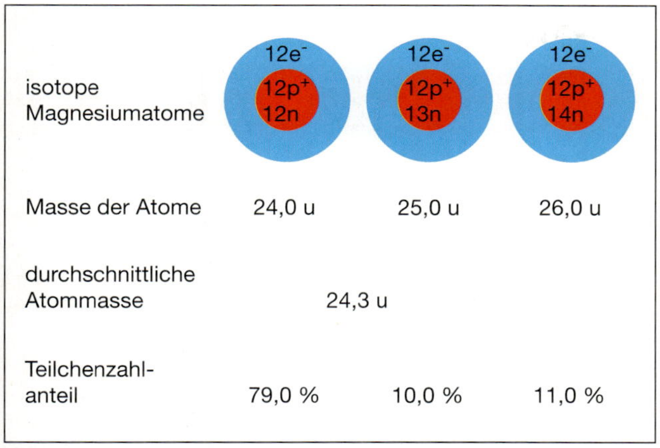

B 3 Mischelemente bestehen aus zwei oder mehreren isotopen Atomsorten

		Kern		Hülle
Element	Atom	Anzahl der Protonen	Anzahl der Neutronen	Anzahl der Elektronen
Beryllium	Be	4	5	4
Fluor	F	9	10	9
Natrium	Na	11	12	11
Aluminium	Al	13	14	13
Phosphor	P	15	16	15
Arsen	As	33	42	33
Iod	I	53	74	53
Caesium	Cs	55	78	55
Bismut	Bi	83	126	83

B 4 Zusammensetzung der Atome von Reinelementen. Es gibt nur 20 Reinelemente

Bei der Massenbestimmung von Boratomen mithilfe des Massenspektrometers (↗ Kap. 6.2) erhält man zwei Werte, 10,0 u und 11,0 u. Es gibt also zwei verschiedene Sorten von Boratomen, die sich in ihrer Masse unterscheiden. Das Element Bor ist ein Gemisch aus 80 % Boratomen mit der Masse 11,0 u und 20 % Boratomen mit der Masse 10,0 u. Da sich die Zusammensetzung des Gemisches nicht ändert, kann man eine mittlere Atommasse von 10,8 u berechnen.
Die Kerne der beiden Boratomsorten enthalten die gleiche Anzahl von Protonen. Die Zahl der Neutronen beträgt entweder 5 oder 6. Es gibt also die Boratomkerne $^{10}_{5}B$ und $^{11}_{5}B$.

Atome des gleichen Elements, die sich in ihrer Neutronenzahl und damit in ihrer Atommasse unterscheiden, werden isotope Atome – oder kurz Isotope – genannt.

Die isotopen Atome eines Elements unterscheiden sich nicht in ihrem chemischen Verhalten. Dieses wird nur durch die Elektronen- und damit durch die Protonenanzahl bestimmt und nicht durch die Anzahl der Neutronen. Man verwendet deshalb für isotope Atome dieselben Zeichen. Nur für die isotopen Atome des Wasserstoffs werden verschiedene Zeichen verwendet. Das Wasserstoffatom mit der Masse 2 u wird *Deuterium* genannt und mit D bezeichnet.

Die meisten Elemente bestehen aus einem Gemisch von *isotopen Atomen*. Diese Elemente nennt man *Mischelemente* (▷ B 3) im Gegensatz zu den *Reinelementen*, deren Atome untereinander alle gleich sind (▷ B 4).

A 1 Was kann man über den Bau der Atome eines Elements aussagen, wenn man dessen Ordnungszahl kennt?

A 2 Wodurch unterscheidet sich ein Wasserstoffatom von einem Deuteriumatom?

A 3 Ermittle für die Atome $^{20}_{10}Ne$, $^{63}_{29}Cu$ und $^{197}_{79}Au$
a) die Atommasse, b) die Kernladungszahl, c) die Anzahlen der Protonen, Neutronen und Elektronen.

A 4 Ermittle die Anzahlen der Protonen, Elektronen und Neutronen für ein Atom eines Reinelements, dessen Masse 132,9 u beträgt.

Die atomare Masseneinheit

In der Natur gibt es drei verschiedene isotope Kohlenstoffatome: $^{12}_{6}C$, $^{13}_{6}C$, $^{14}_{6}C$. Aus der Häufigkeit der isotopen Atome ergibt sich der durchschnittliche Wert $m(C) = 12{,}01\,u$. Die Definition der atomaren Masseneinheit beruht auf der Masse des häufigsten Kohlenstoffisotops $^{12}_{6}C$, die auf genau 12,0**0** u festgelegt wurde. Damit ist:

$$1\,u = \frac{m(1\,^{12}_{6}C)}{12}.$$

Die Zahlenwerte der Teilchenmassen stimmen mit denen der molaren Massen überein. Für Mischelemente werden die durchschnittlichen Atommassen angegeben. Beispiele:

$$m(1\,H) = 1{,}008\,u,\ M(1\,H) = 1{,}008\,\frac{g}{mol}$$
$$m(1\,Li) = 6{,}941\,u,\ M(1\,Li) = 6{,}941\,\frac{g}{mol}$$

9.5 Atomhülle – Abspaltung von Elektronen

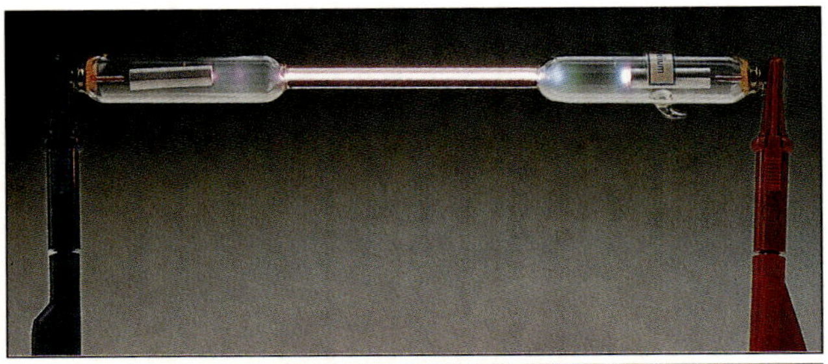

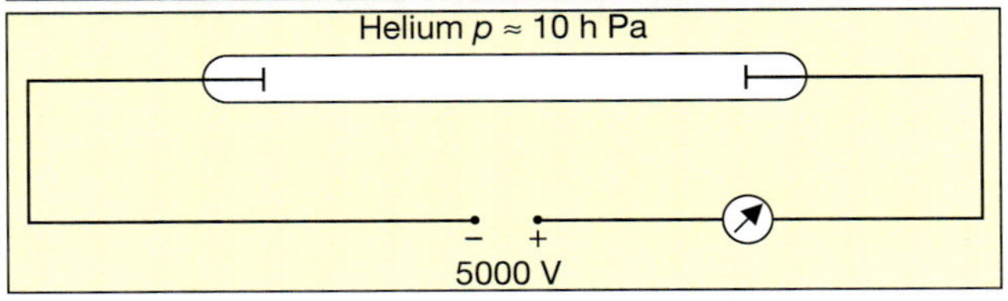

B 1 Gase als elektrische Leiter. Bei hohen elektrischen Spannungen können auch Gase leiten

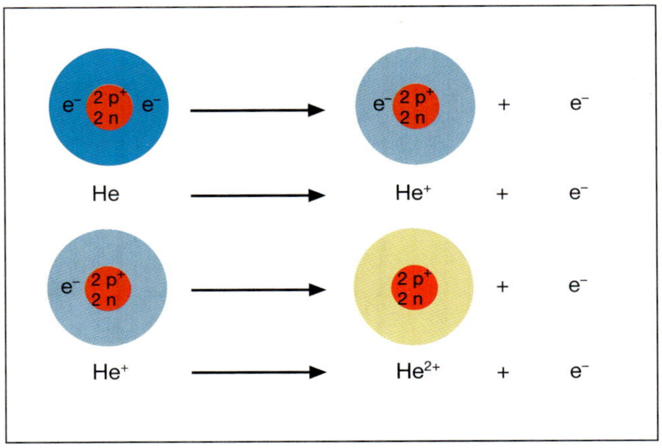

B 2 Abspaltung von Elektronen aus Heliumatomen. Es entstehen positiv geladene Heliumionen

B 3 Ionisierungsenergie. Wird sie zugeführt, kann das Elektron den Anziehungsbereich des Kerns verlassen

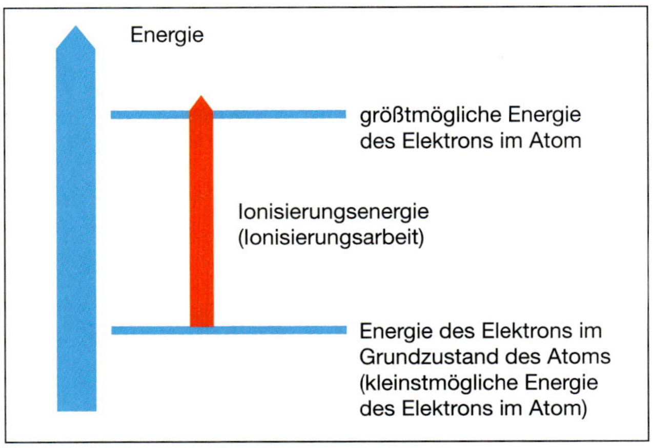

Das Atom besteht aus einem *Atomkern* und der *Atomhülle*. Man nennt diese auch **Elektronenhülle**, da sie von Elektronen gebildet wird. Die Anzahl der Elektronen in der Hülle ist gleich der Anzahl der Protonen im Kern. Atome sind insgesamt elektrisch neutral. Die Elektronen bewegen sich sehr schnell in einem kugelförmigen Raum, der den Kern umgibt. Die Bewegung eines Elektrons verhindert, dass es auf den Kern fällt. Da die Veränderungen der Atome bei chemischen Reaktionen nur in der Elektronenhülle erfolgen, wollen wir nun deren Bau näher betrachten. Dazu sollen Atome zunächst als isolierte Teilchen behandelt werden.

Die Bildung von Ionen aus Atomen. Beim Anlegen hoher Spannungen können auch Gase den elektrischen Strom leiten. Schaltet man eine Leuchtstoffröhre ein, so fließt durch die Gasfüllung ein Strom. Es bewegen sich also geladene Teilchen, die aus neutralen Teilchen entstehen. Verwendet man eine Leuchtstoffröhre mit Heliumfüllung (▷ B 1), so werden von Heliumatomen Elektronen abgespalten und es entstehen positiv geladene Heliumteilchen. Durch Abspaltung von Elektronen aus einem Atom entstehen *positiv geladene Atome*, da die positive Kernladung nicht mehr durch die negative Ladung der Elektronenhülle ausgeglichen wird. Atome, die nach außen als geladene Teilchen wirken, nennt man **Ionen** (von griech. ion, das Wandernde; ein Ion bewegt sich – „wandert" – wegen seiner Ladung im elektrischen Feld). Zur Kennzeichnung eines Ions verwendet man das Zeichen für das Atom und gibt zusätzlich die Ladung des Ions in Elementarladungen an, z. B. He^{+}, He^{2+} (▷ B 2). Die Abspaltung eines Elektrons aus einem Teilchen wird **Ionisierung** genannt.

Ionisierungsenergie. Wird einem Atom Energie zugeführt, kann ein Elektron die Energie aufnehmen. Dabei vergrößert sich der Abstand des Elektrons vom Kern. Da sich das Elektron in einem kugelförmigen *Raum* bewegt, ist der Abstand des Elektrons vom Kern nicht fest. Jedoch entspricht einer höheren Energie des Elektrons ein höherer *mittlerer* Abstand. Unter Energieabgabe, z. B. in Form von Lichtenergie, fällt das Elektron wieder in den tiefsten Energiezustand zurück und hat damit auch wieder seine ursprüngliche mittlere Entfernung vom Kern. Übersteigt die Energiezufuhr einen bestimmten Wert, verlässt das Elektron den Anziehungsbereich des Kerns und es entsteht ein einfach positiv geladenes Ion. Die Energie, die gerade ausreicht, um ein Elektron aus einem Atom oder aus einem bereits vorliegenden Ion abzuspalten, bezeichnet man als *Ionisierungsenergie* (▷ B 3). Damit die Energiebeträge für die Ionisierung verschiedener Atomsorten vergleichbar sind, müssen die Angaben für jeweils gleiche Teilchenanzahlen erfolgen. Häufig wird

die Ionisierungsenergie auf die Stoffmenge $n = 1\,\text{mol}$ bezogen. Die Ionisierungsenergie für Wasserstoffatome beträgt 1,313 MJ/mol (1 MJ/mol = 1000 kJ/mol).
Ein Elektron wird vom Kern umso stärker angezogen, je größer dessen Ladung ist. Man müsste also erwarten, dass die Energie für die Abspaltung eines Elektrons mit steigender Kernladungszahl der Atome zunimmt, wenn alle Elektronen etwa die gleiche mittlere Entfernung zum Kern hätten. Durch die experimentell ermittelten Ionisierungsenergien wird diese Erwartung nur zum Teil bestätigt.

In ▷ B4 erkennen wir, dass die Ionisierungsenergien bis zu den Edelgasen ansteigen und zu den darauf folgenden Alkalimetallatomen stark abfallen. Je weiter ein Elektron vom Kern entfernt ist, desto geringer ist der Energieaufwand, um dieses Elektron abzuspalten. Der Grund für die kleine Ionisierungsenergie der Alkalimetallatome ist, dass das betrachtete Elektron bei den Alkalimetallatomen im Mittel weiter vom Kern entfernt ist als bei Edelgasatomen mit der um 1 kleineren Kernladungszahl. Um aus einem Ion ein weiteres Elektron abzuspalten, muss eine Energie aufgewendet werden, die größer ist als die Ionisierungsenergie für das zuerst abgespaltene Elektron. Die Abspaltung eines weiteren Elektrons muss gegen die stärkere Anziehung des positiv geladenen Ions erfolgen. Für jedes weitere abzutrennende Elektron wird die Ionisierungsenergie jeweils größer.

In ▷ B5 sind die Ionisierungsenergien für alle Elektronen des Aluminiumatoms dargestellt. Auffällig ist ein zweimaliges sprunghaftes Ansteigen der Ionisierungsenergie. Von den 13 Elektronen des Aluminiumatoms verbleiben nach der ersten Ionisierung noch 12 Elektronen. Das zuerst abgespaltene Elektron erhält die Nummer 13, das zuletzt abgespaltene Elektron, das am stärksten vom Kern festgehalten wird, die Nummer 1. Diese Nummerierung ermöglicht übersichtlichere Vergleiche der Elektronenhüllen der verschiedenen Atomsorten.

Entfernt man, wie für das Aluminiumatom beschrieben, auch bei anderen Atomsorten jeweils ein Elektron nach dem anderen durch Zufuhr der entsprechenden Ionisierungsenergien, so kann man feststellen, dass bei jeder Atomsorte die Ionisierungsenergie bei Elektronen gleicher Nummer stark ansteigt. Bei den Atomen aller Elemente mit ausreichender Elektronenzahl findet man diesen sprunghaften Anstieg zwischen den Elektronen Nr. 11 und 10 und den Elektronen Nr. 3 und 2. Diese Ergebnisse geben Hinweise auf ein gemeinsames Bauprinzip für die Elektronenhüllen aller Atome.

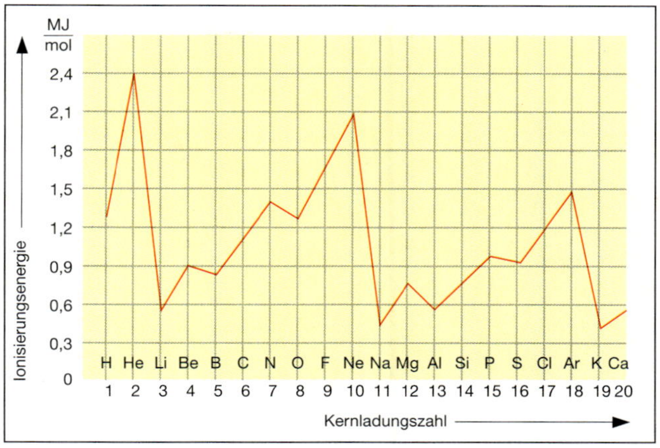

B4 Erste Ionisierungsenergien für die Atome mit den Kernladungszahlen 1 bis 20

A 1 Im Folgenden sind die aufzuwendenden Energiebeträge (in MJ/mol) für die schrittweise Ionisierung der Atome verschiedener Elemente aufgeführt, beginnend mit dem jeweils zuerst entfernten Elektron:
Mg: 0,7; 1,5; 7,7; 11; 14; 18; 22; 26; 32; 36; 170; 189
Na: 0,5; 5; 7; 10; 13; 17; 20; 26; 29; 141; 159
C: 1,1; 2,4; 4,6; 6,2; 38; 47
a) Ordne den einzelnen Beträgen die Nummer des jeweils entfernten Elektrons zu. Das zuerst entfernte Elektron erhält die höchste Nummer.
b) Übertrage die Werte in ein Diagramm. Abszisse: Elektronennummer, beginnend mit 1; Ordinate: Ionisierungsenergie (1 cm ≙ 10 MJ/mol). Verbinde die zum selben Atom gehörenden Punkte und vergleiche die so erhaltenen Kurven.

B5 Ionisierungsenergien für die Abspaltung aller Elektronen des Aluminiumatoms

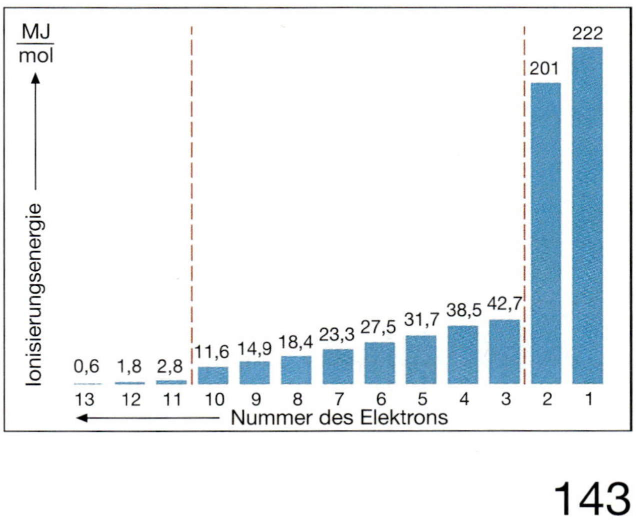

9.6 Energiestufen- und Schalenmodell der Atomhülle

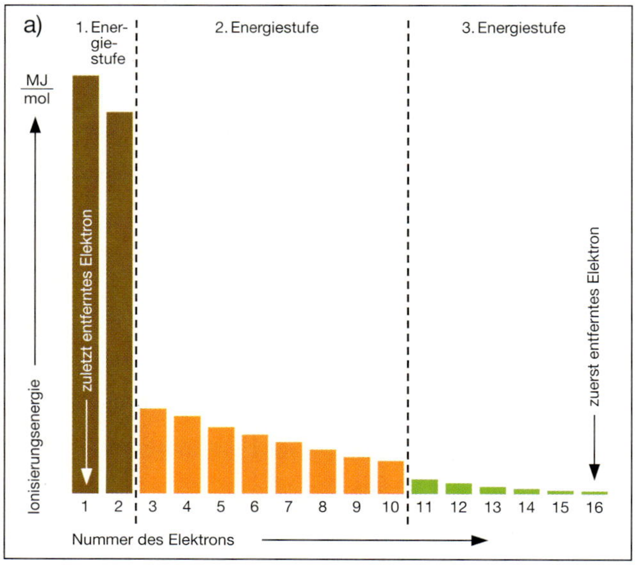

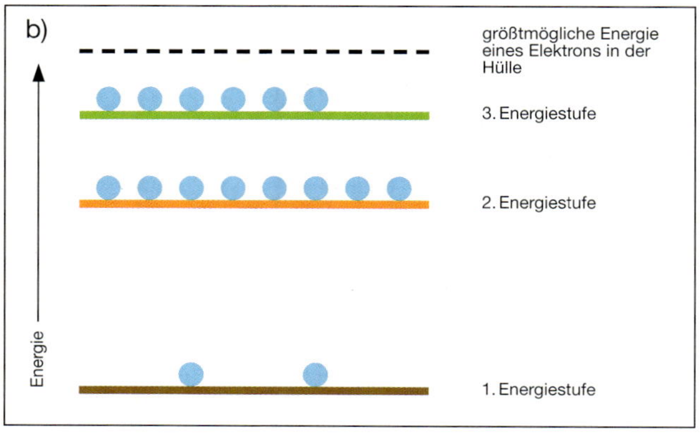

B 1 Ionisierungsenergien (a) und Energiestufen (b) für die Elektronen des Schwefelatoms

Energiestufen in der Atomhülle. Die Ionisierungsenergien für die Elektronen eines Atoms geben Hinweise auf Energieunterschiede im Atom. Ist zur Abspaltung eines Elektrons viel Energie erforderlich, so hat das Elektron im Atom eine niedrige Energie. Umgekehrt bedeutet eine kleine Ionisierungsenergie, dass das Elektron einen höheren Energiezustand einnimmt.

In ▷B 1a sind die Ionisierungsenergien für alle Elektronen des Schwefelatoms dargestellt. Auch hier ist ein zweimaliges *sprunghaftes Ansteigen* der Ionisierungsenergie erkennbar. Dieser Sprung erfolgt wieder zwischen den Ionisierungsenergien für die Elektronen Nr. 2 und 3 sowie Nr. 10 und 11.
Die Ionisierungsenergien für die Elektronen des Schwefelatoms lassen auf einen starken Unterschied der Elektronenenergien im Atom schließen. Im Schwefelatom gibt es *drei Gruppen* von Elektronen, die sich drei sehr verschiedenen Energiezuständen zuordnen lassen.
Die Elektronen *einer* Gruppe, deren Ionisierungsenergien untereinander ähnlich sind und sich von anderen deutlich unterscheiden, werden einer **Energiestufe** zugeordnet. Die verschiedenen Gruppen von Elektronen im Atom lassen sich also verschiedenen Energiestufen zuordnen (▷B 1b).

Auch für Elektronen der gleichen Energiestufe ist die Ionisierungsenergie für ein nachfolgend abgespaltenes Elektron größer als für das vorausgegangene. Die Abspaltung jeweils eines weiteren Elektrons muss gegen die Anziehung des zurückbleibenden Ions erfolgen, dessen positive Ladung bei jeder Elektronenabspaltung weiter zunimmt.

B 2 Energiestufen. Die Elektronen der Atome lassen sich verschiedenen Energiestufen zuordnen

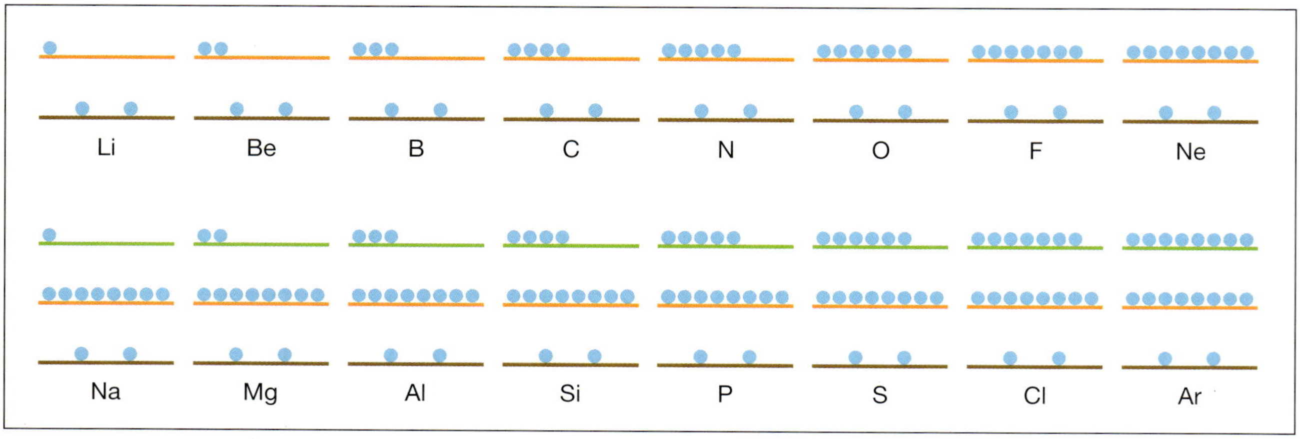

Für *alle* Atomsorten lassen sich Gruppen von Elektronen verschiedenen Energiestufen zuordnen. In ▷ B2 ist dies für die Atome mit 3 bis 18 Elektronen veranschaulicht. Wir erkennen, dass die erste Energiestufe, also der niedrigste Energiezustand, jeweils nur zwei Elektronen umfasst. Den folgenden höheren Energiezustand, die zweite Energiestufe, können bis zu acht Elektronen einnehmen. Enthält die Atomhülle mehr als 10 Elektronen, werden weitere, höhere Energiestufen aufgebaut.

Die Atomhüllen der verschiedenen Atomsorten haben ein gemeinsames Bauprinzip. Sie haben die gleichen maximalen Elektronenzahlen auf den entsprechenden Energiestufen. Diese liegen bei den verschiedenen Atomen nicht auf gleicher Höhe. Auch die Abstände zwischen den Stufen sind verschieden. Sie sind in ▷ B2 zur besseren Übersicht gleich groß dargestellt.

Schalenmodell der Atomhülle. Der den Atomkern umgebende kugelförmige Raum, in dem sich ein Elektron bewegt, kann verschieden groß sein. Den kleinsten Bewegungsraum haben die Elektronen der niedrigsten Energiestufe. Mit zunehmender Energiestufe der Elektronen wird der Durchmesser ihres Bewegungsraums größer. Wir können uns die Bewegungsräume verschiedener Elektronen in einem Atom vorstellen als verschieden große Kugeln mit einem gemeinsamen Mittelpunkt, dem Atomkern.

Um ein übersichtlicheres Modell zu erhalten, kann man die Bewegungsräume von Elektronen derselben Energiestufe zu einem gemeinsamen Bewegungsraum zusammenfassen. Die Hülle eines Atoms, dessen Elektronen zu drei verschiedenen Energiestufen gehören, kann man damit durch drei konzentrische Kugeln veranschaulichen (▷ B3).

Die Elektronen der zweiten Energiestufe bewegen sich hauptsächlich in dem Raum zwischen der ersten und der zweiten Kugelfläche. Dieser Raum ist eine Kugelschale. Ebenso bewegen sich die Elektronen der dritten Energiestufe in der anschließenden Kugelschale. Entsprechendes gilt für die Elektronen der höheren Energiestufen. Diese Modellvorstellung vom Bau der Atomhülle nennt man **Schalenmodell**. In ▷ B4 sind Schalenmodelle verschiedener Atome schematisch dargestellt.

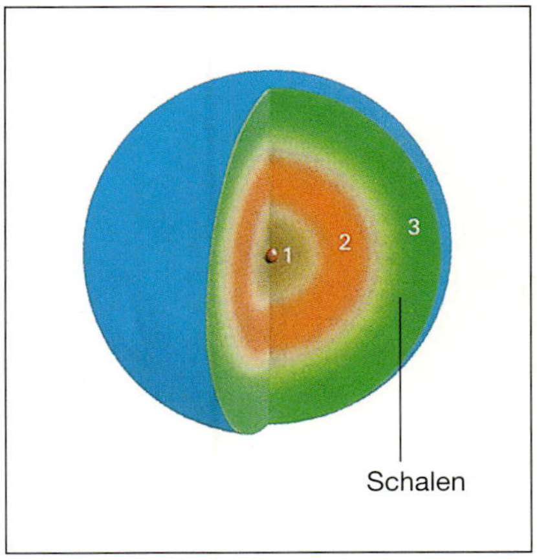

B3 Modell einer Atomhülle für Elektronen in drei verschiedenen Energiestufen

A 1 a) Welchen Energiestufen lassen sich die Elektronen im Wasserstoff- und im Heliumatom zuordnen? b) Zeichne das Schalenmodell des Wasserstoff- und des Heliumatoms (Schnittbild).

A 2 a) Welche Gemeinsamkeiten haben die Hüllen der Atome, die in ▷ B4 jeweils untereinanderstehen?
b) Welche Gemeinsamkeiten bestehen bei den Atomen, die in einer Reihe (nebeneinander) stehen?

B4 Schalenmodell der Atomhülle. Die Elektronen der verschiedenen Energiestufen sind den entsprechenden Kugelschalen zugeordnet. Diese sind bei den verschiedenen Atomen zur besseren Übersicht gleich groß dargestellt

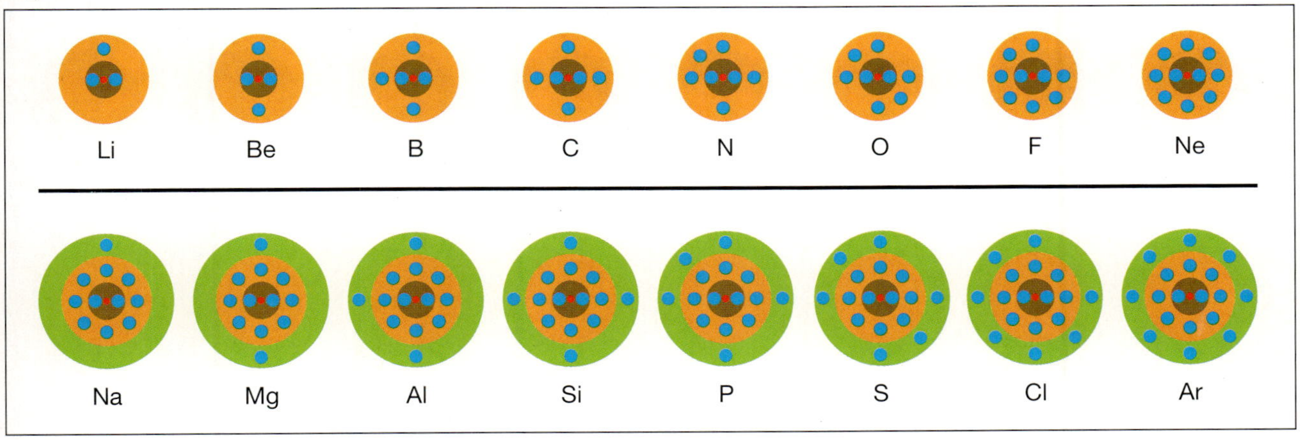

9.7 Atombau und Periodensystem

Unsere bisherigen Betrachtungen zeigen, dass offenbar ein Zusammenhang besteht zwischen der Stellung der Elemente im Periodensystem und dem Bau ihrer Atome. Entscheidend für diesen Zusammenhang ist der Aufbau der Atomhülle.

Periodensystem der Elemente und Atomsorten. In ▷ B 1 entspricht die Anordnung der Atome der Anordnung der jeweiligen Elemente im Periodensystem. Wir erkennen, dass die Atome in einer Reihe jeweils die gleiche Anzahl von Schalen besitzen. Beim Übergang vom Edelgasatom zum Alkalimetallatom wird eine neue Schale aufgebaut. Die untereinander stehenden Atome unterscheiden sich in der Anzahl der Schalen, besitzen jedoch in der äußersten Schale die gleiche Anzahl von Elektronen. Nur das Heliumatom weicht davon ab.

Die in ▷ B 1 nicht aufgeführten Atome der Hauptgruppenelemente zeigen dasselbe Aufbauprinzip. So besitzt z. B. ein Bariumatom (Ba) (6. Periode, II. Hauptgruppe) sechs Schalen. Die äußerste Schale umfasst zwei Elektronen. Die Nummer der Periode, in der ein Element steht, und die Anzahl der Schalen seiner Atome stimmen überein. Die Nummer der Hauptgruppe entspricht der Elektronenanzahl auf der äußersten Schale.

Außenelektronen. Die Ähnlichkeit von Elementen derselben Hauptgruppe beruht auf einer Gemeinsamkeit im Aufbau ihrer Atome. Offensichtlich spielt dabei die Anzahl der Schalen keine entscheidende Rolle, da sich die Elemente einer Periode stark voneinander unterscheiden. Es fällt auf, dass z. B. bei allen Atomen der Alkalimetalle die äußerste Schale nur von *einem* Elektron gebildet wird. Auch bei den Atomen der übrigen Elementgruppen umfasst die äußerste Schale jeweils gleiche Elektronenanzahlen. Die Elektronen der äußersten Schale eines Atoms nennt man *Außenelektronen*. Sie bestimmen die charakteristischen Eigenschaften der Elemente einer Gruppe. Deshalb genügt es häufig, für ein Atom nur die Außenelektronen anzugeben. Sie können durch Punkte um das Zeichen für das Atom dargestellt werden (▷ B 2). Die Elektronen der inneren Schalen bilden zusammen mit dem Atomkern den **Atomrumpf**.

Besonders auffällig ist, dass die Atome der reaktionsfreudigen Halogene nur ein Außenelektron weniger besitzen als die Atome der Edelgase, von denen nur Krypton und Xenon in besonderen Fällen reagieren. Das Heliumatom weicht in der Anzahl der Außenelektronen von den übrigen Edelgasatomen ab. Es besitzt jedoch wie diese die größtmögliche Anzahl von Außenelektronen.

B 1 Schalenaufbau der Atome und Periodensystem der Atomsorten. Man erkennt den Zusammenhang zwischen der Periode und der Anzahl der Schalen. Es sind nur die Elektronen der äußersten Schale eingezeichnet

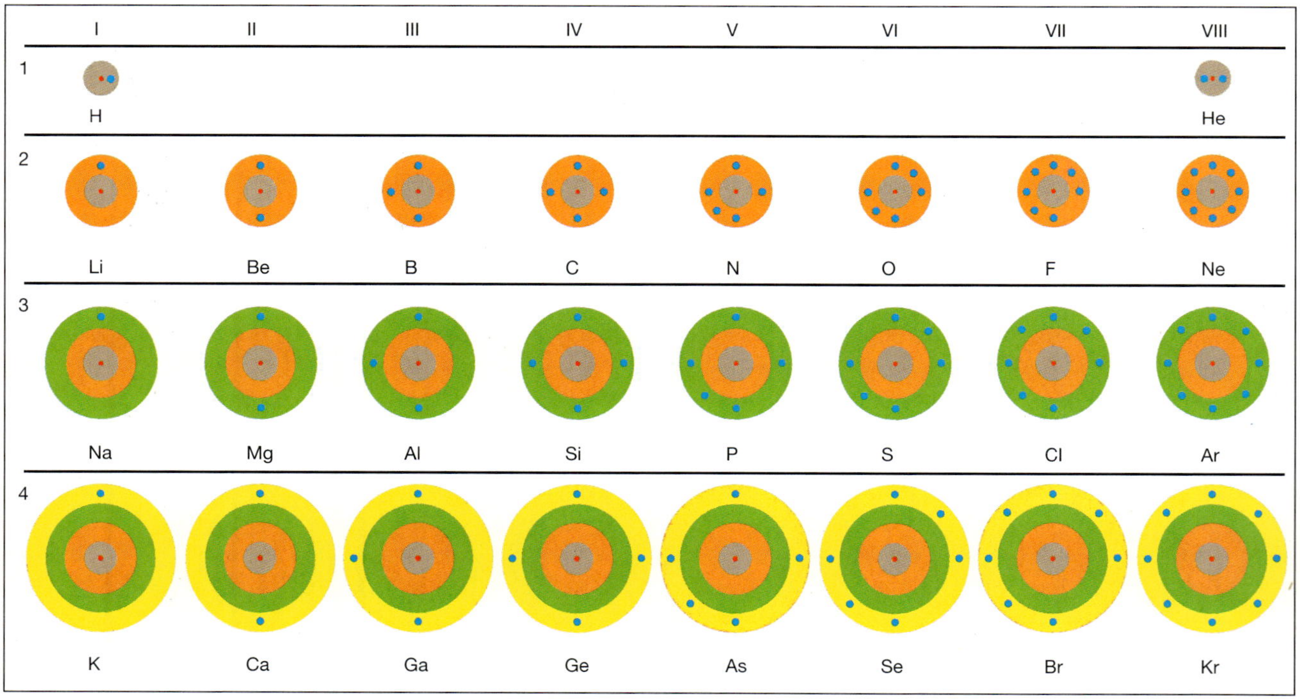

Trotz gleicher Anzahl der Außenelektronen des Wasserstoffatoms und der Alkalimetallatome wird der Wasserstoff nicht in die Elementgruppe der Alkalimetalle eingeordnet. Die Sonderstellung des Wasserstoffs erklärt man damit, dass das Elektron des Wasserstoffatoms durch die Nähe des Atomkerns wesentlich stärker angezogen wird als das Außenelektron eines Alkalimetallatoms. Dies bestätigt ein Vergleich der Ionisierungsenergie des Wasserstoffatoms mit den Ionisierungsenergien der Alkalimetallatome (↗ Kap. 9.5, ▷ B4). Ferner ist das Wasserstoffatom das einzige Atom, von dem nach Abspaltung eines Elektrons nur noch der Atomkern übrigbleibt, der ja viel kleiner ist als das Atom selbst. Bei keinem anderen Atom bedeutet die Abspaltung eines Elektrons eine so einschneidende Größenänderung.

Vergleich der Größe verschiedener Atome. Bei verschiedenen Atomen mit gleicher Anzahl von Außenelektronen stellt man fest, dass ein Atom in der Regel umso größer ist, je mehr Schalen es besitzt (↗ Kap. 9.8, ▷ B1). Im Periodensystem der Atomsorten nimmt in einer *Gruppe* die Größe der Atome in der Regel von oben nach unten zu. Trotz gleicher Anzahl von Schalen nimmt die Größe der Atome in einer *Periode* von links nach rechts ab, was in ▷ B1 nicht berücksichtigt ist. Dies ist auf die zunehmende Anziehung der Elektronenhülle durch die steigende Ladung des Kerns zurückzuführen. Erst beim Aufbau einer neuen Schale bei den Alkalimetallatomen erfolgt eine sprunghafte Vergrößerung.

Nebengruppenelemente. Im Periodensystem sind die Elemente nach steigender Kernladungszahl geordnet. Dies entspricht der Anordnung der Atome nach steigender Elektronenzahl. In dem in ↗ Kap. 9.1, ▷ B8 dargestellten Periodensystem stellen wir jedoch fest, dass auf das Calciumatom (Ca) mit 20 Elektronen das Galliumatom (Ga) mit 31 Elektronen folgt. Weitere Lücken finden wir auch nach $_{38}$Sr und $_{56}$Ba. In diesem Periodensystem sind in der 4. und 5. Periode je 10 Atome nicht berücksichtigt. In der 6. Periode fehlen 24 Atome. Im vollständigen Periodensystem (↗ Anhang) sind jeweils 10 dieser Atomsorten in den **Nebengruppen** aufgeführt. Bei diesen Atomen wird die zweitäußerste Schale durch zusätzliche Elektronen erweitert. Nur für die zweite Schale beträgt die maximal mögliche Elektronenanzahl 8. Sie wird bei den folgenden Schalen immer größer.

▷ B3 zeigt die Verteilung der Elektronen für die Atome der *Hauptgruppenelemente* der 4. Periode und die Einordnung der Atome der entsprechenden *Nebengruppenelemente*. Eine Reihe von 10 Nebengruppenelementen folgt jeweils auf die Erdalkalimetalle Calcium und Strontium. Auf die Elemente Lanthan (6. Periode) und Actinium (7. Periode) folgen jeweils weitere 14 Elemente (↗ Periodensystem im Anhang).

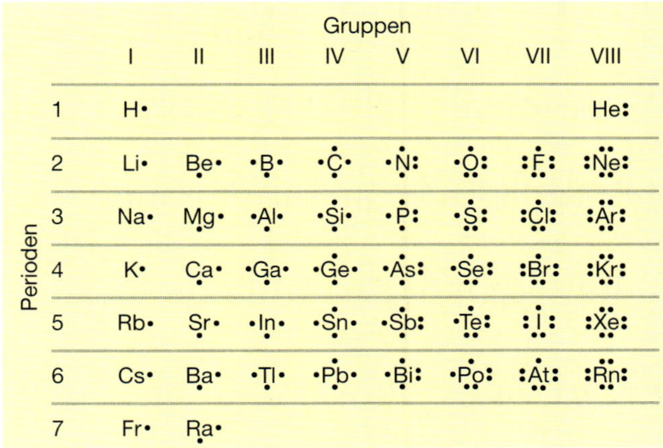

B2 Außenelektronen. Ihre Anzahl entspricht der Gruppennummer (mit Ausnahme des Heliumatoms)

A 1 Welche Gemeinsamkeiten besitzen die Atome a) derselben Hauptgruppe, b) derselben Periode?

A 2 Zeichne den Schalenaufbau eines Iodatoms mit seinen Außenelektronen.

A 3 Wodurch unterscheidet sich ein Heliumatom von den übrigen Edelgasatomen?

A 4 Wasserstoff gehört nicht zu den Alkalimetallen, steht aber wie diese in der ersten Hauptgruppe. Gib dafür eine Begründung.

A 5 Alle Elemente der Nebengruppen gehören zur Stoffgruppe der Metalle. Suche im vollständigen Periodensystem (↗ Anhang) nach bekannten Metallen und nenne einige Beispiele für deren Verwendung.

B3 Anzahl und Verteilung der Elektronen der Atome der 4. Periode

Gruppe	I	II		III	IV	V	VI	VII	VIII
Ordnungszahl	19	20	21 bis 30	31	32	33	34	35	36
Zeichen	K	Ca	weitere 10 Atome	Ga	Ge	As	Se	Br	Kr
Schale 1. (Anzahl der Elektronen)	2	2		2	2	2	2	2	2
Schale 2.	8	8		8	8	8	8	8	8
Schale 3.	8	8	weitere 10 Elektronen	18	18	18	18	18	18
Schale 4.	1	2		3	4	5	6	7	8

9.8 Überprüfung und Vertiefung

1 Nenne Eigenschaften einiger Edelgase. Welche Verwendungsmöglichkeiten ergeben sich daraus?

2 Im System der Elemente von MENDELEJEW aus dem Jahre 1869 steht hinter der Atommasse des Telluratoms (Te) ein Fragezeichen. Nenne mögliche Gründe.

3 Bezeichne und vergleiche die beiden Atomsorten mit der Nukleonenzahl 14 und den Ordnungszahlen 6 oder 7.

4 Was bedeuten die Angaben $^{24}_{12}Mg$ und $^{24,3}_{12}Mg$?

5 Das Element Chlor besteht aus zwei Atomsorten mit den Massen 35 u und 37 u. Die mittlere Atommasse beträgt 35,5 u. Berechne den Anteil der beiden isotopen Atomsorten im Element.

6 Eine Glimmlampe (▷B2) enthält zwei Elektroden, die in das Glasröhrchen eingeschmolzen sind, und Neon unter vermindertem Druck. Wird die Spannung stufenlos erhöht, so fließt ab 80 V Strom und das Gas beginnt zu leuchten.
Welche Teilchen enthält nun das Lämpchen neben den Neonatomen?

7 Nenne drei Gemeinsamkeiten und zwei Unterschiede der Elektronenhüllen des Chlor- und des Bromatoms. Zeichne dazu die beiden Schalenmodelle im Schnittbild.

8 Warum unterscheiden sich die Ionisierungsenergien für die beiden Elektronen des Heliumatoms, obwohl sie zur selben Energiestufe gehören?

9 Vergleiche ▷B3 mit ↗Kap. 9.5, ▷B4.
Welche Unterschiede bestehen?
Gib dafür eine Erklärung.

10 Das Calciumatom hat die Kernladungszahl 20. Gib die Verteilung der Elektronen auf die verschiedenen Energiestufen an.

11 Die Atome $_{29}Cu$, $_{47}Ag$ und $_{79}Au$ stehen in derselben Nebengruppe.
a) Welche Gemeinsamkeiten haben die Hüllen dieser Atome? Gib dazu die Anzahl der Elektronen in den Schalen an.
b) Worin unterscheiden sich diese Atome?

12 Erkläre den Verlauf der Atomdurchmesser innerhalb einer Gruppe (▷B1) und innerhalb einer Periode. Woran könnte es liegen, dass das Galliumatom kleiner als das Aluminiumatom ist? Beachte die Ordnungszahlen von Calcium und Gallium.

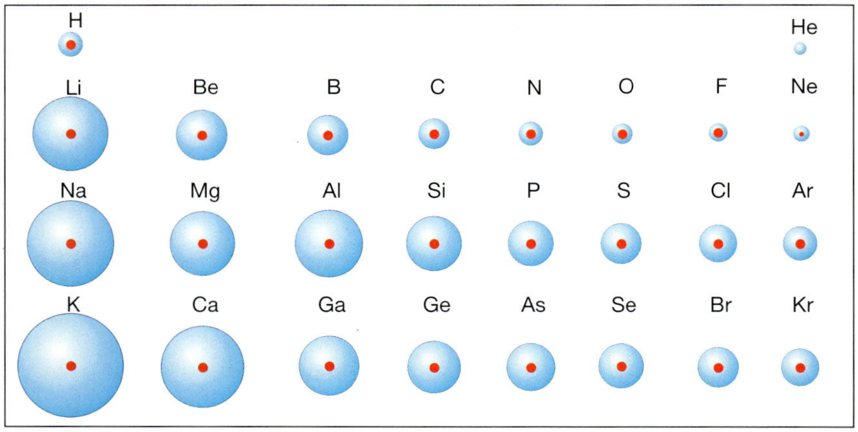

B1 Durchmesser verschiedener Atome. Die Atome der Hauptgruppenelemente der ersten vier Perioden sind im richtigen Größenverhältnis gezeichnet. Zu Aufgabe 12

B2 Zu Aufgabe 6

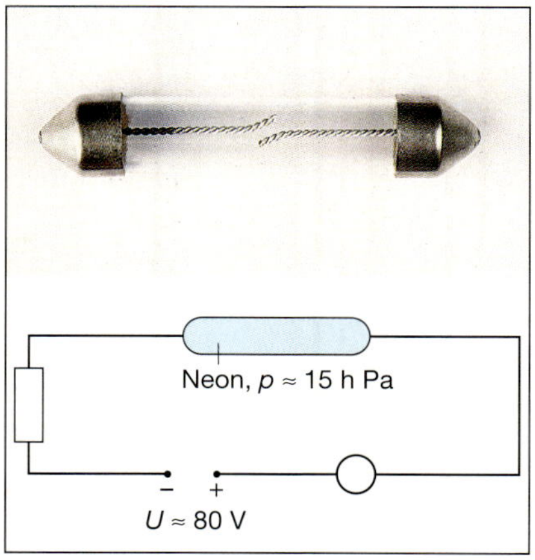

B3 Ionisierungsenergien für die Abspaltung eines zweiten Elektrons.
Zu Aufgabe 9

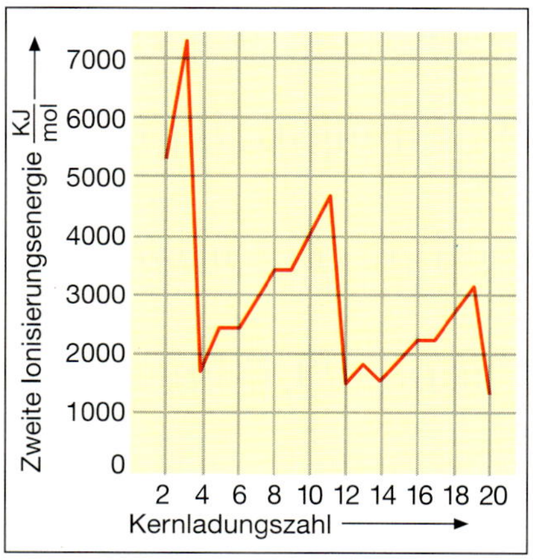

Wichtige Begriffe

Edelgase
Periodensystem
Ordnungszahl
Hauptgruppen
Nebengruppen
Perioden
Elementarteilchen
Proton, Elektron
Neutron
Rutherford-Experiment
Kern-Hülle-Modell
Isotope
Schalenmodell
Außenelektronen

Elektronenübergänge und Ionenbindung

Bei der Behandlung des Atombaus haben wir einzelne, voneinander getrennte Atome betrachtet. Isolierte Atome kommen bei Zimmertemperatur jedoch nur selten vor, z.B. bei den Edelgasen. Bei der Entstehung von Verbindungen verändern sich die Elektronenhüllen der Atome.

Wir werden uns zunächst mit der Salzbildung aus den Elementen befassen. Dabei werden wir erfahren, wie durch die Abgabe und Aufnahme von Elektronen entgegengesetzt geladene Teilchen, die Ionen, entstehen. Aus der Anordnung der Ionen und den Kräften, die zwischen ihnen wirken, lassen sich wichtige Eigenschaften der Salze verstehen.

Auch bei der Herstellung von Metallüberzügen aus Salzschmelzen und Salzlösungen mithilfe des elektrischen Stroms finden Elektronenübergänge statt. Mit diesem Verfahren können Gegenstände geschützt werden, außerdem kann ihnen ein eindrucksvolles Aussehen verliehen werden.

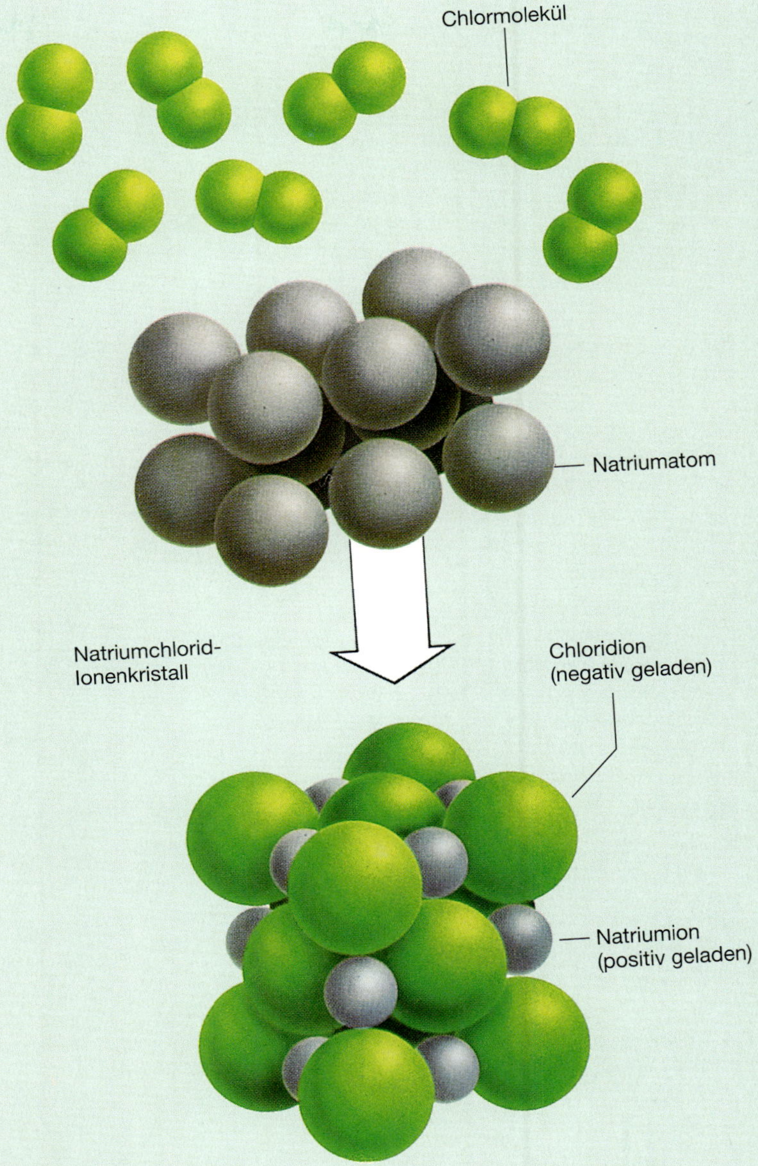

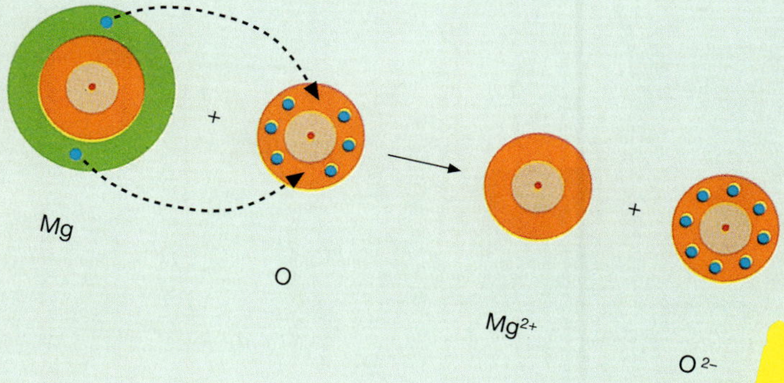

10.1 Ionen in Lösungen und Schmelzen von Salzen

V 1 a) Drücke zwei Elektroden auf einen Kochsalzkristall. Prüfe die elektrische Leitfähigkeit des Feststoffs.
b) Löse in je einem Reagenzglas etwas Natriumchlorid, Kaliumiodid, Zinkchlorid und Zucker in dest. Wasser. Gib in ein weiteres Reagenzglas dest. Wasser. Prüfe nacheinander, beginnend mit dem Wasser, die elektrische Leitfähigkeit der Flüssigkeiten. Der Leitfähigkeitsprüfer muss nach jedem Versuch abgespült werden. Den Versuchsaufbau zeigt ▷ B1. Beschreibe die Beobachtungen.

V 2 Versuchsaufbau wie in ▷ B2. Fülle in ein U-Rohr eine Zinkiodidlösung. Verschließe die beiden Schenkel mit je einem Stopfen, in dem eine Graphitelektrode steckt. Verbinde die Elektroden mit den Polen einer Gleichspannungsquelle und schalte eine Glühlampe (0,1 A) in den Stromkreis. Erhöhe langsam die Spannung, bis das Lämpchen leuchtet. Schalte nach einigen Minuten den Strom ab. Schildere und deute die Beobachtungen.

V 3 In einem großen Reagenzglas wird Bleichlorid (dem etwas Kaliumchlorid zugesetzt ist) geschmolzen. In die Schmelze taucht man zwei Graphitelektroden. Die Kathode steckt in einem Glasrohr und taucht tiefer ein. (Die Zuleitungen müssen vor der Hitze geschützt werden.) Man elektrolysiert die Schmelze mit ca. 4 Ampere 5 bis 10 Minuten. (Abzug!)

A 1 Woran erkennt man, dass es sich bei der Elektrolyse einer Zinkiodidlösung um eine chemische Reaktion handelt?

A 2 Welcher Stoff entsteht bei der Elektrolyse einer Zinkchloridschmelze an der positiv geladenen Elektrode?

Metalle unterscheiden sich von Nichtmetallen mit Ausnahme des Graphits dadurch, dass die Metalle im festen Zustand den elektrischen Strom gut leiten. Dabei bewegen sich Elektronen im Metall. Wie aber verhalten sich Salze, also Verbindungen aus Metallen und Nichtmetallen, bei Leitfähigkeitsuntersuchungen?

Leiten Salze den elektrischen Strom? Drückt man zwei mit einer Spannungsquelle verbundene Stäbe aus einem Metall oder Graphit, d. h. zwei Elektroden, an ein festes Stück Salz (▷ V 1a), kann man keine elektrische Leitfähigkeit feststellen. Taucht man dagegen die Elektroden in eine Salzlösung (▷ V 1b), erkennt man, dass sie den elektrischen Strom leitet. Dies bedeutet, dass sich in der Lösung geladene Teilchen bewegen müssen. Im Folgenden wollen wir untersuchen, um welche Teilchen es sich dabei handelt.

Elektrolyse einer Salzlösung. Bei der Prüfung der elektrischen Leitfähigkeit kann man häufig an den Elektroden die Bildung von Gasbläschen und Schlieren beobachten. Um die stoffliche Veränderung an den Elektroden besser untersuchen zu können, taucht man zwei Graphitstäbe als Elektroden z. B. in eine Zinkiodidlösung (▷ V 2). Wird eine Gleichspannung angelegt, fließt ein elektrischer Strom. An einer Elektrode bildet sich Zink, an der anderen Iod (▷ B 2). Mithilfe des elektrischen Stroms entstehen aus einer wässrigen Zinkiodidlösung also Zink und Iod.

Eine chemische Reaktion, die durch den elektrischen Strom bewirkt wird, nennt man Elektrolyse.

In der Zinkiodidlösung liegen geladene Teilchen vor. Bei der Elektrolyse dieser Lösung entsteht das Zink an der

B 1 Prüfung der elektrischen Leitfähigkeit verschiedener Lösungen

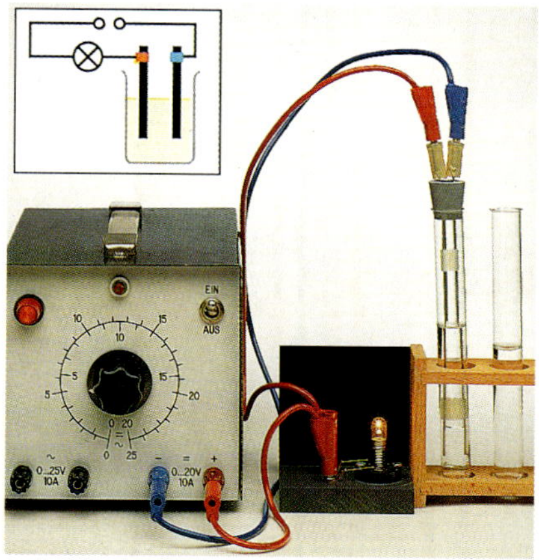

B 2 Elektrolyse einer wässrigen Lösung von Zinkiodid

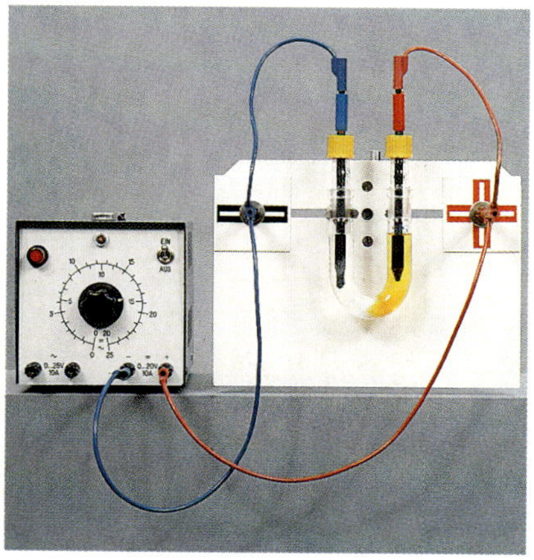

B 3 Schmelzflusselektrolyse von Bleichlorid

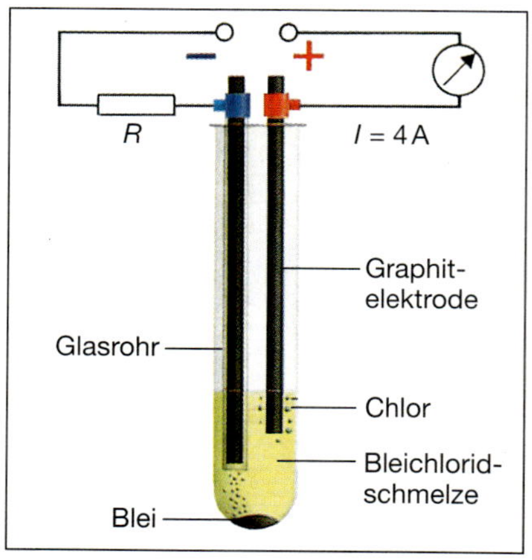

Elektrode, die mit dem Minuspol der Spannungsquelle verbunden und deshalb negativ geladen ist. Zu dieser Elektrode wandern die positiv geladenen Zinkteilchen, da sich entgegengesetzt geladene Körper anziehen. Zu der positiv geladenen Elektrode wandern die negativ geladenen Iodidteilchen (▷B4). Solche positiv und negativ geladenen Teilchen werden **Ionen** genannt, z. B. Zink- und Iodidionen (↗ Kap. 9.5).

Ionen sind Atome (oder auch Moleküle), die elektrisch positiv oder negativ geladen sind.

Nicht nur in einer Zinkiodidlösung, sondern auch in wässrigen Lösungen von anderen Metallhalogeniden liegen *positiv geladene Metallionen* und *negativ geladene Halogenidionen* vor. Die entgegengesetzt geladenen Ionen lagern sich in der Lösung nicht zusammen, weil sie von Wassermolekülen umgeben und dadurch voneinander getrennt sind.

Elektrolyse einer Salzschmelze. Nicht nur wässrige Salzlösungen enthalten Ionen, auch die *festen Salze* selbst sind aus *Ionen* aufgebaut. Allerdings leiten die festen Salze den elektrischen Strom nicht, weil in ihnen die Ionen nicht beweglich sind. Erst durch das Schmelzen des Salzes werden die Ionen des Feststoffs beweglich und dadurch leitet die Schmelze den elektrischen Strom. So erhält man z. B. bei der Schmelzflusselektrolyse von Bleichlorid (▷V3) Chlorgas und eine Kugel aus metallischem Blei (▷B3).

Sichtbare Ionenwanderung. Bei der Elektrolyse bewegen sich die Ionen zu den Elektroden. Man bezeichnet diesen Vorgang auch als *Ionenwanderung*. Die blaue Farbe von Lösungen einiger Kupferverbindungen beruht auf dem Vorliegen von Kupferionen. Die gelbe Farbe einer Kaliumchromatlösung wird durch die negativ geladenen Chromationen verursacht. Eine Lösung, die Kupfer- und Chromationen enthält, zeigt die Mischfarbe Grün. Legt man eine Gleichspannung an (▷V4 und ▷V5), wird die Ionenwanderung durch Farbzonen sichtbar, die sich auf die Elektroden zubewegen (▷B5).

Ionenverbindungen. Metallhalogenide bauen sich aus positiv geladenen Metallionen und negativ geladenen Halogenidionen auf. Wie die Metallhalogenide sind auch viele andere *Metall-Nichtmetall-Verbindungen* (z. B. Kupfersulfid) aus *Ionen* aufgebaut. Diese *Ionenverbindungen* bezeichnet man wie die Halogenide als **Salze**.

Salze sind aus positiv und negativ geladenen Ionen aufgebaut.

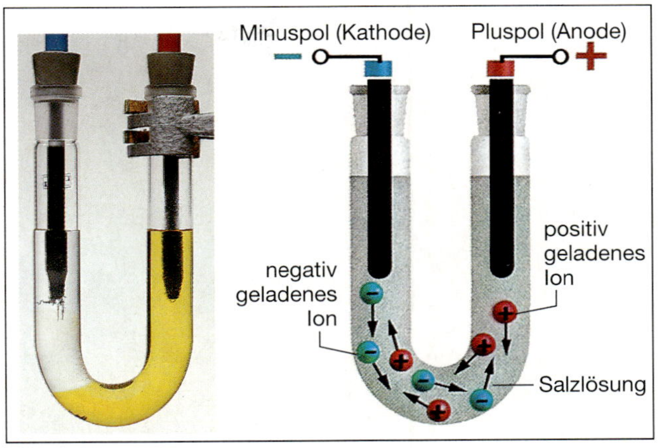

B4 Elektrolyse. Positiv geladene Ionen wandern zur negativ geladenen, negativ geladene Ionen zur positiv geladenen Elektrode

V 4 Man stellt eine Lösung von Kupfersulfat, der Ammoniak zugesetzt wurde, und eine Kaliumchromatlösung her. (Schutzhandschuhe!) Die vereinigten Lösungen werden in den mittleren Schenkel eines Doppel-U-Rohrs gefüllt. Seine Schenkel sind durch poröse Wände voneinander getrennt. Die äußeren Schenkel enthalten Kaliumnitratlösung und jeweils eine Platinelektrode. An die Elektroden wird eine Gleichspannung von 40 Volt angelegt. (Vorsicht!)

V 5 Man gibt einen Tropfen einer Lösung, die Kupfer- und Chromationen enthält, auf die Mitte eines Filterpapierstreifens, der zuvor mit Kaliumnitratlösung getränkt wurde. Man legt wie in ▷B5 rechts gezeigt eine Gleichspannung von 20 Volt an. (Vorsicht!)

B5 Ionenwanderung. Kupferionen wandern zur Kathode, Chromationen zur Anode

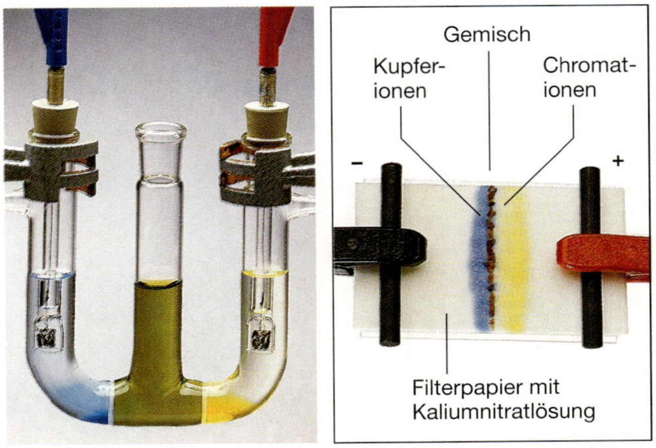

10.2 Ionenbildung und Elektronenübergänge

B1 Bildung von Natriumchlorid aus den Elementen

V 1 In einen mit Chlor gefüllten Standzylinder wird ein frisch entkrustetes, kleines Natriumstück gegeben. Der Standzylinder verbleibt verschlossen ein bis zwei Tage unter dem Abzug. Man löst den entstandenen Stoff in Wasser (Achtung! Natriumreste können mit Wasser reagieren! Schutzbrille!) und lässt die Lösung einige Tage offen stehen.

a) Betrachte die Kristalle unter der Lupe und beschreibe sie.
b) Formuliere die Reaktionsgleichung für die obige Reaktion.

Salze bestehen aus Ionen. An der Bildung von Natriumchlorid aus den Elementen (▷V1) lässt sich die Ionenbildung gut verstehen.

Bildung von Ionen. Die Natriumionen entstehen dadurch, dass Natriumatome jeweils ihr Außenelektron abgeben. Somit wird die positive Ladung des Kerns durch die Ladung der Elektronen der Hülle nicht mehr ausgeglichen. Das *Natriumion* wirkt nach außen als *einfach positiv geladenes Teilchen* (▷B2). Das Zeichen für dieses Ion ist Na^+. Ein *Chloridion* ist *einfach negativ geladen*, das Zeichen ist Cl^-. Das Ion entsteht aus einem Chloratom, indem dieses ein Elektron in seine äußere Schale aufnimmt.
Nicht nur Natrium und Chlor, auch viele andere *Metalle* und *Nichtmetalle* bilden *Ionenverbindungen*. Dabei geben die Metallatome die Elektronen ab, die von den Nichtmetallatomen aufgenommen werden.

Metallatome geben bei der Salzbildung Elektronen ab, dabei entstehen positiv geladene Ionen. Nichtmetallatome nehmen Elektronen auf, sie bilden negativ geladene Ionen.

Ionenladung und Edelgasschale. Bei der Reaktion eines Alkalimetalls mit einem Halogen entstehen immer einfach positiv geladene Metallionen und einfach negativ geladene Halogenidionen. Ein Natriumatom gibt sein Außenelektron ab. Danach weist das so entstandene *Natriumion die gleiche Elektronenanzahl* und *-verteilung* auf wie ein Atom des im Periodensystem vor ihm stehenden *Edelgases Neon*. Ein *Chloratom* erhält durch die *Aufnahme eines Elektrons* die *Elektronenhülle* eines Atoms des *Edelgases Argon*. Reagieren aber Erdalkalimetalle zu Ionenverbindungen, entstehen aus den Metallatomen durch Abgabe der beiden Außenelektronen zweifach positiv geladene Ionen. Diese haben wieder jeweils die Elektronenhülle eines Edelgasatoms (▷B3). Außer den Halogenen reagieren auch Sauerstoff und Schwefel mit Metallen zu Ionenverbindungen. Die Nichtmetallatome nehmen dabei jeweils zwei Elektronen auf. Die zweifach negativ geladenen Ionen besitzen auch hier die Elektronenhülle eines Edelgasatoms.
Bilden sich aus Atomen durch Abgabe oder Aufnahme von Elektronen Ionen, so weisen diese meist die Elektronenanzahl und -verteilung wie ein Edelgasatom auf. Diesen Zusammenhang bezeichnet man deshalb als **Edelgasregel**.

B2 Ionen entstehen durch Abgabe oder Aufnahme von Elektronen

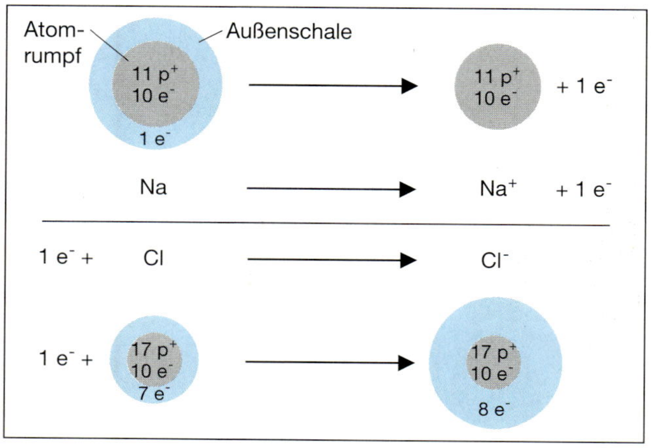

B3 Elektronenverteilung in der Hülle von Atomen, zugehörigen Ionen und entsprechenden Edelgasatomen

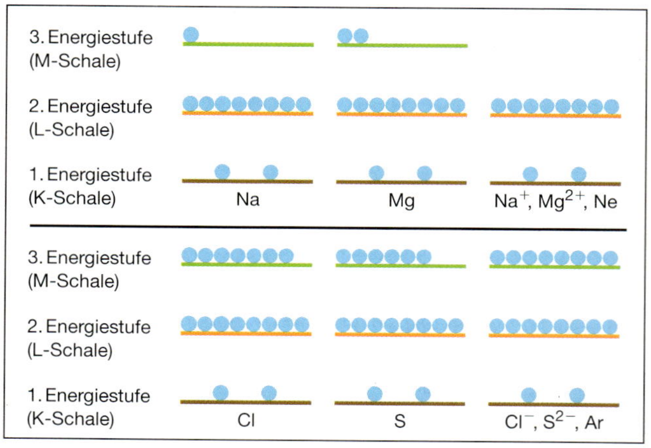

Elektronenübergänge und Redoxreaktionen. Hält man ein brennendes Magnesiumband in Sauerstoff (▷ B4) oder in Chlor (▷ B5), so bildet sich in beiden Fällen unter Aufleuchten ein spröder Feststoff, der zum Teil als Rauch entweicht. Die Ähnlichkeit beider Reaktionen lässt sich verstehen, wenn man betrachtet, was mit den Teilchen geschieht.

Bei der Verbrennung von Magnesium entsteht Magnesiumoxid. Dieses ist eine Ionenverbindung. Jedes Magnesiumatom gibt bei dieser Reaktion die beiden Elektronen der äußeren Schale ab, es bilden sich zweifach positiv geladene Magnesiumionen. Auch bei der Bildung von Magnesiumchlorid entstehen aus Magnesiumatomen durch Elektronenabgabe Magnesiumionen. Die von den Magnesiumatomen abgegebenen Elektronen werden von den Atomen der Reaktionspartner aufgenommen. In einem Fall nimmt ein Sauerstoffatom zwei Elektronen in seine äußere Schale auf. Dabei entsteht ein doppelt negativ geladenes Oxidion. Im anderen Fall nimmt ein Chloratom nur ein Elektron in seine äußere Schale auf. Die beiden vom Magnesiumatom abgegebenen Elektronen werden deshalb auf zwei Chloratome übertragen, es entstehen also zwei negativ geladene Chloridionen.

Bei der Bildung des Magnesiumoxids handelt es sich um eine *Oxidation*. Nach der bisher verwendeten Definition ist die Oxidation die Reaktion des Sauerstoffs mit einem anderen Stoff. In diesem Sinn ist die *Reduktion* eine chemische Reaktion, bei der z. B. aus einem Metalloxid ein Metall gewonnen wird.

Die Reaktionen von Magnesium mit Sauerstoff und Chlor stimmen darin überein, dass *Außenelektronen der Metallatome auf Nichtmetallatome übertragen werden* (▷ B6). Entsprechende Betrachtungen an vielen Reaktionen führten dazu, die Begriffe *Oxidation* und *Reduktion* auf alle *Reaktionen* anzuwenden, bei denen *Elektronenübergänge* stattfinden. Heute definiert man:

Oxidation ist die Abgabe von Elektronen. Reduktion ist die Aufnahme von Elektronen.

Die alten Ausdrücke werden also beibehalten, obwohl bei Elektronenübergängen wie z. B. der Bildung des Magnesiumchlorids weder der Sauerstoff noch eine Rückführung zum Metall eine Rolle spielen müssen.
Nun können Elektronen von einem Reaktionspartner nur aufgenommen werden, wenn sie von einem anderen Partner abgegeben werden. Daher sind Reduktion und Oxidation miteinander gekoppelt. Diesen kombinierten Vorgang bezeichnet man als *Reduktions-Oxidations-Reaktion* oder kurz als *Redoxreaktion*. *Redoxreaktionen* sind damit *Elektronenübergänge*.

B4 Magnesium reagiert mit Sauerstoff

B5 Magnesium reagiert mit Chlor

V 2 Man entzündet ein Stück Magnesiumband und taucht es in einen Standzylinder mit Chlor, dessen Boden mit Sand bedeckt ist. (Abzug!)

A 1 Vergleiche die Protonen-, Neutronen- und Elektronenanzahlen eines Natriumatoms mit denen eines Natriumions. Wodurch unterscheidet sich das Ion von dem Atom? Führe diesen Vergleich auch für ein Chloratom und ein Chloridion durch.

A 2 a) Kupfer reagiert mit Schwefel zu Kupfersulfid (Verhältnisformel Cu_2S). Kennzeichne wie in ▷ B6 die Elektronenübergänge.
b) Calcium reagiert mit Brom zu Calciumbromid. Kennzeichne wie in ▷ B6 die Elektronenübergänge.

B6 Elektronenübergänge von Metallatomen zu Nichtmetallatomen führen zur Bildung von Ionen

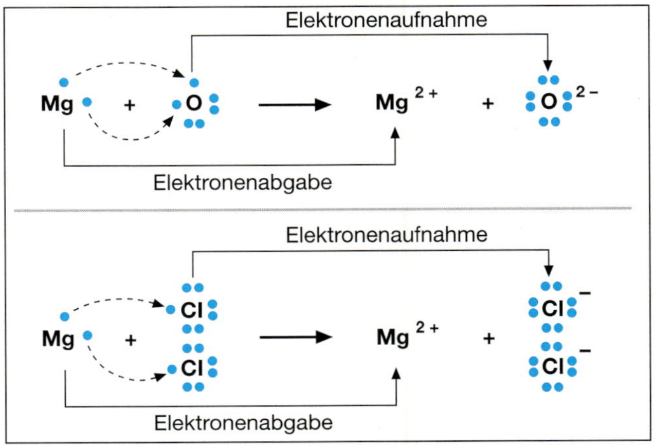

10.3 Eigenschaften und Bau von Ionenverbindungen

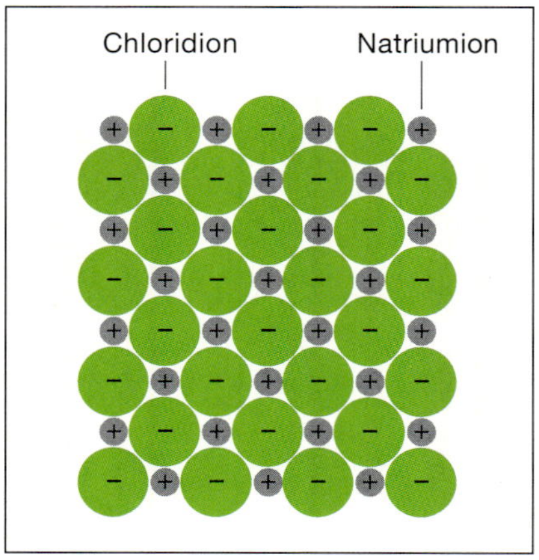

B 1 Schnitt durch den Ionenverband aus Natrium- und Chloridionen

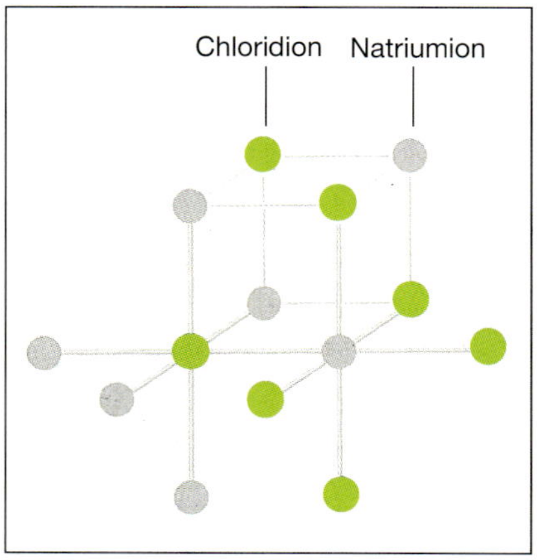

B 2 Räumliche Anordnung der Natrium- und Chloridionen im Ionenverband

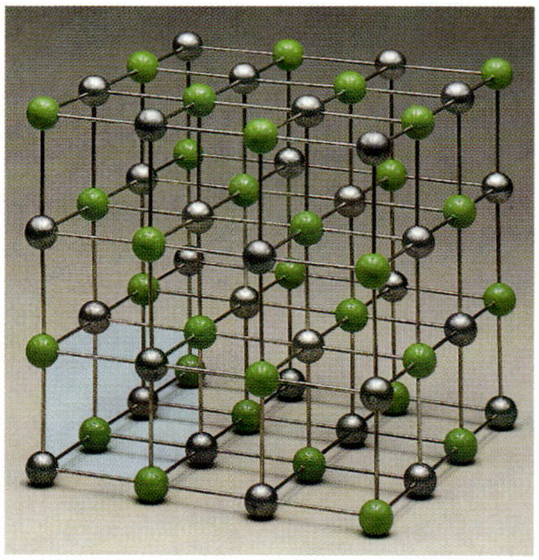

B 3 Gittermodell des Ionengitters von Natriumchlorid

B 4 Raumerfüllung im Natriumchloridgitter

B 5 Natriumchloridkristalle

Ein Natriumion und ein Chloridion ziehen sich gegenseitig an. Da Ladungen nach allen Richtungen im Raum wirken, können von einem positiv geladenen Natriumion mehrere benachbarte negativ geladene Chloridionen angezogen werden. Ebenso kann ein Chloridion mehrere benachbarte Natriumionen anziehen. Ionen mit gleichnamiger Ladung stoßen sich dagegen ab. Die Bindung, die auf der Anziehung entgegengesetzt geladener Ionen beruht, bezeichnet man als **Ionenbindung**.

Das Natriumchloridgitter. Bei der Reaktion von Natrium mit Chlor entsteht eine riesige Anzahl von Natriumionen und Chloridionen. Diese gruppieren sich so, dass sich eine *größtmögliche Anziehung bei geringstmöglicher Abstoßung* ergibt. Es bildet sich ein *Ionenverband*, in dem die Ionen regelmäßig angeordnet sind. ▷ B 1 zeigt einen Schnitt durch einen Ionenverband aus Natrium- und Chloridionen. In ▷ B 2 ist die räumliche Anordnung dieser Ionen zu erkennen. Ein Natriumion ist von sechs Chloridionen umgeben, um jedes Chloridion ordnen sich sechs Natriumionen. Jedes Ion hat also sechs nächste Nachbarn. Insgesamt ist die *Anzahl der Natriumionen* in einem großen *Ionenverband gleich* der *Anzahl* der *Chloridionen*, die *Verhältnisformel* ist NaCl.

Die regelmäßige Anordnung der Ionen in einem Ionenverband nennt man **Ionengitter**. In ▷ B 3 ist ein Ausschnitt aus dem Ionengitter des Natriumchlorids dargestellt. Dieses Gittermodell lässt erkennen, dass die Ionen an den Ecken von Würfeln sitzen, die durch die Verbindungslinien zwischen den Mittelpunkten der Ionen gebildet werden.
Berücksichtigt man, dass die Natriumionen nur etwa den halben Durchmesser der Chloridionen haben, und beachtet man außerdem die tatsächlichen Abstände zwischen den Ionen, so ergibt sich das Modell in ▷ B 4. Auch hier ergeben sich Begrenzungsflächen, die miteinander rechte Winkel bilden, wie wir sie auch bei Natriumchloridkristallen erkennen (▷ B 5).

Es gibt eine ganze Reihe von Ionenverbindungen, bei denen die Ionen so angeordnet sind wie die Natrium- und Chloridionen im festen Natriumchlorid. Dazu gehören viele Halogenide, z. B. Lithiumchlorid, Kaliumchlorid, Kaliumbromid. Man sagt, diese Ionenverbindungen haben eine **Natriumchloridstruktur**.

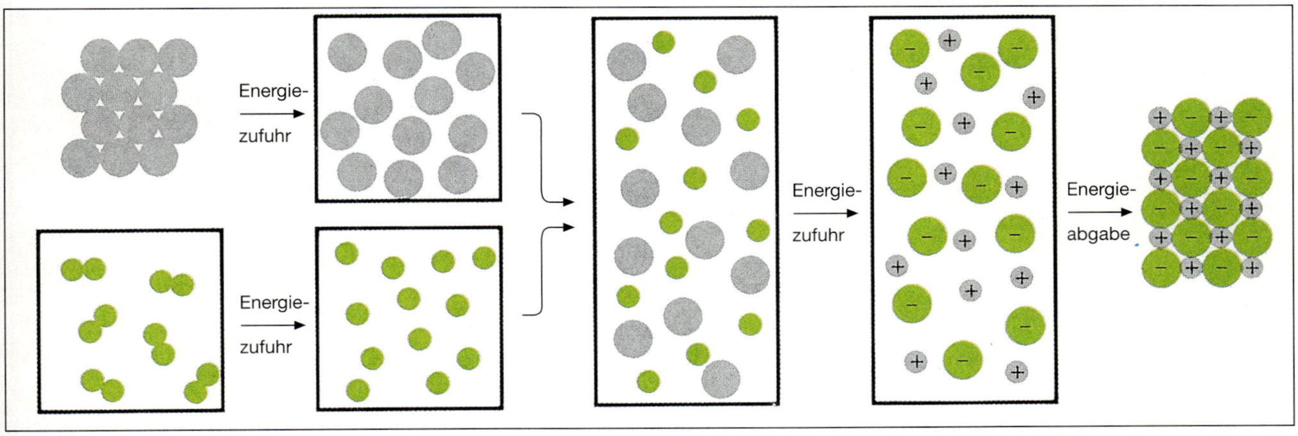

B 6 Bildung des Natriumchloridgitters. Die Reaktion eines Verbands aus Natriumatomen mit Chlormolekülen lässt sich in gedachte Teilschritte zerlegen

Gitterbildung und Energie. Geschmolzenes Natrium reagiert heftig mit Chlor unter Abgabe von Licht und Wärme. Was ist die Ursache dafür, dass diese Reaktion exotherm verläuft?
Um Natriumatome aus einem Atomverband zu isolieren, ist Energie erforderlich, ebenso zur Spaltung von Chlormolekülen in Chloratome. Zur Bildung von Natriumionen muss Energie zugeführt werden, während bei der Bildung von Chloridionen Energie frei wird. Für die Bildung von Natriumionen und Chloridionen aus den Elementen muss insgesamt ein hoher Energiebetrag aufgebracht werden. Bei der Bildung des Ionengitters aus den einzelnen Ionen wird aber sehr viel Energie, die **Gitterenergie**, frei. Sie ist die Ursache dafür, dass diese Salzbildung insgesamt exotherm verläuft (▷ B 6).
Ionenladung und Formeln von Ionenverbindungen. Die Anzahl der positiven Elementarladungen muss mit der Anzahl der negativen Elementarladungen im Ionengitter übereinstimmen. Ist die Ladungszahl der positiv geladenen Ionen gleich der der negativ geladenen Ionen, ergeben sich Verhältnisformeln wie NaCl, LiBr, MgO, CaS. Bei der Kombination von einfach und zweifach geladenen Ionen erhält man z. B. folgende Verhältnisformeln: Li_2O, $MgCl_2$, Na_2S (▷ A 2), denn z. B. im Magnesiumchlorid müssen die zweifach positiv geladenen Ionen durch die doppelte Anzahl an einfach negativ geladenen Chloridionen ausgeglichen werden.
Sprödigkeit von Ionenverbindungen. Kochsalzkristalle verformen sich nicht, sondern zerspringen in viele kleine Kristalle, wenn man mit dem Hammer auf sie schlägt. Diese *Sprödigkeit* resultiert daraus, dass bei der *Verschiebung* der *Schichten* um den Durchmesser eines Ions *gleich geladene Ionen* nebeneinander liegen. Die *Abstoßungskräfte* überwiegen, die Schichten stoßen sich ab, der Kristall spaltet sich (▷ B 7).

A 1 Erkläre, warum die Bildung von Natriumchlorid aus den Elementen eine exotherme Reaktion ist, obwohl für die Bildung der Ionen insgesamt ein hoher Energiebetrag aufgebracht werden muss.

A 2 Für das Aufstellen der Verhältnisformel einer Ionenverbindung (z. B. von Natriumsulfid) können das Aufschreiben der Zeichen für die Ionen (a) und das anschließende Ausgleichen der Ladungen (b) eine Hilfe darstellen.

a) Na^+, S^{2-} b) $\begin{matrix} Na^+ \\ Na^+ \end{matrix} S^{2-}$ Verhältnisformel Na_2S

Stelle in entsprechender Weise die Verhältnisformeln auf für: Lithiumiodid, Natriumoxid, Aluminiumoxid.

B 7 Spalten eines Kochsalzkristalls. Gleichartig geladene Ionen stoßen sich beim Vorbeigleiten ab

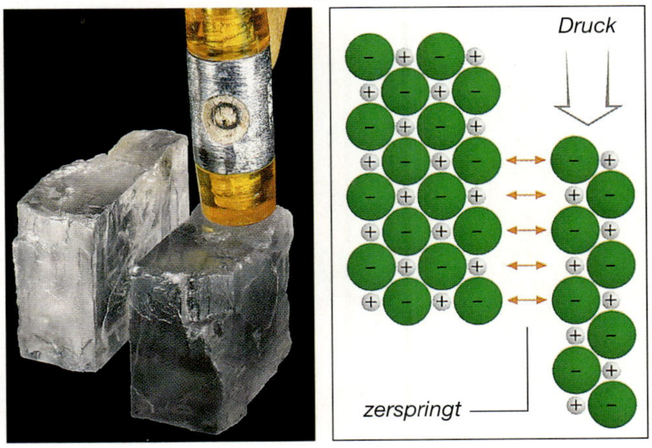

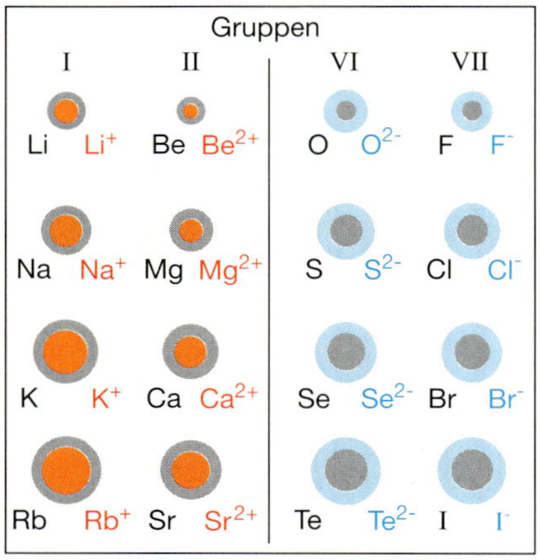

B8 Vergleich der Radien von Atomen und Ionen der Elemente der 1., 2., 6. und 7. Hauptgruppe

A 3 Vergleiche die Radien der Atome und Ionen in ▷B8. Welche Aussagen lassen sich machen?

A 4 Warum hat Natriumchlorid eine höhere Schmelztemperatur als Natriumiodid?

A 5 Erkläre die folgenden Eigenschaften von Salzen:
a) Salzschmelzen und Salzlösungen leiten den elektrischen Strom,
b) Salzkristalle sind hart und spröde,
c) zum Schmelzen von Salzen sind meist hohe Temperaturen erforderlich.

Eigenschaften von Ionenverbindungen. Ionenverbindungen (Salze) haben einige charakteristische Eigenschaften. Salzschmelzen und Salzlösungen leiten den elektrischen Strom. Zum Schmelzen von Salzen sind meist hohe Temperaturen erforderlich. Diese Eigenschaften lassen sich mit dem Aufbau der Ionenverbindungen erklären.

Die *hohen Schmelztemperaturen der Ionenverbindungen* (▷B9) lassen erkennen, dass *zwischen* den *Ionen* im Ionengitter *starke Anziehungskräfte* wirken. Bei Temperaturerhöhung, also bei Energiezufuhr, schwingen die Ionen immer stärker um ihre Gitterplätze. Erst bei hohen Temperaturen können die Ionen diese Plätze verlassen, das Gitter bricht zusammen, das Salz schmilzt. Die Schmelze enthält als Ladungsträger bewegliche Ionen. Auch beim Lösen eines Salzes in Wasser verlassen die Ionen ihre Gitterplätze. Die frei beweglichen Ionen sind von Wassermolekülen umhüllt.

In der Reihe Kaliumchlorid, Kaliumbromid und Kaliumiodid nehmen die Schmelztemperaturen ab (▷B9). Dies gilt auch für die entsprechenden Natriumhalogenide.

Diese Regelmäßigkeit in der Abstufung der Schmelztemperaturen kann man erklären, wenn man die Anziehungskräfte zwischen den Ionen verschiedener Größe vergleicht. Die Anziehungskräfte sind umso größer, je geringer der Abstand zwischen den Mittelpunkten der Ionen ist. Auch Abstoßungskräfte zwischen gleichnamig geladenen Ionen beeinflussen die Schmelztemperatur, besonders wenn große negativ geladene Ionen neben kleinen positiv geladenen Ionen angeordnet sind. Dieser Einfluss zeigt sich beim Vergleich der Schmelztemperaturen von Natrium- und Kaliumiodid. Die Schmelztemperaturen der Erdalkalimetalloxide unterscheiden sich stark von denen der Alkalimetallhalogenide. Die sehr hohen Schmelztemperaturen der Erdalkalimetalloxide lassen sich auf die großen Anziehungskräfte zurückführen, die zwischen den jeweils zweifach geladenen Ionen wirken.

Die Anziehungskräfte zwischen Ionen sind umso größer, je höher deren Ladung und je geringer der Abstand zwischen ihren Mittelpunkten ist.

B9 Schmelztemperaturen einiger Salze mit Natriumchloridstruktur (in °C)

LiF 870				
NaF 992	NaCl 800	NaBr 747	NaI 650	MgO 2800
	KCl 770	KBr 730	KI 686	CaO 2600
			RbI 647	SrO 2430
				BaO 1920

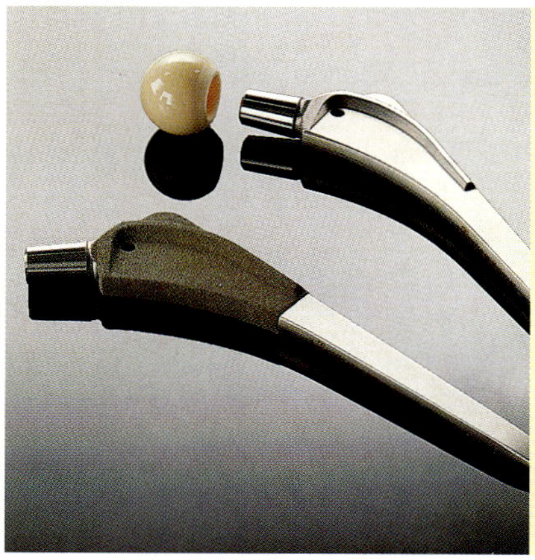

Aluminiumoxid ist eine Ionenverbindung, die sehr vielseitig verwendet wird. Als weißes, oberflächenreiches Pulver ist es ein ausgezeichnetes Anlagerungsmittel (Adsorbens) z.B. für Farbstoffe in der Chromatografie. Beim Erhitzen auf 1100 °C und darüber verbackt das Pulver und bildet eine Aluminiumoxidkeramik von hoher Verschleißfestigkeit und Temperaturbeständigkeit, die zur Auskleidung von Industrieöfen, als Trägermaterial für Katalysatoren, in Werkzeugen zur Feinschleiferei und in Maschinenteilen der Textil- und Drahtindustrie Verwendung findet. Auch Hüftgelenkprothesen (Gelenkkopf im Bild) und Zahnimplantate werden aus Aluminiumoxidkeramik hergestellt. Beim „Einpflanzen" überziehen sich die Implantate mit einer Eiweißschicht, die körpereigene Abwehr stößt die Implantate deshalb nicht ab. Aluminiumoxid ist also auch im höchsten Maße körperverträglich.

10.4 Elektrolyse

Bei Leitfähigkeitsuntersuchungen von Salzlösungen (↗ Kap. 10.1) konnten wir an den Elektroden Stoffabscheidungen beobachten. Inzwischen wissen wir, dass wässrige Salzlösungen bewegliche Ionen enthalten. Wir werden jetzt die Vorgänge an den Elektroden bei einer Elektrolyse genauer betrachten.

Elektrolyse einer wässrigen Kupferchloridlösung. In eine Kupferchloridlösung tauchen zwei Elektroden, die mit den Polen einer Gleichspannungsquelle leitend verbunden sind (▷V 1). An der Elektrode, die mit dem Minuspol verbunden und deshalb negativ geladen ist, beobachtet man die Abscheidung von rötlich braunem Kupfer (▷B 1). Diese Elektrode, die **Kathode**, besitzt einen Elektronenüberschuss und zieht *positiv geladene Ionen* **(Kationen)** an. In unserem Beispiel sind dies Cu^{2+}-Ionen. Ein an der Kathode ankommendes Kupferion erhält aus ihr zwei Elektronen. Durch die Aufnahme von zwei Elektronen entsteht aus einem Kupferion ein Kupferatom.

Kathodenreaktion: $Cu^{2+} + 2\,e^- \longrightarrow Cu$

An der Elektrode, die mit dem Pluspol verbunden und deshalb positiv geladen ist, beobachtet man die Entwicklung von Chlor. An dieser Elektrode, der **Anode**, herrscht *Elektronenmangel*, sie zieht *negativ geladene Ionen* **(Anionen)** an. In unserem Versuch sind dies Cl^--Ionen (Chloridionen). Die ankommenden Chloridionen geben jeweils ein Elektron an die Anode ab; die entstehenden Chloratome vereinigen sich zu Chlormolekülen.

Anodenreaktion: $2\,Cl^- \longrightarrow 2\,Cl + 2\,e^-$ $\quad 2\,Cl \longrightarrow Cl_2$

Durch die Elektrolyse wird das Kupferchlorid in die Elemente zerlegt. An der Kathode werden dabei so viele Elektronen abgegeben, wie an der Anode aufgenommen werden. Die Gleichspannungsquelle muss der Kathode ständig so viele Elektronen nachliefern, wie sie der Anode entzieht. Die Gleichspannungsquelle hat demnach die Funktion einer Elektronenpumpe.

Bei der Elektrolyse werden positiv geladene Ionen von der Kathode angezogen und nehmen dort Elektronen auf. Negativ geladene Ionen geben an die Anode Elektronen ab.

V 1 Versuchsaufbau wie in ▷B 1. Fülle in ein U-Rohr eine Kupferchloridlösung. Verschließe die beiden Schenkel mit je einem Stopfen, in dem eine Graphitelektrode steckt. Verbinde die Elektroden mit den Polen einer Gleichspannungsquelle und schalte eine Glühlampe (0,1 A) in den Stromkreis. Verschließe das Röhrchen an der Anodenseite des U-Rohrs mit einem Luftballon oder einem Röhrchen mit Aktivkohle. Erhöhe langsam die Spannung, bis das Lämpchen leuchtet. Nimm nach etwa 5 Minuten den Luftballon bzw. das Röhrchen mit Aktivkohle kurz ab und halte ein angefeuchtetes Indikatorpapier an die Rohröffnung. Schalte den Strom ab und nimm die Kathode aus der Lösung. (Abzug!)

A 1 Welcher Unterschied besteht zwischen der Anode und der Kathode?

A 2 Welche Stoffe entstehen bei der Elektrolyse einer wässrigen Zinkiodidlösung? Formuliere die Kathoden- und Anodenreaktion.

A 3 Erkläre die Begriffe Anode, Kathode, Anion, Kation, Elektrolyse.

B 1 Elektrolyse einer wässrigen Lösung von Kupferchlorid

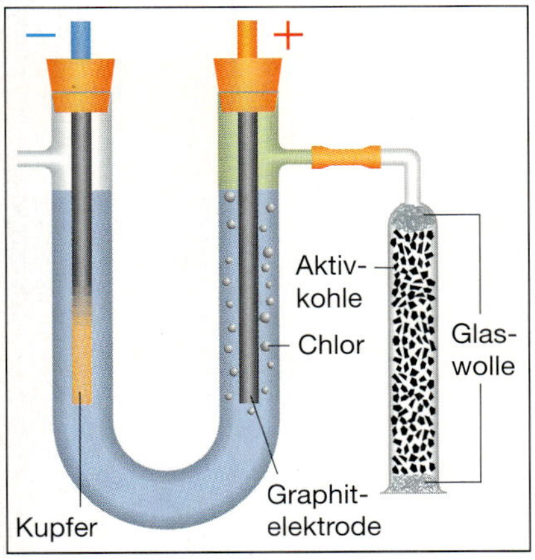

B 2 Schema der Vorgänge bei einer Elektrolyse. Die geladenen Teilchen wandern zur jeweils entgegengesetzt geladenen Elektrode

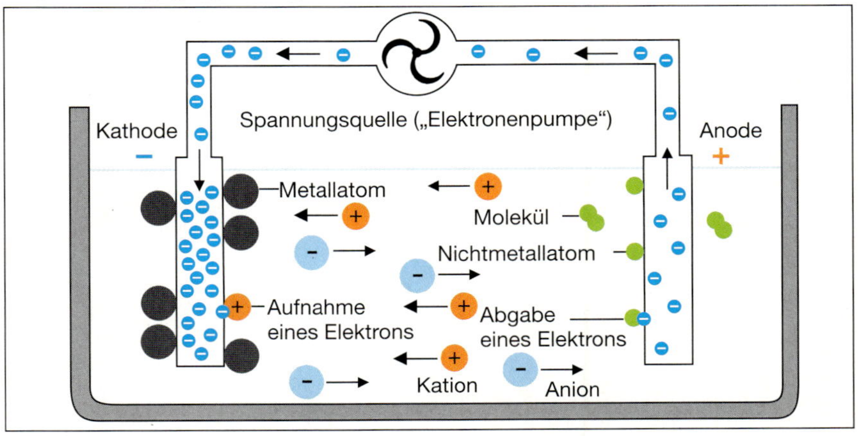

10.5 Projekt: Metallüberzüge durch Elektrolyse

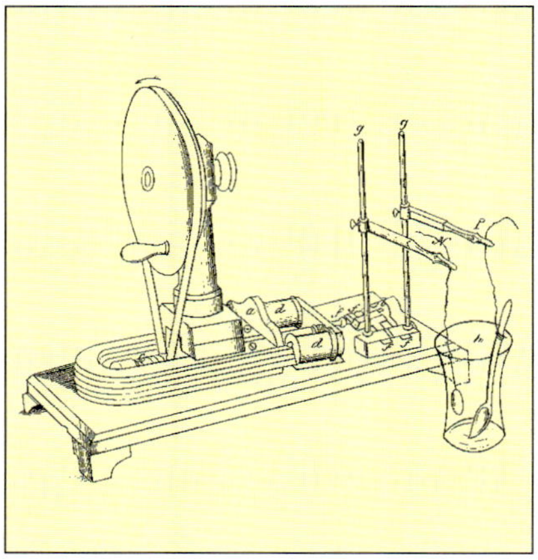

B1 Galvanisches Versilbern und Vergolden um 1865

Viele Gegenstände aus Alltag und Technik werden durch Metallüberzüge gegen Umwelteinflüsse geschützt. Metallüberzüge können Gegenständen auch Glanz und ein eindrucksvolles Aussehen verleihen.

Galvanisieren

In der Technik wird die Abscheidung von Metallen zum Verkupfern, Vernickeln, Verchromen, Versilbern oder Vergolden durch Elektrolyse ihrer Salzlösungen erreicht. Dabei werden die Gegenstände aus den unedlen Metallen als Kathode geschaltet. Die in der Lösung enthaltenen Ionen des edleren Metalls wandern zur Kathode, nehmen Elektronen aus der Kathode auf, werden dadurch entladen und setzen sich als Metallatome auf der Kathode ab. Der Metallüberzug ist oft nur wenige hundertstel Millimeter dick.

Um die Konzentration der Metallionen in der Lösung konstant zu halten, kann man eine Anode aus dem Überzugsmetall verwenden. An dieser entstehen dann genauso viele Ionen, die in die Lösung gehen, wie an der Kathode Atome des Metalls abgeschieden werden (▷B2).

Das Abscheiden von Metallüberzügen mithilfe des elektrischen Stroms nennt man Galvanisieren.

Neben den Ionen des Metalls, von dem die Kathode überzogen werden soll, enthält die Salzlösung noch Zusätze. Diese sollen dazu beitragen, dass ein möglichst gleichmäßiger und halbglänzender oder hochglänzender Metallüberzug entsteht. Es lassen sich auch nichtmetallische Gegenstände mit einem Metall überziehen. Dazu werden die Gegenstände zunächst elektrisch leitend gemacht (z. B. durch Aufbringen von Graphitpulver oder einem metallhaltigen Leitlack ▷B3), sodass sie dann als Kathode geschaltet werden können. Bevor Gegenstände verchromt, versilbert oder vergoldet werden, werden sie meist zunächst vernickelt. Ein Fahrradlenker aus Stahl wird z. B. zunächst verkupfert, damit er nicht rostet. Kupfer aber bildet mit Stoffen aus der Luft einen dunklen oder gar grünen Belag. Da sich eine Chromschicht nicht direkt auf Kupfer auftragen lässt, wird der Fahrradlenker anschließend vernickelt und erhält erst dann einen dünnen, glänzenden und harten Chromüberzug.

A 1 Hochwertige Brillengestelle werden galvanisch vergoldet. Welche Elektrode bildet das Brillengestell?

A 2 Ein Eisennagel überzieht sich in einer Kupfersalzlösung mit einer Kupferschicht. Warum werden Gegenstände nicht einfach durch Eintauchen in eine Kupfersalzlösung, sondern durch Galvanisieren verkupfert?

A 3 Beschreibe die Reaktionen, die beim Versilbern eines Kupferbleches ablaufen.

B2 Schema einer elektrolytischen Verkupferung

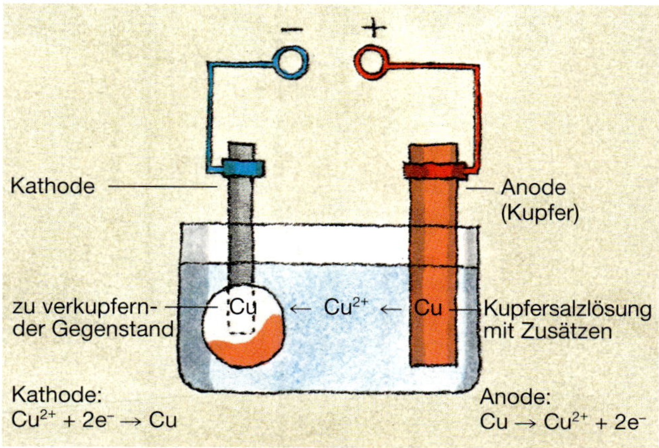

B3 Walnuss mit Holzgrundierung (links). Auftragen des Silberleitlacks (Mitte). Verkupferte Walnuss (rechts)

Metallüberzüge durch Elektrolyse

Versuch 1 Versilbern eines Kupferblechs

Geräte und Materialien:
Schutzbrille, Silberblech, Kupferblech, 2 Bechergläser (150 ml), Spannungsquelle, Spannungsmessgerät, 4 Experimentierkabel, 2 Krokodilklemmen, Waage, Stativ, 2 Doppelmuffen, 2 Universalklemmen, Messzylinder (100 ml), Pipette (1 ml), Spatel, Glasstab, Papierhandtuch

Chemikalien:
verdünnte Salpetersäure ($c(HNO_3) = 1\,mol/\ell$), Silbernitratlösung ($c(AgNO_3) = 0{,}01\,mol/\ell$), Thioharnstoff (Achtung, Verdacht auf Krebs erregende Wirkung), dest. Wasser

Durchführung:
1. Löse in 100 ml Silbernitratlösung (Vorsicht! Silbernitratlösung darf nicht in die Augen gelangen!) 5 g Thioharnstoff und 1 ml verd. Salpetersäure. 2. Stelle das Kupferblech zur Reinigung einige Minuten in verd. Salpetersäure. 3. Baue den Versuch wie in ▷B4 auf. Achte darauf, dass das Kupferblech mit dem Minuspol und das Silberblech mit dem Pluspol verbunden ist. Die beiden Bleche dürfen sich nicht berühren. 4. Steigere die Spannung vorsichtig auf etwa 1 V und elektrolysiere etwa 5 min. 5. Ziehe das Blech aus der Lösung und spritze es mit dest. Wasser ab. 6. Trockne das Blech ab und poliere es mit einem weichen Tuch oder einem Papierhandtuch.

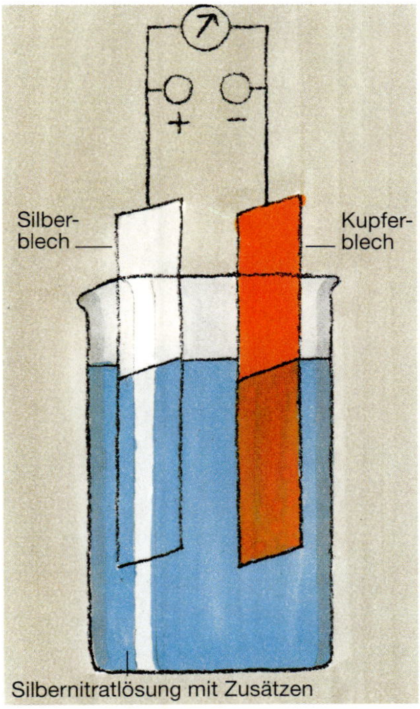

B4 Versilbern eines Kupferblechs

Versuch 2 Verkupfern einer Walnuss

Geräte und Materialien:
Schutzbrille, 2 Bechergläser (200 ml), 2 Bechergläser (100 ml), Kupferblech, dicker Kupferdraht ($d = 1{,}5\,mm$), 3 Experimentierkabel, Spannungsquelle, Stromstärkemessgerät, Glasstab, Waage, Stativ, Doppelmuffe, Universalklemme, 2 Krokodilklemmen, Messzylinder, Papierhandtuch, Spatel, Haarpinsel, Messingbürste

Chemikalien:
blaues Kupfersulfat ($CuSO_4 \cdot 5\,H_2O$), verdünnte Schwefelsäure ($c(H_2SO_4) = 0{,}5\,mol/\ell$), Ethanol, Silberleitlack, Seifenlauge, dünnflüssige Holzgrundierung, dest. Wasser

Durchführung:
1. Spieße die Walnuss auf den dicken Kupferdraht und tauche sie zur Versiegelung in die Holzgrundierung. Lass die Grundierung anschließend trocknen. 2. Streiche mit einem feinen Haarpinsel Silberleitlack auf die versiegelte Oberfläche und lass auch den Leitlack trocknen. 3. Schneide ein Kupferblech so aus, dass es in das Becherglas (200 ml) gedrückt werden kann und später die Walnuss ringförmig umgibt. Stelle eine Lösung aus 20 g blauem Kupfersulfat, 75 ml dest. Wasser, 75 ml verd. Schwefelsäure und 20 ml Ethanol her und gib diese in das Becherglas mit der Kupferelektrode. 4. Hänge die Walnuss in die Lösung. Achte darauf, dass sie nicht das Kupferblech berührt. 5. Verbinde die Kupferelektrode mit dem Pluspol und die Walnuss mit dem Minuspol der Spannungsquelle. Schalte ein Stromstärkemessgerät in den Stromkreis. Reguliere die Spannung so, dass ein Strom von etwa 150 mA fließt. Lass die Verkupferung etwa 15 Stunden ablaufen. 6. Nimm die verkupferte Nuss aus der Lösung und wasche sie kräftig mit Seifenlauge ab. Tauche die Nuss dann noch in dest. Wasser und lass sie trocknen. 7. Poliere die verkupferte Nuss mit einer Messingbürste, bis der gewünschte Glanz eintritt. 8. Bewahre die Elektrolytlösung für weitere Verkupferungsversuche auf. 9. Die verkupferte Nuss kann auch noch durch einen Überzug aus einem farblosen oder farbigen Tauchlack dauerhaft vor Oxidation geschützt werden.

B5 Verkupfern einer Walnuss

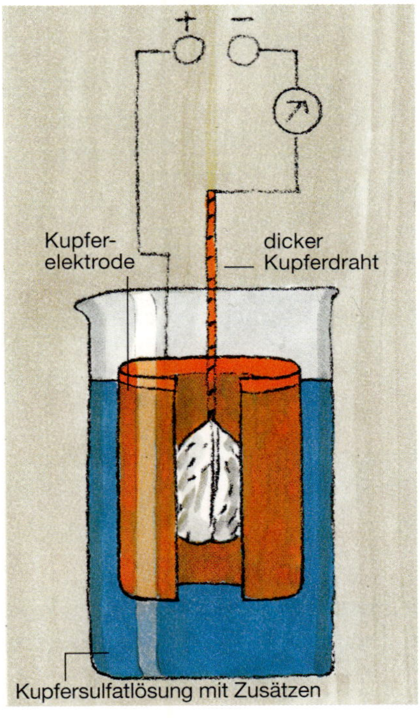

10.6 Überprüfung und Vertiefung

Ionenradien in pm (1 pm = 10^{-12} m)			
Li^+ 76	Be^{2+} 45	O^{2-} 140	F^- 133
Na^+ 102	Mg^{2+} 72	S^{2-} 184	Cl^- 181
K^+ 138	Ca^{2+} 100	Se^{2-} 198	Br^- 196
Rb^+ 152	Sr^{2+} 118	Te^{2-} 221	I^- 220
Cs^{2+} 167	Ba^{2+} 135		

B1 Zu Aufgabe 5

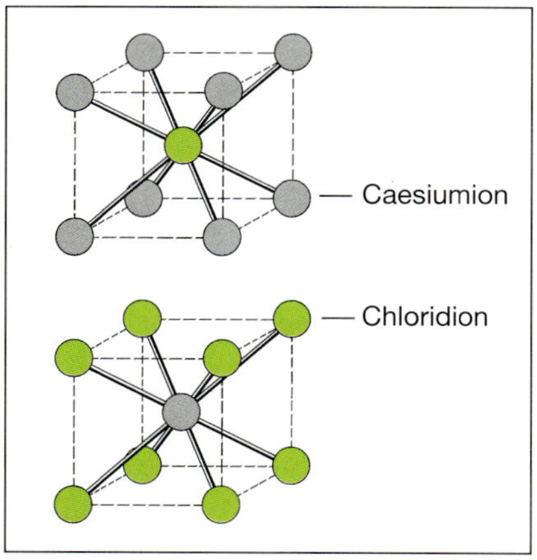

B2 Zu Aufgabe 4

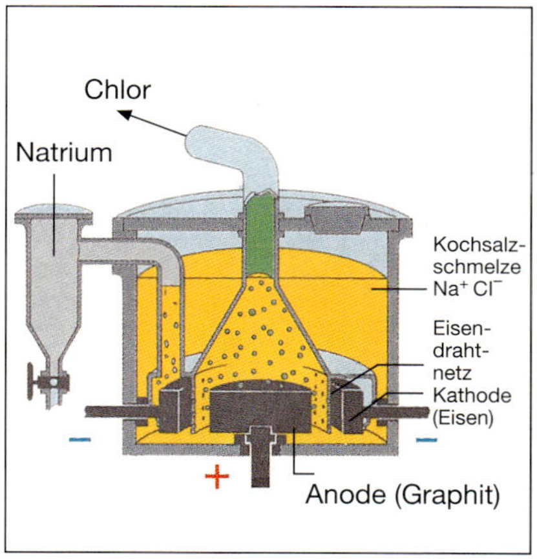

B3 Technische Natriumgewinnung, zu Aufgabe 6

Gitterenergien in kJ/mol				
LiF −1039	LiCl −856	LiBr −810	LiI −760	
NaF −926	NaCl −789	NaBr −750	NaI −707	MgO −3794
KF −824	KCl −718	KBr −685	KI −652	CaO −3404
RbF −768	RbCl −692	RbBr −663	RbI −633	SrO −3226
CsF −743	CsCl −662	CsBr −634	CsI −607	BaO −3057

B4 Zu Aufgabe 5

1 Magnesiumoxid ist eine Ionenverbindung. Erläutere die Ionenbildung. Vergleiche die Protonen-, Neutronen- und Elektronenanzahlen der Atome und Ionen miteinander. Welche Edelgasatome weisen die gleiche Elektronenanordnung auf wie Magnesium- und Oxidionen?

2 Gib die Elektronenanzahl und -verteilung für die folgenden Ionen an: Na^+, Mg^{2+}, Al^{3+}, N^{3-}, O^{2-}, F^-. Wie viele Elektronen sind in der äußeren Schale dieser Ionen?

3 Gleiche Elementpaare können verschiedene Verbindungen bilden, so gibt es z. B. zwei Kupferoxide mit den Verhältnisformeln Cu_2O bzw. CuO. Man kann diese Verbindungen nach ihren Farben benennen: rotes Kupferoxid bzw. schwarzes Kupferoxid. Bei einer systematischen Benennungsweise steht hinter dem Namen für das Metall eine römische Zahl, die der Ionenladung des Metallions in der Verbindung entspricht. Das rote Kupferoxid (Cu_2O) heißt Kupfer(I)-oxid, schwarzes Kupferoxid (CuO) Kupfer(II)-oxid.
a) Benenne entsprechend die Stoffe, zu denen die folgenden Verhältnisformeln gehören: FeO, Fe_2O_3, PbO, PbO_2.
b) Gib die Verhältnisformeln für die folgenden Verbindungen an: Eisen(II)-bromid, Quecksilber(I)-chlorid.

4 Von wie vielen entgegengesetzt geladenen Ionen als nächsten Nachbarn ist jedes Kation bzw. Anion im Caesiumchloridgitter umgeben (▷B2)?

5 Die Energie, die bei der Bildung eines Ionengitters aus den isolierten Ionen frei wird, heißt Gitterenergie. Welche Regeln lassen sich aus der Tabelle in ▷B4 ableiten? Suche nach Ursachen mithilfe von ▷B1.

6 Metalle wie Lithium, Natrium, Kalium oder auch Magnesium werden in der Technik meist aus ihren Salzschmelzen elektrolytisch gewonnen. So wird z. B. die Elektrolyse einer Natriumchloridschmelze in einer „Downs-Zelle" (▷B3) durchgeführt. An welcher Elektrode scheidet sich das Natrium ab?
Formuliere die Elektrodenreaktionen, die bei der Elektrolyse der Natriumchloridschmelze ablaufen.

7 Hält man einen Eisennagel in eine Kupfersalzlösung (z. B. Kupferchlorid- oder Kupfersulfatlösung), so überzieht sich der Nagel mit einer Kupferschicht.
a) Welcher Stoff entsteht neben dem Kupfer?
b) Warum zählt diese chemische Reaktion zu den Redoxreaktionen?
c) Welche Teilchen sind oxidiert und welche reduziert worden?
d) Formuliere für die Redoxreaktion die Reaktionsgleichung.

Wichtige Begriffe

Ion (Anion, Kation)
Ionenladung, Edelgasregel
Ionengitter, Ionenbindung
Elektronenübergang
Elektrolyse, Galvanisieren

Atombindung und molekulare Stoffe

Wir haben den Aufbau einiger Salze aus Ionen kennen gelernt und konnten damit typische Eigenschaften dieser Stoffe, z. B. ihre hohe Schmelztemperatur und ihre sehr hohe Siedetemperatur, erklären.
Wir kennen aber auch Stoffe mit grundsätzlich anderen Eigenschaften. Wasserstoff, Sauerstoff und Stickstoff sind Gase, Brom und Iod gehen leicht in den Gaszustand über. All diesen Stoffen ist gemeinsam, dass sie aus Molekülen bestehen, die nur aus wenigen Atomen aufgebaut sind. Zu den molekularen Stoffen zählen fast alle Nichtmetalle unter den Elementen sowie eine Vielzahl von Verbindungen.

Die leichte Verdampfbarkeit molekularer Stoffe weist darauf hin, dass zwischen den Molekülen nur geringe Kräfte wirken. Die Moleküle selbst bleiben aber auch im Gaszustand erhalten. Die Atome in den Molekülen müssen also fest aneinander gebunden sein.

Wir wollen der Frage nachgehen, wie neutrale Atome in einem Molekül zusammenhalten und hierzu uns bereits bekannte, einfache Moleküle behandeln.
Dabei werden wir auch erfahren, wie sich viele Molekülformeln mit einer einfachen Regel ableiten lassen. Mithilfe der Molekülformeln können wir den räumlichen Bau der Moleküle erschließen und gelangen dadurch zu einem Verständnis wichtiger Eigenschaften einzelner molekularer Stoffe.

Wir werden auch sehen, dass ein so vertrauter Stoff wie Wasser einige ungewöhnliche Eigenschaften besitzt, die ebenfalls auf den Bau der Moleküle zurückgeführt werden können.

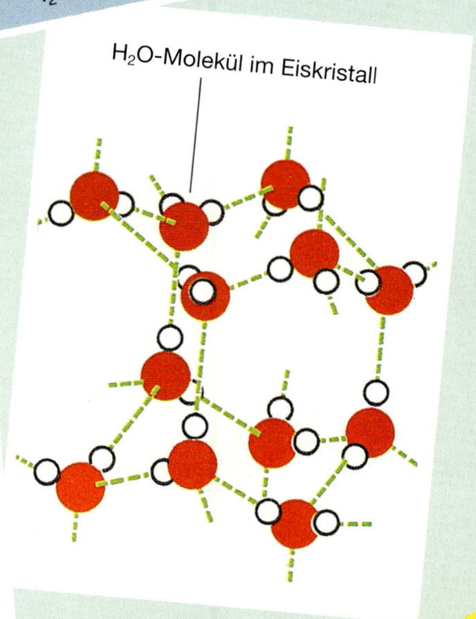

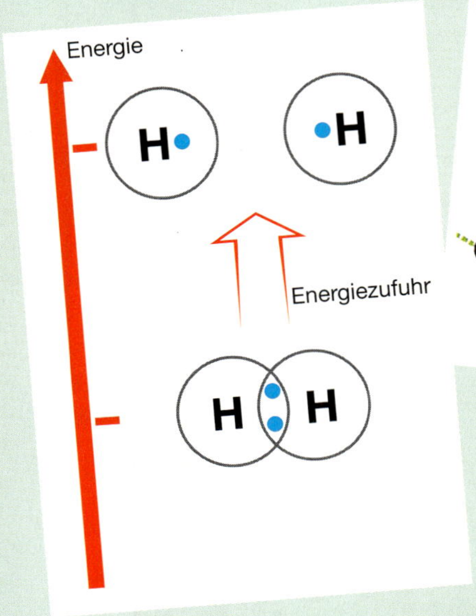

11.1 Die Bindung in Molekülen

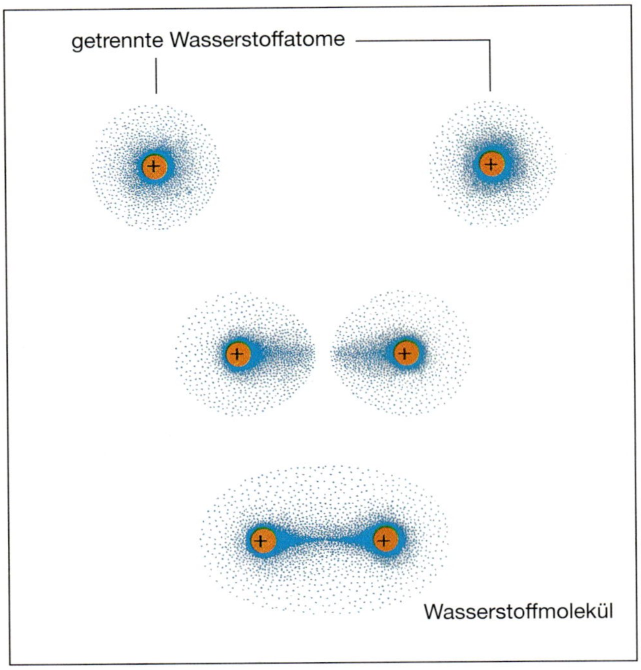

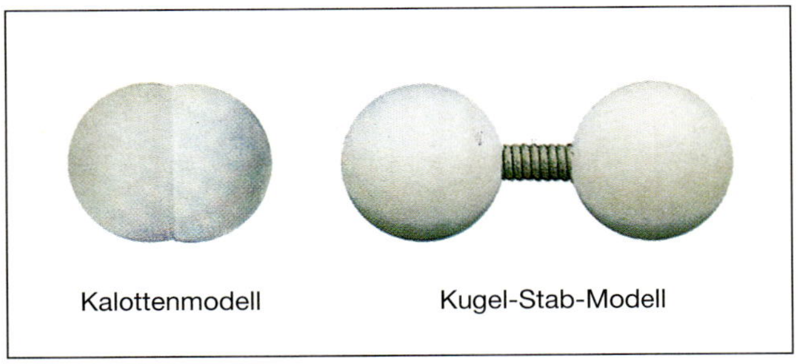

B1 Bildung des Wasserstoffmoleküls. Molekülmodelle

A 1 Gib die Anordnung der Außenelektronen für die Atome der Elemente der 3. Periode an.

A 2 Begründe, warum Edelgase aus einzelnen Atomen und nicht aus Molekülen bestehen.

A 3 Erläutere entsprechend ▷B2 die Bildung
a) eines Wassermoleküls (H_2O) und
b) eines Kohlenstoffdioxidmoleküls (CO_2).

A 4 Ermittle unter Anwendung der Edelgasregel die Molekülformel für ein Molekül, das aus einem Kohlenstoff- und einer unbekannten Anzahl von Wasserstoffatomen besteht.

Im vorigen Kapitel haben wir Stoffe betrachtet, die aus Ionen aufgebaut sind. Es gibt darüber hinaus viele Stoffe, deren Schmelze oder Lösung anders als die der Ionenverbindungen keine elektrische Leitfähigkeit aufweist. Ihre Teilchen bestehen aus miteinander verbundenen Atomen (↗ Kap. 6.7), die man Moleküle nennt. Wir werden der Frage nachgehen, wie Atome in Molekülen zusammenhalten.

Das Wasserstoffmolekül. Ein einzelnes Wasserstoffatom besitzt ein Elektron, das sich in einem Raumbereich bewegt, der den Kern kugelförmig umgibt. Die negative Ladung ist über den ganzen Bereich verteilt. Der Raum hat keine scharfe Umgrenzung. Man spricht von einer *Elektronenwolke*.
Zwei Wasserstoffatome können so zusammentreffen, dass sich die Elektronenwolken durchdringen. Damit bewegen sich die Elektronen im Anziehungsbereich beider Kerne. Es kommt zwischen diesen zu einer Verdichtung der negativen Ladung, zu der beide Elektronen gleich viel beitragen. Die Elektronen bilden eine **gemeinsame Elektronenwolke** um beide Kerne, die durch die negative Ladung zwischen ihnen zusammengehalten werden (▷B1). Die beiden Elektronen, die diese **Atombindung** (Elektronenpaarbindung) bewirken, bezeichnet man als **bindendes Elektronenpaar**. Vereinfacht wird es durch zwei Punkte oder durch einen Strich zwischen den Zeichen der Atome angegeben, z. B.:

H : H oder H–H

Diese Darstellung des Moleküls drückt die Vergrößerung der Ladungsdichte zwischen den Kernen aus.
Zur Trennung verbundener Atome ist Energie erforderlich. Der gleiche Energiebetrag wird frei, wenn zwischen zwei Atomen eine Bindung entsteht. Das Wasserstoffmolekül ist energieärmer als die getrennten Atome.

Das Heliumatom. Die Hülle eines Heliumatoms enthält nur ein Elektron mehr als die eines Wasserstoffatoms. Trotz dieses scheinbar geringen Unterschieds bilden Heliumatome keine Moleküle.
Die Elektronenwolke eines Heliumatoms wird von zwei Elektronen gebildet. Zusammen mit der Elektronenwolke eines weiteren Atoms kann keine gemeinsame Elektronenwolke entstehen. Sie würde aus mehr als zwei Elektronen bestehen. Es hat sich jedoch gezeigt, dass eine Elektronenwolke aus höchstens zwei Elektronen bestehen kann. Das Elektronenpaar wird durch einen Strich am Atomzeichen angegeben:

He|

Elektronenanordnung weiterer Atome. Den maximal acht Außenelektronen der Atome der Elemente der 2. Periode stehen insgesamt vier Elektronenwolken zur Verfügung. Von den Atomen des Lithiums bis zu denen des

Kohlenstoffs werden nach und nach vier Elektronenwolken mit *je einem Elektron* gebildet. Beginnend mit den Atomen des Stickstoffs werden Elektronenwolken mit *Elektronenpaaren* gebildet. Die acht Außenelektronen der Neonatome bilden schließlich vier Elektronenpaare.

Li· ·Be· ·B· ·C· |N· |O· |F· |Ne|

Die im Periodensystem der Elemente jeweils darunter angeordneten Atome weisen die gleiche Anordnung der Elektronen ihrer äußeren Schale auf.

Halogenwasserstoffmoleküle. Wir gehen davon aus, dass bei der Bildung von Molekülen nur die Außenelektronen der Atome berücksichtigt werden müssen.
Die Moleküle des Chlorwasserstoffs sind aus je einem Wasserstoff- und einem Chloratom zusammengesetzt. Beide Atome liefern je ein Elektron zum bindenden Elektronenpaar. Die drei Elektronenpaare des Chloratoms, die sich an der Bindung nicht beteiligen, nennt man **freie Elektronenpaare**. Da alle Halogenatome die gleiche Anordnung ihrer Außenelektronen besitzen, ergibt sich für die Moleküle der Halogenwasserstoffe folgende Elektronenpaar-Schreibweise:

H–F| H–Cl| H–Br| H–I|

Halogenmoleküle. In den Molekülen der Halogene sind zwei Halogenatome miteinander verbunden. Von ihren jeweils sieben Außenelektronen beteiligt sich nur eines an der Bildung des gemeinsamen Elektronenpaars. Man erhält folgende Formeln in Elektronenpaar-Schreibweise:

|F–F| |Cl–Cl| |Br–Br| |I–I|

Mehrfachbindungen. Zwischen bestimmten Atomen kann die Bindung auch durch zwei oder drei Elektronenpaare erfolgen (▷B2). Man spricht dann von einer **Doppel-** oder **Dreifachbindung**.

Edelgasregel. In den Halogenwasserstoffmolekülen enthalten die Hüllen der Wasserstoffatome zwei Elektronen wie die Atome des Heliums; die Atomrümpfe der Halogenatome sind von jeweils acht Elektronen umgeben wie die Atome der übrigen Edelgase. Diese Zahlen ergeben sich, wenn man das bindende Elektronenpaar jeweils beiden gebundenen Atomen zuordnet.
Für viele Moleküle gilt: Die Gesamtzahl der Elektronen der bindenden und der freien Elektronenpaare um einen Atomrumpf ist identisch mit der Anzahl der Außenelektronen des Edelgasatoms, das in derselben Periode des Periodensystems der Elemente steht. Diese Beziehung wird ebenfalls Edelgasregel genannt (↗ Kap. 10.2). Mit ihrer Hilfe lassen sich viele Molekülformeln einfach ermitteln (▷B3).

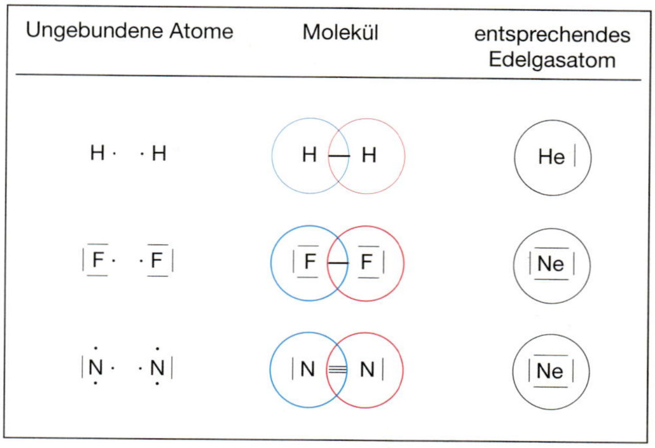

B2 Bildung von Molekülen aus Atomen. Es bilden sich neue Elektronenpaare

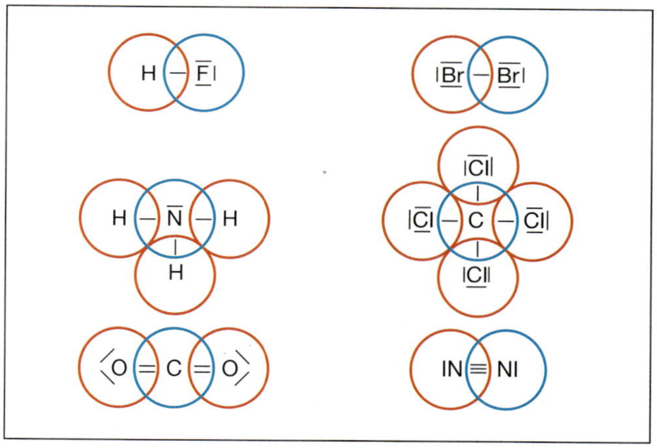

B3 Anwendung der Edelgasregel zur Ermittlung der bindenden und freien Elektronenpaare in Molekülen

B4 Kalottenmodelle einiger Moleküle

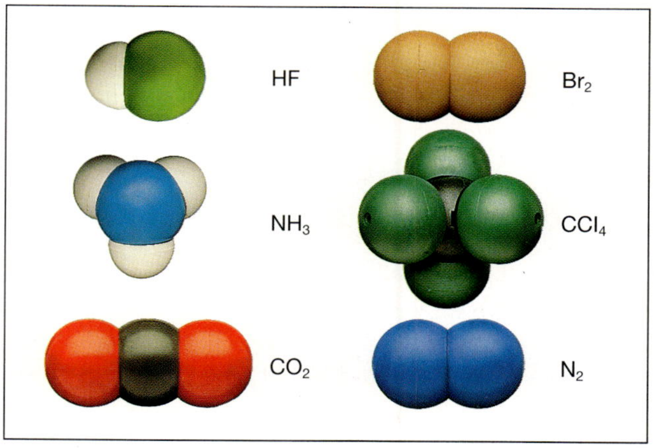

11.2 Der räumliche Bau von Molekülen

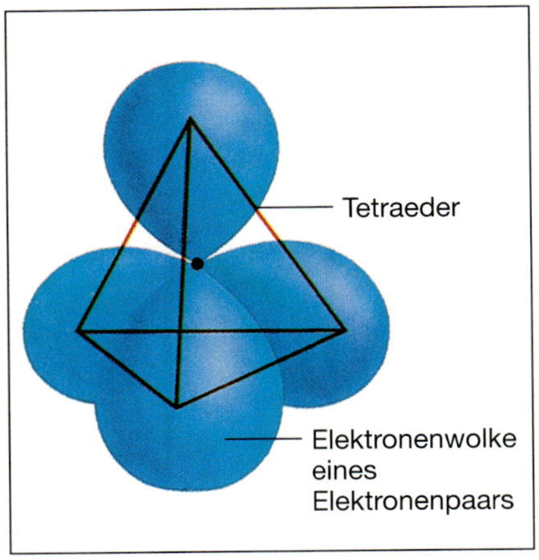

B 1 Vier Elektronenpaarwolken ordnen sich durch Abstoßung tetraedrisch an

A 1 Baue ein Tetraeder aus Pappe. Schneide hierzu vier gleichseitige Dreiecke (Kantenlänge 10 cm) mit Klebelaschen aus. Klebe die Dreiecke zu einem Tetraeder zusammen.

A 2 Begründe, warum die vier H-Atome des CH_4-Moleküls nicht quadratisch angeordnet sind.

A 3 Baue Kugel-Stab-Modelle folgender Moleküle: CCl_4, H_2S, C_2H_6, C_2H_4, C_2H_2. Gib die Strukturformeln an.

Mit der Edelgasregel lassen sich Atome zu möglichen Molekülen kombinieren. Besteht ein Molekül aus mehr als zwei Atomen, so sind *verschiedene räumliche Anordnungen* der Atome denkbar. Der amerikanische Chemiker RONALD J. GILLESPIE hat eine einfache Modellvorstellung entwickelt, die es erlaubt, mithilfe der Formel den räumlichen Bau eines Moleküls zu bestimmen.

Elektronenpaare und Molekülstruktur. Geht man davon aus, dass sich Elektronenwolken aus Elektronenpaaren gegenseitig abstoßen und die Lage der bindenden Elektronenpaare die Anordnung der Atome zueinander anzeigt, lässt sich der räumliche Bau eines Moleküls ableiten.

Das CH_4-Molekül besitzt vier bindende Elektronenpaare. Vom Kohlenstoffatom gehen also vier bindende Elektronenwolken aus, die von je zwei Elektronen gebildet werden. Durch die gegenseitige *Abstoßung der Elektronenwolken* ordnen sich diese so an, dass sie den größtmöglichen Abstand voneinander einnehmen. Es ergibt sich die in ▷ B 1 dargestellte Anordnung. Die Kerne der Wasserstoffatome sind alle gleich weit voneinander entfernt und bilden die Ecken eines gedachten *Tetraeders*. ▷ B 2a zeigt die Verbindungslinien zwischen den Kernen der Wasserstoffatome und dem Kern des Kohlenstoffatoms. Alle von diesen Linien gebildeten Winkel sind gleich. Man nennt sie *Tetraederwinkel*, sie betragen jeweils 109,5°. Aus der Anordnung der Elektronenpaare folgt also, dass die vier Wasserstoffatome tetraedrisch um das Kohlenstoffatom angeordnet sind; dieses befindet sich im Zentrum des Tetraeders.

Neben den bindenden bestimmen auch die freien Elektronenpaare den räumlichen Bau eines Moleküls. Das freie Elektronenpaar des NH_3-Moleküls sowie dessen drei bindende Elektronenpaare stoßen sich gegenseitig ab. Dadurch ergibt sich wie im CH_4-Molekül eine tetraedrische Anordnung der Elektronenpaare.
Da hierunter ein nichtbindendes Elektronenpaar ist, sind nur *drei* Ecken des Tetraeders mit Wasserstoffatomkernen besetzt (▷ B 2b).
Auch im Wassermolekül sind vier Elektronenpaare tetraedrisch angeordnet. Aus der Lage der beiden bindenden Elektronenpaare ergibt sich ein gewinkeltes Molekül (▷ B 2c).

B 2 Ableitung einiger Molekülstrukturen aus der tetraedrischen Anordnung der bindenden und freien Elektronenpaare: a) tetraedrisch, b) pyramidal, c) gewinkelt, d) linear (gestreckt)

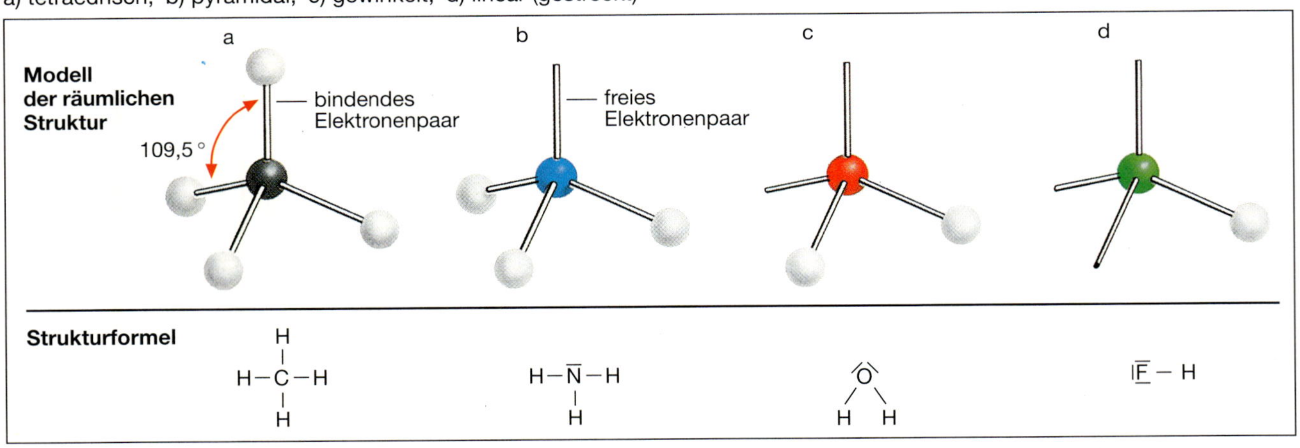

Der räumliche Bau von Molekülen

Eine Formel des Moleküls, in der die bindenden Elektronenpaare angegeben sind und die die räumliche Anordnung der Atome berücksichtigt, nennt man **Strukturformel**. Darin werden oft auch die freien Elektronenpaare angegeben, da ja auch sie den räumlichen Bau der Moleküle beeinflussen.
Bei Molekülen, deren Atome nicht in einer Ebene liegen, kann die Strukturformel die Bindungswinkel nicht richtig angeben (▷ B2a, b). In solchen Fällen werden tetraedrische Bindungswinkel durch rechte Winkel in der Strukturformel wiedergegeben.

Mehrfachbindung. Mit dem Modell der Elektronenpaar-Abstoßung ist es auch möglich, die Struktur von Molekülen mit Doppel- und Dreifachbindungen zu bestimmen. Eine Doppelbindung wird durch zwei Elektronenwolken gebildet. In ▷ B3, links ist dies für die Doppelbindungen zwischen dem Kohlenstoffatom und den Sauerstoffatomen des Kohlenstoffdioxidmoleküls dargestellt. Die beiden Elektronenpaare einer Doppelbindung stoßen sich gegenseitig ab. Sie können sich aber nicht weit voneinander entfernen. Im Molekülmodell wird dies durch gebogene Bindungen veranschaulicht. Die Elektronenpaare einer Doppelbindung wirken auf weitere Elektronenpaare fast wie eine einzige Elektronenwolke. Zur Strukturbestimmung eines Moleküls behandelt man deshalb eine Doppelbindung näherungsweise wie eine Einfachbindung. Die gegenseitige Abstoßung der Doppelbindungen im CO_2-Molekül führt zu dem größtmöglichen Winkel von 180°. Die drei Atome sind linear angeordnet.
Bei der Ermittlung einer Molekülstruktur anhand des Modells der Elektronenpaar-Abstoßung können auch Dreifachbindungen ähnlich wie Einfachbindungen behandelt werden. Das Kohlenstoffatom im HCN-Molekül (▷ B3, rechts) ist von zwei Atomen umgeben. Die Abstoßung zwischen der Einfach- und der Dreifachbindung führt zu einer linearen Anordnung der Atome.

Die Überlegungen lassen sich auch durch einen Vergleich der rechts abgebildeten Moleküle veranschaulichen. Im Ethanmolekül treten nur Tetraederwinkel auf. Im Ethenmolekül führt die gegenseitige Abstoßung der Elektronen der Doppelbindung und der der Einzelbindungen zu Bindungswinkeln von 120°. Alle sechs Atome liegen in einer Ebene. Im Ethinmolekül treten zwischen den Einfach- und Dreifachbindungen Bindungswinkel von 180° auf. Das Molekül ist linear gebaut.

B3 Gestreckter Molekülbau bei zwei Doppelbindungen (links) und bei Dreifachbindung (rechts)

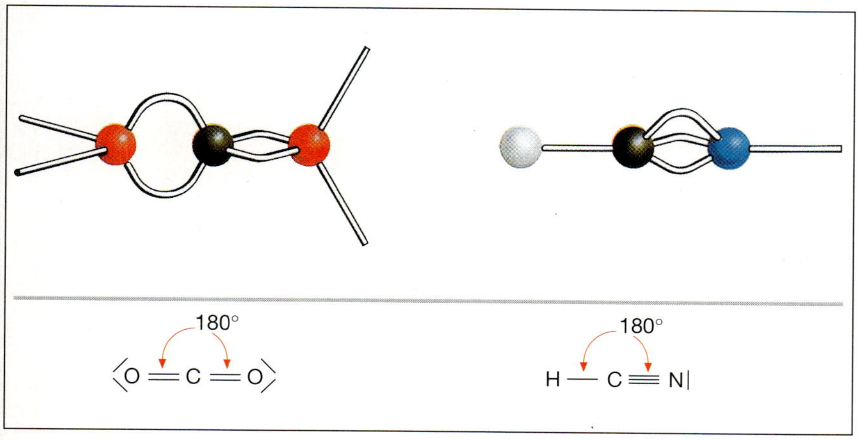

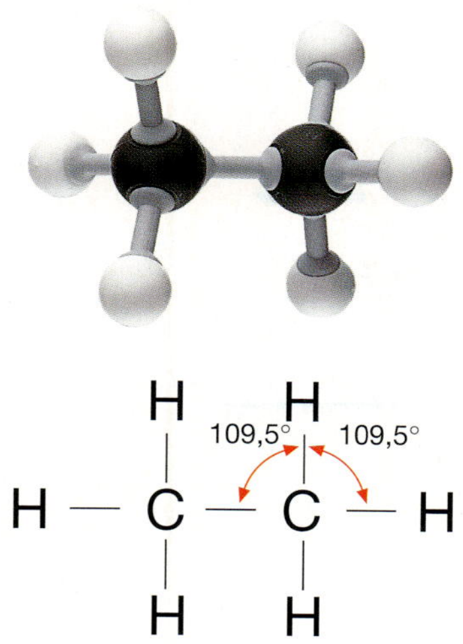

Ethan

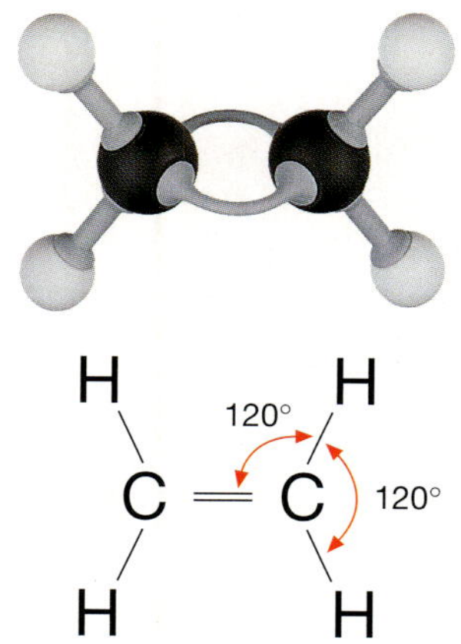

Ethen

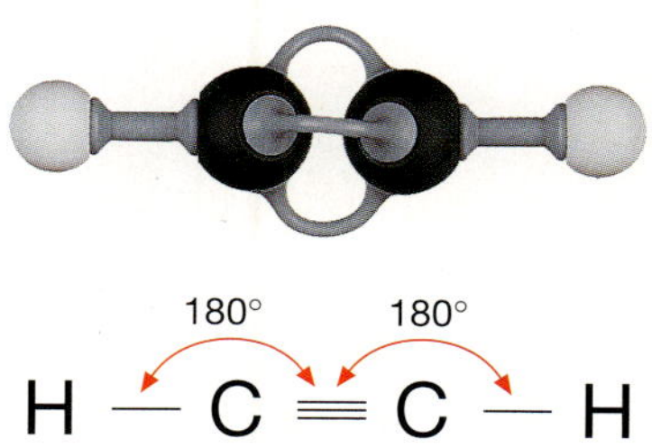

Ethin

11.3 Exkurs: Riesenmoleküle aus Kohlenstoffatomen

B1 Verbrennung eines Diamanten durch LAVOISIER auf dem Marktplatz von Paris im Jahre 1775

A 1 Bei einem seiner zahlreichen Experimente brachte LAVOISIER einen Diamanten, der sich in einem abgeschlossenen Luftvolumen unter einer Glasglocke befand, in den Brennpunkt seiner Apparatur. Bevor der Diamant vollständig verbrannt war, beendete LAVOISIER das Experiment und stellte fest, dass der verbliebene Rest eine schwarze Färbung angenommen hatte. Ein Teil des Gases, das sich in der Glasglocke befand, löste sich in Wasser. Erkläre LAVOISIERS Beobachtungen.

A 2 Welches Versuchsergebnis weist darauf hin, dass Diamant und Graphit nur aus Kohlenstoffatomen aufgebaut sind?

A 3 Diamant und Graphit weisen verschiedene Dichten auf (▷ B3). Wie ist der Unterschied zu erklären?

Ab dem Jahre 1772 und in den folgenden Jahren unternahm der Franzose ANTOINE LAURENT LAVOISIER (1743–1794) berühmt gewordene Versuche, in deren Verlauf er Diamanten mit einer Apparatur aus riesigen Brennspiegeln in der Hitze des gebündelten Sonnenlichtes verbrannte (▷ B1). Da bei diesen erstaunlichen Experimenten lediglich Kohlenstoffdioxid als Verbrennungsprodukt nachgewiesen werden konnte, lag es nahe zu folgern, dass Diamant genauso wie Graphit nur aus Kohlenstoffatomen aufgebaut ist.

Eigenschaften von Graphit. Graphit ist ein schwarzer, glänzender und sehr weicher Stoff. Beim Gleiten über Papier spalten sich kleine Plättchen ab und hinterlassen eine schwarze Spur. Aus dieser Eigenschaft leitet sich der Name Graphit (von griech. graphein, schreiben) ab. Wegen seiner guten Leitfähigkeit für den elektrischen Strom wird Graphit zur Herstellung von Elektroden verwendet, seine hohe Schmelztemperatur macht ihn zum geeigneten Material zur Herstellung von Schmelztiegeln. Graphit kommt in Lagerstätten vor, kann aber auch aus Koks gewonnen werden. Auch Ruß und Holzkohle bestehen zum größten Teil aus winzigen Graphitkristallen.

Eigenschaften von Diamant. Diamant ist der härteste aller natürlich vorkommenden Stoffe. Diamanten sind farblos und leiten den elektrischen Strom nicht. Man findet sie im Gestein alter Vulkanschlote und in deren Verwitterungsschutt.

Nur ein kleiner Teil der Rohdiamanten ist für die Herstellung von Schmuckstücken geeignet. Die meisten finden als Industriediamanten z. B. zur Bestückung von Bohrköpfen und Schneidwerkzeugen Verwendung. Unter hohem Druck und bei hohen Temperaturen lassen sich Diamanten künstlich aus Graphit herstellen. Graphit und Diamant sind Modifikationen (↗ Kap. 3.2) des Elements Kohlenstoff.

B2 Diamantschmuck. Der farblose Edelstein kann durch Lichtbrechung farbenprächtig funkeln

B3 Eigenschaften von Diamant und Graphit im Vergleich

Eigenschaften	
Diamant	**Graphit**
farblos, durchsichtig, stark lichtbrechend	schwarz, glänzend
sehr hart	sehr weich
schwer spaltbar	leicht spaltbar
keine elektrische Leitfähigkeit	gute elektrische Leitfähigkeit
Dichte 3,5 g/cm^3	Dichte 2,3 g/cm^3
schmilzt nicht, sondern wandelt sich in Graphit um	Sublimationstemperatur ca. 3650 °C

B4 Bleistiftmine. Beim Reiben spalten sich Graphitplättchen ab

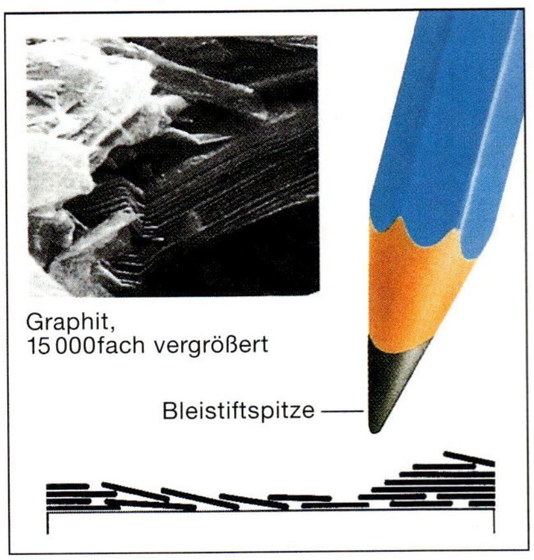

Exkurs: Riesenmoleküle aus Kohlenstoffatomen

Diamant- und Graphitgitter. Im Diamantgitter ist jedes Kohlenstoffatom tetraedrisch von vier weiteren umgeben (▷ B5). Von jedem Atom gehen vier gleich lange Atombindungen aus. Daraus ergibt sich ein sehr regelmäßiges stabiles Gitter. Die große Härte des Diamants beruht darauf, dass alle Kohlenstoffatome des Diamants durch Atombindungen miteinander verbunden sind.
Das Graphitgitter besteht aus vielen übereinander liegenden ebenen Schichten (▷ B6). Jedes Atom ist mit drei gleich weit entfernten Atomen verbunden. Die Bindungswinkel betragen 120°. Die Atome einer Schicht bilden regelmäßige ebene Sechsecke. Von jedem Atom sind dadurch drei Außenelektronen in Bindungen festgelegt. Das vierte Elektron ist ähnlich wie bei Metallen über die ganze Schicht beweglich. Dies erklärt die gute elektrische Leitfähigkeit des Graphits. Der Abstand zwischen den verschiedenen Schichten beträgt etwa das Zweieinhalbfache des Abstandes zwischen Atomen derselben Schicht. Die Schichten lassen sich leicht gegeneinander verschieben. Graphit ist deshalb sehr weich.

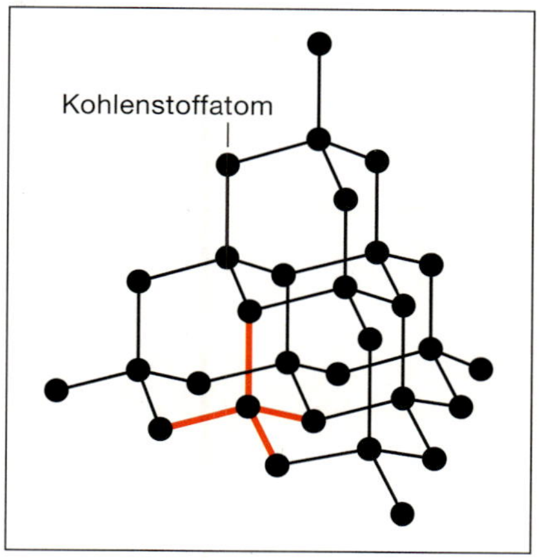

B5 Aufbau von Diamant

Fullerene. In neuerer Zeit gelang es Forschern, eine dritte Modifikation des Kohlenstoffs aus Graphit z. B. durch Verdampfung im elektrischen Lichtbogen herzustellen. Nach dem amerikanischen Ingenieur Buckminster Fuller, der durch den Bau von Kuppeln bekannt geworden ist, werden die käfigartigen Moleküle Fullerene genannt. Die aus ihnen aufgebauten Stoffe heißen **Fullerite**. Sie sind bei Zimmertemperatur kristallin, weich und sehr elastisch. Das bekannteste Fulleren ist das Buckminsterfulleren, ein aus 60 Kohlenstoffatomen aufgebautes kugelförmiges Molekül, das eine Struktur aufweist, wie sie von einem Fußball her bekannt ist (▷ B7). Jedes Atom ist ähnlich wie im Graphit mit drei Nachbaratomen verbunden. Das vierte Elektron eines jeden Atoms ist über die ganze Oberfläche beweglich.
Fullerene können Anionen bilden und gehen mit zahlreichen Metallionen salzartige Verbindungen, Fulleride, ein. In Fullerenmoleküle lassen sich auch Metallatome einschließen.

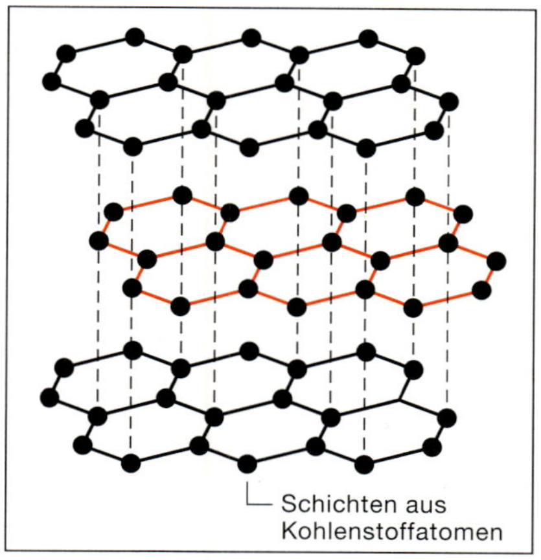

B6 Aufbau von Graphit

Diamant, Graphit und die Fullerite sind Modifikationen des Elements Kohlenstoff. Die unterschiedlichen Eigenschaften der Stoffe beruhen auf der verschiedenen Anordnung der Atome.

Ein anderer Elementbegriff

Als Elemente haben wir bisher Reinstoffe bezeichnet, die sich nicht zerlegen lassen. Sie sind aus Atomen mit gleicher Protonenzahl aufgebaut. Kohlenstoff wird zwar als ein Element bezeichnet, aber den *einen* Stoff „Kohlenstoff" gibt es nicht, sondern es existieren *mehrere* Stoffe, die ausschließlich aus Kohlenstoffatomen aufgebaut sind: Diamant, Graphit und die Fullerite.
Es erscheint deshalb sinnvoll, den Elementbegriff nicht auf den Stoff, sondern auf die Atomsorte zu beziehen.

Unter einem Element kann man demnach auch eine **Atomsorte** verstehen, deren Mitglieder in der Anzahl ihrer Protonen übereinstimmen. Man spricht dann vom Element Kohlenstoff und bezeichnet damit Atome, die sechs Protonen aufweisen. Die Stoffe, die den so definierten Elementen zugeordnet sind, können zur deutlichen Unterscheidung elementare Stoffe genannt werden. Diamant, Graphit und die Fullerite sind in diesem Sinne verschiedene elementare Stoffe, die aus dem Element Kohlenstoff aufgebaut sind. Die Eigenschaften der Stoffe werden also nicht nur durch die Art der Atome, sondern auch durch ihre Anordnung bestimmt.
Kohlenstoffdioxid ist eine chemische Verbindung, die aus den Elementen Kohlenstoff und Sauerstoff aufgebaut ist.

B7 Buckminsterfulleren. Das Molekül ist aus 60 C-Atomen aufgebaut

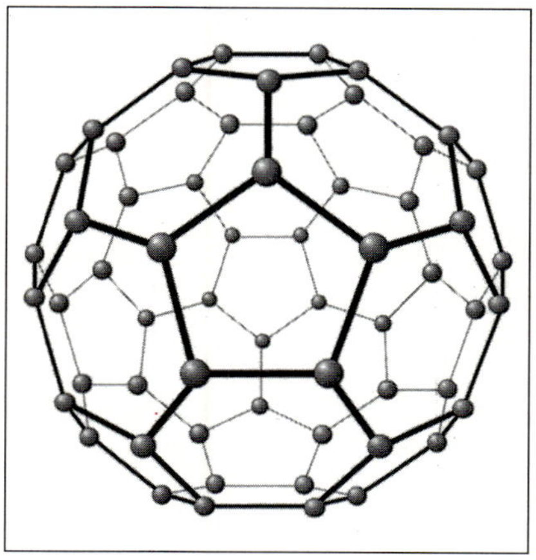

11.4 Die polare Atombindung

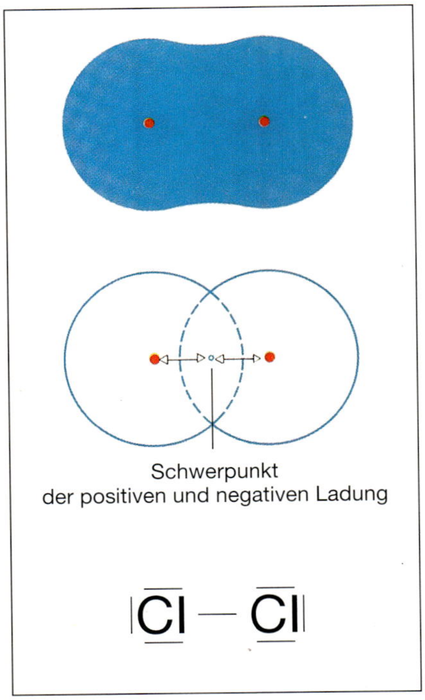

B1 Chlormolekül: Ladungsschwerpunkte fallen zusammen

B2 Chlorwasserstoffmolekül: Ladungsschwerpunkte fallen nicht zusammen

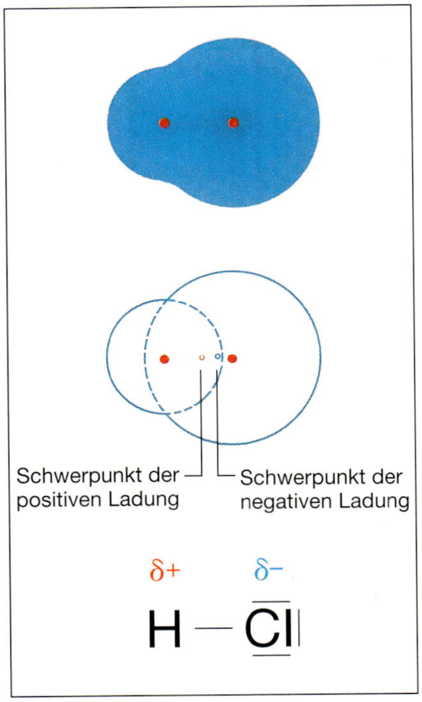

Die Bindung zwischen den Atomen im Chlormolekül erfolgt durch eine gemeinsame Elektronenwolke, die von zwei Elektronen gebildet wird. Sie bewegen sich im Anziehungsbereich der Kerne. Die Bildung der Bindung führt zu einer Verdichtung der negativen Ladung zwischen den Kernen (▷B1 oben). Die bindende Elektronenwolke ist symmetrisch um beide Kerne angeordnet. Das Zentrum der negativen Ladung liegt also an derselben Stelle wie das Zentrum der positiven Ladung beider Kerne (▷B1 Mitte). Man sagt, beide *Ladungsschwerpunkte* fallen zusammen.

Die polare Bindung im Chlorwasserstoffmolekül. Die bindende Elektronenwolke im Chlorwasserstoffmolekül befindet sich im Anziehungsbereich von Kernen mit sehr unterschiedlicher Ladungszahl. Die Bindungselektronen werden also von den beiden Kernen *unterschiedlich* stark angezogen; die Elektronenwolke ist zum Chloratom verschoben (▷B2 oben), obwohl beim Chloratom die Wirkung der Kernladung durch innere Elektronenschalen abgeschwächt wird. Im Chlorwasserstoffmolekül fallen die Schwerpunkte der positiven und der negativen Ladung nicht mehr zusammen. Dies ist in ▷B2 Mitte schematisch dargestellt. Durch die nicht symmetrische Verteilung der Bindungselektronen besitzt das Chloratom einen Überschuss an negativer Ladung. Diese zusätzliche Ladung ist jedoch kleiner als eine negative Elementarladung und wird deshalb als *negative Teilladung* (Zeichen: δ^-) bezeichnet. Entsprechend besitzt das Wasserstoffatom die gleich große *positive Teilladung* δ^+ (▷B2 unten). Das Chlorwasserstoffmolekül hat also ein positives und ein negatives Ende und ist damit ein **Dipolmolekül**.

In Molekülen können Teilladungen vorliegen, wenn zwei unterschiedliche Atome durch eine Atombindung miteinander verbunden sind. Diese Bindungen bezeichnet man als **polare Atombindung**.

Elektronegativität. Das Vorzeichen und die Größe der Teilladung eines gebundenen Atoms wird durch seine Anziehungskraft auf die Bindungselektronen bestimmt. Diese Anziehung hängt ab von der Ladung des Atomkerns und der Anzahl der Elektronenschalen. Bei gleicher Anzahl von Schalen werden die Außenelektronen und damit auch die Bindungselektronen umso stärker angezogen, je größer die Ladung des Kerns ist.

B3 Elektronegativitätswerte von Atomen der Hauptgruppenelemente

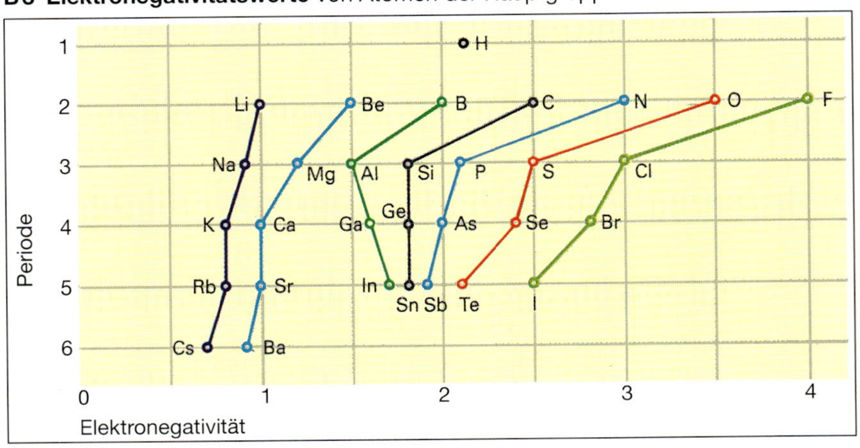

Die polare Atombindung

Mit zunehmender Anzahl der Schalen wird die Anziehung zwischen Kern und Außenelektronen schwächer.
Um die Fähigkeit eines Atoms, Bindungselektronen anzuziehen, mit anderen Atomen vergleichen zu können, hat man den Begriff der **Elektronegativität** eingeführt. Die Elektronegativität eines Atoms wird durch eine Zahl angegeben. Da von allen Atomen das Fluoratom die Elektronen einer Atombindung am stärksten anzuziehen vermag, wurde ihm der größte Elektronegativitätswert zugeordnet. Dafür wählte man die Zahl 4. Die Elektronegativität nimmt bei den Atomen einer Periode von links nach rechts zu, in einer Hauptgruppe dagegen von oben nach unten ab (▷B3). Da auch Metallatome Atombindungen ausbilden können, wurden auch ihnen Elektronegativitätswerte zugeordnet.
Sind zwei Atome miteinander verbunden, so besitzt das elektronegativere die negative Teilladung. Die Bindung ist in der Regel umso polarer, je größer die Differenz der Elektronegativitätswerte ist.

Dipolmoleküle. Alle *Halogenwasserstoffmoleküle* sind wie das Chlorwasserstoffmolekül Dipole. Da die Elektronegativität vom Fluoratom zum Iodatom abnimmt, ist das Fluorwasserstoffmolekül von allen Halogenwasserstoffmolekülen der stärkste Dipol.

Im Kohlenstoffdioxidmolekül liegen zwei polare Bindungen vor. Die elektronegativeren Sauerstoffatome tragen jeweils eine negative Teilladung. Das Kohlenstoffatom trägt die positive Teilladung, die so groß ist wie der Betrag der beiden negativen Teilladungen zusammen. Bei der Angabe von Teilladungen wird nur das Vorzeichen, jedoch nicht die Größe der Ladung berücksichtigt (▷B4).

Obwohl die Bindungen im Kohlenstoffdioxidmolekül polar sind, ist es kein Dipol, da der Schwerpunkt der negativen Teilladungen mit dem Zentrum der positiven Teilladung zusammenfällt (▷B4). Dies ist bei allen Molekülen der Fall, bei denen die Teilladungen symmetrisch angeordnet sind. Auch das tetraedrisch gebaute CCl_4-Molekül ist deshalb kein Dipol.

Durch den gewinkelten Bau des *Wassermoleküls* liegen die positiven Teilladungen auf einer Seite des Moleküls. Ihr Schwerpunkt liegt auf der Winkelhalbierenden des Bindungswinkels und fällt nicht mit dem der negativen Teilladung zusammen. Das *Wassermolekül* ist also ein *Dipol*. Ein Wasserstrahl wird durch einen elektrisch aufgeladenen Stab deutlich abgelenkt, während Tetrachlormethan (CCl_4) keine sichtbare Ablenkung erfährt. Ist der Stab z.B. negativ geladen, orientieren sich die Wassermoleküle so, dass die positive Ladung zum Stab zeigt. Dadurch überwiegt die Anziehungskraft (▷B5). Der Versuch bekräftigt die Vorstellung, dass Wasser aus Dipolmolekülen besteht.

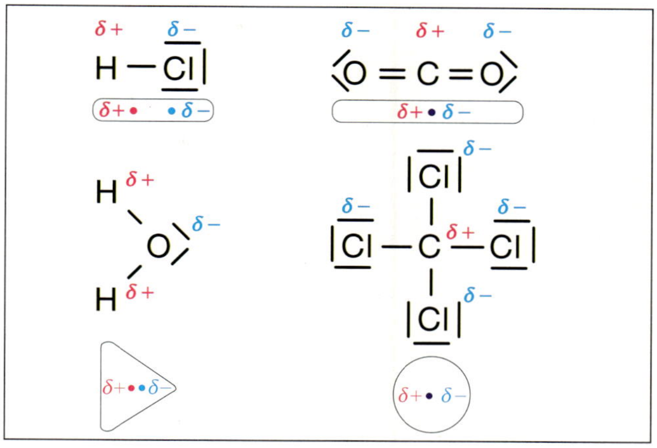

B4 Ladungsverteilung in Molekülen. Die Schwerpunkte der Ladungen sind durch Punkte gekennzeichnet

A 1 Was versteht man unter Elektronegativität?

A 2 Ermittle aus ▷B3 die Elektronegativitäten der Atome
a) der 7. Hauptgruppe,
b) der 2. Periode.
Erkläre die jeweils erkennbare Tendenz.

A 3 Was bedeuten die Zeichen δ^-/δ^+, die Atomsymbolen in Strukturformeln zugeordnet werden?

A 4 Welche der in ↗Kap. 11.1, ▷B4 abgebildeten Moleküle sind Dipole? Begründe!

A 5 Ordne die folgenden Bindungen nach steigender Polarität: N–H, C–H, F–H, O–H.

B5 Ablenkung eines Wasserstrahls durch einen geladenen Stab. Links: Experiment; rechts: Deutung im Modell

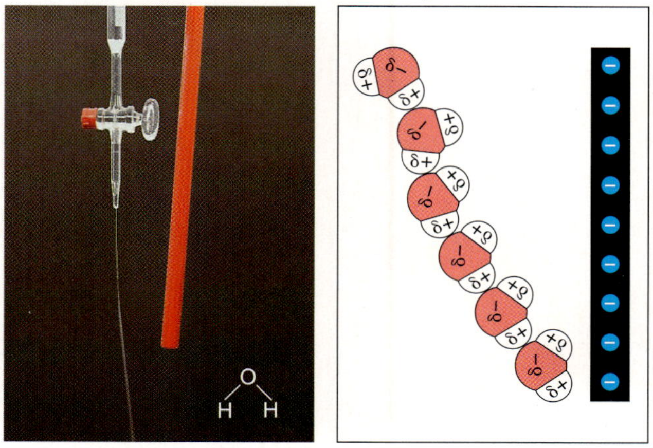

11.5 Wasser – Molekülbau und Stoffeigenschaften

B1 Ein Eiskristall hat einen sechseckigen Querschnitt

B2 Eisberg. Ein Zwölftel davon ragt aus dem Wasser

V 1 Gib auf eine Münze tropfenweise Wasser und berühre die Oberfläche mit einer Nadel. Betrachte genau die Wasseroberfläche. Wie ist die Beobachtung zu erklären?

A 1 Erläutere anhand von ▷ B3, wie die hohe Siedetemperatur des Wassers erklärt werden kann.

A 2 Zwischen welchen der folgenden Moleküle können Wasserstoffbrücken ausgebildet werden: H_2, H_2S, CH_4, H_2O?

A 3 Gefrierendes Wasser kann Steine zum Platzen bringen. Worauf beruht die Sprengwirkung?

A 4 Wenn Wasser abgekühlt wird, durchläuft seine Dichte bei 4 °C ein Maximum. Wie lässt sich diese Tatsache erklären?

B3 Wasserstoffbrücken zwischen Wassermolekülen

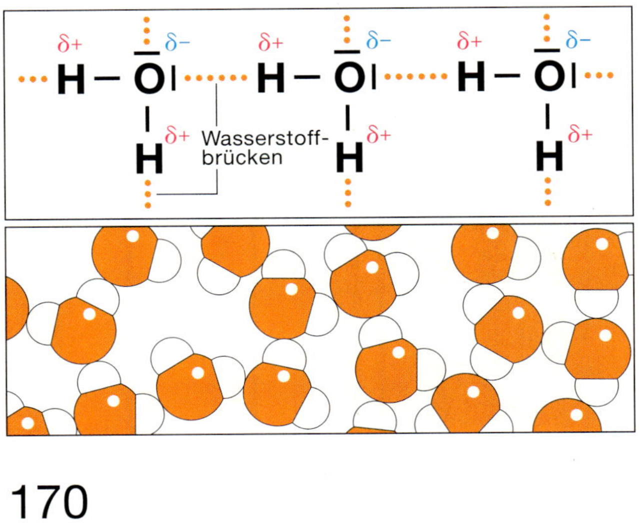

Wasser ist ein Stoff von außerordentlicher Bedeutung. Es ist Grundlage des Lebens und dient vielen Organismen als Lebensraum. Wasser weist einige sehr interessante Eigenschaften auf, die es zu einer Flüssigkeit von großer Bedeutung machen. In diesem Kapitel soll gezeigt werden, welcher Zusammenhang zwischen den Eigenschaften und dem Molekülbau des Wassers besteht.

Eigenschaften des Wassers. Wasser kann aus Wasserstoff und Sauerstoff hergestellt werden. Vergleicht man die Eigenschaften des Reaktionsprodukts Wasser mit denen der Ausgangsstoffe, so fällt auf, dass Sauerstoff und Wasserstoff Gase mit einer sehr niedrigen Siedetemperatur (↗ Kap. 4.3, ↗ Kap. 5.5) sind, während Wasser im Vergleich dazu eine außerordentlich hohe Siedetemperatur aufweist und bei Zimmertemperatur eine Flüssigkeit ist. Die Moleküle des Sauerstoffs und des Wasserstoffs üben keine nennenswerten Anziehungskräfte aufeinander aus. Dagegen werden die Wassermoleküle offenbar durch starke Kräfte zusammengehalten. Sie werden erst bei vergleichsweise hohen Temperaturen durch die Bewegungsenergie der Moleküle überwunden. Dieser Zusammenhalt äußert sich auch in der Oberflächenspannung des Wassers, die die Wasserportion zu Tropfen formt. Übt man mit einer Nadel vorsichtig Druck auf einen Wassertropfen aus, so erscheint er wie mit einer Haut umgeben (▷ V 1). Diese scheinbare Haut ermöglicht es z. B. auch, dass der Wasserläufer auf der Wasseroberfläche umherlaufen kann, ohne einzusinken.

Wasserstoffbrücken. Die Besonderheiten des Wassers lassen sich aus dem Bau der Wassermoleküle erklären. Es sind Dipolmoleküle. Das negativ geladene Ende liegt beim Sauerstoffatom, das positive zwischen den beiden Wasserstoffatomen. Die O–H-Bindung ist wegen der großen Differenz der Elektronegativitätswerte (↗ Kap. 11.4) sehr stark polar. Zwischen der positiven Teilladung des Wasserstoffatoms und der negativen Teilladung des Sauerstoffatoms eines Nachbarmoleküls besteht eine starke Wechselwirkung durch elektrostatische Anziehung. Die sich dadurch ergebenden großen zwischenmolekularen Kräfte führen zu einem Zusammenhalt, den man Wasserstoffbrücke nennt (▷ B3). Da ein Wassermolekül zwei freie Elektronenpaare und zwei Wasserstoffatome besitzt, kann es jeweils mit vier Nachbarmolekülen über Wasserstoffbrücken verbunden sein. Auf diese sind die vergleichsweise hohe Siedetemperatur und die hohe Oberflächenspannung des Wassers zurückzuführen.
Wasserstoffbrücken können ständig wieder gelöst und mit anderen Molekülen neu geknüpft werden. Deswegen ist Wasser trotz des starken Zusammenhalts seiner Teilchen eine Flüssigkeit.
Auch zwischen anderen Molekülen, in denen Wasserstoffatome mit stark elektronegativen Atomen verbunden sind, können sich Wasserstoffbrücken ausbilden. Dazu gehören Fluorwasserstoff- (HF) und Ammoniakmoleküle (NH_3).

Das Molekülgitter von Eis. Die regelmäßige Form von Eis- oder Schneekristallen gibt einen Hinweis darauf, dass die Wassermoleküle regelmäßig angeordnet sind. Im Molekülgitter des Eises ist jedes Sauerstoffatom tetraedrisch von vier Wasserstoffatomen umgeben. Zu je zwei Wasserstoffatomen führt eine Atombindung, zu den anderen beiden, etwas weiter entfernten, je eine Wasserstoffbrücke. Diese Anordnung ergibt ein weitmaschiges Gitter mit durchgängigen Hohlräumen von sechseckigem Querschnitt (▷B4). Wegen dieser weiträumigen Struktur besitzt Eis eine geringere Dichte als Wasser und schwimmt in diesem (▷B2). Im Gegensatz dazu haben fast alle anderen Stoffe im festen Zustand eine größere Dichte als im flüssigen.

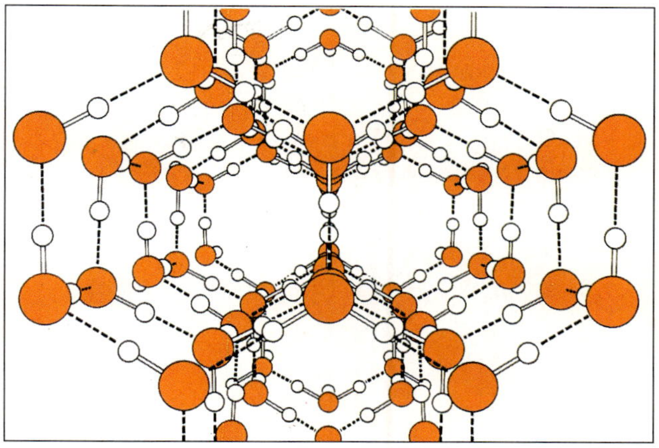

B4 Molekülgitter von Eis. Durch die Anordnung der Wassermoleküle entstehen Hohlräume

Vorgänge beim Schmelzen und Erstarren. Wenn Eis schmilzt, bricht das Gitter zusammen. Es bilden sich kleinere Bruchstücke und das Volumen der Hohlräume nimmt ab. Als Folge davon nimmt die Dichte zu. Auch im flüssigen Wasser existieren noch Bruchstücke des Eisgitters, sie werden mit zunehmender Temperatur kleiner. Dadurch nimmt das Volumen des Wassers weiter ab und die Dichte zu. Bei 4 °C hat das Wasser seine größte Dichte. Bei weiterer Temperaturerhöhung dehnt sich Wasser aus wie andere Flüssigkeiten auch, weil seine Moleküle wegen der stärker werdenden Wärmebewegung mehr Platz benötigen. Zwei einander entgegenwirkende Ursachen führen also zu dieser „Anomalie des Wassers". Gewässer frieren immer von oben her zu (▷B5). Im Winter kühlt sich durch die sinkende Lufttemperatur ein See allmählich ab und bildet eine Eisdecke über wärmerem (4 °C) Tiefenwasser, das eine größere Dichte hat. Dadurch wird ein Wärmeaustausch erschwert und der See steht auch im kalten Winter den Organismen als Lebensraum zur Verfügung.

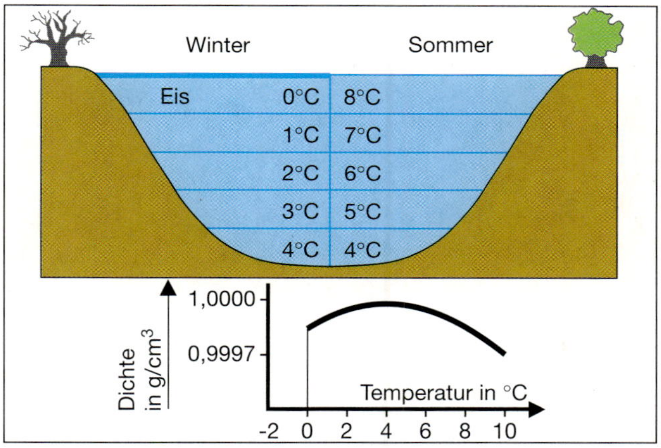

B5 Wasser hat bei 4 °C seine größte Dichte. Das Wasser mit der größten Dichte befindet sich am Boden eines Teichs

Auch bei Anwendung von Druck kann die Gitterordnung des Eises durch Lösen von Wasserstoffbrücken zerstört werden. So wird zum Beispiel beim Eislaufen unter den Schlittschuhen das Eis verflüssigt und erstarrt bei Druckentlastung wieder.

Gletscher können langsam talwärts „fließen" (▷B6). Durch vertikal und seitlich einwirkende Kräfte, die von den gewaltigen Eismassen ausgehen, wird eine plastische Verformung des Eises möglich. Schleifspuren auf ehemals von Gletschern bedecktem Gestein, verursacht durch mittransportierte Felsbrocken, sind deutliche Belege dieser Bewegung.

Eiszeitliche Gletscher haben große Teile der Erdoberfläche Europas geformt.

Die in einem Jahr vom Eis zurückgelegte Strecke kann bei verschiedenen Gletschern sehr unterschiedlich sein und mehr als 100 m betragen.

B6 Ein Gletscher kann sich fließend bewegen

11.6 Wasser als Lösungsmittel

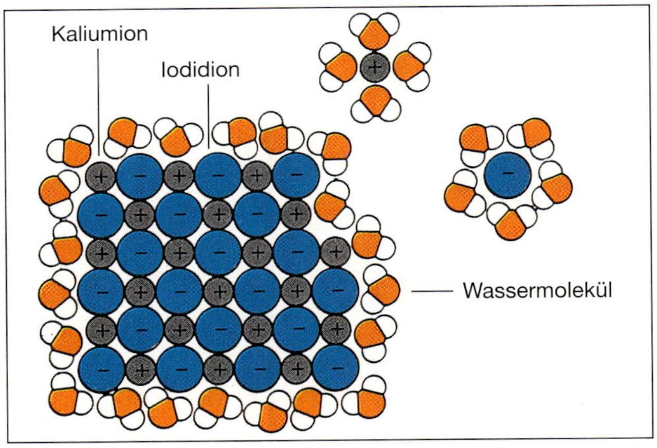

B1 Zerteilung eines Ionengitters durch Wassermoleküle

V 1 Fülle in je ein Reagenzglas etwa $\frac{1}{2}$ cm hoch a) Calciumchlorid, b) Kaliumchlorid, c) Natriumchlorid. Gib in jedes Reagenzglas etwa 3 cm hoch Wasser mit bekannter Ausgangstemperatur. Bestimme die Temperaturänderung und erkläre die Unterschiede.

A 1 Deute die in ▷B1 dargestellten Vorgänge beim Lösen von Natriumchlorid in Wasser.

A 2 Gib an, was mit dem Begriff Hydratation ausgedrückt wird, und erläutere die Bedeutung des Zeichens „aq".

A 3 Was bedeutet die Formel $AlCl_3 \cdot 6\,H_2O$?

B2 Hydratationsenergie und Gitterenergie. Exothermer (links) und endothermer (rechts) Lösungsvorgang

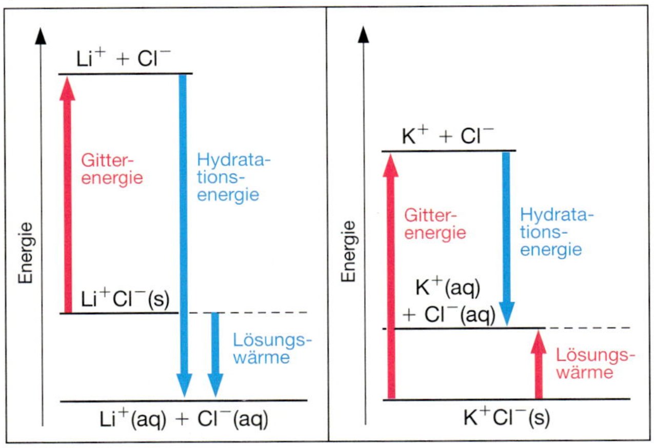

In dem in der Natur vorkommenden Wasser sind viele Stoffe gelöst. Wasser ist ein gutes Lösungsmittel für viele Salze und molekulare Stoffe.

Vorgänge beim Lösen eines Salzkristalls. Beim Lösen von Natriumchlorid werden die Ionen des Gitters voneinander getrennt und sind in der Lösung beweglich. Wie kommt es, dass ein Ionengitter, in dem große Anziehungskräfte wirken, durch Wassermoleküle zerteilt werden kann?

Die Dipolmoleküle des Wassers werden von den Ionen angezogen und lagern sich an der Oberfläche des Gitters an (▷B1). Ionen, die an Ecken und Kanten stehen, können besonders leicht abgetrennt werden. Auf sie wirken geringere Gitterkräfte ein als auf die anderen Ionen. Dieser Vorgang kann sich bis zum völligen Abbau des Gitters wiederholen.
In der Lösung besitzen alle Ionen eine vollständige Hülle von Wassermolekülen, die **Hydrathülle**. Bei ihrer Bildung wird Energie freigesetzt, die **Hydratationsenergie**. Um hydratisierte Ionen zu kennzeichnen, verwendet man das Zeichen **aq** (von lat. aqua, Wasser) und schreibt z. B. Na^+ (aq) bzw. Cl^- (aq).

Hydratation und Gitterenergie. Viele Lösungsvorgänge verlaufen unter Temperaturerhöhung (▷V1). Hier wird offenbar bei der Bildung der hydratisierten Ionen mehr Energie frei, als für das Herauslösen der Ionen aus dem Ionengitter aufgewendet werden muss. Erstaunlicherweise beobachtet man andererseits auch eine Abkühlung beim Lösen mancher Salze. In diesen Fällen wird die Gitterenergie nicht ganz von der Hydratation aufgebracht. Den fehlenden Anteil liefert die Wärmeenergie des Wassers, das sich dadurch abkühlt.
Ist die Gitterenergie viel größer als die Hydratationsenergie, besitzen die Salze nur eine geringe Löslichkeit.

Salzhydrate. Viele Ionen verlieren ihre Hydrathülle nicht vollständig, wenn das Wasser einer Salzlösung verdampft. Ein Teil der Wassermoleküle wird mit in das Kristallgitter eingebaut. Es entstehen *Salzhydrate*. Die Anzahl der zu einer Elementargruppe gehörenden Wassermoleküle wird in der Formel angegeben: z. B. $CoCl_2 \cdot 6\,H_2O$. Bei höheren Temperaturen wird das *Kristallwasser* abgegeben. Aus rosafarbenem Cobaltchlorid-Hydrat entsteht ein wasserärmeres, tiefblaues Hydrat. Wasserfreies Cobaltchlorid ist blassblau.

Wasser als Lösungsmittel für molekulare Stoffe. Auch an Dipolmoleküle mit stark polaren Bindungen können sich Wassermoleküle anlagern und sie aus dem Molekülgitter abtrennen. Aus diesem Grund sind viele nicht aus Ionen aufgebaute Stoffe wasserlöslich, z. B. Zucker und Harnstoff.

11.7 Projekt: Kristallisationswärme

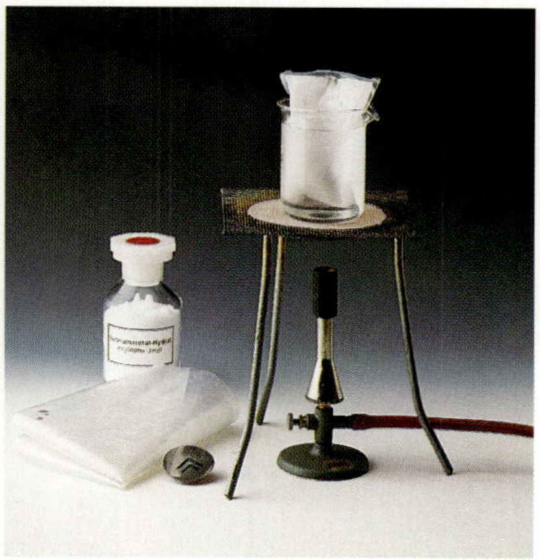

B 1 Herstellung eines Wärmebeutels

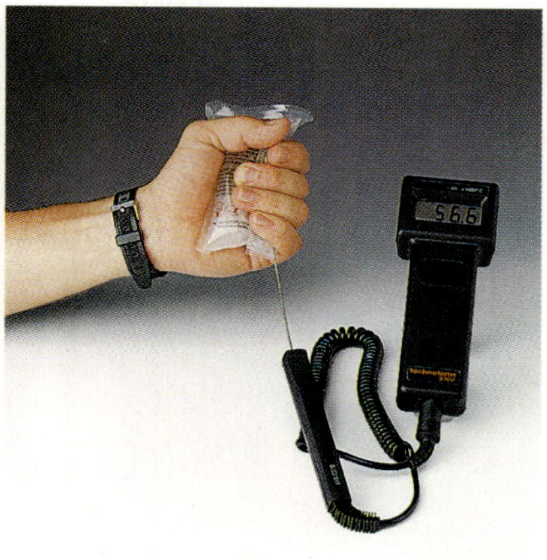

B 2 Der Taschenwärmer erzeugt angenehme Wärme

Gebrauchsanleitung

Aktivieren: Fassen Sie das im Beutel befindliche Metallplättchen mit Daumen und Zeigefinger beider Hände an und biegen Sie es leicht hin und her. Der flüssige Inhalt beginnt zu kristallisieren.

Reaktivieren: Legen Sie den Beutel für etwa 6 Minuten in kochendes Wasser, bis der Inhalt vollständig geschmolzen ist. Lassen Sie den Beutel abkühlen. Er ist nun für weitere Einsätze als Taschenofen bereit.

Bitte beachten: Zum Reaktivieren keinen Mikrowellenherd benutzen!

B 3 Gebrauchsanleitung zur Benutzung des Taschenwärmers

Versuch 1 Kristallisationswärme von Natriumacetat

Geräte und Chemikalien:
Reagenzglas, Becherglas, Thermometer, Waage, Natriumacetat-Hydrat ($CH_3COONa \cdot 3\,H_2O$). (Natriumacetat ist ein Salz der Essigsäure)

Durchführung:
Gib etwa 5 g Natriumacetat-Hydrat und einige Tropfen Wasser in ein Reagenzglas und stelle es so lange in ein Bad mit siedendem Wasser, bis eine völlig klare Flüssigkeit entstanden ist. Schwenke das Glas vorsichtig so, dass Reste von Natriumacetat-Hydrat, die an der Wand beim Einfüllen hängen geblieben sind, von der Schmelze aufgenommen werden. Stelle das Glas in einen Ständer und lass die Flüssigkeit langsam bis auf Zimmertemperatur abkühlen. (Hinweis: Wenn während des Abkühlens Kristalle erscheinen, muss das Glas erneut in siedendes Wasser gestellt werden.) Gib anschließend einige Kristalle Natriumacetat-Hydrat hinzu. Beobachte den Inhalt des Reagenzglases und prüfe die Temperatur mit dem Handballen.

Auswertung: Deute die Beobachtungen, die im Verlauf des Experiments gemacht wurden.

Versuch 2 „Wärme aus dem Plastikbeutel"

Geräte und Chemikalien:
Plastikbeutel, Bügeleisen oder Folienschweißgerät, 2 Blätter Papier, leere Getränkedose, Schere, Thermometer, Waage, Natriumacetat-Hydrat ($CH_3COONa \cdot 3\,H_2O$)

Durchführung:
1. Fertige aus einem Plastikbeutel (Tiefkühlbeutel oder Klarsichthülle) mit einem Bügeleisen (Einstellung „Seide", Andrückzeit ca. 2–3 Sekunden) einen Beutel von etwa 8 cm Kantenlänge an. Bei Verwendung des Bügeleisens muss darauf geachtet werden, dass das angeschmolzene Plastikmaterial weder an der Unterlage noch am Bügeleisen festklebt. Deshalb wird der zu schweißende Bereich zwischen zwei Papierblätter gelegt. Sie werden unmittelbar nach dem Bügelvorgang entfernt.
2. Schneide aus dem Blech einer Getränkedose ein rundes Stück mit einem Durchmesser von etwa 2,5 cm aus und entferne mit Schmirgelpapier sorgfältig scharfe Schnittkanten. Ritze in die Mitte zwei gewinkelte Kerben ein und drücke mit dem Daumen eine Wölbung hinein. Es entsteht ein unter Spannung stehendes Metallplättchen („Knackfrosch").
3. Gib in den angefertigten Beutel 30 g Natriumacetat-Hydrat, etwa 3 ml Wasser und das vorbereitete Metallplättchen. Drücke möglichst vollständig die Luft aus dem Beutel und schweiße ihn mit dem Folienschweißgerät oder dem Bügeleisen zu.
4. Lege den Beutel für ca. 5 bis 10 Minuten in kochendes Wasser, bis das Natriumacetat vollständig geschmolzen ist.
5. Lass danach den Beutel langsam erkalten. (Der Inhalt soll flüssig bleiben. Falls doch Kristalle erscheinen, muss der Beutel noch einmal in kochendes Wasser gelegt werden.)
6. Knicke das im Beutel eingeschlossene Metallplättchen einige Male hin und her, bis die Kristallisation beginnt.
7. Verfolge den Ablauf der Kristallisation und prüfe mit der Hand oder einem Thermometer die Temperatur.

Nach Ablauf des Experiments kann der Beutel erneut in heißes Wasser gelegt werden, bis wieder eine klare Schmelze entstanden ist. Nach dem Abkühlen ist er wieder einsatzbereit.

11.8 Überprüfung und Vertiefung

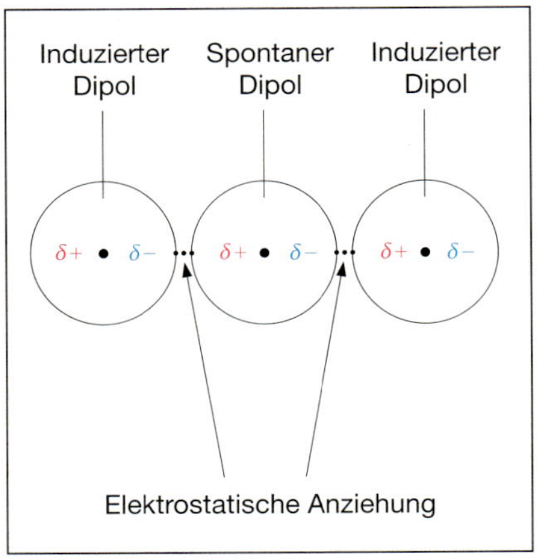

B 1 Zu Aufgabe 5

B 2 Zu Aufgabe 8

1 Gib die Strukturformeln folgender Moleküle an:
H_2S, CF_4, NH_3, $CHCl_3$.
Trage in die Strukturformeln die Teilladungen der Atome ein. Welche dieser Moleküle sind Dipole?

2 Ermittle unter Anwendung der Edelgasregel die Strukturformel des Formaldehydmoleküls (CH_2O) und gib die Bindungswinkel an.

3 Ordne folgende Atome nach steigender Elektronegativität:
a) O, F, H, Na, S, Al
b) Br, C, O, H, Cl, Mg

4 Ordne folgende Bindungen nach steigender Polarität:
Cl–H, O–H, C–H, F–H, Br–H

5 Auch Edelgase und Stoffe, die aus unpolaren Molekülen aufgebaut sind wie Sauerstoff und Wasserstoff, lassen sich bei sehr niedrigen Temperaturen verflüssigen. Auch zwischen ihren Teilchen müssen somit Anziehungskräfte wirken, die allerdings sehr niedrig sind. Man führt sie auf eine kurzfristig auftretende asymmetrische Verteilung der Elektronen zurück. So entstehen schwache Dipole („spontane Dipole"), die auf benachbarte Teilchen einwirken und auch sie zu Dipolen machen („induzierte Dipole"). Die daraus resultierenden Anziehungskräfte werden **Van-der-Waals-Kräfte** genannt. Die Neigung, auf diese Weise Dipole zu bilden, nimmt bei gleichem Bau der Teilchen mit wachsender Elektronenzahl zu.
a) Erläutere die in ▷B 1 dargestellte Bildung von Dipolen.
b) Begründe, warum innerhalb der Reihe der Halogene (↗ Kap. 8.1, ▷B 5) die Siedetemperaturen ansteigen.

6 Schlingt man bei einer Temperatur von unter 0 °C eine Drahtschlaufe um einen Eisblock und hängt ein Gewicht daran, so wandert der Draht langsam durch den Eisblock, ohne ihn zu zerteilen (▷B 3).
Erkläre diese Erscheinung mit der Gitterstruktur des Eises.

B 3 Zu Aufgabe 6

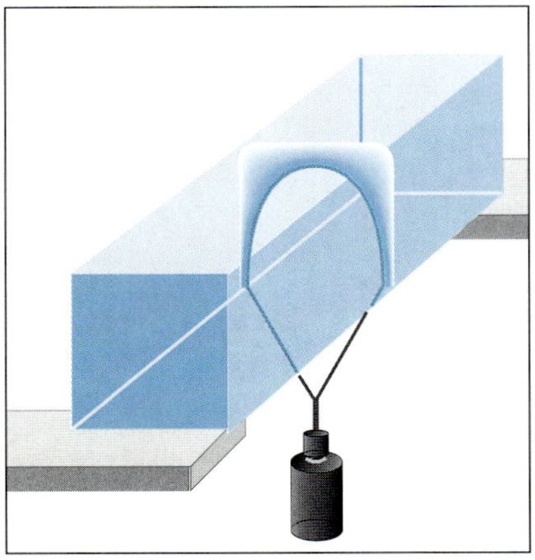

7 Zwischen einem HF-Molekül und einem H_2O-Molekül kann sich eine Wasserstoffbrücke ausbilden, ebenso zwischen einem NH_3- und einem H_2O-Molekül.
Zeichne die Strukturformeln der Moleküle und die sie verbindende Wasserstoffbrücke.

8 Der in ▷B 2 dargestellte volkstümliche Wetteranzeiger enthält hydratisiertes Cobaltchlorid. Was zeigt er an? Worauf beruht sein Farbwechsel?

Wichtige Begriffe

Atombindung,
Elektronenpaarbindung,
bindendes Elektronenpaar,
freies Elektronenpaar,
Edelgasregel, Strukturformel,
polare Atombindung,
Elektronegativität, Dipolmolekül,
Wasserstoffbrücke, Hydratation,
Salzhydrat, Modifikation,
Diamantgitter, Graphitgitter,
Molekülgitter des Eises
Van-der-Waals-Kräfte

Saure und alkalische Lösungen – Protonenübergang

Saure und alkalische Lösungen ergeben mit Indikatoren charakteristische Farben und weisen auch sonst untereinander gemeinsame Eigenschaften auf.
Zunächst werden wir den Gründen für die gemeinsamen Eigenschaften nachgehen. Dabei beschreiten wir einen für die Chemie typischen Weg, indem wir nach Gemeinsamkeiten auf der Teilchenebene der Stoffe und Lösungen suchen.

Sowohl alkalische als auch saure Lösungen können die Lebensbedingungen für Fische, Pflanzen und Mikroorganismen in Gewässern gefährden; diese Lösungen dürfen deshalb auch nicht einfach ins Abwasser geschüttet werden.
Saure und alkalische Lösungen, die auch häufig als basische Lösungen bezeichnet werden, können sich in ihrer Wirkung jedoch aufheben, dabei spielen auch die Konzentrationen der Lösungen eine wichtige Rolle.
Wir werden zunächst die Grundlagen dafür kennen lernen, warum saure und alkalische Lösungen sich in ihrer Wirkung aufheben. Für ein tiefer gehendes Verständnis muss man sich mit einer sinnvollen Größe für die Konzentration beschäftigen. Damit kann man dann die Konzentrationen vieler saurer und alkalischer Lösungen selbst bestimmen.

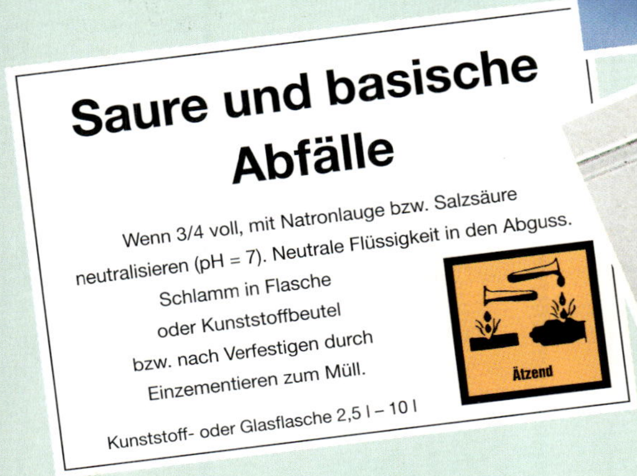

12.1 Gemeinsamkeiten saurer Lösungen

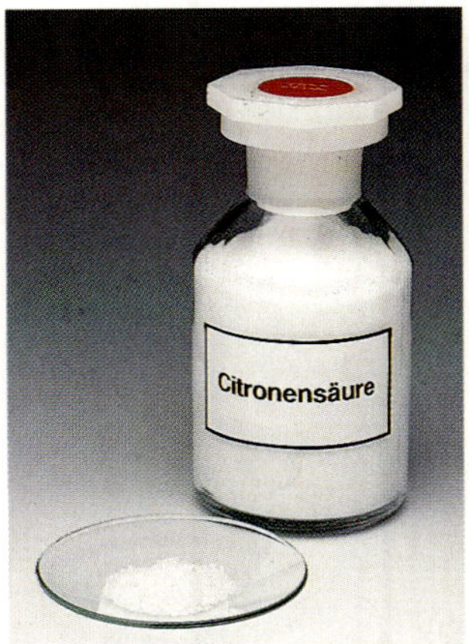

B 1 Citronensäure ist ein Reinstoff

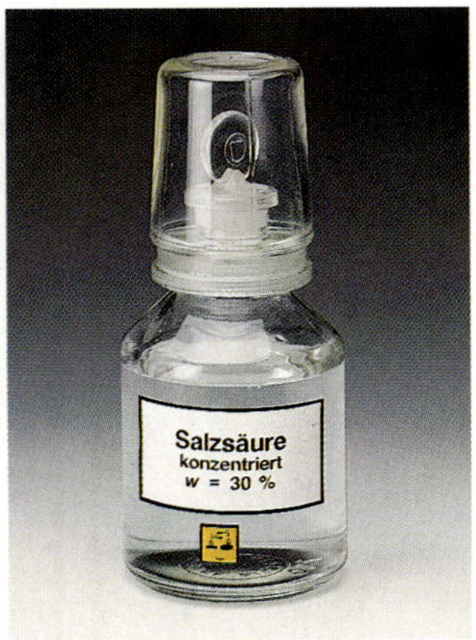

B 2 Salzsäure ist eine saure Lösung

V 1 Führe mit einer Citronensäurelösung und einer stark verdünnten Essigsäure Geschmacksproben durch.

V 2 Prüfe Citronensäurelösung, verdünnte Essigsäure und verdünnte Salzsäure mit Universalindikator.

V 3 Prüfe die elektrische Leitfähigkeit:
a) einer Citronensäurelösung, verdünnter Essigsäure und verdünnter Salzsäure,
b) einer Citronensäureschmelze.

A 1 Essigsäure leitet den elektrischen Strom nicht, eine Essigsäurelösung aber leitet den elektrischen Strom. Deute diesen Unterschied.

B 3 Saure Lösungen leiten den elektrischen Strom

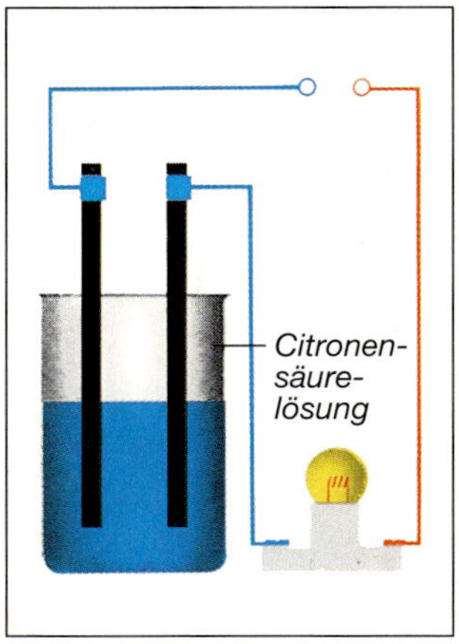

B 4 Die reine Säure leitet den elektrischen Strom nicht

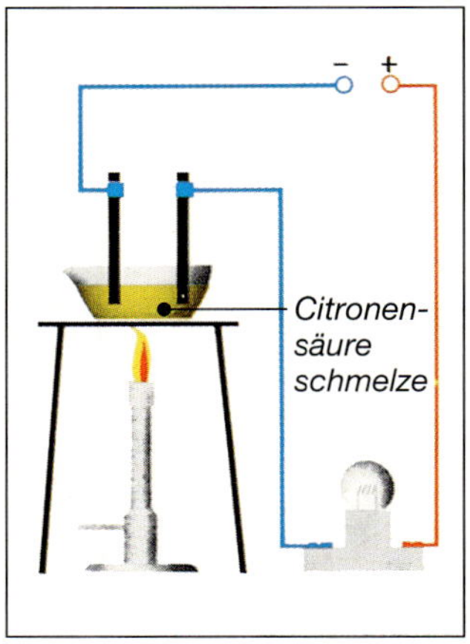

Säuren sind Stoffe, die in Alltag und Technik für viele Zwecke verwendet werden. Dabei nutzt man die unterschiedlichen Eigenschaften dieser Stoffe. Der Sammelbegriff „Säuren" lässt jedoch vermuten, dass sie auch Gemeinsamkeiten aufweisen. Bevor wir diesen nachgehen, machen wir uns die Mehrdeutigkeit des Ausdrucks Säure bewusst.

Säuren und saure Lösungen. Säuren sind feste, flüssige oder gasförmige Reinstoffe (▷ B 1). Häufig spricht man jedoch auch dann von Säuren, wenn die wässrigen Lösungen von Säuren gemeint sind (▷ B 2). Es wäre besser, diese als saure Lösungen zu bezeichnen, was sich aber aufgrund des bestehenden Sprachgebrauchs nicht konsequent durchführen lässt. Bei sauren Lösungen wird je nach dem Anteil der gelösten Säure häufig auch von konzentrierten oder verdünnten Säuren gesprochen, wobei es keine feste Abgrenzung zwischen diesen gibt.

Gemeinsamkeiten von Säuren und sauren Lösungen. Zitronensaft und Speiseessig (▷ V 1) schmecken sauer. Der saure Geschmack wird durch die gelöste Citronensäure bzw. Essigsäure verursacht. Außerdem ergeben sie mit Indikatoren charakteristisch gefärbte Lösungen (▷ V 2). In Autobatterien leitet verdünnte Schwefelsäure den elektrischen Strom. Eine Überprüfung verschiedener saurer Lösungen ergibt (▷ V 3a, ▷ B 3), dass sie alle den elektrischen Strom leiten.

> Saure Lösungen leiten den elektrischen Strom.

Saure Lösungen zeigen hier die gleichen Eigenschaften wie Salzlösungen. Da die elektrische Leitfähigkeit von Lösungen nur durch frei bewegliche Ionen verursacht werden kann, müssen in sauren Lösungen Ionen vorhanden sein.

Prüft man die elektrische Leitfähigkeit einer Citronensäureschmelze (▷ V 3b, ▷ B 4), so zeigt sich, dass diese im Gegensatz zu einer Salzschmelze den Strom nicht leitet. Genau wie Säureschmelzen zeigen meist auch wasserfreie flüssige Säuren keine Leitfähigkeit. Sie tritt erst ein, wenn man die Säure mit Wasser versetzt. Diese Beobachtungen lassen sich so deuten, dass Säuren aus Molekülen bestehen. Die Ionen bilden sich erst, wenn eine Säure zu Wasser gegeben wird.

> Säuren bestehen aus Molekülen. In sauren Lösungen liegen Ionen vor.

Den sauren Geschmack und die Rotfärbung von Universalindikator weisen alle sauren Lösungen auf, unabhängig davon, welche Säure in der Lösung vorliegt. Dies deutet darauf hin, dass diese Lösungen gleiche Ionen enthalten, die diese Eigenschaften hervorrufen. Welche Ionen dies sind, werden wir am Beispiel der Salzsäure erfahren.

Welche Ionen enthält Salzsäure? Bei der Elektrolyse von verdünnter Salzsäure (▷V4, ▷B5) entstehen an der negativ geladenen Elektrode Wasserstoff und an der positiv geladenen Elektrode Chlor (▷B5). Wenn sich Chlor an der positiv geladenen Elektrode bildet, muss die Lösung negativ geladene Chloridionen enthalten. Diese Chloridionen können nur aus Chlorwasserstoffmolekülen entstehen. Bei der Abgabe eines Chloridions von einem Chlorwasserstoffmolekül bliebe ein Wasserstoffion übrig. Ein *Wasserstoffion (H^+-Ion) ist identisch* mit einem *Proton*. Da das Proton keine Elektronenhülle besitzt, ist es mehr als 10000-mal kleiner als alle anderen Ionen. Deshalb übt es sehr hohe Anziehungskräfte auf die Elektronen der Wassermoleküle aus. Das Proton wird deshalb auch sofort von einem Wassermolekül (▷B6) gebunden. Für die Bindung des Protons stellt ein Wassermolekül ein freies Elektronenpaar zur Verfügung. Dieses aus einem Proton und einem Wassermolekül gebildete H_3O^+-Ion heißt **Oxoniumion**.

Bei der Bildung eines Oxoniumions aus einem Chlorwasserstoff- und einem Wassermolekül findet ein **Protonenübergang** statt (▷B6).
Sowohl die H_3O^+- als auch die Cl^--Ionen sind auch noch von einer Hülle aus Wassermolekülen umgeben.

Welche Ionen bewirken die Eigenschaften saurer Lösungen? Wären die Chloridionen die Ursache für die Rotfärbung des Universalindikators, so müsste der Indikator auch in wässriger Kochsalzlösung eine Rotfärbung zeigen. Eine Kochsalzlösung schmeckt auch nicht sauer, die saure Wirkung der Salzsäure beruht auf den H_3O^+-Ionen. Alle sauren Lösungen enthalten diese Ionen, die H_3O^+-Ionen verursachen also die charakteristischen Eigenschaften saurer Lösungen.

Alle sauren Lösungen enthalten H_3O^+-Ionen (Oxoniumionen).

Neben den positiv geladenen H_3O^+-Ionen enthalten alle sauren Lösungen negativ geladene **Säurerestionen**. In der Salzsäure ist das Chloridion das Säurerestion.

V 4 Führe die Elektrolyse von verdünnter Salzsäure nach ▷B5 durch. Führe mit dem an der negativ geladenen Elektrode entstandenen Gas die Knallgasprobe durch. Halte in das Gas, das an der positiv geladenen Elektrode entsteht, ein farbiges Blütenblatt oder ein feuchtes Indikatorpapier. (Schutzbrille! Abzug!)

V 5 Prüfe Kochsalzlösung mit einem Indikator. Vergleiche mit Wasser.

A 2 Eine Citronensäureschmelze leitet im Gegensatz zu einer Kaliumchloridschmelze den elektrischen Strom nicht. Gib eine Erklärung für diesen Unterschied.

A 3 Formuliere für die bei der Elektrolyse von verdünnter Salzsäure an den Elektroden ablaufenden Reaktionen die Reaktionsgleichungen.

A 4 Wie können die Chloridionen in Salzsäure nachgewiesen werden?

A 5 Welche Ionen liegen a) in verd. Salzsäure und b) in einer Natriumchloridlösung vor? Welche Ionen sind für die Eigenschaften der sauren Lösung verantwortlich?

B5 Elektrolyse von Salzsäure. An der Kathode entsteht Wasserstoff, an der Anode Chlor

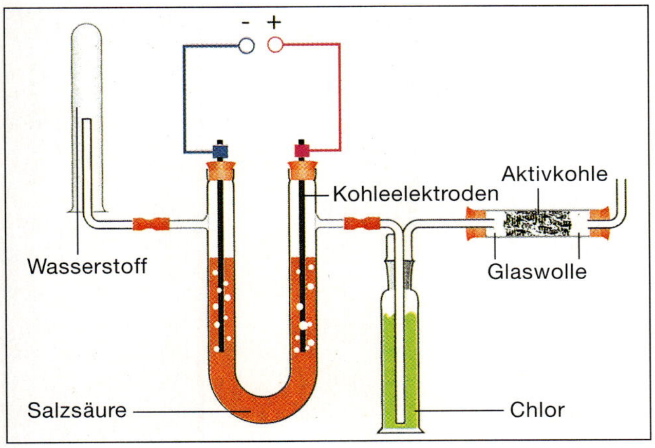

B6 Bildung eines Oxoniumions durch Abgabe eines Protons von einem Chlorwasserstoffmolekül an ein Wassermolekül

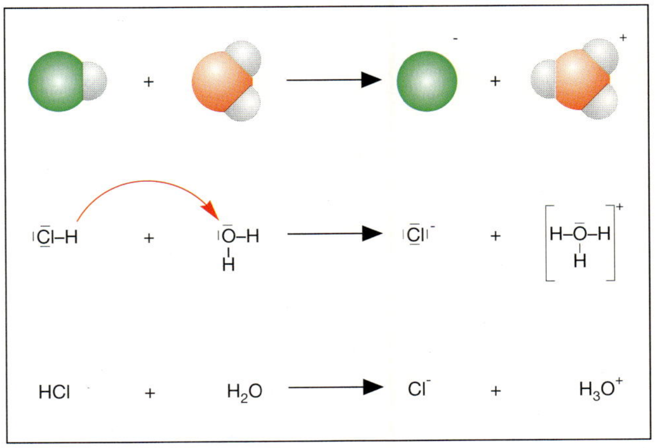

12.2 Saure Lösungen und Salzbildung

V 1 Man gibt in einem kleinen Standzylinder ein linsengroßes Natriumstückchen (Schutzbrille!) auf konz. Salzsäure und fügt nach der Reaktion jeweils ein weiteres Natriumstückchen hinzu. Man gießt die überstehende Lösung ab, löst einen Teil des Salzes in wenig Wasser und dampft einen Teil der Lösung ein (Abzug!). Den übrigen Teil lässt man verdunsten und betrachtet die auftretenden Kristalle unter der Lupe.

V 2 a) Gib in ein Reagenzglas zu verdünnter Salzsäure Magnesiumspäne (Schutzbrille!). Fange das entstehende Gas unter Wasser auf und führe mit ihm die Knallgasprobe durch.
b) Gib anschließend weiterhin Metallspäne zu der Salzsäure, bis die Gasentwicklung aufhört. Filtriere die Magnesiumreste ab und dampfe die Lösung ein. Löse den eingedampften Stoff in Wasser. Prüfe die elektrische Leitfähigkeit der Lösung, auch im Vergleich zu Wasser, und setze anschließend einige Tropfen Silbernitratlösung zu.
c) Wiederhole a) mit Aluminium, Kupfer, Zink, Platin und Silber.

V 3 a) Gib in ein Reagenzglas etwas schwarzes Kupferoxid und setze verdünnte Salzsäure zu (Schutzbrille!). Erwärme kurz.
b) Filtriere Kupferoxidreste ab und dampfe die Lösung in einer Porzellanschale vorsichtig ein.
c) Wiederhole a) und b) mit Magnesiumoxid, Zinkoxid und Calciumoxid. Formuliere die Reaktionsgleichungen und benenne die Reaktionsprodukte.

A 1 Bei der Reaktion von Magnesium mit Salzsäure reagieren nur die Magnesiumatome mit den H_3O^+-Ionen. Was findet hier zwischen Atomen und Ionen statt?

Kennzeichnend für saure Lösungen ist, dass sie manche Metalle „angreifen". Worin besteht dieser „Angriff"?

Reaktionen von sauren Lösungen mit Metallen. Gibt man Natrium zu konzentrierter Salzsäure, so bildet sich neben Wasserstoff ein weißer Niederschlag (▷V1, ▷B1) aus Natriumchlorid. Nicht immer lässt sich jedoch die Salzbildung direkt beobachten. Reagiert z. B. Magnesium mit Salzsäure (▷V2a), so entsteht eine Lösung. Wird diese eingedampft, so bleibt ein weißer Feststoff zurück, dessen Lösung den elektrischen Strom leitet (▷V2b). Sie enthält also Ionen. Aus den Magnesiumatomen sind Magnesiumionen entstanden, die mit den Chloridionen der Salzsäure Magnesiumchlorid bilden.

$$Mg + 2\,H_3O^+ + 2\,Cl^- \longrightarrow Mg^{2+} + 2\,Cl^- + H_2 + 2\,H_2O$$

Bei der Reaktion bleibt das Säurerestion, das Chloridion, unverändert; die eigentliche Reaktion erfolgt nur zwischen den H_3O^+-Ionen und den Magnesiumatomen.
Wie Magnesium reagieren auch andere unedle Metalle mit Salzsäure und sauren Lösungen. Kupfer, Quecksilber und die Edelmetalle reagieren nicht.

Unedle Metalle reagieren mit sauren Lösungen unter Bildung von Wasserstoff und den entsprechenden Salzen, die häufig gelöst vorliegen.

Reaktionen von sauren Lösungen mit Metalloxiden. Salzlösungen bilden sich auch aus Metalloxiden und sauren Lösungen. So reagiert zwar Kupfer nicht mit Salzsäure (▷B2), wohl aber Kupferoxid (▷B3, ▷V3a). Eine Gasentwicklung ist dabei nicht zu beobachten.

$$CuO + 2\,H_3O^+ + 2\,Cl^- \longrightarrow Cu^{2+} + 2\,Cl^- + 3\,H_2O$$

Metalloxide reagieren mit sauren Lösungen zu Wasser und den entsprechenden Salzlösungen.

B 1 Reaktion von Natrium mit konz. Salzsäure

B 2 Magnesium reagiert mit Salzsäure, Kupfer nicht

B 3 Links: Kupferoxid reagiert mit Salzsäure
Rechts: Beim Eindampfen bleibt Kupferchlorid zurück

12.3 Gemeinsamkeiten von alkalischen Lösungen

Wie saure Lösungen besitzen auch alkalische Lösungen einige gemeinsame Eigenschaften. Die alkalischen Lösungen sind je nach Konzentration seifig bis ätzend, deshalb muss man beim Arbeiten mit ihnen stets eine Schutzbrille tragen. Mit Indikatoren ergeben sich charakteristische Färbungen (▷V1a).
Alle sauren Lösungen enthalten H_3O^+-Ionen. Welche Teilchen haben die alkalischen Lösungen gemeinsam?

Hydroxidionen. Durch Lösen von Hydroxiden der Alkali- und Erdkalimetalle in Wasser kann man alkalische Lösungen herstellen. *Hydroxidlösungen* werden auch als *Laugen* bezeichnet. Da sie den elektrischen Strom leiten (▷V1b), müssen sie wie Lösungen von Salzen und Säuren Ionen enthalten. Beim Lösen von z. B. Natriumhydroxid in Wasser entstehen frei bewegliche *hydratisierte* Na^+*- und* OH^-*-Ionen*. Man bezeichnet die $\mathbf{OH^-}$**-Ionen** als **Hydroxidionen**. Auch andere alkalische Lösungen enthalten Hydroxidionen und die entsprechenden Metallionen. Da in alkalischen Lösungen unterschiedliche Metallionen gelöst sein können, müssen die gemeinsamen Eigenschaften auf die Hydroxidionen zurückgeführt werden.

Alle alkalischen Lösungen enthalten Hydroxidionen (OH^--Ionen).

Anders als bei Säuren leiten die Schmelzen der Hydroxide den elektrischen Strom (▷V2) und enthalten demnach frei bewegliche Ionen. Alkali- und Erdalkalimetallhydroxide zeigen hier ähnliche Eigenschaften wie die Salze. Die Metall- und die Hydroxidionen sind schon im festen Zustand vorhanden und bilden ein Ionengitter. Beim Lösen zerfallen diese Ionenverbindungen in hydratisierte Ionen:

$$Na^+OH^- \longrightarrow Na^+(aq) + OH^-(aq)$$

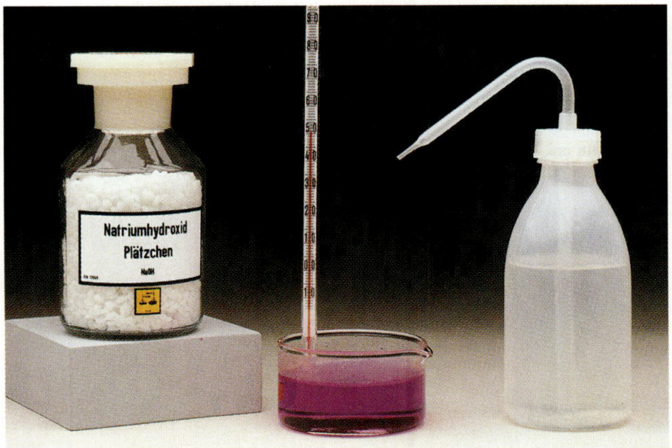

B1 Bildung einer alkalischen Lösung. Natriumhydroxid löst sich unter Wärmeabgabe in Wasser. Die Lösung ist alkalisch

V 1 a) Gib zu verdünnter Natronlauge bzw. Kalilauge einige Tropfen Universalindikator bzw. Phenolphthalein. b) Prüfe die elektrische Leitfähigkeit dieser Lösungen. (Schutzbrille!)

V 2 Sorgfältig entwässertes Natriumhydroxid wird in einem Nickeltiegel geschmolzen, der in einem Tondreieck sitzt. Dann taucht man zwei Eisenelektroden (Fahrradspeichen) in die Schmelze und prüft die elektrische Leitfähigkeit.

A 1 Eine Natriumhydroxidschmelze leitet im Gegensatz zu einer Citronensäureschmelze den elektrischen Strom. Erkläre!

B2 Alkalische Lösungen leiten den elektrischen Strom

B3 Hydroxidion in Formel und Modell

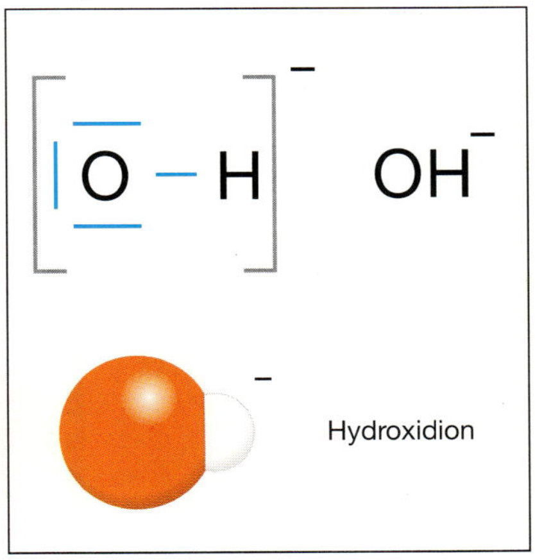

B4 Die wichtigsten Hydroxide und Laugen im Überblick

Stoff	Formel (Ionen)	wässrige Lösung
Natriumhydroxid	Na^+OH^-	Natronlauge
Kaliumhydroxid	K^+OH^-	Kalilauge
Calciumhydroxid	$Ca^{2+}(OH^-)_2$	Kalkwasser
Bariumhydroxid	$Ba^{2+}(OH^-)_2$	Barytwasser

12.4 Ammoniak und Ammoniumsalze

B 1 Salmiak als Bestandteil eines Putzmittels

B 2 Löslichkeit von Ammoniak in Wasser

V 1 Man füllt einen trockenen Rundkolben mit Ammoniak und verschließt ihn mit einem Stopfen, in dem ein ausgezogenes Glasrohr steckt. Anschließend hält man die Öffnung des Glasrohrs in Wasser. (Schutzbrille! Schutzscheibe!)

V 2 a) Gib zu Ammoniakwasser in einem Reagenzglas etwas Indikatorlösung. b) Halte über eine Ammoniaklösung einen feuchten und einen trockenen Streifen Universalindikatorpapier. Vergleiche und erkläre.

V 3 Man gibt je einen mit konz. Salzsäure bzw. konz. Ammoniaklösung getränkten Wattebausch in ein Becherglas, das anschließend mit einem Uhrglas abgedeckt wird. Einen Teil des entstandenen weißen Stoffes löst man in Wasser und prüft auf Chloridionen.

B 3 Reaktion von Ammoniak mit Chlorwasserstoff. Es bildet sich ein weißer Rauch aus Ammoniumchlorid

Beim Arbeiten mit salmiakhaltigen Reinigungsmitteln (▷B 1) ist meist ein stechender Geruch wahrnehmbar. Er wird verursacht durch Ammoniak, ein farbloses, stechend riechendes Gas. Ammoniak (Molekülformel: NH_3) entsteht auch bei der bakteriellen Zersetzung pflanzlicher und tierischer Stickstoffverbindungen.

Ammoniakwasser. Von Wasser werden beträchtliche Portionen Ammoniak aufgenommen (▷V 1, ▷B 2), bei Zimmertemperatur etwa 700 ℓ Ammoniak in 1 ℓ Wasser. Die Flüssigkeit wird als *Ammoniakwasser* (alte Bezeichnung: Salmiakgeist) bezeichnet. Sie dient als Reinigungsmittel (zersetzt Fette) und zum Ablaugen alter Farbanstriche.

Ammoniakwasser ist *alkalisch*, es muss also Hydroxidionen enthalten. Diese entstehen durch eine Reaktion der Ammoniakmoleküle mit den Wassermolekülen, indem Ammoniakmoleküle mit ihren freien Elektronenpaaren Protonen binden. Die gebildeten positiv geladenen Ionen heißen Ammoniumionen. Die Reaktionsgleichung für die Bildung der Ionen aus den Ammoniak- und Wassermolekülen lautet:

$$NH_3 + H_2O \longrightarrow NH_4^+ + OH^-$$

Führt man an verdünnter Salzsäure und einer Ammoniaklösung gleicher Konzentration die Geruchsprobe durch, kann man deutlich Ammoniak riechen, jedoch keinen Chlorwasserstoff. Der Unterschied rührt daher, dass nur ein kleiner Teil der Ammoniakportion mit Wasser reagiert hat; der größte Teil der vom Wasser aufgenommenen Ammoniakportion liegt in Wasser nur gelöst vor und entweicht daraus schon bei Zimmertemperatur. *Die Reaktion zwischen Ammoniak- und Wassermolekülen gehört zu den unvollständig ablaufenden Reaktionen.* Solche Reaktionen sind dadurch gekennzeichnet, dass im Reaktionsgemisch neben den Reaktionsprodukten auch noch Ausgangsstoffe vorliegen, bei Ammoniakwasser also außer Wassermolekülen sowohl Ammoniakmoleküle als auch Ammonium- und Hydroxidionen.

Aufbau des Ammoniakmoleküls und zwischenmolekulare Kräfte. Die N–H-Bindungen im Ammoniakmolekül sind polar, das Molekül besitzt einen pyramidalen Bau (▷B 4), die Ladungsschwerpunkte fallen nicht zusammen. *Ammoniakmoleküle* sind wie die Wassermoleküle *Dipole*. Die Polarität der N–H-Bindung ist so groß, dass Ammoniakmoleküle untereinander und in Ammoniakwasser mit Wassermolekülen Wasserstoffbrücken ausbilden können. Hierauf ist die gute Löslichkeit des Ammoniaks in Wasser zurückzuführen.

Ammoniak und Ammoniumsalze

Bedeutung des Ammoniaks. Die Weltproduktion des Ammoniaks beläuft sich auf etwa 100 Millionen Tonnen pro Jahr. Drei Viertel der Produktion werden zur Herstellung von Düngemitteln verwendet. Daneben bildet Ammoniak die Basis zur Produktion von Kunststoffen, Farb- und Sprengstoffen sowie Medikamenten und Pflanzenschutzmitteln. Ammoniak wird in der Großtechnik direkt aus Stickstoff und Wasserstoff hergestellt.

Ammoniumchlorid. Bringt man konzentrierte Ammoniaklösung in die Nähe von konzentrierter Salzsäure (▷ V 3), so entsteht ein weißer Rauch (▷ B 3), ohne dass sich die Flüssigkeiten berühren. Es müssen also Gase miteinander reagiert haben, Ammoniak und Chlorwasserstoff. Dieser Vorgang wird häufig zum Nachweis von einer der beiden Verbindungen benutzt. Läuft die Reaktion in einem Gefäß ab, scheidet sich der weiße Stoff ab, der in Wasser leicht löslich ist. In der Lösung lassen sich Chloridionen nachweisen. Aus den beiden Gasen ist also ein Salz entstanden.

$$NH_3 + HCl \longrightarrow NH_4Cl \qquad (NH_4^+Cl^-)$$

Das Salz heißt **Ammoniumchlorid**, in der Umgangssprache Salmiak. Es bildet ein Ionengitter aus Ammonium- und Chloridionen.

Erhitzt man Ammoniumchlorid, scheint es zu sublimieren (▷ V 4a), obwohl diese Eigenschaft nur Molekülverbindungen besitzen. Bei genauer Untersuchung der Reaktion stellt man jedoch fest, dass es sich nicht um eine Sublimation handelt (▷ V 4b, ▷ B 5). Ammoniumchlorid zerfällt beim Erhitzen in Ammoniak und Chlorwasserstoff, wobei die Ammoniakmoleküle wegen ihrer geringeren Masse rascher diffundieren als die Chlorwasserstoffmoleküle. An kühlen Stellen bildet sich wieder Ammoniumchlorid.
Aufgrund dieser Zerfallsreaktion dient *Ammoniumchlorid* als *Lötstein*. Durch die gebildeten Gase Chlorwasserstoff und Ammoniak werden die Oxide von der Metalloberfläche entfernt. Ammoniumchlorid („Salmiak") wirkt *schleimlösend* und ist daher in manchen *Halspastillen* (▷ B 6) enthalten (Salmiakpastillen). Durch Alkalimetallhydroxide werden Ammoniumsalze unter Ammoniakentwicklung zersetzt (▷ V 5):

$$NaOH + NH_4Cl \longrightarrow NaCl + H_2O + NH_3$$

V 4 a) Erhitze im Reagenzglas vorsichtig festes Ammoniumchlorid. b) Erhitze Ammoniumchlorid in einem Reagenzglas, an dessen Wandung zwei feuchte Universalindikatorpapiere, getrennt durch einen Glaswollebausch, kleben (▷ B 5).

V 5 Zerreibe in einer Reibschale wenig Ammoniumchlorid mit Natriumhydroxid (Schutzbrille!). Halte über die Reibschale ein feuchtes Indikatorpapier.

A 1 Warum kann das Ammoniakmolekül ein Proton binden?

A 2 Leitet Ammoniakwasser den elektrischen Strom? Begründe deine Entscheidung.

A 3 Ammoniak weist im Vergleich zu Stickstoff oder Chlorwasserstoff eine hohe Siedetemperatur (−33,4 °C) auf. Worauf könnte dies beruhen?

A 4 Was versteht man unter einer unvollständig ablaufenden Reaktion?

A 5 Ammoniakwasser wird zu Kaliumhydroxid getropft. Das entstandene Gas ergibt mit Chlorwasserstoff einen weißen Rauch. Formuliere die Reaktionsgleichungen für die Reaktionen.

B 4 Ammoniakmolekül (oben) und Ammoniumion (unten)

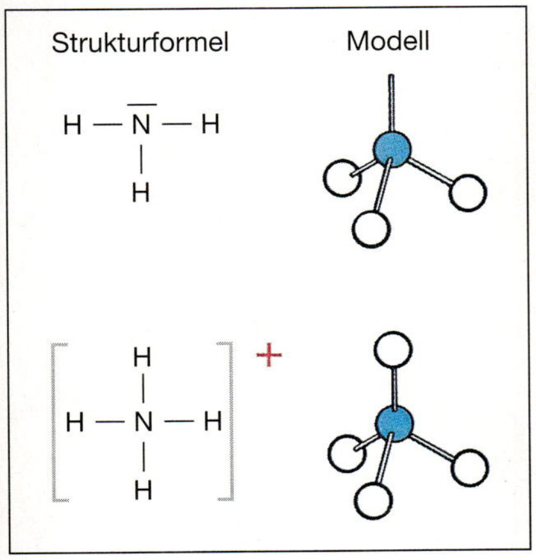

B 5 Thermolyse von Ammoniumchlorid

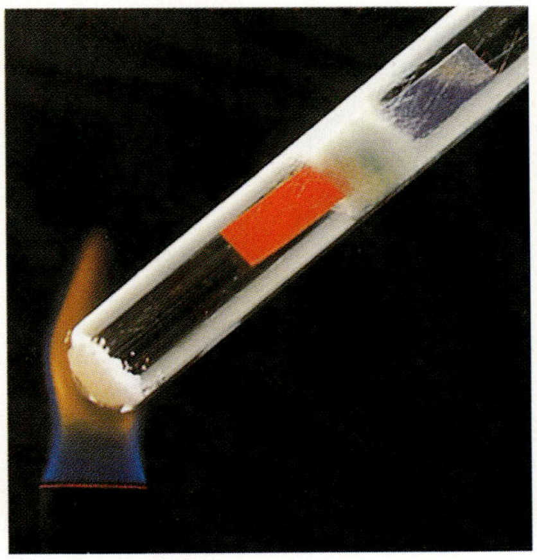

B 6 Ammoniumchlorid wirkt in Salmiakpastillen schleimlösend

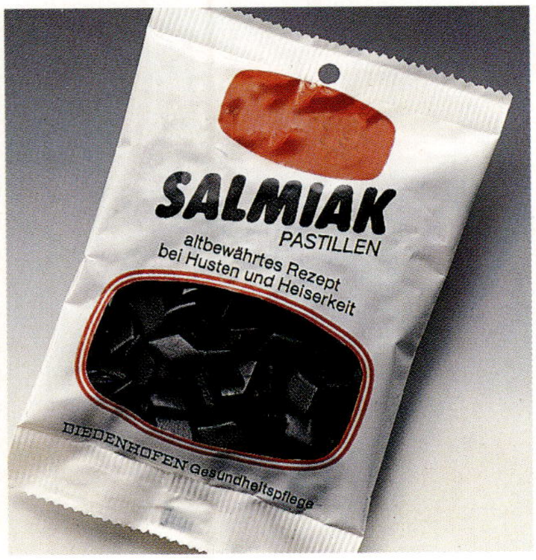

Kalk gegen sauren Regen?

Freiburg. Das durch sauren Regen und andere Schadstoffe ausgelöste Waldsterben ist noch immer nicht zum Stillstand gekommen. Am ehesten kann der Wald dort durchhalten, wo er auf kalkhaltigem Boden steht. Aus diesem Grunde wird immer wieder empfohlen den Waldboden mit Kalkstaub zu besprühen. Damit soll die Übersäuerung des Bodens teilweise neutralisiert und zugleich der Nährstoffmangel ausgeglichen werden. Wie eine Freiburger Langzeituntersuchung jetzt zeigt, ist die Wirkung jedoch umstritten. Oberflächenkalkungen im Schwarzwald konnten bisher das Waldsterben nicht aufhalten. Deshalb ist die rasche Verminderung der Luftverschmutzung nach wie vor dringend geboten.

Saure und alkalische Lösungen können die Umwelt erheblich schädigen. Es gibt eine Möglichkeit ihre Wirkung abzuschwächen oder sogar ganz aufzuheben.

Natronlauge reagiert mit Salzsäure. Lässt man zu verdünnter Natronlauge, der Universalindikator zugesetzt worden ist, verdünnte Salzsäure fließen (▷V 1a), so ist die Lösung nach der Zugabe einer bestimmten Salzsäureportion gelbgrün. Es ist damit eine Lösung entstanden, die *weder sauer noch alkalisch* ist. Sie ist **neutral**. Ihr pH-Wert ist 7. Verdunstet das Wasser der Lösung, bleiben würfelförmige Kristalle zurück, die auf Natriumchlorid hinweisen (▷V 1b).
Die verdünnte Salzsäure enthält H_3O^+- und Cl^--Ionen, die Natronlauge Na^+- und OH^--Ionen. Beim Zusammengeben der Salzsäure und der Natronlauge ist eine deutliche Temperaturerhöhung messbar, dies weist auf eine chemische Reaktion hin. Die Reaktionsgleichung in Ionenschreibweise lautet:

$$Na^+ + OH^- + H_3O^+ + Cl^- \longrightarrow Na^+ + Cl^- + 2\,H_2O$$

Ionen in der Natronlauge	Ionen in der Salzsäure		Ionen in der neutralen Lösung

Aus der Reaktionsgleichung geht hervor, dass nicht alle Ionen an der chemischen Reaktion beteiligt sind. Nur die *H_3O^+-Ionen* und die *OH^--Ionen* reagieren zu Wassermolekülen. Die Metallionen der Natronlauge und die Säurerestionen der Salzsäure liegen auch in der neutralen Lösung unverändert vor.
Das Wasser, das bei der Reaktion entsteht, sieht man nicht, weil die Reaktion bereits in wässriger Lösung abläuft. Die Natrium- und Chloridionen bilden erst ein Ionengitter, wenn das Wasser verdunstet und die Ionen ihre Hydrathülle verlieren.

B 1 Neutralisation von Natronlauge mit Salzsäure. Der Indikator zeigt den Neutralpunkt an. Die Reaktion ist exotherm

B 2 Eindampfen der neutralisierten Lösung. Kochsalz bleibt zurück

Die Neutralisationsreaktion

Reagiert konzentrierte Salzsäure mit konzentrierter Natronlauge, so ist die Salzbildung direkt zu beobachten (▷V2). Es entsteht so viel Natriumchlorid, dass seine Löslichkeit überschritten wird und es ausfällt. Die Reaktion ist stark exotherm.

Neutralisation. Nicht nur Salzsäure und Natronlauge, sondern auch andere saure und alkalische Lösungen können miteinander zu neutralen Lösungen reagieren. Dabei entstehen immer Wasser und ein Salz, das gelöst vorliegt oder bei Überschreiten der Löslichkeit einen Niederschlag bildet. Es wird stets Wärme frei. Unter Verzicht auf die nicht reagierenden Ionen kann die Reaktionsgleichung vereinfacht werden:

$$H_3O^+ + OH^- \longrightarrow 2\,H_2O \quad | \text{ exotherm}$$

Man bezeichnet die Reaktion zwischen *sauren* und *alkalischen Lösungen* als **Neutralisation**. Bei allen Neutralisationsreaktionen wird bei gleichen Teilchenanzahlen an H_3O^+- und OH^--Ionen die gleiche Wärmemenge frei. Dies ist Ausdruck der Tatsache, dass dabei immer die gleiche Reaktion von H_3O^+- mit OH^--Ionen abläuft. Diese Wärmemenge nennt man **Neutralisationswärme**.

Bei einer Neutralisation reagieren die H_3O^+-Ionen und die OH^--Ionen zu Wassermolekülen.

Anwendung der Neutralisation. Bei vielen industriellen Prozessen entstehen saure und alkalische Abwässer. Um zu verhindern, dass diese in die Gewässer gelangen und dort zur Schädigung von Pflanzen und Fischen führen, müssen diese Abwässer weitgehend neutralisiert werden (▷B4). Da Neutralisationsmittel in großen Mengen eingesetzt werden, müssen sie billig sein. Außerdem dürfen die Reaktionsprodukte die Gewässer nur wenig belasten.

V 1 a) Gib in einem Reagenzglas zu verdünnter Natronlauge, der Universalindikator zugesetzt ist, tropfenweise (mit Bürette oder Tropfpipette) verdünnte Salzsäure, bis der Indikator nach Gelbgrün umschlägt. (Schutzbrille!) Miss die Temperatur der Natronlauge, der Salzsäure und der entstandenen Lösung.
b) Schüttle die Lösung zur Entfernung des Indikators mit Aktivkohle und filtriere. Lass die Flüssigkeit des Filtrats verdunsten und betrachte den Rückstand unter der Lupe.

V 2 Man gibt in einen Erlenmeyerkolben konz. Natronlauge und setzt langsam tropfenweise konz. Salzsäure zu. (Vorsicht, starke Wärmeentwicklung! Schutzbrille! Schutzscheibe!)

A 1 Welche Hinweise gibt es dafür, dass beim Zusammengeben von Salzsäure und Natronlauge eine chemische Reaktion stattfindet?

A 2 Formuliere die vollständigen Ionengleichungen für die Reaktionen von a) Kalilauge und Salzsäure und b) Kalkwasser (Calciumhydroxidlösung) und Salzsäure.

A 3 Warum fällt bei der Reaktion von konz. Natronlauge und konz. Salzsäure Natriumchlorid aus, bei der Reaktion der verdünnten Lösungen aber nicht?

A 4 Zum Kalken des Bodens gegen den sauren Regen wird häufig Calciumoxid (Branntkalk) eingesetzt. Welche Stoffe entstehen bei der Reaktion von Calciumoxid mit Salzsäure? Warum kann man diese Reaktion auch als Neutralisation bezeichnen?

B3 Neutralisation im Modell. Oxonium- und Hydroxidionen verbinden sich zu Wassermolekülen

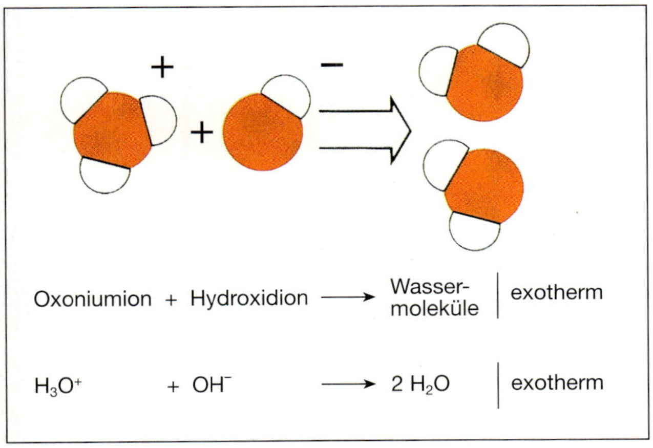

B4 Schema einer Neutralisationsanlage zur Neutralisation saurer und alkalischer Abwässer

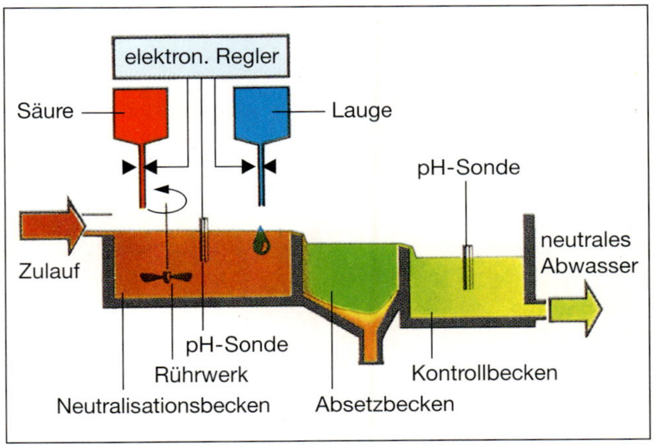

12.6 Die Konzentration saurer und alkalischer Lösungen

1. a) $n(\mathrm{X}) = \frac{m(\text{Stoffportion})}{M(\mathrm{X})}$

   b) $m(\text{Stoffportion}) = n(\mathrm{X}) \cdot M(\mathrm{X})$

2. a) $c(\mathrm{X}) = \frac{n(\mathrm{X})}{V(\text{Lösung})}$

   b) $n(\mathrm{X}) = c(\mathrm{X}) \cdot V(\text{Lösung})$

3. $m(\text{Stoffportion})$
   $= c(\mathrm{X}) \cdot V(\text{Lösung}) \cdot M(\mathrm{X})$

n: Stoffmenge; m: Masse;
V: Volumen;
M: stoffmengenbezogene (molare) Masse;
c: Stoffmengenkonzentration

B 1 Wichtige Größengleichungen zur Berechnung der Stoffmengenkonzentration und der Masse einer gelösten Stoffportion

A 1 In 0,5 ℓ Natronlauge ist 1 mol Natriumhydroxid gelöst. Welche Stoffmengenkonzentration hat die Lösung?

A 2 In 2 ℓ Salzsäure sind 3,65 g Chlorwasserstoff gelöst. Berechne die Stoffmengenkonzentration.

A 3 Welche Masse hat eine Kaliumhydroxidportion, die in 1 ℓ Kalilauge der Konzentration $c(\mathrm{KOH}) = 0{,}5\,\mathrm{mol/ℓ}$ gelöst ist?

A 4 Wie viele H_3O^+-Ionen sind in 100 ml Salzsäure der Konzentration $c(\mathrm{HCl}) = 0{,}1\,\mathrm{mol/ℓ}$?

Beim Zusammengeben von Salzsäure und Natronlauge erhält man oft selbst dann keine neutrale Lösung, wenn beide Portionen das gleiche Volumen haben. Nicht nur das Volumen ist entscheidend, sondern eine andere Größe ist noch von Bedeutung.
Für die Neutralisation gilt, dass ein H_3O^+-Ion und ein OH^--Ion zu zwei Wassermolekülen reagieren:

$$H_3O^+ + Cl^- + Na^+ + OH^- \longrightarrow 2\,H_2O + Na^+ + Cl^-$$

10 ml Salzsäure werden z. B. nur dann durch 10 ml Natronlauge neutralisiert, wenn in der Salzsäure genauso viele H_3O^+- wie OH^--Ionen in der Natronlauge sind. Beide Lösungen müssen also gleich viele Teilchen pro Volumeneinheit, also die gleiche Teilchenzahlkonzentration, aufweisen.

Die Stoffmengenkonzentration. Anstelle der Teilchenanzahl verwendet man die bequemere Angabe der Stoffmenge n (↗ Kap. 6.8), die zur Teilchenanzahl proportional und damit ein Maß für die Teilchenanzahl ist.

Der Quotient aus der Stoffmenge der gelösten Stoffportion und dem Volumen der Lösung ist die Stoffmengenkonzentration c.

$$c(\mathrm{X}) = \frac{n(\mathrm{X})}{V(\text{Lösung})}$$

X: Zeichen des Teilchens bzw. der Elementargruppe

Am Beispiel $c(\mathrm{NaOH}) = 1\,\mathrm{mol/ℓ}$ sollen die Stoffmengenkonzentration und die Größenangaben, die sich mithilfe der Stoffmengenkonzentration ermitteln lassen, erläutert werden. Die angegebene Konzentration bedeutet, dass 1 ℓ Natronlauge 1 mol Natriumhydroxid gelöst enthält. Eine Natriumhydroxidportion, deren Stoffmenge 1 mol beträgt, hat eine Masse von 40 g. In 1 ℓ dieser Natronlauge sind also 40 g Natriumhydroxid gelöst. Man kann aus Stoffmengenkonzentrationen also auch die Masse des gelösten Stoffes ermitteln, umgekehrt kann man natürlich auch aus der Masse der gelösten Stoffportion die Stoffmengenkonzentration der Lösung berechnen (▷ B 1).

B 2 Beispiel für die Herstellung einer Natronlauge gewünschter Konzentration

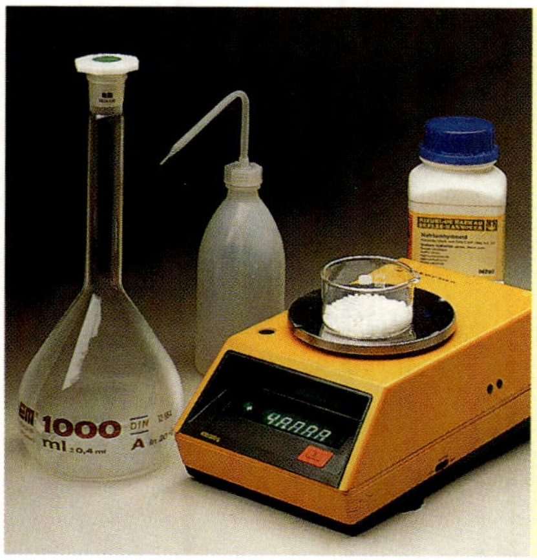

1. Genau 40 g Natriumhydroxid werden in wenig Wasser in einem Becherglas gelöst und anschließend in einen Messkolben (1 ℓ) überführt.
2. Das Becherglas wird mit dest. Wasser nachgespült und der Becherglasinhalt ebenfalls in den Messkolben gegossen.
3. Der Messkolben wird unter mehrmaligem Schütteln mit dest. Wasser bis zur Ringmarke aufgefüllt.

Die Herstellung von Lösungen genauer Konzentration auf die beschriebene Weise ist meist sehr mühsam. Deshalb sind im Handel Ampullen mit Lösungen erhältlich, die nur verdünnt werden müssen.

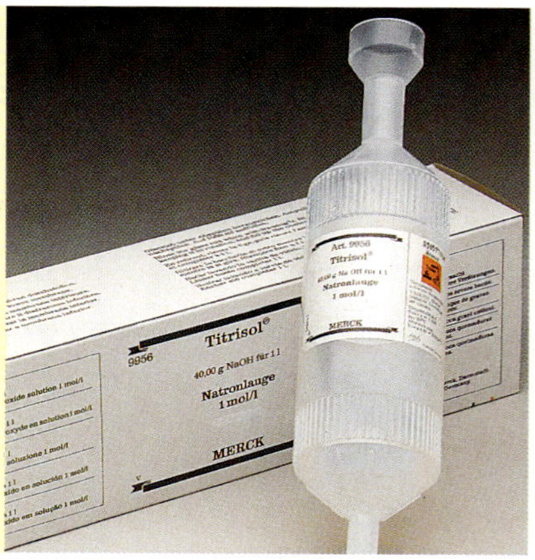

12.7 Projekt: Quantitative Neutralisation

In einem Labor müssen häufig die Konzentration einer sauren oder alkalischen Lösung und die Masse des gelösten Stoffes bestimmt werden. Hierbei nutzt man die Tatsache, dass H_3O^+- und OH^--Ionen gleicher Stoffmenge sich neutralisieren, wie es sich aus der Reaktionsgleichung für die Neutralisation ergibt.

$$H_3O^+ + OH^- \longrightarrow 2\,H_2O$$

Titration

Bei der Durchführung der Neutralisation gibt man eine saure oder alkalische Lösung bekannter Konzentration **(Maßlösung)** aus einer Bürette zu einer bestimmten Portion alkalischer oder saurer Lösung unbekannter Konzentration **(Probelösung)** in einem Erlenmeyerkolben bis zur Neutralisation. Ein Indikator zeigt den Neutralpunkt an. Dieses Verfahren zur Bestimmung der Konzentration nennt man **Titration**. Aus dem Volumen der verbrauchten Portion Maßlösung, ihrer Konzentration und dem Volumen der Probelösung können deren Stoffmenge, die Masse und die Konzentration des in der Probelösung gelösten Stoffes errechnet werden.

Beispiel:

Zur Neutralisation von 20 ml Natronlauge werden 25 ml Salzsäure der Konzentration $c(\text{HCl}) = 0{,}1\,\text{mol}/\ell$ verbraucht. Die Salzsäure ist die Maßlösung. Berechne die Stoffmenge und die Masse des in der Probelösung gelösten Natriumhydroxids und die Stoffmengenkonzentration der Natronlauge.

Berechnung:

$$\begin{aligned} n(\text{NaOH}) &= n(\text{OH}^-) = n(\text{H}_3\text{O}^+) = n(\text{HCl}) \\ &= c(\text{HCl}) \cdot V(\text{Salzsäure}) \\ &= 0{,}1\,\frac{\text{mol}}{\ell} \cdot 0{,}025\,\ell \\ &= 0{,}0025\,\text{mol} \end{aligned}$$

$$\begin{aligned} m(\text{Natriumhydroxid}) &= n(\text{NaOH}) \cdot M(\text{NaOH}) \\ &= 0{,}0025\,\text{mol} \cdot 40\,\frac{\text{g}}{\text{mol}} \\ &= 0{,}1\,\text{g} \end{aligned}$$

$$\begin{aligned} c(\text{NaOH}) &= \frac{n(\text{NaOH})}{V(\text{Natronlauge})} = \frac{0{,}0025\,\text{mol}}{0{,}02\,\ell} \\ &= 0{,}125\,\frac{\text{mol}}{\ell} \end{aligned}$$

Löse in Anlehnung an dieses Beispiel die folgende Aufgabe: Zur Neutralisation von 10 ml Salzsäure werden 15 ml Natronlauge der Konzentration $c(\text{NaOH}) = 0{,}5\,\text{mol}/\ell$ verbraucht. Berechne die Stoffmenge und die Masse des in der Probelösung gelösten Chlorwasserstoffs und die Stoffmengenkonzentration der Salzsäure.

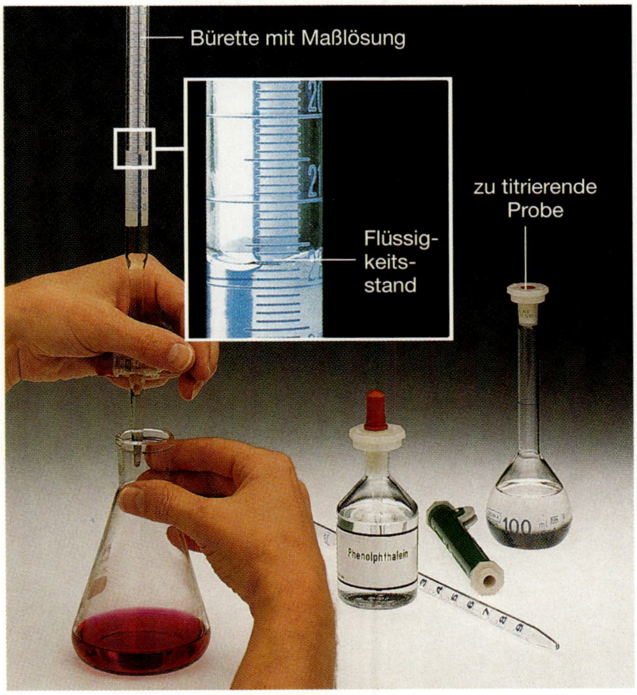

B 1 Durchführung einer Titration (Salzsäure mit Natronlauge)

Versuch Neutralisationsreaktion

Geräte und Chemikalien: Stativ, Bürettenklammer, Bürette, Trichter, Becherglas (50 ml), Erlenmeyerkolben (200 ml), Vollpipette (20 ml), Pipettierhilfe, Tropfpipette, Phenolphthaleinlösung, Salzsäure ($c(\text{HCl}) = 1\,\text{mol}/\ell$), Natronlauge unbekannter Konzentration

Durchführung: 1. Lass ein wenig Salzsäure zur Spülung durch die Bürette in das Becherglas laufen.
2. Fülle die Bürette mit Salzsäure und notiere den Anfangsstand.
3. Gib mithilfe der Pipette genau 20 ml der Natronlauge in den Erlenmeyerkolben und verdünne mit etwa 50 ml dest. Wasser.
4. Setze 5 Tropfen Phenolphthaleinlösung zu und tropfe aus einer Bürette unter ständigem Umschwenken Salzsäure zu, bis der Indikator gerade von Rotviolett nach Farblos umschlägt.
5. Lies das Volumen der verbrauchten Salzsäureportion an der Bürette ab.
6. Überprüfe das ermittelte Volumen durch eine zweite Titration.

Aufgabe: Berechne die Stoffmenge und Masse des in der Probelösung gelösten Natriumhydroxids und die Stoffmengenkonzentration der Natronlauge.

1 Schlage vier unterschiedliche Möglichkeiten vor, Natriumchlorid herzustellen, und formuliere hierfür die Reaktionsgleichungen.

2 Saure und alkalische Lösungen leiten ebenso wie die Lösungen von Salzen den elektrischen Strom.
Worauf beruht die elektrische Leitfähigkeit dieser Lösungen?
Worauf beruht die elektrische Leitfähigkeit von Metallen und Graphit?

3 Welche Masse hat die Natriumchloridportion, die beim Eindampfen einer Lösung zurückbleibt, die bei der Neutralisation von 100 ml Salzsäure der Konzentration $c(HCl) = 1\,mol/\ell$ durch 50 ml Natronlauge der Konzentration $c(NaOH) = 2\,mol/\ell$ entsteht?

4 Zur Neutralisation von 100 ml Natronlauge der Konzentration $c(NaOH) = 1\,mol/\ell$ benötigt man 100 ml Salzsäure der Konzentration $c(HCl) = 1\,mol/\ell$. Um die gleiche Portion Kalkwasser der Konzentration $c(Ca(OH)_2) = 1\,mol/\ell$ zu neutralisieren, benötigt man 200 ml Salzsäure der Konzentration $c(HCl) = 1\,mol/\ell$. Gib eine Erklärung für diesen Unterschied.

5 a) Werte die Tabelle von dem Computerbildschirm (rechts) aus, indem du die Temperatur (y-Achse) in Abhängigkeit vom Volumen der zugegebenen Salzsäure (x-Achse) in ein Diagramm einträgst.
b) Stelle die Reaktionsgleichung für diese Neutralisation auf.
c) Deute die Kurve.
d) Welche Stoffmengenkonzentration hatte die Natronlauge?

Wichtige Begriffe

Oxoniumion (H_3O^+-Ion)
Säurerestion
Salzbildung saurer Lösungen
Hydroxidion (OH^--Ion)
Ammoniak
Neutralisation
Stoffmengenkonzentration
Titration

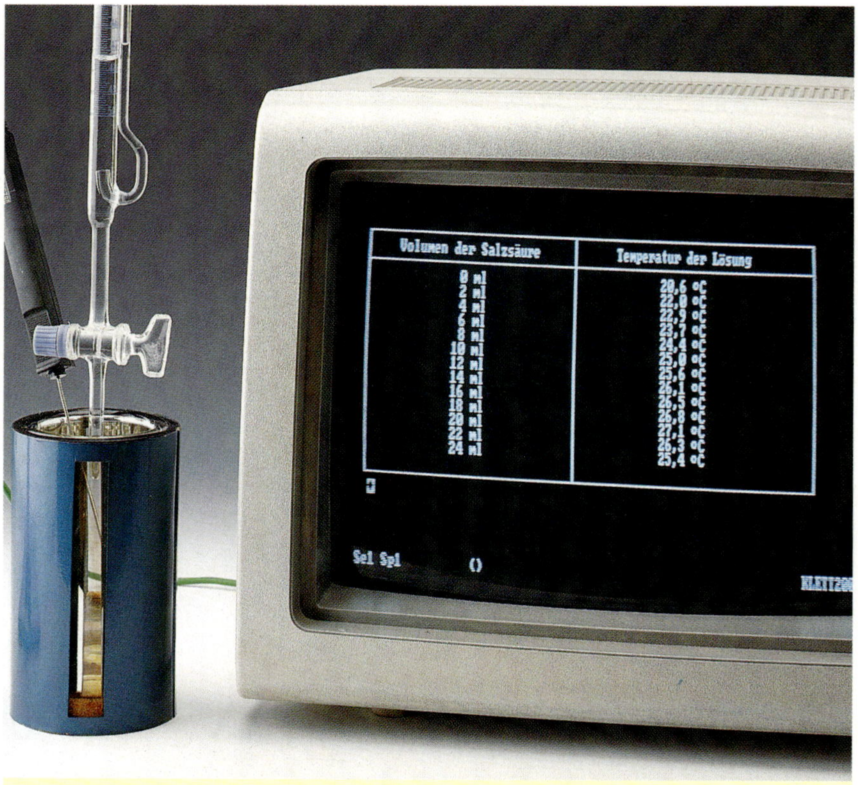

Messwerterfassung mit dem Computer

Der Computer wird heute in jedem größeren Labor für unterschiedliche Aufgaben eingesetzt.

Mithilfe eines *Computers*, eines *Programms* und eines *Analog-Digital-Wandlers* (AD-Wandler) können auch die meisten im Unterricht anfallenden Messwerte erfasst und bearbeitet werden. Am Beispiel einer **thermometrischen Titration** lässt sich der Einsatz des Computers gut erläutern.

Bei der Zugabe von Salzsäure zu Natronlauge ist eine Temperaturerhöhung messbar. Die Neutralisation lässt sich deshalb über die Messung der Temperatur des Reaktionsgemischs verfolgen. Zur Aufnahme einer solchen Titrationskurve müssen gleichzeitig die Temperatur der Lösung und das Volumen der zugegebenen Salzsäure gemessen werden. Zur Temperaturmessung wird ein elektronisches Thermometer verwendet, das über einen Ausgang verfügt, an dem ein AD-Wandler angeschlossen wird.

Über den Ausgang wird ein Signal, das der gemessenen Temperatur proportional ist, an den AD-Wandler abgegeben. Dieser ordnet dem der Temperatur analogen Signal ein digitales Signal zu, denn Computer können nur digitale Signale verarbeiten.

Das Volumen der zugegebenen Salzsäure wird über die Zeit erfasst, indem man die Salzsäure mit konstanter Tropfgeschwindigkeit zu der Natronlauge fließen lässt. Der Computer berechnet aus dem Volumen der zugegebenen Salzsäure und der Zeit die Volumenachse.

Die gemessenen Temperaturen können auf dem Bildschirm angezeigt, in einer Tabelle zusammen mit dem Volumen der Maßlösung oder sofort in einer Grafik dargestellt werden. Die auf dem Bildschirm festgehaltenen Messwerte sind bei der Titration von 20 ml Natronlauge mit Salzsäure der Konzentration $c(HCl) = 1\,mol/\ell$ festgehalten worden.

Kohlenwasserstoffe – Energieträger und Rohstoffe

Unser Energiebedarf wird heute weitgehend durch Verbrennungsreaktionen gedeckt. Als Brennstoffe dienen Kohle, Erdgas und Erdölprodukte (z. B. Heizöl, Benzin). Man gewinnt Wärmeenergie, elektrische und mechanische Energie. Bei der Verbrennung entstehende Stoffe belasten aber die Umwelt in hohem Maße.

Bereits vor etwa 150 Jahren hat man beim Erhitzen der Kohle wichtige Rohstoffe entdeckt. Zuerst wurden auf Grundlage dieser Rohstoffe Farbstoffe hergestellt, dann kam ein chemischer Industriezweig nach dem anderen hinzu. Heute haben Erdöl und Erdgas die Kohle weitgehend verdrängt. Aus ihnen werden wertvolle Grundstoffe für nahezu alle synthetischen Produkte der organischen Chemie gewonnen.

Die Moleküle der Stoffe, die sich aus Erdöl gewinnen lassen, sind überwiegend nur aus Kohlenstoff- und Wasserstoffatomen aufgebaut. Trotzdem gibt es eine Vielzahl von Verbindungen ähnlicher und sehr unterschiedlicher Eigenschaften. Wie dies möglich ist, wird in diesem Kapitel auch erklärt.

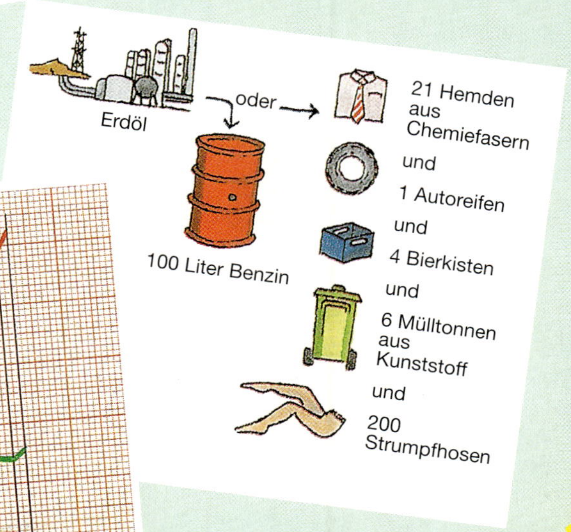

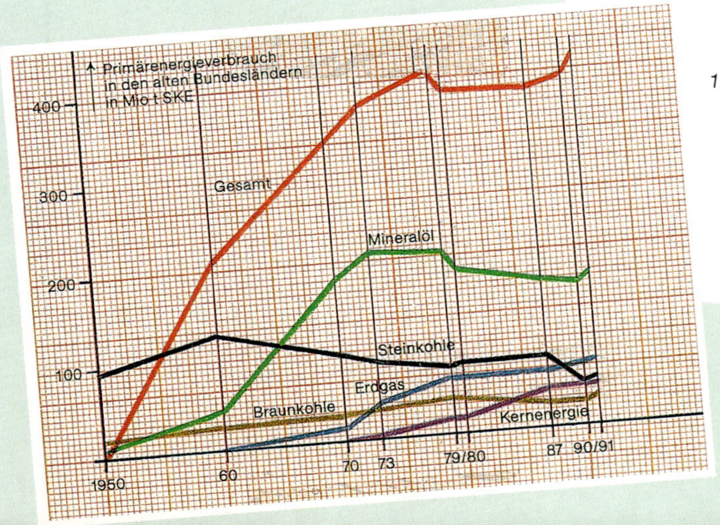

13.1 Erdöl und Erdgas

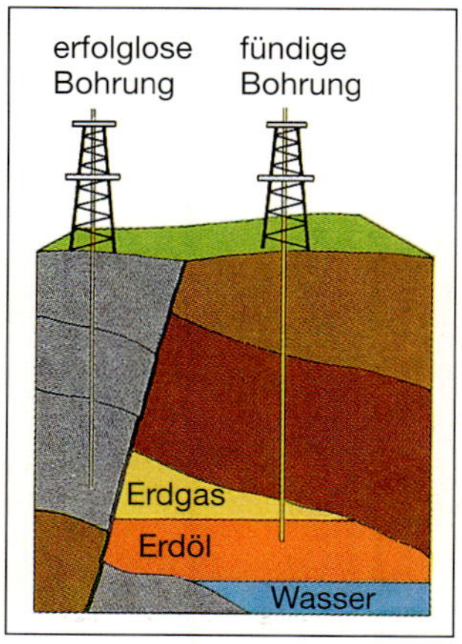

B 1 Erdöllagerstätte im Schnitt

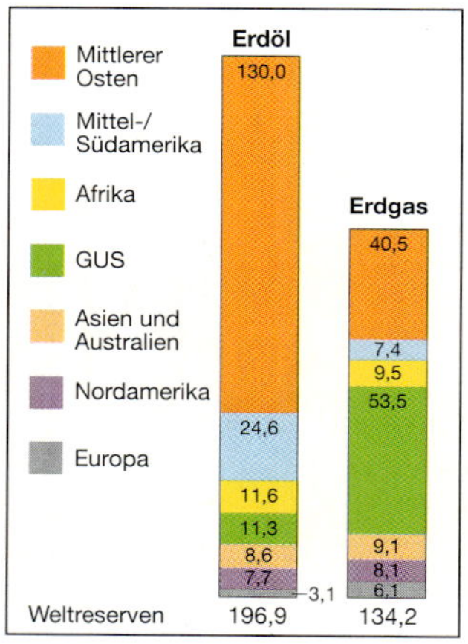

B 2 Erdöl- und Erdgasvorräte 1.1.1992 (in Mrd. t SKE)

B 3 Ölbohrinsel in der Nordsee

Alle der Erde entstammenden organischen, brennbaren, flüssigen oder gasförmigen Stoffe zählt man zum Erdöl oder Erdgas. Kommen beide in einem Gebiet gemeinsam vor, so kann für beide von einem gleichen Entstehungsprozess ausgegangen werden.

Entstehung. Nach dem heutigen Kenntnisstand sind Erdöl und Erdgas aus den Kohlenhydraten, Eiweißstoffen und Fetten von winzigen Wassertieren und Wasserpflanzen entstanden, die vor Jahrmillionen in riesiger Anzahl flache küstennahe Gewässer besiedelten. Aus absterbenden Mikroorganismen und Sanden, Tonen und Kalken, die meist von Flüssen in die Gewässer verfrachtet wurden, bildete sich eine mächtige, sauerstoffarme Faulschlammschicht. Nach Überdeckung mit weiteren Sedimenten wandelten sich die organischen Bestandteile der Faulschlammschicht unter dem Einfluss von Druck, Wärme, Bakterien sowie mineralischen und organischen Katalysatoren in die Verbindungen des Erdgases und Erdöls um. Erdgas kann auch im Zusammenhang mit der Bildung von Kohle entstehen.

Lagerstätten und Förderung. Erdöl und Erdgas findet man in porösen Sedimentgesteinen, die von undurchlässigen Schichten abgeschlossen sind. In die *Speichergesteine* sind sie häufig erst aus ihren weit entfernten Entstehungsorten hineingewandert. Auf der Suche nach dem Erdöl und Erdgas müssen Bohrungen bis zu den Lagerstätten vorgetrieben werden. Wird das Erdölspeichergestein angebohrt, kann das Erdöl durch den Druck des begleitenden Erdgases und Wassers (▷ B 1) von selbst aus der Bohrmündung fließen. Genügt der Lagerstättendruck nicht oder lässt er im Laufe der Förderung nach, wird das Erdöl an die Erdoberfläche gepumpt.

Auf der Suche nach neuen Erdgas- und Ölquellen dringt man in immer unwegsamere Gebiete und immer größere Tiefen vor. Besonders aufwändig ist die Erschließung und Förderung von Erdöl- und Erdgasvorkommen unter dem Meeresspiegel (▷ B 3).

Die größten *Erdöl- und Erdgasreserven* lagern nach dem heutigen Kenntnisstand im Mittleren Osten, in der Gemeinschaft Unabhängiger Staaten (GUS) und in China (▷ B 2). Bei gleich bleibender Förderung reichen diese Weltvorräte voraussichtlich nur noch wenige Jahrzehnte. Für Vergleiche von Energiemengen oder -vorräten dient meist noch die *Steinkohleneinheit (SKE)*. Die Berechnungsbasis bildet Kohle mit einem Heizwert von 29,3 MJ/kg (8,14 kWh/kg).

Transport. Die meisten Erdölquellen liegen weit entfernt von den Verbraucherzentren. Das frisch geförderte *Rohöl* wird an Ort und Stelle in großen Tanks gespeichert und durch Rohrleitungen (Pipelines) zur nächsten Erdölraffinerie zur Weiterverarbeitung oder zum nächsten Hafen transportiert. Vor dem Transport muss das Rohöl *entgast* (von gelöstem Erdgas befreit), *entwässert* und wegen der Korrosionsgefahr auch *entsalzt* werden.

Rohöl kann bis zu 0,2 % Wasser und 0,02 % Salze gelöst enthalten. Hochseetanker, die heute eine Transportkapazität von bis zu 500 000 Tonnen erreichen, transportieren das Rohöl zu den Häfen der Verbraucherländer.

Das manchmal mit dem Erdöl geförderte *Erdgas* wird häufig einfach *abgefackelt*. Rohstoff- und Energieknappheit und damit steigende Preise führen jedoch dazu, das Erdgas zu Verbraucherzentren zu befördern oder es in die

Größte Ölpest der Geschichte

MÜNCHEN. Am Samstag, dem 19. Januar 1991, hat Saddam Hussein als eine seiner Verteidigungsmaßnahmen im Golfkrieg die Öffnung von Ölquellen vorgenommen und so skrupellos die größte Ölpest aller Zeiten ausgelöst. Mitte Februar trieb ein 160 Kilometer langer und 60 Kilometer breiter Ölteppich an der Küste Saudi-Arabiens entlang. In dem rund 1000 Kilometer langen, aber im Schnitt nur 35 Meter tiefen Wasserkorridor bis zur Straße von Hormuz sind Seevögel, Fische, Delphine und Schildkröten massenhaft verendet. Bereits in den ersten beiden Kriegswochen flossen aus zwölf Quellen 1,8 Milliarden Liter Rohöl ins Meer, das ist rund 40-mal soviel wie bei der Exxon-Valdez-Katastrophe vor Alaska.

B4 Zeitungsbericht über die Ölkatastrophe am Persischen Golf

B5 Erdgastanker

Lagerstätten zurückzudrücken und damit zu speichern. Die umfangreichen Erdgasreserven des Mittleren Ostens und Nordafrikas konnten bisher kaum in die Verbraucherzentren Nordamerikas und Europas exportiert werden, weil Erdgas schwieriger zu transportieren ist als Erdöl. Gasförmig ist Erdgas nur in Rohrleitungen wirtschaftlich transportfähig. Um über weite Entfernungen in Schiffen transportiert zu werden, muss Erdgas vom gasförmigen in den flüssigen Zustand versetzt und dadurch auf ein Sechshundertstel seines ursprünglichen Volumens verdichtet werden. Dies geschieht, indem man Erdgas auf −162 °C abkühlt. In Spezialschiffen, deren Tanks besonders gut isoliert sind, wird das flüssige Erdgas zum Bestimmungshafen transportiert und dort in das Versorgungsnetz eingespeist. Enthält Erdgas Schwefelwasserstoff, muss es von diesem befreit werden, um genutzt werden zu können.

Gefährdung der Weltmeere. Mit der steigenden Anzahl der Bohrinseln, durch größere Tanker (aus denen bei einem Unfall entsprechend mehr Öl ausfließen kann) und durch Tankerspülungen werden die Meere immer mehr verschmutzt. Nach Schätzungen gelangen insgesamt jährlich fünf bis zehn Millionen Tonnen Erdöl in die Weltmeere. Durch eine Ölpest (▷ B4) werden Fischbestände und Muschelbänke zerstört, Seevögel gehen zugrunde. Badestrände werden oft kilometerweit verschmutzt.

B6 Luftaufnahme einer Erdölraffinerie. Das Rohöl wird auf dem Wasserweg angeliefert, die Erdölprodukte werden über Bahnlinien und Straßen abtransportiert

Land	Deutschland			Niederlande	Frankreich
Fördergebiet	Weser-Ems Löningen	Emsland Bentheim	Elbe-Weser	Groningen/ Slochteren	Lacq
Methan	91,1	85,7	62,8	81,4	69,3
Ethan	5,1	1,2	12,3	2,7	3,1
Propan	2,1	0,4	9,1	0,4	1,1
Butan	0,8	0,2	4,2	0,2	0,6
Pentan	0,4	—	0,9	0,1	0,7
Stickstoff	0,4	6,5	8,9	14,3	0,4
Kohlenstoffdioxid	0,1	5,6	1,8	0,9	9,6
Schwefelwasserstoff	—	—	—	Spuren	15,2
Sauerstoff	—	0,4	—	—	—

B1 Zusammensetzung einiger Naturgase (Erdgase) (Volumenanteile in Prozent)

B2 Methangewinnung durch bakterielle Zersetzung organischer Stoffe

Strom und Wärme aus Mist

Bei der Großviehhaltung auf Bauernhöfen entsteht eine ganze Menge Mist. Eine einzige Kuh erzeugt pro Tag 10 bis 20 kg organische Biomasse. In Musterhöfen, wo mit staatlicher Förderung neue Energie- und Verfahrenstechniken in der landwirtschaftlichen Praxis erprobt werden, gewinnt man daraus Energie. In großen, heizbaren Gärbehältern (Bild) wird Rinder- und Schweinegülle unter Luftabschluss durch Einwirkung von Methanbakterien zersetzt. Dabei bildet sich Biogas, das aus etwa 60 % Methan und 35 % Kohlenstoffdioxid besteht. Es dient als Brennstoff für das hofeigene Kraftwerk. Dort wird von Verbrennungsmotoren mit angekoppelten Generatoren Strom erzeugt. Die Abwärme der Motoren wird für Heizzwecke genutzt. Der Dung einer Kuh liefert auf diese Weise pro Jahr so viel Energie wie 300 Liter Heizöl. Das ausgefaulte Substrat wird gesammelt. Es ist praktisch geruchsfrei und als aufgewerteter Naturdünger verwertbar.

Blick auf die Biogasanlage. Das Gas wird in drei verschiedenen Reaktoren erzeugt und in einem gemeinsamen Speicherballon drucklos gesammelt. Ist dieser gefüllt, springt automatisch ein Verdichter an und pumpt das Gas mit einem Druck von 15 bar in einen der Stahltanks im Vordergrund.

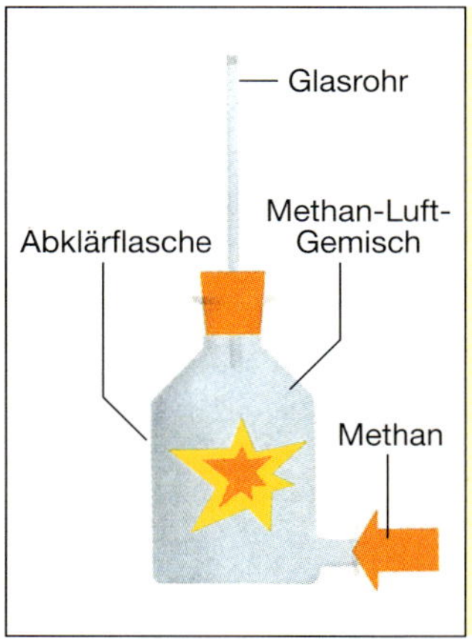

Schweres Grubenunglück in der Türkei

KOZLU. Nach einer Grubengasexplosion, die sich am Dienstagabend, dem 3. März 92, in Kozlu am Schwarzen Meer ereignete, wurden bis Mittwoch 122 Bergarbeiter tot geborgen. Für die noch 148 Vermissten bestehen nur noch geringe Überlebenschancen. Erst 20 Sekunden vor der Explosion soll der Methananteil in den Stollen den kritischen Wert von 5 Vol. % überschritten haben. Einige der Bergleute seien durch die Brände oder Druckwellen ums Leben gekommen, die meisten aber an Kohlenstoffmonooxid-Vergiftungen gestorben.

B3 Methan-Luft-Gemische sind explosiv. Links: Demonstrationsexperiment. Rechts: Meldung über Grubengasunglück

In immer mehr Haushalten wird zum Kochen und zur Beheizung der Wohnung Erdgas eingesetzt. Auch in Heizkraft- und Elektrizitätswerken hat es Kohle und Öl teilweise verdrängt. Erdgas ist ein Gemisch verschiedener Stoffe (▷ B 1).

Vorkommen von Methan. Hauptbestandteil des Erdgases ist Methan. Auch das in Steinkohlelagern eingeschlossene *Grubengas* enthält hauptsächlich Methan.

Beim Faulen organischer Stoffe unter Luftabschluss in Sümpfen oder am Grunde stark verschmutzter Gewässer bildet sich *Sumpfgas*, ein Gemisch aus Methan und Kohlenstoffdioxid. Heute wird die bakterielle Zersetzung organischer Verbindungen zunehmend wirtschaftlich genutzt, indem man aus Mist und Gülle (▷ B 2), Klärschlamm oder organischem Müll *Biogas* gewinnt. Biogas besteht überwiegend aus Methan (ca. 60 %) und Kohlenstoffdioxid (ca. 35 %), daneben enthält es noch Wasserstoff, Stickstoff und Schwefelwasserstoff. Die vermehrte Herstellung von Biogas aus Gülle kann dazu beitragen, dass die Umweltbelastung der Felder und Gewässer vermindert wird und wertvolle Rohstoffe geschont werden.

Eigenschaften des Methans. Methan ist ein farb- und geruchloses Gas, dessen Dichte kleiner ist als die von Luft. Es ist brennbar, unterhält die Verbrennung aber nicht (▷ V 1). Mit Sauerstoff bildet es hochexplosive Gemische (▷ V 2, ▷ B 3 links). Durch unbemerktes Ausströmen von Erdgas kommt es immer wieder zu folgenschweren Gasexplosionen. Auch die gefürchteten Grubengasexplosionen in Kohlebergwerken („schlagende Wetter") sind auf Methan-Luft-Gemische zurückzuführen (▷ B 3 rechts).

Methan – Hauptbestandteil des Erdgases

Die Molekülformel des Methans. Bei der Verbrennung von Methan entstehen Kohlenstoffdioxid und Wasser (▷V3). Dies ist Nachweis dafür, dass am Aufbau eines Methanmoleküls Kohlenstoff- und Wasserstoffatome beteiligt sind. Kennt man außer den Atomen, die ein Methanmolekül aufbauen, noch seine Masse, so lassen sich Rückschlüsse auf die Molekülformel ziehen.

Die Ermittlung der Molekülmasse für ein Methanmolekül (▷V4) ergibt etwa die Masse 16 u. Am Aufbau eines Methanmoleküls kann nur ein Kohlenstoffatom beteiligt sein, bei zwei Kohlenstoffatomen müsste die Masse schon größer als 24 u sein. Ein Kohlenstoffatom bindet vier Wasserstoffatome (↗ Kap. 11.1). Dies stimmt auch mit der Molekülmassenbestimmung überein. Damit lautet die Molekülformel CH_4.

Der räumliche Aufbau des Methanmoleküls. Im Methanmolekül bildet *jeweils* ein Außenelektron des Kohlenstoffatoms mit dem Elektron *jeweils* eines Wasserstoffatoms ein bindendes Elektronenpaar. Werden die vier bindenden Elektronenpaare so um den Atomrumpf des Kohlenstoffatoms angeordnet, dass ihre gegenseitige Abstoßung minimal ist, ergibt sich daraus eine tetraedrische Anordnung der Wasserstoffatome um das Kohlenstoffatom (▷B4 rechts, vgl. ↗ Kap. 11.2).

Das *Kugel-Stab-Modell* (▷B4 links) gibt die räumliche Anordnung der Atome im Molekül zueinander wieder. Bei einer zeichnerischen Darstellung in der Ebene ist die räumliche Wiedergabe nur unzulänglich möglich oder umständlich.
Am häufigsten und einfachsten bedient man sich der Strukturformel. Diese kann man sich als Schattenprojektion des Kugel-Stab-Modells (▷B5) entstanden denken.

V 1 Man führt in einen mit Methan gefüllten und mit der Öffnung nach unten eingespannten, dickwandigen Zylinder rasch eine brennende Kerze und zieht sie wieder heraus. (Schutzbrille! Schutzscheibe!) Erkläre die Beobachtungen.

V 2 Man leitet nach ▷B3 in eine dickwandige Abklärflasche Methan ein und entzündet es nach negativem Ausfall der Knallgasprobe am Ende des Glasrohrs ($l \approx 25\,\text{cm}$, $d \approx 1\,\text{cm}$). Nach kurzer Zeit wird die Gaszufuhr unterbrochen und das Gaseinleitungsrohr aus der Flasche entfernt. (Schutzbrille! Schutzscheibe!) Erkläre die Beobachtungen.

V 3 Man verbrennt Methan unter einem Trichter und saugt die Verbrennungsgase durch ein gekühltes U-Rohr und eine Waschflasche mit Kalkwasser. Mit der Flüssigkeit im U-Rohr führt man den Wassernachweis durch.

V 4 Sauge mit einem Kolbenprober ca. 200 ml Luft aus einer Gaswägekugel. Bestimme die Masse der Gaswägekugel, fülle anschließend 100 ml Methan in die Gaswägekugel und wiege erneut. Berechne die Dichte und mit der Gleichung $M = \varrho \cdot V_m$ die molare Masse des Methans ($V_m = 24\,\ell/\text{mol}$). Gib die Masse für ein Molekül Methan an. Wie viele Kohlenstoffatome sind in einem Methanmolekül? Wie lautet die Molekülformel?

A 1 Warum wird das Erdgas mit einem Geruchsstoff versetzt, bevor es dem Verbraucher zugeleitet wird?

A 2 Welche Edelgasatome weisen die gleichen Elektronenanordnungen wie die Wasserstoffatome und das Kohlenstoffatom im Methanmolekül auf?

B4 Kugel-Stab-Modell des Methanmoleküls (links). Das Kohlenstoffatom bildet die Mitte eines Tetraeders (rechts)

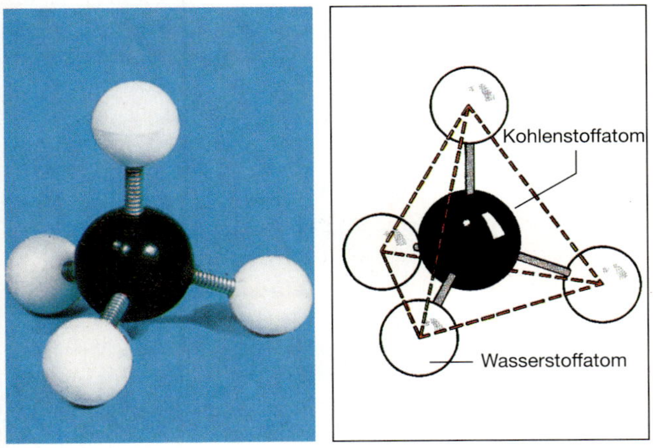

B5 Ableitung der Strukturformel des Methanmoleküls aus der Schattenprojektion des Kugel-Stab-Modells

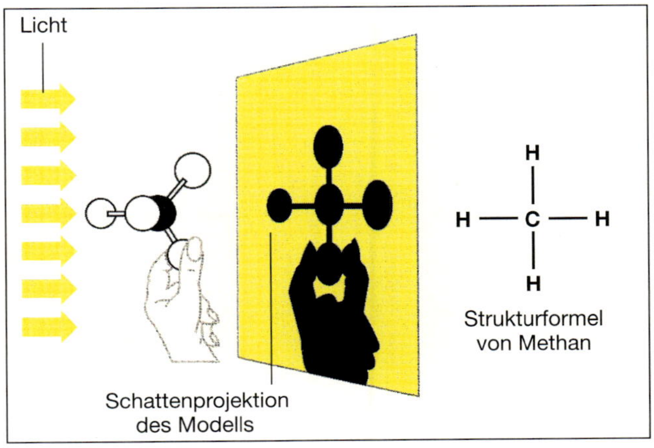

13.3 Erdgas, Heizgas für viele Haushalte

Ermittlung des Verbrauchs

Zähler-Nr.	Verbrauchszeitraum	Tage
10537723	15.2.2000–14.2.2001	366

Zählerstände

Anfang	Ende	Differenz	Faktor
31 322 m^3	34 744 m^3	3422 m^3	11,63 $kWh \cdot m^{-3}$

Verbrauch

Rechn.-Jahr	Vorjahr	Veränderung
39 798 kWh	37 595 kWh	+2203 kWh

Ermittlung des Rechnungsbetrags

Arbeitspreis:	
2,0 Cent/kWh · 39 798 kWh	= 795,96 €
Grundpreis:	
13,08 €/Monat · 12 Monate	= 156,96 €
	952,92 €
Mehrwertsteuer 16 %	152,47 €
Gesamtbetrag:	**1105,39 €**

B1 Jahresabrechnung über den Erdgasverbrauch eines Haushalts

A 1 a) Zur Verbrennung von 1 m^3 Erdgas L werden mindestens 10 m^3 Luft benötigt, für Erdgas H sogar 12 m^3. Warum ist zur Verbrennung von Erdgas H mehr Luft notwendig?
b) Begründe mit ▷B3, warum die beiden Erdgassorten unterschiedliche Brennwerte haben.

A 2 Wie lange reichen die sicheren bzw. die als wahrscheinlich und als wirtschaftlich förderbar eingestuften Erdgasvorräte bei unverändertem Verbrauch?

In vielen Orten werden die Verbraucher aufgefordert, ihre Heizung auf Erdgas umzustellen. Es wird unter anderem damit geworben, dass Erdgas einen Beitrag zum Umweltschutz leiste. Die Verbraucher wiederum sind an einer bequemen, preisgünstigen und sicheren Energieversorgung interessiert.

Erdgas als Energieträger. 1990 wurden die *sicher gewinnbaren Welterdgasvorräte* auf etwa 120 000 Milliarden m^3 geschätzt. Weitere 230 000 Milliarden wurden als wahrscheinlich und als wirtschaftlich förderbar eingestuft. Zur gleichen Zeit betrug die Weltjahresförderung ca. 2000 Milliarden m^3. Umweltschäden, wie sie durch Unfälle von Öltankern oder durch ausgelaufenes Heizöl entstehen, treten beim Erdgas, das meist über Rohrleitungen transportiert wird, nicht auf. Durch Austritt von Erdgas aus undichten Leitungen kann es aber zu Explosionen kommen. Der Verbraucher kann Erdgas jederzeit der Leitung entnehmen, er benötigt z. B. keinen Tank. Das Erdgas für den täglich und jahreszeitlich schwankenden Verbrauch wird von den Erdgasversorgungsunternehmen bereitgehalten.

Der *Brennwert des Erdgases*, der experimentell bestimmt wird, hängt von seiner Zusammensetzung ab (▷B3). Bei der Verbrennung von Methan entstehen Wasser und Kohlenstoffdioxid, Reaktionsprodukte, die man lange Zeit für umweltneutral hielt. Allerdings sieht man heute in der steigenden Kohlenstoffdioxid-Konzentration eine Ursache für die langsame Erwärmung der Erdatmosphäre. Die Verbrennung von Erdgas verursacht aber, bezogen auf die gleiche Energiemenge, geringere Kohlenstoffdioxid-Emissionen als die Verbrennung von Heizöl und Kohle. Da Erdgas kaum Schwefelverbindungen enthält oder diese weitgehend entfernt werden können, entsteht bei seiner Verbrennung nur sehr wenig Schwefeldioxid. Erdgas enthält keine Stickstoffverbindungen. Allerdings wird zur Verbrennung dem Erdgas Luft zugeführt. Bei hohen Flammentemperaturen wird ein Teil des Stickstoffs oxidiert. Eine Verringerung des Ausstoßes der Stickstoffoxide kann durch Flammenkühlung und Verbesserung der Brenner erreicht werden. Staub und Ruß fallen bei der Verbrennung von Erdgas kaum an.
Der Preis für Erdgas richtet sich nach dem Preis für Heizöl, mit dem es konkurriert.

B2 Erdgas-Bezugsquellen Deutschlands 1996

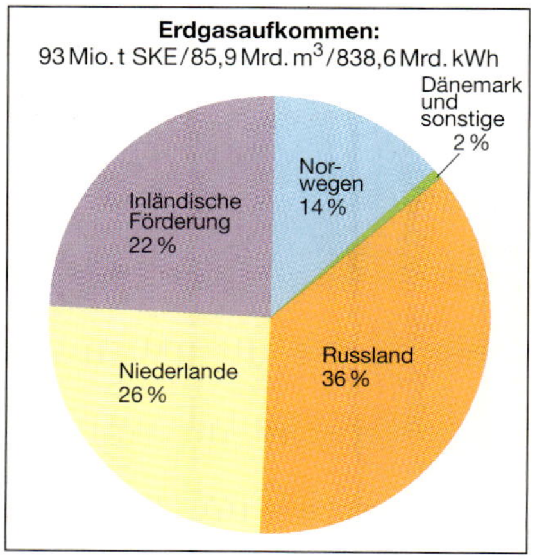

B3 Erdgas H, Erdgas L – Zusammensetzung

Zusammensetzung	Erdgas L	Erdgas H
	Volumenanteil in %	
Methan	82	86
Ethan, Propan u.a.	5	12
Stickstoff	13	1
Kohlenstoffdioxid	1	2
Brennwert ($kWh \cdot m^{-3}$)	9,5	11,2

B4 Begriffe aus der Gaswirtschaft

Erdgas L: „L" steht für das engl. Wort low = niedrig, niedriger Brennwert

Erdgas H: „H" steht für das engl. Wort high = hoch, hoher Brennwert

Brennwert: Der Brennwert ist die auf die Menge des Brennstoffs bezogene Energie, die bei vollständiger Verbrennung frei wird; er wird experimentell bestimmt.

Einheit der Energie: In der Gaswirtschaft verwendet man als Einheiten für die Energie: Joule (J) bzw. Kilojoule (kJ) bzw. Megajoule (MJ) und Kilowattstunde (kWh).
1 kWh = 3600 kJ = 3,6 MJ

13.4 Butan – Feuerzeug- und Campinggas

Schüttelt man ein Gasfeuerzeug, erkennt man, dass es eine leicht bewegliche Flüssigkeit enthält. Öffnet man das Ventil, strömt ein süßlich riechendes Gas aus. Auf den Nachfüllpackungen für Gasfeuerzeuge ist manchmal zu lesen: „Enthält Butan" (▷B 1).

Eigenschaften und Verwendung von Butan. Butan ist bei Zimmertemperatur und Normdruck gasförmig, seine Siedetemperatur beträgt −1 °C. Es lässt sich durch geringen Druck verflüssigen und kommt deshalb als *„Flüssiggas"* in Stahlflaschen oder Kartuschen für den Betrieb von Campingkochern oder Lötlampen in den Handel. In den Behältern mit flüssigem Butan verdampft immer ein Teil der Flüssigkeit (▷B 2), bis ein bestimmter Überdruck herrscht. Dieser Druck steigt beim Erwärmen stark an. In den Handel gebrachte Behälter müssen dem bei 50 °C erreichten Druck noch sicher standhalten.
Da flüssiges, aber auch gasförmiges Butan eine deutlich höhere Dichte als Luft aufweist, muss „Flüssiggas" so gelagert werden, dass es bei Undichtigkeiten der Behälter nach unten abfließen kann. „Flüssiggas" kann auch anstelle von Benzin zum Antrieb von Kraftfahrzeugen verwendet werden. In einigen Nachbarländern wie den Niederlanden oder Dänemark ist das Tankstellennetz für Flüssiggas dichter als in Deutschland. Häuser ohne Anschluss an die öffentliche Gasversorgung werden häufig mit „Flüssiggas" beheizt.

Die Zusammensetzung von Butan. Butan reagiert bei vollständiger Verbrennung zu Kohlenstoffdioxid und Wasser. Damit ist nachgewiesen, dass am Aufbau der Butanmoleküle Atome der Elemente Kohlenstoff und Wasserstoff beteiligt sind. Andere Elemente lassen sich nicht nachweisen. Die Masse eines Butanmoleküls beträgt 58 u. Baut man ein Modell des Moleküls dieser Masse und beachtet dabei, dass ein Wasserstoffatom eine Elektronenpaarbindung und ein Kohlenstoffatom vier Elektronenpaarbindungen bilden können, ergibt sich für das *Butanmolekül* die *Summenformel* C_4H_{10}.

Beim Bau des Molekülmodells kann man auch bemerken, dass es zwei unterschiedliche Anordnungen der Atome gibt, denen auch zwei Strukturformeln (▷B 3) entsprechen. Das eine Molekül ist aus einer Kette von vier Kohlenstoffatomen aufgebaut, das andere aus einer Kette von drei, wobei das mittlere mit einem weiteren Kohlenstoffatom verknüpft ist. Da die Eigenschaften eines Stoffes auch vom räumlichen Aufbau seiner Moleküle abhängen, folgt daraus, dass es *zwei verschiedene Stoffe* mit der *Summenformel* C_4H_{10} gibt, nämlich *Butan* und *Isobutan*. Neben Butan sind meist auch Isobutan und eine weitere Verbindung, Propan (Summenformel: C_3H_8), im „Flüssiggas" enthalten.

B 1 Butan als Feuerzeugfüllung

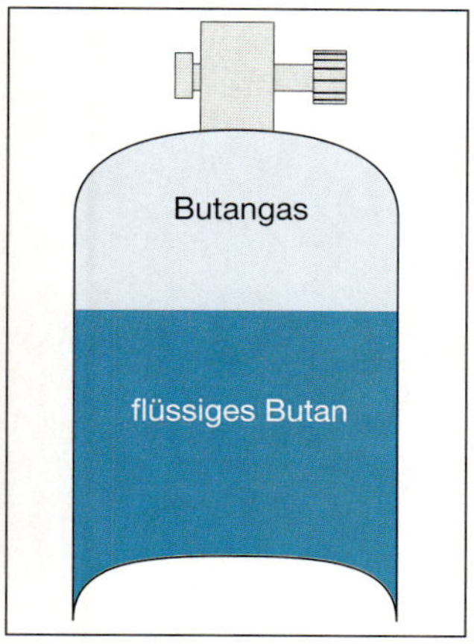

B 2 Butan-Druckbehälter

V 1 Man führt ▷V3 aus ↗Kap. 13.2 mit Butan anstelle von Methan durch.

V 2 Man führt ▷V4 aus ↗Kap. 13.2 mit Butan anstelle von Methan durch.

A 1 Warum darf eine Stahlflasche mit „Flüssiggas" nicht im Keller gelagert werden?

A 2 Im Umgang mit „Flüssiggas" muss man sehr vorsichtig sein, denn bei liegenden Flaschen oder Kartuschen, die noch weitgehend gefüllt sind, kann beim Öffnen des Ventils flüssiges Butan aus dem Behältnis gepresst werden. Wird es entzündet, wirkt es wie ein Flammenwerfer. Warum wird aus aufrecht gestellten gasförmiges und aus liegenden Behältnissen flüssiges Butan herausgepresst?

B 3 Zwei Molekülsorten mit derselben Summenformel, aber unterschiedlichen Strukturformeln

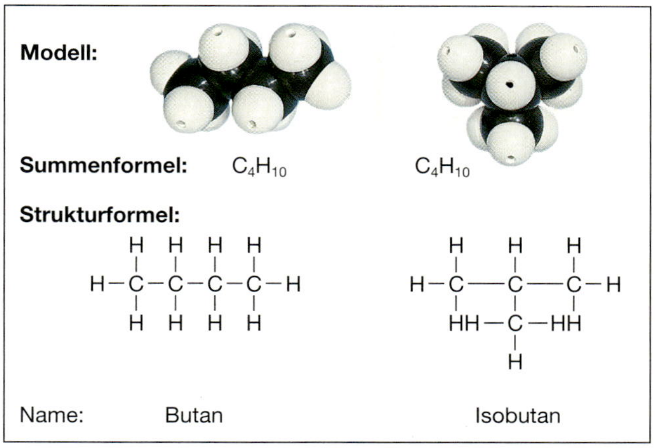

13.5 Die Alkane – eine homologe Reihe

Name	Summen-fomel	Strukturformel	Kugel-Stab-Modell
Methan	CH_4		
Ethan	C_2H_6		
Propan	C_3H_8		
Butan	C_4H_{10}		
Pentan	C_5H_{12}		

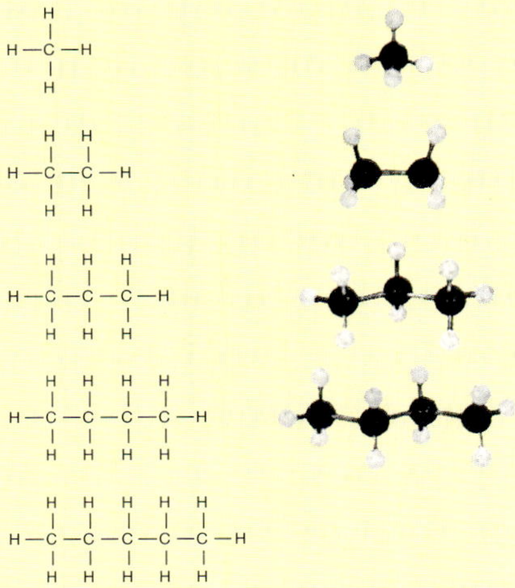

B 1 Die ersten Glieder der homologen Reihe der Alkane in Modell- und Formeldarstellung

A 1 Baue Molekülmodelle, die der Summenformel C_5H_{12} entsprechen, und stelle die Strukturformeln auf.

A 2 Formuliere die Halbstrukturformeln für Ethan, Propan, die Butane und Pentane.

A 3 Ein Alkanmolekül hat die Masse 44u. Um welches Molekül handelt es sich?

B 2 Homologe Reihe der Alkane

Name des Alkans	Summenformel
Methan	CH_4
Ethan	C_2H_6
Propan	C_3H_8
Butan	C_4H_{10}
Pentan	C_5H_{12}
Hexan	C_6H_{14}
Heptan	C_7H_{16}
Octan	C_8H_{18}
Nonan	C_9H_{20}
Decan	$C_{10}H_{22}$
Undecan	$C_{11}H_{24}$

B 3 Struktur- und Halbstrukturformel eines Alkans

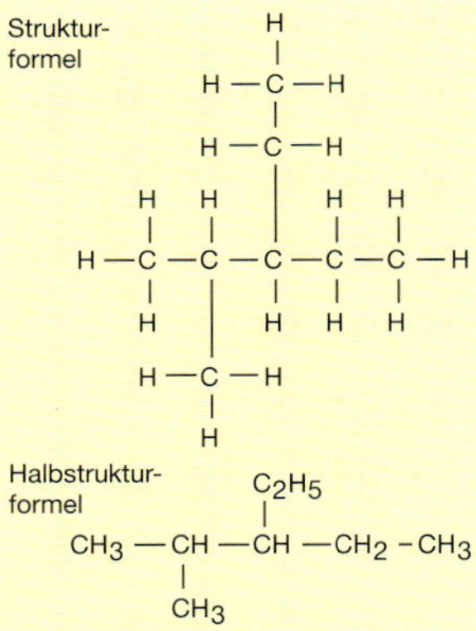

oder $(CH_3)_2CH—CH(C_2H_5)_2$

Erdgas enthält neben Methan häufig noch kleine Anteile weiterer Verbindungen wie Ethan, Propan und Butan. Auch deren *Moleküle* sind *nur* aus *Kohlenstoff-* und *Wasserstoffatomen* aufgebaut, diese Verbindungen gehören damit zu den **Kohlenwasserstoffen**.

Homologe Reihe. Ein Vergleich der Kohlenwasserstoffmoleküle in ▷ B 1 zeigt, dass jedes Glied dieser Reihe eine CH_2-Gruppe mehr aufweist als das vorhergehende Molekül. Eine solche Reihe von Verbindungen, bei denen sich die Moleküle aufeinander folgender Glieder jeweils um eine CH_2-Gruppe unterscheiden, nennt man eine **homologe Reihe**. Bei bekannter Anzahl „*n*" der Kohlenstoffatome eines Moleküls kann man die Anzahl der im Molekül gebundenen Wasserstoffatome mit „$2n + 2$" berechnen. Daraus ergibt sich die allgemeine **Summenformel** (Molekülformel): C_nH_{2n+2}. Eine Summenformel ergibt sich durch Aufsummierung aller Atome einer Art.
Die Kohlenwasserstoffe, deren Moleküle sich nach dieser Formel aufbauen lassen, heißen **Alkane**. Man erkennt sie an der *Endsilbe* -an. Für die ersten Glieder der Alkane haben sich traditionelle Namen erhalten, ab fünf Kohlenstoffatomen im Molekül werden die Namen aus dem griechischen oder lateinischen Wort für die Zahl der Kohlenstoffatome und der Nachsilbe „-an" gebildet (▷ B2). In der organischen Chemie gibt es weitere homologe Reihen; ihr Aufbau und die Benennung ihrer Glieder lassen sich von den Alkanen ableiten.

Isomerie. Der Summenformel C_4H_{10} entsprechen zwei, der Summenformel C_5H_{12} drei mögliche Strukturformeln und damit eine entsprechende Anzahl von Verbindungen.

Moleküle, die bei gleicher Summenformel unterschiedliche Strukturformeln haben, bezeichnet man als Isomere.

Die Isomere können jeweils unter dem Namen zusammengefasst werden, der sich aus der Mehrzahl des Grundnamens ergibt, also Butane für alle Verbindungen der Summenformel C_4H_{10}, Pentane für alle Verbindungen der Summenformel C_5H_{12} usw. Zur deutlicheren Unterscheidung des Moleküls mit der unverzweigten Kette der Kohlenstoffatome von seinen Isomeren wird häufig vor den Namen noch ein „n" gesetzt, also n-Butan usw. (von normales Butan oder Normalbutan).

Halbstrukturformeln. Da eine Summenformel ab vier C-Atomen sich nicht mehr einem Molekül allein zuordnen lässt, ist man zur eindeutigen Kennzeichnung eines Moleküls auf die Strukturformel angewiesen. Statt der oft sperrigen und unübersichtlichen Strukturformeln verwendet man auch *vereinfachte Strukturformeln*, die **Halbstrukturformeln**. In ihnen werden nach jeweiligem Bedarf Molekülteile wie in Summenformeln zusammengefasst (▷ B3). Die Art der Atomverknüpfungen muss dabei eindeutig erkennbar bleiben.

13.6 Die Ermittlung des Namens eines Alkans

Da die Zahl der Isomere mit zunehmender Zahl der Kohlenstoffatome (▷ B 1) rasch zunimmt, sind zur Benennung von Verbindungen eindeutige Regeln notwendig.

Nomenklatur der Alkane. Zunächst betrachtet man die Struktur- bzw. Halbstrukturformeln der Moleküle. Die Benennung erfolgt nach Regeln, die in der folgenden Reihenfolge anzuwenden sind (▷ B 2).

1. Es wird die *längste durchlaufende* Kette gesucht. Die Zahl der Kohlenstoffatome dieser Hauptkette bestimmt den *Stammnamen* des Alkans.

2. *Seitenketten* erhalten ebenfalls ihren Namen nach der Zahl der Kohlenstoffatome. Anstelle der Endung „-an" erhalten die Seitenketten die Endung „-yl". Allgemein wird der aus einem Alkanmolekül durch formale Abspaltung eines Wasserstoffatoms hervorgehende „Molekülrest" als *Alkyl*-Rest oder *Alkyl*-Gruppe bezeichnet. Der Name der *Seitenkette* wird dem *Stammnamen* vorangestellt. Zur Angabe der Verknüpfungsstellen zwischen der Hauptkette und den Seitenketten wird die Hauptkette so durchnummeriert, dass die Verknüpfungsstellen kleinstmögliche Zahlen erhalten. Die Zahlen werden den Namen der Alkylreste vorangestellt.

3. Wenn *gleiche Seitenketten mehrfach* auftreten, so werden zunächst die Verknüpfungsstellen durch die entsprechenden Zahlen angegeben, die Anzahl der gleichen Alkylgruppen wird durch das entsprechende griechische Zahlwort (di-, tri-, tetra-) als Vorsilbe gekennzeichnet. Sind *verschiedene Seitenketten* vorhanden, werden sie nach alphabetischer Reihenfolge ihres Namens (ohne Beachtung der griechischen Zahlwörter) aufgeführt.

Die Regeln zur Benennung der Alkane bilden auch die Grundlage zur Benennung von Verbindungen anderer homologer Reihen.

A 1 Benenne Isobutan nach der systematischen Nomenklatur.

A 2 a) Stelle die Halbstrukturformeln für die Moleküle der folgenden Verbindungen auf: 3,3-Dimethylhexan, 2-Methylhexan, 3-Ethylhexan, 3-Ethyl-2-methylpentan, 2,3,4-Trimethylhexan.
b) Welche der Moleküle und Verbindungen sind isomer zueinander?

A 3 Wende am folgenden Beispiel die Nomenklaturregeln an:

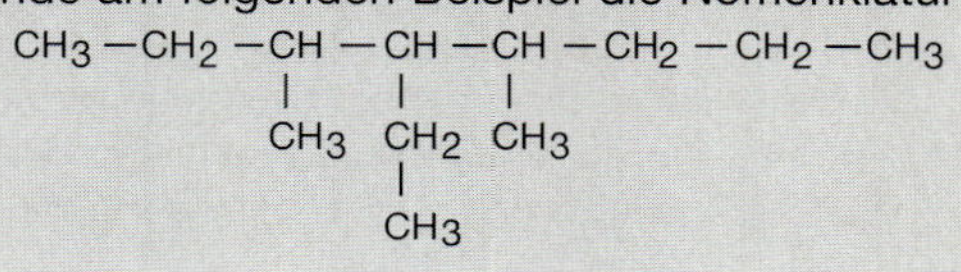

Summenformel	C_4H_{10}	C_5H_{12}	C_6H_{14}	C_7H_{16}	C_8H_{18}	C_9H_{20}	$C_{10}H_{22}$
Anzahl der Isomere	2	3	5	9	18	35	75

B 1 Anzahl der Isomere in der Reihe der Alkane

B 2 Benennung eines Alkans. Die Länge der Hauptkette bestimmt den Grundnamen der Verbindung

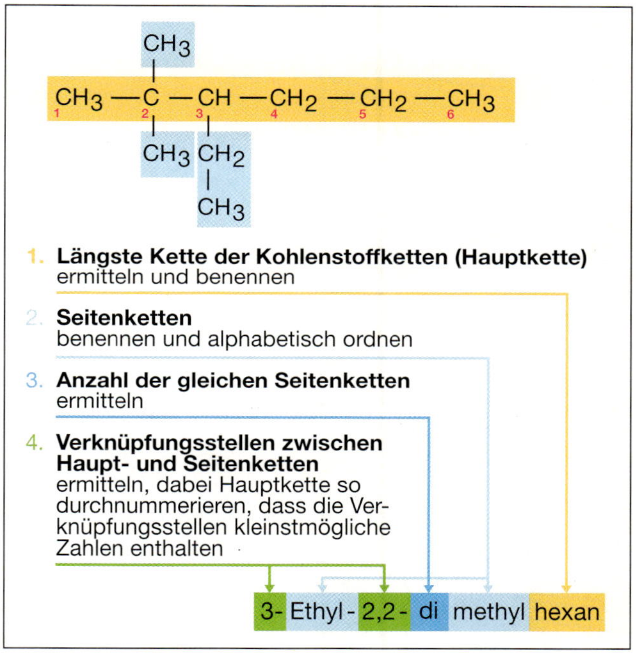

B 3 Die Isomere des Hexans. Isomere Verbindungen haben unterschiedliche Siedetemperaturen

Halbstrukturformel	Name	Siedetemp. in °C
$CH_3-CH_2-CH_2-CH_2-CH_2-CH_3$	Hexan	68
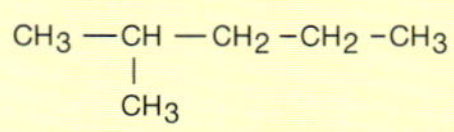	2-Methylpentan	60
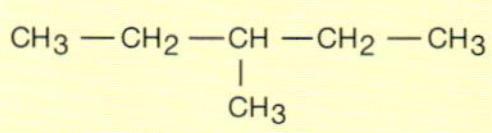	3-Methylpentan	63
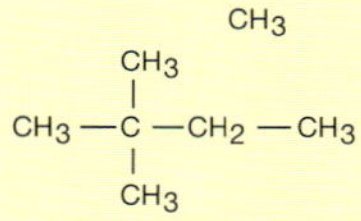	2,2-Dimethylbutan	50
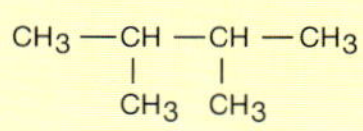	2,3-Dimethylbutan	58

13.7 Eigenschaften der Alkane

B 1 Verwendung von Alkanen im Alltag

V 1 Erhitze einige Späne eines festen Alkans (Eicosan oder ein noch höheres Alkan) in einem Reagenzglas mit der rauschenden Flamme. (Schutzbrille!) Beschreibe und deute deine Beobachtungen.

V 2 a) Gib zu etwa 5 ml Petroleum in einem Reagenzglas verschiedene Alkane (z. B. 1 ml Hexan, 1 ml Paraffinöl, ein erbsengroßes Stück Paraffin) und schüttle kräftig.
b) Gieße gleich große Portionen Petroleum und Wasser in ein Reagenzglas und schüttle kräftig.
c) Gib in ein Reagenzglas zu etwa 3 ml Wasser etwa 0,5 ml Paraffinöl und schüttle wenigstens 3 min.
Beschreibe und deute deine Beobachtungen.

B 2 Eigenschaften der Alkane im Vergleich

Name	Summenformel	Schmelztemp. in °C	Siedetemp. in °C	Dichte in g/cm³	Viskosität
Methan	CH_4	−182	−161	0,47*	nimmt zu
Ethan	C_2H_6	−183	−88	0,57*	
Propan	C_3H_8	−186	−42	0,59*	
Butan	C_4H_{10}	−135	−1	0,60*	
Pentan	C_5H_{12}	−129	36	0,63	
Hexan	C_6H_{14}	−94	68	0,66	
Heptan	C_7H_{16}	−90	98	0,68	
Octan	C_8H_{18}	−56	126	0,70	
Nonan	C_9H_{20}	−53	150	0,72	
Decan	$C_{10}H_{22}$	−30	174	0,73	
⋮	⋮				
Hexadecan	$C_{16}H_{34}$	18	287	0,77	
Heptadecan	$C_{17}H_{36}$	22	302	0,78	

* im flüssigen Zustand (nahe der Siedetemperatur)

Erdöl und Erdgas sind die Rohstoffquellen für die Alkane. Sie werden hauptsächlich als Energieträger und Ausgangsstoffe in der chemischen Industrie eingesetzt. Die Verwandtschaft der Glieder der homologen Reihe der Alkane zeigt sich auch in ihren Eigenschaften und Reaktionen, die sich auf die Gemeinsamkeiten des Aufbaus ihrer Moleküle zurückführen lassen.

Verwendung der Alkane. Die bei Zimmertemperatur gasförmigen Alkane vom Methan bis zu den Butanen fasst man zu den *niederen Alkanen* zusammen. Sie werden vorwiegend als *Heizgase* verwendet. Die Siedetemperaturen der folgenden *mittleren Alkane* (bis etwa Nonan) liegen über der Zimmertemperatur, sie sind dünnflüssig. Gemische von Pentanen bis etwa zu den Dodecanen bilden die verschiedenen *Benzine* (Leicht-, Mittel-, Schwerbenzin). In Petroleum, Dieselöl und leichtem Heizöl werden hauptsächlich Kohlenwasserstoffe gefunden, deren Moleküle aus Ketten zwischen 12 und 20 Kohlenstoffatomen bestehen.
Die Alkane ab etwa den Decanen zählt man zu den *höheren Alkanen*, sie sind ölig bis zähflüssig. Ab etwa den Heptadecanen (Summenformel: $C_{17}H_{36}$) sind die Alkane fest. Gemische flüssiger höherer Alkane werden als Paraffinöl, die der festen Alkane als Paraffin (▷ B 3) bezeichnet. Paraffin wird zur Herstellung von Kerzen, zum Imprägnieren von Papier und zur konservierenden Beschichtung von Käse verwendet.
Schmieröle, z. B. Motorenöle, besitzen hohe Anteile höherer Alkane. Auch Vaseline ist ein Gemisch höherer Alkane und findet vielseitige Verwendung als Salbengrundlage, Gleit- und Schmiermittel, Imprägnier- und Rostschutzmittel.

Kettenlänge und zwischenmolekulare Kräfte. Innerhalb der homologen Reihe der Alkane steigen die Siede- und meistens auch die Schmelztemperaturen (▷ B 2) an. Dies lässt auf steigende Anziehungskräfte zwischen den Molekülen mit zunehmender Länge der Kohlenwasserstoffketten schließen. Die C−H-Bindungen der Alkanmoleküle weisen wegen der geringen Elektronegativitätsunterschiede der Bindungspartner nur eine geringe Polarität auf; aufgrund der tetraedrischen Anordnung der Bindungspartner um die Kohlenstoffatome haben die Alkanmoleküle keinen Dipolcharakter. Ursache der Anziehung zwischen den unpolaren Molekülen ist eine nicht immer symmetrische Verteilung der Elektronen in der Hülle (▷ B 4). So entstehen für kurze Zeit Dipole, die auf die Elektronenhüllen benachbarter Moleküle Anziehungs- bzw. Abstoßkräfte ausüben und diese dadurch ebenfalls polarisieren. Diese so entstandenen Dipole nennt man induzierte Dipole, die daraus resultierenden Anziehungskräfte **Van-der-Waals-Kräfte**.

Mit wachsender Kettenlänge der unverzweigten Alkanmoleküle und damit wachsender Oberfläche nehmen die gegenseitigen Berührungs- und Polarisierungsmöglichkeiten und damit die Anziehungskräfte zu (▷ B4); deshalb steigen die Siede- und Schmelztemperaturen innerhalb der homologen Reihe der Alkane.

Abweichungen von dieser Regel bei den Schmelztemperaturen rühren daher, dass für die Schmelztemperatur auch die Anordnung im Molekülgitter verantwortlich ist.
Bei den niederen Alkanen sind die Anziehungskräfte zwischen den Molekülen klein, bei den höheren so groß, dass eine Energiezufuhr eher die Spaltung von Bindungen bewirkt als die Aufhebung der Anziehungskräfte zwischen den Molekülen. Deshalb zersetzen sich die Alkane ab etwa Eicosan (Summenformel: $C_{20}H_{42}$) (bei Normdruck) unterhalb der Siedetemperatur (▷ V1).

> Die Anziehungskräfte zwischen den Alkanmolekülen nehmen mit wachsender Kettenlänge zu.

Löslichkeit. Alle Alkane sind ineinander löslich (▷ V2a); in Wasser lösen sie sich nur in Spuren (▷ V2b). Ob zwei Stoffe ineinander löslich sind, hängt weitgehend von den Eigenschaften der Teilchen ab. Zwischen den *unpolaren Alkanmolekülen* herrschen *Van-der-Waals-Kräfte*; zwischen den *polaren Wassermolekülen* bestehen aber zusätzlich *Wasserstoffbrückenbindungen*. Gibt man z.B. Hexan zu Wasser, so können die starken Wasserstoffbrückenbindungen zwischen den Wassermolekülen nicht durch die viel schwächeren Anziehungskräfte zwischen Hexan- und Wassermolekülen ersetzt werden. Gibt man aber Hexan zu Octan, so können die Anziehungskräfte, die die Hexan- bzw. Octanmoleküle jeweils untereinander zusammenhalten, durch die Anziehungskräfte zwischen Hexan- und Octanmolekülen ersetzt werden. Die an diesen Beispielen gewonnenen Einsichten lassen sich verallgemeinern:

> Je ähnlicher sich die Teilchen zweier Stoffe in Bezug auf ihre Polarität sind, desto besser lösen sich die Stoffe ineinander.

Zur Charakterisierung des Lösungsverhaltens eines Stoffes gegenüber Wasser verwendet man häufig den Begriff **hydrophil (wasserfreundlich)** für Stoffe mit guter Wasserlöslichkeit und **hydrophob (wassermeidend)** für ein gegenteiliges Lösungsverhalten. Außer den Alkanen zählen vor allem Fette zu den ausgesprochen hydrophoben Stoffen. Fettlösliche Stoffe bezeichnet man als **lipophil** (von griech. lipos, Fett), wenig fettlösliche als **lipophob**. *Alkane* sind also *lipophil* bzw. *hydrophob*.

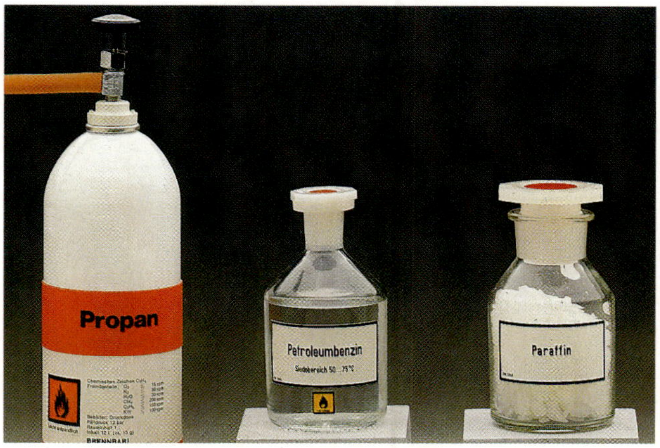

B3 Beispiele für niedere, mittlere und höhere Alkane aus dem Labor

A 1 a) Welche der Alkane aus ▷ B2 sind bei Zimmertemperatur (20 °C) gasförmig, flüssig, fest?
b) Wie kann man aus einer Tabelle der Siede- und Schmelztemperaturen auf den Aggregatzustand der Stoffe schließen?

A 2 Erläutere, warum sich die Alkane ab etwa Eicosan (Summenformel $C_{20}H_{42}$) beim Erhitzen (unter Normdruck) zersetzen und nicht sieden.

B4 Durch Elektronenverschiebungen können Alkanmoleküle zu Dipolmolekülen werden. Die Anziehungskräfte nehmen mit wachsender Kettenlänge zu

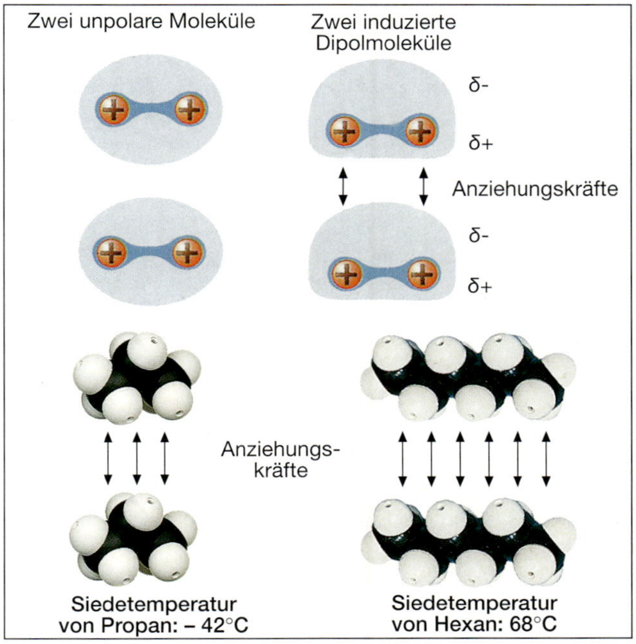

13.8 Projekt: Viskosität von Ölen

B 1 Der Schmierfilm des Öls verhindert Reibung und Verschleiß

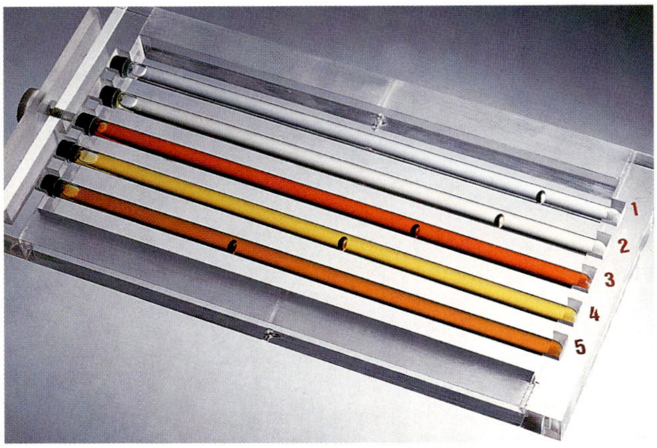

B 2 Viskositätsvergleich von Benzin (1), Petroleum (2), Heizöl (3), Fahrradöl (4) und Motorenöl (5)

In einem Motor oder Getriebe verhindert Öl oder Fett, dass die sich bewegenden Metallteile einander direkt berühren. Die Reibung ungeschmierter Metallteile führt zu ihrer Erwärmung und raschen Abnutzung. Die Schmierfähigkeit eines Motorenöls hängt im Wesentlichen von seiner **Viskosität** (Zähflüssigkeit) ab. Sie muss immer groß genug sein, dass ein ausreichender Schmierfilm an den Oberflächen bewegter Motorenteile bestehen bleibt.
Kohlenwasserstoffe, die aus der Vakuumdestillation des Erdöls stammen, sind die Grundsubstanzen für Motorenöle. Ihre verschiedenen Viskositäten beruhen auf ihren unterschiedlichen Zusammensetzungen.

Kettenlänge und Viskosität

Die *Viskosität* bezeichnet das *Fließverhalten* einer *Flüssigkeit*. Eine *hohe Viskosität* bedeutet *Dickflüssigkeit*, eine *niedrige Dünnflüssigkeit*. Beim Fließen gleiten Moleküle der Flüssigkeit aneinander vorbei. Die Moleküle gleiten um so schwerer aneinander vorbei, je größer die zwischenmolekularen Kräfte sind. Da zwischen längerkettigen Kohlenwasserstoffmolekülen größere Anziehungskräfte herrschen als zwischen kurzkettigen, ist die Viskosität eines höheren flüssigen Kohlenwasserstoffs größer als die eines mittleren oder niederen Kohlenwasserstoffs. Mit steigender Temperatur nimmt die Viskosität einer Flüssigkeit ab.

Mehrbereichsöle

Winteröle zeichnen sich bei tiefen Temperaturen durch niedrige Viskositäten aus und bewirken dadurch ein gutes Kaltstartverhalten von Motoren. Sommeröle besitzen auch noch bei höheren Temperaturen eine genügend hohe Viskosität, sodass der Schmierfilm nicht reißt. Sie sind optimal im Heißbetrieb. Heute werden überwiegend Mehrbereichsöle eingesetzt, die die positiven Eigenschaften eines Sommer- und eines Winteröls aufweisen.

Versuch Vergleich der Viskositäten verschiedener Kohlenwasserstoff-Gemische bei unterschiedlichen Temperaturen

Information: Die Viskositäten von Flüssigkeiten lassen sich vergleichen, wenn man die Auslaufzeiten gleicher Volumina verschiedener Flüssigkeiten misst. Eine weitere direkte Vergleichsmöglichkeit bieten parallele Röhren, in denen gleichgroße Kugeln unterschiedlich schnell abwärts laufen (▷ B 2).

Geräte und Chemikalien: 8 Reagenzgläser, Reagenzglasgestell, 4 Pipetten (10 ml) mit möglichst gleichem Auslauf, Pipettierhilfe, Thermometer, 2 Bechergläser (250 ml), 3 Reagenzglasstopfen, Stoppuhr, Petroleumbenzin, Octan, Paraffinöl (dünnflüssig), Paraffinöl (dickflüssig), Eiswasser, heißes Wasser

Durchführung: 1. Sauge jeweils 10 ml a) Petroleumbenzin, b) Octan, c) Paraffinöl (dünnflüssig) und d) Paraffinöl (dickflüssig) in eine Pipette und lass die Flüssigkeiten in je ein Reagenzglas abfließen. Halte die Pipette dazu senkrecht. Miss die Auslaufzeit mit der Stoppuhr und notiere die Zeiten.
2. Gib in je ein Reagenzglas ca. 11 ml a) Petroleumbenzin, b) Octan, c) Paraffinöl (dünnflüssig), d) Paraffinöl (dickflüssig) und stelle die vier Reagenzgläser einige Minuten in Eiswasser. Wiederhole dann die Versuchsreihe mit den vier Flüssigkeiten.
3. Wiederhole die 2. Versuchsreihe. Die Reagenzgläser – mit Ausnahme des Petroleumbenzins – mit den Flüssigkeiten werden dieses Mal aber in heißes Wasser (ca. 70 °C) gestellt. Verschließe die Reagenzgläser jeweils locker mit einem Stopfen.

Aufgabe: Vergleiche die Auslaufzeiten und deute sie.

13.9 Alkane – entflammbare Stoffe

Alkane reagieren mit vielen als besonders reaktionsfähig bekannten Stoffen wie z. B. Salzsäure, Natronlauge und Natrium nicht. Die Alkane wurden deshalb früher auch als *Paraffine* bezeichnet. Dieser Name bedeutet sinngemäß „reaktionsträge". Heute wird er nur noch für die festen Alkane verwendet (z. B. Paraffinkerzen). Allerdings ist die Reaktion der Alkane mit Sauerstoff, die Verbrennung der Alkane, eine der häufigsten und bedeutendsten Reaktionen. Sie wird meist durchgeführt, um die dabei frei werdende Wärmeenergie zu nutzen.

Brennbarkeit. Bei genügender Sauerstoffzufuhr verbrennen Alkane zu Kohlenstoffdioxid und Wasser. Verbrennen Alkane an der Luft, so nehmen innerhalb der homologen Reihe die Leuchtkraft der Flamme und die Rußentwicklung zu (▷ B 1). Das Leuchten der Flamme ist auf das Glühen winziger Kohlenstoffkörnchen zurückzuführen, die bei unvollständiger Verbrennung entstehen und erst am Flammensaum mit Luftsauerstoff zu Kohlenstoffdioxid reagieren. Da die Anzahl und der Anteil der Kohlenstoffatome in den Alkanmolekülen innerhalb der homologen Reihe zunimmt, findet bei gleichem Luftzustrom eine zunehmend unvollständige Verbrennung statt. Die Kohlenstoffkörnchen gelangen zum Teil unverbrannt bis in kältere Randbereiche der Flamme, wo sie nicht mehr reagieren und als Ruß in Erscheinung treten.

B 1 Flammenvergleich (von links: Butan, Benzin und Paraffinöl)

Gefahrenklassen und Sicherheitsratschläge. Brennbare Flüssigkeiten werden nach ihrer Flammtemperatur (▷ B 2) in Gefahrenklassen für Transport und Lagerung eingeteilt. So werden die wasserunlöslichen Flüssigkeiten mit einer *Flammtemperatur* bis 100 °C in drei *Gefahrenklassen* (A I: Flammtemperatur unter 21 °C, A II: Flammtemperatur 21 °C bis 55 °C, A III: Flammtemperatur über 55 °C bis 100 °C) eingeteilt. Niedere Alkane lassen sich leicht entflammen, da sie bereits bei Zimmertemperatur stark verdunsten. Von den niederen Alkanen gehen deshalb Brand- und Explosionsgefahren aus. Propan, Butan, Pentan und Gemische dieser Alkane werden als Treibmittel eingesetzt, z. B. in Haarsprays, Deodorantsprays, Backofenreinigerschäumen und Sprühlacken. Der Verzicht auf Reiniger, Lacke und Pflegemittel mit Treibmitteln schützt die Umwelt und verringert die Unfallgefahren im Haushalt. Für die Entfernung von Öl, Fett und Kerzenwachs kann Reinigungsbenzin verwendet werden. Dieses besteht im Wesentlichen aus flüssigen Alkanen. Auch bei seinem Einsatz müssen unbedingt die Sicherheitsratschläge (▷ B 3) beachtet werden.

A 1 Formuliere für die Verbrennung von Pentan die Reaktionsgleichung. Wie lassen sich die Reaktionsprodukte nachweisen?

A 2 Ordne den Sicherheitsratschlägen in ▷ B 3 die S-Sätze zu.

A 3 Ein Sicherheitshinweis auf einem Reinigerspray für Backofen und Grill lautet: „Nur wenige Sekunden sprühen, um Bildung explosionsfähiger Gemische zu vermeiden". Warum können sich bei diesem Spray explosionsfähige Gemische bilden?

B 2 Flammtemperaturbestimmung. Bei langsamem Erwärmen wird die Temperatur der Flüssigkeit abgelesen, bei der sich die Dämpfe über ihr erstmals entflammen lassen

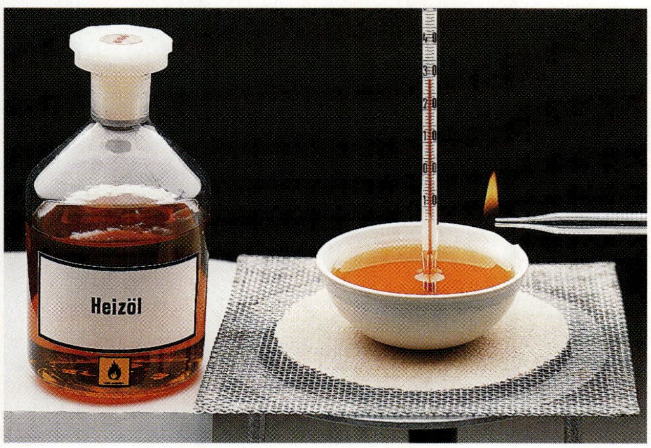

B 3 Gefahrensymbol und Sicherheitsratschläge für Reinigungsbenzin

Leicht entzündlich

Unter Verschluss und für Kinder unzugänglich aufbewahren. Behälter dicht geschlossen an einem gut belüfteten Ort aufbewahren. Von Zündquellen fernhalten – nicht rauchen. Nicht in die Kanalisation gelangen lassen. Maßnahmen gegen elektrostatische Aufladung treffen. Beschmutzte, getränkte Kleidung sofort ausziehen. Bei Unwohlsein ärztlichen Rat einholen (wenn möglich, das Etikett vorzeigen).

13.10 Halogenierung der Alkane

B1 Reaktion von Hexan mit Brom. Die Lösung von Brom in Hexan (links) entfärbt sich bei Belichtung rasch. Die Bromwasserstoff-Nebel färben den Indikator (rechts)

V 1 a) Man gibt zu Hexan einige Tropfen Brom (Schutzbrille! Abzug!) und stellt den Kolben auf einen Tageslichtprojektor. Dann hält man ein feuchtes Universalindikatorpapier über die Öffnung des Kolbens.
b) Zur Entfernung von gelöstem Bromwasserstoff und Brom gibt man einen Teil des Kolbeninhalts in einen Schütteltrichter mit verd. Natronlauge und schüttelt. Nach Trennung der org. Flüssigkeit von der wässrigen Lösung gibt man einige Tropfen der org. Flüssigkeit auf einen ausgeglühten Kupferblechstreifen und hält diesen in die nicht leuchtende Flamme. (Abzug!)

V 2 Tauche ein ausgeglühtes Magnesiastäbchen a) in Kupferchlorid und b) in Kupferbromid. Erhitze es in der Flamme. (Abzug!) Deute die Beobachtungen.

Die Halogene reagieren im Gegensatz zu den Alkanen mit sehr vielen Stoffen.

Bromierung von Hexan. Gibt man Brom zu Hexan (▷V 1a), so entsteht zunächst eine rotbraune Lösung, die im Dunkeln beständig ist, sich jedoch im Licht langsam entfärbt (▷B 1). Über der Flüssigkeit erfolgt an feuchter Luft Nebelbildung, die auf entstehenden Bromwasserstoff zurückzuführen ist, der auch die Rotfärbung des feuchten Indikatorpapiers hervorruft. Im Reaktionsgefäß bleibt eine farblose Flüssigkeit zurück. Gibt man einige Tropfen dieser Flüssigkeit auf einen ausgeglühten Kupferblechstreifen und hält ihn dann in die nicht leuchtende Brennerflamme (▷V 1b), so wird diese grün bis blau. Diese Grün- bis Blaufärbung ist ein Nachweis für organische Halogenverbingungen (▷B 2, Beilsteinprobe). Die Flammenfärbung der Beilsteinprobe beruht auf der Bildung flüchtiger Kupferhalogenide (▷V 2).

Substitution. Bei der Reaktion des Hexans mit Brom können im Hexanmolekül ein oder mehrere Wasserstoffatome durch Bromatome ersetzt (*substituiert*) werden. Beim Ersatz mehrerer Wasserstoffatome nimmt die Zahl der möglichen Reaktionsprodukte sehr stark zu.

Eine Reaktion, bei der Atome (oder Atomgruppen) durch andere Atome (oder Atomgruppen) ersetzt werden, nennt man Substitution.

Die Reaktionsprodukte, die aus Alkanen und Halogenen gebildet werden können, heißen **Halogenalkane**. Sie wurden früher in großen Mengen zur Entfettung, als Treibmittel in Spraydosen, als Kühlmittel und Feuerlöschmittel eingesetzt. Da ein Teil von ihnen maßgeblich am Abbau der Ozonschicht beteiligt ist, muss ihr Einsatz vermieden werden.

B2 Beilsteinprobe zum Nachweis organischer Halogenverbindungen

B3 Substitution eines Wasserstoffatoms im Hexanmolekül durch ein Bromatom. Es bilden sich Bromhexan und Bromwasserstoff

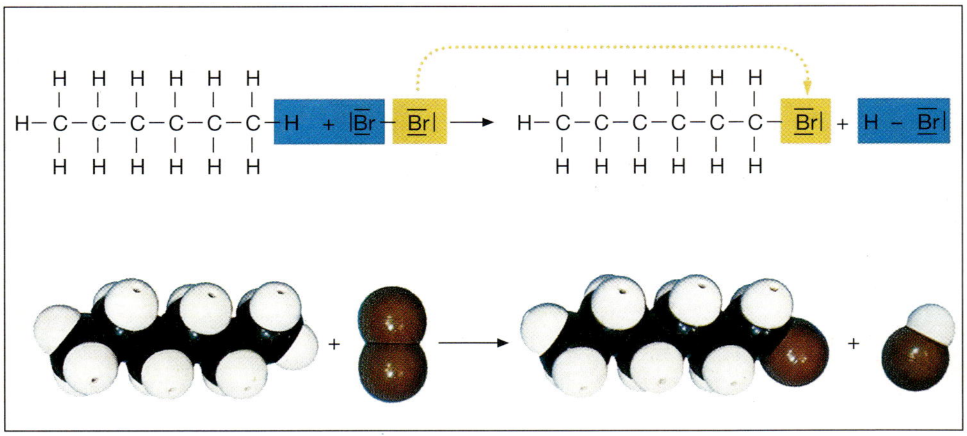

13.11 Exkurs: Die radikalische Substitution

Bei den Reaktionen der Alkane mit Halogenen entstehen Verbindungen, bei denen Wasserstoffatome der Alkanmoleküle durch Halogenatome ersetzt sind; diese Reaktionen werden deshalb als **Substitutionsreaktionen** (von lat. substituere, ersetzen) bezeichnet.
In den bisher formulierten Reaktionsgleichungen wurden jeweils nur die Teilchen der Ausgangsstoffe und der Reaktionsprodukte aufgeführt. Die Reaktionen der Alkane mit den Halogenen sind sehr genau untersucht worden, sodass man heute die Haupt*schritte*, in denen eine solche Reaktion abläuft, kennt (▷ B 1):

1. Durch die Zufuhr von Wärme- oder Lichtenergie werden in der **Startreaktion** *Chlormoleküle* in *Chloratome gespalten*.
Teilchen, die wie die Chloratome ein einzelnes Elektron aufweisen, bezeichnet man als *Radikale*. Wegen dieses einzelnen Elektrons können sie leicht eine Bindung eingehen, deshalb sind sie sehr reaktionsfreudig.

2. In der auf die Startreaktion folgenden **Reaktionskette** bilden sich abwechselnd *Methyl- und Chlorradikale*.

3. Neben den Reaktionen, die zur Bildung von Chlormethan- und Chlorwasserstoffmolekülen führen, finden auch **Abbruchreaktionen** statt, bei denen die zur Reaktionskette *notwendigen Radikale miteinander reagieren*.

Die gesamte Reaktion bezeichnet man wegen der daran beteiligten Radikale als **radikalische Substitution**. Die Substitutionsprodukte aus der Reaktion der Alkane mit Halogenen sind Halogenalkane. Je nach Reaktionsbedingungen (Dauer, Konzentration der verschiedenen Stoffe, Temperatur, Katalysator) können verschieden viele Wasserstoffatome eines Alkanmoleküls ersetzt werden.

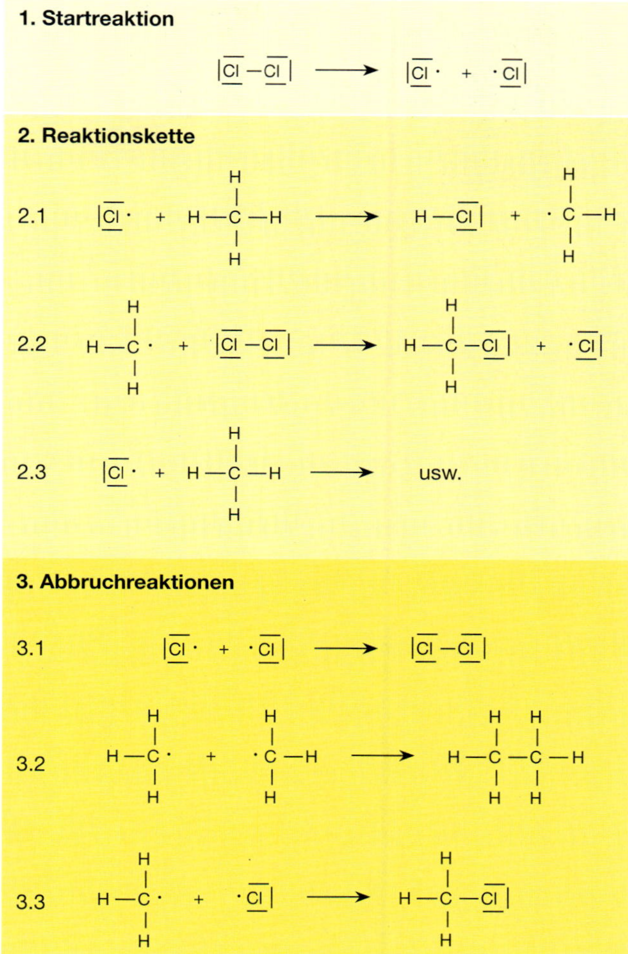

B 1 Ablauf der radikalischen Substitution bei der Reaktion von Methan mit Chlor

A 1 Bei der Bildung einer Bindung wird Energie frei, zur Spaltung dieser Bindung muss dementsprechend ein gleich großer Energiebetrag aufgewendet werden. Welche Schritte der Reaktion von Methan mit Chlor sind aus diesem Grund exotherm und welche endotherm?

A 2 Die Reaktionsgleichung für die Reaktion von Chlor und Methan zu Chlormethan und Chlorwasserstoff lautet:
$Cl_2 + CH_4 \longrightarrow CH_3Cl + HCl$
Welcher Energiebetrag wird frei, wenn 1 mol Chlor und 1 mol Methan miteinander reagieren? Mit welchem Halogen reagiert Methan am stärksten exotherm?

B 2 Bindungsenergien einiger Atombindungen

Bindung	Bindungsenergie in kJ/mol	Bindung	Bindungsenergie in kJ/mol
F–F	158	CH_3–F	452
Cl–Cl	242	CH_3–Cl	352
Br–Br	193	CH_3–Br	293
I–I	151	CH_3–I	234
H–F	565	CH_3–H	435
H–Cl	431		
H–Br	365		
H–I	298		

13.12 Ethen – ein Alken

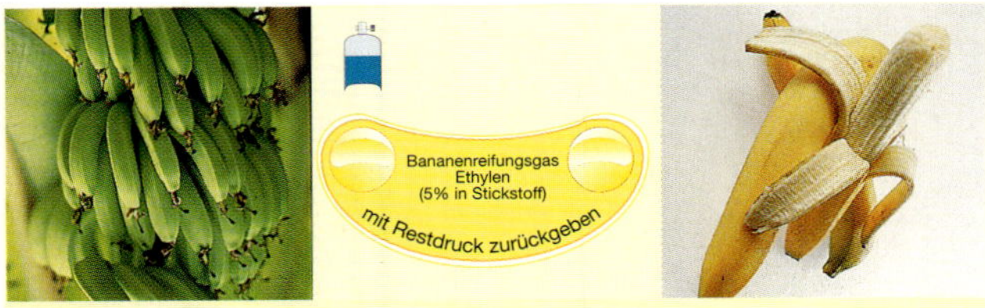

Ethen fördert den Reifeprozess von Früchten

Ethen wird von vielen Pflanzen gebildet und an die Umgebung abgegeben. So produzieren viele Früchte während einer bestimmten Reifungsphase besonders viel Ethen, das auch benachbarte, noch unreife Früchte schneller reifen lässt. In der Praxis wird dieser Einfluss des Ethens auf die Reifung genutzt. So werden Bananen, die ganzjährig grün geerntet werden, in den Verbraucherländern in geschlossenen Kammern, den Reifekammern, mit Ethen begast. Die Bananen reifen dadurch in wenigen Tagen. Legt man zu unreif geernteten Tomaten reife Äpfel, reifen die Tomaten nach, weil die Äpfel Ethen abgeben. Im Freien und in Gewächshäusern lässt sich Ethen nicht anwenden, weil sich das Gas zu schnell verdünnen würde. Deshalb werden Lösungen und Emulsionen von Verbindungen eingesetzt, die erst auf der Pflanze Ethen abspalten. So können Ananaspflanzen eines Feldes mit einem Ethenabspalter besprüht werden, damit alle Pflanzen gleichzeitig reif werden. Sie können dann zu einem vorbestimmten Termin geerntet und an die Fruchtmärkte geliefert werden.

V 1 (Anstelle des Ethens wird Propen aufgrund der Gefährlichkeit des Dibromethans vorgezogen!) Der Inhalt eines Standzylinders mit Bromdampf und der eines Standzylinders mit Propen werden vermischt. Ein Zylinder wird verdunkelt. Nach Entfärbung wird in den Gasraum des anderen Zylinders ein feuchtes Indikatorpapier gehalten. Mit einigen der öligen Tröpfchen wird die Beilsteinprobe durchgeführt.
(Abzug! Schutzbrille und Schutzhandschuhe!)

A 1 Welcher Stoff entsteht bei der Reaktion von Ethen mit Chlorwasserstoff?

B 1 (oben) **Ethenmolekül** in Modell- und Formeldarstellung
B 2 (unten) **Addition von Brom an Ethen.** Es entsteht 1,2-Dibromethan

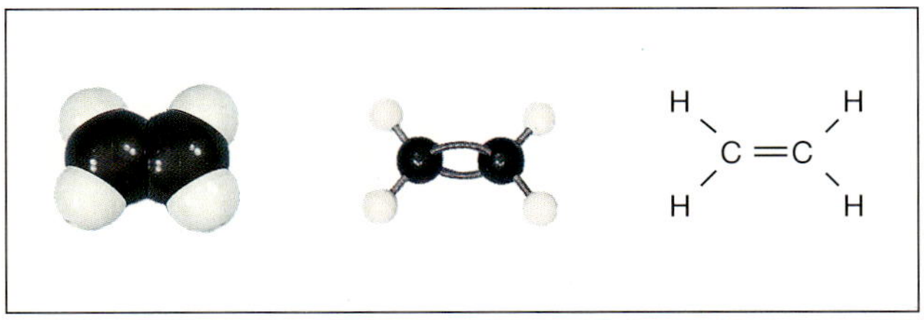

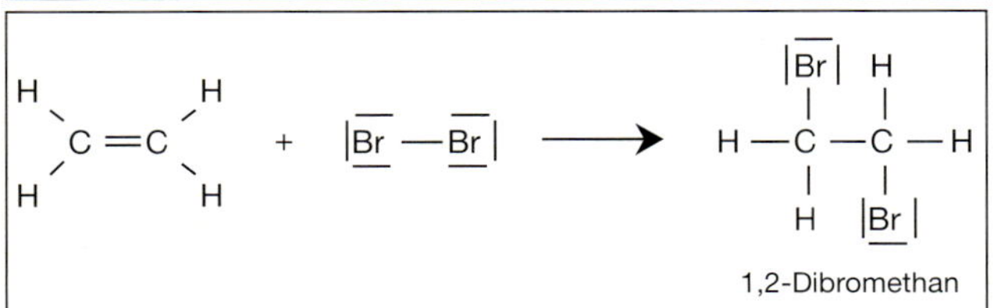

Jeder kennt Polyethen (Polyethylen, PE), aus dem beispielsweise Plastiktragetaschen gefertigt sind. Polyethen wird aus *Ethen* hergestellt. Ethen gehört zu den bedeutendsten Ausgangsstoffen der chemischen Industrie. In Westeuropa gibt es ein ausgedehntes Ethenfernleitungsnetz, das die Produzenten und Verbraucher von Ethen miteinander verbindet. Im Folgenden wird dargestellt, warum aus Ethen und ähnlich aufgebauten Stoffen sehr viele weitere Stoffe gewonnen werden können.

Eigenschaften des Ethens. Ethen ist eine farblose, süßlich riechende, bei Zimmertemperatur gasförmige *Kohlenwasserstoff-Verbindung*. Vermischt man Ethen und Brom, verschwindet die Farbe des Bromdampfes viel schneller als bei einem Gemisch aus Brom und einem Alkan. Selbst im Dunkeln findet dies statt. Der Nachweis auf Bromwasserstoff verläuft negativ, die Beilsteinprobe mit einigen öligen Tröpfchen des Reaktionsproduktes ist positiv (▷ V 1). Es ist also keine Substitution wie bei einem Alkan erfolgt. Dieses Reaktionsverhalten sollte sich aus dem Aufbau der Ethenmoleküle erklären lassen.

Aufbau des Ethenmoleküls. Die Summenformel für Ethen lautet C_2H_4. In einem Ethenmolekül sind also zwei Wasserstoffatome weniger gebunden als in einem Ethanmolekül. Ethen nennt man deshalb einen *„ungesättigten" Kohlenwasserstoff*. So stehen zwei weitere Elektronen für eine zweite Bindung zwischen den Kohlenstoffatomen zur Verfügung. Im Ethenmolekül sind die beiden Kohlenstoffatome durch eine Doppelbindung verbunden (▷ B 1).

Ethenmoleküle können aufgrund der Doppelbindung zusätzlich andere Atome oder Atomgruppen binden. Man spricht von **Additionsreaktionen**. Brom und Ethen reagieren in einer Additionsreaktion zu 1,2-Dibromethan (▷ B 2).

Ethen ist ein Alken. Das Ethenmolekül ist das einfachste Kohlenwasserstoffmolekül, das eine C=C-Doppelbindung hat. Solche Moleküle weisen zwei Wasserstoffatome weniger auf als die entsprechenden Alkanmoleküle und haben dementsprechend Summenformeln, die sich aus der allgemeinen Summenformel C_nH_{2n} ableiten lassen. Sie bilden die *homologe Reihe* der **Alkene**, ihre Namen enden mit der Nachsilbe „-en", z. B. Ethen und Propen.
Gebräuchliche Namen in Alltag und Technik sind auch *Ethylen* und *Propylen*.

Ethen kann mit sehr vielen Stoffen wie z.B. Brom, Chlor, Wasserstoff, Ammoniak und Wasser Additionsreaktionen eingehen. Deshalb gehört Ethen zu den wichtigsten Ausgangsstoffen für die Herstellung vieler organischer Verbindungen.

13.13 Exkurs: Vielfalt der Kohlenwasserstoffe

Neben den Alkanen und Alkenen gibt es noch sehr viele organische Verbindungen, die nur aus Kohlenstoff- und Wasserstoffatomen aufgebaut sind.

Ethin. Kohlenwasserstoffe, deren Moleküle eine C≡C-*Dreifachbindung* aufweisen, gehören zu den **Alkinen**. Ethin, das wichtigste Alkin, wird meist *Acetylen* genannt. Es kommt in gelben Stahlflaschen in den Handel. Verbrennt Ethin in Schweiß- und Schneidbrennern zusammen mit Sauerstoff, so kann mit der sehr heißen Flamme sogar Stahl geschmolzen werden (▷B1). Ethin zählt aufgrund der Dreifachbindung (▷B2) zu den ungesättigten Kohlenwasserstoffen.

Cyclohexan und Benzol. Es gibt auch Kohlenwasserstoffmoleküle mit *ringförmigen* (cyclischen) *Molekülgerüsten*. **Cyclohexan** (Molekülformel: C_6H_{12}) ist ein **Cycloalkan**, das die Eigenschaften eines vergleichbaren offenkettigen Alkans aufweist. Der Cyclohexanring ist nicht eben gebaut, bei allen Bindungen liegt auch hier der Tetraederwinkel vor. Da um eine C–C-Einfachbindung freie Drehbarkeit herrscht, gibt es verschiedene räumliche Anordnungen. Bei Zimmertemperatur liegen beinahe alle Cyclohexanmoleküle in der Sesselform vor (▷B3). Solche Sechsringe sind Bausteine vieler Naturstoffe.

Benzol ist eine hydrophobe Flüssigkeit, die an der Luft mit stark rußender Flamme verbrennt (▷B4). Wegen seiner Klopffestigkeit ist es trotz seiner Giftigkeit und Cancerogenität (kann Krebs erzeugen) auch heute noch Bestandteil des Benzins. Viele Verbindungen, deren Moleküle auch einen Benzolring (▷B5) aufweisen, sind wohlriechende Stoffe. Sowohl Benzol als auch diese Benzolabkömmlinge gehören zu den **Aromaten** (von lat. aroma, Wohlgeruch), sie sind wichtige Ausgangsstoffe und Zwischenprodukte für die Herstellung von Farbstoffen, Kunststoffen und Medikamenten.

H–C≡C–H

B1 (oben) **Schweißen mit Acetylen**
B2 (unten) **Bau des Ethinmoleküls**

A 1 Beschreibe und vergleiche den Molekülaufbau von Ethan, Ethen und Ethin. Zu welchen Stoffklassen gehören diese drei Verbindungen?

A 2 Verbrennt Benzol an der Luft, rußt die Flamme stärker als bei der Verbrennung von Cyclohexan. Deute diesen Unterschied.

A 3 Ein Molekül hat die Summenformel C_5H_{10}. Zu welchen Kohlenwasserstoff-Reihen kann es gehören?

B3 Sesselform des Cyclohexanmoleküls

B4 Benzol verbrennt mit rußender Flamme

B5 Strukturformel des Benzolmoleküls

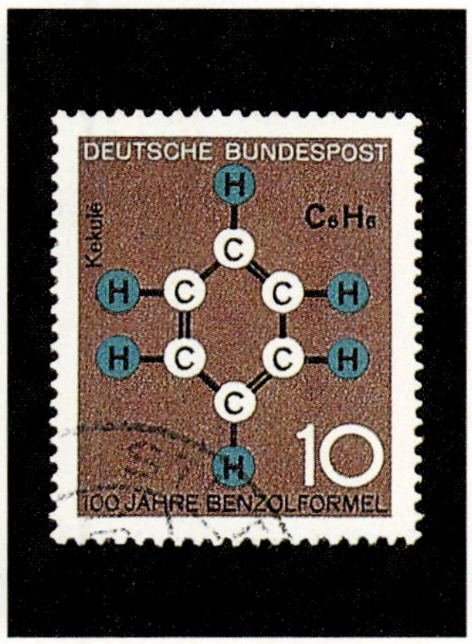

13.14 Gewinnung von Kohlenwasserstoffen aus Erdöl

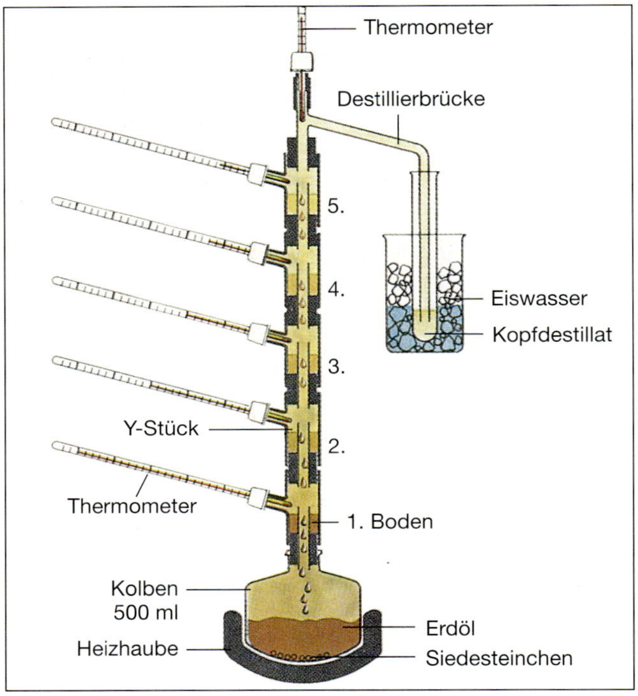

B 1 Fraktionierte Rohöldestillation im Schulversuch

V 1 a) In einer Apparatur nach ▷B1 wird Erdöl erhitzt, dem einige Siedesteinchen und etwas Entschäumer zugegeben worden sind. (Abzug!)
b) Die Fraktionen von den verschiedenen Böden werden auf Aussehen, Geruch, Viskosität und Entflammbarkeit untersucht. (Abzug!)

A 1 a) Was ist eine Erdölfraktion?
b) Warum wird der Erdölrückstand bei vermindertem Druck destilliert?

B 2 Eigenschaften einiger Rohölfraktionen im Vergleich

Fraktionen	Siedetemp.-bereich in °C	Flammtemp.-bereich in °C	Dichtebereich in g/cm³	Viskosität
Benzine:				nimmt zu
Leichtbenzin	40 bis 80	−55 bis −35	0,63 bis 0,68	
Mittelbenzin	80 bis 110	−35 bis −15	0,68 bis 0,73	
Schwerbenzin	110 bis 140	−15 bis 21	0,73 bis 0,78	
Mitteldestillate:				
Petroleum/Kerosin	150 bis 250	21 bis 55	0,77 bis 0,83	
Dieselöl/ leichtes Heizöl	250 bis 360	55 bis 100	0,81 bis 0,86	
Schweres Heizöl	nur im Vakuum unzersetzt destillierbar	100 bis 270	0,90 bis 0,98	
Schmieröle		>200	0,80 bis 0,95	

Das je nach seiner Herkunft hellbraune bis pechschwarze, dünn- bis dickflüssige Rohöl ist ein *Gemisch* aus weit mehr als tausend *verschiedenen Kohlenwasserstoffen*. Neben diesen enthält es noch geringe Anteile an organischen Sauerstoff-, Stickstoff- und Schwefelverbindungen und einige anorganische Verbindungen.
Erst durch die Aufarbeitung des Rohöls erhält man die gewünschten Produkte wie z.B. Benzin, Heizöl und Schmieröl. Diese Stoffe können durch Destillation von Rohöl gewonnen werden.

Destillation von Rohöl. Wird Rohöl in einer Destillationsapparatur (▷B 1, ▷V 1a) erhitzt, steigt die Temperatur an, gleichzeitig verdampft ständig etwas Rohöl und Dampf kondensiert. Das kontinuierliche Ansteigen der Temperatur während der Destillation weist darauf hin, dass Rohöl durch diese Destillation nicht in einzelne Reinstoffe, sondern nur in *Gemische* von Stoffen *mit ähnlichen Siedetemperaturen*, in **Fraktionen**, getrennt werden kann. Die bei der Destillation erhaltenen Fraktionen unterscheiden sich in ihren Eigenschaften (▷V 1b). Würden die einzelnen Fraktionen erneut destilliert, könnten sie weiter aufgetrennt werden. Eine *stufenweise Destillation* des Rohöls in Fraktionen, die **fraktionierte Destillation**, wird in großem Umfang in der *Erdölraffinerie* durchgeführt.

Fraktionierte Destillation. In den Raffinerien wird das Rohöl in einem Röhrenofen schnell auf 360 °C bis 400 °C erhitzt, wobei es zum größten Teil verdampft. Das Dampf-Flüssigkeits-Gemisch wird seitlich in den unteren Teil des **Destillationsturmes** (▷B3) geleitet. Dieser ist in seinem Innern durch zahlreiche *Zwischenböden* (*„Glockenböden“*) stockwerkartig unterteilt.
Entsprechend der von unten nach oben abnehmenden Temperatur sammeln sich die Bestandteile des Rohöls mit den höheren Siedetemperaturen auf den unteren, die niedriger siedenden auf den oberen Böden. Zur besseren Trennung werden die aufsteigenden Dämpfe durch die über die Durchlässe gestülpten Glocken so umgeleitet, dass sie durch die Flüssigkeitsschichten auf den Boden strömen.
In der Flüssigkeit gelöste noch niedriger siedende Bestandteile verdampfen, im Dampf enthaltene höher siedende Verbindungen kondensieren. Steigt das Niveau der Flüssigkeit über die Oberkante des Durchlassrohres, läuft sie in den nächsttieferen Boden zurück. So findet zwischen zwei Böden ständig eine Destillation statt. Die Kondensate werden auf bestimmten Böden gesammelt und in Vorratstanks abgeleitet.

Je nach Aufbau des Destillationsturmes und je nach Betriebsbedingungen fallen verschiedene Rohölfraktionen an.

Rohölfraktionen. Am Kopf des Destillationsturmes werden die *gasförmigen Kohlenwasserstoffe* abgezogen. Sie werden z.T. zu Heizzwecken in der Raffinerie verbrannt, Propan und die Butane kommen auch als „Flüssiggase" in den Handel. Ein Teil der Gase wird *abgefackelt*. Die Fackel ist eine Sicherheitseinrichtung, um bei möglichem Überdruck austretende Gase kontrolliert zu verbrennen.

Benzine und *Mitteldestillate* müssen vor ihrer Weiterverwendung noch aufbereitet werden. Wichtig ist die *Entfernung der Schwefelverbindungen*, da bei deren Verbrennung Schwefeldioxid entsteht. Am Boden des Destillationsturmes verbleibt der bei etwa 400 °C und 1013 hPa nicht mehr verdampfbare *Rückstand*. Ein Teil davon wird als schweres Heizöl eingesetzt.

Vakuumdestillation. Die Verbindungen des Rückstandes würden sich beim Erhitzen über 400 °C zersetzen, den Rückstand leitet man deshalb nach erneutem Aufheizen in einen zweiten Destillationsturm, in dem eine Destillation unter *vermindertem Druck* (etwa 50 hPa) stattfindet. Durch die Verminderung des Drucks werden die Siedetemperaturen der Verbindungen des Rückstandes um bis zu 150 °C gesenkt, sodass der Rückstand schon bei niedrigeren Temperaturen in weitere Fraktionen aufgetrennt werden kann. Bei dieser **Vakuumdestillation** gewinnt man *Schmieröle* und *feste Kohlenwasserstoffe*, die z.B. zu Bohnerwachs und Kerzen (Paraffinkerzen) weiterverarbeitet werden können. Der Rückstand der Vakuumdestillation, das *Bitumen*, wird für Isolieranstriche, Straßenbeläge und Dachpappe verwendet.

B3 Fraktionierte Destillation von Rohöl. Bei der Destillation unter Atmosphärendruck (links) und der Vakuumdestillation (rechts) werden Fraktionen für sehr verschiedene Verwendungszwecke gewonnen

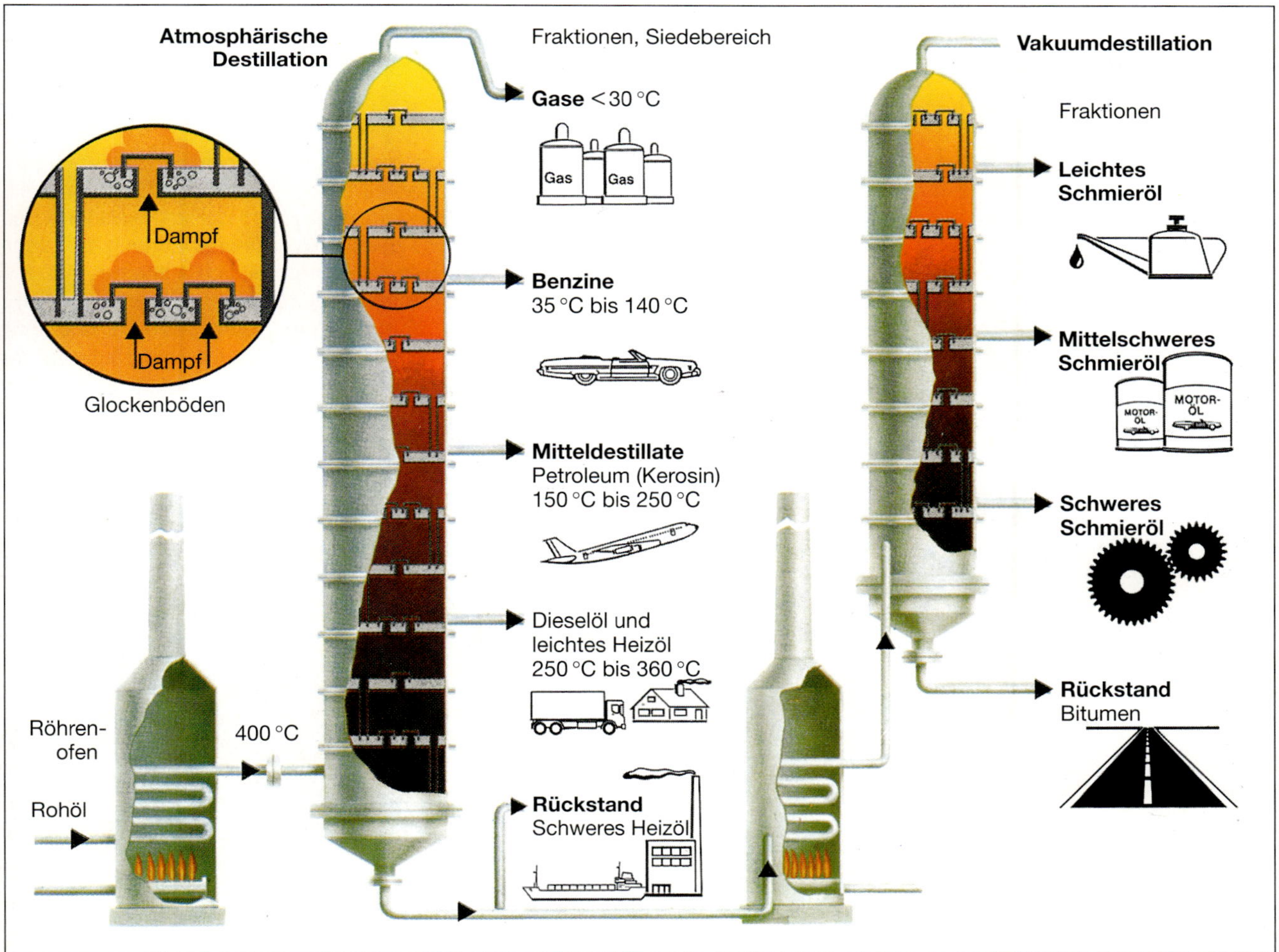

13.15 Exkurs: Kraftfahrzeugbenzin – Verbrennung und Veredelung

Benzin wird hauptsächlich als *Treibstoff für Motoren* verwendet. In diesen wird es verbrannt und die dabei frei werdende Energie wird zu einem Teil in Bewegungsenergie umgewandelt.

Chemische Reaktion im Verbrennungsmotor. Beim einfachen Ottomotor wird in die Zylinder des Motors ein Gemisch aus Benzin und Luft gesaugt. Dieses wird durch den Kolben verdichtet (komprimiert). Dabei erwärmt es sich stark und wird schließlich durch den Funken der Zündkerze entzündet. Die entstehenden Verbrennungsgase beanspruchen wegen der Verbrennungswärme einen viel größeren Raum als das Ausgangsgemisch. Der Druck im Zylinder wächst deshalb an und drückt den Kolben weg. Durch eine gleichmäßig fortschreitende Verbrennung steigt der Druck zwar rasch, aber nicht schlagartig an; dadurch bewegt sich der Kolben relativ „weich" nach unten.

Beim Verbrennen des Benzins entstehen nicht nur Kohlenstoffdioxid und Wasser. So bildet sich durch die unvollständige Verbrennung auch Kohlenstoffmonooxid. Ein geringer Teil des Benzins verbrennt überhaupt nicht, sondern wird zu neuen Kohlenwasserstoffen umgewandelt. Außerdem reagiert bei den hohen Temperaturen im Zylinder ein Teil des Stickstoffs der eingesaugten Luft zu *Stickstoffoxiden*. Diese Nebenprodukte sind giftig und die Stickstoffoxide werden auch für das Waldsterben mitverantwortlich gemacht. Es ist deshalb dringend erforderlich den Anteil dieser Schadstoffe in den Autoabgasen so gering wie möglich zu halten.

Abgasreinigung und Katalysator. Mit dem Einsatz eines geregelten *Katalysators* ist es möglich den Schadstoffanteil der Abgase eines Benzinmotors zu verringern. Ein Abgaskatalysator besteht aus einem Keramikwabenkörper (▷ B2). Er zeichnet sich durch äußerst geringe Wärmeausdehnung bei sehr hoher Hitzebeständigkeit aus. Die Wabenstruktur ergibt sich aus einer Vielzahl feiner Kanäle (ca. 65 pro cm^2) von nahezu quadratischem Querschnitt, die durch sehr dünne Wände (0,05 bis 0,07 mm) voneinander getrennt sind. Auf der rauhen Zwischenschicht aus Aluminiumoxid der Kanäle sind Platin, Rhodium und zu einem geringen Teil Palladium aufgebracht. Für einen Katalysator werden etwa zwei Gramm der Katalysatormetalle benötigt.

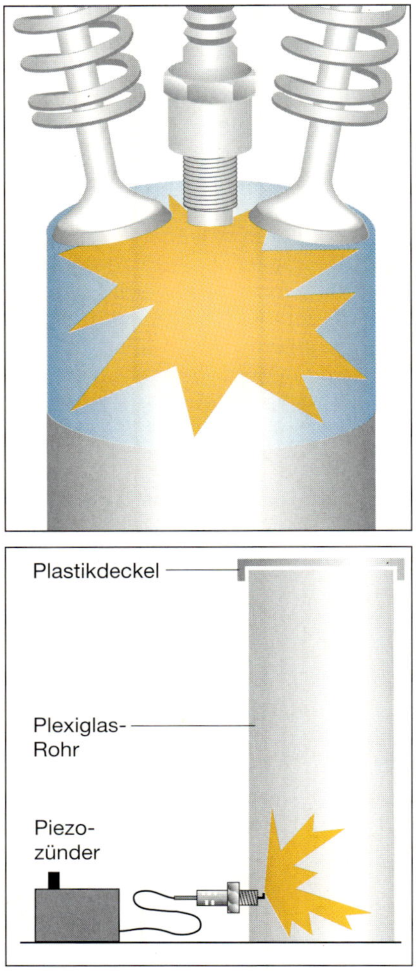

B 1 Zündung eines Benzin-Luft-Gemischs im Motor, im Zündrohr

B 2 Schemabild eines Abgaskatalysators mit elektronenmikroskopischer Aufnahme des platinbeschichteten Keramikkörpers

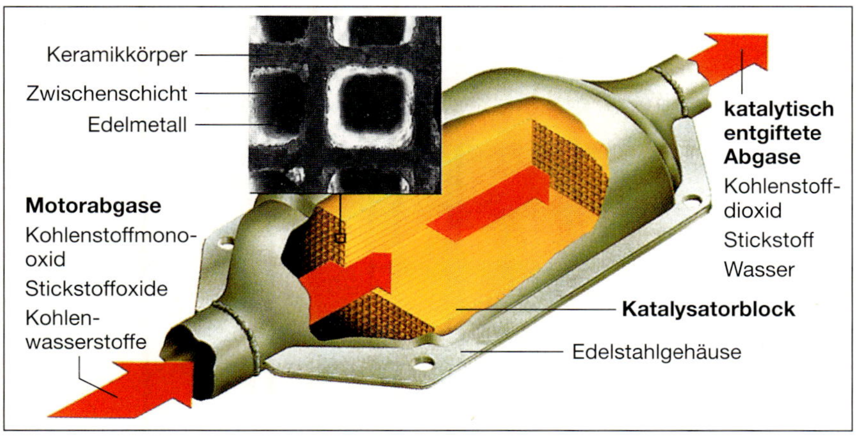

B 3 Katalysator und Lambda-Sonde

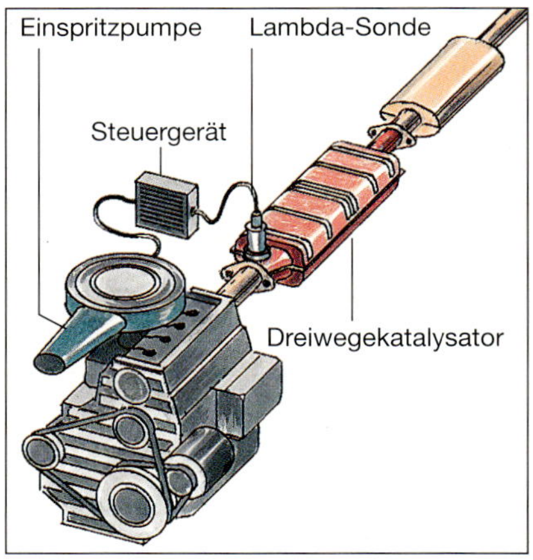

Die vom Motor kommenden Abgase strömen durch die Kanäle des Keramikwabenkörpers und kommen mit dem Edelmetall, dem eigentlichen Katalysator, in Berührung. An der Oberfläche laufen die Reaktionen der Schadstoffe zu dem ungiftigen Kohlenstoffdioxid sowie Wasser und Stickstoff ab.
Für eine möglichst hohe Schadstoffminderung sorgt die *Lambda-Sonde*. Sie ist vor dem Katalysatorblock (▷B3) als *Messfühler* eingelassen und *misst* den *Anteil Restsauerstoff* im Abgas. Über eine Steuerautomatik ist diese Sonde mit der Gemischaufbereitung aus Benzin und Luft verbunden, sodass ein optimal zusammengesetztes Gemisch in den Zylinder eingespritzt wird. Die Schadstoffe in den Abgasen aus dem Zylinder können durch den geregelten Katalysator um ca. 90 % vermindert werden.

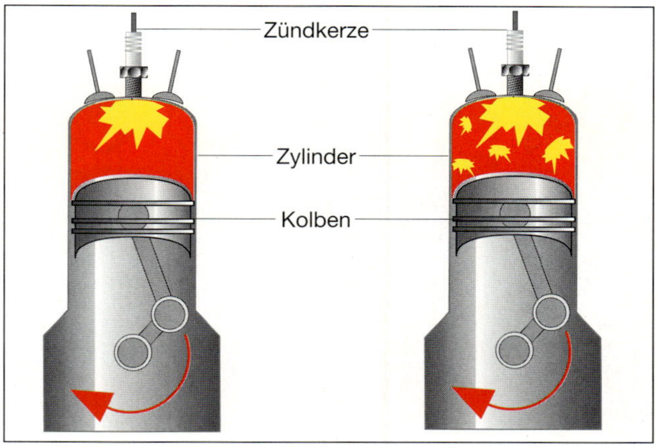

B4 Verbrennung im Ottomotor

Die klopfende Verbrennung. Das im Motorzylinder verdichtete Benzin-Luft-Gemisch wird durch den Funken der Zündkerze gezündet. Die Flammfront breitet sich in den Zylinder aus und verdichtet und erwärmt das noch unverbrannte Benzin-Luft-Gemisch. Dies kann zur Zündung von Gemischbestandteilen führen, bevor diese von der Flammfront, die von der Zündkerze ausgeht, erreicht werden. Durch solche unerwünschten Sekundärzündungen (▷B4) steigt der Druck im Zylinder plötzlich an. Die harten Druckstöße erzeugen Klopfgeräusche, verringern die Leistung des Motors und erhöhen den Verschleiß.

Klopffestigkeit und Octanzahl. Die Klopffestigkeit von Benzin ist von seiner Zusammensetzung abhängig. In den Motorbenzinen können mehr als 150 verschiedene Kohlenwasserstoffe nachgewiesen werden. Alkangemische aus kettenförmigen, unverzweigten Molekülen sind klopffreudig, da sie sich schon bei niedrigen Temperaturen entzünden. Alkane sind umso klopffester, je mehr Verzweigungen ihre Moleküle aufweisen.

Um die Klopffestigkeit von Benzinen vergleichen zu können, benutzt man das besonders klopffeste 2,2,4-Trimethylpentan (Isooctan) als Maß für die Klopffestigkeit. Es erhielt die **Octanzahl** 100, das klopffreudige Heptan die Octanzahl 0 (▷B5). Verhält sich ein Kraftstoff in einem Prüfmotor wie ein Gemisch aus 20 % Heptan und 80 % Isooctan, so hat er die Octanzahl 80. In Deutschland weist Normalbenzin mindestens die Octanzahl 91 und Superbenzin mindestens die Octanzahl 95 auf.

Erhöhung der Klopffestigkeit. Die bei der Erdöldestillation gewonnenen Benzinfraktionen haben zumeist zu niedrige Octanzahlen. Um die Klopffestigkeit zu erhöhen, leitet man das Benzin bei etwa 500 °C und unter Druck über Platinkatalysatoren. Dabei werden kettenförmige und unverzweigte Kohlenwasserstoffmoleküle in verzweigte und ringförmige Moleküle umgewandelt.

V 1 Man gibt einige Tropfen Petrolether in ein Zündkerzen-Explosionsrohr wie in ▷B1 und verschließt mit dem Deckel. Wenn die Flüssigkeit völlig verdunstet ist (Beschleunigung durch ein Stückchen Pappe im Rohr und kräftiges Schütteln), wird durch Drücken des Piezozünders ein Zündfunke erzeugt. Danach wird der Versuch mit geringerer und größerer Tropfenzahl wiederholt. Nach jedem Versuch muss das Rohr kräftig mit Luft ausgeblasen werden.
(Schutzscheibe! Schutzbrille!)

A 1 Seit dem 1.2.1988 darf in Deutschland verbleites Normalbenzin nicht mehr abgegeben werden. Was sollte durch dieses Verbot bewirkt werden?

B5 Octanzahl und Verzweigung. Je mehr Verzweigungen ein Alkanmolekül hat, desto höher ist seine Octanzahl

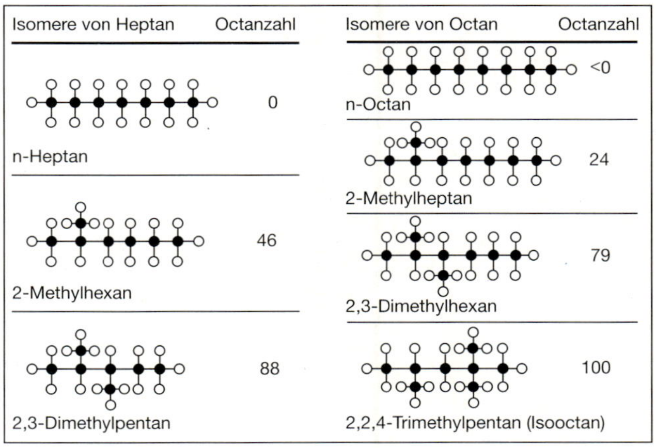

B6 Gefahrenhinweise an einer Tanksäule

B7 Verringerung der Kohlenwasserstoffemissionen

a) Gasrückführung an der Tankstelle

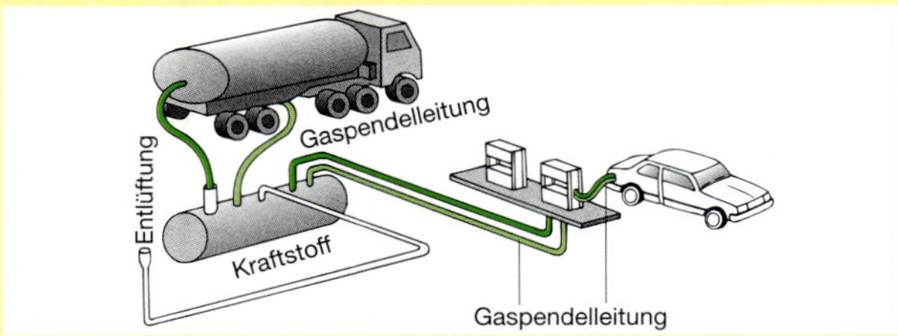

Beim Betanken des Kraftfahrzeugs werden die durch den Kraftstoff verdrängten Benzindämpfe aus dem Fahrzeugtank in den unterirdischen Tank der Tankstelle geleitet (Gaspendelverfahren). Bei der Befüllung des Tankstellentanks werden die Benzindämpfe in den Fahrzeugtank des Tanklastwagens geführt.

b) Großer Kohlefilter im Kraftfahrzeug

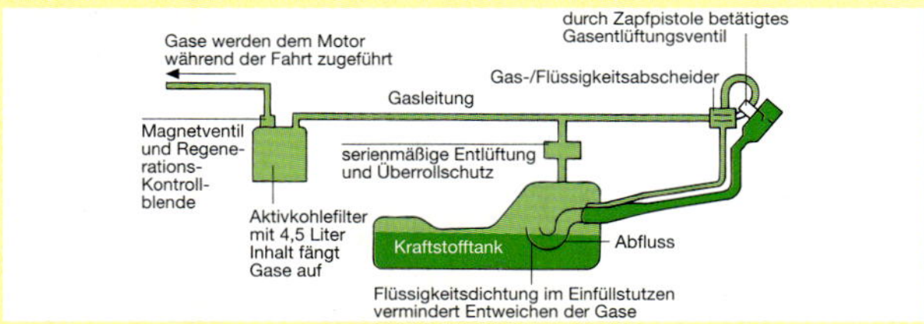

Die beim Tanken verdrängten Benzindämpfe werden durch die Entlüftungsleitung des Kfz-Tanks in den Behälter mit Aktivkohle geleitet, in dem die Kohlenwasserstoffe adsorbiert werden. Auch die sich beim abgestellten Fahrzeug bildenden Benzindämpfe werden von dem Aktivkohlefilter adsorbiert. Im Fahrbetrieb wird ein Luftstrom durch den Filter gesaugt, der zur Ablösung der Kohlenwasserstoffe von der Aktivkohle führt und die Benzindämpfe in den Motor spült, wo sie verbrennen.

Benzol im Benzin. Auf die Umwandlung von Molekülen, das **Reformieren**, ist es zurückzuführen, dass Benzin einen höheren Anteil an dem besonders klopffesten Benzol und den Benzolabkömmlingen (▷B6) enthält als das nur durch Destillation gewonnene Benzin. Diese Verbindungen sind sogar noch klopffester als Isooctan.

Die höhere Klopffestigkeit wird also durch einen höheren Anteil an dem *Krebs erzeugenden Benzol* erreicht. Um den Anteil an den teuren Kohlenwasserstoffen mit den hohen Octanzahlen niedrig zu halten, setzte man früher dem Benzin organische Bleiverbindungen zu. Heute werden in Deutschland nur noch bleifreie Antiklopfmittel verwendet. Kraftfahrzeuge mit Abgaskatalysatoren müssen mit bleifreiem Benzin betrieben werden, da Bleiverbindungen den Katalysator schädigen. Benzin kann auch durch andere Zusätze als Benzol und Bleiverbindungen klopffest gemacht werden, die allerdings teurer sind als das beim Reformieren anfallende Benzol.

Bei der Füllung von Tanks z.B. von Tankstellen oder Kraftfahrzeugen verdunsten Kohlenwasserstoffe (etwa 1,4 g pro 1 ℓ Benzin) und damit auch Benzol. Mithilfe von Einrichtungen zur Gasrückführung an Tankstellen und Aktivkohlefiltern lassen sich Emissionsminderungen von mehr als 90 % erreichen (▷B7).

Benzin durch Cracken. Der Anteil an Benzin, Dieselkraftstoff und leichtem Heizöl ist im Erdöl wesentlich niedriger als der Anteil am tatsächlichen Bedarf (▷B8). In den Raffinerien werden daher die hoch siedenden Fraktionen zu Benzin und Dieselkraftstoff bzw. leichtem Heizöl weiterverarbeitet.

B8 Bedarf an Erdölbestandteilen und deren Vorkommen (in Prozent)

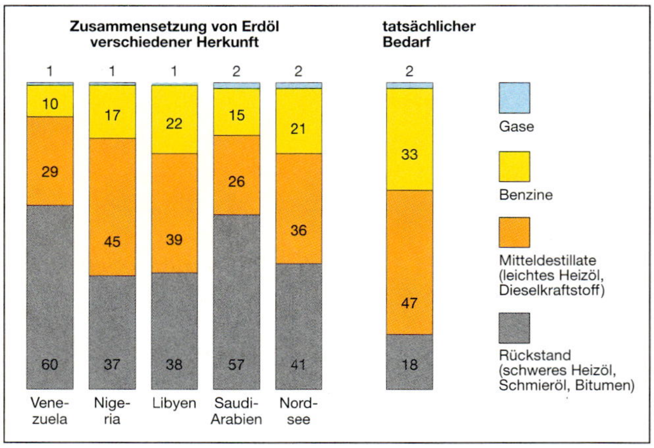

	Vene-zuela	Nige-ria	Libyen	Saudi-Arabien	Nord-see	tatsächlicher Bedarf
Gase	1	1	1	2	2	2
Benzine	10	17	22	15	21	33
Mitteldestillate	29	45	39	26	36	47
Rückstand	60	37	38	57	41	18

Da die Verbindungen des Benzins und Dieselkraftstoffs aus kleineren Kohlenwasserstoffmolekülen als die des schweren Heizöls und des Rückstandes der fraktionierten Destillation bestehen, müssen die großen Kohlenwasserstoffmoleküle in kleinere zerlegt werden (▷B9), um zur Herstellung von Benzin dienen zu können. Diese Zerlegung nennt man **Cracken** (von engl. to crack, aufbrechen).

Crackverfahren. In der Technik werden verschiedene Crackverfahren angewandt.

Beim *thermischen Cracken* werden die hoch siedenden Fraktionen (z. B. schweres Heizöl aus der atmosphärischen Destillation) unter Druck auf etwa 450 °C bis 500 °C erhitzt. Hohe Temperaturen führen dazu, dass die großen Moleküle in so starke Schwingungen geraten, dass die C–C-Bindungen aufbrechen.

Beim *katalytischen Cracken*, das bei etwa 450 °C in Gegenwart eines Katalysators erfolgt, wird ein wesentlich höheres Umwandlungsergebnis und eine bessere Qualität erreicht.

Neben dem Benzin werden beim Cracken, besonders beim katalytischen Cracken, gasförmige gesättigte und ungesättigte Kohlenwasserstoffe (▷V2, ▷B10) und auch Kohlenstoff gewonnen, der sich auf dem Katalysator niederschlägt. Zur Trennung des Kohlenwasserstoffgemisches schließt sich eine Destillation an.
Der Katalysator wird heute meist in Form eines feinen Pulvers eingesetzt. Dieses Pulver kann wie eine Flüssigkeit fließen und gefördert werden. Der nach der Crackreaktion mit Kohlenstoff beladene Katalysator wird kontinuierlich regeneriert, indem der Kohlenstoff abgebrannt wird (▷B11).

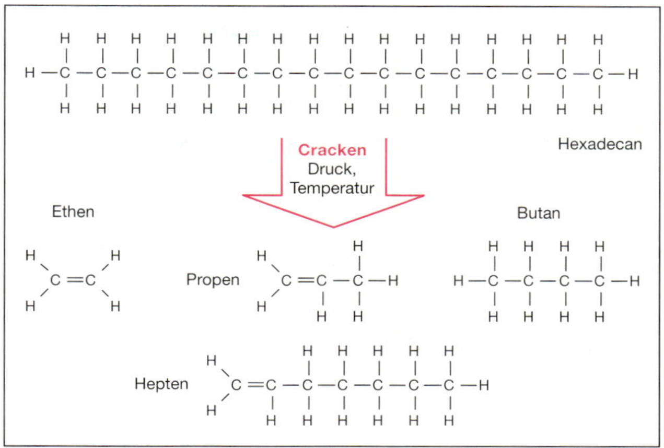

B9 Cracken schematisch. Lange Moleküle werden unter dem Einfluss von Druck und Temperatur in kleinere gespalten

V 2 Man erhitzt in einer Apparatur nach ▷B10 zunächst den Perlkatalysator und bringt dann das Paraffinöl zum Sieden.
a) Die entweichenden Dämpfe werden durch eine Kühlfalle geleitet und nach Durchführung der Knallgasprobe über einer Glasrohrspitze entzündet.
b) In der gekühlten Vorlage sammelt sich eine Flüssigkeit. Prüfe Entflammbarkeit, Viskosität und Geruch. Vergleiche mit Benzin und Paraffinöl.
c) Man gibt zu einem Teil der entstandenen Flüssigkeit etwas Bromwasser und vergleicht mit Heptan. (Schutzbrille! Abzug!)

A 2 Warum sollte man sich zur Fettentfernung die Hände nicht mit Normal- oder Superbenzin waschen?

B10 Cracken von Paraffinöl unter Verwendung eines Katalysators

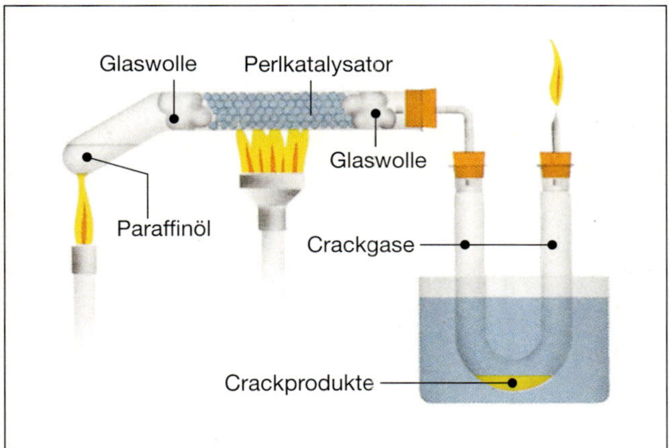

B11 Crack-Anlage in der Technik

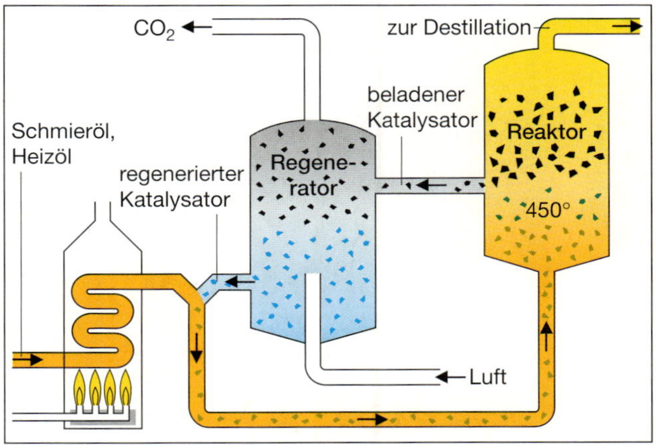

13.16 Überprüfung und Vertiefung

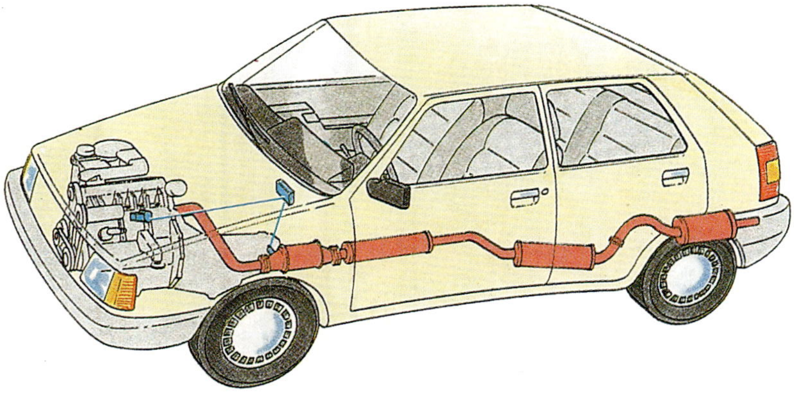

B 1 Zu Aufgabe 6

1 Bei der Reaktion eines Moleküls eines unbekannten Kohlenwasserstoffs mit Sauerstoffmolekülen werden Kohlenstoffdioxidmoleküle der Gesamtmasse 132 u und Wassermoleküle der Gesamtmasse 54 u gebildet.
a) Stelle die Summen- und Strukturformel für dieses Molekül auf.
b) Zu welcher Stoffklasse gehört dieser Kohlenwasserstoff?

2 Lässt man Hexan (Petroleumbenzin) und Dodecan (Paraffinöl) gleichen Volumens aus der gleichen Bürette oder Büretten gleichen Auslaufs fließen, so läuft das Hexan viel schneller aus der Bürette (▷ B 2).
Erkläre diesen Sachverhalt.

3 a) Warum weist Leichtbenzin einen Siedebereich und nicht *eine* feste Siedetemperatur auf?
b) Warum steigen die Siedetemperaturen und die Viskositäten von den Benzinen über die Mitteldestillate zum schweren Heizöl an?

B 2 Zu Aufgabe 2

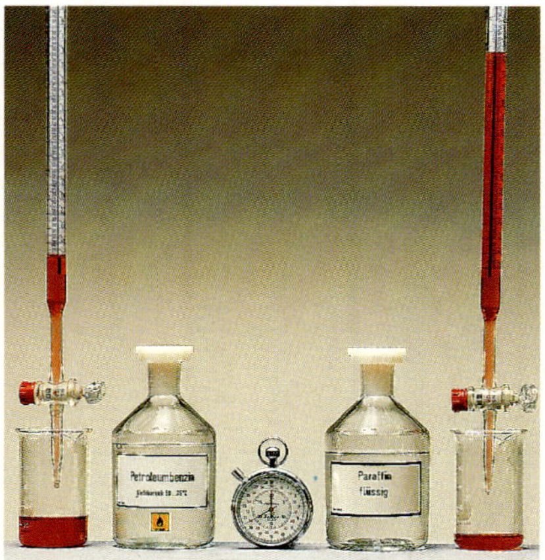

B 3 Zu Aufgabe 4

4 Für Beleuchtungszwecke wurden früher Carbidlampen (▷ B 3) verwendet. Sie enthalten „Calciumcarbid" (CaC_2), das in der Lampe mit Wasser reagiert.

$$CaC_2 + 2\,H_2O \longrightarrow C_2H_2 + Ca(OH)_2$$

Dabei entsteht ein Gas, das mit hell leuchtender Flamme verbrennt.
a) Welches Gas entsteht bei der Reaktion des Calciumcarbids?
b) Zu welcher Stoffklasse gehört dieses Gas?
c) Wozu wird dieses Gas heute verwendet?

5 a) Erläutere den Unterschied zwischen einer Substitution und einer Addition.
b) Zu welchem Reaktionstyp gehört die Reaktion von Brom mit Methan? Begründe deine Entscheidung.

6 In ▷ B 1 sind die Einspritzpumpe und Abgasanlage eines Ottomotors mit den drei Schalldämpfern, dem Katalysator, der Lambda-Sonde und dem Steuergerät eingezeichnet.
a) Beschreibe die durch den Katalysator bewirkten Reaktionen.
b) Welche Aufgabe erfüllt die Lambda-Sonde?

Wichtige Begriffe

Alkane
Van-der-Waals-Kräfte
Alkene
Isomerie
hydrophil, hydrophob
lipophil, lipophob
Substitutionsreaktion
Halogenierung
Additionsreaktion
gesättigte und ungesättigte Kohlenwasserstoffe
fraktionierte Destillation
Vakuumdestillation
Rohölfraktionen
Viskosität
Cracken
Octanzahl
Abgaskatalysator

Alkohole

Lässt man zuckerhaltige Säfte, z. B. Apfel- oder Traubensaft, längere Zeit stehen, so beginnen sie zu gären. Dieser chemische Vorgang, die alkoholische Gärung, läuft in der Natur von alleine ab und wird von Mikroorganismen, den Hefezellen, ausgelöst, die dadurch Energie gewinnen. Schon seit Jahrtausenden werden auf diese Weise alkoholische Getränke hergestellt. Sie enthalten den bekanntesten Alkohol, das Ethanol, in unterschiedlichen Konzentrationen.

Ethanol ist für die Hefezellen selbst ein giftiger Stoff. Sie sterben ab, sobald die Volumenkonzentration des Alkohols etwa 15 Prozent erreicht hat. Um höhere Konzentrationen zu erreichen, muss die Gärflüssigkeit destilliert, „gebrannt", werden. Auf diese Weise erhält man z. B. Branntwein.

Ethanol ist ein wichtiger Grundstoff der chemischen Industrie. Für technische Zwecke wird insgesamt sehr viel mehr Ethanol benötigt als für alkoholische Getränke.

Es gibt eine Reihe weiterer Alkohole, die mit dem Ethanol chemisch verwandt sind und die alle eine Gemeinsamkeit im Bau ihrer Moleküle aufweisen. In diesem Kapitel werden wir erfahren, welche Eigenschaften und Verwendungsmöglichkeiten von Alkoholen sich daraus ergeben.

14.1 Die Herstellung von Alkohol

B 1 Historische Apparatur zur Herstellung von Branntwein

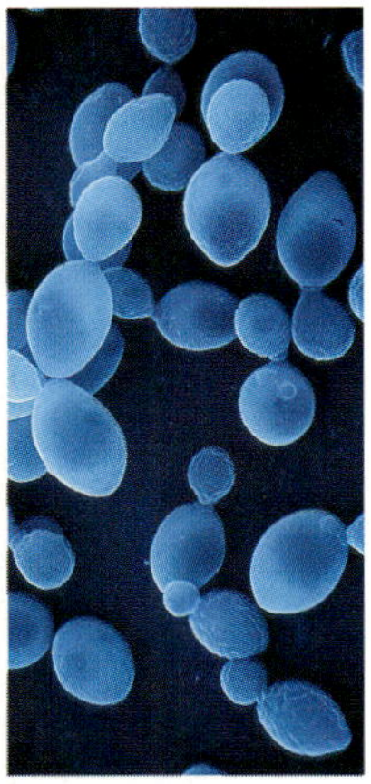

B 2 Hefezellen

V 1 Gib den Saft ausgepresster Weintrauben oder geriebener Äpfel in einen Glaskolben. Leite das entstehende Gas in Kalkwasser und beobachte in längeren Zeitabständen.

V 2 a) Gib in einen Erlenmeyerkolben 20 g Zucker, 200 ml Wasser und etwas Hefe. Wenn die Gärung in Gang gekommen ist, leite das entstehende Gas in Kalkwasser. b) Vergleiche mit einem Parallelversuch ohne Hefezusatz. c) Stelle den Göransatz für einige Tage an einen warmen Ort und destilliere nach Beendigung des Gärvorgangs den entstandenen Alkohol ab.

A 1 Beschreibe die Herstellung von absolutem Alkohol, ausgehend von Traubensaft.

B 3 Technische Alkoholherstellung

Die Stoffbezeichnung Alkohol ist uns von den „alkoholischen Getränken" bekannt, in denen er gelöst vorliegt. Der Alkohol wird diesen Getränken jedoch meist nicht zugesetzt, sondern entsteht durch eine chemische Reaktion bei der Herstellung dieser Getränke. Die Zubereitung alkoholischer Getränke ist schon seit Jahrtausenden bekannt. So waren vor mehr als 5000 Jahren die Sumerer schon in der Lage Bier herzustellen. Die frühe Fähigkeit Alkohol herzustellen ist wohl darauf zurückzuführen, dass die Alkoholentstehung auch ohne Zutun des Menschen in der Natur abläuft.

Alkoholische Gärung. Ausgangsstoff für die Alkoholentstehung ist Traubenzucker, der in vielen Früchten enthalten ist. Unter dem Einfluss der Enzyme (Biokatalysatoren) von Hefepilzen (▷ B 2) entsteht neben Alkohol ein weiteres Reaktionsprodukt, Kohlenstoffdioxid:

$$\text{Traubenzucker} \xrightarrow[\text{Wasser}]{\text{Enzyme}} \text{Alkohol} + \text{Kohlenstoffdioxid}$$

Diesen Vorgang nennt man *alkoholische Gärung*. Viele Früchte, wie z. B. Äpfel und Trauben, enthalten auf ihrer Schale bereits Hefepilze, sodass der Gärvorgang von selbst beginnen kann. Der Presssaft dieser Früchte reichert sich dadurch langsam mit Alkohol an. So entsteht z. B. Apfelwein. Den Gärvorgang kann man anhand der Bildung des Kohlenstoffdioxids verfolgen (▷ V 1, ▷ V 2). Verschließt man die Gärgefäße, bevor die Gärung völlig beendet ist, so löst sich unter dem steigenden Druck ein großer Teil des Kohlenstoffdioxids in der Flüssigkeit.

Auch aus Pflanzen, die Stärke enthalten, können alkoholische Getränke hergestellt werden, da aus Stärke Traubenzucker entstehen kann. Dies nutzt man z. B. bei der Bierherstellung. Die zur Bildung des Traubenzuckers erforderlichen Enzyme entstehen beim Keimen der Gersten- bzw. Weizenkörner. Auch aus anderen stärkehaltigen Früchten und Knollen, wie Reis oder Kartoffeln, kann Alkohol hergestellt werden. In einem Hefeteig läuft ebenfalls eine alkoholische Gärung ab. Das Kohlenstoffdioxid treibt das Brot auf und macht es locker. Der ebenfalls entstehende Alkohol verdampft beim Backvorgang.

Destillation. Die alkoholische Gärung hört von alleine auf, sobald eine Volumenkonzentration von ca. 15 % erreicht ist, da dann die Hefezellen absterben. Höhere Alkoholkonzentrationen lassen sich durch Destillieren („Brennen") erreichen (▷ B 1). So erhält man Branntwein. Im Destillat liegt maximal eine Volumenkonzentration von 96 % vor. Lösungen mit hohem Alkoholgehalt nennt man Spiritus. Er wird zur Herstellung von Spirituosen verwendet. Aus steuerlichen Gründen durch Zusätze ungenießbar gemacht („vergällt"), dient er als Brennspiritus. Das restliche Wasser kann nur durch Zusatz eines hygroskopischen Stoffes, z. B. Calciumoxid, entfernt werden. So erhält man reinen, *absoluten Alkohol*.

14.2 Projekt: Malzbier

Mithilfe von Zucker und Hefepilzen lassen sich einfache Experimente zur alkoholischen Gärung durchführen. Um das Wachstum anderer Organismen und damit die Entstehung anderer Stoffe zu verhindern, muss bei diesen Versuchen sehr sauber gearbeitet werden. In unseren Versuchen wird der Zuckergehalt der Ausgangsstoffe durch Zusatz von Haushaltszucker erhöht.
Einen Anhaltspunkt für den Zuckergehalt liefert die Dichte der Lösung. Reines Wasser hat eine Dichte von $\varrho = 1{,}000\,\mathrm{g/ml}$ (bei 4 °C). Zucker und einige andere Inhaltsstoffe erhöhen die Dichte. Als Maß für den Zuckergehalt, v. a. von vergärbarem Fruchtsaft (Most), wird häufig das Mostgewicht in der Einheit Oechslegrad (Zeichen: °Oe) angegeben:

$$\text{Mostgewicht} = \left(\frac{\varrho(\text{Lösung})}{\mathrm{g}/\ell} - 1000\right)\,^{\circ}\mathrm{Oe}$$

Aus dem Mostgewicht lassen sich der *Zuckergehalt* w(Zucker) und die maximal bei vollständiger Vergärung erreichbare *Alkoholkonzentration* σ(Alkohol) nach folgenden Beziehungen grob abschätzen:

$$w(\text{Zucker}) \approx \frac{\text{Mostgewicht}}{^{\circ}\mathrm{Oe}} \cdot 2\,\frac{\mathrm{g}}{\ell}$$

$$\sigma(\text{Alkohol}) \approx \frac{\text{Mostgewicht}}{8\,^{\circ}\mathrm{Oe}}\,\% \quad \text{(nach der Gärung)}$$

Hinweis: Brauansätze für Bier müssen dem Zollamt angezeigt werden!

Versuch Herstellung von Malzbier

Geräte und Materialien: Kunststoffkanister oder Glaskolben (5 ℓ), Gärröhrchen mit Stopfen, großer Kochtopf (10 ℓ) oder Dampfkochtopf, Bügelverschlussflaschen (für insgesamt 8 ℓ Flüssigkeit), Kochlöffel, Tasse, Teelöffel, Schöpflöffel, Waage, Senkwaage (Aräometer), Flaschenbürsten, Trichter, Beutel aus Baumwolle (z. B. Baumwollsocke), Schnur, Malzkaffee, Hopfentee, Backhefe, Zucker, Kalkwasser, Soda

Durchführung: siehe nebenstehende Grafik

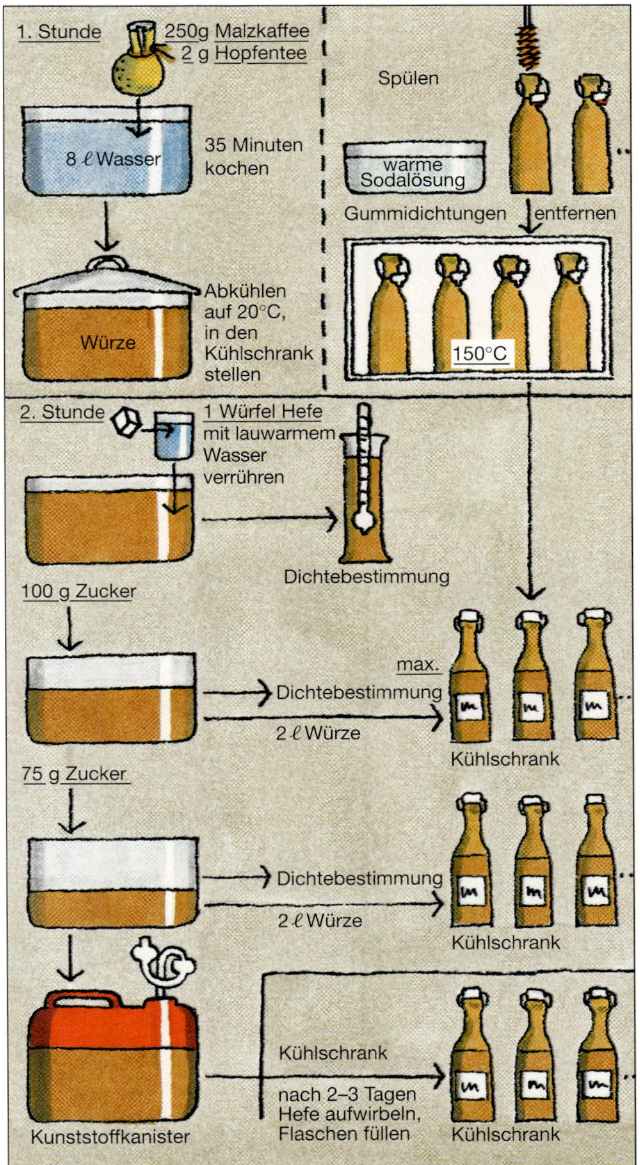

In der nächsten Chemiestunde (frühestens am nächsten Tag; besser nach 3 bis 4 Tagen):
Untersuche die verschiedenen Versuchsansätze auf ihren Gasdruck (Zischen beim Öffnen), ihre Dichte (Kohlenstoffdioxid in der Probe vorher durch Schütteln oder Auskochen entfernen), Schaumbildung (durch Eingießen in ein Reagenzglas) und Geschmack.
(Erfolgt eine Flaschengärung über mehrere Tage, so muss täglich durch vorsichtiges Öffnen etwas Gas abgelassen werden.)
Auswertung: Fertige ein Versuchsprotokoll an. Interpretiere die Beobachtungen. Berechne die jeweilige maximal mögliche Alkoholkonzentration.

Alkoholfreies Bier

Alkoholfreie Biere werden immer beliebter. Nach dem Lebensmittelgesetz dürfen solche Biere eine Alkoholkonzentration bis zu 0,5 % besitzen. Die einfachste Methode alkoholfreies Bier herzustellen ist einem normal gebrauten Bier nachträglich den Alkohol, z. B. durch Kochen, zu entziehen. Dabei gehen allerdings auch charakteristische Aromastoffe verloren.

In moderneren Verfahren werden extrem feinporige Folien (Membranen) eingesetzt, die die kleinen Wasser- und Alkoholmoleküle durchlassen, nicht jedoch die wesentlich größeren Moleküle der Aromastoffe. Technisch kann dies dadurch geschehen, dass das Bier mit hohem Druck durch solche Membranen gedrückt wird. Die so entfernte Alkohol-Wasser-Lösung wird durch nachströmendes Wasser ersetzt. In einem anderen Verfahren lässt man Bier und Wasser, durch eine Membran getrennt, gegenläufig aneinander vorbeifließen. Durch Diffusion gelangen die Alkoholmoleküle auf die Seite des Wassers und werden so entfernt.

14.3 Alkoholgenuss – Alkoholmissbrauch

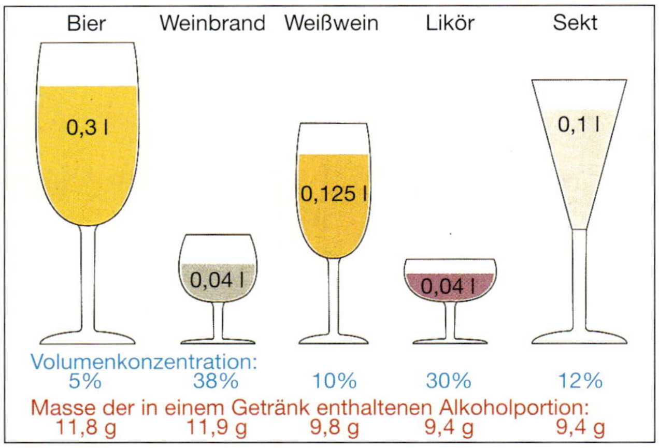

B 1 Alkoholanteil einiger Getränke im Vergleich

B 2 Alkoholische Getränke sind oft Durststiller, sie führen aber auch zur Abhängigkeit

Der Genuss von Alkohol erfolgt häufig unüberlegt und selbstverständlich. Oft wird der Alkohol auch als „Freudenbringer" oder „Problemlöser" angesehen, der das Leben scheinbar leichter macht. Dies wird uns täglich durch die Werbung für alkoholische Getränke suggeriert. Diese Einstellung zum Alkoholkonsum kann jedoch bereits der erste Schritt zur Alkoholabhängigkeit sein.

Die Wirkung von Alkohol auf den Körper. In Deutschland werden jährlich mehr als 50 Milliarden DM für alkoholische Getränke ausgegeben. Durchschnittlich nimmt jeder Einwohner täglich 35 ml (ca. 28 g) reinen Alkohol zu sich. Dies ist eine sehr große Menge, wenn man bedenkt, dass Alkohol ein giftiger Stoff ist. Die tödliche Dosis für ein Kleinkind liegt bei 7 g bis 17 g reinem Alkohol. Dies entspricht etwa einem Glas Wein (▷ B 1). Da Alkohol direkt in den Blutkreislauf gelangt, zeigen auch beim Erwachsenen bereits geringe Mengen sehr schnell Auswirkungen auf Befinden und Verhalten. Durch Alkohol werden Nervenzellen schnell und nachhaltig in ihrer Funktion gestört. Die direkten Folgen sind Minderung des logischen Denkvermögens und der Selbstkontrolle sowie der Abbau von Hemmungen. Der Genuss größerer Alkoholmengen führt zum „Rausch". Dabei werden bis zu 10 Millionen Gehirnzellen zerstört, der Gleichgewichtssinn wird gestört und das Kurzzeitgedächtnis setzt aus. Übermäßiger Alkoholgenuss kann zu einer lebensbedrohlichen Alkoholvergiftung führen. Langfristig wird die Leber geschädigt, in der der Alkohol abgebaut wird. Bei einem gesunden Menschen mit 70 kg Körpergewicht können pro Stunde 7 bis 9 g reiner Alkohol abgebaut werden. Je nach Konstitution kann eine tägliche Aufnahme von 20 bis 60 g Alkohol über längere Zeit zu lebensbedrohlicher Leberschrumpfung (Leberzirrhose) führen. Auch andere Organe, z. B. Herz,

B 3 Gefahren durch Alkoholmissbrauch im Straßenverkehr

Unter 0,5 ‰: Bereits 0,3 ‰ erschweren den schnellen Überblick über eine ständig wechselnde Verkehrslage, Entfernung entgegenkommender Fahrzeuge lässt sich nicht mehr genau abschätzen; Reaktionsvermögen verschlechtert sich.

0,5 bis 0,8 ‰: Reaktion auf optische und akustische Signale wird deutlich verlangsamt, Bremsweg verlängert sich bei 50 km/h um 14 m, Blickfeld ist eingeengt („Tunnelblick"); Farbempfindlichkeit der Augen vor allem für rotes Licht (Ampeln, Rücklichter!) lässt nach; Minderung der Konzentrationsfähigkeit; Unfallhäufigkeit mit Personenschäden verdoppelt sich.

0,8 bis 1,2 ‰: Erhebliche Minderung der Aufmerksamkeit und Konzentrationsfähigkeit, stark verzögerte Reaktionsabläufe; euphorische Überschätzung der eigenen Fähigkeiten; Hell-Dunkel-Anpassung der Augen ist erheblich gestört (z. B. bei Wechsel Fern-/Abblendlicht).

1,2 bis 2,4 ‰: Absolute Fahruntüchtigkeit, bei 1,3 ‰ elffaches, bei 1,5 ‰ sechzehnfaches Risiko für einen Unfall mit Personenschäden; Gleichgewichts- und Koordinationsstörungen; stark gestörte Reaktionsabläufe bei gleichzeitiger Überschätzung der eigenen Fähigkeiten und Steigerung des Selbstbewusstseins.

B 4 Berechnung des Blutalkoholgehalts

$$w(\text{Alkohol im Blut}) = \frac{m(\text{aufgenommener Alkohol})}{m(\text{Person}) \cdot r}$$

r ist ein Faktor, der u. a. vom Geschlecht und der Konstitution abhängt. Durchschnittswerte: $r(\text{Mann}) = 0{,}68$; $r(\text{Frau}) = 0{,}55$.

Beispiel: Ein Mann ($m = 75\,\text{kg}$) trinkt ein Glas Bier ($V = 0{,}3\,\ell$) mit einer Volumenkonzentration

$$\sigma(\text{Alkohol}) = \frac{V(\text{Alkohol})}{V(\text{Getränk})} = 0{,}05\ (5\,\%)$$

Schätze seinen Blutalkoholgehalt ab.

$$V(\text{Alkohol}) = \sigma(\text{Alkohol}) \cdot V(\text{Getränk}) = 0{,}05 \cdot 0{,}3\,\ell = 0{,}015\,\ell = 15\,\text{ml}$$

$$m(\text{Alkohol im Blut}) = \varrho(\text{Alkohol}) \cdot V(\text{Alkohol}) = 0{,}785\,\text{g/ml} \cdot 15\,\text{ml} = 11{,}8\,\text{g}$$

$$w(\text{Alkohol im Blut}) = \frac{11{,}8\,\text{g}}{75\,000\,\text{g} \cdot 0{,}68} = 0{,}00023 = 0{,}23\,‰$$

Magen, Darm und Nieren, werden durch ständigen Alkoholkonsum geschädigt (▷ B5).

Alkohol und Sucht. Eine seelische Abhängigkeit von Alkohol kann sich bereits bei relativ geringer täglicher Aufnahme einstellen und zur Alkoholsucht führen. Der Alkoholkranke steht unter einem Wiederholungszwang, in einer seelischen und körperlichen Abhängigkeit von ständiger Alkoholzufuhr in immer kürzeren Zeitabständen. Nur eine Entziehungskur und lebenslanger Verzicht auf Alkohol können einen Suchtkranken von seiner Sucht befreien.

Alkohol und Verkehr. Besonders gefährlich sind die Auswirkungen von Alkohol auf den Menschen im Straßenverkehr (▷ B3). Vor allem führt die enthemmende Wirkung von Alkohol zur Selbstüberschätzung und zu riskantem Verkehrsverhalten. Allein ein Viertel der im Straßenverkehr Getöteten sind Opfer alkoholbedingter Verkehrsdelikte. Bei Verdacht auf „Alkohol am Steuer" werden von der Polizei Kontrollen durchgeführt. Dabei wird zunächst der Alkoholgehalt in der Atemluft mit einem elektronischen Messgerät bestimmt (▷ B8). Ab einem bestimmten Wert wird eine Blutprobe zur Bestimmung des Blutalkoholgehalts entnommen. Ein Blutalkoholgehalt von 1 ‰ bedeutet, dass sich 1 mg reiner Alkohol in 1000 mg Blut befindet.

Mit der in ▷ B4 angegebenen Formel lässt sich der Blutalkoholgehalt nach Aufnahme einer bestimmten Masse an Alkohol näherungsweise abschätzen. Der aufgenommene Alkohol gelangt nicht nur in das Blut, sondern verteilt sich im ganzen Körper. Da verschiedene Gewebe den Alkohol sehr unterschiedlich aufnehmen, hängt der in der Formel angegebene Faktor sehr stark vom Körperbau ab.

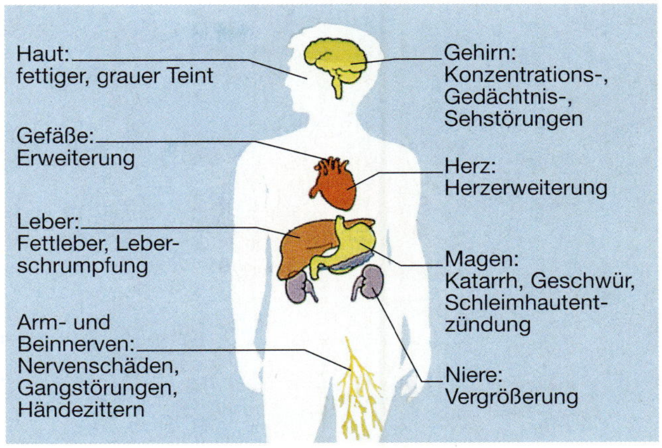

B5 Alkohol schädigt die Organe des Menschen

A 1 Warum ist die Unfallgefahr nach Alkoholkonsum erhöht? Welche Wirkungen hat Alkohol auf das Gehirn und das Sehvermögen?

A 2 Die „Promillegrenze" für Verkehrsteilnehmer liegt z. B. in Norwegen bei 0,5 ‰, in Schweden bei 0,2 ‰, in der Türkei bei 0,0 ‰. Welche Gründe sprechen dafür, diese Grenze auch bei uns weiter herabzusetzen?

A 3 Welcher Alkoholgehalt (Massenanteil in Promille) lässt sich bei einem 66 kg schweren Mann nach zwei Gläsern Weinbrand ($\sigma = 38\,\%$; je $0{,}04\,\ell$) feststellen? Wie beurteilst du die Fahrtüchtigkeit des Mannes? Welche Faktoren beeinflussen den Alkoholanteil im Blut?

B6 Alkohol am Steuer ist Ursache vieler Verkehrsunfälle

B7 Folgen von Alkoholmissbrauch im Straßenverkehr

Alkohol am Steuer hat gravierende rechtliche Folgen: Ab 0,3 Promille Alkohol im Blut kann bei einem Unfall oder Fahrfehler der Führerschein entzogen werden. Ab 0,5 Promille droht auch ohne Unfall eine Geldbuße und ein Eintrag ins Flensburger Verkehrszentralregister, ab 0,8 Promille außerdem ein Fahrverbot. Fahren mit 1,1 Promille oder mehr wird als Straftat unter anderem mit Führerscheinentzug geahndet. Kommt es zu einem Unfall, können Freiheitsstrafe und Schadenersatz, Schmerzensgeld oder eine Rente an das Unfallopfer ein ganzes Leben ruinieren.
Deshalb grundsätzlich: Mit Auto – kein Alkohol.
Sie gefährden nicht nur sich selbst.
Denken Sie daran!

B8 Alkoholkontrolle. Der Alkoholanteil der Atemluft wird bestimmt

14.4 Der Aufbau des Ethanolmoleküls

B1 Ethanoldampf reagiert mit Magnesium. Es entsteht Magnesiumoxid

V 1 Führe eine Verbrennung von Ethanol analog ▷V3 in ↗ Kap. 13.2 durch.

V 2 Man führt den Nachweis von Sauerstoffatomen mit Ethanol gemäß ▷B1 durch.

V 3 Führe zur Bestimmung der Molekülmasse des Ethanolmoleküls ▷V2 in ↗ Kap. 6.12 mit Ethanol durch.

⚠ **V 4** Man gibt eine kleine Portion Natrium in ein Reagenzglas mit Ethanol (wasserfrei), fängt das entstehende Gas über Wasser auf und führt die Knallgasprobe durch.

A 1 Formuliere die Reaktionsgleichung für die vollständige Verbrennung von Ethanol.

B2 Molekülstrukturen zur Summenformel C_2H_6O

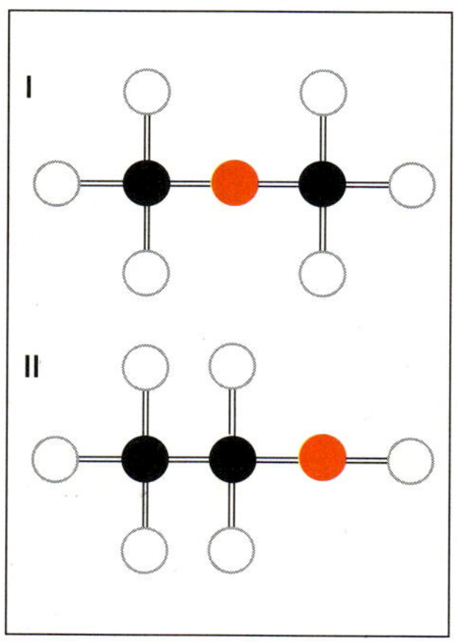

B3 Ethanolmolekül – Modell und Formel

Der durch die alkoholische Gärung entstehende Alkohol wird genauer als **Ethanol** bezeichnet. Manchmal wird er auch Ethylalkohol genannt.
Da Ethanol ein bei Zimmertemperatur flüssiger, leicht flüchtiger Stoff ist, liegt es nahe, dass er aus *Molekülen* aufgebaut ist. Durch geeignete Experimente erhalten wir Hinweise auf die *Atomsorten*, die am *Aufbau* des Ethanolmoleküls beteiligt sind, und auf deren *Verknüpfung*.

Elementare Zusammensetzung. Bei der *Verbrennung* von Ethanol entstehen Kohlenstoffdioxid und Wasser (▷V1). Am Aufbau des Ethanolmoleküls müssen also *Kohlenstoff- und Wasserstoffatome* beteiligt sein. Durch geeignete Experimente (▷V2) erhält man den Hinweis auf Sauerstoffatome (▷B1). Weitere Atomsorten lassen sich nicht nachweisen. Eine quantitative Analyse liefert das Atomanzahlverhältnis $N(C) : N(H) : N(O) = 2:6:1$. Über die Ermittlung der *Molekülmasse* des Ethanolmoleküls (▷V3) erhält man die *Summenformel* C_2H_6O.

Struktur des Ethanolmoleküls. Zu der Summenformel C_2H_6O lassen sich *zwei* Strukturformeln aufstellen (▷B2). In der einen (I) sind *alle* Wasserstoffatome an Kohlenstoffatome gebunden. In der anderen (II) nimmt *ein* Wasserstoffatom eine Sonderstellung ein. Es ist an ein Sauerstoffatom gebunden. Um entscheiden zu können, welche Struktur das Ethanolmolekül tatsächlich hat, müssen weitere Untersuchungen durchgeführt werden.

Die unterschiedliche Verknüpfung der Atome in den beiden denkbaren Molekülen muss Auswirkungen auf ihr *Reaktionsverhalten* haben. Auffällig ist, dass in Struktur II mit der OH-Gruppe eine Atomgruppierung vorliegt, wie sie auch im Wassermolekül vorkommt. Es ist zu erwarten, dass der Stoff, der aus Molekülen dieser Struktur aufgebaut ist, einige dem Wasser ähnliche Eigenschaften und Reaktionen zeigt. Eine solche Ähnlichkeit besteht in der *Reaktion mit Natrium*.

Natrium reagiert mit Ethanol unter *Wasserstoffentwicklung* (▷V4). Der Verlauf der Reaktion ist beim Ethanol allerdings weniger heftig als bei der entsprechenden Reaktion mit Wasser.
Dass das Ethanolmolekül tatsächlich eine OH-Atomgruppe besitzt, also *Struktur II* zutrifft, wurde durch weitere, exaktere Versuche bestätigt. So kann man zeigen, dass der bei dieser Reaktion mit Natrium entstehende Wasserstoff *ausschließlich Wasserstoffatome* enthält, die zuvor an das *Sauerstoffatom im Ethanolmolekül* gebunden waren.
Um die Sonderstellung des an das Sauerstoffatom gebundenen Wasserstoffatoms zu kennzeichnen, schreibt man C_2H_5OH statt der Summenformel C_2H_6O (▷B3).
Die OH-Gruppe wird als **Hydroxylgruppe** bezeichnet.

14.5 Homologe Reihe der Alkanole

Die homologe Reihe der Alkanole. Stoffe, deren Moleküle aus einer Kohlenwasserstoffgruppe und einer oder mehreren Hydroxylgruppen bestehen, werden *Alkohole* genannt. Diejenigen, deren Molekülformel sich aus der allgemeinen Molekülformel $C_nH_{2n+1}OH$ ableiten lässt, nennt man **Alkanole**. Ihre Moleküle unterscheiden sich voneinander durch die Anzahl von CH_2-Gruppen. Ihre Namen werden gebildet, indem man dem Namen des Alkans mit gleicher Anzahl von Kohlenstoffatomen die *Endung „-ol"* als Zeichen für die OH-Gruppe anfügt (▷ B 1). Diese für Alkohole charakteristische *Hydroxylgruppe* nennt man die **funktionelle Gruppe** der Alkoholmoleküle. Die funktionelle Gruppe bestimmt entscheidend die Eigenschaften und Reaktionen der Moleküle und damit der Stoffe.

Isomere Alkanole. Wie bei den Alkanen gibt es auch bei den Alkanolen isomere Verbindungen. Neben dem 1-Propanol, dessen Moleküle die OH-Gruppe an einem endständigen Kohlenstoffatom tragen, existiert ein 2-Propanol (Isopropanol) mit der OH-Gruppe am mittleren Kohlenstoffatom seiner Moleküle (▷ B 2a). Innerhalb der homologen Reihe nimmt die Zahl der isomeren Verbindungen zu. So gibt es vier verschiedene Butanole (▷ B 2b). Die systematischen Namen der isomeren Alkanole werden ähnlich wie die der isomeren Alkane gebildet. Durch eine vor den Stammnamen gesetzte Zahl wird zusätzlich das Kohlenstoffatom bezeichnet, an das die Hydroxylgruppe gebunden ist. Die Kette der Kohlenstoffatome wird dabei so durchnummeriert, dass diese Zahl so klein wie möglich ist.

Trägt das die Hydroxylgruppe bindende Kohlenstoffatom nur eine Alkylgruppe, spricht man von einem *primären* Alkanol. Sind zwei oder drei Alkylgruppen gebunden, liegt ein *sekundäres* bzw. *tertiäres* Alkanol vor (▷ B 2b).
Die Moleküle der **mehrwertigen Alkohole** enthalten mehrere OH-Gruppen (▷ B 2c).

B 1 Homologe Reihe der Alkanole. Der Alkylrest wird jeweils um eine CH_2-Gruppe vergrößert

Name	Halbstrukturformel
Methanol	CH_3 - OH
Ethanol	CH_3 - CH_2 - OH
1-Propanol	CH_3 - CH_2 - CH_2 - OH
1-Butanol	CH_3 - CH_2 - CH_2 - CH_2 - OH
1-Pentanol	CH_3 - CH_2 - CH_2 - CH_2 - CH_2 - OH
1-Hexanol	CH_3 - CH_2 - CH_2 - CH_2 - CH_2 - CH_2 - OH
1-Heptanol	CH_3 - CH_2 - CH_2 - CH_2 - CH_2 - CH_2 - CH_2 - OH
1-Octanol	CH_3 - CH_2 - CH_2 - CH_2 - CH_2 - CH_2 - CH_2 - CH_2 - OH
1-Nonanol	CH_3 - CH_2 - CH_2 - CH_2 - CH_2 - CH_2 - CH_2 - CH_2 - CH_2 - OH
1-Decanol	CH_3 - CH_2 - CH_2 - CH_2 - CH_2 - CH_2 - CH_2 - CH_2 - CH_2 - CH_2 - OH

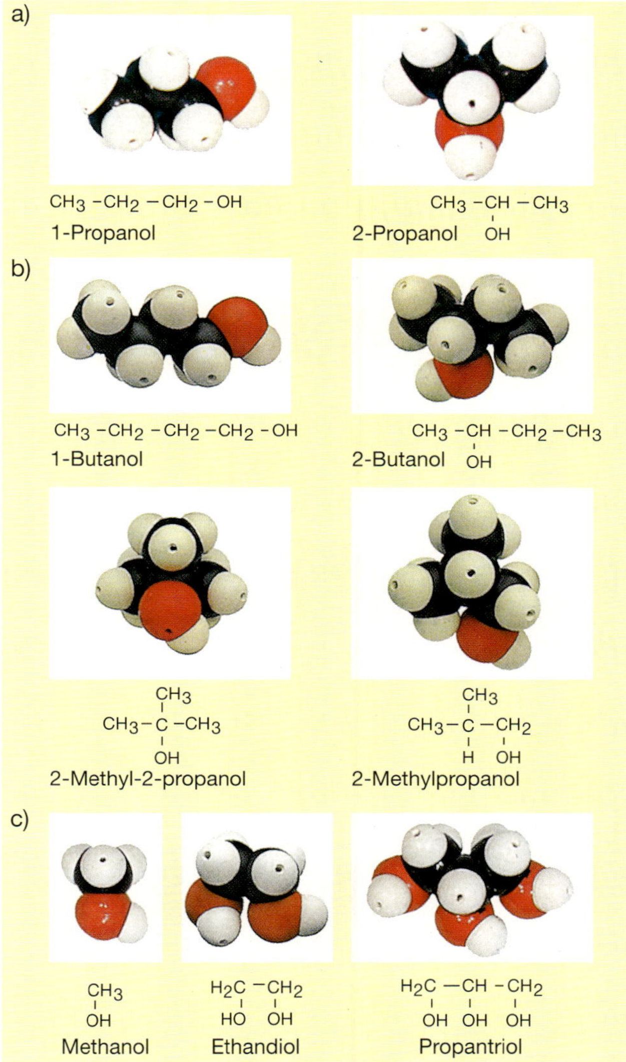

B 2 Strukturen verschiedener Alkoholmoleküle. Molekülmodelle und Halbstrukturformeln

A 1 a) Baue mit einem Molekülbaukasten alle möglichen Alkanolmoleküle mit der Formel C_4H_9OH.
b) Welche davon sind primäre, sekundäre bzw. tertiäre Alkohole?

A 2 a) Wende am folgenden Beispiel die Regeln zur Benennung eines Alkanols an:

$CH_3-CH-CH-CH_3$ (an den beiden mittleren C-Atomen je eine OH-Gruppe)

b) Zeichne die Strukturformel des Moleküls von 3-Methyl-1,3,5-pentantriol.

14.6 Eigenschaften und Verwendung von Ethanol

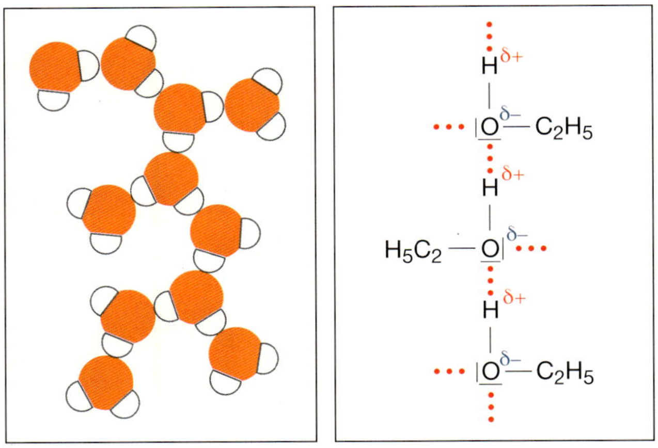

B1 Wasserstoffbrücken zwischen Wassermolekülen (links) und zwischen Ethanolmolekülen (rechts)

V 1 Gib in je ein Reagenzglas etwas Wasser bzw. Benzin, füge etwa die gleiche Menge Ethanol (Brennspiritus) zu und schüttle.

V 2 Stelle in je einem Reagenzglas wenige Milliliter einer Lösung aus Ethanol in Wasser (80 %, 50 %, 40 %) her und verschließe die Reagenzgläser. Entferne das Vorratsgefäß. Gib die jeweiligen Mischungen in Porzellanschalen und versuche, sie mit einem Streichholz zu entzünden.
(Vorsicht, brennbare Materialien entfernen, beim Entzünden nicht über die Porzellanschale beugen!)

A 1 Nenne jeweils Eigenschaften des Ethanols, die auf den Einfluss der Hydroxyl- bzw. Ethylgruppe zurückzuführen sind, und begründe.

B2 Struktur und Löslichkeit. Ethanol löst sich aufgrund seines Molekülbaus in Wasser und Benzin

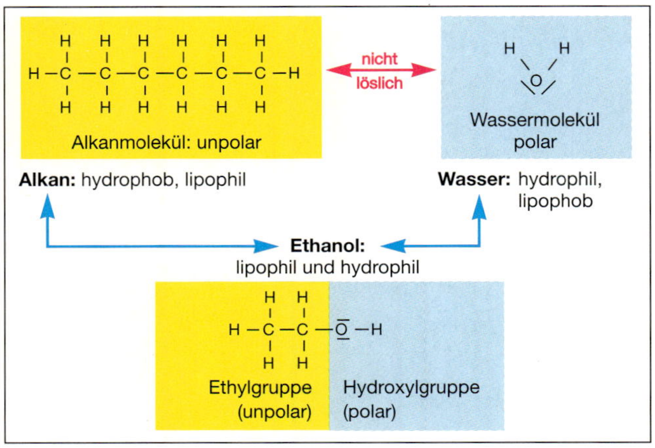

Außer als Bestandteil alkoholischer Getränke ist Ethanol in vielen Bereichen des täglichen Lebens und in der Technik zu finden. Seine Anwendungsbereiche sind auf einige seiner besonderen Eigenschaften zurückzuführen. Diese Eigenschaften des Ethanols lassen sich durch den Aufbau der Ethanolmoleküle erklären.

Auswirkungen der Hydroxylgruppe. Das Ethanolmolekül besitzt eine Atomgruppe, die wir schon vom Wassermolekül kennen, die OH- oder Hydroxylgruppe. Wie im Wassermolekül ist die Bindung zwischen dem Wasserstoff- und Sauerstoffatom aufgrund der unterschiedlichen Elektronegativitäten stark polar, mit einer positiven Teilladung am Wasserstoffatom und einer negativen am Sauerstoffatom. Aufgrund der gewinkelten Struktur des Ethanolmoleküls liegt ein Dipolmolekül vor (↗ Kap. 11.4). Zwischen Ethanolmolekülen können sich, wie bei Wassermolekülen, Wasserstoffbrücken ausbilden (↗ Kap. 11.5, ▷ B3). Jedes Ethanolmolekül kann jedoch im Gegensatz zu einem Wassermolekül nur eine Wasserstoffbrücke zum Nachbarmolekül bilden. Die zwischenmolekularen Kräfte sind insgesamt schwächer als beim Wasser. Dementsprechend ist auch die Siedetemperatur mit 78 °C tiefer. Sie ist allerdings wesentlich höher als die Siedetemperaturen von Stoffen, deren Moleküle unpolar sind und zwischen denen ähnlich große Van-der-Waals-Kräfte wirken wie zwischen Ethanolmolekülen (z. B. Kohlenstoffdioxid). Auch die Tatsache, dass Ethanol in Wasser löslich ist (▷ V1), ist auf die polare Hydroxylgruppe zurückzuführen. Zwischen Ethanol- und Wassermolekülen können sich ebenfalls Wasserstoffbrücken ausbilden.

Ethanol als Lösungsmittel. Die Farben mancher Filzstifte lassen sich nicht mit Wasser, dagegen sehr gut mit Ethanol entfernen. Versuche zum Lösungsverhalten des Ethanols (▷ V1) ergeben, dass es nicht nur in Wasser, sondern auch in Benzin löslich ist. Dieses Verhalten ist erstaunlich, da Wasser und Benzin sich nicht ineinander lösen.

Benzin setzt sich zusammen aus Molekülen, an deren Aufbau nur Wasserstoff- und Kohlenstoffatome beteiligt sind. Solche Stoffe sind die **Kohlenwasserstoffe**. Im einfachsten Fall sind in diesen Molekülen alle Atome durch Einfachbindungen verbunden, wobei alle Kohlenstoffatome tetraedrisch von anderen Atomen umgeben sind (↗ Kap. 11.2, ▷ B2).

Stoffe, deren Moleküle dieses Bauprinzip aufweisen, gehören zu der Stoffgruppe der **Alkane**. Aufgrund ihres räumlichen Baus sind Alkanmoleküle unpolar. Zwischen ihnen wirken nur Van-der-Waals-Kräfte (↗ Kap. 11.8 und 13.7).

Eigenschaften und Verwendung von Ethanol

Ein Teil des Ethanolmoleküls, die C_2H_5-Gruppe, zeigt dasselbe Bauprinzip wie die Alkanmoleküle. Dieser Molekülteil ist ebenfalls unpolar und verantwortlich für die Löslichkeit von Ethanol in Benzin.

Das Lösungsverhalten von Ethanol wird also bestimmt durch die unterschiedlichen Eigenschaften seiner beiden Molekülteile. Stoffe lösen sich in solchen Lösungsmitteln, deren Moleküle ähnliche Strukturen und damit ähnliche Polarität besitzen wie der gelöste Stoff (▷ B2). Man sagt: **„Ähnliches löst sich in Ähnlichem“**.
Zur Charakterisierung des Lösungsverhaltens eines Stoffes gegenüber Wasser verwendet man häufig den Begriff **hydrophil (wasserfreundlich)** für Stoffe mit guter Wasserlöslichkeit und **hydrophob (wassermeidend)** für ein gegenteiliges Lösungsverhalten. Außer den Alkanen zählen vor allem Fette und Öle zu den ausgesprochen hydrophoben Stoffen. Fettlösliche Stoffe bezeichnet man als **lipophil** (von griech. lipos, Fett), wenig fettlösliche als **lipophob**. Ethanol ist demnach sowohl hydrophil als auch lipophil.

Verwendung von Ethanol. Eine Eigenschaft, die das Ethanol mit den Kohlenwasserstoffen gemeinsam hat, ist die Brennbarkeit. Außer bei der Verwendung als Brennspiritus wird diese Eigenschaft bei der im ↗ Kap. 14.7 beschriebenen Verwendung von Ethanol als Energieträger genutzt. Auch Lösungen mit Wasser sind bis zu einer Alkoholkonzentration von ca. 50 % noch brennbar (▷ V2).

Der Bedarf an Ethanol zur industriellen Verwendung ist sehr groß. Der größte Teil dieses Ethanols wird jedoch nicht über eine alkoholische Gärung hergestellt, sondern durch Reaktion eines aus Erdöl hergestellten Kohlenwasserstoffs mit Wasser (technischer Alkohol). Über diese Reaktion werden in Deutschland jährlich etwa 100 000 t Ethanol hergestellt.

Aufgrund seiner Eigenschaft, sowohl hydrophile als auch hydrophobe Stoffe lösen zu können, wird Ethanol in vielen Bereichen als hervorragendes Lösungsmittel verwendet. Diese Eigenschaft ist besonders dann gefragt, wenn *gleichzeitig* hydrophile und hydrophobe Stoffe, z. B. Wirkstoffe in einem Arzneimittel, gelöst werden sollen (▷ B3, links). Ein weiterer Vorteil ist, dass solche Lösungen noch bis zu einem bestimmten Grad mit Wasser verdünnbar sind, bevor sich eine Emulsion bildet (▷ V3). Außer in der pharmazeutischen Industrie nutzt man dies bei der Herstellung von Kosmetika, wie Rasier-, Gesichts-, Mund- und Duftwasser, sowie in der Lack- und Farbenindustrie (▷ B4). Auch viele Filzstifte und Tinten enthalten Ethanol als Lösungsmittel. Ferner wird es als Extraktions-, Reinigungs-, Desinfektions- und Konservierungsmittel verwendet. Für nicht allzu hohe Temperaturen kann Ethanol als Thermometerfüllung das giftige Quecksilber ersetzen (▷ B3, rechts).

B 3 Verwendung von Ethanol als Lösungsmittel für Pflanzenwirkstoffe (links) und als Thermometerfüllung (rechts)

V 3 a) Gib in ein Reagenzglas zu 1 ml Benzin 5 ml Brennspiritus und schüttle. Füge anschließend tropfenweise Wasser hinzu, bis eine bleibende Veränderung eintritt.
b) Gib in ein Reagenzglas etwas Anisextrakt (alkoholische Lösung) und füge tropfenweise Wasser hinzu.

A 2 a) Welche zwischenmolekularen Kräfte sind hauptsächlich für die Höhe der Siedetemperaturen von Wasser bzw. Ethanol verantwortlich?
b) Erkläre, warum die Siedetemperatur von Ethanol unter der von Wasser liegt.

A 3 Welche Eigenschaften von Ethanol nutzt man bei seiner Verwendung in „kölnisch Wasser“?

B 4 Verwendung von Alkohol in Produkten des Alltags

14.7 Eigenschaften und Verwendung von Alkoholen

Name	Schmelz-temp. in °C	Siede-temp. in °C	Löslichkeit in Wasser	Löslichkeit in Benzin	Viskosität
Methanol	−98	65	nimmt ab	alle unbegrenzt löslich	nimmt zu
Ethanol	−117	78			
Propanol	−126	97			
Butanol	−89	117			
Pentanol	−79	138			
Hexanol	−47	157			

B1 Die homologe Reihe der Alkanole. Zusammenhang zwischen Struktur und Eigenschaften

V 1 Gib zu kleinen Portionen verschiedener Alkanole tropfenweise Wasser und prüfe, ob sich eine Lösung bildet. Erkläre die Unterschiede.

V 2 Zu einigen Millilitern Methanol bzw. Ethanol gibt man in einer Porzellanschale jeweils etwas Borax und entzündet die Proben.

A 1 Hexanol ist eine Flüssigkeit, Hexanhexaol dagegen ein Feststoff. Begründe.

A 2 Erkläre die Zunahme der Siedetemperaturen innerhalb der homologen Reihe der Alkanole.

A 3 1-Octanol und Ethandiol besitzen etwa gleiche Siedetemperaturen. Vergleiche die zwischenmolekularen Kräfte.

B2 Glykol wird in Frostschutzmitteln verwendet

B3 Sorbit als Zuckeraustauschstoff

Die Eigenschaften eines Alkohols werden sowohl von der OH-Gruppe als auch von dem Alkylrest geprägt.

Homologe Reihe und Eigenschaften. Innerhalb der homologen Reihe wird der Alkylrest immer größer. Damit nehmen auch die Van-der-Waals-Kräfte zu, die Siedetemperaturen steigen an (▷B1). Aus demselben Grund werden die Alkanole auch immer *zähflüssiger*. Der erste bei Zimmertemperatur feste Alkohol ist Dodecanol. Innerhalb der homologen Reihe gewinnt außerdem der Alkylrest gebenüber der Hydroxylgruppe zunehmend an Einfluss auf die Stoffeigenschaften. Dies wirkt sich z. B. auf die *Löslichkeit* der Alkanole in Wasser aus (▷V1). Nur die ersten drei Glieder der homologen Reihe besitzen eine unbegrenzte Löslichkeit in Wasser. Mit zunehmender Länge der Alkylgruppen nimmt die Löslichkeit ab (▷B1). In Benzin und anderen hydrophoben Lösungsmitteln sind Alkanole dagegen in allen Verhältnissen löslich.

Methanol ist das erste Glied der homologen Reihe und besitzt die am einfachsten gebauten Moleküle. In Geruch, Geschmack und Aussehen ähnelt es stark dem Ethanol, ist jedoch weitaus giftiger. Der Genuss von 5 bis 10 Millilitern Methanol führt zu Erblindung und Gehirnschädigungen, bereits 20 bis 50 Milliliter Methanol sind tödlich. Die Giftwirkung zeigt sich jedoch erst nach 15 bis 20 Stunden, zunächst hat Methanol eine ähnlich berauschende Wirkung wie Ethanol. Methanol und Ethanol lassen sich durch die Boraxprobe (▷V2) leicht voneinander unterscheiden, wobei mit Methanol sofort eine grüne Flammenfärbung entsteht.

Methanol ist sowohl in Wasser als auch in Benzin löslich. Es selbst vermag sowohl hydrophile als auch hydrophobe Stoffe zu lösen und wird deshalb als wichtiges Lösungsmittel eingesetzt. Der größte Teil des Methanols wird zur Herstellung von Ausgangsstoffen für die Kunststoffproduktion benötigt.

Methanol ist brennbar. Bei der Verwendung in Verbrennungsmotoren zeigt sich im Vergleich zu Benzin ein geringerer Schadstoffausstoß.

2-Propanol („Isopropylalkohol") ist in vielen Eigenschaften dem Ethanol sehr ähnlich und ersetzt dieses in vielen technischen Anwendungsbereichen, da es wesentlich preiswerter ist. 2-Propanol befindet sich wegen seiner guten Lösungseigenschaften, seiner die Hautdurchblutung anregenden und desinfizierenden Wirkung in vielen Kosmetika wie Gesichts- und Haarwässern sowie in Körpersprays. Auch in vielen Farben und Lacken findet es als Lösungsmittel Verwendung.

Eigenschaften und Verwendung von Alkoholen

Ethandiol, der einfachste zweiwertige Alkohol, ist eine dickflüssige, giftige, süß schmeckende Flüssigkeit, die auch Glykol (von griech. glykys, süß) genannt wird. Da die Moleküle jeweils zwei OH-Gruppen besitzen (↗ Kap. 14.5, ▷ B 2), herrschen relativ starke zwischenmolekulare Kräfte (H-Brücken). Diese verleihen dem Ethandiol im Vergleich zu Ethanol eine deutlich höhere Siedetemperatur (197 °C) und Viskosität.
Ethandiol kann als Frostschutzmittel in Kühlern von Kraftfahrzeugen eingesetzt werden, da seine wässrigen Lösungen eine tiefe Erstarrungstemperatur besitzen und andererseits Ethandiol aus der heißen Kühlerflüssigkeit nicht verdampft. Außerdem ist es ein wichtiger Grundstoff für die Herstellung von Kunststoffen.

Propantriol. Da Propantriolmoleküle drei Hydroxylgruppen tragen (↗ Kap. 14.5, ▷ B 2), ist Propantriol im Vergleich zu Ethandiol noch zähflüssiger. Auch seine Siedetemperatur (290 °C) liegt weit höher. Propantriol ist in Wasser unbegrenzt löslich, ungiftig und besitzt einen süßen Geschmack. Daher rührt auch die Bezeichnung Glycerin. Wegen seiner hygroskopischen Wirkung wird Glycerin z. B. als Zusatz in Cremes, Zahnpasten, Druck- und Stempelfarben verwendet und sorgt dort für genügend Feuchtigkeit. Wie Ethandiol dient es als Frostschutzmittel. Es ist Grundstoff für die Kunststoff- und Sprengstoffindustrie („Nitroglycerin", Dynamit). Glycerin fällt als wertvolles Nebenprodukt bei der Herstellung von Seife aus Fetten an.

Hexanhexaol (Sorbit), ein sechswertiger Alkohol, ist ein weißer, süß schmeckender, fester Stoff. Er kommt in der Natur in vielen Früchten und Beeren vor (z. B. Äpfel, Birnen, Kirschen und Vogelbeeren). Wie bei Glykol und Glycerin ist auch hier der süße Geschmack auf die Anhäufung von OH-Gruppen im Molekül zurückzuführen. Wegen dieser Hydroxylgruppen ist Sorbit wasserlöslich und wie Glycerin hygroskopisch. Es wird deshalb als Weichhaltungsmittel für Süß- und Backwaren eingesetzt. Wegen seines süßen Geschmacks findet Sorbit auch als Zuckeraustauschstoff für Diabetikersüßwaren Verwendung (▷ B 3). Sorbit besitzt zwar nur ungefähr die halbe Süßkraft von Zucker, wirkt allerdings nicht wie dieser kariesfördernd. Bonbons und Schokolade mit hohem Sorbitanteil („Eiskonfekt, Eisbonbons") wirken kühl auf der Zunge, da Sorbit zum Lösen in Wasser Energie benötigt, die der Umgebung entzogen wird. Ähnliche Eigenschaften wie Sorbit bei gleicher Süßkraft wie Zucker besitzt *Pentanpentaol (Xylit)*.

Methanol und Ethanol als Treibstoffe

Seit Beginn der 80er-Jahre wird der Einsatz von Methanol und Ethanol als Treibstoffe in der Praxis erprobt. Beide Alkohole können aufgrund ihrer Eigenschaften dem Benzin beigemischt (z. B. 15 % Methanol: M 15 oder 20 % Ethanol: E 20) oder nahezu als Reinsubstanzen (z. B. mind. 90 % Methanol: M 100) eingesetzt werden. Allerdings kann aus den Alkoholen nur etwa die Hälfte der Energie gewonnen werden wie aus der gleichen Menge Benzin. Die Folge ist ein entsprechend höherer Kraftstoffverbrauch. Bei der Verwendung von reinen Alkoholen müssen größere Veränderungen an Vergaser und Einspritzpumpen vorgenommen werden, u. a. weil die Alkohole wesentlich schlechter verdunsten und die Motoren deshalb ein ungünstigeres Kaltstartverhalten zeigen. Besonders günstig ist allerdings der geringe Schadstoffausstoß der Reinalkohol-Motoren. Die Alkohole verbrennen zwar wie Benzin zu Kohlenstoffdioxid und Wasserdampf. Wegen der geringeren Verbrennungstemperatur im Motor ist der Ausstoß an Stickstoffoxiden jedoch geringer, die Motoren sind damit umweltfreundlicher.

Der Einsatz der Alkohole hilft auch die Abhängigkeit von Erdölimporten zu mindern und führt so zu einem längeren Erhalt der Vorräte dieses wertvollen Chemierohstoffes. Einer breiten Anwendung stehen jedoch zur Zeit deutlich höhere Kosten entgegen.

Methanol wird heute großtechnisch aus Erdgas hergestellt, kann jedoch auch aus Kohle („Kohlevergasung") gewonnen werden. Dies ist vor allem für Länder mit großen Kohlevorkommen interessant, die über keine eigenen Erdöllagerstätten verfügen. Während die Produktion von Methanol von den Vorräten her auf begrenzten Rohstoffen basiert, spricht man bei den Rohstoffen zur Gewinnung von „Bioethanol" (Ethanol durch Gärung) von *ständig nachwachsenden Rohstoffen* wie z. B. Zuckerrohr, Mais usw. Diese Verwendung kann in Ländern mit einer Überschussproduktion an zucker- und stärkehaltigen Agrarprodukten zu deren Beseitigung genutzt werden. Die Rohstoffe können aber auch speziell für die Treibstoffherstellung angebaut werden. Am konsequentesten führt dies Brasilien seit 1975 mit dem „Proalcool-Programm" vor allem auf der Basis von Zuckerrohr durch. Der verstärkte Zuckerrohranbau mit staatlicher Abnahmegarantie führte allerdings dazu, dass immer mehr Flächen, die ursprünglich der Nahrungsmittelproduktion dienten, mit einbezogen wurden. Dies hatte einen Zug der Landbevölkerung ohne Grundbesitz in die Slums der Großstädte zur Folge und führte dazu, dass Brasilien heute Grundnahrungsmittel importieren muss. Die Intensivierung des Zuckerrohranbaus brachte auch eine ständig steigende Düngung mit all ihren negativen Folgen mit sich.

B 4 Methanol als Treibstoff (Erprobung)

B 5 Ethanol als Treibstoff ist in Brasilien verbreitet

14.8 Oxidation von Alkoholen

Oxidation von Ethanol. Taucht man eine heiße, durch Kupferoxid an der Oberfläche geschwärzte Kupferdrahtnetzrolle in Ethanol (▷V1a), so zeigt die Farbänderung, dass das Kupferoxid zu Kupfer reduziert worden ist (▷B1). Ethanol muss also oxidiert worden sein. Das Reaktionsschema und die Reaktionsgleichung für diese Redoxreaktion lauten:

Ethanol + Kupferoxid ⟶ Ethanal + Kupfer + Wasser

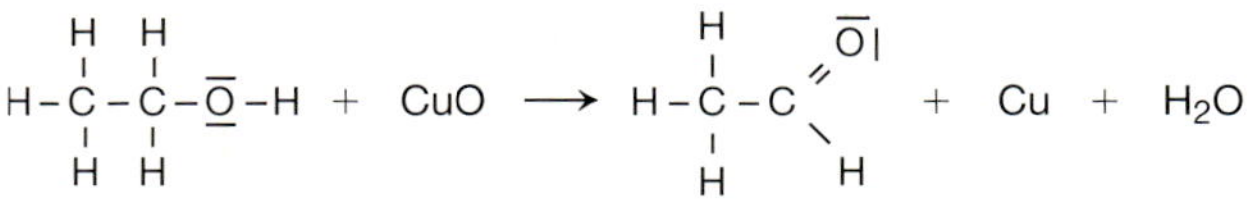

Ethanal ist auch unter dem Namen *Acetaldehyd* bekannt und gehört zur Stoffgruppe der **Aldehyde**. Die Bezeichnung Aldehyd ist ein aus „**al**cohol **dehyd**rogenatus" gebildetes Kunstwort und bedeutet: Alkohol, dem Wasserstoff entzogen worden ist.

Ein Vergleich der Strukturformeln des Ethanols und Ethanals zeigt, dass ein Ethanalmolekül zwei Wasserstoffatome weniger aufweist als ein Ethanolmolekül.

Oxidation primärer und sekundärer Alkohole. Nicht nur Ethanol lässt sich zu einem Aldehyd oxidieren, sondern alle *primären Alkohole* können durch *Oxidation* bzw. *Dehydrierung* in *Aldehyde* überführt werden. Diejenigen Aldehyde, die aus *primären Alkanolen* gebildet werden können, heißen mit dem systematischen Namen **Alkanale**. Ihre Benennung erfolgt durch Anhängen der *Silbe „-al"* an den Namen des entsprechenden Alkans.
Wird der sekundäre Alkohol *2-Propanol* oxidiert bzw. dehydriert, so entsteht *Propanon (Aceton)*.

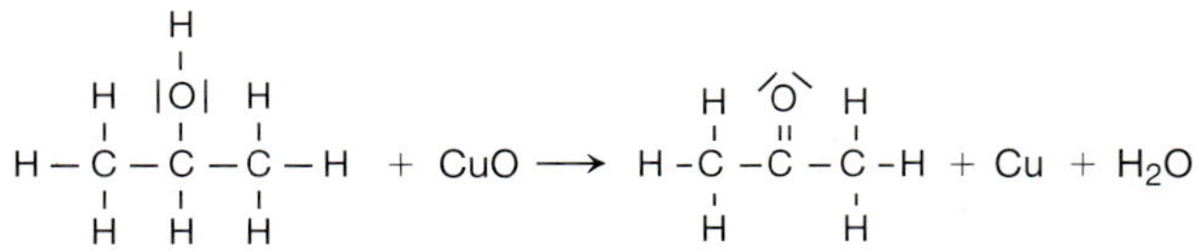

Propanon gehört zur *Stoffgruppe* der **Ketone**. Die Ketone, die sich von sekundären Alkanolen ableiten lassen, werden **Alkanone** genannt. Sie werden durch die *Endsilbe „-on"* gekennzeichnet, die dem Namen des entsprechenden Alkans angehängt wird.
Aldehyd- und Ketonmoleküle weisen die **Carbonylgruppe** >C=O als *funktionelle Gruppe* auf.

Da sich bei den tertiären Alkoholen eine solche Gruppe mit einer Kohlenstoff-Sauerstoff-Doppelbindung nicht ohne Spaltung einer C–C-Bindung bilden kann, können tertiäre Alkohole nicht auf diese Weise oxidiert bzw. dehydriert werden.

Aldehyde können weiteroxidiert werden (▷V2). Die Reaktion erfolgt an der **Aldehydgruppe** 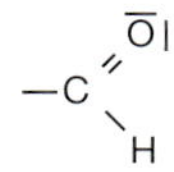 (vereinfacht –CHO).

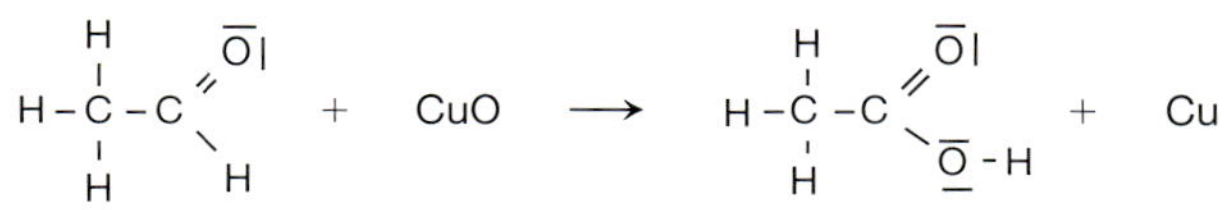

Ethanal + Kupferoxid ⟶ Ethansäure + Kupfer

B1 Oxidation von Ethanol durch Kupferoxid

B2 Silberspiegelprobe. Aldehyde wirken reduzierend

B3 Moleküle von Ethanal, Propanon und Ethansäure in Modell und Formeldarstellung

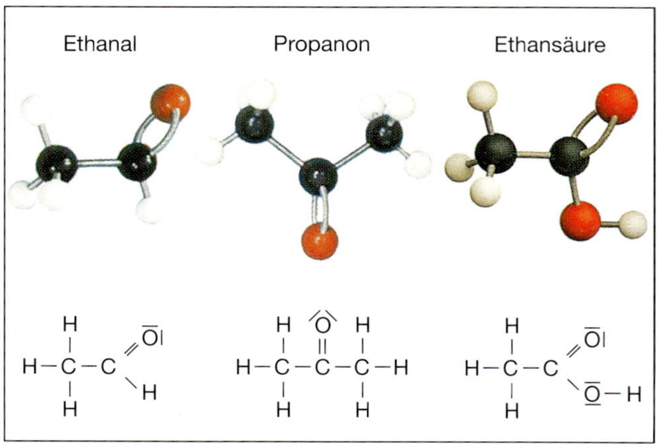

Ethansäure ist auch unter der Bezeichnung Essigsäure bekannt und gehört zur Stoffgruppe der **Carbonsäuren**. Deren Moleküle besitzen die **Carboxylgruppe** –COOH als *funktionelle Gruppe*.

Primäre Alkohole lassen sich zu Aldehyden, sekundäre zu Ketonen oxidieren. Aldehyde können weiter zu Carbonsäuren oxidiert werden.

Einige wichtige Alkanale und Alkanone. *Methanal (Formaldehyd)* H–CHO ist ein stechend riechendes Gas (Siedetemperatur −21 °C), das gut wasserlöslich ist. Eine 35–40%ige wässrige Lösung wird *Formalin* genannt. Methanal dient als Desinfektionsmittel, zur Herstellung von Kunststoffen und zur Konservierung biologischer Objekte. Die desinfizierende Wirkung des Räucherns wird auf geringe Anteile von Methanal im Holzrauch zurückgeführt. Auch Zigarettenrauch enthält Methanal. Methanal steht im Verdacht Krebs erregend oder fördernd zu sein.

Ethanal (Acetaldehyd) CH_3–CHO ist eine leicht verdunstende Flüssigkeit (Siedetemperatur 21 °C) mit stechendem, betäubendem Geruch. In der Leber des Menschen läuft die Oxidation von Ethanol über das giftige Ethanal ab. In der chemischen Industrie ist Ethanal ein wichtiges Zwischenprodukt und wird zu Essigsäure, Farbstoffen, Arzneimitteln sowie zu synthetischem Kautschuk verarbeitet. Auch Ethanal steht im Verdacht Krebs erregend oder fördernd zu sein.

Das erste und wichtigste Glied in der Reihe der Alkanone ist *Propanon (Aceton)*. Da Propanon sowohl mit Wasser als auch mit hydrophoben Stoffen in allen Verhältnissen Lösungen (▷V3) ergibt, ist es in Industrie und Technik ein viel verwendetes Lösungsmittel. Früher wurde Propanon als Nagellackentferner eingesetzt. Als Propanon-Ersatz ist in vielen Fällen *Butanon* verwendbar.

Aldehydnachweise. Die Aldehyde wirken aufgrund der Aldehydgruppe, die zur Carboxylgruppe oxidiert werden kann, reduzierend.
Darauf beruht der Nachweis von Aldehyden durch die *Silberspiegelprobe* (▷B2). Aus einer ammoniakalischen Silbernitratlösung (▷V4) entsteht hier elementares Silber, das zum Teil in sehr feiner Verteilung vorliegt und der Flüssigkeit eine schwarze Färbung verleiht und zum Teil als Silberspiegel der Gefäßwand anliegt.
Nach Zugabe eines Aldehyds zu *Fuchsinschwefliger Säure* tritt eine rotviolette bis blauviolette Farbe auf. Dieser Aldehydnachweis beruht jedoch nicht auf der reduzierenden Wirkung der Aldehyde und ist wenig spezifisch.

V 1 a) Man erhitzt eine Rolle aus Kupferdrahtnetz in der Brennerflamme, bis es an der Oberfläche oxidiert ist, und taucht es heiß in ein Becherglas mit Ethanol. (Vorsicht, brennbare Dämpfe! Abzug!)
b) Man wiederholt den Versuch mit 1-Propanol.
c) Man wiederholt den Versuch mit 2-Propanol.

V 2 Man wiederholt ▷V1 mit Ethanal. In die Dämpfe hält man ein feuchtes Universalindikatorpapier. (Abzug!)

V 3 Versuche, Wasser, Benzin, Ethanol und Fett in Propanon (Aceton) zu lösen.

V 4 Gib in einem Reagenzglas zu etwa 5 ml einer 5%igen Silbernitratlösung einige Tropfen verdünnte Natronlauge und dann tropfenweise so viel Ammoniaklösung, bis der anfangs entstandene Niederschlag sich gerade auflöst. Füge einige Tropfen Ethanallösung (Abzug! Handschuhe!) zu, schüttle um und stelle das Reagenzglas für einige Minuten in ein Becherglas mit warmem Wasser.

A 1 Wie verhalten sich primäre, sekundäre und tertiäre Alkanole gegenüber (milden) Oxidationsmitteln?

Spieglein, Spieglein . . .

Eine spiegelnde Wasseroberfläche ergab wohl die erste Möglichkeit, wie der Mensch sein eigenes Abbild erkennen und betrachten konnte. Das Erlangen der Fähigkeit Metalle zu gewinnen und zu bearbeiten ermöglichte die Herstellung von polierten Metallflächen, die bereits im Altertum als Spiegel dienten. Durch Funde ist belegt, dass die Römer die Kunst beherrschten Spiegel aus mit Zinn oder Blei beschichtetem Glas herzustellen. Im Mittelalter wurden Spiegel von geschickten Handwerksmeistern durch Aufgießen von geschmolzenem Metall auf heißes Glas hergestellt. Von Mitte des 15. bis zum Beginn des 20. Jahrhunderts hielt sich ein Verfahren, nach dem Glasspiegel mithilfe einer Quecksilber-Zinn-Legierung hergestellt wurden. Aus dieser Zeit wird von immer wieder auftretenden Quecksilbervergiftungen beim Produktionsprozess berichtet. Der Quecksilberspiegel wurde durch den Silberspiegel ersetzt, der nach einem chemischen Versilberungsverfahren hergestellt wird, das bereits 1856 von JUSTUS V. LIEBIG entdeckt wurde. Trotz immer perfekterer technischer Durchführung ist die chemische Grundlage auch heute noch dieselbe:
Mithilfe eines Reduktionsmittels wird aus einer ammoniakalischen Silbernitratlösung eine gleichmäßige Silberschicht auf einer Glasplatte abgeschieden. Als Reduktionsmittel dienen Stoffe, deren Moleküle eine Aldehydgruppe tragen, z. B. Traubenzucker.

Ein anderes heute verwendetes Verfahren ist das Aufbringen dünner Metallschichten, z. B. aus Silber oder Aluminium, durch Resublimation von Metalldämpfen.

14.9 Überprüfung und Vertiefung

B 1 Zu Aufgabe 1

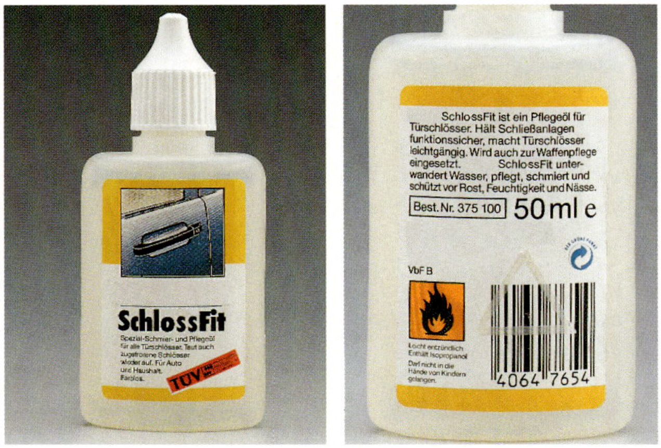

B 2 Zu Aufgabe 2

B 3 Zu Aufgabe 3

B 4 Zu Aufgabe 4

1 In Brasilien ist die Verwendung von Ethanol als Treibstoff für Automotoren stark verbreitet (▷ B 1). Der Alkohol wird durch Vergären von Zucker aus Zuckerrohr gewonnen.
a) Welche Vorteile soll die Verwendung von Ethanol dem Land bringen?
b) Zähle Nachteile und Probleme auf, die damit verbunden sind.

2 2-Propanol (Isopropanol) ist Bestandteil von Türschlossenteisern (▷ B 2).
a) Nenne Eigenschaften dieses Alkohols, die dessen Eignung für diesen Zweck bewirken.
b) Aus welchem Grund wird nicht Isopropanol als Frostschutzmittel für Kühler von Automotoren verwendet, sondern das teurere Ethandiol (Glykol)?
c) Beurteile die Möglichkeit Hexanol als Frostschutzmittel zu verwenden.

3 Welche in der Werbung für alkoholische Getränke unterstellte Wirkung von Alkoholgenuss wird in dem Bild (▷ B 3) parodiert? Kennst du Beispiele aus der Werbung? Nenne weitere Beispiele dafür, wo die Werbung Wünsche oder Sehnsüchte für den Verkauf von alkoholischen Getränken ausnützt.

4 Stempelfarben enthalten u. a. Glycerin (▷ B 4).
a) Was soll dieser Zusatz bewirken?
b) Welche Eigenschaft von Glycerin ist für diese Wirkung verantwortlich?
c) Erkläre diese Eigenschaft mit der Struktur des Glycerinmoleküls.
d) Nenne weitere Produkte, denen Glycerin aus demselben Grund zugesetzt ist.

5 Benzin und Wasser sind zwei ineinander nicht lösliche Flüssigkeiten. Fügt man jedoch dem Gemisch aus beiden eine größere Portion Ethanol zu, so entsteht eine homogene Lösung. Erkläre dies.

6 Paraffinöl (ein Alkangemisch) und Glycerin (1,2,3-Propantriol) sind beides farb- und geruchlose, zähflüssige Flüssigkeiten. Wie lassen sie sich durch einen einfachen Versuch unterscheiden?

Wichtige Begriffe

alkoholische Gärung
Alkoholmissbrauch
homologe Reihe
funktionelle Gruppe
hydrophil, hydrophob
lipophil, lipophob
Alkohole in Produkten des Alltags
Alkohole als Treibstoffe
Aldehyde, Ketone

Carbonsäuren – Ester – Fette

In diesem Kapitel werden wir eine Reihe von Stoffen näher kennen lernen, denen wir im Alltag fast täglich begegnen und die uns vor allem aus dem Lebensmittelbereich vertraut sind. Darüber hinaus haben manche dieser Stoffe eine große Bedeutung in der Technik. Viele kommen auch in der Natur vor.

Carbonsäuren sind organische Säuren. Zu ihnen gehört beispielsweise die Essigsäure, die in stark verdünnter Form im Speiseessig zu finden ist, der eines der ältesten Würz- und Konservierungsmittel darstellt. Andere Carbonsäuren, wie z. B. die Citronensäure, Äpfel- und Weinsäure, sind für den sauren Geschmack vieler Früchte verantwortlich. Diese und andere Carbonsäuren finden auch als Lebensmittelzusatzstoffe Verwendung.

Aus der übel riechenden Buttersäure und Ethanol kann man einen nach Ananas duftenden Stoff herstellen. Auch viele angenehme Düfte und Aromen von Früchten, Blumen, Süßigkeiten und Parfüms stammen von Stoffen, die sich aus Carbonsäuren und Alkoholen gewinnen lassen. Man bezeichnet sie als Ester. Zu den Estern zählen auch tierische und pflanzliche Fette. Sie stellen neben Kohlenhydraten und Eiweißen die dritte wichtige Gruppe von Nährstoffen dar.

Die Vertreter der einzelnen Stoffgruppen weisen charakteristische Strukturmerkmale in ihren Molekülen auf, die für die jeweilige Stoffgruppe typisch sind. Über die genauere Betrachtung der Moleküle können wir viele Eigenschaften der betreffenden Stoffe erklären und ableiten.

15.1 Essig und Essigsäure

Oxidation von Ethanol. Wein ohne Konservierungsstoffe, der einige Zeit in einem offenen Gefäß an der Luft gestanden hat, schmeckt sauer und riecht nach **Essig** (▷B1, ▷V1). An der Oberfläche der Flüssigkeit hat sich eine dünne, graue Haut von Essigsäurebakterien gebildet. Enzyme dieser Bakterien katalysieren die *Oxidation* des im Wein enthaltenen *Ethanols* mit dem Sauerstoff der Luft zu **Essigsäure**.

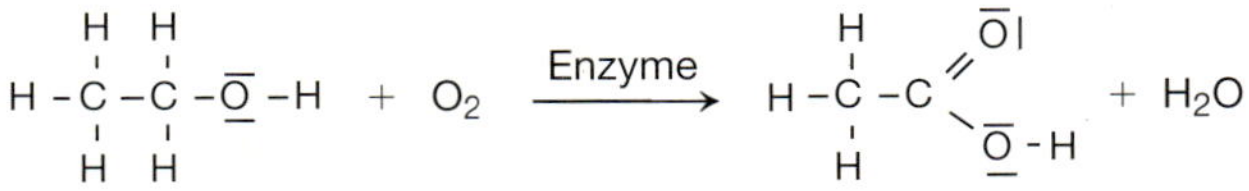

Die *funktionelle Gruppe* des Essigsäuremoleküls ist die **Carboxylgruppe –COOH** (**Carb**onylhydr**oxyl**gruppe), sie bestimmt im Wesentlichen die Eigenschaften und das Reaktionsverhalten der Essigsäure. Verbindungen, deren Moleküle die Carboxylgruppe aufweisen, heißen **Carbonsäuren**.

Der *systematische Name* für die Essigsäure lautet **Ethansäure**.

Die industrielle Essig- und Essigsäureherstellung. Essig wird auch heute noch durch *enzymatische Oxidation von Ethanol* gewonnen. Dazu lässt man aus einem Spritzrad Wein, Most (Obstwein) oder andere Flüssigkeiten, die Ethanol enthalten, über Buchenholzspäne, die mit Essigsäurebakterien geimpft sind, rieseln. Von unten strömt im Gegenstrom die zur Oxidation benötigte Luft entgegen (▷B2). Die Flüssigkeit wird mehrmals umgepumpt, bis das gesamte Ethanol zu Essigsäure oxidiert worden ist. Vor dem Abfüllen wird der Essig so verdünnt, dass der Massenanteil der Essigsäure 3,5 % bis 7 % beträgt.

Im modernen Verfahren sind die Buchenholzspäne durch Schaum ersetzt, der durch Einblasen von Luft erzeugt wird. Da der Schaum eine größere Oberfläche besitzt, können darauf mehr Essigsäurebakterien angesiedelt werden. Dadurch verläuft die Oxidation des Ethanols schneller.
Der überwiegende Teil der Essigsäure wird durch Oxidation von Kohlenwasserstoffen aus Erdöl hergestellt. Der größte Teil der Essigsäure dient der chemischen Industrie zur Herstellung von Lösungsmitteln, Kunstseide (Acetatseide), Kunststoffen und Medikamenten.

Verwendung von Essig. Haushaltsessig ist eine verdünnte Lösung von Essigsäure. Die Lösung ist sauer, da Essigsäuremoleküle mit Wassermolekülen zu H_3O^+- und Säurerestionen reagieren (↗Kap. 12.1). Vor allem darauf beruht die Verwendung von Essig zum Konservieren von Nahrungsmitteln, z.B. Gewürzgurken und Heringen. In 2%iger bis 3%iger Essigsäurelösung sind viele Bakterien nicht mehr lebensfähig. Da jedoch saure Lösungen mit vielen Metallen unter Bildung von löslichen Salzen reagieren, sind Metallgefäße, sofern ihre Oberfläche nicht besonders geschützt ist, zur Aufbewahrung saurer Konserven wenig geeignet. Häufig werden deshalb Glasgefäße verwendet.

Zum Würzen von Speisen werden verschiedene Essigsorten verwendet, die aus unterschiedlichen alkoholischen Lösungen gewonnen werden, z.B. *Obstessig* aus Apfelwein. *Weinessig* wird nur aus Wein hergestellt. *Branntweinessig (Tafelessig)* entsteht aus Alkohol, der aus Korn, Kartoffeln oder Zuckerrüben gewonnen wurde. Durch Einwirkung von Tafelessig auf Kräuter lassen sich verschiedene Arten von *Kräuteressig* herstellen. Der Massenanteil von Essigsäure in Essig beträgt meist 5 % bis 6 %, in *„Essigessenz“* 25 %. Diese muss vor Gebrauch verdünnt werden.

B1 Essig aus Wein. Wein wird an der Luft sauer

B2 Industrielle Herstellung von Speiseessig. Ethanol wird durch Essigsäurebakterien mithilfe von Luftsauerstoff zu Essigsäure oxidiert

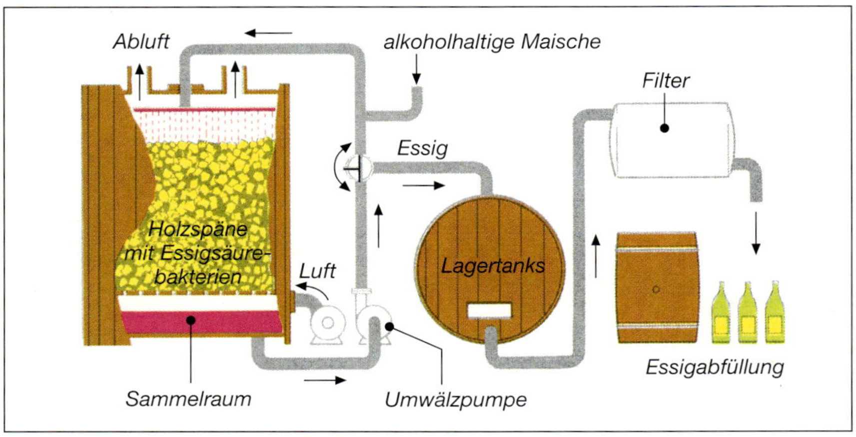

Senf wird ebenfalls unter Verwendung von Essig hergestellt.
Viele Haushaltsreiniger enthalten Essig, da die saure Lösung Kalkflecken entfernt (↗ Kap. 15.2) und desinfizierend wirkt. Essigsäurelösungen werden auch zur Rostentfernung verwendet (↗ Kap. 15.2), da diese mit den Eisenoxiden reagieren. Dabei entstehen lösliche Salze.

Essig in früherer Zeit. Essig war schon im Altertum bekannt, da bei der Herstellung von Wein dieser rasch von selbst zu Essig wurde. Essig ist die älteste verwendete saure Lösung. Bei Griechen und Römern wurde das Wort „Säure“ in der gleichen Bedeutung gebraucht wie das Wort „Essig“. Die Verwendung von Essig als Konservierungs- und Desinfektionsmittel hat sich bis heute gehalten.

Mit Wasser verdünnter und durch Kräuter aromatisierter Weinessig war das Erfrischungsgetränk römischer Legionäre. Als solches wird es bereits in der Bibel erwähnt, ebenso wie die Reaktion dieser sauren Lösung mit Kalk. Frühere Forscher glaubten sogar, dass Hannibal bei seinem Zug über die Alpen Essig verwendet hat, um an schwierigen Stellen Felsen auf diese Weise zu beseitigen. Die hauptsächliche Wirkung dieses Verfahrens bestand jedoch wohl in der starken Abkühlung, die durch Begießen von zuvor erhitztem Gestein mit Wasser entstand. Dem zugesetzten Essig schrieb man eine besonders „kühlende“ Wirkung zu.

Der römische Geschichtsschreiber PLINIUS D. Ä. berichtet von einer Wette Kleopatras mit Antonius. Danach behauptete Kleopatra, die sich über dessen tägliche Schlemmereien lustig machte, sie könne eine Mahlzeit im Wert von 10 Millionen Sesterzen verzehren. Sie gewann die Wette, indem sie eine der beiden wertvollsten Perlen der damaligen Zeit in ein Gefäß mit Essig warf. Da Perlen zum größten Teil aus Kalk bestehen, entstand eine Lösung, die Kleopatra trinken konnte.

Vom Altertum bis ins Mittelalter wurde Essig einfach durch Stehenlassen von Wein an der Luft hergestellt. Im 14. Jahrhundert entwickelte sich zuerst in Frankreich die Zunft der „Essigsieder“, die durch spezielle Herstellungsverfahren die Essigbildung beschleunigen und die Qualität des Essigs verbessern konnten. Außerdem stellten sie in ihren „Essigstuben“ daraus Saucen, Senf und pharmazeutische Produkte her. Diese Räume lagen an der warmen Südseite der Häuser und waren beheizbar. Die Wände waren aus Gips, da der sonst übliche Kalkmörtel mit Essigdämpfen reagiert hätte.
Bis ins letzte Jahrhundert war auch die häusliche Essigbereitung in sogenannten Essigtöpfen üblich (▷ B 4).

B 3 Essigverkäufer im 17. Jahrhundert

V 1 Stelle ein Glas mit nicht konserviertem Weißwein einige Tage offen an einen warmen Ort. Untersuche auf Geruch und prüfe mit Universalindikator.

A 1 Welche Rolle spielt die eingeblasene Luft bei der industriellen Gewinnung von Essig?

A 2 Beschreibe die chemischen Reaktionen, die bei der Herstellung von Branntweinessig, ausgehend von Getreide, ablaufen.

A 3 Aus welchem Grund wurden die „Essigstuben“ gerade an der Südseite der Häuser eingerichtet?

A 4 Wie viel Essigessenz benötigt man, um sich damit z. B. einen Liter Kräuteressig mit w(Essigsäure) = 5 % herzustellen?

B 4 „Immerwährender Essigkrug“ der Landleute in einigen Gegenden Deutschlands (Text von 1863)

Man hat zwei beliebig große Gefäße, von Holz oder nicht mit Blei glasiertem Steinzeug (A und B), die leicht zugedeckt werden. Diese Gläser sind mit einem Hahn zum Abziehen versehen und werden an einen mäßig warmen Ort, z. B. in die Nähe eines geheizten Ofens, gestellt.

Gefäß A wird mit starkem fertigen Essig vollgefüllt. In Gefäß B gießt man ebenfalls fertigen Essig, macht dasselbe aber nicht voll damit.

Gebraucht man Essig, so zieht man ihn vom Gefäß B ab, und gießt wieder eben so viel von Gefäß A in Gefäß B. Im Gefäß A aber ersetzt man das Weggenommene durch essiggebende Flüssigkeit, z. B. Überreste von Wein, Bier, Branntwein, Obst oder eine Mischung von 1 Teil Weingeist und 12 Teilen Wasser. Auf diese Art kann man Jahre, ja Jahrhunderte lang in diesen Gefäßen Essig erzeugen.

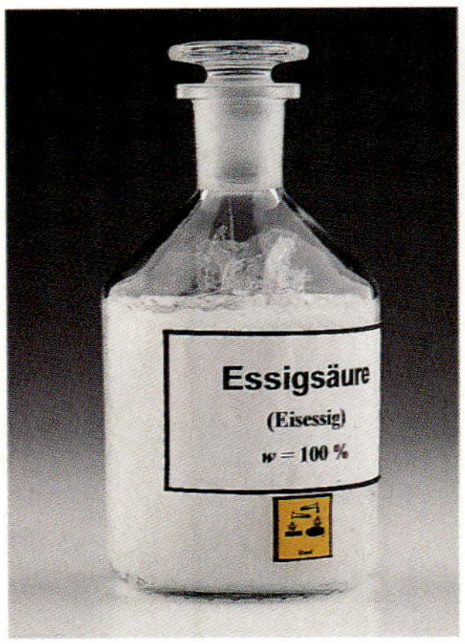

B5 Eisessig. Reine Essigsäure ist unter 16 °C fest

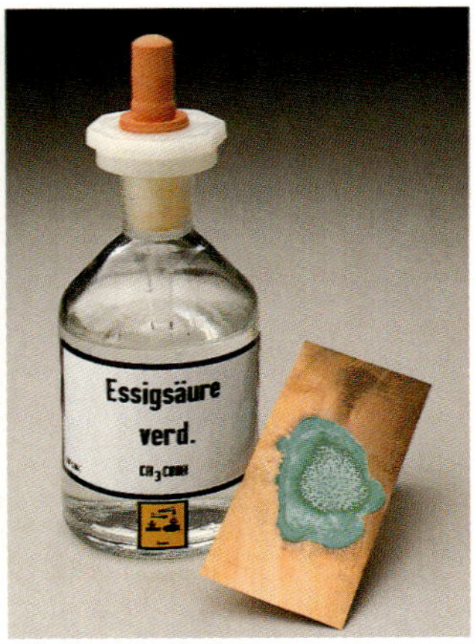

B6 Grünspan, ein giftiges Salz der Essigsäure

V 2 a) Man untersucht die elektrische Leitfähigkeit von Eisessig und verdünnt dabei langsam mit Wasser.
b) Man vergleicht die elektrische Leitfähigkeit von verdünnter Essigsäure und Salzsäure gleicher Konzentration.

V 3 a) Gib in ein Reagenzglas eine Spatelspitze Eisenpulver, in ein weiteres Kupferpulver, in ein drittes schwarzes Kupferoxid und setze anschließend jeweils verdünnte Essigsäure zu. Erhitze das zweite und dritte Reagenzglas vorsichtig.
(Siedesteinchen, Schutzbrille!)
b) Stelle ein blank geschmirgeltes Kupferblech so für einige Tage in verdünnte Essigsäure, dass das Blech etwa zur Hälfte in die Flüssigkeit eintaucht.

B7 Essigsaure Tonerde (Aluminiumacetat) wirkt entzündungshemmend

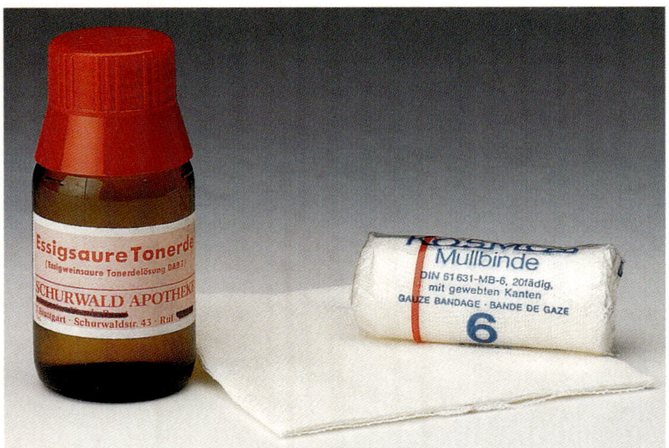

Eigenschaften der Essigsäure. Reine 100%ige Essigsäure ist ein farbloser, ätzend wirkender und stechend riechender Stoff, der bei 118 °C siedet und bei 16 °C erstarrt (▷B5) und *Eisessig* genannt wird.
Essigsäure weist im Vergleich zu 1-Propanol (Siedetemperatur 97 °C) und Propanal (Siedetemperatur 48 °C) eine hohe Siede- und Schmelztemperatur auf, obwohl die Moleküle aller drei Stoffe ähnliche Kettenlängen und Moleküloberflächen aufweisen. Diese hohe Siede- und Schmelztemperatur ist auf die stark *polare Carboxylgruppe* zurückzuführen. Die Carboxylgruppe enthält die polare C=O-Doppelbindung und die O–H-Bindung. Zwei Essigsäuremoleküle können deshalb durch zwei Wasserstoffbrückenbindungen untereinander verknüpft sein.

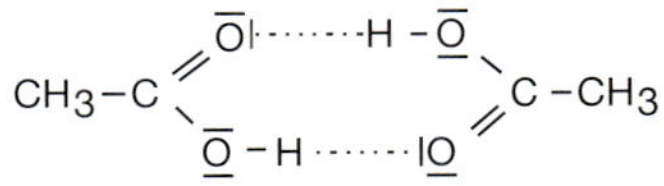

Verdünnte Essigsäure leitet im Gegensatz zu Eisessig den elektrischen Strom (▷V2a). In verdünnter Essigsäure liegen Ionen vor, deren Bildung durch die folgende Reaktionsgleichung beschrieben werden kann:

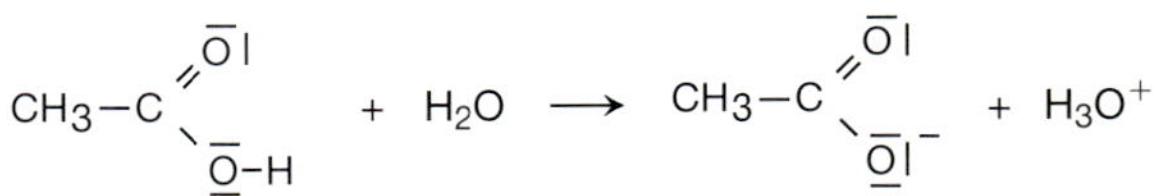

Ein Essigsäuremolekül kann ein Proton, das von der stark polaren OH-Gruppe der Carboxylgruppe abgespalten wird, an ein Wassermolekül abgeben. Das dabei gebildete Anion heißt **Acetation** (von lat. acetum, Essig) oder mit dem systematischen Namen *Ethanoation*.

Allerdings weist die im Vergleich zu Salzsäure geringe elektrische Leitfähigkeit (▷V2b) darauf hin, dass in verdünnter Essigsäure überwiegend Essigsäuremoleküle, aber nur wenige Oxonium- und Acetationen vorliegen. Auch der Geruch von verdünnter Essigsäure beruht auf dem Vorhandensein der Essigsäuremoleküle, die die Lösung verlassen und in die Luft übertreten.

Salze der Essigsäure. Verdünnte Essigsäure reagiert wie verdünnte Salzsäure oder Schwefelsäure mit unedlen Metallen, mit Metalloxiden (▷V3a) und alkalischen Lösungen, dabei entstehen *Acetate (Ethanoate)*. Aluminiumacetat ist „essigsaure Tonerde" (▷B7); mit ihr getränkte Umschläge wirken entzündungshemmend und beschleunigen damit die Wundheilung. *Kupferacetat* ist Bestandteil des giftigen „Grünspans" (▷B6), der sich bildet, wenn Kupfer oder Messing mit verdünnter Essigsäure und Luft in Berührung kommt (▷V3b).

15.2 Projekt: Essig im Alltag

Essig wird im Haushalt nicht nur zum Würzen von Speisen verwendet, sondern findet auch in anderen Bereichen Verwendung, z. B. als Bestandteil von Essigreinigern, zum Entkalken und als Rostentferner.

Versuch 1 Essig als Entkalker

Grundlagen: Kalk reagiert mit vielen sauren Lösungen unter Bildung von wasserlöslichen Verbindungen und Kohlenstoffdioxid. Die Verwendung von Essig zu diesem Zweck ist besonders preiswert und umweltfreundlich.

Geräte und Materialien: Becherglas (100 ml), Objektträger mit Kalkflecken (vorbereitet durch Eintauchen in Kalkwasser und Trocknen an der Luft), Essig oder Essigreiniger, Indikatorpapier

Durchführung: a) Prüfe Essig und Essigreiniger mit einem Indikatorpapier.
b) Tauche den Objektträger zur Hälfte einige Minuten in die saure Lösung, spüle anschließend mit Wasser ab und betrachte das Glas.

Versuch 2 Bestimmung des Essigsäuregehalts in Essig, Essigreiniger und Essigessenz

Grundlagen: Essigsäure reagiert mit alkalischen Lösungen zu Wasser und Acetaten. Bei Verwendung einer alkalischen Lösung bekannter Konzentration kann man mit einem geeigneten Indikator den Essigsäuregehalt einer Lösung aus dem Verbrauch an zugetropfter alkalischer Lösung bestimmen. Dabei reagiert *ein* Hydroxidion mit *einem* Essigsäuremolekül.

Geräte und Materialien: Schutzbrille, Weithals-Erlenmeyerkolben (250 ml), Bürette mit Natronlauge ($c = 1\,\text{mol} \cdot \ell^{-1}$), Messpipette (10 ml), Pipettierhilfe, Essig, Essigreiniger, Essigessenz, Phenolphthaleinlösung, dest. Wasser

Durchführung: Gib mithilfe der Pipette 10 ml Essig oder Essigreiniger bzw. 5 ml Essigessenz in den Erlenmeyerkolben und verdünne mit dest. Wasser auf ca. 50 ml. Füge einige Tropfen Phenolphthaleinlösung hinzu. Notiere den Anfangsstand in der Bürette und tropfe langsam unter Umschwenken Natronlauge zu der sauren Lösung, bis eine bleibende Rosafärbung auftritt. Notiere den Flüssigkeitsstand in der Bürette.

Auswertung: Berechne zunächst den Verbrauch an Natronlauge in Milliliter und mithilfe der Beziehung $n = c \cdot V$ die Stoffmenge $n(OH^-)$. Diese ist identisch mit $n(CH_3COOH)$ in der Probe. Mit der Beziehung

$$m(\text{Essigsäure}) = M(CH_3COOH) \cdot n(CH_3COOH)$$

erhält man die Masse der Essigsäure in der Probe. Berechne die Masse der Essigsäure in 100 ml Probe und daraus den Massenanteil der Essigsäure, w(Essigsäure), in %:

$$w(\text{Essigsäure}) = \frac{m(\text{Essigsäure})}{m(\text{Probe})}$$

Nimm dazu vereinfacht an, dass die Probe eine Dichte von $\varrho = 1\,\text{g} \cdot \text{ml}^{-1}$ besitzt.

Versuch 3 Essig als Rostentferner

Grundlagen: Essigsäure bildet mit Rost wasserlösliche Salze.

Geräte und Materialien: Schutzbrille, kleines Becherglas, rostiges Eisenstück (Nagel, Schraube, Blech usw.), Pinzette, (Papier-)Tuch, Essig oder Essigessenz

Durchführung: Gib den rostigen Gegenstand in Essig oder Essigessenz. Schüttle nach einigen Minuten vorsichtig und beobachte. Lass den Versuchsansatz bis zur nächsten Chemiestunde stehen. Entnimm dann den Gegenstand mit der Pinzette, spüle ihn mit Wasser und reibe ihn mit dem Tuch ab.

B1 Essigsorten im Haushalt und Essigsäure aus dem Labor

B2 Entfernen von Kalkablagerungen mit Essigessenz

B3 Essigreiniger enthält Essig und waschwirksame Substanzen

15.3 Homologe Reihe der Alkansäuren

B 1 Ameisen produzieren Ameisensäure

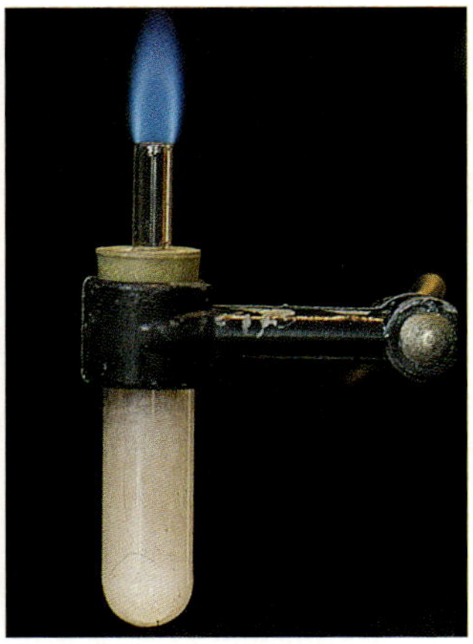

B 2 Kohlenstoffmonooxid aus Methansäure

V 1 Zerreibe Brennnesseln in Wasser. Destilliere und prüfe das Destillat mit Universalindikator.

⚠ **V 2** Man gibt zu 2 ml Methansäure konzentrierte Schwefelsäure und erwärmt (Abzug! Schutzbrille!). Das entstehende Kohlenstoffmonooxid wird an einem aufgesetzten Glasrohr entzündet.

V 3 Man verdünnt Methansäure und Ethansäure im Verhältnis 1 : 1 mit Wasser und vergleicht ihre Säurewirkung mithilfe von Universalindikator und mit einem Stück Magnesiumband.

V 4 Gib zu einer Spatelspitze Magnesium- oder Calciumcarbonat verdünnte Methansäure. Beschreibe und deute die Beobachtungen.

B 3 Einige Alkansäuren mit Strukturformel und Molekülmodell

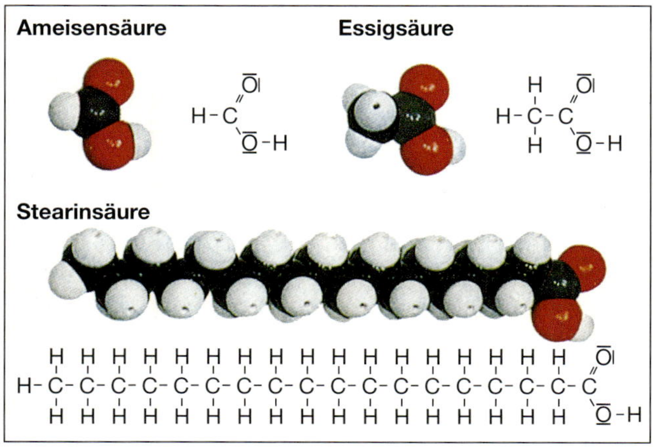

Wie Ethanol lassen sich auch andere Alkohole zu Carbonsäuren oxidieren. Die bei der Oxidation von *Alkanolen* entstehenden Carbonsäuren nennt man **Alkansäuren**. Der homologen Reihe der Alkanole entspricht eine *homologe Reihe der Alkansäuren*.

Zur systematischen Benennung wird die *Endung „säure"* an den Stammnamen angehängt. Der Stammname ergibt sich aus der längsten durchlaufenden Kohlenstoffkette, wobei das Kohlenstoffatom der Carboxylgruppe mitgezählt wird.
Viele Alkansäuren sind schon sehr lange bekannt und ihre gebräuchlichen Namen weisen auf ihre Herkunft und ihr Vorkommen hin.

Methansäure (Ameisensäure) ist die Alkansäure mit den am einfachsten gebauten Molekülen. Der Name *Ameisensäure* deutet bereits darauf hin, dass das Gift der Ameisen diese Säure enthält (▷ B 1). Manche Ameisenarten besitzen bis zu 20 % ihrer Körpermasse an Ameisensäure. Auch das Gift vieler Insekten wie Bienen und das Gift in den Nesselkapseln mancher Hohltiere (Quallen) sowie die Brennhaare der Brennnesseln enthalten diese Säure (▷ V 1). Ameisensäure riecht stechend und wirkt ätzend. Im Labor kann Methansäure zur Herstellung von Kohlenstoffmonooxid verwendet werden, das mit blauer Flamme brennt (▷ V 2, ▷ B 2). Dabei wird einem Methansäuremolekül ein Wassermolekül entrissen, zurück bleibt ein Kohlenstoffmonooxidmolekül.
Eine Lösung von Methansäure ist stärker sauer als die von Ethansäure gleicher Konzentration (▷ V 3). Verdünnte Methansäure reagiert wie verdünnte Ethansäure mit unedlen Metallen, Metalloxiden und alkalischen Lösungen. Die dabei entstehenden Salze heißen *Methanoate* oder *Formiate* (von lat. formica, Ameise).
Als relativ starke und preiswerte organische Säure wird Methansäure zum Entkalken von Warmwasserbereitern, Wasserkesseln u. a. (▷ V 4) verwendet. Sie wird auch als Konservierungsmittel für Fruchtsäfte und Silofutter eingesetzt.

Propansäure (Propionsäure) ist in der Natur ziemlich selten. Sie entsteht z. B. bei der Reifung mancher Käsesorten durch Propansäurebakterien. Ein weiteres Produkt dabei ist Kohlenstoffdioxid, das für die Lochbildung in diesen Käsesorten verantwortlich ist. Propansäure bzw. ihre Salze werden auch als Konservierungsmittel verwendet, da sie z. B. bei Brot die Schimmelbildung verhindern.

Butansäure (Buttersäure) wird beim Ranzigwerden der Butter frei und verursacht den typischen unangenehmen Geruch. Auch der Schweiß von Säugetieren und von Menschen enthält Buttersäure. Ihr Geruch wird noch in geringen Konzentrationen von Blut saugenden Insekten,

Homologe Reihe der Alkansäuren

Zecken und vielen anderen Tieren wahrgenommen. Ein Hund riecht noch ein Billionstel Gramm (10^{-12} g) Buttersäure in einem Kubikmeter Luft. Buttersäure entsteht auch durch Gärung von Stärke mithilfe von Buttersäurebakterien (▷V5).

Die höheren Alkansäuren sind fest und können aus Fetten gewonnen werden, sie werden deshalb auch als **Fettsäuren** bezeichnet. Es sind dies vor allem die *Dodecansäure (Laurinsäure)*, die *Hexadecansäure (Palmitinsäure)* und die *Octadecansäure (Stearinsäure)*. Technisches Stearin ist im Wesentlichen ein Gemisch aus Palmitin- und Stearinsäure und wird z. B. zur Herstellung von Kerzen, in kosmetischen Präparaten und in der Seifen- und Gummiindustrie verwendet.

Eigenschaftsänderungen innerhalb der homologen Reihe. Am stärksten werden die Eigenschaften der ersten vier Alkansäuren durch die polare Carboxylgruppe bestimmt. Die Moleküle können mit anderen geeigneten Molekülen, wie z. B. Wassermolekülen, *Wasserstoffbrückenbindungen* eingehen. Diese Säuren lösen sich in jedem Verhältnis in Wasser (▷V6). Bei Zugabe einer niederen Alkansäure zu Wasser findet neben dem Lösungsvorgang auch ein Protonenübergang statt, sodass neben den Alkansäuremolekülen auch in geringer Konzentration Säureanionen und Oxoniumionen in der Lösung vorliegen.

Ab der Pentansäure lösen sich die Alkansäuren nur wenig in Wasser, da mit zunehmender Länge der Kohlenstoffkette die Wirkung der polaren Carboxylgruppe gegenüber der sich ständig vergrößernden Alkylgruppe zurückgeht. Diese Alkansäuren sind zunehmend hydrophob. Schon ab der Ethansäure bilden die Säuren mit Benzin in jedem Verhältnis eine Lösung; die bei Zimmertemperatur festen Alkansäuren lösen sich beim Erwärmen in Benzin.

Die *Siedetemperaturen* der Alkansäuren liegen wegen der polaren Carboxylgruppe deutlich über denen der Alkanole mit Molekülen vergleichbarer Kettenlänge und Moleküloberfläche. Auch bei den Alkansäuren steigen mit wachsender Kettenlänge der Moleküle die Siedetemperaturen.

Der *Geruch* verändert sich vom stechenden Geruch der Methan- und Ethansäure zum widerwärtigen Geruch der Butansäure und der folgenden Säuren. Höhere Alkansäuren riechen wegen ihrer geringen Flüchtigkeit kaum.

B4 Homologe Reihe der Alkansäuren und ihre Salze

Name (Trivialname)	Formel	Schmelztemp. (°C)	Siedetemp. (°C)	Löslichkeit in Wasser	Löslichkeit in Benzin	Namen der Salze
Methansäure (Ameisensäure)	$HCOOH$	8	100			Methanoate (Formiate)
Ethansäure (Essigsäure)	CH_3COOH	16	118			Ethanoate (Acetate)
Propansäure (Propionsäure)	C_2H_5COOH	−22	141			Propanoate (Propionate)
Butansäure (Buttersäure)	C_3H_7COOH	−7	164	nimmt ab	nimmt zu	Butanoate (Butyrate)
⋮						
Dodecansäure (Laurinsäure)	$C_{11}H_{23}COOH$	44	225*			Dodecanoate (Laurate)
⋮						
Hexadecansäure (Palmitinsäure)	$C_{15}H_{31}COOH$	63	269*			Hexadecanoate (Palmitate)
⋮						
Octadecansäure (Stearinsäure)	$C_{17}H_{35}COOH$	69	287*			Octadecanoate (Stearate)

* bei 133 hPa

V 5 Schneide aus einer Kartoffel einen Kegel und gib in die Vertiefung Erde. Setze den Kegel wieder ein, lege die Kartoffel in ein Einmachglas, dessen Boden mit Wasser bedeckt ist, und schließe den Deckel. Nach einigen Tagen erkennt man am Geruch die Bildung von Buttersäure.

V 6 Man prüft die Löslichkeit verschiedener Glieder der homologen Reihe der Alkansäuren:
a) in Wasser, b) in Benzin.

A 1 Welche Sicherheitsvorschriften sind bei der Verwendung von methansäurehaltigen Kalklösern zu beachten?

A 2 Wenn Ethansäure siedet, verlassen nicht einzelne Moleküle, sondern Doppelmoleküle die Flüssigkeit. Deute den Sachverhalt.

A 3 Warum besitzt Essigsäure eine höhere Siedetemperatur als Ethanol?

15.4 Ungesättigte Fettsäuren

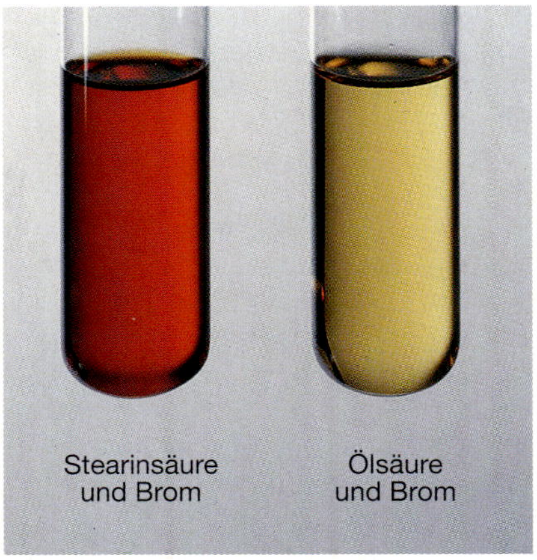

B 1 Ungesättigte Fettsäuren addieren Brom

V 1 Man gibt zu Lösungen von Ölsaure in 1-Propanol und Stearinsäure in 1-Propanol tropfenweise eine Lösung von Brom in 1-Propanol (frisch ansetzen) und schüttelt. (Abzug!)

A 1 Formuliere die Reaktionsgleichungen für die Hydrierung von a) Ölsäure und b) Linolsäure. Benenne jeweils das Reaktionsprodukt.

Es gibt Carbonsäuren, deren Moleküle in ihrem Kohlenwasserstoffrest eine oder mehrere Doppelbindungen aufweisen. Drei wichtige Säuren, die aus festen Fetten und auch aus flüssigen Fetten, den fetten Ölen, gewonnen werden können, sind die *Öl*-, die *Linol*- und die *Linolensäure*. Da aufgrund der Doppelbindung weitere Atome in das Molekül aufgenommen werden können, bezeichnet man diese Säuren auch als **ungesättigte Fettsäuren**. So reagieren sie z. B. rasch mit einer Bromlösung (▷ B 1, ▷ V 1), die dadurch entfärbt wird. Durch Reaktion mit Wasserstoff („Hydrieren") können diese Säuren in gesättigte Fettsäuren überführt werden (▷ B 2).

Schmelztemperatur und Molekülaufbau. Obwohl ein Ölsäuremolekül ($C_{17}H_{33}COOH$) nur zwei Wasserstoffatome weniger aufweist als ein Stearinsäuremolekül ($C_{17}H_{35}COOH$), liegt die *Schmelztemperatur* der Stearinsäure wesentlich höher als die der Ölsäure. Ölsäure ist bei Zimmertemperatur flüssig, Stearinsäure fest.

Im festen Zustand liegen die Moleküle eines Stoffes dicht aneinander; je besser sie zusammenpassen, desto stärker wirken sich die zwischenmolekularen Kräfte aus und desto höher liegt die Schmelztemperatur.

Die Molekülketten der *gesättigten* Fettsäuren können eine *linear gestreckte* Form annehmen und sich so gut zusammenlagern. Die Moleküle der *ungesättigten* Fettsäuren weisen an den Doppelbindungen *Knicke* auf (▷ B 2). In dieser Stellung sind die Kohlenstoffatom-Ketten fixiert, da die Doppelbindung eine Drehung des Moleküls um die C–C-Bindungsachse verhindert. Wegen der gewinkelten Form können sich die Moleküle nicht so gut aneinander lagern. Die zwischenmolekularen Kräfte wirken sich schwächer aus, die Schmelztemperatur ist niedriger (▷ B 3).

Die *mehrfach ungesättigten* Fettsäuren Linol- und Linolensäure (mehrere Doppelbindungen im Molekül) sind für den menschlichen Körper lebensnotwendig (essenziell) und müssen mit der Nahrung, z. B. durch Pflanzenöle, aufgenommen werden, da sie vom Körper selbst nicht hergestellt werden können.

B 2 (oben) **Hydrieren ungesättigter Fettsäuren** führt zu gesättigten Fettsäuren
B 3 (unten) **Wichtige ungesättigte Fettsäuren.** Die Doppelbindungen sind in den Formeln rot unterlegt

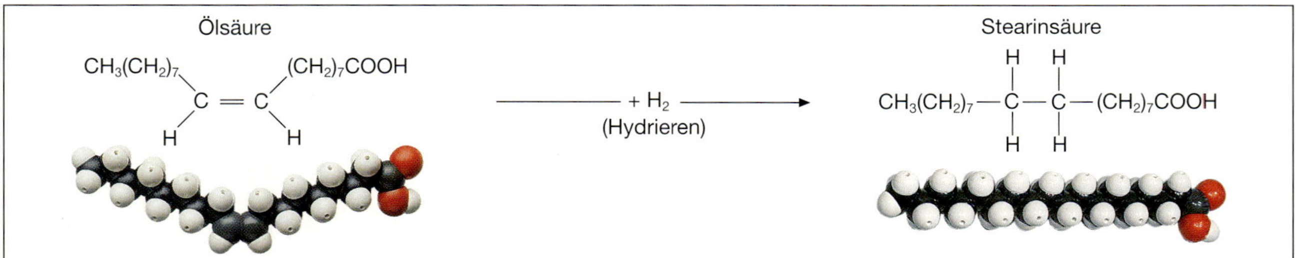

Name	Halbstrukturformel	vereinfacht	Schmelztemperatur in °C	Namen der Salze
Ölsäure	$CH_3(CH_2)_7$ CH = CH $(CH_2)_7COOH$	$C_{17}H_{33}COOH$	16	Oleate
Linolsäure	$CH_3(CH_2)_4$ CH = CH CH_2 CH = CH $(CH_2)_7COOH$	$C_{17}H_{31}COOH$	−10	Linolate
Linolensäure	CH_3CH_2 CH = CH CH_2 CH = CH CH_2 CH = CH $(CH_2)_7COOH$	$C_{17}H_{29}COOH$	−11	Linolenate

15.5 Carbonsäuren in der Natur

Außer den Alkansäuren, wie z. B. Essigsäure und Buttersäure, kommen in der Natur noch viele weitere Carbonsäuren vor. Ihre Moleküle sind meist komplizierter gebaut und dadurch gekennzeichnet, dass sie nicht nur *eine* funktionelle Gruppe tragen (▷B1). Häufig sind zusätzlich weitere Carboxylgruppen *(Di- und Tricarbonsäuren)* sowie Hydroxylgruppen *(Hydroxycarbonsäuren)* vorhanden. Viele dieser Säuren findet man in Pflanzen bzw. Pflanzenteilen, z. B. Früchten *(Fruchtsäuren)*. Auch im Stoffwechsel von Tieren und Menschen sind solche Säuren zu finden.

B1 Carbonsäuren finden sich vielfach in der Natur. Bezeichnungen und vereinfachte Strukturformeln

Milchsäure. Sie entsteht bei der Vergärung von Zuckern durch bestimmte Bakterien, z. B. beim Sauerwerden von Milch, und befindet sich deshalb in Produkten wie Jogurt, Kefir und Buttermilch. Auch bei der Herstellung von Sauerkraut und Silofutter bildet sich Milchsäure, ferner tritt sie beim Abbau des Kohlenhydrats Glykogen im arbeitenden Muskel auf.

Oxalsäure. Sie ist die Dicarbonsäure mit den am einfachsten gebauten Molekülen und bildet farblose Kristalle. Da jedes Oxalsäuremolekül zwei Protonen abspalten kann, bildet Oxalsäure zwei Reihen von Salzen, die *Hydrogenoxalate* und die *Oxalate*. Der saure Geschmack von Sauerklee (oxalis acetosella), Sauerampfer, Rhabarber und Stachelbeeren wird überwiegend durch Kaliumhydrogenoxalat ($HOOC-COO^-K^+$) hervorgerufen. Oxalsäure ist giftig. 5 g davon können tödlich wirken, da sich mit Calciumionen schwer lösliches Calciumoxalat bildet, das die feinen Nierenkanälchen verstopfen kann. Auch Harn- und Nierensteine enthalten häufig Calciumoxalat.

Fruchtsäuren sind Feststoffe, die in Früchten in gelöster Form vorliegen. Die meisten haben ihren Namen nach einer Frucht erhalten, in der sie überwiegend vorkommen. So kommt **Weinsäure** in Weintrauben vor. Als Dicarbonsäure kann auch sie zwei Reihen von Salzen bilden, die *Hydrogentartrate* und die *Tartrate* (von frz. tartre, Weinstein). Der sich beim Lagern von Wein abscheidende *Weinstein* ist ein Gemisch aus Kaliumhydrogen- und Calciumtartrat. **Citronensäure** findet man nicht nur in Zitronen (im Saft: $w(\text{Citronensäure}) = 5\,\%$ bis 7 %), sie ist als eine der wichtigsten Fruchtsäuren auch in vielen anderen Früchten wie Orangen, Ananas und Preiselbeeren enthalten. Auch im menschlichen Stoffwechsel kommt Citronensäure vor. Die Salze der Citronensäure heißen *Citrate*. Die **Äpfelsäure** ist neben der Citronensäure die verbreitetste Fruchtsäure. Sie kommt in vielen Obstarten wie Äpfeln, Birnen, Quitten, Aprikosen, Kirschen und Pflaumen vor. Die Salze der Äpfelsäure sind die *Malate* (von lat. malum, Apfel).

Vitamin C gegen Skorbut

Vitamin C, auch Ascorbinsäure genannt, ist eine organische Säure mit kompliziertem Molekülbau. Sie ist für den menschlichen Körper unentbehrlich, kann von ihm jedoch selbst nicht gebildet werden und muss in der Nahrung enthalten sein. Besonders Hagebutten, Sanddorn, schwarze Johannisbeeren, Kiwi, Paprika, Petersilie und Grünkohl sind reich an Vitamin C. Eine unzureichende Versorgung mit Vitamin C führt zu speziellen Mangelkrankheiten. Eine Folge extremen Vitamin-C-Mangels, der *Skorbut*, war in den früheren Jahrhunderten bei Seefahrern eine gefürchtete Krankheit. Sie war darauf zurückzuführen, dass vor allem wegen fehlender Konservierungsmöglichkeiten auf langen Reisen kein frisches Obst und Gemüse zur Verfügung standen. Später wurde dem Skorbut z. B. durch Verzehr von Sauerkraut oder Zitronensaft begegnet.
Schilderung von Skorbut (Scharbock) während einer Schiffsreise (1740):

Drittens hatten auch viele den Scharbock, welches eine schmerzliche Krankheit ist, und auf dem Land selten gefunden wird. Es fanget zuerst in denen Zähnen an, daß das Zahnfleisch gantz faul wird, und man den gantzen Kiefer wegnehmen kan; sie werden gantz steiff an dem gantzen Leib, daß sie sich weder wenden noch regen können; sie bekommen auch faul Fleisch an dem Leib, daß man gantze Stücker ausschneiden kan.

15.6 Organische Säuren als Lebensmittel-Zusatzstoffe

B 1 Warensortiment. Vielen Lebensmitteln werden organische Säuren zugesetzt

V 1 Gib etwas Sorbinsäure oder Benzoesäure in Wasser und erwärme, bis eine klare Lösung entsteht. Tränke damit die Hälfte einer Weißbrotscheibe und lege sie dann in eine feuchte Kammer (Petrischale). Beobachte einige Tage.

V 2 Reibe einen Apfel und/oder eine Kartoffel zu Mus und verteile dies auf zwei Schälchen. Vermische eine der beiden Proben sofort nach dem Reiben mit ca. zwei Messerspitzen Vitamin C. Beurteile die beiden Proben nach deren Aussehen nach 20–30 Minuten.

A 1 Überlege, warum nach dem Lebensmittelgesetz Höchstwerte für den Zusatz von Konservierungsstoffen in Lebensmitteln festgelegt werden.

B 2 E-Nummern von Lebensmittelzusatzstoffen

E 124	Cochenillerot A
E 200	Sorbinsäure
E 210	Benzoesäure
E 214	**p-H**ydroxy**b**enzoesäure-ethylester (PHB-Ester)
E 220	Schwefeldioxid
E 236	Ameisensäure
E 260	Essigsäure
E 270	Milchsäure
E 296	Äpfelsäure
E 300	Vitamin C
E 330	Citronensäure
E 334	Weinsäure
E 420	Sorbit
E 422	Glycerin

B 3 Sorbinsäure hemmt das Wachstum von Schimmelpilzen

Organische Säuren sind nicht nur Bestandteile vieler Naturprodukte, sondern finden auch in vielen Bereichen des Alltags und der Technik Verwendung. Außer als Bestandteil z. B. von Entkalkern und industriellen Reinigern für Metalloberflächen in der Elektronikindustrie (Citronensäure) oder Rost- und Tintenfleckentfernern (Oxalsäure) werden organische Säuren wegen ihrer besonderen Eigenschaften vielen Lebensmitteln zugesetzt (▷ B 1). Auswahl und erlaubte Mengen sind durch das Lebensmittelgesetz geregelt. Zur Angabe der zugesetzten Stoffe müssen entweder ihre Stoffnamen oder ihre E-Nummern aufgeführt sein (▷ B 2).

Organische Säuren als Konservierungsstoffe. Viele leicht verderbliche Nahrungsmittel können durch Zusatz von organischen Säuren haltbarer gemacht werden. Sie verhindern, dass z. B. durch Fäulnisbakterien und Schimmelpilze Giftstoffe in diesen Lebensmitteln entstehen können. Zur Verhinderung der Schimmelbildung in Brot wird vielfach *Sorbinsäure* (Formel: C_5H_7COOH) zugesetzt (▷ B 3, ▷ V 1), eine ungesättigte Carbonsäure, die im Körper des Menschen vollständig abgebaut wird. *Benzoesäure* (Formel: C_6H_5COOH) ist für saure Lebensmittel zugelassen und wird z. B. Fleischsalat und Fischkonserven zugesetzt. *Propionsäure* als Konservierungsstoff wird wegen der erforderlichen hohen Dosierung und der dadurch entstehenden Geschmacksveränderung zunehmend durch Sorbinsäure ersetzt.

Säuerungsmittel. Sauer schmeckende Getränke wirken besonders erfrischend. Zu diesem Zweck werden Fruchtsaftgetränken, Nektaren und Limonadengetränken organische Säuren als Säuerungsmittel zugesetzt. Hierbei finden vor allem die *Citronensäure*, *Weinsäure* und *Äpfelsäure* Verwendung. In Brausepulver dient der Zusatz von Citronen- bzw. Weinsäure sowohl dem Geschmack als auch der Entwicklung von Kohlenstoffdioxid durch die Reaktion mit Natriumhydrogencarbonat (↗ Kap. 16.2). Da es sich um feste Säuren handelt, erfolgt diese Reaktion erst nach Zusatz von Wasser. Dies gewährleistet eine lange Lagerfähigkeit in trockenem Zustand. Dies ist auch bei der Verwendung dieser Säuren in Backpulver ausschlaggebend (↗ Kap. 16.2).

Oxidationshemmer. Beim Stehen an der Luft verändern viele Lebensmittel ihre Farbe und bekommen ein unappetitliches Aussehen (z. B. „Grauwerden" von Fleisch und Wurst, Dunkelfärbung von Apfelmus). Dies ist auf eine Reaktion von natürlichen Inhaltsstoffen mit Sauerstoff vor allem an der Oberfläche zurückzuführen. Durch Zusatz von „Antioxidantien", z. B. *Vitamin C*, kann die Bildung solcher (z. T. farbiger) Oxidationsprodukte verhindert werden. Vitamin C wirkt reduzierend.

15.7 Projekt: Organische Säuren in Lebensmitteln

Versuch 1 Fällung der Calciumsalze

Grundlagen: Oxalsäure, Weinsäure und Citronensäure bilden mit Calciumionen schwer lösliche Salze.

Geräte und Materialien: Schutzbrille, Reagenzgläser, Bechergläser (250 ml), Spatel, Dreifuß, Keramik-Drahtnetz, Gasbrenner, 2 Messpipetten (10 ml), Pipettierhilfe, Siedesteinchen, Oxal-, Wein- und Citronensäure, Calciumchloridlösung ($w = 20\,\%$), Kalkwasser, Rhabarbersaft, Zitronensaft, Brausepulver

Durchführung:
a) Löse eine Spatelspitze Oxalsäure in wenig Wasser und gib etwas Calciumchloridlösung zu. Gib auch zu ca. 5 ml Rhabarbersaft (zuvor filtriert) etwas Calciumchloridlösung.
b) Löse jeweils eine Spatelspitze Wein- bzw. Citronensäure in wenig Wasser und füge jeweils 40 ml Kalkwasser zu. Gib zu dem Ansatz mit Citronensäure Siedesteinchen und koche auf.
c) Prüfe entsprechend b) ca. 5 ml Brausepulverlösung (zur Entfernung von Kohlenstoffdioxid vorher auskochen) auf Weinsäure und ca. 1 ml Zitronensaft auf Citronensäure.

Versuch 2 Säuregehalt von Milch und Milchprodukten

Grundlagen: Durch Abbau von Milchzucker durch Milchsäurebakterien entsteht in der Milch Milchsäure. Bei Frischmilch gibt der Milchsäuregehalt einen Hinweis auf Alter und Lagerung der Milch. Bei Sauermilchprodukten ist ein bestimmter Milchsäuregehalt erwünscht. Da Milch außer Milchsäure in geringem Umfang andere Säuren enthält, gibt man zur Beurteilung den Gesamtsäuregehalt an, der durch Titration mit Natronlauge bestimmt wird. Die Angabe erfolgt durch die sog. Soxhlet-Henkel-Zahl (SHZ). Sie gibt das Volumen der Natronlauge (in ml) der Konzentration $c = 0{,}25\,\text{mol}/\ell$ an, die für die Titration von 100 ml Probe gebraucht wird.
Beispiele für einige Produkte (SHZ in Klammern):
Süße Milch (5–8), „ansaure Milch“ (9–12), Sauermilch (35–45), Jogurt (45–55).

Geräte und Materialien: Schutzbrille, Weithals-Erlenmeyerkolben (200 ml), Stativmaterial, Bürette, Messzylinder, Natronlauge ($c = 0{,}1\,\text{mol}/\ell$), Phenolphthaleinlösung ($w = 2\,\%$), verschiedene (flüssige) Milchprodukte

Durchführung: Gib jeweils 25 ml des Milchprodukts in den Erlenmeyerkolben, verdünne auf ca. 50 ml und setze 5 Tropfen Phenolphthaleinlösung zu. Titriere bis zu einer bleibenden Rosa-Orange-Färbung.

Auswertung: Berechne die jeweilige SHZ der Probe.

Versuch 3 Bestimmung des Vitamin-C-Gehalts

Grundlagen: Vitamin C wirkt reduzierend. Durch Reaktion mit Iod wird dieses zu Iodid reduziert. Der Gehalt an Vitamin C kann somit durch den Verbrauch an Iod ermittelt werden. Der Endpunkt der Titration wird durch die Iod-Stärke-Reaktion angezeigt (Blaufärbung).

Geräte und Materialien: Schutzbrille, Stativmaterial, Bürette, Messzylinder, 2 Messpipetten (10 ml), Pipettierhilfe, Weithals-Erlenmeyerkolben (200 ml), Iodlösung (2,5 g Iod und 5 g Kaliumiodid in $1\,\ell$ Lösung; $c \approx 0{,}01\,\text{mol}/\ell$), Salzsäure ($c \approx 1\,\text{mol}/\ell$), Stärkelösung ($w = 1\,\%$), Vitamin-C-Teststäbchen, Ascorbinsäure oder Vitamin-C-Tablette, Zitronensaft (frisch und Konserve), Orangensaft, Apfelsaft, Kiwisaft, Vitamin-C-Bonbons (vorher zu 25 ml Lösung in Wasser lösen), evtl. weitere Vitamin-C-haltige Getränke

Durchführung:
a) Bestimme den Vitamin-C-Gehalt der Proben mit Teststäbchen.
b) Gib 2 ml Salzsäure und 5 ml Stärkelösung zu 25 ml der Probe und titriere.
c) Stelle mit Ascorbinsäure oder einer Vitamin-C-Tablette (Gehaltsangabe auf der Packung beachten) eine Standardlösung her, die 100 mg Ascorbinsäure in 100 ml Lösung enthält. Titriere diese Lösung wie in b).

Auswertung:
Zu c): Trage in ein Diagramm (Abszisse: V(Iodlösung) in ml; Ordinate: m(Vitamin C) in der Probe in mg) die Werte für die Standardlösung ein. Zeichne eine Ursprungsgerade durch diesen Punkt. Ermittle aus dieser Eichkurve den Vitamin-C-Gehalt der übrigen Proben unter Verwendung der Ergebnisse von b).
Zu a) und b): Vergleiche die verschiedenen Proben hinsichtlich der Gehaltsangaben (Teststäbchen) und aufgrund des Verbrauchs an Iodlösung.

B1 Bestimmung des Säuregehalts von Lebensmitteln durch Titration

15.8 Esterbildung – eine Kondensationsreaktion

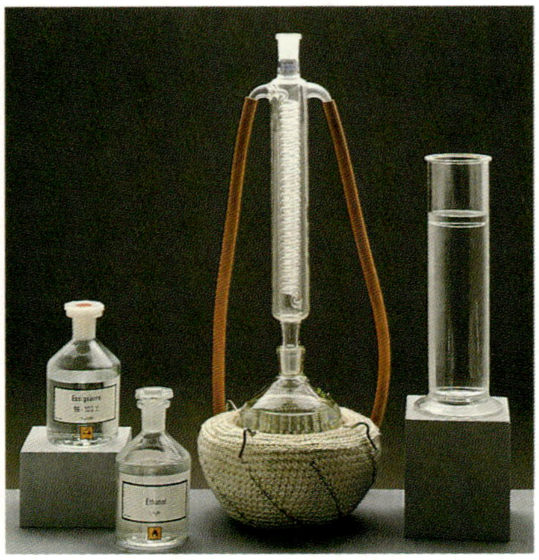

B1 Herstellung von Ethansäureethylester. Es bilden sich zwei Flüssigkeitsschichten (rechts)

V 1 Man erhitzt ein Gemisch aus 20 ml Eisessig, 20 ml Ethanol und 3 ml konz. Schwefelsäure (Schutzbrille, -handschuhe!) ca. 10 Minuten am Rückflusskühler. Anschließend wird das Gemisch in einen Standzylinder mit Wasser gegossen. Man prüft den Geruch vor und nach der Reaktion.

V 2 Man stellt in Reagenzgläsern die folgenden Gemische her: a) 2 ml 1-Pentanol und 2,5 ml Ethansäure b) 2,5 ml Ethanol und 2 ml Butansäure c) 2,5 ml 1-Pentanol und 2,5 ml Pentansäure.
Zu jedem der Gemische gibt man einige Tropfen konz. Schwefelsäure (Schutzbrille, -handschuhe!), schüttelt und erwärmt kurz. Man lässt jedes Reagenzglas einige Minuten verschlossen stehen und schüttet den Inhalt anschließend in ein Becherglas mit stark verdünnter Natronlauge und prüft den Geruch.

A 1 Stelle für die Reaktion von 1-Butanol mit Essigsäure die Gleichung auf. Benenne die Produkte.

A 2 Aus Salicylsäure und Methanol bildet sich ein Ester (Kaugummiaroma). Formuliere die Reaktionsgleichung.

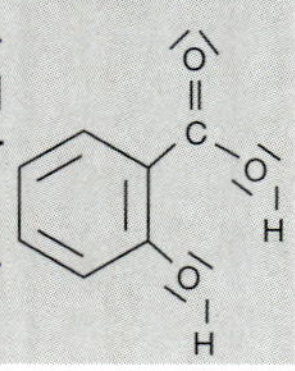

Die funktionellen Gruppen sind reaktionsfähige Stellen organischer Moleküle und beeinflussen daher entscheidend die Eigenschaften und das Reaktionsverhalten der Stoffe. Durch Reaktionen zwischen Molekülen mit verschiedenen funktionellen Gruppen lässt sich eine Vielfalt neuer Stoffe synthetisieren. Als eine mögliche Kombination betrachten wir die Reaktion eines Alkohols mit einer Carbonsäure am Beispiel von Ethanol und Ethansäure. Dieses *Prinzip der organischen Synthese* lässt sich auch auf andere Stoffgruppen anwenden.

Herstellung von Ethansäureethylester. Erhitzt man ein Gemisch von Ethansäure, Ethanol und konzentrierter Schwefelsäure (▷ V 1) und gießt das Gemisch in einen Standzylinder mit Wasser (▷ B 1), so bilden sich sofort zwei Flüssigkeitsschichten und ein eigenartiger Geruch, der an Alleskleber erinnert, ist deutlich wahrnehmbar. Da die Ausgangsstoffe in Wasser löslich sind, muss eine chemische Reaktion stattgefunden haben, bei der wenigstens ein neuer Stoff entstanden ist.
Ethansäure und Ethanol reagieren unter dem katalysierenden Einfluss von konzentrierter Schwefelsäure zu *Ethansäureethylester* und Wasser (▷ B 2, oben). Ohne Katalysator verläuft die Reaktion von Ethansäure und Ethanol selbst bei Temperaturen zwischen 70 °C und 90 °C nur sehr langsam.
Auch andere Alkohole und Carbonsäuren reagieren zu **Estern** und Wasser (▷ B 2, unten). Die Esterbildung gehört zu den *Kondensationsreaktionen*.

Eine Reaktion, bei der sich Moleküle unter Abspaltung von Wassermolekülen oder anderen kleinen Molekülen verbinden, heißt Kondensation. Bei der Kondensation von Säuren mit Alkoholen entstehen Ester.

Alle Estermoleküle enthalten die *charakteristische Gruppe*:

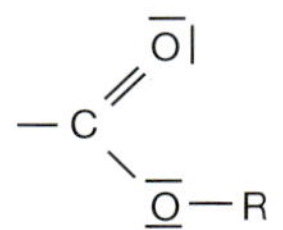

vereinfacht: –COOR (R: Alkylrest des Alkohols)

Den Namen eines Esters kann man bilden aus dem Namen der Carbonsäure, dem Namen für den Alkylrest des Alkohols und der *Bezeichnung „ester"*.

B 2 Esterbildung. Oben: Darstellung der Bildung von Ethansäureethylester. Unten: Allgemeine Esterbildung

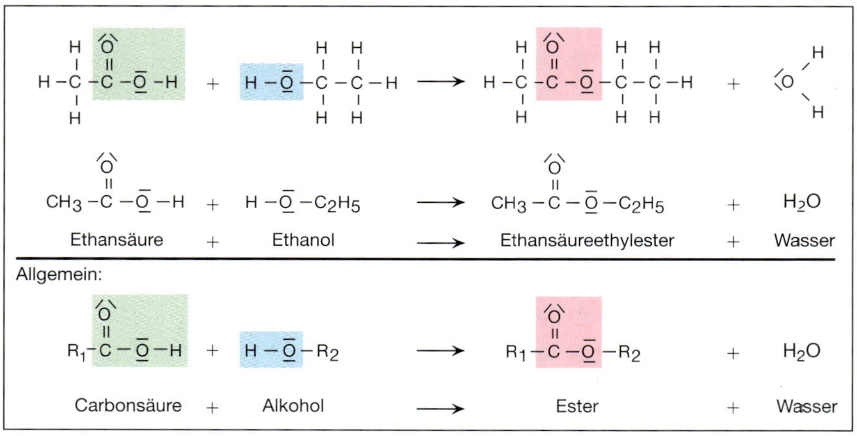

15.9 Ester – Eigenschaften und Verwendung

Bei der Esterbildung sind Moleküle mit einer neuen funktionellen Gruppe entstanden, die die Eigenschaften der Ester beeinflusst. Die Ester unterscheiden sich stark von den Stoffen, aus denen sie gebildet wurden.

Eigenschaften. Ethansäureethylester ist in Wasser begrenzt löslich (8,5 g in 100 g Wasser), mit Benzin bildet er in jedem Verhältnis eine Lösung. Dies liegt daran, dass die unpolare Methyl- und Ethylgruppe den Einfluss der polaren CO-Gruppe in den Estermolekülen übertreffen. Da die Estermoleküle keine Hydroxylgruppen aufweisen, können sie untereinander keine Wasserstoffbrückenbindungen bilden. Die Siedetemperaturen der Ester liegen deshalb weit niedriger als die der Alkohole und Carbonsäuren, die aus Molekülen ähnlicher Kettenlänge bestehen. Ester, die aus niederen Carbonsäuren und niederen Alkoholen gewonnen werden können, sind leicht flüchtig und haben einen angenehm fruchtartigen oder blumigen Geruch, ganz im Gegensatz zum stechenden Geruch der Carbonsäuren, die an ihrer Bildung beteiligt sind.

Vorkommen und Verwendung. Ester *niederer* Carbonsäuren sind vielfach *Duft- und Aromastoffe* (▷ B 1), die in der Natur vorkommen, aber auch synthetisch hergestellt werden. Manche werden auch als *Lösungsmittel* für organische Stoffe und zum Verdünnen von Lacken und Anstrichfarben eingesetzt. Ethansäureethylester ist der Hauptbestandteil der Nagellackentferner, Ethansäurebutylester ein Lösungsmittel vieler Klebstoffe. Die Lösungsmitteldämpfe dürfen nicht in größeren Mengen und über einen längeren Zeitraum eingeatmet werden, da dabei Leberschäden und eine bleibende Schädigung des Gehirns auftreten können.
Ester *höherer* Carbonsäuren und höherer Alkohole sind die *Wachse*, die in der Natur (Schutzschicht auf Blättern, Nadeln, Blüten, Früchten) und in der Technik eine große Rolle spielen. Der Hauptbestandteil des *Bienenwachses* ist ein Ester der Palmitinsäure mit einem höheren Alkohol („C_{30}-Alkohol"). *Fette* sind die Ester des Propantriols (Glycerin) mit den Fettsäuren (↗ Kap. 15.10).
Aus Di- und Triolen und Dicarbonsäuren werden *Kunststoffe („Polyester")* hergestellt.

Ester lassen sich spalten. Durch Reaktion mit Wasser können Ester wieder in Alkohol und Säure gespalten werden. Die Reaktion ist ein Beispiel für eine **Hydrolyse** und zugleich die *Umkehrung der Esterbildung*.

$$\text{Säure} + \text{Alkohol} \underset{\text{Spaltung}}{\overset{\text{Bildung}}{\rightleftarrows}} \text{Ester} + \text{Wasser}$$

Die Esterbildung (Kondensationsreaktion) und die Esterspaltung (Hydrolyse) sind ein Beispiel für *umkehrbare Reaktionen*.

Butansäuremethylester
$C_3H_7-COOCH_3$

Butansäureethylester
$C_3H_7-COOC_2H_5$

Pentansäurepentylester
$C_4H_9-COOC_5H_{11}$

Ethansäurehexylester
$CH_3-COOC_6H_{13}$

B 1 Aromen von Früchten. Manche werden von Estern geprägt

A 1 Methansäuremethylester ist in Wasser besser löslich als Ethansäureethylester. Erkläre.

Aromastoffe

Zwiebel oder Apfel? Mit zugehaltener Nase fällt es uns schwer zu unterscheiden, ob wir ein Kartoffel-, Zwiebel- oder Apfelstückchen auf der Zunge haben. Auch bei Schnupfen „schmeckt" vieles ähnlich.
Bei der Kontrolle unserer Nahrungsaufnahme spielen Aromastoffe eine entscheidende Rolle. Das Gesamtaroma entsteht meist durch die Kombination von vielen flüchtigen Stoffen. So sind z. B. am Aroma der Erdbeere mehr als 300 Stoffe beteiligt. Aber auch viele Reinstoffe erzeugen oft einen typischen Geruchseindruck. Häufig sind dies, v. a. bei Früchten, Ester von Carbonsäuren (▷ B 1).
Für manche Lebens- und Genussmittel ist der Zusatz von Aromastoffen erlaubt. Dabei unterscheidet man drei Gruppen:

Natürliche Aromastoffe werden aus den entsprechenden Pflanzenteilen gewonnen. Es handelt sich dabei meist um Stoffgemische.

Naturidentische Aromastoffe werden zwar synthetisch hergestellt, kommen jedoch auch in der Natur vor. Ein bekanntes Beispiel ist das Vanillin.

Künstliche Aromastoffe haben keine Entsprechung in der Natur und wurden in Laboratorien entwickelt. Sie sind als Zusätze nur für bestimmte Lebensmittel, wie z. B. Pudding, Kunstspeiseeis oder Zuckerwaren, erlaubt und müssen einzeln auf der Verpackung angegeben werden.

15.10 Aufbau und Zusammensetzung der Fette

B 1 Einige Speisefette und -öle tierischer und pflanzlicher Herkunft

V 1 Gib Proben verschiedener Fette (z. B. Butter, Schweineschmalz und Kokosfett) in je ein Reagenzglas. Erwärme die Proben im Wasserbad und ermittle den Schmelztemperaturbereich.

A 1 Zu welchen Stoffklassen gehören die Verbindungen des Heizöls bzw. des Salatöls?

A 2 Wie viele verschiedene Fettsäureglycerinester können bei der Reaktion von Glycerin mit einem Gemisch aus Palmitin- und Stearinsäure gebildet werden? Stelle die verschiedenen Fettmoleküle schematisch wie in ▷B3 dar.

A 3 Erläutere durch Auswertung der Tabelle ▷B5, wovon es abhängt, ob ein Fett bei Zimmertemperatur fest, halbfest oder flüssig ist.

Fette kommen in vielen Lebensmitteln tierischer und pflanzlicher Herkunft (▷B 1) vor.

Nach ihrem Aggregatzustand bei Zimmertemperatur teilt man die Fette in feste, halbfeste und flüssige Fette ein (▷B 1). Die flüssigen Fette bezeichnet man auch als fette Öle, um sie eindeutig von den Mineralölen zu unterscheiden, bei denen es sich um Kohlenwasserstoffgemische handelt.

Aufbau der Fettmoleküle. Fette und Öle, wie sie für die menschliche Ernährung in Frage kommen, lassen sich chemisch durch eine Reaktion mit Wasserdampf zerlegen. Dabei entstehen der dreiwertige Alkohol Propantriol (Glycerin) und langkettige Carbonsäuren (Fettsäuren). Die Reaktion ist eine Esterspaltung. Fette sind demnach **Fettsäureglycerinester** (▷B2).

Es gibt Fettmoleküle, in denen ein Glycerinmolekül mit drei gleichen Fettsäuremolekülen verestert ist. Weit häufiger kommen jedoch Fettmoleküle vor, in denen ein Glycerinmolekül mit zwei oder drei verschiedenen Fettsäuremolekülen verestert ist (▷B3).

Die Fettsäureglycerinester werden nach dem systematischen Namen als **Acylglycerine** bezeichnet. Wenn alle drei Hydroxylgruppen der Glycerinmoleküle mit Fettsäuremolekülen verestert sind, heißen die Ester Triacylglycerine. Sie werden häufig auch *Triglyceride* genannt. Die Triacylglycerine stellen von der Menge her die größte und bedeutendste Gruppe dar. Di- und Monoacylglycerine (Di- und Monoglyceride) kommen in der Natur seltener vor.

Fette sind Ester bestimmter langkettiger Carbonsäuren (Fettsäuren) und Glycerin. Natürlich vorkommende Fette sind Gemische verschiedener Fettsäureglycerinester.

B 2 Aufbau eines Fettmoleküls. Die drei Fettsäurereste können unterschiedlich sein

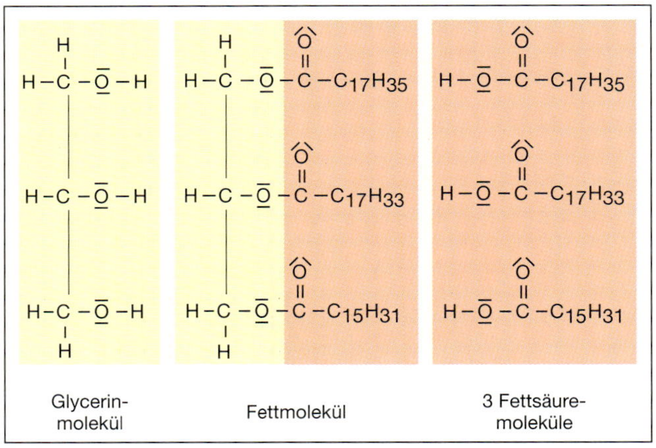

B 3 Fettmolekül. Oben: Kalottenmodell mit verschiedenen Fettsäureresten. Unten: Aufbauschema

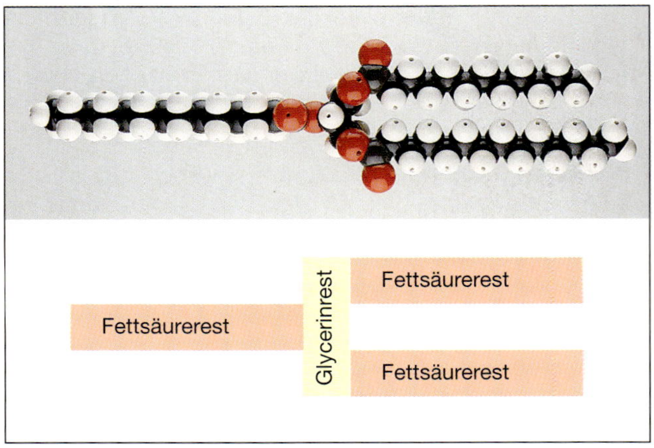

Zusammensetzung von Fetten. Bei Temperaturerhöhung erweichen Fette allmählich. Für die in der Natur vorkommenden Fette kann deshalb kein exakter Wert der Schmelztemperatur angegeben werden, sondern nur ein **Schmelztemperaturbereich.** Dies deutet darauf hin, dass die Fette keine Reinstoffe, sondern Gemische verschiedener Glycerinester sind. Ihre Moleküle enthalten Fettsäurereste, die aus einer unterschiedlichen, aber geraden Anzahl von Kohlenstoffatomen (meist zwischen 12 und 18) aufgebaut sind. Dabei handelt es sich nicht nur um gesättigte Fettsäuren (Alkansäuren), sondern auch um solche, deren Moleküle C=C-Doppelbindungen aufweisen. Man spricht von einfach oder mehrfach ungesättigten Fettsäuren (▷ B4).
Die Geradzahligkeit ist darauf zurückzuführen, dass im Stoffwechsel der Lebewesen die Fettsäuremoleküle aus Baueinheiten, die zwei Kohlenstoffatome enthalten, zusammengefügt werden.

Aus der Zahl der in Frage kommenden gesättigten und ungesättigten Fettsäuren, ihren Kombinationsmöglichkeiten und dem Anzahlverhältnis der verschiedenen Molekülarten zueinander ergibt sich eine Vielzahl verschiedener Fette. Es ist daher verständlich, dass jede Pflanzen- oder Tierart bestimmte arteigene Fette besitzt. Selbst die verschiedenen Organe desselben Lebewesens enthalten verschiedene Fette.

Es ist schwierig aus einem Fett die verschiedenen Fettsäureglycerinester zu isolieren. Zur Charakterisierung eines Fettes spaltet man es in Glycerin und Fettsäuren und gibt den Massenanteil der einzelnen Fettsäuren an, die hierbei entstehen (▷ B5).

Aggregatzustand der Fette. Die Eigenschaften eines Fettes werden von der Kettenlänge der Fettsäuremoleküle beeinflusst und davon, ob es überwiegend aus Fettsäureglycerinestern gesättigter oder ungesättigter Fettsäuren besteht. Mit steigender durchschnittlicher Kettenlänge der Fettsäurereste steigt der Schmelztemperaturbereich. Je mehr Fettsäureglycerinester gesättigter Fettsäuren ein Fett enthält, desto härter ist es. Öle enthalten einen hohen Anteil von Estern der ungesättigten Fettsäuren Öl-, Linol- und Linolensäure.

Iodzahl. Ungesättigte Fettsäuren und ihre Ester reagieren mit Brom- und auch mit Iodlösung. Dabei tritt eine Entfärbung der Halogenlösung auf (↗ Kap. 15.4).
Aus dem Volumen der entfärbten Iodlösung wird in der Lebensmittelchemie die Iodzahl bestimmt. Sie gibt an, wie viel Gramm Iod von 100 g Fett gebunden werden. Fette mit einem hohem Anteil an Estern ungesättigter Fettsäuren besitzen eine hohe Iodzahl.

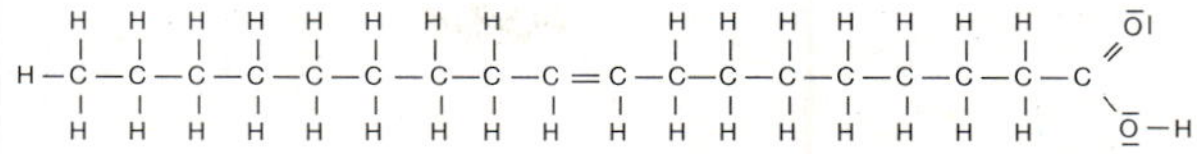

Ölsäure (einfach ungesättigt)

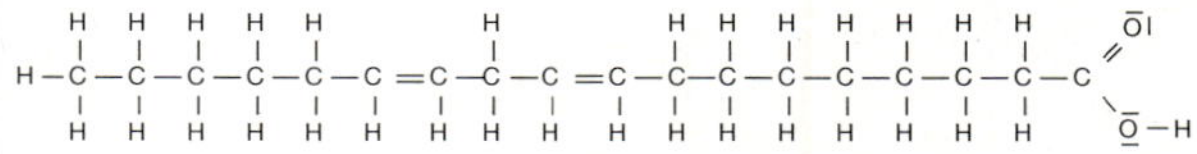

Linolsäure (zweifach ungesättigt)

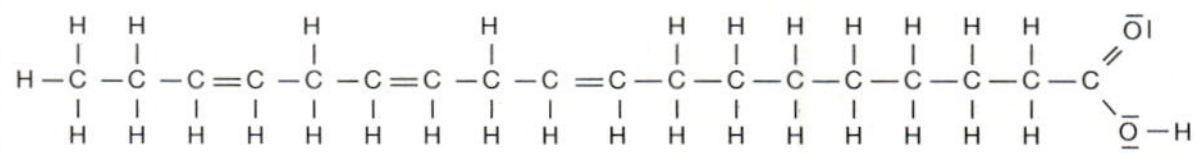

Linolensäure (dreifach ungesättigt)

B4 Moleküle ungesättigter Fettsäuren mit gleicher Anzahl von Kohlenstoffatomen

V 2 Man löst je 1 g Kokosfett, Butter, Margarine, Olivenöl, Leinöl und Ölsäure in je 10 ml 1-Propanol. Aus einer Bürette lässt man so lange frisch zubereitete Bromlösung (ca. 1 bis 2 ml Brom in 50 ml 1-Propanol) zufließen, bis die Bromfarbe etwa 2 Minuten bestehen bleibt (Abzug!). Man vergleicht den Bromverbrauch.

B5 Fettsäureanteile einiger Nahrungsfette (Massenanteile in Prozent). Nicht alle vorkommenden Fettsäuren sind dargestellt

Name	**tierische Fette**		**pflanzliche Fette**			
Formel	Butterfett	Schweinefett	Kokosfett	Olivenöl	Sonnenblumenöl	Leinöl
gesättigte Fettsäuren:						
Buttersäure C_3H_7COOH	3	—	—	—	—	—
Laurinsäure $C_{11}H_{23}COOH$	3	—	48	—	—	—
Myristinsäure $C_{13}H_{27}COOH$	9	2	15	2	—	—
Palmitinsäure $C_{15}H_{31}COOH$	24	27	9	15	5	7
Stearinsäure $C_{17}H_{35}COOH$	13	14	3	2	2	3
ungesättigte Fettsäuren:						
Ölsäure $C_{17}H_{33}COOH$	30	45	6	71	27	18
Linolsäure $C_{17}H_{31}COOH$	2	8	2	8	65	14
Linolensäure $C_{17}H_{29}COOH$	1	—	—	—	—	58
Iodzahl	35	65	7	80	130	180
Schmelzbereich in °C	31 bis 36	36 bis 42	23 bis 28	−3 bis 0	−18 bis −11	−20 bis −16

15.11 Eigenschaften und Bedeutung der Fette

B 1 Flüssiges Fett brennt mit stark rußender Flamme

B 2 Fettbrand. Keinesfalls mit Wasser löschen

V 1 Presse Nusskerne, Sonnenblumenkerne oder Mohn zwischen zwei Filterpapieren.

V 2 Untersuche die Löslichkeit von Speiseöl und Kokosfett in Benzin, Propanon (Aceton), Wasser und Ethanol. Erwärme die Proben im Wasserbad.

V 3 Schüttle ein Gemisch aus Speiseöl und Wasser kräftig. Beobachte die Entmischung der Emulsion. Setze dem Gemisch etwas Eigelb zu und wiederhole den Versuch.

A 1 Fleckenpasten werden eingesetzt, um Fettflecken zu entfernen. Worauf beruht ihre Wirkung?

B 3 Milch unter dem Mikroskop. Emulgiertes Fett

B 4 Herstellung von Majonäse

Fettnachweis. Fette verdunsten nur langsam. Sie bilden daher auf saugfähigem Papier bleibende Flecke. Durch eine einfache Fettfleckprobe (▷ V 1) können Fette z. B. in Pflanzensamen nachgewiesen werden.

Brennbarkeit. Flüssiges Fett lässt sich bei Zimmertemperatur nicht mit einem Streichholz entzünden. In einem Docht steigt Fett leicht auf und lässt sich durch die Wärme des brennenden Streichholzes verdampfen. Fettdampf brennt mit stark rußender Flamme (▷ B 1).

Gerät heißes Fett z. B. in einer Pfanne in Brand (▷ B 2), darf es keinesfalls mit Wasser gelöscht werden. Gibt man Wasser zu heißem oder brennendem Fett, sinkt ein Teil des Wassers wegen der größeren Dichte unter das Fett. Aufgrund der hohen Temperatur des Fettes verdampft das Wasser schlagartig (1 ℓ Wasser verdampft zu etwa 1700 ℓ Wasserdampf), mit dem Wasserdampf wird heißes, brennendes Fett emporgeschleudert, das in der feinen Verteilung besonders heftig mit dem Sauerstoff der Luft reagiert. Fettbrände werden durch Abdecken gelöscht. Dadurch wird der Zutritt des zur Verbrennung notwendigen Sauerstoffs verhindert.

Löslichkeit. In Wasser sind Fette nicht löslich, da ihre Moleküle keine hydrophilen Gruppen besitzen. Wegen der langen Alkylreste ihrer Moleküle sind Fette nur in lipophilen Lösungsmitteln wie Benzin löslich (▷ V 2). In Ethanol lösen sie sich nur bei höheren Temperaturen. Zum Entfernen eines Fettflecks benutzt man deshalb lipophile Lösungsmittel. Fleckenwasser sind Gemische solcher Lösungsmittel. Fleckenpasten enthalten neben dem Lösungsmittel noch ein Bindemittel, z. B. Magnesiumoxid. Es nimmt beim Verdunsten des Lösungsmittels das extrahierte Fett auf und lässt sich ausbürsten. Mischt man ein flüssiges Fett und Wasser durch kräftiges Schütteln, bildet sich eine Emulsion, die sich bald wieder entmischt. Da die Dichte des Fettes kleiner ist als die des Wassers, schwimmt das Fett auf dem Wasser. Fügt man der Mischung Eigelb zu, dauert der Entmischungsvorgang wesentlich länger (▷ V 3).

Stoffe, die die Entstehung einer Emulsion fördern und die Entmischung verzögern oder verhindern, nennt man Emulgatoren.

Die Entmischung der Fett-Wasser-Emulsion Milch (▷ B 3) wird durch Eiweiße verzögert, welche die kleinen Fetttröpfchen von etwa $\frac{1}{1000}$ bis $\frac{1}{100}$ mm Durchmesser umhüllen. Zur Buttergewinnung muss man diese Eiweißumhüllungen durch Schlagen zerstören, sodass die Fetttröpfchen zusammenfließen können. Bei der Majonäseherstellung (▷ B 4) werden Speiseöl und Wasser emulgiert, wobei Eigelb als Emulgator dient. Wird Majonäse tiefgekühlt, friert das Wasser aus, die Emulsion entmischt sich.

Bei der Herstellung vieler Nahrungsmittel werden Mono- bzw. Diacylglycerine als Emulgatoren eingesetzt.

Eigenschaften und Bedeutung der Fette

Fette als Energiespender. Für den Körper sind Fette eine wichtige Energiequelle. Sie sind in vielen Nahrungsmitteln enthalten, nicht nur als sichtbares Fett in Butter, Margarine oder Öl, sondern auch als verstecktes Fett, z. B. in Käse, Wurst, Kartoffelchips, Erdnüssen und Schokolade (▷ B5). Bei ihrem Abbau wird mehr als doppelt so viel Energie frei wie bei einer Zuckerportion gleicher Masse. Der tägliche Energiebedarf von Erwachsenen und Jugendlichen sollte nur zu etwa 30 bis 35 % durch den Verzehr von Fetten gedeckt werden. Dies entspricht je nach Körpergröße und -belastung einer Aufnahme von ca. 60 bis 80 g Fett pro Tag. In Deutschland werden aber täglich pro Einwohner mehr als 150 g Fett verzehrt. Das ist etwa das Doppelte des Bedarfs. Der erhöhte Fettverzehr führt zum Aufbau von Reservefett und ist eine Ursache für das Übergewicht vieler Menschen. Viele Krankheiten, z. B. Herzleiden, können als Folge von zu fettreicher Nahrung auftreten. Es ist wichtig den Fettverzehr zu senken.

Weitere Aufgaben von Fetten. Fett stellt für den menschlichen Körper nicht nur ein Energiedepot dar. Es isoliert auch gegen Wärmeverlust und schützt empfindliche Organe vor Stößen.
Obwohl Fette als Energiespender durch Kohlenhydrate ersetzbar sind und auch Körperfett aus Kohlenhydraten aufgebaut werden kann, erkranken Menschen bei einer völlig fettfreien Ernährung. Einige der in den Fetten gebundenen Fettsäuren werden zur Aufrechterhaltung wichtiger Körperfunktionen benötigt, können aber nicht vom menschlichen Stoffwechsel hergestellt werden. Diese **essenziellen Fettsäuren** müssen mit der Nahrung zugeführt werden. Zu ihnen gehört die Linolsäure zusammen mit anderen mehrfach ungesättigten Fettsäuren. Der tägliche Bedarf eines Menschen an diesen essenziellen Fettsäuren wird mit 10 g angegeben. Es ist deshalb notwendig, dass mit der Nahrung Fette aufgenommen werden, in denen ein hoher Anteil an Glycerinestern mit essenziellen Fettsäuren vorhanden ist (▷ B6).
Eine zusätzliche Aufgabe haben Fette in Verbindung mit dem Vitaminstoffwechsel. Bestimmte Vitamine können nur zusammen mit Fetten aufgenommen werden, da sie fett-, aber nicht wasserlöslich sind. Dazu gehören die Vitamine A, D und E.

Alterung von Fetten. Bei längerem Lagern verderben Fette unter dem Einfluss von Licht, Sauerstoff und Mikroorganismen. Die Fette werden ranzig. Dabei werden sie in Glycerin und Fettsäuren gespalten. Frei werdende kurzkettige Fettsäuren, z. B. Buttersäure, verursachen den typischen, unangenehmen Geruch und Geschmack. Als weiterer Schritt erfolgt der Abbau der Fettsäuren, wobei ebenfalls unangenehm riechende und schmeckende Stoffe entstehen. Fette mit einem hohen Anteil an ungesättigten Fettsäuren verderben besonders schnell.

Nahrungsmittel	Fettanteil in g/(100 g)	Spezifischer Brennwert in kJ/(100 g)
Erdnüsse	49,4	2450
Leberwurst	41,2	1759
Kartoffelchips	39,4	2254
Bratwurst	32,4	1433
Vollmilchschokolade	30,0	2200
Edamer (45 % Fett i. Tr.)	28,6	1481
Fleischwurst	27,1	1241
Aal, geräuchert	26,8	1309
Schmelzkäse (45 % Fett i. Tr.)	23,6	1130
Rührkuchen	22,0	1747
Heringsfilet	15,0	842
Pommes frites	14,5	1105
Kotelett	13,0	808
Eiscreme	10,0	680

B5 Versteckte Fette. Fettanteil und spezifischer Brennwert einiger Lebensmittel (Durchschnittswerte)

V 4 Gib etwas ranzige Butter in heißes Wasser und schüttle. Prüfe mit Universalindikator.

A 2 Nenne möglichst viele Funktionen von Fetten im menschlichen Körper.

A 3 Was geschieht, wenn Fette ranzig werden?

A 4 Berechne unter Verwendung der Angaben aus ▷ B5 die Massen der Portionen von Erdnüssen, Kartoffelchips bzw. Vollmilchschokolade, die allein ausreichen, um den täglichen Energiebedarf von weiblichen (10 000 kJ) bzw. männlichen (12 500 kJ) Jugendlichen zu decken.

B6 Zusammensetzung der Fettsäuren von Nahrungsfetten. Oben: Tierische Fette; unten: Pflanzliche Fette

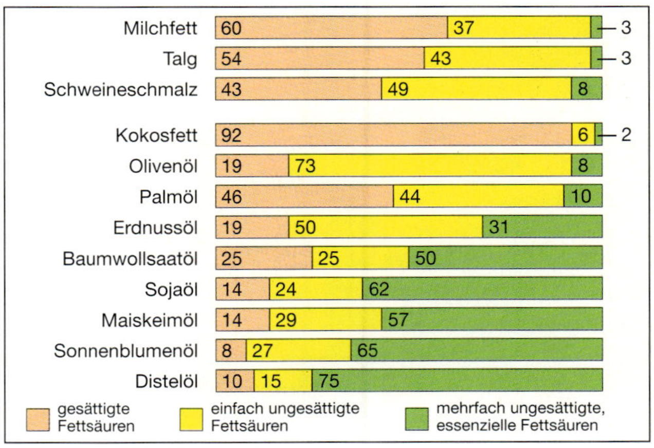

15.12 Fettgewinnung und Margarineherstellung

B 1 Fetthaltige Samen und Früchte zur Gewinnung von Pflanzenfetten

B 2 Ölgewinnung im 16. Jahrhundert

V 1 Ölhaltige Samen werden zerkleinert und in einem Rundkolben mit Heptan am Rückflusskühler gekocht. Nach 5 bis 10 Minuten wird das Gemisch filtriert und aus dem Filtrat das Heptan abdestilliert. Mit dem zurückbleibenden Öl macht man die Fettfleckprobe. Heptan ist brennbar. (Schutzbrille!)

A 1 Spielt es für die Margarineherstellung eine Rolle, ob die festen Fette von Natur aus hart sind, wie z. B. das Kokosfett, oder durch „künstliches" Härten (Hydrieren) von fetten Ölen gewonnen werden? Begründe.

A 2 Auf manchen Margarinepackungen ist zu lesen, dass die Margarine essenzielle Fettsäuren enthalte. Ist diese Aussage völlig korrekt?

B 3 Gewinnung pflanzlicher Fette und Öle in schematischer Darstellung

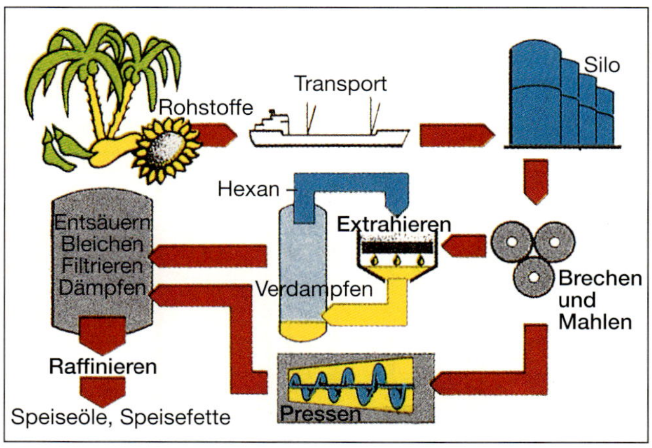

Zur Gewinnung von Fetten tierischer bzw. pflanzlicher Herkunft werden verschiedene Verfahren angewandt.

Fett- und Ölgewinnung. Tierische Fette (Schweineschmalz, Rindertalg) werden vorwiegend durch **Ausschmelzen** (Auslassen) gewonnen. Pflanzliche Fette und Öle erhält man durch Anwendung der folgenden Verfahren.
1. Auspressen: Die erste Pressung bei niedrigen Temperaturen (30 bis 40 °C) liefert das sog. kaltgepresste Öl. Durch die schonende Behandlung ist es reich an Vitaminen. Ein nachfolgender Pressvorgang bei höheren Temperaturen liefert zusätzlich Öl, das aber nicht so hochwertig ist, da ein Teil der Vitamine zerstört wird.
2. Extrahieren: Mit einem Lösungsmittel, z. B. Heptan, wird das Fett aus der gemahlenen Ölsaat herausgelöst. Nach dem Filtrieren wird das Lösungsmittel abdestilliert (▷ V 1).

Raffination. Die meisten pflanzlichen Öle werden einem Reinigungsverfahren, der Raffination, unterzogen. Hierbei werden freie Fettsäuren mit Natronlauge neutralisiert und entfernt. Durch Zugabe von Aluminium-magnesiumsilicat (Bleicherde) und anschließende Filtration werden unerwünschte Begleitstoffe entfernt. Mit Wasserdampf wird das Öl von Resten störender Geschmacks- und Geruchsstoffe befreit.

Härtung. Ein Teil der gewonnenen Öle wird einer Härtung unterzogen mit dem Ziel, aus flüssigen Pflanzenölen härtere, streichfähige Fette zu gewinnen. Öle, die Glycerinester ungesättigter Fettsäuren enthalten, werden unter dem Einfluss von Nickel als Katalysator mit Wasserstoff behandelt (Hydrierung). Dadurch werden ungesättigte in gesättigte Fettsäuren umgewandelt. Der Anteil essenzieller Fettsäuren sinkt dadurch.

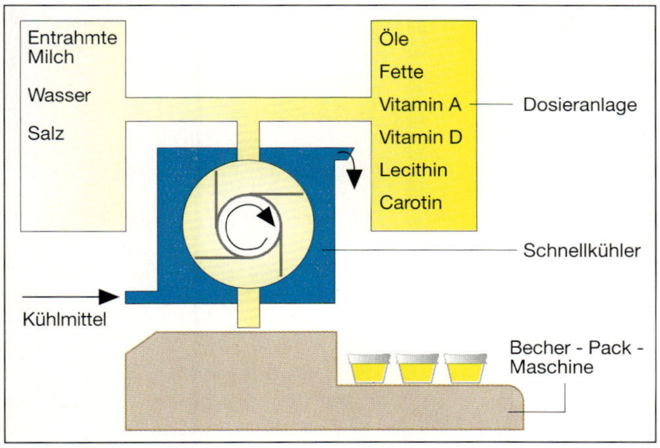

B4 Schema der technischen Herstellung von Margarine. Die hergestellte Margarine ist keimfrei und lange haltbar

Rezept zur Herstellung von Margarine

Zutaten und Geräte: 15 g Kokosfett, 1 Esslöffel Olivenöl, 1 Teelöffel fettarme Milch, 1 Teelöffel Eigelb, 1 Prise Salz, 1 Becherglas, 1 Schüssel mit eisgekühltem Wasser.

Erwärme im Becherglas das Kokosfett über kleiner Flamme, bis es geschmolzen ist. Nimm das Becherglas von der Flamme und gib unter Rühren das Olivenöl zu. Stelle das Becherglas in das Eiswasser und füge unter ständigem Rühren Milch und Eigelb zu und je nach Geschmack eine Prise Salz. Rühre kräftig, bis die Masse steif ist. Prüfe Streichfähigkeit und Geschmack auf einer Brötchenhälfte.

B5 Margarine kann man selber herstellen. Sie ist nicht steril und muss bald verzehrt werden

Margarine ist ein beliebtes Speisefett. Manche Sorten sind nach Aussehen und Geschmack kaum von Butter zu unterscheiden.

Margarineherstellung. Zu den wichtigsten Rohstoffen der Margarine zählen folgende pflanzliche Öle/Fette: Sojaöl, Sonnenblumenöl, Erdnussöl, Baumwollsaatöl, Palmöl, Rapsöl, Kokosfett und Palmkernfett. Die ausgewählten Fette und Öle werden in einem bestimmten Mischungsverhältnis (Fettkomposition) unter leichtem Erwärmen zusammengegeben. Einige Zutaten wie z. B. fettlösliche Vitamine werden zugefügt.
Getrennt von dieser Fettphase wird eine wässrige Phase hergestellt. Sie enthält entrahmte Milch oder Sauermilch und Kochsalz.
Beide Phasen werden im Mischungsverhältnis 4 : 1 in einen Schnellkühler gegeben und unter Luftabschluss miteinander vermischt. Unter dem Einfluss von Emulgatoren (z. B. Lecithin) entsteht in wenigen Minuten unter ständigem Rühren und Kneten eine stabile Emulsion. Mit automatischen Packmaschinen wird die Margarine in Becher abgefüllt.

Der Fettgehalt der fertigen Margarine entspricht einem Massenanteil von 80 %. Die restlichen 20 % entfallen auf Wasser und Zusatzstoffe. Halbfettmargarine hat einen Fettgehalt von nur 40 % und kann als diätetisches Lebensmittel eingesetzt werden.
Die gelbe Farbe der Margarine rührt von dem Farbstoff Carotin her, der z. B. im Palmöl enthalten ist, aber auch zugesetzt werden kann.

Wegen des hohen Anteils an Fettsäureglycerinestern essenzieller Fettsäuren und der Vitaminzusätze ist Margarine ein vollwertiges Speisefett.

Zur Geschichte der Margarine. In den Jahrhunderten vor der Industrialisierung wurden in Europa zur Fettversorgung vor allem Schlachtfette wie Speck, Schmalz, Rindertalg und Hammelfett und die durch Schlagen des Milchrahms gewonnene Butter verwendet. Durch den Anstieg der Bevölkerung wurde die Fettversorgung zunehmend schwieriger. Vor allem nahm die Nachfrage nach Streichfetten zu, da die in den Fabriken arbeitenden Menschen keine warmen Mahlzeiten einnehmen konnten und auf bestrichene Brote angewiesen waren. Fett wurde Mangelware und für breite Bevölkerungsschichten unerschwinglich. Der Ruf nach einem preiswerten Streichfett wurde immer lauter; die Lösung dieses Problems wurde in Frankreich gefunden.
Kaiser NAPOLEON III. wollte die Vormachtstellung Frankreichs auf dem europäischen Kontinent zurückgewinnen. Dazu gehörte aber eine ausreichende Versorgung der breiten Bevölkerung, des Heeres und der Seestreitkräfte mit Nahrungsfett. Er beauftragte deshalb 1869 den Wissenschaftler H. MÈGE-MOURIÈS, nach einem preiswerten, streichfähigen und haltbaren Nahrungsfett als Ersatz für die teure Butter zu suchen.
MÈGE-MOURIÈS ging dem Geheimnis der Fetterzeugung im Körper der Kuh nach und beobachtete, dass Kühe selbst dann noch Milch und Milchfett erzeugen, wenn sie tagelang kein Futter erhalten. Er folgerte, dass das Milchfett aus dem Reservefett der Tiere, dem Rindertalg, stammte; er schmolz aus diesem das reine Fett heraus, presste daraus die weichen, öligen Bestandteile aus und „verbutterte“ sie mit Magermilch. Das Produkt war ein streichbares und haltbares Speisefett von gutem Geschmack. Wegen seines perligen Schimmers wurde das neue Streichfett „Margarine“ (von griech. margaron, Perle) genannt.

15.13 Überprüfung und Vertiefung

B 1 Zu Aufgabe 3

1 Erläutere die Abstufung folgender Schmelztemperaturen: Decansäure 31 °C, Octadecansäure 69 °C, 9-Octadecensäure 16 °C, 9,12-Octadecadiensäure −10°C. Formuliere die Halbstrukturformeln und vergleiche.

2 Nachwachsende Rohstoffe gewinnen in der Energiewirtschaft und der chemischen Industrie immer mehr an Bedeutung. So kann z. B. Rapsöl als teilweiser Ersatz für Dieselkraftstoff eingesetzt werden. Öle und Fette können mit Wasserdampf hydrolysiert und die entstehenden Fettsäuren zu Fettalkoholen hydriert werden, die z. B. als Rohstoffe für die Herstellung von Waschmitteln und Lacken sowie in der Textil-, Papier- und Lederindustrie Verwendung finden.

a) Worin liegen die Gründe für eine verstärkte Nutzung nachwachsender Rohstoffe? Berücksichtige auch Aspekte wie Umwelt- und Klimaschutz sowie die wirtschaftliche Lage der Landwirtschaft.

b) Informiere dich über Eigenschaften und Nutzungsmöglichkeiten von Hanf. Welche Argumente werden von Befürwortern des Hanfanbaus in Deutschland vorgebracht?

c) Formuliere die Reaktionsgleichungen für die Bildung eines Fettalkohols, ausgehend vom Triölsäureglycerinester.

3 In Entkalkern wird statt Essigsäure vielfach auch Citronensäure als wirksame Substanz verwendet (▷ B 1). Ein solcher Entkalker lässt sich leicht selbst herstellen. Hierzu stellt man eine Lösung aus 10 g Citronensäure und 100 ml Wasser her. Versuche damit Kalkablagerungen auf Geräten zu entfernen.

4 Salicylsäure kann mit Ethansäure zur Reaktion gebracht werden. Der dabei entstehende Stoff ist unter der Bezeichnung „Acetylsalicylsäure" (Aspirin®, ASS) als wirksame Substanz in Schmerztabletten enthalten.

a) Formuliere die Reaktionsgleichung für die Herstellung dieses Stoffes mit Strukturformeln und gib an, zu welcher Stoffgruppe er gehört.

b) Bei längerer, unsachgemäßer Lagerung solcher Tabletten (überschrittenes Verfallsdatum, feuchter Ort) riechen sie nach Essig. Erkläre.

5 Konservendosen für Sauerkraut oder Essiggurken müssen auf der Innenseite lackiert sein. Manche, beim Transport eingedellte Dosen weisen nach längerer Lagerung nach außen gewölbte Deckel auf.

a) Gib eine Erklärung für die notwendige Lackierung und die Aufwölbung des Deckels.

b) Warum sollte der Inhalt solcher Dosen nicht mehr verzehrt werden?

6 Um die Lebensmittelgesetze der Staaten der EU anzugleichen, wurde eine Liste von Lebensmittelzusatzstoffen erstellt, die als unbedenklich gelten. Diese Liste wird ständig aktualisiert. Zur Angabe dieser Stoffe in Lebensmitteln müssen entweder die Stoffnamen oder die EU-Nummern („E-Nummern") aufgeführt werden (↗ Kap. 15.6, ▷ B 2). Konservierungsstoffe besitzen z. B. Nummern von E 200 bis E 290, Farbstoffe Nummern von E 100 bis E 180, Emulgatoren und Stabilisatoren Nummern zwischen E 322 und E 475.
Informiere dich auf verschiedenen Lebensmittelverpackungen über die jeweiligen Zusatzstoffe.

Herstellung von Senf

Grundlagen: Essig dient in Senf gleichzeitig als Würz- und Konservierungsmittel.

Geräte und Materialien: Kaffeemühle, Waage, kleine Schüssel, elektrisches Rührgerät, Messzylinder (50 m), gelbe oder schwarze Senfkörner (ca. 50 g), Weinessig, Speisesalz, Zucker, Wasser, evtl. Estragon, Knoblauch oder Rosmarin.

Durchführung: Zermahle ca. 50 g Senfkörner in einer Kaffeemühle (öfters abschalten, um eine für das Aroma schädliche Temperaturerhöhung auszuschließen). Evtl. gewünschte Kräuter wie Estragon, Knoblauch oder Rosmarin können gleich mitgemahlen werden. Gib in das fein zermahlene Senfmehl zusammen mit ca. 5 g Speisesalz (1 Teelöffel), ca. 10 g Zucker (1 Esslöffel) sowie 30 ml Weinessig und 40 ml Wasser in eine kleine Schüssel und rühre mit einem elektrischen Rührgerät, bis die „Masse glatt" ist (ca. 3 bis 5 Minuten).

Wichtige Begriffe

Essig und Essigsäure
Alkansäuren, Carbonsäuren
Fettsäuren, Carboxylgruppe
essenzielle Fettsäuren
Fruchtsäuren, Vitamin C
Lebensmittelzusatzstoffe
Konservierungsstoffe
Ester
Kondensation, Hydrolyse
Aufbau von Fettmolekülen
versteckte Fette
Ölgewinnung, Emulgator

Anorganische Kohlenstoffverbindungen und geochemischer Kohlenstoffkreislauf

Das Element Kohlenstoff nimmt wegen der Vielfalt seiner Verbindungen eine Sonderstellung unter den chemischen Elementen ein. Die meisten Kohlenstoffverbindungen gehören in die organische Chemie. Im Folgenden werden wir einige ausgewählte Verbindungen des Kohlenstoffs mit Sauerstoff behandeln, die wegen ihrer Beziehung zur Mineralbildung zu den anorganischen Verbindungen gezählt werden.

Unter ihnen befinden sich so bekannte Vertreter wie Kohlenstoffdioxid und Kohlensäure, die zusammen mit deren Salzen, den Carbonaten und Hydrogencarbonaten, in Natur, Technik und Alltag eine wichtige Rolle spielen. Um ihre Bedeutung und Anwendung zu verstehen, ist es erforderlich sich mit ihren Eigenschaften und Reaktionen zu beschäftigen. Außerdem werden wir erfahren, wie der Kohlenstoffdioxidgehalt der Luft von einem globalen Kreislauf, dem Kohlenstoffkreislauf, gesteuert wird.

16.1 Kohlenstoffoxide und Kohlensäure

	Kohlenstoffdioxid	Kohlenstoffmonooxid
Farbe, Geruch	farb-, geruchlos	farb-, geruchlos
Dichte bei 20 °C	1,83 g/ℓ	1,16 g/ℓ
molare Masse	44,0 g/mol	28,0 g/mol
Schmelztemperatur		−204 °C
Siedetemperatur		−192 °C
Sublimationstemperatur	−78 °C	
Löslichkeit in Wasser (20 °C)	880 ml/ℓ	23 ml/ℓ
(0 °C)	1710 ml/ℓ	33 ml/ℓ
MAK-Wert	5000 ml/m³	30 ml/m³

B 1 Eigenschaften des Kohlenstoffdioxids und des Kohlenstoffmonooxids im Vergleich

V 1 Blase mit einem Trinkhalm vorsichtig Atemluft durch Kalkwasser.

V 2 Ein Quarzrohr, das mit ausgeglühter Aktivkohle gefüllt ist, wird im Rohrofen auf mindestens 900 °C erhitzt. Durch das Rohr leitet man langsam Kohlenstoffdioxid. Das austretende Gas wird entzündet. (Knallgasprobe! Abzug!)

B 2 Entcoffeinierung von Rohkaffee mit Kohlenstoffdioxid

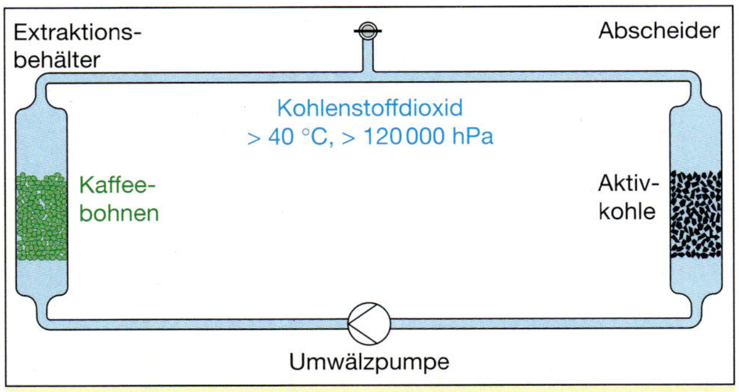

Die grünen Kaffeebohnen werden zunächst mit Wasserdampf auf einen höheren Wassergehalt gebracht. Durch Extraktion mit wassergesättigtem Kohlenstoffdioxid wird die Löslichkeit des Coffeins erhöht und das pflanzliche Gewebe kann im gequollenen Zustand besser von Kohlenstoffdioxid durchdrungen werden. Die Extraktion erfolgt oberhalb von 40 °C und 120 000 hPa. Das gelöste Coffein wird im Abscheider an Aktivkohle adsorbiert. Kohlenstoffdioxid wird so lange im Kreislauf geführt, bis der Rohkaffee einen Rest von weniger als 0,1 % Coffein aufweist. Die Aromastoffe bleiben bei diesem Verfahren im Rohkaffee. Nach der Entnahme werden die grünen Kaffeebohnen getrocknet und in üblicher Weise geröstet.

Bei der Verbrennung von Kohlenstoff oder Kohlenstoffverbindungen kann neben Kohlenstoffdioxid auch Kohlenstoffmonooxid entstehen. Die beiden Oxide unterscheiden sich in ihren Eigenschaften deutlich voneinander (↗ Kap. 4.5 und ▷ B 1). Im Gegensatz zum Stoffwechselgas Kohlenstoffdioxid ist Kohlenstoffmonooxid äußerst giftig. Ein bedeutender Unterschied besteht im Verhalten gegenüber Wasser. Mit diesem reagiert nur Kohlenstoffdioxid; dabei entsteht Kohlensäure, deren Salze ganze Gebirge bilden.

Kohlenstoffdioxid, Vorkommen und Verwendung. Das Gas entsteht in großen Mengen bei der Verbrennung von Brennstoffen. Auch bei der Atmung, Gärung und Zersetzung abgestorbener Organismen wird Kohlenstoffdioxid gebildet. Es ist Bestandteil von vulkanischen Gasen und von Erdgas. In der Atmosphäre ist Kohlenstoffdioxid mit einem Volumenanteil von 0,036 % enthalten, in der ausgeatmeten Luft zu 4 bis 5 %. Der Atmosphäre wird durch Fotosynthese Kohlenstoffdioxid entzogen. Durch den ständig wachsenden Einsatz an fossilen Brennstoffen nimmt der Kohlenstoffdioxidgehalt und damit die Durchschnittstemperatur der Erdatmosphäre langsam zu (↗ Kap. 17). Hohe Volumenanteile des Gases können in Bergwerken und Höhlen sowie in Gärkellern und Futtersilos auftreten. Kohlenstoffdioxid wird hauptsächlich als Kühlmittel und als Getränkezusatz verwendet (↗ Kap. 4.5). Ein neuerer Anwendungsbereich ist der Einsatz des Kohlenstoffdioxids in Hochdruckextraktionsverfahren als wirksames und schonendes Lösungsmittel für empfindliche Naturstoffe (▷ B 2). Kohlenstoffdioxid kann unter Druck verflüssigt werden. Der Druck des Gases über der Flüssigkeit steigt mit zunehmender Temperatur und erreicht bei 31 °C einen Druck von 75 300 hPa. Bei höheren Temperaturen liegt Kohlenstoffdioxid einheitlich als sehr dichtes Gas vor. In diesem Zustand kann es weiter zusammengedrückt werden, sodass bei einem Druck über 100 000 hPa ähnlich geringe Abstände zwischen den Molekülen vorliegen wie bei herkömmlichen Lösungsmitteln.

Kohlenstoffmonooxid. Leitet man Kohlenstoffdioxid bei hohen Temperaturen über Kohlenstoff, so entsteht Kohlenstoffmonooxid, das nach dem Entzünden mit leuchtend blauer Flamme zu Kohlenstoffdioxid verbrennt (▷ V 2).

$$C + CO_2 \longrightarrow 2\,CO$$

Bei unvollständiger Verbrennung von Kohle, Erdölprodukten und Erdgas bildet sich Kohlenstoffmonooxid, indem überschüssiger Kohlenstoff mit Kohlenstoffdioxid reagiert. Insgesamt gelangen dabei beträchtliche Mengen Kohlenstoffmonooxid in die Atmosphäre. Die Verbesserung der Verbrennungsprozesse und der Einsatz von Abgaskatalysatoren haben zu einer Verringerung der Abgabe dieses Schadstoffs geführt.

Die Giftigkeit des Kohlenstoffmonooxids beruht auf der Reaktion dieses Gases mit Hämoglobin (↗ Kap. 4.5).

Kohlenstoffdioxid und Kohlensäure. Leitet man Kohlenstoffdioxid in Wasser ein, so entsteht eine schwach saure Lösung (▷ V3). Aus diesem Grund wird Kohlenstoffdioxid oft auch fälschlich als *Kohlensäure* bezeichnet. Diese entsteht allerdings erst durch die Reaktion des Kohlenstoffdioxids mit Wasser:

$$CO_2 + H_2O \longrightarrow H_2CO_3$$

Die Kohlensäuremoleküle reagieren mit weiteren Wassermolekülen. Dabei entstehen Hydrogencarbonat- und Oxoniumionen:

$$H_2CO_3 + H_2O \longrightarrow HCO_3^- + H_3O^+$$

Auch die Hydrogencarbonationen können mit Wassermolekülen reagieren:

$$HCO_3^- + H_2O \longrightarrow CO_3^{2-} + H_3O^+$$

Von der Kohlensäure gibt es also zwei Arten von Säurerestionen: die **Hydrogencarbonationen** und die **Carbonationen**.

Kohlensäure ist eine unbeständige Säure. Von den Molekülen des gelösten Kohlenstoffdioxids reagieren nur etwa 0,1 % mit Wassermolekülen. Die Bildung von Kohlensäuremolekülen ist eine *unvollständig ablaufende Reaktion*. Auch die Folgereaktionen verlaufen unvollständig.

Öffnet man eine Flasche, die Sprudel enthält, so entweicht Kohlenstoffdioxid. Bei längerem Stehen oder Erwärmen (▷ V4) verliert der Sprudel durch Abgabe von Kohlenstoffdioxid auch seine saure Eigenschaft (▷ B3). Nimmt der Anteil der Kohlenstoffdioxidmoleküle in der Lösung ab, so wird auch der Anteil der Kohlensäuremoleküle kleiner. Sie zerfallen wieder in die Moleküle, aus denen sie entstanden sind. Die Bildung der Kohlensäure ist nicht nur eine *unvollständig ablaufende*, sondern auch eine *umkehrbare Reaktion*.

Kohlensäure kann als Reinstoff nicht hergestellt werden, sie ist eine *unbeständige Säure*.

Zur Herstellung von Sprudel wird Kohlenstoffdioxid in Mineralwasser gepresst. Die Löslichkeit von Kohlenstoffdioxid ist außer von der Temperatur auch vom Druck abhängig (▷ V5, ▷ B4).

Kohlensäure in unserer Umwelt. An Orten, wo Kohlenstoffdioxid vulkanischen Ursprungs vorkommt, führen Quellen kohlenstoffdioxidreiches Wasser. Sie werden als Säuerlinge bezeichnet (▷ B5). Die Säure entsteht in der Natur auch durch Aufnahme von Kohlenstoffdioxid aus der Luft durch Regenwasser. Durch die saure Lösung werden Korrosionsvorgänge, wie z. B. das Rosten von Eisen, beschleunigt. Von großer Bedeutung für die Natur ist die Umbildung von kalkhaltigem Gestein durch Kohlensäure (↗ Kap. 16.4).

B3 Sprudel ist nach dem Erhitzen nicht mehr sauer

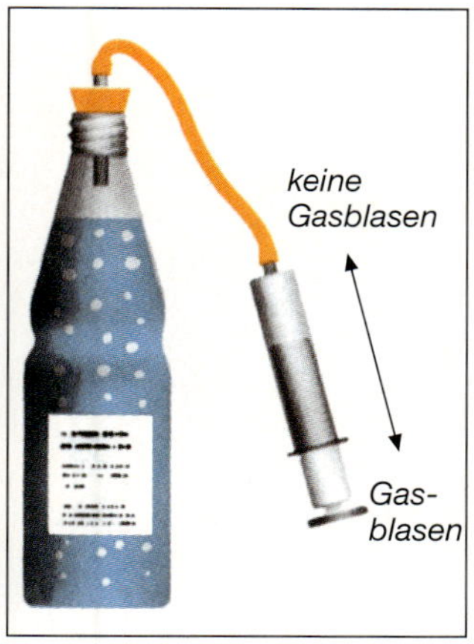

B4 Löslichkeit von Kohlenstoffdioxid unter Druck

V 3 Leite Kohlenstoffdioxid längere Zeit durch kaltes, mit Universalindikator versetztes Wasser.

V 4 Erhitze Sprudelwasser, dem Universalindikator zugesetzt wurde, zum Sieden. Führe ein Gasableitungsrohr in Kalkwasser.

V 5 Öffne und schließe eine Sprudelflasche und beobachte die Gasblasen. Verbinde die Flaschenöffnung mit einem Kolbenprober. Erhöhe bzw. verringere den Druck in der Flasche durch Bewegung des Kolbens.

A 1 Formuliere die Reaktionen, die nach dem Einleiten von Kohlenstoffdioxid in Wasser ablaufen.

B5 Mineralische Bestandteile eines Sprudels

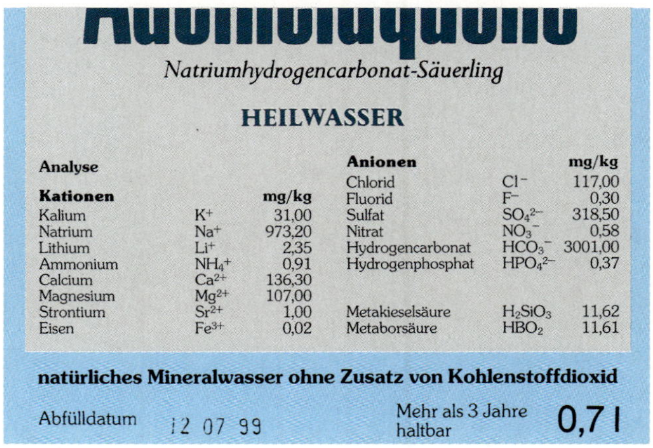

Natriumhydrogencarbonat-Säuerling

HEILWASSER

Analyse

Kationen		mg/kg	Anionen		mg/kg
Kalium	K^+	31,00	Chlorid	Cl^-	117,00
Natrium	Na^+	973,20	Fluorid	F^-	0,30
Lithium	Li^+	2,35	Sulfat	SO_4^{2-}	318,50
Ammonium	NH_4^+	0,91	Nitrat	NO_3^-	0,58
Calcium	Ca^{2+}	136,30	Hydrogencarbonat	HCO_3^-	3001,00
Magnesium	Mg^{2+}	107,00	Hydrogenphosphat	HPO_4^{2-}	0,37
Strontium	Sr^{2+}	1,00	Metakieselsäure	H_2SiO_3	11,62
Eisen	Fe^{3+}	0,02	Metaborsäure	HBO_2	11,61

natürliches Mineralwasser ohne Zusatz von Kohlenstoffdioxid

Abfülldatum 12 07 99 Mehr als 3 Jahre haltbar 0,7 l

16.2 Carbonate und Hydrogencarbonate

Name	Formel	Verwendung
Natrium-carbonat (Soda)	$Na_2CO_3 \cdot 10\,H_2O$	bei der Herstellung von Glas, Seife, Waschmitteln und Farbstoffen
Natrium-hydrogen-carbonat (Natron)	$NaHCO_3$	bei der Herstellung von Brause- und Backpulver; in Feuerlöschern; als Mittel gegen Sodbrennen
Kalium-carbonat (Pottasche)	K_2CO_3	bei der Herstellung von Kaliseifen (Schmierseifen) und Glas
Calcium-carbonat (Kalk)	$CaCO_3$	als Baustein und Schotter; bei der Herstellung von Zement, Branntkalk, Löschkalk und Düngemitteln

B 1 Wichtige Carbonate und Hydrogencarbonate

V 1 Gieße verdünnte Calcium- bzw. Magnesiumchloridlösung und Natriumcarbonatlösung zusammen.

V 2 a) Gib zu wässriger Natriumcarbonat- bzw. Natriumhydrogencarbonatlösung etwas verdünnte Salzsäure. Prüfe das entstehende Gas mit Kalkwasser.
b) Tropfe verdünnte Salzsäure auf Kalkstein, ein Schneckenhaus, eine Muschelschale, Korallenskelettstückchen, Eierschalen und auf verschiedene Gesteins- und Bodenproben.

A 1 Stelle folgende Reaktionsgleichungen auf:
a) Die wässrigen Lösungen von Calciumchlorid und Natriumcarbonat reagieren miteinander.
b) Natriumhydrogencarbonat reagiert mit Salzsäure.
c) Natriumcarbonat reagiert mit Salzsäure.

B 2 Kalksteinbruch. Die Gesteinsschichten sind gut erkennbar

Kohlensäure bildet zwei Reihen von Salzen. Lösungen der Kohlensäure enthalten zwei verschiedene Säurerestionen, die Hydrogencarbonat- und die Carbonationen. Dementsprechend gibt es zwei Reihen von Salzen: Die **Hydrogencarbonate** mit den HCO_3^--Ionen und die **Carbonate** mit den CO_3^{2-}-Ionen. Zur Herstellung dieser Salze geht man von Hydroxidlösungen aus, die mit Kohlensäure umgesetzt werden. Dazu wird Kohlenstoffdioxid in die Lösungen eingeleitet. Verwendet man Natronlauge, so entsteht eine Natriumcarbonatlösung. Nach dem Eindampfen bleibt **Natriumcarbonat**, Soda, als weißer Feststoff zurück.

$$2\,Na^+ + 2\,OH^- + CO_2 \longrightarrow 2\,Na^+ + CO_3^{2-} + H_2O$$

Diese Lösung reagiert bei weiterem Einleiten von Kohlenstoffdioxid zu **Natriumhydrogencarbonat**, das als kristallines, weißes Reaktionsprodukt ausfällt.

$$2\,Na^+ + CO_3^{2-} + CO_2 + H_2O \longrightarrow 2\,NaHCO_3$$

Kohlenstoffdioxid und damit auch die gelöste Kohlensäure wird mit Kalkwasser nachgewiesen, dabei entsteht schwer lösliches **Calciumcarbonat** als weißer Niederschlag.

$$Ca^{2+} + 2\,OH^- + CO_2 \longrightarrow CaCO_3 + H_2O$$

Nach längerem Einleiten von Kohlenstoffdioxid löst sich dieser Niederschlag durch die Bildung von hydratisierten Calcium- und Hydrogencarbonationen wieder auf.

$$CaCO_3 + CO_2 + H_2O \longrightarrow Ca^{2+} + 2\,HCO_3^-$$

Mit Ausnahme der Alkalimetallcarbonate sind Carbonate in Wasser schwer löslich (▷ V 1).

Vorkommen der Carbonate und Hydrogencarbonate. Diese Verbindungen sind in der Natur in großen Mengen anzutreffen. *Kalkstein* (der im Wesentlichen aus Calciumcarbonat besteht) und *Dolomit* (vor allem aus dem Doppelsalz Calcium-magnesium-carbonat, $MgCa(CO_3)_2$ zusammengesetzt) bilden ganze Gebirgsmassive, wie z. B. die Kalkalpen. Auch *Kreide-Kalk*, *Jura-Kalk* (Schwäbische Alb), *Muschelkalk* und *Travertin* bestehen zum größten Teil aus Calciumcarbonat. *Kalkspat* (Calcit), dessen Kristalle durch ihre Doppelbrechung des Lichts bekannt sind, ist ganz reines Calciumcarbonat. *Marmor* und *Tropfstein* sind ebenfalls fast reines Calciumcarbonat.

Soda (Natriumcarbonat) und Natron (Natriumhydrogencarbonat) kommen in den Salzseen und Salzpfannen vieler Trockengebiete vor und werden dort bei anhaltender Trockenheit ausgeschieden (▷ B 3), z. B. in Ägypten (Natrontal), Ostafrika, USA (Nevada) und Mexiko. Eisenspat (Eisencarbonat, $FeCO_3$), Manganspat (Mangancarbonat $MnCO_3$) und Zinkspat (Galmei, Zinkcarbonat, $ZnCO_3$) sind wichtige Erze.

Wichtige Carbonate und Hydrogencarbonate. Eine Übersicht über die Verwendung der Carbonate und Hydrogencarbonate bietet ▷ B 1. Neben Kalk ist Soda das von der Menge her wichtigste Carbonat. Bis vor ca. 150 Jahren wurde sie aus bestimmten Salzseen gewonnen. Heute wird Soda in einem technischen Prozess hergestellt. Natriumcarbonat kommt wasserfrei oder als Salzhydrat, $NaCO_3 \cdot 10\,H_2O$, *Kristallsoda*, in den Handel. In Deutschland werden jährlich etwa 1,5 Millionen Tonnen Soda hergestellt.
Kaliumcarbonat findet ähnliche Verwendung wie Soda. Es wird auch als *Pottasche* bezeichnet, da man es früher in großen Töpfen (Pötten) aus Holzasche (▷ V 3) durch Auslaugen (Herauslösen) gewonnen hat.

Reaktion mit sauren Lösungen. Durch saure Lösungen werden Carbonate und Hydrogencarbonate zersetzt, dabei entweicht Kohlenstoffdioxid (▷ V 2). Wegen der leicht wahrnehmbaren Entwicklung des Gases (Aufschäumen) dient diese Reaktion als *Nachweis für Kalkstein* und andere Carbonate (▷ V 2b):

$$CaCO_3 + 2\,H_3O^+ \longrightarrow Ca^{2+} + 3\,H_2O + CO_2$$

Die Eigenschaft der Carbonate und Hydrogencarbonate mit sauren Lösungen zu reagieren, wobei Kohlenstoffdioxid entsteht, macht man sich häufig zunutze. So verwendete man früher Natron gegen Sodbrennen (Überschuss an Salzsäure im Magen). Auch beim *Entkalken* von Geräten und Töpfen wird diese Reaktion angewandt. Natriumhydrogencarbonat verwendet man zur Herstellung von *Back-* und *Brausepulver* (▷ B 4). Sie enthalten Gemische aus Natron und festen Säuren. Da sich erst mit Wasser H_3O^+-Ionen bilden, sind die trockenen Gemische beständig. Auch in *Feuerlöschern* findet Natriumhydrogencarbonat Verwendung. Das entstehende Kohlenstoffdioxid ist beim *Schaumlöscher (Nasslöscher)* Treibgas und Löschmittel zugleich.

Reaktionen beim Erwärmen. Da die Hydrogencarbonate schon bei mäßigem Erhitzen unter Freisetzung von Kohlenstoffdioxid zerfallen, verwendet man Natriumhydrogencarbonat auch in *Pulverlöschern (Trockenlöschern)* (▷ V 4). Das in die Flammen geblasene Natron bildet bei den herrschenden Temperaturen Kohlenstoffdioxid, das die Flamme erstickt.

$$2\,NaHCO_3 \longrightarrow Na_2CO_3 + H_2O + CO_2$$

Ammoniumhydrogencarbonat ist ein Bestandteil des *„Hirschhornsalzes"*, das beim Backen als *Treibmittel* zur Lockerung des Teigs verwendet wird.
Zur Spaltung der Carbonate durch Erwärmen sind wesentlich höhere Temperaturen erforderlich.

B 3 Natronsee in Ostafrika

B 4 Natriumhydrogencarbonat im Haushalt

V 3 Gib etwas Pflanzenasche (Asche von Holzkohle) in ein Reagenzglas, versetze mit einigen Tropfen verdünnter Salzsäure und halte einen Tropfen Kalkwasser an einem Glasstab über das Gemisch.

V 4 Erhitze Natriumhydrogencarbonat in einem Reagenzglas. Leite das entstehende Gas in ein Becherglas, in dem eine brennende Kerze steht.

A 2 Was lässt sich beobachten, wenn Sodalösung mit Kalkwasser versetzt wird? Begründe!

12 000 Livres für „künstliche" Soda!

Im Jahre 1775 veranstaltete die französische Akademie der Wissenschaften ein Preisausschreiben für ein neues Verfahren zur Herstellung von Soda. Wegen der ständig zunehmenden Nachfrage nach Glas, Textilien und Seifen war auch der Bedarf an Soda, das zu deren Herstellung und Bearbeitung benötigt wird, stark angestiegen. Wasserlösliche Carbonate wurden von alters her entweder aus natürlichen Vorkommen in „Natronseen" gewonnen (Soda) oder durch Veraschung von Pflanzen hergestellt (Pottasche). Dies hatte eine immer weiter fortschreitende Abholzung der Wälder zur Folge, die sich mit dieser Geschwindigkeit nicht erneuern konnten. Auch die Erkenntnis, dass auch durch Veraschung von Seepflanzen Soda gewonnen werden konnte, brachte keine Verbesserung der Lage. Allein Frankreich importierte jährlich für 20 bis 30 Millionen Francs „Seepflanzen-Soda" aus Spanien.

Nicolas Leblanc und seinen Mitarbeitern gelang es nach Jahren ein Verfahren zur Sodaherstellung aus Kochsalz und Calciumcarbonat zu finden. Wegen der inzwischen durch die französische Revolution eingetretenen politischen Veränderungen hat Leblanc den Preis nie erhalten. Das Leblanc-Verfahren wird seit mehr als 100 Jahren nicht mehr verwendet. Allerdings ist heute noch beim Solvay-Verfahren Kochsalz einer der Ausgangsstoffe. Dabei entstehen jedoch weniger Nebenprodukte.

16.3 Projekt: Untersuchung von Brausepulver und Backpulver

Brausepulver wird gern probiert, weil es auf der Zunge prickelt, sauer und zugleich süß schmeckt. Eine solche Kombination dürfte vermutlich von *mehreren* Stoffen, einem Stoffgemisch, herrühren. Brausepulver kann man sich selbst herstellen.

Dazu benötigt man Citronensäure oder Weinsäure, Natron und Zucker. Diese Zutaten erhält man in einer Drogerie oder Apotheke, Zucker in jedem Lebensmittelgeschäft. Da es sich um Lebensmittel oder Lebensmittelzusatzstoffe handelt, dürfen mit ihnen auch Geschmacksproben durchgeführt werden.

Werden die Versuche im Unterricht durchgeführt, müssen alle Geräte und Materialien peinlich sauber sein, es dürfen sich keine Chemikalienreste auf dem Experimentiertisch befinden. Zur Sicherheit kann man den Experimentiertisch auch mit Zeitungspapier abdecken.

Zwei Stoffe des Brausepulvergemisches kommen auch in anderen Stoffgemischen des Alltags vor. Die Durchführung der folgenden Versuche lässt auch deren Zusammensetzung verstehen.

Versuch 1 Untersuchung von Brausepulver

Geräte und Materialien: 1 Blatt glattes Papier, Zahnstocher, Lupe, Glasstab, Papierhandtuch, Brausepulver

Durchführung und Aufgaben: Gib auf das Papier eine Probe Brausepulver und sortiere mit dem Zahnstocher die Bestandteile. Betrachte diese unter der Lupe. Tupfe von einem Bestandteil mit dem angefeuchteten Glasstab eine Probe auf und nimm sie mit der Zungenspitze auf. Führe diese Geschmacksprobe auch mit den übrigen Bestandteilen durch. Der Glasstab wird nach jeder Probe abgespült. Wie viele Stoffe lassen sich erkennen? Beschreibe ihr Aussehen und ihren Geschmack.

Versuch 2 Aussehen und Geschmack der einzelnen Bestandteile des Brausepulvers

Geräte und Materialien: 1 Blatt schwarzes Papier, Lupe, Glasstab, Papierhandtuch, Citronen- oder Weinsäure, Natron, Zucker

Durchführung und Aufgaben: Gib auf das Papier jeweils eine sehr kleine Portion Säure, Natron und Zucker. Betrachte die Stoffe unter der Lupe. Führe mit den Stoffen die Geschmacksproben wie in Versuch 1 durch. Beschreibe das Aussehen und den Geschmack der Stoffe.

Versuch 3 Zusammenwirken der einzelnen Stoffe des Brausepulvers

Geräte und Materialien: 3 Bechergläser (100 ml), Spatel, Glasstab, Citronen- oder Weinsäure, Natron, Zucker

Durchführung und Aufgaben: Fülle jedes der drei Bechergläser bis zur Hälfte mit Leitungswasser. Gib in das 1. Becherglas je eine Spatelspitze Säure und Zucker, in das 2. Becherglas je eine Spatelspitze Säure und Natron. Rühre jeweils kurz um.
Beschreibe deine Beobachtungen und beantworte die folgenden *Fragen*:

a) Wie kommt das „Prickeln" zustande, wenn Brausepulver in Wasser geschüttet wird?
b) Welche Reaktion führt zur Bildung des Gases?

Versuch 4 Mischen eines schmackhaften Brausepulvers

Geräte und Materialien: 3 Bechergläser (100 ml), 3 Schnappdeckelgläser, Spatel, Glasstab, Citronen- oder Weinsäure, Natron, Zucker

Durchführung und Aufgaben: Gib in die drei Schnappdeckelgläser zunächst jeweils ein Gemisch aus zwei Spatelspitzen Säure und einer Spatelspitze Natron. Gib in das 1. Glas dann einen Spatel Zucker, in das 2. Glas zwei Spatel Zucker, in das 3. Glas 3 Spatel Zucker. Schüttle die Schnappdeckelgläser, sodass die Stoffe gut vermischt sind und schütte sie dann in je ein Becherglas mit 50 ml Leitungswasser. Rühre und probiere die Lösungen. Welche Brause schmeckt am besten? Wie könnte man den Geschmack noch verbessern?

Versuch 5 Eine Brause mit Geschmack

Geräte und Materialien: Becherglas (100 ml), schmackhaftes Brausepulver aus Versuch 4, Kirschsirup oder Himbeersirup oder Zitronensaft, Glasstab

Durchführung: Löse das schmackhafte Brausepulver in 50 ml Leitungswasser auf. Gib dann eine kleine Portion eines Sirups oder des Zitronensaftes zu. Rühre um und probiere.

Aus einem Lexikon: Brauselimonadewürfel oder -pulver enthalten Zucker oder Süßstoff, eine natürliche oder künstliche Fruchtessenz, Weinsäure oder Citronensäure und Natron.

Fragen:

1. Warum ist der Zucker im Brausepulver meist fast vollständig durch Süßstoff ersetzt?
2. Welche der obigen Stoffe rufen den Waldmeister- oder Orangengeschmack der Brauselimonade hervor?

Untersuchung von Brausepulver und Backpulver

Getreideerzeugnisse wie Brot und Gebäck sind wohlschmeckende und bekömmliche Nahrungsmittel. Ihre Bekömmlichkeit beruht auf ihrer porösen und aufgelockerten Beschaffenheit, die das Kauern erleichtert und den Verdauungssäften raschen Zutritt ermöglicht. Das Gas, das ein Aufgehen des Teiges hervorruft, wird durch einen Gärungsvorgang (Sauer- oder Hefeteig) oder durch eine chemische Reaktion des Backpulvers hervorgerufen. Die Wirkungsweise des Backpulvers ergibt sich aus seiner Zusammensetzung, der wir im Folgenden nachgehen werden.

Versuch 6 Entstehung und Nachweis des Gases aus Backpulver

Geräte und Materialien: 2 Reagenzgläser, durchbohrter Stopfen mit Gasableitungsrohr, Stativ, 2 Doppelmuffen, 2 Stativklemmen, Becherglas (250 ml), Spatel, heißes Wasser, Kalkwasser (frisch filtriert)

Durchführung: a) Befestige ein Reagenzglas am Stativ und fülle es zu einem Drittel mit dest. Wasser. Gib einen Spatel Backpulver in das Wasser und schüttle kurz. Beobachte den Reagenzglasinhalt einige Minuten. Erwärme die Suspension dann mit sehr heißem Wasser. Beobachte wiederum einige Minuten.
b) Spüle das Reagenzglas und befestige es erneut am Stativ, fülle es zu einem Drittel mit dest. Wasser und gib zwei Spatel Backpulver in das Wasser. Verschließe anschließend mit dem Stopfen mit Ableitungsrohr. Befestige ein Reagenzglas mit Kalkwasser so an dem Stativ, dass das Ableitungsrohr in das Kalkwasser ragt. Erwärme die Backpulver-Suspension mit heißem Wasser.

Aufgaben: 1. Beschreibe und deute die Beobachtungen.
2. Angabe eines Backpulverherstellers: „Bei einem guten Backtriebmittel (Backpulver) sollte der schon beim Anrühren des Teiges einsetzende Vortrieb im richtigen Verhältnis zum Nachtrieb (Ofentrieb) stehen. Der überwiegende Teil des Gesamttriebes sollte auf den Nachtrieb entfallen". Welcher Teil von Versuch a) entspricht dem Vortrieb, welcher dem Nachtrieb?
3. Warum sollte Backpulver kühl und trocken gelagert werden?

Zwei Beispiele für Backpulvermischungen

I)	II)
1,2 g Reinweinstein	6,6 g Natriumdiphosphat
5,0 g Natriumhydrogencarbonat	5,0 g Natriumhydrogencarbonat
3,8 g Maisstärke	8,4 g Maisstärke

Reinweinstein (Kaliumhydrogentartrat, $KHC_4H_4O_6$) und Natriumdiphosphat ($Na_2H_2P_2O_7$) sind saure Salze, die mit Wasser saure Lösungen bilden. Auf den Backpulverpackungen werden diese als Säuerungsmittel bezeichnet.

Natriumhydrogencarbonat ist das Backtriebmittel. Maisstärke dient als „Trennmittel".

Versuch 7 Bestimmung des Volumens und der Masse des Kohlenstoffdioxids aus Backpulver

Geräte und Materialien: Kolbenprober (100 ml), Stativ, Doppelmuffe, Stativklemme, Erlenmeyerkolben (100 ml), durchbohrter Stopfen mit Glasrohr, Schlauchstück, Gummistopfen, Waage, Becherglas (400 ml), Filterpapier, Thermometer, Messzylinder (50 ml), heißes Wasser, Backpulver, Essigsäure ($c = 1\,mol/\ell$)

Durchführung: 1. Zunächst wird der Inhalt des Backpulverpäckchens gewogen.
2. Die Apparatur wird wie in der Abbildung aufgebaut.

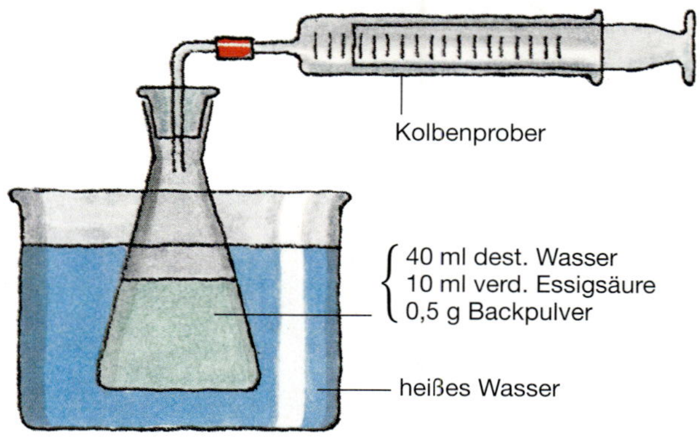

Der Erlenmeyerkolben wird mit 40 ml dest. Wasser und 10 ml verd. Essigsäure gefüllt. (Die Essigsäure beschleunigt die Gasentwicklung, verfälscht sie aber nicht!) In die Lösung werden etwa 0,5 g Backpulver (genau gewogen) geschüttet, anschließend wird der Erlenmeyerkolben sofort mit dem durchbohrten Stopfen verschlossen und kräftig geschüttelt. Dann wird er für etwa 2 Minuten in heißes Wasser (mind. 90 °C) gestellt. Der Kolben wird wieder kräftig geschüttelt. Nach dem Abkühlen auf Zimmertemperatur wird das Volumen des Kohlenstoffdioxids am Kolbenprober abgelesen.

Aufgaben: 1. Berechne mithilfe des Volumens und der Dichte ($\varrho = 1{,}83\,g/\ell$) die Masse des Kohlenstoffdioxids.
2. Backpulver sollte in der für 500 g Mehl bestimmten Menge mindestens 2,35 g und höchstens 3,0 g „wirksames Kohlenstoffdioxid" enthalten. Hat sich aus dem untersuchten Backpulver genügend Kohlenstoffdioxid austreiben lassen?

16.4 Natürlicher und technischer Kreislauf des Kalks

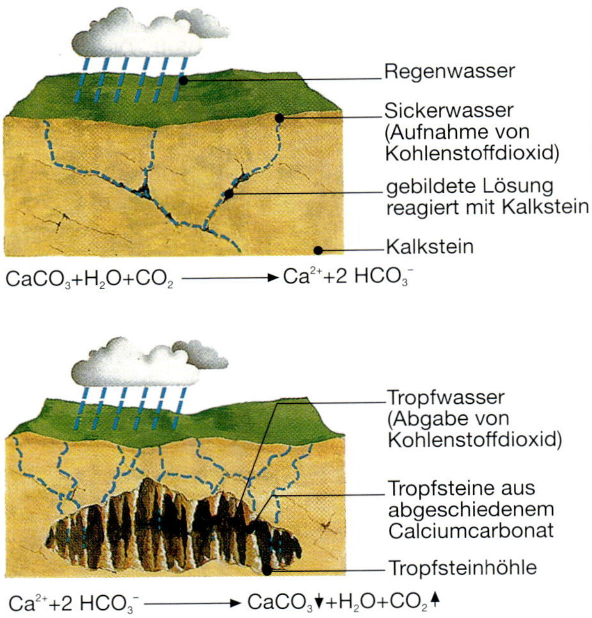

B 1 Kreislauf des Kalks in der Natur

Kalk (Calciumcarbonat) ist als Gestein in der Natur weit verbreitet (↗ Kap. 16.2). Es handelt sich meist um *Meeresablagerungen* (Sedimentgesteine). Bei ihrer Bildung waren viele Arten von Organismen beteiligt, wie Muscheln, Korallen, Schnecken, Ammoniten, Seelilien u. a. Deren Strukturen (Versteinerungen) sind in vielen Kalkgesteinen noch erkennbar. Die Kristalle des Marmors haben sich nachträglich aus solchen Ablagerungen in der Tiefe der Erdrinde bei hohen Temperaturen und hohem Druck gebildet.
Kalkstein findet Verwendung als Baustein und zur Herstellung von Zement, Brannt- und Löschkalk.

Der natürliche Kreislauf des Kalks. In Landschaften wie z. B. der Schwäbischen Alb, deren Untergrund aus Kalkstein besteht, findet man häufig Spalten und Höhlen im Gestein. Sie entstehen durch die Wirkung des Wassers. Calciumcarbonat ist zwar ein schwer lösliches Salz; leitet man jedoch *Kohlenstoffdioxid* in eine frisch gefällte *Calciumcarbonatsuspension* ein, so erhält man nach kurzer Zeit eine klare Lösung, die Ca^{2+}- und HCO_3^--Ionen enthält (▷ V 1a).
In der Natur vollzieht sich die Reaktion von Calciumcarbonat zum Hydrogencarbonat ständig (▷ B 1). Regenwasser nimmt beim Durchgang durch die Luft und den Humus des Bodens Kohlenstoffdioxid auf, sodass es auf Kalkgestein einwirken und tiefe Furchen, Spalten und Höhlen bilden kann. *Verdunstet* an anderen Stellen das Wasser der Calciumhydrogencarbonatlösung, so entweicht Kohlenstoffdioxid und es fällt wieder Calciumcarbonat aus (▷ V 1b):

$$Ca^{2+} + 2\,HCO_3^- \longrightarrow CaCO_3 + H_2O + CO_2$$

Dieser Vorgang zeigt sich in der Natur bei der Bildung von *Tropfsteinen* (▷ B 2) oder *Kalksinterterrassen* (▷ B 3), wo beim Herabstürzen des Wassers viel Kohlenstoffdioxid frei wird.

Hartes und weiches Wasser. Durch die Calciumhydrogencarbonat-Bildung sowie Auslaugungsvorgänge in Salzlagern und Gesteinen sind *Salze im Wasser gelöst* (▷ V 2a). Schüttelt man destilliertes Wasser einerseits und Leitungswasser andererseits mit Seifenlösung, so beobachtet man unterschiedlich starke Schaumbildungen (▷ V 2b). Bei starker Schaumbildung spricht man von **weichem Wasser**, bei wenig Schaum von **hartem Wasser**. Die **Wasserhärte** wird durch gelöste Calcium-, Magnesium- und teilweise auch Eisensalze bedingt. Man unterscheidet dabei die **vorübergehende Härte** (Carbonathärte oder temporäre Härte) und die **bleibende Härte** (permanente Härte), die vor allem durch Sulfate hervorgerufen wird. Ursache der Carbonathärte sind die Hydrogencarbonationen; beim Erhitzen der Lösung bildet sich schwer lösliches Calciumcarbonat, das sich als *Kesselstein* in Töpfen, Rohren oder Heizkesseln festsetzt (▷ B 4).

V 1 a) Leite in Kalkwasser so lange Kohlenstoffdioxid ein, bis sich der anfänglich gebildete Niederschlag von Calciumcarbonat wieder aufgelöst hat.
b) Erhitze die Lösung von a).

V 2 a) Verdampfe Leitungswasser im Reagenzglas.
b) Schüttle gleich große Portionen dest. Wasser und Leitungswasser mit der gleichen Menge verd. Seifenlösung. Beobachte das Ausmaß der Schaumbildung.

V 3 Wiederhole ▷ V 2b mit Regenwasser, Mineralwasser, gekochtem Wasser und Leitungswasser, dem zuvor Soda zugesetzt wurde.

V 4 In einem waagerecht eingespannten Quarzreagenzglas werden Calciumcarbonatstückchen kräftig erhitzt. Von der Öffnung des Reagenzglases führt ein gewinkeltes Glasrohr in Kalkwasser.

A 1 Wie lässt sich Kalkgestein von anderem Gestein unterscheiden?

A 2 Formuliere die Reaktionsgleichung für die Enthärtung von hartem Wasser mit Soda.

A 3 Welcher Stoff verbleibt als Rückstand beim Eindampfen einer Lösung von Calciumhydrogencarbonat?

Natürlicher und technischer Kreislauf des Kalks

B2 Höhle mit Tropfsteinen an Boden und Decke

B3 Kalksinterterrassen in Pamukkale (Türkei)

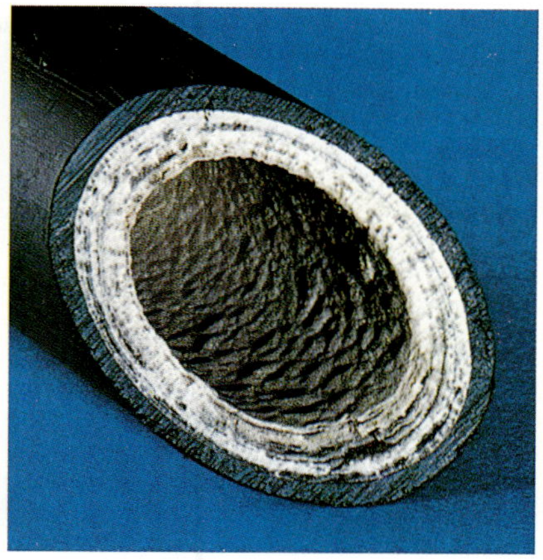

B4 Kalkablagerungen in einem Wasserleitungsrohr

Waschen mit hartem Wasser *erhöht* durch Bildung von waschinaktiver, schwer löslicher Kalkseife den Seifenverbrauch. Erst nachdem alle Calciumionen ausgefällt sind, kann sich die Waschwirkung der Seife entfalten. Aus diesem Grund hat man früher der Waschlösung als *Enthärtungsmittel* Soda zugesetzt (▷V3). Die Carbonationen reagieren dabei mit den Calciumionen zu schwer löslichem Calciumcarbonat. Heute benutzt man andere Enthärter, die meist schon in den Waschmitteln enthalten sind.

Der technische Kreislauf des Kalks. In der Technik wird in Steinbrüchen abgebautes Calciumcarbonat auf ca. 1000 °C erhitzt. Dabei zerfällt es in Kohlenstoffdioxid und Calciumoxid (▷ V 4 und ▷V5):

$$CaCO_3 \xrightarrow{1000\,°C} CaO + CO_2$$

Dieser Vorgang heißt **Kalkbrennen**. Calciumoxid wird auch als **gebrannter Kalk** oder **Branntkalk** bezeichnet. Gebrannter Kalk und Wasser reagieren stark exotherm zu Calciumhydroxid (▷V5), das **gelöschter Kalk** oder **Löschkalk** heißt **(Kalklöschen)**. Seine wässrige Suspension wird auch **Kalkmilch** genannt.
Mischt man Löschkalk mit Sand und Wasser, so erhält man **Kalkmörtel**. Vor der Erfindung des Zements wurde er als Bindemittel zwischen Mauersteinen verwendet. Zum *Abbinden* muss Kalkmörtel Kohlenstoffdioxid aus der Luft aufnehmen (▷V6), wobei wieder Calciumcarbonat entsteht (▷B5). Die Kalkkriställchen bilden dabei mit den Sandkörnern ein festes Gefüge. Das Abbinden kann bei dicken Mauern Jahre dauern. In dieser Zeit sind die Mauern immer etwas feucht. Heute wird Kalkmörtel vor allem für den Außenputz von Gebäuden verwendet.

V 5 Man erhitzt im Röhrenofen einige Marmorstückchen ca. 30 min auf 1000 °C und lässt im Exsikkator erkalten. Dann gibt man tropfenweise Wasser auf das Produkt und misst dessen Temperatur. (Schutzscheibe!)

V 6 Mische einen Teil Löschkalk mit drei Teilen Sand und Wasser. Lass eine Probe davon einige Tage an der Luft, eine andere in einem mit Kohlenstoffdioxid gefüllten Einmachglas stehen. Ermittle jeweils die Dauer bis zum Verfestigen des Mörtels. Tropfe nach dem Erhärten verdünnte Salzsäure auf beide Proben.

A 4 Stelle die Reaktionsgleichungen auf für
a) Kalklöschen, b) Abbinden von Löschkalk.

B5 Der technische Kreislauf des Kalks

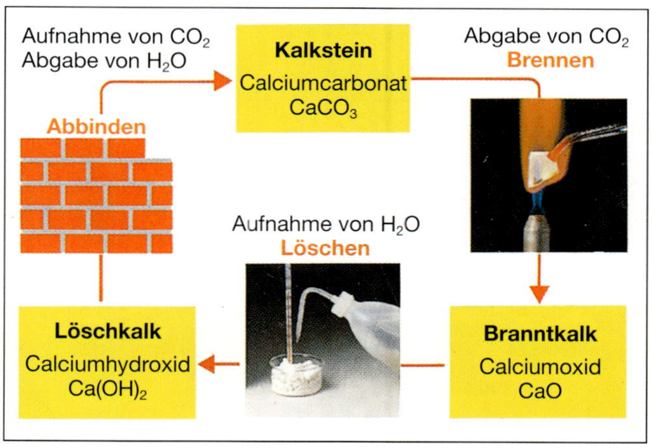

16.5 Der geochemische Kohlenstoffkreislauf

B1 Ölschiefer und Schieferöl

A 1 Zu den Kerogensedimenten gehören die auf der Erde weit verbreiteten Ölschiefer, z. B. der Posidonienschiefer des Schwarzen Jura, der bis zu 10 % organische Substanz enthalten kann (▷ B 1). Wesentliche Bestandteile sind höhere Alkane. Formuliere für ein Alkan die Reaktion, die zu den Endstoffen der Verwitterung führt. (Verwende für die Reaktionsgleichung Alkanmoleküle mit 40 Kohlenstoffatomen.)

A 2 Zeichne einen Kohlenstoffkreislauf, der nur Carbonate berücksichtigt. Veranschauliche damit die Verwitterung von Carbonatgestein und die Bildung von Carbonatsedimenten.

A 3 Formuliere für die Verwitterung des Minerals Diopsid ($CaMg(SiO_3)_2$) eine Reaktionsgleichung.

B2 Speicher und Massen des Kohlenstoffs auf der Erde

Speicher	Art des Vorkommens	*m*(Kohlenstoff) in 10^9 t
Sedimente	Calciumcarbonat Calcium-magnesium-carbonat Kerogen (Kohlenwasserstoffe, Bitumen)	80 000 000 20 000 000
Meerwasser	Kohlenstoffdioxid Hydrogencarbonat (jeweils gelöst)	40 000
Fossile Brennstoffe	Kohle, Erdöl, Erdgas	5000
Tote Biomasse	Humus, Torf	1500
Lebende Biomasse	Pflanzen, Tiere	1000
Atmosphäre	Kohlenstoffdioxid	750

Kohlenstoffverbindungen sind im Gegensatz zu elementarem Kohlenstoff in der Natur weit verbreitet. Bei Angaben zur Häufigkeit eines Elements unterscheidet man aber nicht zwischen elementarem und gebundenem Vorkommen. In der Anordnung der Elemente nach der Häufigkeit ihres Vorkommens in der Erdkruste steht der Kohlenstoff mit einem Massenanteil von 0,03 % erst an 17. Stelle. Der Umsatz des Kohlenstoffs zwischen Festland, Meer und Atmosphäre ist für unsere Umwelt jedoch von besonderer Bedeutung. Die Übergänge verlaufen nicht in einer Richtung, sondern in einem Kreislauf, dem **Kohlenstoffkreislauf der Erde**. Dieser globale Kreislauf umfasst die Vorgänge beim Austausch des Kohlenstoffs zwischen den Kohlenstoffspeichern (▷ B 2). Man unterscheidet einen Kreislauf der belebten Natur, den **biologischen** und einen Kreislauf der unbelebten Natur, den **geochemischen** Kohlenstoffkreislauf.

Die Kohlenstoffspeicher der Erde. Etwa 99 % der Masse des gesamten Kohlenstoffs ist in den Sedimenten als Carbonat und Kerogen gespeichert. Kerogen besteht aus organischen Ablagerungen, die vorwiegend in Tongestein enthalten sind (▷ B 1). Die lebende Biomasse ist gegenüber den Sedimenten verschwindend klein. Sie bestimmt zusammen mit dem toten organischen Bodenmaterial den biologischen Kohlenstoffkreislauf. Der kleinste Speicher ist die Atmosphäre. Selbst relativ kleine Kohlenstoffzuflüsse aus den anderen Speichern, die nicht durch Abflüsse ausgeglichen werden, können eine erhebliche Änderung der Konzentration des Kohlenstoffdioxids verursachen.

Die Verwitterung von Gesteinen. Die Carbonate der Sedimentgesteine werden ständig durch das Kohlenstoffdioxid im Regenwasser in lösliche Hydrogencarbonate umgewandelt:

$$CaCO_3 + CO_2 + H_2O \longrightarrow Ca^{2+} + 2\,HCO_3^-$$

Auch bei der Verwitterung von Silicatmineralien (Siliciumverbindungen), aus denen die meisten Gesteine hauptsächlich bestehen, wird Kohlenstoff in Hydrogencarbonationen gebunden. Für ein einfaches Silicat, das Calciumsilicat, lässt sich formulieren:

$$CaSiO_3 + 2\,CO_2 + H_2O \longrightarrow Ca^{2+} + 2\,HCO_3^- + SiO_2$$

Bei dieser Reaktion bleibt festes Siliciumdioxid zurück.

Kerogen verwittert in Gegenwart von Sauerstoff langsam und gibt dabei Kohlenstoffdioxid an die Atmosphäre ab.

Die Neubildung von Sedimenten. Von den gelösten Hydrogencarbonaten wird nur ein geringer Anteil auf dem Festland wieder als Carbonat ausgefällt. Flüsse befördern den größten Teil ins Meer. Korallen und die Organismen des Planktons bauen dort aus den Calcium- und Hydrogencarbonationen ihre Außenskelette und Schalen aus Calciumcarbonat auf, dabei wird Kohlenstoffdioxid freigesetzt:

$$Ca^{2+} + 2\,HCO_3^- \longrightarrow CaCO_3 + CO_2 + H_2O$$

Die abgestorbenen Organismen sinken auf den Meeresboden und werden durch weitere Ablagerungen eingebettet. Dieser Vorgang führt zur Neubildung von Carbonatsedimenten. Aus den abgelagerten organischen Stoffen, die teilweise auch durch Flüsse ins Meer geschwemmt werden, entstehen in einem lange andauernden Prozess die Kerogensedimente.

Die Bildung von Kohlenstoffdioxid aus Sedimenten. Die Carbonatsedimente können durch Verschiebungen in der Erdkruste in große Tiefen gelangen. Dort sind sie sehr hohen Temperaturen ausgesetzt, sodass die Carbonate mit dem umgebenden Gestein aus Quarz und Silicaten reagieren. Bei dieser magmatischen Zersetzung entstehen neue Silicate und Kohlenstoffdioxid (▷ B3).

$$CaCO_3 + SiO_2 \longrightarrow CaSiO_3 + CO_2$$

Das Gas steigt in Spalten der Erdkruste, oft zusammen mit Magma, nach oben und entweicht entweder in gewaltigen Mengen bei Vulkanausbrüchen oder es tritt in der Umgebung von Vulkanen aus, auch wenn diese längst erloschen sind. Häufig gelangt Kohlenstoffdioxid in Mineralwasser gelöst an die Erdoberfläche. Obwohl Kohlenstoffdioxid an allen möglichen Orten austreten kann, geschieht das besonders dort, wo zwei Platten der Erdkruste zusammenstoßen, im Bereich der Subduktionszonen (▷ B3).

Bilanz des geochemischen Kohlenstoffkreislaufs. Bei der Verwitterung von Carbonat- und Silicatgesteinen und der damit verbundenen Umwandlung in lösliche Hydrogencarbonate wird atmosphärisches Kohlenstoffdioxid verbraucht. Durch die Bildung von Calciumcarbonat entsteht wieder Kohlenstoffdioxid, das zunächst hauptsächlich im Meerwasser gelöst ist, schließlich aber in die Atmosphäre zurückfließt. Aus den Reaktionsgleichungen geht hervor, daß ein Teil des aus der Atmosphäre stammenden Kohlenstoffs bei der Entstehung der Carbonate nicht wieder freigesetzt, sondern in den Sedimenten gespeichert wird. Langfristig würde dies zum Verschwinden des Kohlenstoffdioxids in der Atmosphäre führen.

Durch Untersuchungen der in Eisbohrkernen eingeschlossenen Luft ist der Kohlenstoffdioxidgehalt der Atmosphäre für die letzten 160 000 Jahre ermittelt worden. Es ergaben sich dabei Volumenanteile zwischen ca. 0,02 und 0,03 %. Aus diesen geringen und dazu langsam erfolgenden Schwankungen läßt sich schließen, daß der Atmosphäre durch den geochemischen Kohlenstoffkreislauf in gleichem Maße Kohlenstoffdioxid zugeführt wie entzogen wird. Über lange Zeiträume hinweg entsprechen also die Abflüsse des Kohlenstoffs aus der Atmosphäre durch die Verwitterung von Carbonaten und Silicaten und durch die Kerogenbildung den Zuflüssen durch die Neubildung von Silicatgestein und durch Kerogenverwitterung.

B3 Der geochemische Kohlenstoffkreislauf. **1** Verwitterung von Carbonatgestein, **2** Verwitterung von Silicatgestein, **3** Carbonatausfällung im Meer, **4** magmatische Zersetzung von Carbonaten

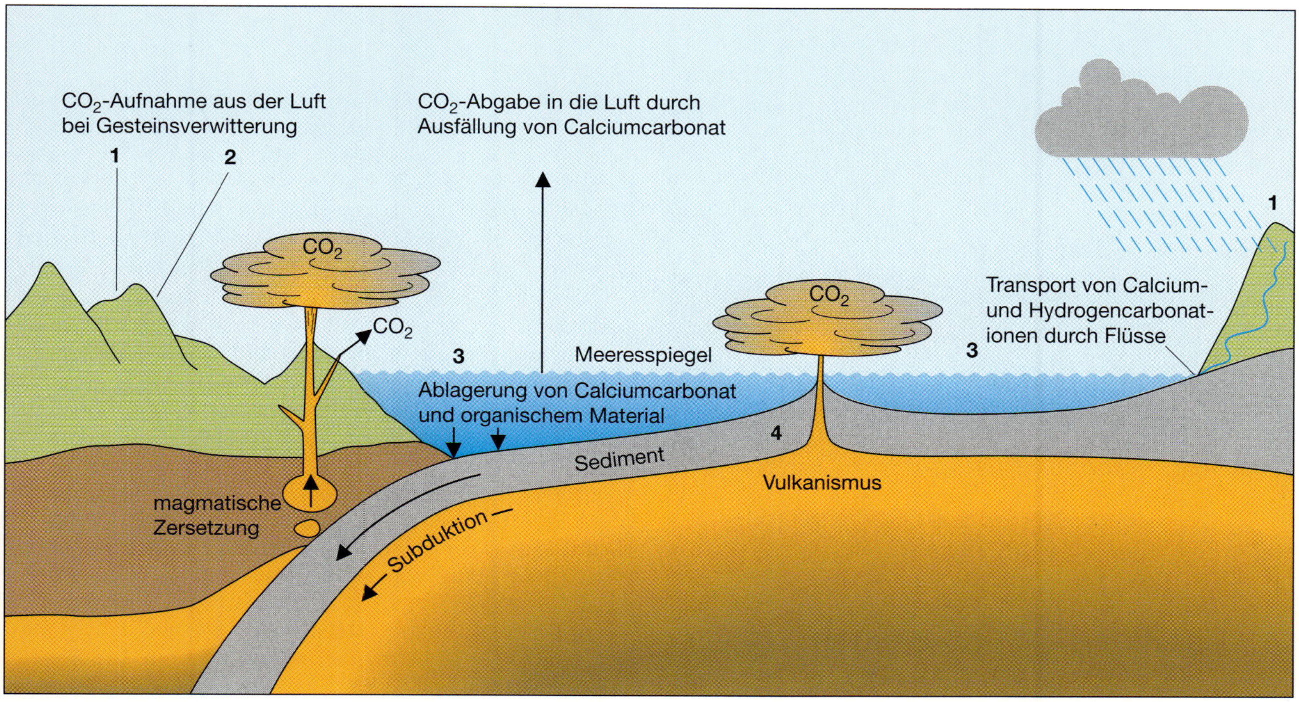

16.6 Projekt: Kalkgehalt und Wasserhärte

Bestimmung des Kalkgehalts. Für die Beurteilung eines Bodens hinsichtlich seiner Eignung für eine bestimmte landwirtschaftliche Nutzungsart und für eine sinnvolle und gezielte Düngung spielt der Kalkgehalt eine wichtige Rolle. Auch hängt die Belastbarkeit eines Bodens durch sauren Regen wesentlich von seinem Kalkgehalt ab. Dieser stammt aus der Verwitterung von kalkhaltigem Gestein, auf dem der Boden entstanden ist. Letztlich stammt dieser Kalk aus Meeresablagerungen von Organismen wie z. B. Muschelschalen und Schneckengehäusen.

Zur Bestimmung des Kalkgehalts kann z. B. die Reaktion von Kalk mit Salzsäure herangezogen werden. Dabei entweicht Kohlenstoffdioxid:

$$CaCO_3 + 2\,H_3O^+ + 2\,Cl^- \longrightarrow Ca^{2+} + 2\,Cl^- + 3\,H_2O + CO_2$$

Die Masse des Kalks in der Probe kann z. B. durch Bestimmung des Verbrauchs an Salzsäure bzw. H_3O^+-Ionen berechnet werden.

Versuch 1 Bestimmung des Kalkgehalts durch Rücktitration

Grundlagen: Damit eine vollständige Reaktion des Kalks gewährleistet ist, wird die Probe mit einem Überschuss an Salzsäure umgesetzt, deren Konzentration bekannt ist. Um festzustellen, wie viel Salzsäure für die Reaktion verbraucht wurde, wird der noch verbliebene Rest mit Natronlauge titriert.

Geräte und Chemikalien: Schutzbrille, Reibschale mit Pistill, Spatel, Weithals-Erlenmeyerkolben (200 ml), Messpipette (20 ml) mit Pipettierhilfe, Bürette am Stativ, elektronische Waage

B 1 Materialien zur Kalkbestimmung

Getrocknete kalkhaltige Proben (z. B. Kalkstein, Bodenproben, Muschelschalen, Schneckenhäuser, Eierschalen usw.), Salzsäure ($c(H_3O^+) = 1\,mol/\ell$), Natronlauge ($c(OH^-) = 1\,mol/\ell$), Phenolphthaleinlösung

Durchführung: Pulverisiere die zu untersuchende Probe im Mörser, wiege davon *etwa* 0,5 g *genau* in den Erlenmeyerkolben ab und füge 20 ml Salzsäure zu. Koche nach beendeter Gasentwicklung die Lösung kurz auf und gib anschließend 5 Tropfen Phenolphthaleinlösung dazu. Lies den Stand der Natronlauge in der Bürette ab und tropfe diese langsam unter Umschwenken in den Erlenmeyerkolben (bis zur bleibenden Rosafärbung). Ein weißes Papier unter dem Kolben erleichtert das Erkennen. Lies den Endstand an der Bürette ab und berechne den Verbrauch an Natronlauge.

Auswertung: a) Da die Salzsäure und die Natronlauge in derselben Konzentration eingesetzt werden, neutralisieren sich gleiche Volumina der beiden Lösungen. Das Volumen der zugegebenen Natronlauge entspricht somit dem Volumen der Salzsäure, die nach beendeter Reaktion mit dem Kalk übrig geblieben ist. Demnach ist:

$$V(\text{Salzsäure, reag.}) = 20\,ml - V(\text{Natronlauge})$$

Berechne das Volumen der Salzsäureportion, welche mit dem Kalk reagiert hat.

b) Berechne die Masse des Kalks in der Probe: 0,05 g Kalk reagieren mit 1 ml Salzsäure ($c(H_3O^+) = 1\,mol/\ell$).

$$m(\text{Kalk}) = V(\text{Salzsäure, reag.}) \cdot 0{,}05\,g/ml$$

c) Berechne den Massenanteil w des Kalks der Probe in Prozent:

$$w(\text{Kalk}) = \frac{m(\text{Kalk})}{m(\text{Probe})} \cdot 100\,\%$$

Bestimmung der Wasserhärte. Hartes Wasser (↗ Kap. 16.4) bringt in vielen Einsatzbereichen Probleme mit sich. Beim Erhitzen, z. B. in Boilern, Heizungen und Haushaltsgeräten, scheidet sich Kalk ab, der zum einen die Leitungen verengt und andererseits als Überzug auf Heizelementen zu einem höheren Energieverbrauch führt. Beim Waschen mit Seife führt hartes Wasser zur Bildung schwer löslicher Kalkseife und somit zu einem Mehrverbrauch. Ferner ist auch hier die Abscheidung von Kalkkristallen im Textilgewebe unerwünscht. Um geeignete Vorkehrungen treffen zu können, wie z. B. den Einbau von Enthärtungsanlagen oder die richtige Dosierung von Enthärtern beim Waschen, ist es wichtig die Wasserhärte zu kennen.

Temporäre und permanente Härte bilden die **Gesamthärte** des Wassers. Sie wird oft noch in Härtegraden **(Grad deutscher Härte,** Einheitenzeichen **°dH)** angegeben. 1 °dH entspricht einer Calciumionenkonzentration $c(Ca^{2+}) = 0{,}1783\,mmol/\ell$, die z. B. durch Lösen von 10 mg Calciumoxid in 1 ℓ Wasser erreicht wird.

Die Wasserhärte ist je nach geologischem Untergrund sehr unterschiedlich (▷ B 2).

Versuch 2 Bestimmung der Carbonat- bzw. Gesamthärte mit Reagenziensätzen bzw. Teststäbchen

Geräte und Chemikalien: Verschiedene Wasserproben (z. B. Leitungswasser, Regenwasser, Quell- und Teichwasser usw.), Reagenziensätze oder Teststäbchen zur Bestimmung der Carbonat- bzw. Gesamthärte

Durchführung: Untersuche die Wasserproben entsprechend den Herstellerangaben.

Versuch 3 Bestimmung der Gesamthärte mit einer Seifenlösung

Grundlagen: Der Seifenverbrauch durch die Bildung von schwer löslichen Calcium- und Magnesiumsalzen ist proportional zur Wasserhärte. Solange bei Zusatz von Seifenlösung diese Salze entstehen, besitzt sie keine Waschwirkung. Dies ist daran zu erkennen, dass keine Schaumbildung erfolgt. Bei bekanntem Gehalt der bis zur Schaumbildung zugesetzten Seifenlösung lässt sich aus dem Verbrauch an Seifenlösung die Wasserhärte ermitteln.

Geräte und Chemikalien: Erlenmeyerkolben (250 ml), Stopfen, Messzylinder (100 ml), Bürette
Seifenlösung nach BOUTRON-BOUDET oder PELLET, Wasserproben wie bei Versuch 2

Durchführung: Nach BOUTRON-BOUDET: Gib 40 ml der Probe in den Erlenmeyerkolben. Setze erst milliliterweise, dann kleinere Portionen Seifenlösung aus der Bürette zu. Verschließe und schüttle den Erlenmeyerkolben nach jeder Zugabe kräftig. Die Bildung von „Kalkseife" ist beendet, wenn sich 5 mm hoch Schaum bildet, der bestehen bleibt. Lies das Volumen der verbrauchten Seifenlösung an der Bürette ab. Wiederhole den Versuch zweimal und ermittle den Mittelwert.
Nach PELLET: Durchführung wie oben, jedoch mit 100 ml Probe.

Hinweis: Bei Wasserhärten über 12 °dH behindert die große Menge der gebildeten Kalkseife die Schaumbildung auch nach dem Endpunkt, sodass dieser schwer zu bestimmen ist. In diesem Fall muss die Probe mit destilliertem Wasser verdünnt werden (BOUTRON-BOUDET: 20 ml Probe + 20 ml dest. Wasser; PELLET: 50 ml Probe + 50 ml dest. Wasser).

Auswertung: Ermittle aus dem Volumen der verbrauchten Seifenlösung die Wasserhärte der Probe nach folgenden Beziehungen:
BOUTRON-BOUDET (bei Verwendung von 40 ml Probe):
1 ml Seifenlösung entspricht 5 °dH.
PELLET (bei Verwendung von 100 ml Probe):
1 ml Seifenlösung entspricht 1 °dH.

Versuch 4 Bestimmung der Gesamthärte durch Titration mit einer „Komplexsalzlösung"

Grundlagen: Die käuflichen „Komplexsalzlösungen" Titriplex B (Fa. Merck) oder Idranal B (Fa. Riedel) enthalten Ionen, die mit den Calcium- und Magnesiumionen der Wasserprobe zu einer löslichen Verbindung reagieren und diese dadurch binden. Am Farbumschlag eines zugesetzten Indikators erkennt man, wenn alle Calcium- und Magnesiumionen gebunden sind.

Geräte und Chemikalien: Schutzbrille, Erlenmeyerkolben (250 ml), Messzylinder (100 ml), Messpipette (10 ml), Pipettierhilfe, Bürette

Komplexsalzlösung (Idranal-B- oder Titriplex-B-Lösung), Indikator-Puffer-Tabletten, Ammoniaklösung ($w = 25\,\%$), dest. Wasser, Wasserproben

Durchführung: Gib mit dem Messzylinder 50 ml der Probe und 50 ml dest. Wasser in den Erlenmeyerkolben. Löse darin zwei Indikator-Puffer-Tabletten und füge 2 ml der Ammoniaklösung zu. Tropfe aus der Bürette langsam und unter Umschwenken Komplexsalzlösung zu, bis die Farbe des Indikators von Rot nach Grün umschlägt. Lies das Volumen der verbrauchten Lösung an der Bürette ab. Wiederhole den Versuch zweimal und errechne den Mittelwert.

Auswertung: Ermittle aus dem Volumen der verbrauchten Lösung die Wasserhärte der Probe. Beachte, dass die Probe bei der Durchführung auf die halbe Konzentration verdünnt wurde. Es gilt folgende Beziehung (bei Verwendung von 100 ml Probe):
1 ml Komplexsalzlösung entspricht 1 °dH.

B2 Gestein und Wasserhärte

Gestein	Ort	Wasserhärte in °dH
Buntsandstein	Kaiserslautern	1
Grundgebirge (Granit, Gneis)	Freiburg i. B.	1,5
Quarzite, Grauwacken (Harz)	Braunschweig	2,5
Basalt (Vogelsberg)	Frankfurt a. M.	5
Ruhrschotter	Essen	9
Braunkohlensande	Kiel	16
Eiszeitl. Sande	Hamburg	20
Keuper	Tübingen	25
Muschelkalk	Würzburg	37
—	Bodenseewasser	ca. 10

B3 Härtebereiche des Wassers

Härtebereich	Härtegrad in °dH
1 weich	0–7
2 mittelhart	7–14
3 hart	14–21
4 sehr hart	über 21

Schutz der Erdatmosphäre

Aus dem Weltraum bietet unsere Erde einen faszinierenden Anblick, sie erscheint als herrlich blauer Planet. Dies ist zurückzuführen auf die Lufthülle der Erde, die bis in 20 bis 30 km Höhe reicht.

In der unteren Atmosphäre erleben wir das Wettergeschehen mit Sturm, Regen, Hagel und Schnee. Hier verteilen sich die Abgase aus Autos, Fabriken und Kraftwerken zuerst. Moderne Verkehrsflugzeuge verteilen ihre Abgase in 8 bis 11 km Höhe.

Bis zu Beginn des 19. Jahrhunderts war die Atmosphäre weltweit noch in einem vom Menschen nicht beeinflussten Zustand. Seit Beginn der Industrialisierung mit dem ungeheuren Wachstum der Erdbevölkerung und ihrem immer größeren Energiebedarf, mit der Motorisierung und immer höherem Lebensstandard verändern wir nicht nur das Gesicht der Erde, sondern auch immer stärker unsere Umwelt.

Ozonloch und zunehmender Treibhauseffekt sind vom Menschen geschaffene, globale Probleme mit möglichen Veränderungen des Klimas und der Gefahr eines sich verschärfenden Konflikts zwischen Industrie- und Entwicklungsländern. Die Menschheit hat durch ihre Tätigkeit ein lange andauerndes, erdumfassendes „Experiment“ mit ungewissem Ausgang begonnen.

Die Aspekte dieses Themas gehen über die rein fachlichen Inhalte der Wissenschaft Chemie hinaus. Um ihnen gerecht zu werden, sind Beiträge der Fächer Physik, Biologie, Erdkunde, Politik, Religion und Ethik erforderlich, die zu einem Gesamtbild zusammengefügt werden müssen.

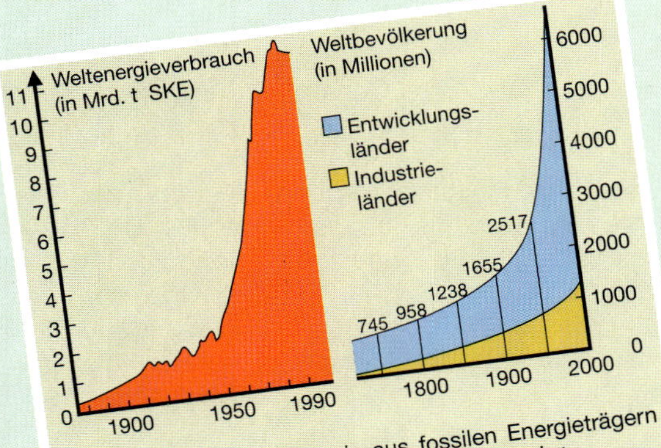

Die Gewinnung von Energie aus fossilen Energieträgern stellt die Hauptursache des Treibhauseffekts dar.

1. Welcher Trend ist aus den obigen Grafiken abzulesen?
2. Nenne Möglichkeiten zur Verringerung der Kohlenstoffdioxidemissionen.
3. Wo sind regional die höchsten Zuwächse im Energieverbrauch zu erwarten? Beurteile diese Situation.

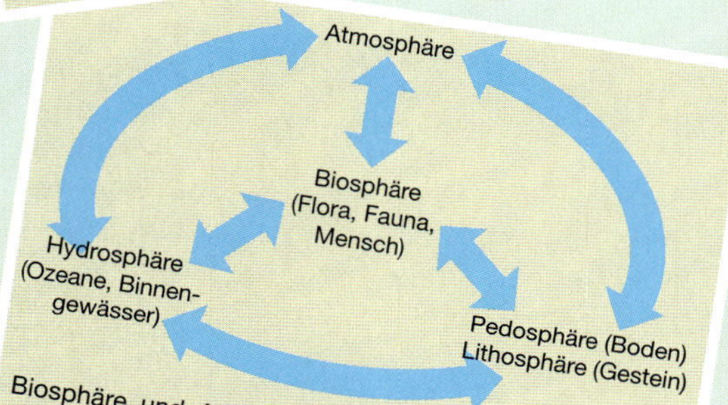

Biosphäre und Atmosphäre sind Teile eines vernetzten globalen Ökosystems mit gegenseitigen Wechselwirkungen.
Nenne hierfür einige Beispiele.

Das Ozon-Abkommen

1974	Amerikanische Wissenschaftler warnen erstmals davor, dass die Ozonschicht durch CFKW zerstört werden könnte.
ab 1978	Verbot von CFKW in Spraydosen auf nationaler Ebene (USA 1978, Schweden 1979, Kanada 1980, Australien 1983)
1985	März: Wiener Abkommen zum Schutz der Ozonschicht: Die Ozonschicht muss geschützt werden; verstärkte internationale Zusammenarbeit bei der Erforschung.
1985	Mai: Entdeckung des Ozonlochs über der Antarktis
1987	Montrealer Protokoll (36 Vertragsstaaten): Halbierung von Produktion und Verbrauch von CFKW bis 1999 Exportverbot ab 1993
1988	Wissenschaftler beweisen den Zusammenhang zwischen CFKW und dem Abbau von Ozon in der Stratosphäre
1990	Konferenz von London (60 Vertragsstaaten): Völliger Ausstieg aus der CFKW-Produktion bis 2000
1992	Konferenz von Kopenhagen (91 Vertragsstaaten): Völliger Ausstieg aus der CFKW-Produktion bis 1996
1994	Mai: Einstellung der Produktion von CFKW in Deutschland

Fahrzeugzulassungen in Westdeutschland

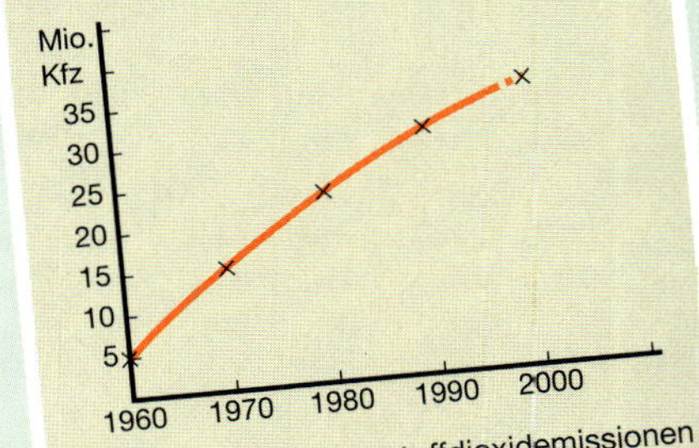

Etwa 22 % der Kohlenstoffdioxidemissionen gehen auf den Verkehr zurück, ferner 68 % aller Stickstoffoxid (NO_x)- und 69 % der Kohlenstoffmonooxidemissionen, die für die Bildung von bodennahem Ozon von Bedeutung sind.

1. Nenne Möglichkeiten zur Verringerung dieser Emissionen.
2. Beurteile die Wirkung des Dreiwegekatalysators hinsichtlich der oben genannten Emissionen.
3. Obwohl immer mehr Fahrzeuge mit Dreiwegekatalysatoren ausgerüstet sind, nimmt die Schadstoffemission weiter zu. Versuche eine Erklärung.

Tropischer Regenwald bedroht

Der tropische Regenwald bedeckt etwa 7 % der Erdoberfläche. Er ist ein unersetzliches Reservoir für die Vielfalt des Lebens, zwei Drittel aller Pflanzenarten und vier Fünftel aller Insekten befinden sich dort. Ferner besitzt er eine regulierende Wirkung auf das Klima und den Kohlenstoffdioxidgehalt der Atmosphäre. Jährlich werden etwa 20 Mio. ha (nahezu 60 % der Fläche Deutschlands) gerodet.

1. Nenne Gründe für die Rodung des Regenwalds.
2. Welche Folgen kann dies nach sich ziehen? Berücksichtige auch die Vernetzungen im globalen Ökosystem.

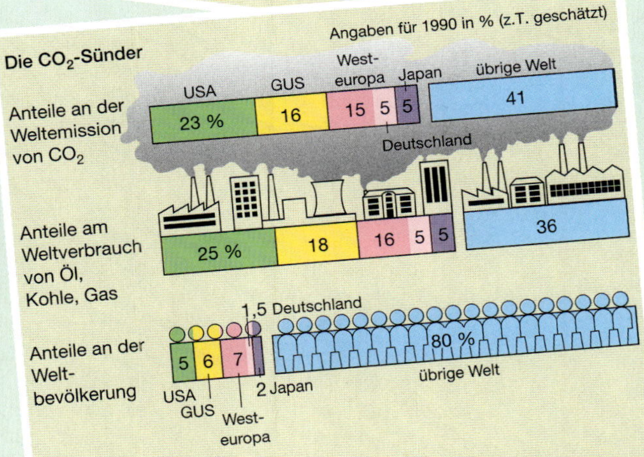

1. Interpretiere obige Grafik
2. Welcher soziale Konfliktstoff steckt hinter diesen Daten, v. a. bei Berücksichtigung der Folgen des Treibhauseffekts wie Verschiebung der Klimazonen und Anstieg des Meeresspiegels?
3. Wie müsste hier das „Prinzip Verantwortung" zwischen Industrie- und Entwicklungsländern zum Tragen kommen?

Zeitplan zur Vorbereitung eines Projekts

Wochen vor der Durchführung	Tätigkeit
12	Anschreiben verschiedener Stellen zur Materialbeschaffung (Umweltministerium, Umweltorganisationen...)
10	Terminabsprachen für Exkursionen (u. U. noch frühzeitiger)
7	Festlegung der Aufgaben und Themen sowie Beschaffung des Materials
6	Ausgabe der Referatsthemen (Gruppengröße 2–3 Personen)
4	Vorbestellen der Medien
2	Einsammeln der Manuskripte für die Schülerreferate und Zusammenfassungen, Korrektur; Vervielfältigung
0,5	Medien abholen
0	Erarbeitung und Darstellung der Themen, Vorbereitung der Präsentation; Vorstellen der Ergebnisse

(nach: Landesinstitut für Erziehung und Unterricht, Fächerverbindende Themen 100, S. 21)

Weiterführende Informationen zu Teilbereichen des Themas sind im Buch in folgenden Kapiteln zu finden:

Kapitel	Thema
5.8	Wasserstoff als Energieträger
13.2/3	Methan, Biogas, Erdgas
13.15	Kraftfahrzeugbenzin
14.7	Verwendung von Alkoholen
16.1/4/5	Kohlenstoffoxide, anorganische Kohlenstoffverbindungen und Kohlenstoffkreislauf
18.7	saurer Regen

„Mensch Maier"

Mensch Maier, seien Sie doch ehrlich. Glauben Sie im Ernst, dass Sie, 40 Jahre alt, Haus und Grund weit weg von der Küste, also, dass Sie eine Klimaänderung in den nächsten Jahren stören wird? Wissen Sie denn nicht, dass Klimawirkungsforschung eine Landkarte ist, in der man vor weißen Flecken nicht erkennt, wo oben und unten ist? Und wenn schon, so richtig dramatisch wird es andere treffen, anderswo, einem anderen Jahrhundert. Wir sind doch eine wirtschaftlich starke ation, und wenn's denn so weit ist, also Maier, dann fällt denen schon as ein.

Hoppenau: Energie im globalen Treibhaus, MNU 46/1, 15.1.1993, 9f., Dümmler Verlag, Bonn

che Haltung wird in dem Text beschrieben?
n hierzu Stellung.

Zeichnung: San José Mercury News, Kalifornien

Interpretiere die Karikatur und stelle einen Bezug zum Thema her.

17.1 Erdatmosphäre und Treibhauseffekt

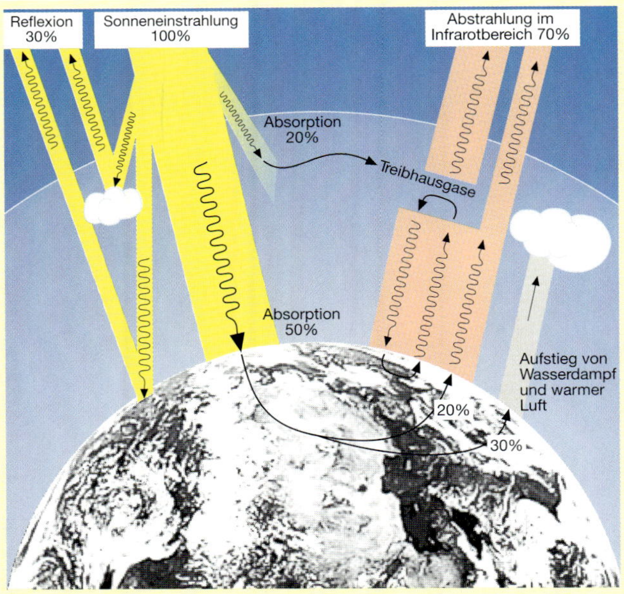

Von der Sonne erhält jeder Quadratmeter der Erdoberfläche in der Sekunde im Mittel eine Energiemenge von 342 J, diese ist in der Zeichnung gleich 100 % gesetzt. Die Erdoberfläche, die Wolken und die Atmosphäre reflektieren davon 30 % in das Weltall zurück, den größten Anteil (70 %) absorbieren sie.

Diese absorbierte Energie führt einerseits zur Erwärmung der Erdoberfläche, andererseits zum Verdunsten von Wasser und zum Aufsteigen des Wasserdampfs und warmer Luft.

Die Erdoberfläche gibt die Wärme als Infrarotstrahlung wieder ab, doch nur ein kleiner Teil kann direkt in das Weltall entweichen. Der überwiegende Teil wird von Wolken und Treibhausgasen absorbiert und zurückgestrahlt.

Die im Bereich der Erde „gefangene" Energie wird verzögert an das Weltall abgegeben.

B 1 Energiebilanz der Erde. Die Atmosphäre ist ein bedeutender Wärmespeicher

Das Leben auf der Erde ist in starkem Ausmaß abhängig vom Geschehen in der Atmosphäre. Diese bildet mit der Hydrosphäre (Gewässer), der Biosphäre (Flora, Fauna) und der Pedosphäre (Böden, Gesteine) ein vernetztes System mit Wechselwirkungen, die im globalen Ökosystem das Klima bedingen. Veränderungen in diesem System, z. B. in der Zusammensetzung der Atmosphäre durch Emission von Schadstoffen, können in weiten Bereichen das Klima verändern und damit eine starke Beeinflussung der Lebensbedingungen auf der Erde mit verheerenden Auswirkungen nach sich ziehen.

Der Treibhauseffekt. Das Klima der Erde hängt hauptsächlich von der Energie der Sonneneinstrahlung ab, die vom Erdboden und der Atmosphäre absorbiert wird. Dabei wird die Absorption in der Atmosphäre von der Art und der Konzentration einiger Gase bestimmt. Ohne diese Gase läge die globale Jahresmitteltemperatur auf der Erde bei −18 °C und nicht, wie tatsächlich gemessen, bei +15 °C. Dieser Temperaturunterschied von 33 °C entsteht im Wesentlichen durch die *Treibhauswirkung der Gase Wasserdampf* (ca. 21 °C), *Kohlenstoffdioxid* (ca. 7 °C) und *bodennahes Ozon* (ca. 2,5 °C), die nur zu einem geringen Anteil in der Atmosphäre vorhanden sind *(Spurengase)*.
Die gegenüber der Umgebung höhere Temperatur in einem Treibhaus (Glashaus, Gewächshaus) beruht im Wesentlichen auf folgenden Vorgängen: Das sichtbare Sonnenlicht durchdringt das Glas nahezu ohne Absorption. Im Innern des Treibhauses wird es von Boden und Pflanzen zum Teil absorbiert. Dadurch erwärmen sich diese und geben nun ihrerseits zunehmend Wärmestrahlung ab. Diese wird aber vom Glas des Treibhauses nur z. T. durchgelassen. Damit ist ein Teil der ursprünglich in Form von sichtbarem Licht zugeführten Sonnenenergie „gefangen". Im Innern des Treibhauses steigt dadurch die Temperatur.

B 2 Wichtige Begriffe zur Sonneneinstrahlung

Sonnenlicht. 7 % der von der Sonne ausgesandten Strahlung liegen im Bereich des ultravioletten Lichts, 46 % im sichtbaren und 47 % im infraroten Bereich.

Absorption. Unter Absorption versteht man einen Vorgang, bei dem Materie Strahlungsenergie aufnimmt und in andere Energieformen, z. B. Wärme, umwandelt. In der Atmosphäre absorbieren im Wesentlichen drei Gase: Ozon (O_3), Kohlenstoffdioxid (CO_2) und Wasserdampf (H_2O). Das Ozon absorbiert den größten Teil des ultravioletten Lichts der Sonnenstrahlung. Aus dem infraroten Teil werden durch Kohlenstoffdioxid und vor allem Wasserdampf erhebliche Strahlungsmengen absorbiert. Der Anteil der Absorption im sichtbaren Bereich ist relativ gering.

Reflexion. Bei der Reflexion wird ein mehr oder weniger großer Teil der auf eine Oberfläche auftreffenden Strahlung zurückgeworfen. Schnee und Eis der Erdoberfläche werfen z. B. auftreffende Sonnenstrahlung weitgehend zurück. Innerhalb der Atmosphäre erfolgt Reflexion an den Wassertröpfchen und Eiskristallen der Wolken.

B 3 Die Entwicklung der Erdatmosphäre

Die Erde entstand vor ca. 4,6 Mrd. Jahren. Vor ca. 3,6 Mrd. Jahren hatte sich durch Vulkanausbrüche eine Uratmosphäre gebildet, die vermutlich aus ca. 80 % Wasserdampf, 10 % Kohlenstoffdioxid sowie Stickstoff, Ammoniak, Methan und Schwefelverbindungen bestand. Wegen der günstigen Entfernung der Erde zur Sonne kondensierte der Wasserdampf mit der Zeit zu einem Urozean. Darin lösten sich große Mengen Kohlenstoffdioxid und wurden mit Ca^{2+}-Ionen aus der Verwitterung von Gesteinen als Carbonat-Sedimente gebunden, sodass die Atmosphäre schließlich überwiegend aus Stickstoff bestand. Im Wasser (Schutz vor UV-Strahlung!) konnten sich die ersten „Lebewesen" entwickeln, vor ca. 3 Mrd. Jahren begannen Cyanobakterien (Blaualgen) über Fotosynthese Sauerstoff zu erzeugen. Der Anstieg des Sauerstoffgehalts verlief verhalten, da zunächst eine Oxidation der vorhandenen reduzierenden Bestandteile erfolgte, sodass erst vor ca. 2 Mrd. Jahren der Sauerstoffgehalt 1 % des heutigen Wertes erreichte. Vor 700 bis 500 Mio. Jahren waren 10 % erreicht, mit der jetzt einsetzenden Ozonbildung wurde ein großer Teil der UV-Strahlung absorbiert, damit war Leben außerhalb des Wassers möglich. Den heutigen Sauerstoffgehalt besitzt die Atmosphäre seit ca. 350 Mio. Jahren.

Gas		Volumenanteil Prozent	ml/m³ (ppm)
Stickstoff	N_2	78,08	
Sauerstoff	O_2	20,95	
Argon	Ar	0,93	
Kohlenstoffdioxid	CO_2	0,0357	357*
Neon	Ne		18,2
Helium	He		5,2
Methan	CH_4		1,7*
Krypton	Kr		1,1
Wasserstoff	H_2		0,5
Distickstoffoxid	N_2O		0,3
Xenon	Xe		0,09
Ozon	O_3		0,03*
CFKW (FCKW)			0,0008*
usw.			

* ansteigende Tendenz

Standardmittelwerte für feuchte Luft:
Stickstoff: 76,06 %; Sauerstoff: 20,4 %; Wasserdampf: 2,6 %; Argon 0,91 %

B4 Zusammensetzung der Atmosphäre in Bodennähe (trocken)

Treibhaus Erde. Beim Treibhaus Erde übernehmen Spurengase die Rolle des Glases. Etwa 30 % der einfallenden Sonnenstrahlung werden von der Erde, der Atmosphäre und den Wolken in den Weltraum reflektiert. Der Rest wird zunächst von der Erdoberfläche und der Atmosphäre absorbiert. Der von der Erdoberfläche absorbierte Anteil führt zur Verdunstung von Wasser, zur Erwärmung und zum Aufsteigen der bodennahen Luftschicht und wird als Wärmestrahlung abgegeben. Von dieser Wärmestrahlung wird ein Teil in den Weltraum abgestrahlt, der Rest bleibt im Bereich der Erde „gefangen".

Wird die Konzentration der Treibhausgase geändert, so verändert sich die Temperatur in Bodennähe. Dies kann sowohl durch eine Erhöhung der natürlich vorkommenden Gase als auch durch das Einbringen neuer Gase erfolgen.

Strahlung, Wellen, Energie

Grundsätzlich kann eine von einem Körper ausgehende Strahlung (z. B. Licht der glühenden Wendel einer Lampe oder Wärmestrahlung eines Ofens) als eine Schar verschiedener Wellen beschrieben werden, die sich kontinuierlich im Raum ausbreiten. Diese Wellen sind durch ihre Wellenlänge λ charakterisiert, man versteht darunter den Abstand zwischen den „Gipfeln" von zwei aufeinander folgenden „Schwingungsbergen". Angegeben wird sie häufig in µm (10^{-6} m) oder in nm (10^{-9} m). Meist besteht eine Strahlung aus Wellen unterschiedlicher Wellenlänge. Zerlegt man eine Strahlung, um zu erkennen, aus welchen Wellen sie zusammengesetzt ist, so erhält man das Spektrum dieser Strahlung.

Jede Strahlung besitzt eine bestimmte Energie, abhängig von ihrer Wellenlänge. Diese Energie ist umso größer, je kleiner die Wellenlänge der Strahlung ist. So ruft z. B. längerwelliges Infrarotlicht ein Wärmegefühl hervor, während kürzerwelliges UV-Licht zu einem Sonnenbrand führt.

Die von der Sonne ausgehende Strahlung erstreckt sich über große Wellenlängenbereiche. Einen wichtigen Ausschnitt daraus zeigt die folgende Grafik:

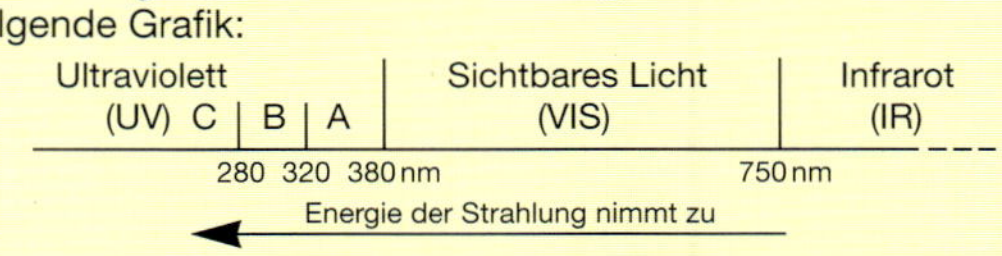

Beim Auftreffen von Strahlung auf Materie kommt es zu Wechselwirkungen. Die Atome und Moleküle absorbieren einen Teil der Strahlung und nehmen dessen Energie auf. Dadurch kann es z. B. zur verstärkten Rotation oder Schwingung der Teilchen kommen, bei energiereicher Strahlung auch zur Spaltung von Bindungen. Die Teilchen können hierbei, z. B. um eine bestimmte Schwingung auszuführen, nur bestimmte „Energieportionen" aufnehmen. Diese werden von einer Strahlung mit charakteristischer Wellenlänge erbracht, sodass nur diese Strahlung absorbiert wird. So wäre es nicht möglich, mit dieser energiearmen Strahlung eine Bindung zu spalten, auch nicht bei länger andauernder Bestrahlung oder z. B. durch Hellerstellen der als Strahlenquelle verwendeten Lampe. Hierdurch würden nur mehr Moleküle zu Schwingungen angeregt.

Die Zusammenstellung der absorbierten Strahlung mit ihren Wellenlängen und das Ausmaß der Absorption ergibt das charakteristische Absorptionsspektrum einer Substanz.

B5 Modellversuch zum Treibhauseffekt

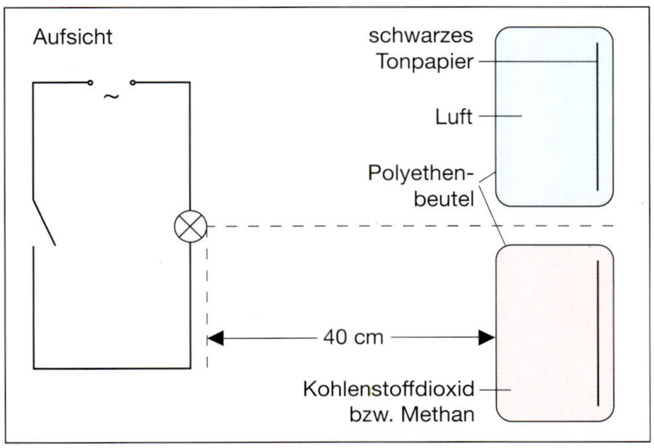

V 1 Man baut eine Apparatur nach ▷B5 mit einer Rotlichtlampe (z. B. Osram Siccatherm® 150 W) zusammen. An den Polyethenbeuteln (z. B. 24 cm × 39 cm) wird jeweils mithilfe einer Rohrschelle ein Schraubaufsatz (Quickfit®) als Verschluss befestigt. Dann werden die Beutel mit Luft bzw. Kohlenstoffdioxid befüllt. Durch die Quetschverbindung wird jeweils eine Temperatursonde eingeführt. Die Beutel befestigt man so an einem Stativ, dass beide im gleichen Ausmaß bestrahlt werden. Zu Versuchsbeginn notiert man die Temperatur beider Gase. Nach Einschalten der Lampe wird die Temperatur 8 Minuten lang jede Minute gemessen. Zur Auswertung wird die Temperaturerhöhung gegenüber der Zeit aufgetragen. Der Versuch wird mit Methan wiederholt.

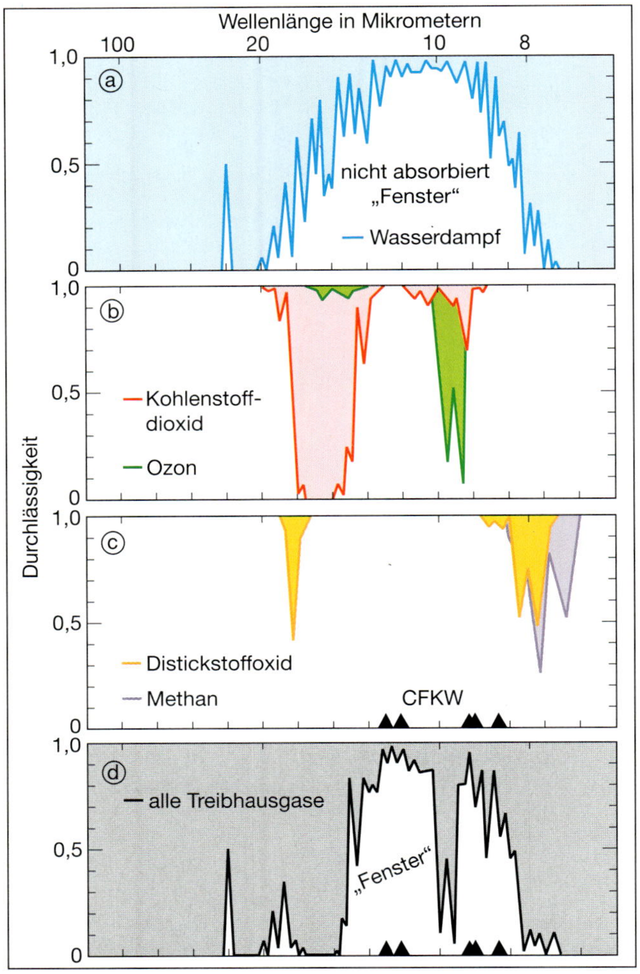

B 1 Absorption von IR-Strahlung durch verschiedene Treibhausgase

Die Erdoberfläche gibt einen Teil der eingestrahlten Sonnenenergie als Wärmestrahlung an die Atmosphäre ab, wo sie von Wolken und vor allem von den „Treibhausgasen“ absorbiert und zurückgestrahlt wird.

Das Fenster zum All. Die von der Erde ausgehende Wärmestrahlung (Infrarot- bzw. IR-Strahlung) liegt im Wellenlängenbereich von ca. 5 bis 1000 µm. Das wichtigste Treibhausgas, Wasserdampf, absorbiert IR-Strahlung in den Bereichen 5 bis 8 µm und 20 bis 1000 µm (▷ B 1a). Wärmestrahlung mit 8 bis 20 µm könnte in den Weltraum entweichen; man spricht vom „Fenster zum All“, das durch das Absorptionsverhalten des Wasserdampfs offen bleibt. Kohlenstoffdioxid absorbiert v. a. bei etwa 15 µm (▷ B 1b). Gewissermaßen bekommt das „Fenster“ noch einen breiten Vorhang.

Entsprechend wirken auch andere Treibhausgase, die in nur geringen Anteilen in der Atmosphäre vorhanden sind (Spurengase ▷ B 2). So absorbiert bodennahes Ozon v. a. bei 10 µm (▷ B 1b); das Fenster zum All wird durch einen weiteren „Vorhang“ zugehängt. Die Absorption durch Methan und Distickstoffoxid (▷ B 1c) führt zu weiteren „Vorhängen“, die das Fenster begrenzen (▷ B 1d). Besondere Bedeutung kommt den CFKW zu, die ziemlich genau in den Bereichen absorbieren, die bislang noch für einen Wärmeabfluss offen standen; das Fenster wird langsam verhüllt. Trotz ihres geringen Volumenanteils sind die CFKW äußerst wirksam, da ein CFKW-Molekül den gleichen Effekt hat wie 3500 bis 7500 Kohlenstoffdioxid-Moleküle.

Eine Erhöhung der Konzentration der Treibhausgase führt zu einer verstärkten Absorption der entsprechenden IR-Strahlung; die einzelnen „Vorhänge werden dichter“.

B 2 Die Treibhausgase (T = Troposphäre, S = Stratosphäre)

Gas	Vorindustrieller Volumenanteil (ml/m³; ppm)	Derzeitiger Volumenanteil (ml/m³; ppm)	Jährliche Veränderung des Volumenanteils (%)	Treibhauspotential	Anteil am zusätzlichen Treibhauseffekt (%)	Anthropogene Quellen
Kohlenstoffdioxid	280	357	+0,4	1	50	Verbrennung fossiler Brennstoffe; Brandrodung der Wälder
Methan	0,8	1,77	+1 bis 2	21	13	Nassreisanbau; Viehhaltung (Wiederkäuer); Vergärung von Biomasse; Deponiegas; Erdgasverluste; Kohlebergbau
CFKW	0	0,0008	+3 bis 5	3500 bis 7500	22	Treibgase in Spraydosen; Kühl-, Reinigungs- und Lösungsmitte ; Kunststoffverschäumung
Distickstoffoxid	0,29	0,31	+0,2 bis 0,3	290	5	Verbrennung fossiler Brennstoffe und Biomasse; Stickstoffdüngung, Landkultivierung
Ozon	T: < 0,01 S: 8 bis 10	T: 0,02 bis 0,3 S: 5 bis 10	T: +0,7 S: −0,3 bis 0,4	2000	7	T: Durch fotochemische Reaktionen über NO_x (Verkehr!)
Wasserdampf	T: 10 bis 20 000 S: 2	T: 10 bis 20 000 S: 3	T: 0 S: Anstieg	k. A.	3	S: Hochfliegende Flugzeuge

Treibhauseffekt und Kohlenstoffdioxid. Vor allem der steigende Kohlenstoffdioxidanteil verhindert zunehmend die Wärmeabstrahlung. In den natürlichen Kreisläufen wird zwischen Atmosphäre und Kontinenten bzw. Ozeanen ungefähr so viel Kohlenstoffdioxid abgegeben wie aufgenommen (▷B3; ↗Kap. 16.5, ▷B3). Die Erhöhung des Kohlenstoffdioxidanteils in der Atmosphäre wird durch die Vernichtung von Wäldern durch Brandrodung und durch Verfeuerung fossiler Brennstoffe hervorgerufen. Jährlich werden ca. 20 Mio. ha Tropenwald zerstört. Die Fläche des tropischen Regenwaldes in Afrika wird im Jahr 2000 im Vergleich mit dem Jahr 1950 um die Hälfte geschrumpft sein und in Mittel- und Südamerika im gleichen Zeitraum um etwa 25 %. Bei der Verbrennung von 1 t Kohlenstoff entstehen 3,67 t Kohlenstoffdioxid. Gegenwärtig nimmt die Atmosphäre jährlich etwa 11 bis 12 Milliarden Tonnen Kohlenstoffdioxid (entsprechend etwa 3 Mrd. Tonnen Kohlenstoff) zusätzlich auf. Anhand von Modellrechnungen geht man bei einer Steigerung des Kohlenstoffdioxidanteils auf 600 ml/m^3 (▷B4) von einer globalen Erwärmung um 2 bis 4 °C aus. Bei den heutigen Zuwachsraten wäre dies im Jahre 2050 erreicht.

Weitere Treibhausgase. Durch die Erhöhung des Anteils der natürlich vorkommenden und erst durch den Menschen in die Atmosphäre eingebrachten anderen Spurengase (▷B2) wird eine weitere, zusätzliche Temperaturerhöhung bewirkt. Besonders problematisch ist die Tatsache, dass diese Erhöhung im Vergleich zur erdgeschichtlichen Entwicklung mit hoher Geschwindigkeit abläuft. Neben der Freisetzung von CFKW tragen v. a. der Nassreisanbau, die Rinderhaltung (ein ausgewachsenes Tier kann bis zu 400 ℓ Methan pro Tag abgeben), der stark zunehmende Verkehr und eine verstärkte Stickstoffdüngung zu dieser Entwicklung bei.

B3 Der Kohlenstoffdioxidkreislauf. Die Zahlenangaben beziehen sich auf den Kohlenstoffanteil in Milliarden Tonnen und die jährlichen Kohlenstoffflüsse

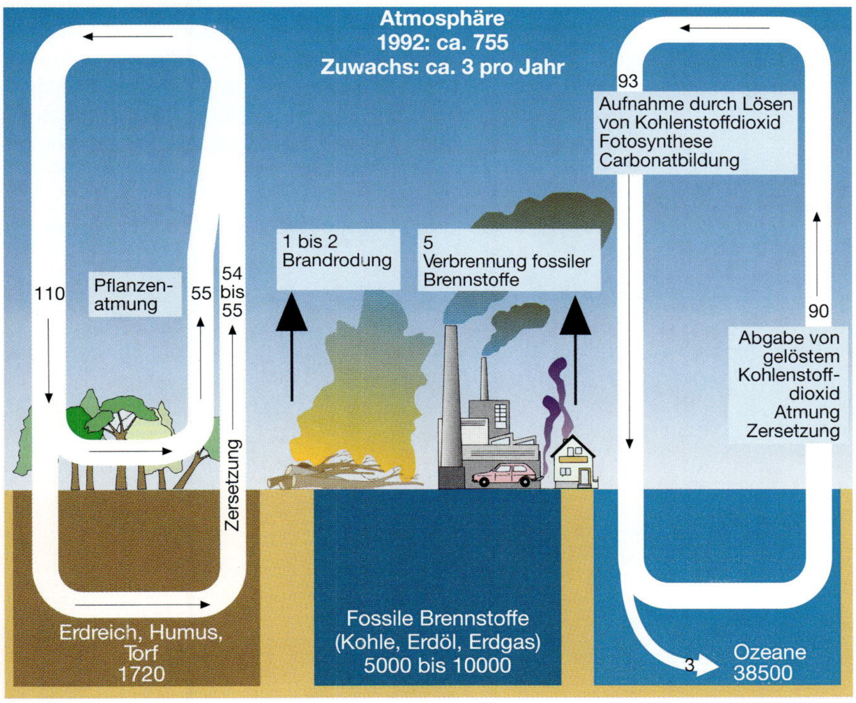

A 1 Welcher Unterschied besteht in der von der Sonne kommenden Strahlung und der von der Erdoberfläche abgegebenen Strahlung?

A 2 Auch Ammoniak trägt zum Treibhauseffekt bei. Seine Konzentration in der Atmosphäre nimmt zu. Aus welchen Quellen stammt dieses Spurengas?

A 3 Obwohl die Konzentration der CFKW in der Atmosphäre sehr gering ist, sind sie erheblich am Treibhauseffekt beteiligt. Erkläre diesen scheinbaren Widerspruch.

A 4 Die Vernichtung der tropischen Wälder durch Brandrodung fördert den Treibhauseffekt in doppelter Hinsicht. Erkläre.

A 5 Wasserdampf aus den Abgasen des stark zunehmenden Flugverkehrs an der Grenze zur Stratosphäre führt zu Kondensstreifen, die in dieser Höhe Eiswolken (Cirrus-Wolken) bilden können. Erkläre, warum diese Wolken den Treibhauseffekt verstärken.

A 6 Wie kommt es in Sumpfgebieten, beim Nassreisanbau sowie in Mülldeponien zur Bildung von Methan?

B4 Der Kohlenstoffdioxidanstieg in der Atmosphäre

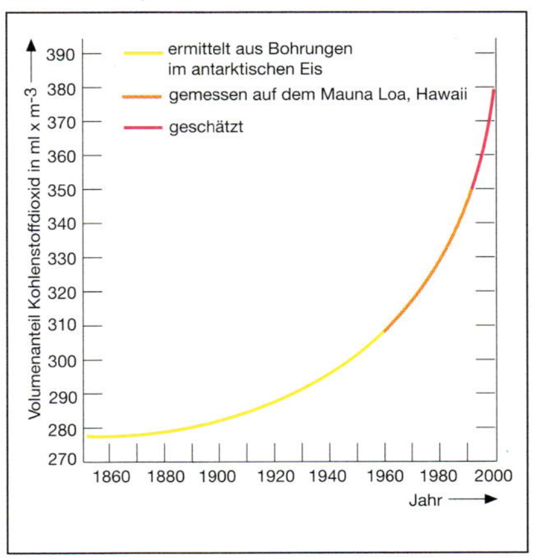

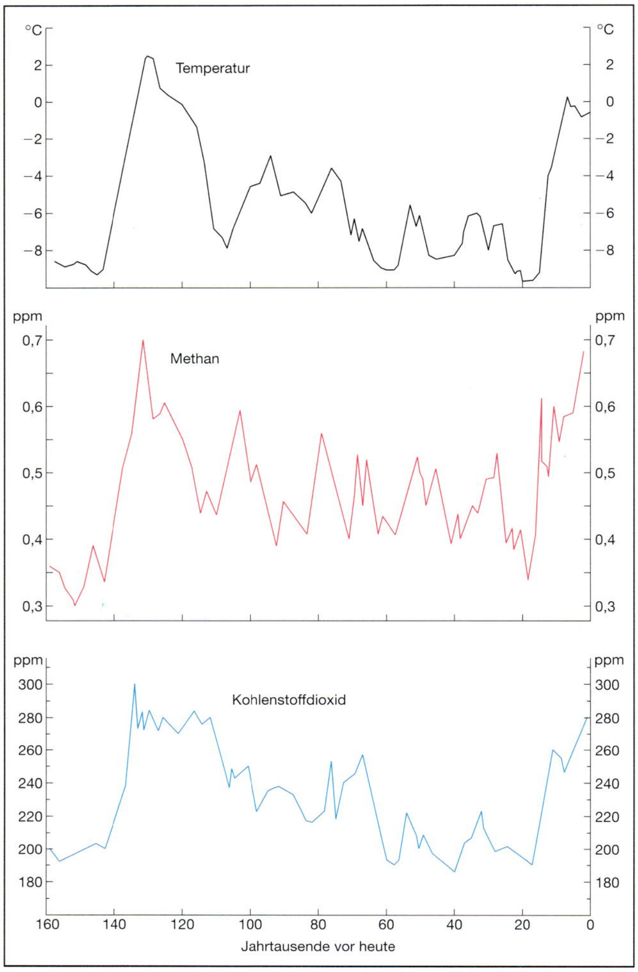

B1 Verlauf von Temperatur, Kohlenstoffdioxid- und Methangehalt der Atmosphäre seit 160 000 Jahren

Durch den zunehmenden Gehalt der klimawirksamen Spurengase steigt das Ausmaß der Absorption von Wärmestrahlung in der Atmosphäre. Dies stellt einen Eingriff in das empfindliche globale Ökosystem dar und kann zu einer weltweiten Veränderung von Klimafaktoren führen, deren Ausmaß man heute teils messen, teils anhand von Klimamodellen mithilfe von Computern berechnen kann.

Zunahme der Temperatur. Als Folge des Treibhauseffekts wird in erster Linie die globale Erwärmung der Atmosphäre angeführt (▷B2). Modellrechnungen gehen bei einer Verdoppelung des Kohlenstoffdioxidgehalts von einer regionalen Erhöhung der Durchschnittstemperatur um bis zu 6 °C aus. In den letzten 100 Jahren hat sich die Durchschnittstemperatur um etwa 0,7 °C erhöht. Den engen Zusammenhang zwischen der Höhe der Temperatur und dem Gehalt an Treibhausgasen in der Atmosphäre zeigt ▷B1.

Mit der allgemeinen Erwärmung geht eine Verringerung der polaren Eiskappen und ein Abschmelzen der Gletscher einher. Dadurch und durch die Volumenausdehnung des Meerwassers steigt der Meeresspiegel an, seit 1900 um etwa 15 cm. Langfristig sind u. a. dicht besiedelte Küstenregionen und Inseln bedroht.

Veränderung des Klimas. Berechnungen mit Klimamodellen lassen eine Verschiebung von Klimazonen mit einer Verlagerung der Niederschlagszonen befürchten (▷B3), dadurch können die Hauptgetreideanbaugebiete der Erde bedroht sein. Ferner nimmt die Wahrscheinlichkeit von extremen Wetterlagen zu, die zu Sturm-, Dürre- und Überschwemmungskatastrophen führen können. Folgen wie Hungerkatastrophen, Massenflucht sowie Konflikte zwischen Entwicklungsländern und Industrienationen können die sozialen Strukturen stark belasten.

B2 Die Entwicklung der globalen Durchschnittstemperatur in Bodennähe

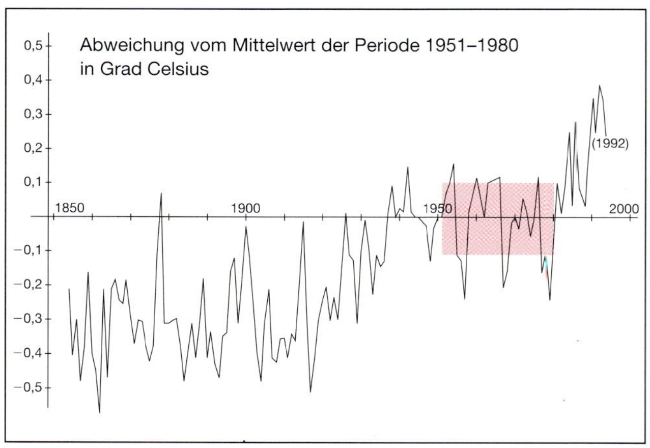

A 1 Der zunehmende Gehalt an Treibhausgasen in der Atmosphäre kann zur Verstärkung des Treibhauseffekts führen. Welche Gefahren sind damit verbunden?

A 2 a) Fertige mithilfe entsprechender Karten eine Liste der durch den Anstieg des Meeresspiegels gefährdeten Flussdelta- und Tieflandregionen an.
b) Vergleiche mit einer Karte der Bevölkerungsverteilung. Was zeichnet sich ab?

A 3 Gegenwärtig werden jährlich etwa 8 bis 10 Mrd. t Kohlenstoff v. a. durch Verbrennen fossiler Brennstoffe und Brandrodung freigesetzt. Die Zunahme in der Atmosphäre beträgt jedoch „nur“ 3 Mrd. t. Suche für diese Differenz eine Erklärung.

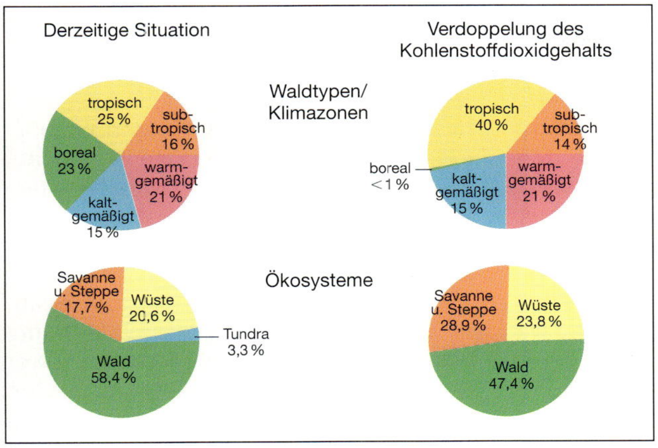

B3 Änderung der Flächenanteile der Klimazonen und Ökosysteme bei einer Verdoppelung des CO_2-Gehalts

Unsicherheitsfaktoren. Ob der bisher beobachtete Anstieg der Temperatur um 0,7 °C auf den Treibhauseffekt zurückzuführen ist, ist noch nicht abschließend geklärt, da diese Temperaturerhöhung noch innerhalb der natürlichen Klimaschwankung von ±1 °C liegt. Eine große Anzahl weiterer Daten deutet jedoch darauf hin, dass sich das Kima verändert. Ungeklärt ist auch noch die Reaktion der Pflanzenwelt auf ein erhöhtes Kohlenstoffdioxidangebot zur Fotosynthese sowie die Rolle der Ozeane als Speicher für Kohlenstoffdioxid.

Auch die Frage der Rückkoppelung des langsam ansteigenden Wasserdampfgehalts auf die Temperaturentwicklung ist noch unklar. Der Wirkung einer verstärkten Absorption steht die Wirkung einer verstärkten Quellbewölkung entgegen.

Wie war das Klima früher?

Man kann heute das Klima der letzten 20000 Jahre relativ genau beschreiben; auch für die Zeit davor liegen viele Informationen vor, z. B. über die Jahresmitteltemperatur und den Kohlenstoffdioxidgehalt der Atmosphäre. Auch das Ausmaß der Schwankungen der Durchschnittstemperatur und die dadurch hervorgerufenen klimatischen Veränderungen sind bekannt, sodass man die sich heute abzeichnende Entwicklung besser einschätzen kann. Das Klima der letzten 100 bis 150 Jahre ist von besonderem Interesse in Verbindung mit der Frage, ob die Menschheit global in das Klima eingreift und Veränderungen hervorruft oder ob die festgestellten Veränderungen auf Schwankungen eines langfristigen Klimageschehens zurückzuführen sind.

Direkte Messungen klimatischer Daten existieren für England seit 1659, für die restliche Welt erst etwa ab 1850. Weitere Aufschlüsse sind aus historischen Schilderungen der Wetterverhältnisse zu ziehen, die bis 127 n. Chr. zurückreichen. Auch historische Aufzeichnungen über Wachstumsphasen von Pflanzen und die Ausdehnung von Gletschern werden verwertet.

Für weiter zurückliegende Zeitabschnitte ist die Analyse von Eisbohrkernen aus Grönland und der Antarktis von großer Bedeutung. Diese 2 bis 3 Kilometer langen Bohrkerne repräsentieren etwa 200000 Jahre Klimageschichte. So sind im Eis Luftbläschen eingeschlossen, aus denen man den damaligen Gehalt der Atmosphäre an den klimawirksamen Spurengasen Methan und Kohlenstoffdioxid bestimmen kann. Die Temperatur kann über das Verhältnis der Sauerstoffisotope $^{18}O : {}^{16}O$ in Wassermolekülen bestimmt werden. Wegen der höheren Molekülmasse verdunstet Wasser mit ^{18}O-Atomen in den Molekülen bei einer bestimmten Temperatur in geringerem Ausmaß, der Niederschlag enthält also mit abnehmender Temperatur immer weniger Wassermoleküle mit ^{18}O-Atomen.

Einige Ergebnisse:
- Die Veränderung des Gehalts an Treibhausgasen und der Temperatur verläuft nahezu parallel.
- Ein Temperaturunterschied von 5 °C in der Jahresmitteltemperatur unterscheidet Warm- und Eiszeiten.
- Der Gehalt an Kohlenstoffdioxid schwankte in den vergangenen 250000 Jahren zwischen 200 und 300 ml/m^3.
- In den letzten 100 Jahren nahm die Jahresmitteltemperatur um 0,5 bis 0,7 °C zu.

B4 Räumliche Verteilung der Temperaturänderung bis zum Jahr 2030 nach Modellrechnungen

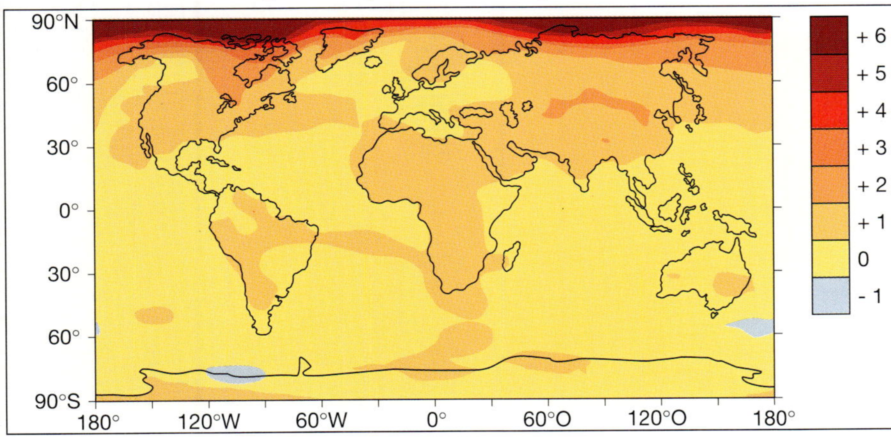

Globale Verteilung der Zunahme der Durchschnittstemperatur bei weiterhin ungebremster Emission von Treibhausgasen.

Modellrechnung für 1985 bis 2030

17.3 Möglichkeiten zur Verringerung des Treibhauseffekts

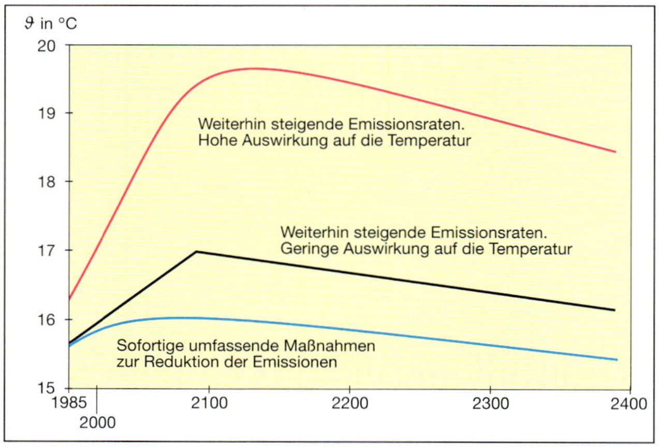

B1 Änderung der Durchschnittstemperatur nach Emissionsstop im Jahr 2100. Verschiedene Modellrechnungen

Die Emission von Treibhausgasen führt zu einer immer stärkeren Aufheizung der Atmosphäre. Modellrechnungen zeigen, dass sich die Temperaturerhöhung nur bei günstigsten Annahmen in Grenzen hält, aber auch bei einem vollständigen Emissionsstop über Jahrhunderte anhält (▷B1). Die Verringerung der Emissionen kann auf verschiedenen Wegen erreicht werden. Neben neuen technischen Entwicklungen kann jeder einzelne hierzu seinen Beitrag leisten.

Energiesparen. Verringern wir unseren Energiebedarf, werden weniger Treibhausgase freigesetzt. Moderne Elektrogeräte arbeiten z. B. heute stromsparender als vor 30 Jahren (▷B2). Neue Niedertemperaturheizanlagen arbeiten mit einem höheren Wirkungsgrad und Kessel mit „Brennwerttechnik" nutzen auch noch einen Teil der im Abgas vorhandenen Wärme. Durch verbesserte Isolierung der Häuser kann der Energiebedarf für die Raumheizung gesenkt werden. Die Aufnahme eines Wohnhauses mit einer Spezialkamera zeigt, wo die meiste Wärme verloren geht (rote und gelbe Bereiche in ▷B3).
Etwa 22 % der Kohlenstoffdioxidemissionen in Deutschland gehen auf den Verkehr zurück. Eine Reduktion der Emissionen kann nur durch eine Verminderung des Verbrauchs erreicht werden. Hierzu kann jeder einzelne durch seine Fahrweise (Geschwindigkeit, Beschleunigung) und durch Umsteigen auf öffentliche Verkehrsmittel einen Beitrag leisten (▷B4).
Erhebliche Energiemengen gehen bei der Stromgewinnung als Abwärme verloren. Wird die Abwärme des Kraftwerks gleichzeitig zum Heizen benutzt (Kraft-Wärme-Koppelung), werden die Brennstoffe besser ausgenutzt (▷B6). Auch die verstärkte Nutzung von fossilen Brennstoffen mit geringeren Kohlenstoffdioxidemissionen führt zu einer Verringerung des Treibhauseffekts (▷B5).

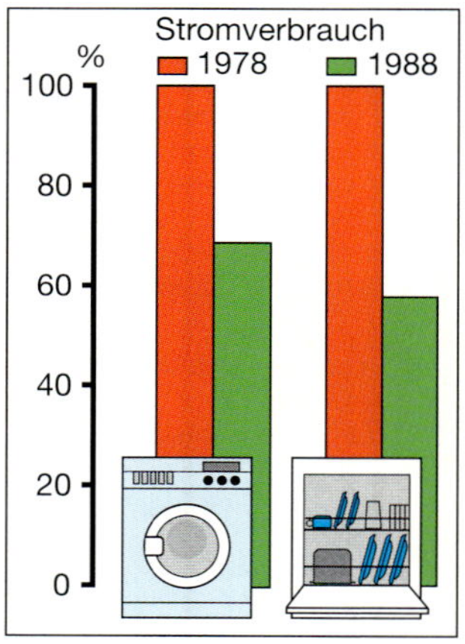

B2 Moderne Haushaltsgeräte arbeiten Strom sparend

B3 Die Hausisolierung verringert Wärmeverluste

B4 Emissionen eines PKW bei einem Kilometer Fahrt

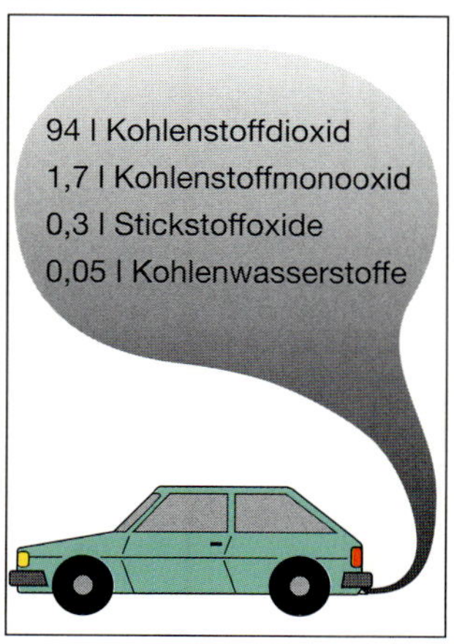

B5 Emission von Kohlenstoffdioxid

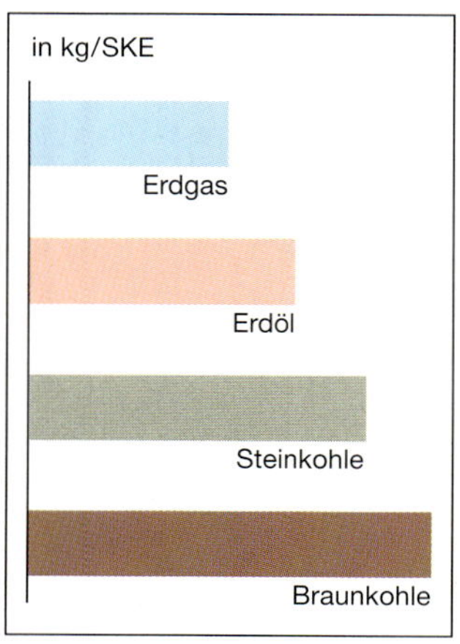

B6 Der Wirkungsgrad verschiedener Kraftwerkstypen

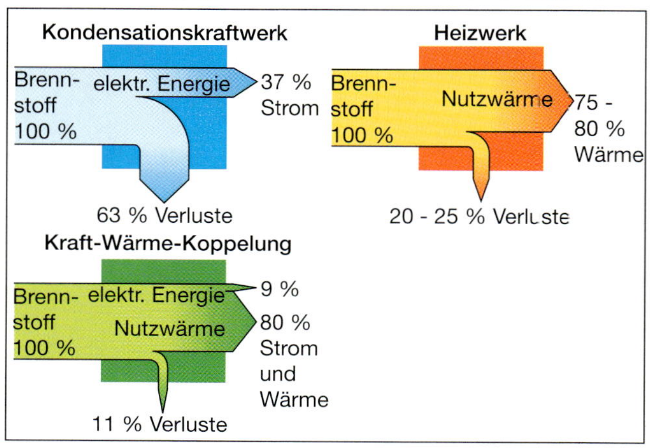

Erneuerbare Energiequellen. Die Stromerzeugung aus den Energiequellen Sonne, Wind und Wasser kann die Belastung der Atmosphäre wirkungsvoll verringern. Die Wasserkraft ist in Deutschland allerdings fast vollständig ausgenutzt, bei den Windkraftwerken und bei der direkten Umwandlung von Sonnenenergie in elektrische Energie mittels Solarzellen gibt es noch Entwicklungsmöglichkeiten. Erst etwa 5 % des erzeugten Stroms in Deutschland werden auf der Basis regenerativer Energiequellen gewonnen, davon betrifft der größte Teil die Wasserkraft. Wind- und Sonnenenergie können aufgrund der klimatischen Verhältnisse in Mitteleuropa nur unregelmäßig genutzt werden. Auch Wasserstoff kann als erneuerbarer Energieträger eingesetzt werden (↗ Kap. 5.8).

Nachwachsende Rohstoffe. Pflanzen nehmen bei der Fotosynthese Kohlenstoffdioxid aus der Luft auf und geben Sauerstoff ab. Werden Pflanzen anstelle von fossilen Brennstoffen zur Energiegewinnung benutzt oder als Rohstoffe anstelle von Erdöl eingesetzt, bleibt der Kohlenstoffdioxidanteil in der Atmosphäre nahezu ausgeglichen. Versuchsweise werden heute Rapsöl und Alkohol (aus Zuckerrohr) als Treibstoffe oder Biogas zur Stromerzeugung und Heizung eingesetzt (↗ Kap. 13.2, ↗ Kap. 14.7). Darüber hinaus werden Pflanzenprodukte z. B. für die Herstellung von Kosmetika und Waschmitteln verwendet (▷ B 8).

Verbot der CFKW. Eine weitere langfristige Verringerung des Treibhauseffekts kann mit einem Produktionsstopp der besonders treibhauswirksamen CFKW erreicht werden. Aufgrund ihrer Reaktionsträgheit können sie 60 bis 100 Jahre in der Atmosphäre vorhanden sein. Ein Produktionsstopp kann nur über ein internationales Abkommen erreicht werden, dem jedoch noch nicht alle Herstellerstaaten beigetreten sind. Seit Mai 1994 ist in Deutschland die Produktion eingestellt.

Bereich	kWh	Kohlenstoffdioxidemission in kg
Bereitstellung von Nahrungsmitteln (Produktion, Kühlung, Transport)	8000	1500
Wohnen (incl. Gebäudebau und Unterhalt, Heizen, . . .)	17 000	3 000
Verkehr (incl. Fahrzeugherstellung, Autofahrten, Flugreisen, . . .)	12 000	3 000
Privater Konsum (unter Berücksichtigung des Energieaufwandes bei der Produktion, Transport, . . .)	15 500	2 300
Öffentlicher Konsum (z. B. Heizen öffentlicher Gebäude, Aufwand bei der Grundversorgung, Militär, . . .)	7000	1500
Summe	**59 500**	**11 300**

B 7 Jährlicher Energieverbrauch bzw. Emission von Kohlenstoffdioxid pro Einwohner in Deutschland

A 1 Im Haushalt wird der größte Teil der Energie für die Raumheizung verwendet. Nenne mehrere Möglichkeiten die Emissionen an Kohlenstoffdioxid zu senken.

A 2 Wind- und Sonnenenergie werden in Deutschland noch wenig genutzt. Nenne Gründe dafür. Berücksichtige z. B. folgende Probleme: Klima, Standort, Energiespeicherung; Auswirkung auf die Landschaft.

A 3 a) Beschreibe den Kohlenstoffdioxidkreislauf bei der Nutzung nachwachsender Rohstoffe. Vergleiche mit der Verwendung von Erdöl als Rohstoff.
b) Welche Faktoren müssen berücksichtigt werden, wenn der Anbau von nachwachsenden Rohstoffen hinsichtlich seiner „Klimawirksamkeit" beurteilt werden soll?

B 8 Anbauflächen nachwachsender Rohstoffe in Deutschland und ihre Verwendung

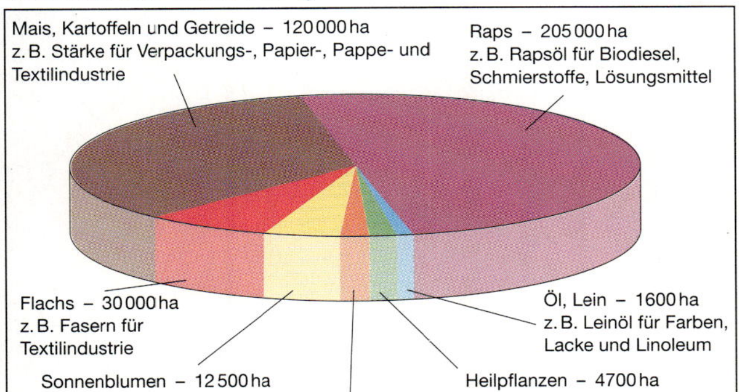

B 9 Treibstoff aus Kohlenstoffdioxid

Vom Treibhausgas zum umweltfreundlichen Rohstoff

Stuttgart, Juni 1995. Kohlenstoffdioxid, Hauptverursacher des Treibhauseffekts, könnte in Zukunft zum Wertstoff werden. Eine Stuttgarter Forschergruppe hat ein Konzept zum Kohlenstoffdioxidrecycling entwickelt. Kern des Projekts ist ein Kreisprozess, der den Gehalt an Kohlenstoffdioxid in der Atmosphäre nicht erhöht. Im ersten Schritt wird das Gas aus der Atmosphäre gewonnen und unter Einsatz von Strom aus regenerativen Energiequellen mit Wasserstoff zu Methanol umgesetzt, das über die schon vorhandene Infrastruktur für Treibstoffe zum Verbraucher gelangt. Mit 15 % Benzin vermischt kann es als Motorentreibstoff verwendet werden. Das dabei entstehende Kohlenstoffdioxid kann wieder zur Produktion von Methanol eingesetzt werden, der Kreis hat sich geschlossen. Während die Herstellung von Methanol bereits technisch genutzt wird, sind noch zwei Schwierigkeiten zu überwinden: die Anreicherung des in der Luft stark verdünnten Gases und der Preis von 1,90 DM für die Kraftstoffmenge, die dem Energieinhalt von einem Liter Benzin entspricht. Dazu kämen noch Steuern.

17.4 Ozonschicht und Halogenkohlenwasserstoffe

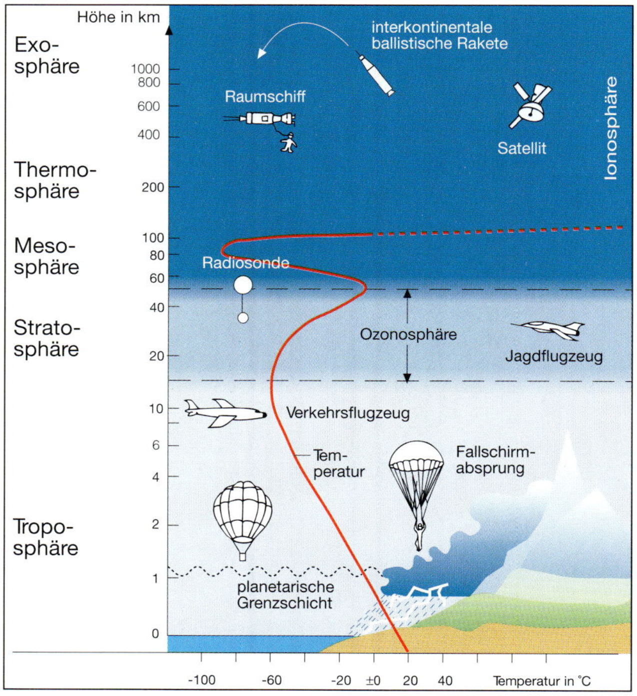

B 1 Die Lage der Ozonschicht in der Atmosphäre

A 1 Warum sind selbst bei einem sofortigen Verbot des Einsatzes von Halogenkohlenwasserstoffen frühestens in 20 Jahren positive Auswirkungen zu erwarten?

A 2 Obwohl die CFKW in nur sehr geringen Anteilen in der Atmosphäre vorliegen, schädigen sie die Ozonschicht beträchtlich. Gib hierfür eine Erklärung.

Die die Erde in einer Höhe von ca. 15 bis 50 km umgebende Ozonschicht (▷ B 1) schützt Pflanzen, Tiere und Menschen vor der ultravioletten Strahlung der Sonne. Ozon absorbiert weitgehend diese Strahlung (▷ B 4), die das Erbmaterial in Zellen schädigen und Krebs verursachen kann. Amerikanische Wissenschaftler alarmierten 1974 die Weltöffentlichkeit mit der Hypothese, dass der fortgesetzte Einsatz großer Mengen einiger Halogenkohlenwasserstoffe, die in die Atmosphäre gelangen, zu einem Abbau der Ozonschicht führe. Warum gelangen gerade diese Stoffe von der Erdoberfläche in so große Höhen und zerstören das Ozon?

Die Ozonschicht. Ozonmoleküle bilden sich unter Einwirkung von UV-C-Strahlung in der Stratosphäre aus Sauerstoffmolekülen und zerfallen unter Absorption von UV-B-Strahlung teilweise wieder in diese (▷ B 3). Beide Prozesse führen zur Absorption energiereicher UV-Strahlung, die so nicht die Erdoberfläche erreichen kann. Bildung und Zerfall von Ozon führen im ungestörten Kreislauf also zu einer Art „Schutzschild" gegen die UV-Strahlung und ermöglichen auf diese Weise das Leben auf der Erde (▷ B 4).

Gefährdung der Ozonschicht. Aufgrund ihrer Reaktionsträgheit reichern sich Chlorfluorkohlenwasserstoffe (CFKW) über Jahre hinweg in der Troposphäre an und gelangen allmählich in die Stratosphäre, wo sie an der Zerstörung der Ozonschicht beteiligt sind (▷ B 3).
Während die ozonzerstörende Wirkung der CFKW im Südfrühjahr zu einer sprunghaften Halbierung der Ozonkonzentration über der Antarktis („Ozonloch") führt, ist im Äquatorialbereich und auf der Nordhalbkugel dagegen ein kontinuierliches Absinken der Ozonwerte um ca. 2 bis 5 % gegenüber dem Zeitraum 1970–85 festzustellen.

B 2 Ozonloch. Satellitenmessungen der Ozonschicht 1979 und 1992

Das Ozonloch lässt sich anschaulich an Darstellungen von Satellitenmessungen zeigen, bei denen Gebiete gleicher Ozonschichtdicke gleichfarbig wiedergegeben werden. Dabei wird diese in der Stratosphäre über dem betreffenden geographischen Ort in Dobson-Einheiten angegeben (100 Dobson-Einheiten entsprechen 1 mm reiner Ozonschicht bei 0 °C und 1013 hPa). Deutlich sichtbar ist die Zone sehr niedriger Ozonkonzentration über der Antarktis, die sich von 1979 bis 1992 weiter ausbreitete.

Das Ozonloch. Man bezeichnet als Ozonloch die Zone einer sprunghaften Verringerung des Ozongehalts in den Monaten August bis November über der Antarktis. Dieser Bereich dehnt sich immer weiter aus und war 1986 bereits größer als die Fläche der Vereinigten Staaten (▷ B2).

Der Ozonabbau über der Antarktis hat einen anderen Verlauf als der in ▷ B3 dargestellte, da die Strahlung der tief stehenden Frühjahrssonne zu energiearm ist, um Sauerstoffatome zu bilden. Er ist ein Produkt besonderer lokaler Klimaverhältnisse und der allgemeinen Verschmutzung der Atmosphäre.

Über der Antarktis bildet sich im Südwinter ein kalter, isolierter Polarwirbel mit Temperaturen bis −80 °C und tiefer, ohne Luftaustausch mit Nachbargebieten (▷ B5). Dabei entstehen stratosphärische Wolken aus Salpetersäure-Wasser-Aerosolen, die bei weiterem Wachstum Wasser und Salzsäure einschließen. An der Oberfläche der Partikel lagert sich bei Temperaturen unter −70 °C Chlornitrat ($ClONO_2$) an, ein Reaktionsprodukt aus Stickstoffoxiden und CFKW.
Wasser bzw. Salzsäure reagiert mit Chlornitrat und bildet Unterchlorige Säure (HOCl) oder Chlor. Die Aerosol-Partikel stellen also ein Reservoir für diese Verbindungen dar. Ausschließlich aus diesen Verbindungen können durch die relativ energiearme Strahlung der tief stehenden Frühjahrssonne Chloratome freigesetzt werden, die zu einem lawinenartigen Abbau des Ozongehalts führen.

Folgen erhöhter UV-Strahlung. Sie kann Augen (Trübung der Linse) und Haut (Altern, Hautkrebs) stark schädigen. Die Strahlung führt bei Pflanzen zu Ernteeinbußen und kann das maritime Plankton schädigen, das in großen Mengen Kohlenstoffdioxid verbraucht.

B4 „Schutzschild" Ozon. Die UV-Absorption des Ozons schließt die Lücke zwischen 240 und 310 nm

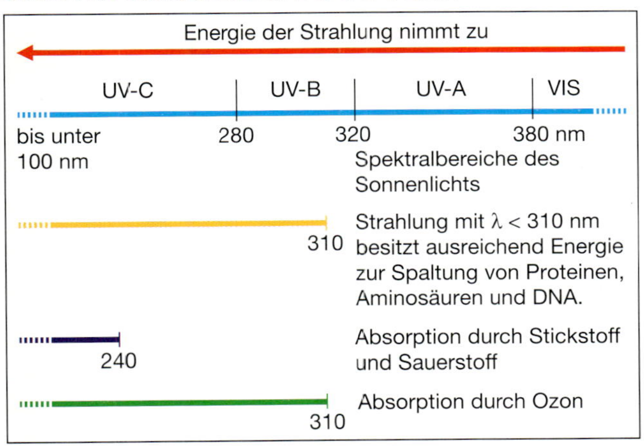

Bildung und Zerfall von Ozon in der Stratosphäre:

a) $O_2 \xrightarrow{\text{UV-C-Strahlung}} 2\,O$ b) $O + O_2 \longrightarrow O_3$

Ozonmoleküle bilden sich, wenn a) Sauerstoffmoleküle durch sehr energiereiche ultraviolette Sonnenstrahlung (UV-C-Strahlung) gespalten werden und b) sich die dabei gebildeten Sauerstoffatome mit anderen Sauerstoffmolekülen verbinden.

c) $O_3 \xrightarrow{\text{UV-B-Strahlung}} O + O_2$ d) $O_3 + O \longrightarrow 2\,O_2$

Ozonmoleküle werden c) unter der Einwirkung von etwas weniger energiereicher ultravioletter Sonnenstrahlung (UV-B-Strahlung) in Sauerstoffatome und Sauerstoffmoleküle gespalten. Auch durch die Reaktion d) mit Sauerstoffatomen können Ozonmoleküle wieder zerfallen.

Zerstörung von Ozon in der Stratosphäre:

a) $CFCl_3 \xrightarrow{\text{UV-C-Strahlung}} CFCl_2 + Cl$ b) $Cl + O_3 \longrightarrow ClO + O_2$

a) Durch die ultraviolette Sonnenstrahlung werden von den Molekülen der Chlorfluorkohlenwasserstoffe Chloratome abgespalten. b) Ein reaktionsfreudiges Chloratom reagiert mit einem Ozonmolekül zu einem Sauerstoffmolekül und einem Chlormonooxidmolekül. c) Dieses wiederum reagiert anschließend mit einem Sauerstoffatom, das bei der Spaltung eines Ozonmoleküls durch UV-Licht gebildet worden ist.

c) $ClO + O \longrightarrow O_2 + Cl$

Das Chloratom wird frei und kann erneut ein Ozonmolekül zerstören. Auf diese Weise kann ein einziges Chloratom bis zu 100 000 Ozonmoleküle zerstören.

B3 Chemische Reaktionen in der Stratosphäre, die zur Zerstörung der Ozonschicht führen

B5 Bildung des Ozonlochs über der Antarktis

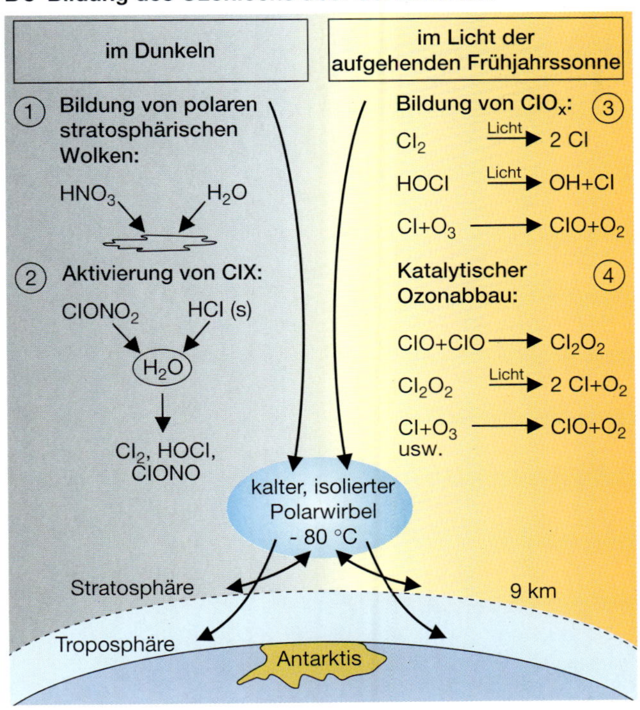

V 1 Man hält vor die Lampe einer älteren bzw. neueren Höhensonne und eines Geräts zur Überprüfung von Geldscheinen ein feuchtes Kaliumiodid-Stärke-Papier. (Nicht in die Lampe sehen!)

V 2 Man baut eine Apparatur mit einem HNS-Ozonstrahler nach ▷ B 7 auf und leitet Sauerstoff durch das Reaktionsgefäß. (Abzug!) In den austretenden Gasstrom hält man ein angefeuchtetes Kaliumiodid-Stärke-Papier. Bleibt das Papier unverändert hell, wird der Ozonstrahler eingeschaltet (Reaktionsgefäß zum Schutz der Augen mit Aluminiumfolie umwickeln). Die auftretende Blaufärbung ist ein Hinweis auf Ozon. Ozon kann auch mit einer Gasspürpumpe und Ozonprüfröhrchen nachgewiesen werden.

V 3 Mit einer UV-Handlampe ($\lambda = 254\,mm$) wird ein „Leuchtschirm" (z. B. DC-Kieselgelplatte mit Fluoreszenz-Indikator) bestrahlt. Dann hält man verschieden durchsichtige Feststoffe (Glas, Quarzglas, Kunststofffolie u. a. vor den Schirm. Flüssigkeiten und Sonnencremes können auf Folie aufgetragen und dann vor den Schirm gehalten werden.

V 4 Man lässt wie bei ▷ V 2 langsam Sauerstoff durch die Apparatur strömen, schaltet den Ozonstrahler ein und leitet das ausströmende Gas bei eingeschalteter UV-Lampe über den Leuchtschirm. Hierzu muss der Raum abgedunkelt werden. (Abzug!)

V 5 Man wiederholt ▷ V 4, bis sich Ozon nachweisen lässt. Dann spritzt man ca. 10 ml eines gasförmigen CFKW durch die Silikonmembran in das Reaktionsgefäß und beobachtet den Leuchtschirm. (Abzug!)

In der Stratosphäre reagieren Sauerstoffmoleküle unter Absorption energiereicher UV-C-Strahlung der Sonne zu Ozonmolekülen, die die schützende Ozonschicht ergeben. Bildung, Eigenschaften und Abbau des Ozons können im Experiment gezeigt werden.

Ozonbildung. Ozon bildet sich auch unter dem Einfluss energiereicher UV-Strahlung, wie sie ältere Höhensonnen und manche Geldscheinprüfgeräte aussenden (▷ V 1). Besonders deutlich erfolgt dies in einer Apparatur nach ▷ B 7 mithilfe einer Speziallampe (▷ V 2).

Ozon absorbiert UV-Strahlung. Diese Wirkung kann im Experiment mit einer UV-Lampe veranschaulicht werden (▷ B 7, ▷ V 4). Hierzu wird ein Fluoreszenzschirm benötigt, der bei UV-Strahlung aufleuchtet. Leitet man Ozon über den Schirm, so sind wolkenartige Schatten zu erkennen. Das UV-Licht erreicht an diesen Stellen den Schirm nicht, es wurde absorbiert.

Wirkung von CFKW. Gibt man während des Versuchs wenig CFKW in das Reaktionsgefäß, so verschwinden nach kurzer Zeit die Schatten auf dem Fluoreszenzschirm. Es ist keine UV-Absorption mehr zu beobachten, Ozon wurde durch die CFKW zerstört (▷ V 5).

Eigenschaften von Halogenkohlenwasserstoffen. In einem Kohlenwasserstoffmolekül kann jedes Wasserstoffatom durch ein Halogenatom ersetzt werden. Die Halogenkohlenwasserstoffe sind lipophil, d. h. sie sind gute Lösungsmittel für Fette. Der Ersatz eines Wasserstoffatoms durch ein Halogenatom führt zu einer Erhöhung der Dichte der Verbindung. Die Brennbarkeit ist umso schlechter, je mehr Wasserstoffatome durch Halogenatome ersetzt sind. Ebenso nimmt die Reaktionsträgheit mit steigendem Anteil an Halogenatomen im Molekül zu.

B 6 Ozon-„Steckbrief"

Name: Ozon, von griech. ozein, nach etwas riechen

Formel: O_3 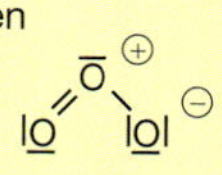

Schmelztemperatur: −192,5 °C

Siedetemperatur: −110 °C

Farbe: O_3(g) blau, O_3(ℓ) blauviolett, O_3(s) schwarzviolett

O_3(ℓ) und O_3(s) *explodieren* bei Berührung

Geruch: Ozon erzeugt charakteristischen Geruch

Giftigkeit: stark toxisch

Löslichkeit: schlecht löslich in Wasser

Oxidationswirkung: eines der stärksten Oxidationsmittel

B 7 Modellversuch zur schützenden Wirkung von Ozon vor energiereicher UV-Strahlung

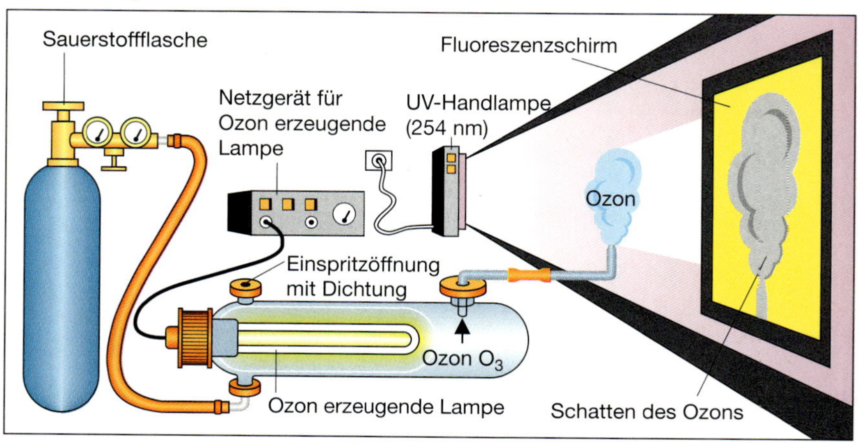

Verwendung. Von Methan und Ethan leiten sich eine Reihe von Halogenalkanen ab, die in Technik und Alltag vielfältige Anwendung fanden und z. T. noch finden. Zum Extrahieren pflanzlicher Fette wurde früher z. B. Tetrachlormethan verwendet. Da es vermutlich Krebs erzeugend ist, darf es nicht mehr verwendet werden. Heute werden für die Gewinnung von Lebensmitteln in Deutschland keine Halogenalkane mehr eingesetzt. Zur Extraktion von Fetten kann z. B. Hexan verwendet werden.

Zum Entfetten von Blechen und Elektronikteilen und in der chemischen Reinigung werden noch Halogenalkane benutzt. Sie werden nach und nach durch neue Stoffe oder neue Techniken ersetzt. Dies gilt auch für den Einsatz von Halogenalkanen zum Aufschäumen von Kunststoffen. Als Treibmittel in Spraydosen werden Halogenalkane nicht mehr eingesetzt.

Halogenalkane, deren Moleküle Fluoratome meist neben anderen Halogenatomen enthalten, sind größtenteils hitzebeständige, unbrennbare Gase, die sich durch geringen Druck verflüssigen lassen. Einige dieser Halogenalkane wurden oder werden noch als Kältemittel in Kühlschränken und Klimaanlagen verwendet. 1992 wurden weltweit noch 0,52 Mio. t CFKW produziert, in den Jahren 1985 bis 1989 ca. 1 Mio. t pro Jahr. Seit Verwendungsbeginn der CFKW 1932 wurden bis 1990 etwa 22 Mio. t hergestellt.

Halone sind bzw. waren wichtige Feuerlöschmittel. *Halothan,* vermischt mit Lachgas, sorgt bei Operationen für einen tiefen und schmerzfreien Schlaf.

Die in der Schule anfallenden kleinen Mengen an Halogenkohlenwasserstoffen müssen ebenso wie die aus den Kühlschränken der Haushalte (▷B10) und aus den Lösungsmitteln der Industrie stammenden gesammelt und entsorgt werden (▷B11).

Name, Kennzeichen in Industrie/Technik	Formel	Siedetemp. in °C	Dichte in g/cm^3	Hauptsächliche Verwendung
Trichlorfluormethan, F11	CCl_3F	25	1,49	Kältemittel, Treibgas, Lösungsmittel
Dichlordifluormethan, F 12	CCl_2F_2	−30	1,33	Kältemittel, Treibgas, Lösungsmittel, Feuerlöscher
Chlordifluormethan, F 22	$CHClF_2$	−41	1,21	Kältemittel, Treibgas, Lösungsmittel, Fluorkunststoffe
1,1,2-Trichlor-1,2,2-trifluorethan, F 113	CCl_2F-$CClF_2$	−48	1,58	Lösungsmittel; Reinigung von Leder, Pelzen, Textilien und elektronischen Bauteilen
Bromchlordifluormethan, F 12 B 1 (Halon 1211)	$CBrClF_2$	−4	1,83	Feuerlöschmittel in Handfeuerlöschern; Seit 1.1.94 in Deutschland verboten.
Bromtrifluormethan, F 13 B 1 (Halon 1301)	$CBrF_3$	−59	1,57	Feuerlöschmittel in Raumschutzanlagen, Kältemittel
2-Brom-2-chlor-1,1,1-trifluorethan, Halothan	CF_3-$CHBrCl$	50	1,87	Narkosemittel
Chlorethan, Ethylchlorid	C_2H_5Cl	12	0,92	zur örtlichen Betäubung (Vereisung)

B8 Einige wichtige Halogenalkane (Dichten im Flüssigkeitszustand)

V 6 Man entnimmt mit einer Spritze eine Gasprobe aus den Poren von Polyurethan-Hartschaum und führt damit die Beilsteinprobe durch. (Abzug!)

A 3 Zur örtlichen Betäubung auf der Haut wird Chlorethan in feinem Strahl auf die Haut gesprüht, wo es sofort verdunstet. Die Hautpartie wird „vereist" und dadurch empfindungslos. Worauf beruht die Vereisung?

B9 Meldung aus einer Tageszeitung

Trinkwasserbrunnen stillgelegt

Ein Trinkwasserbrunnen darf nicht mehr weitersprudeln. Er ist mit chlorierten Kohlenwasserstoffen verseucht. Die Behörden sind mittlerweile auf der Suche nach den Verursachern der Verschmutzung. Die Schadstoffquelle muss im Industriegebiet liegen. Chlorkohlenwasserstoffe werden in großen Mengen als Lösungsmittel zum Entfetten von Metallteilen und Schafwolle verwendet. Sie rufen beim Einatmen Übelkeit hervor. Einige stehen auch im Verdacht Krebs erregend zu wirken. Vorsicht ist also angebracht.

B10 Umweltgerechte Entsorgung von Kühlschränken

B11 Meldung aus einer Tageszeitung

„Ozonkiller" werden entsorgt

Stuttgart. Mit Beginn des Jahres 1995 werden bei der Hoechst AG keine Chlorfluorkohlenwasserstoffe mehr produziert – ganz im Gegenteil, wo ehemals jährlich 80000 t CFKW produziert wurden, werden diese in einer einzigartigen Anlage nicht nur vernichtet, sondern in verwertbare Stoffe umgewandelt. In der Spaltanlage zur CFKW-Entsorgung werden die äußerst stabilen Verbindungen bei Temperaturen um 2000 °C in einer Knallgasflamme „geknackt". Am Ende der Reaktionskette stehen die Ausgangsprodukte Fluorwasserstoffsäure und Salzsäure in verkaufsfähiger Qualität. Die Methode wurde von den Vereinten Nationen für die Vernichtung von CFKW empfohlen.

(nach einem Artikel in der „Stuttgarter Zeitung", 31. 12. 94)

17.5 Bodennahes Ozon – Sommersmog

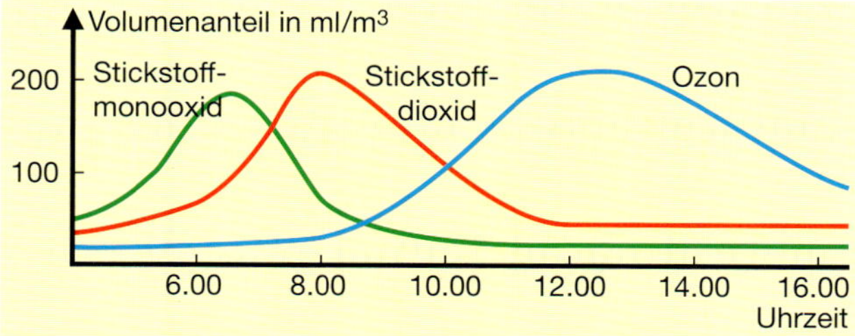

Ein hohes Verkehrsaufkommen führt zu Emissionen von Kohlenstoffmonooxid, Stickstoffoxiden und Kohlenwasserstoffen. Diese Schadstoffe sind an Folgereaktionen beteiligt, die von Hydroxylradikalen ausgehen.
Mit dem Berufsverkehr steigt der Stickstoffmonooxid-Gehalt, erreicht ein Maximum und fällt wieder ab, obwohl der Verkehr noch anhält. Es erfolgt eine Reaktion zu Stickstoffdioxid:

a) $CO + OH \longrightarrow CO_2 + H$ b) $H + O_2 \longrightarrow HO_2$

c) $HO_2 + NO \longrightarrow NO_2 + OH$ usw.

Kurze Zeit später reicht die Intensität der Sonneneinstrahlung aus, Stickstoffdioxidmoleküle zu spalten:

d) $NO_2 \xrightarrow[\lambda < 400\,nm]{Licht} NO + O$

Stickstoffmonooxid kann wieder in die obige Reaktionskette eingreifen. Der atomare Sauerstoff reagiert hauptsächlich mit Luftsauerstoff zu Ozon,

e) $O_2 + O \longrightarrow O_3$

das sich anreichern oder mit weiteren Schadstoffen reagieren kann.

B 1 Bildung von Ozon durch Emissionen des Verkehrs

A 1 Stelle die Vorgänge zusammen, die zum Entstehen des Sommersmogs führen.

A 2 Stickstoffoxide, Kohlenstoffmonooxid und flüchtige organische Verbindungen werden häufig als indirekte Treibhausgase bezeichnet, obwohl sie nicht „treibhausaktiv" sind. Was könnte damit gemeint sein?

„Oben hui, unten pfui" lautete die Überschrift eines Zeitungsartikels zur Ozonproblematik. Während einerseits der Abbau der stratosphärischen Ozonschicht befürchtet wird, werden andererseits in sonnigen, heißen Sommermonaten in unseren Großstädten und Ballungsgebieten in Bodennähe erhöhte Ozonwerte gemessen. Vor allem zwischen Mittags- und Abendstunden werden Rekordwerte erreicht. Wie kommt es zu dieser Entwicklung?

Bildung von Ozon am Boden. Ozon entsteht in den Dunstglocken der Industrie- und Ballungsgebiete. So sind z. B. die Stickstoffoxide aus den Auspuffgasen an der Bildung von Ozon beteiligt (▷ B 1). Auf ähnliche Weise bilden Kohlenwasserstoffe Ozon, Alkanale und Folgeprodukte (Fotooxidantien). Dies geschieht immer dann, wenn intensive Sonneneinstrahlung und hohe Konzentrationen an Auspuffgasen zusammentreffen. Man spricht dann von **Sommersmog** oder **Los-Angeles-Smog**. Die Sommersmog-Verordnung sieht ab einem bestimmten Ozongehalt ein Fahrverbot für als nicht schadstoffarm eingestufte Fahrzeuge vor.
Schadstoffe und Ozon werden durch den Wind weiträumig verteilt. Unter Mitwirkung der Schadstoffe wird das Ozon im Verlauf der Nacht wieder zersetzt. In Reinluftgebieten, wo weniger Schadstoffe vorhanden sind, erfolgt dies langsamer, daher können in ländlichen Gebieten über längere Zeit hohe Ozonwerte gemessen werden (▷ B 2).

Auswirkungen des bodennahen Ozons. Die Ozonbelastung kann die menschliche Gesundheit beeinträchtigen (▷ B 3), sie schädigt Pflanzen, hemmt ihr Wachstum und führt zu Ernteverlusten. Ozon gilt als ein Versursacher des Waldsterbens und steigert den Treibhauseffekt. Eine mögliche Veränderung des Ozongehalts in Tropo- und Stratosphäre bei weiter anhaltenden Emissionen zeigt ▷ B 4.

B 2 Ozonmesswerte in städtischen und ländlichen Gebieten

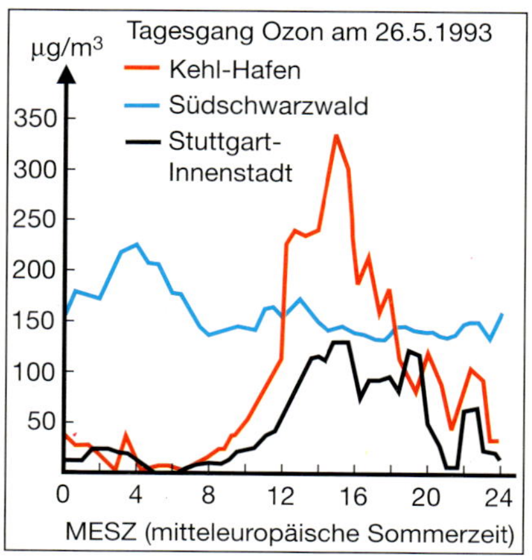

B 3 Auswirkungen des bodennahen Ozons auf Menschen

ca. 20 µg/m³	Geruchsschwellenwert
160 – 300 µg/m³	Lungenfunktionsveränderungen, insbesondere bei körperlicher Belastung
ab 200 µg/m³	Tränenreiz, Reizung der Atemwege, Kopfschmerz, Atembeschwerden
240 – 300 µg/m³	Zunahme der Häufigkeit von Asthmaanfällen
240 – 700 µg/m³	Abnahme der Leistungsfähigkeit
ab 800 µg/m³	entzündliche Reaktionen des Gewebes

B 4 Änderung des Ozongehalts in der Tropo- und Stratosphäre. Ergebnisse von Modellrechnungen

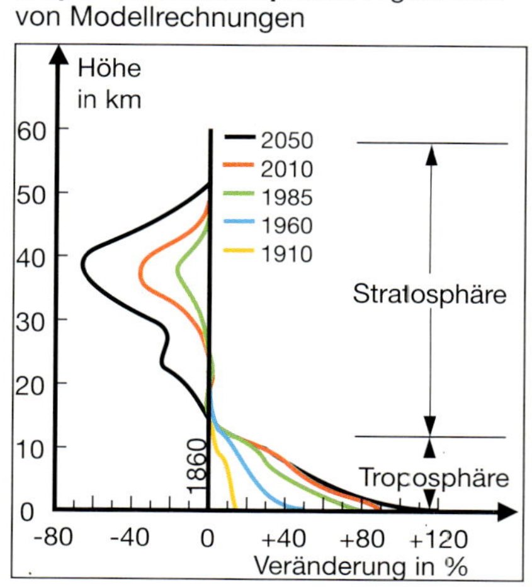

Wichtige Säuren und ihre Salze

In fast allen Bereichen der Chemie spielen Säuren und saure Lösungen eine bedeutende Rolle. Allen in diesem Kapitel besprochenen Säuren ist eines gemeinsam: Sie entstehen durch Reaktion eines Nichtmetalloxids mit Wasser, sind also Sauerstoffverbindungen. Wie alle Säuren können sie auch Salze bilden.

Schwefelsäure und Salpetersäure sind wichtige Grundstoffe zur Herstellung vieler Produkte für Technik und Alltag, z. B. Waschrohstoffe, Farb-, Kunst- und Sprengstoffe sowie Düngemittel. Auch die Salze dieser Säuren, die zum Teil in der Natur vorkommen, finden breite Anwendung. Zur Produktion der Säuren werden die entsprechenden Nichtmetalloxide in großtechnischen Verfahren gezielt hergestellt. Sie entstehen jedoch auch ungewollt bei vielen Verbrennungsvorgängen und bilden zusammen mit dem Wasser der Atmosphäre diese Säuren, die auf die Umwelt schädigend wirken.

Auch die Phosphorsäure und ihre Salze sind von großer Bedeutung, z. B. im Stoffwechsel von Organismen. Zu große Mengen der Salze führen in der Natur zu Umweltproblemen.

18.1 Schwefeldioxid und Schweflige Säure

B 1 Schwefeldioxid wirkt konservierend. Links: vgl. ▷ V 1. Rechts: Mit Schwefeldioxid haltbar gemachtes Trockenobst

V 1 Zerreibe einen Apfel. Lass einen Teil des Breis an der Luft stehen und gib den Rest in ein Gefäß mit Schwefeldioxid (Abzug!). Vergleiche nach einigen Stunden.

V 2 Man prüft die elektrische Leitfähigkeit von Wasser, dem etwas Universalindikator zugesetzt wurde. Man leitet Schwefeldioxid ein, schüttelt und prüft erneut (Abzug!).

V 3 Man gibt zu Schwefliger Säure Magnesiumpulver und führt anschließend die Knallgasprobe durch. Die Flüssigkeit wird im Abzug eingedampft.

A 1 Schweflige Säure riecht nach Schwefeldioxid. Gib hierfür eine Erklärung.

B 2 Entfärbung von Blüten durch Schwefeldioxid. Die Farbstoffe werden zerstört

B 3 Elektrische Leitfähigkeit von Schwefliger Säure in Wasser

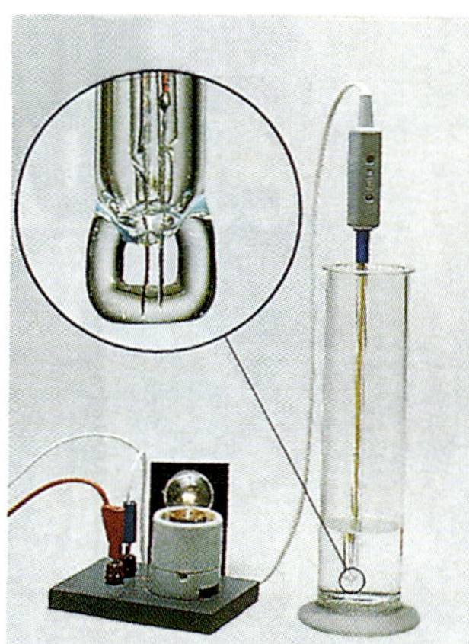

Schwefeldioxid. Beim Verbrennen von Schwefel entsteht das gasförmige, giftige Schwefeldioxid. Es kommt in der Natur in Vulkangasen vor. Auch beim Verbrennen von Kohle und Heizöl bildet sich Schwefeldioxid, da diese Schwefelverbindungen enthalten.
Weil es Schimmelpilze und Bakterien abtötet, wird Schwefeldioxid u. a. zum Desinfizieren („Ausschwefeln") von Fässern vor der Wein- und Mostbereitung, zur Gärungshemmung in Wein und Fruchtsäften und zur Konservierung von Lebensmitteln verwendet (▷ V 1, ▷ B 1). Da Schwefeldioxid Farbstoffe zerstören kann (▷ B 2), wird es auch als Bleichmittel eingesetzt.
Schwefeldioxid ist ein Umweltgift, das mitverantwortlich ist für den „sauren Regen" (↗ Kap. 18.7).

Schweflige Säure. Bei den meisten bisher besprochenen Säuren handelte es sich um Wasserstoffverbindungen, die mit Wasser eine saure Lösung ergaben. Obwohl Schwefeldioxid keine Wasserstoffverbindung ist, bildet es wie Kohlenstoffdioxid mit Wasser ebenfalls eine saure Lösung (▷ V 2). Dies lässt sich dadurch erklären, dass es zunächst mit Wasser zu **Schwefliger Säure** reagiert:

$$H_2O + SO_2 \longrightarrow H_2SO_3$$

Diese bildet in Wasser H_3O^+-Ionen und zwei Arten von Säurerestionen. Diese Ionen sind für die elektrische Leitfähigkeit verantwortlich (▷ V 2, ▷ B 3).

$$H_2SO_3 + H_2O \longrightarrow H_3O^+ + HSO_3^-$$

$$HSO_3^- + H_2O \longrightarrow H_3O^+ + SO_3^{2-}$$

Die SO_3^{2-}-Ionen heißen **Sulfitionen**, die HSO_3^--Ionen **Hydrogensulfitionen** (von lat. hydrogenium, Wasserstoff), da sie noch gebundene Wasserstoffatome enthalten. Aus einem H_2SO_3-Molekül können demnach zwei Wasserstoffionen (Protonen) abgespalten werden. Solche Verbindungen bezeichnet man als **zweiprotonige Säuren**.

Wie andere saure Lösungen bildet auch die Schweflige Säure Salze (▷ V 3). So entstehen bei der Reaktion mit Magnesium Magnesiumsulfit ($MgSO_3$) und Wasserstoff. Außer den **Sulfiten** gibt es – entsprechend den in der Lösung enthaltenen Säurerestionen – eine weitere Reihe von Salzen, die **Hydrogensulfite**, z. B. Calciumhydrogensulfit ($Ca(HSO_3)_2$).

Durch Eindampfen der sauren Lösung aus ▷ V 2 lässt sich keine konzentriertere Lösung erhalten, da Schweflige Säure beim Erwärmen in Schwefeldioxid und Wasser zerfällt. Schon bei Zimmertemperatur ist dieser Zerfall durch den Geruch nach Schwefeldioxid erkennbar. Säuren, die wie die Schweflige Säure in Nichtmetalloxide und Wasser zerfallen, bezeichnet man als **unbeständige Säuren**.

18.2 Schwefeltrioxid und Schwefelsäure

Schwefeltrioxid. Beim Verbrennen von Schwefel in einer Sauerstoffatmosphäre entsteht neben unsichtbarem Schwefeldioxid in geringem Ausmaß ein *weißer Rauch*. Dieser Rauch entsteht auch bei der Reaktion von Schwefeldioxid mit Sauerstoff an geeigneten Katalysatoren (▷V 1, ▷B 2). Da Schwefeldioxid mit weiterem Sauerstoff reagiert, ist zu vermuten, dass sich ein Schwefeloxidmolekül mit einer größeren Anzahl von Sauerstoffatomen als im Schwefeldioxidmolekül gebildet hat. Bei der Oxidation von Schwefeldioxid entsteht **Schwefeltrioxid**, ein weißer Feststoff.
Das Ausmaß der Reaktion von Schwefeldioxid zu Schwefeltrioxid ist stark temperaturabhängig (▷V 1). Oberhalb 600 °C zerfällt das Schwefeltrioxid in Schwefeldioxid und Sauerstoff (▷B 3). Temperaturen von 400 °C und darunter wären günstige Reaktionsbedingungen. Bei Zimmertemperatur ist jedoch keine Reaktion zwischen Schwefeldioxid und Sauerstoff zu beobachten, da sie bei diesen Bedingungen äußerst langsam abläuft. Auch zwischen 400 °C und 600 °C findet die Reaktion nur mithilfe eines Katalysators hinreichend schnell statt.

Schwefelsäure. Schwefeltrioxid bildet mit Wasser eine saure Lösung (▷V 1). Zunächst entsteht dabei Schwefelsäure:

$$SO_3 + H_2O \longrightarrow H_2SO_4$$

Diese ergibt mit weiterem Wasser eine saure Lösung. Durch Kochen dieser Lösung zeigt sich, dass die Indikatorfärbung nicht durch restliches Schwefeldioxid bzw. Schweflige Säure hervorgerufen wird.

Verwendung der Schwefelsäure. Sie ist eine der *wichtigsten Industriechemikalien*. Aufgrund ihrer vielseitigen Verwendbarkeit wurde die Schwefelsäureproduktion oft sogar als Maß für die Leistungsfähigkeit der chemischen Industrie eines Landes betrachtet. Der größte Teil der Schwefelsäure wird zu anderen chemischen Produkten weiterverarbeitet wie z. B. Düngemitteln, Farbstoffen, Waschmitteln, Sprengstoffen und Arzneimitteln. Daneben ist sie im Labor eine häufig eingesetzte Chemikalie. Ferner wird sie in der Mineralölindustrie, beim Verchromen sowie in der Elektrotechnik verwendet („Batteriesäure" für Batterien von ca. 560 Millionen Fahrzeugen weltweit).

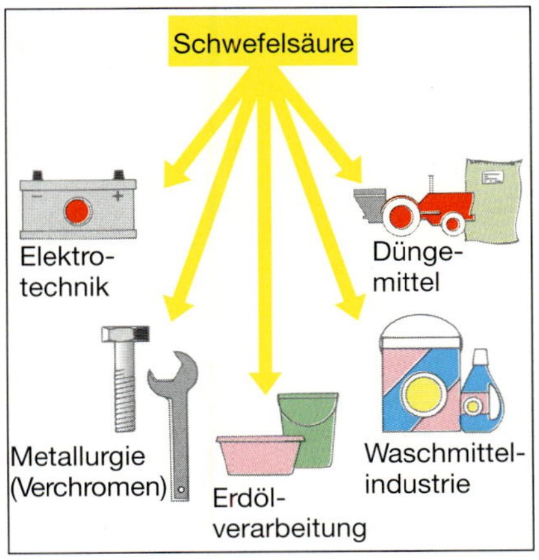

B 1 Verwendung von Schwefelsäure. Sie wird zur Herstellung vieler Produkte gebraucht

V 1 Versuchsaufbau wie in ▷B 2. Nach Entzünden des Schwefels wird der Katalysator vorsichtig erhitzt, bis weißer Rauch entsteht. Man versucht diese Temperatur zu halten. Nachdem der zweite Rundkolben mit Rauch gefüllt ist, wird der Katalysator kurzzeitig stark erhitzt und die Veränderung der Rauchbildung beobachtet.
Dann wird etwas Wasser mit Universalindikator in den Kolben eingefüllt und geschüttelt. Ein Teil der Flüssigkeit wird im Abzug etwa eine Minute zum Sieden erhitzt.

B 2 Herstellung von Schwefeltrioxid. Am Katalysator reagiert ein Gemisch aus Schwefeldioxid und Sauerstoff

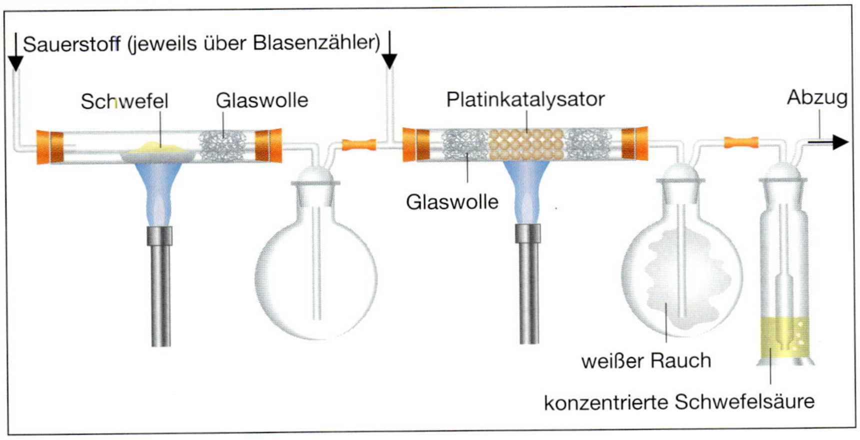

B 3 Schwefeltrioxid ist bei höheren Temperaturen nicht beständig

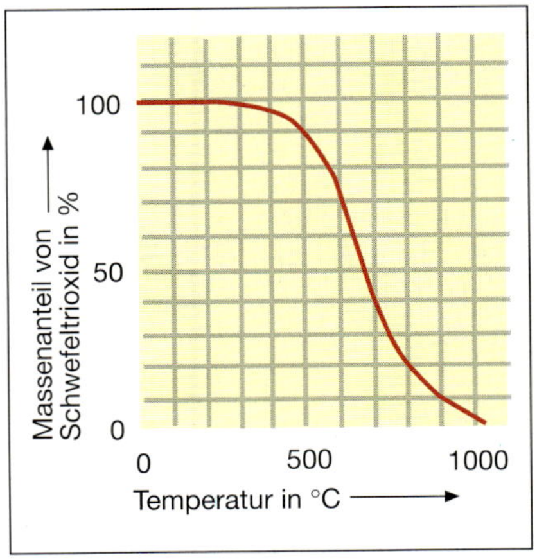

18.3 Eigenschaften und Reaktionen der Schwefelsäure

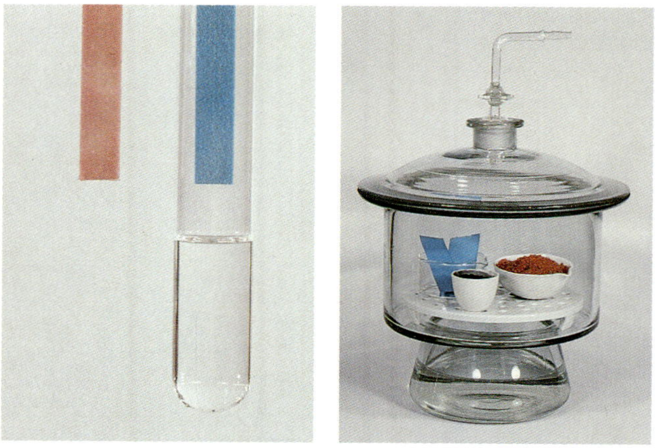

B 1 Konzentrierte Schwefelsäure ist hygroskopisch. Links: Rotes Cobaltchloridpapier wird blau. Rechts: Trockenmittel im Exsikkator

V 1 a) Ein Holzspan, ein Filterpapier und ein Stück Baumwollstoff werden in ein Becherglas mit konzentrierter Schwefelsäure getaucht.
b) In einem Becherglas, das in einer Glasschale steht, wird ein dickflüssiger Sirup aus Zucker und Wasser hergestellt. Man gießt ebenso viel konzentrierte Schwefelsäure zu. (Schutzbrille! Abzug!)

V 2 Man gibt unter Umrühren konzentrierte Schwefelsäure in kleinen Mengen zu Wasser und stellt die Temperaturänderung fest. (Schutzbrille!)

V 3 Bei einer Wechselspannung von $U = 15\,V$ misst man die Stromstärke in Schwefelsäurelösungen mit folgenden Massenanteilen (Schutzbrille!):
90 %, 75 %, 50 %, 33 %, 25 %, 10 %, 1 %.

B 2 Verdünnungsregel für Schwefelsäure: „Niemals Wasser auf die Säure, sonst geschieht das Ungeheure!"

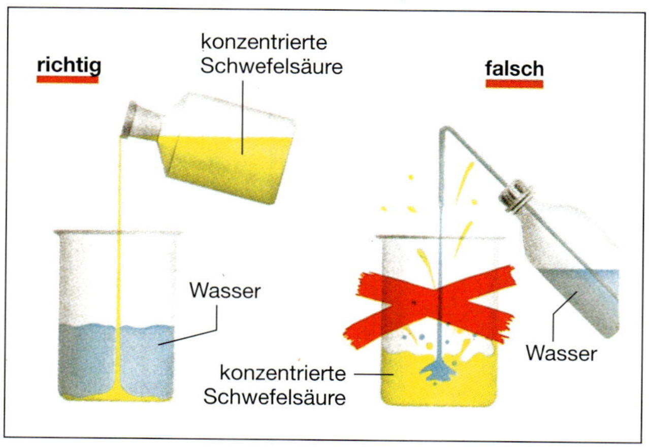

Konzentrierte Schwefelsäure besitzt einen Massenanteil von 96 % bis 98 %. Sie ist eine farblose, ölige Flüssigkeit mit einer Siedetemperatur von 338 °C und einer Dichte von $\varrho = 1{,}84\,g/ml$. Im Gegensatz zur Schwefligen Säure ist sie eine **beständige Säure**.

Schwefelsäure ist hygroskopisch. Rotes Cobaltchloridpapier färbt sich in einem geschlossenen Gefäß über konzentrierter Schwefelsäure blau (▷B 1 links). Diese nimmt demnach aus ihrer Umgebung Wasserdampf auf, ist also *hygroskopisch*. Sie wird daher als Trockenmittel in **Exsikkatoren** (von lat. exsiccare, austrocknen, ▷B 1 rechts) und zum *Trocknen von Gasen* verwendet. Aus Stoffen wie Zucker, Holz oder Papier, die hauptsächlich aus Kohlenstoff-, Wasserstoff- und Sauerstoffatomen aufgebaut sind, spaltet konzentrierte Schwefelsäure Wasser ab; die Säure wirkt *verkohlend* (▷V 1). Auch Kleidungsstücke, Haut und Haare werden zerstört. *Heiße konzentrierte Schwefelsäure* führt zu *schweren Verätzungen* und *Brandwunden*.
Beim Umgang mit der Säure sind daher die Sicherheitsvorschriften streng zu beachten.

Verdünnen von Schwefelsäure. Beim Einbringen von konzentrierter Schwefelsäure in Wasser wird eine erhebliche Wärmemenge frei (▷V 2, ▷B 3). Die dabei erreichten Temperaturen können die Siedetemperatur des Wassers übersteigen. Bei der Herstellung einer Schwefelsäurelösung darf man daher *niemals Wasser in konzentrierte Schwefelsäure gießen*, da sich das Wasser aufgrund seiner geringeren Dichte nicht sofort mit der Schwefelsäure vermischt. An der Berührungsfläche von Wasser und Säure bilden sich durch örtliche Überhitzung Dampfblasen, sodass Säure aus dem Gefäß spritzen kann (▷B 2). Die starke Wärmeentwicklung deutet auf eine chemische Reaktion von Schwefelsäure mit Wasser hin.

Untersucht man verschieden konzentrierte Schwefelsäurelösungen auf ihre elektrische Leitfähigkeit, so stellt man fest, dass diese mit zunehmender Verdünnung stark ansteigt und bei weiterer Verdünnung wieder geringer wird (▷V 3, ▷B 4). Konzentrierte Schwefelsäure enthält im Wesentlichen H_2SO_4-Moleküle. Mit zunehmender Verdünnung reagieren diese vermehrt mit Wassermolekülen zu hydratisierten Ionen. Diese bewirken die elektrische Leitfähigkeit. Es entstehen H_3O^+-Ionen und zwei Arten von Säurerestionen:

$$H_2SO_4 + H_2O \longrightarrow H_3O^+ + HSO_4^-$$
$$HSO_4^- + H_2O \longrightarrow H_3O^+ + SO_4^{2-}$$

Die HSO_4^--Ionen heißen **Hydrogensulfationen**, die SO_4^{2-}-Ionen **Sulfationen**.

Wenn die meisten Säuremoleküle zu Ionen reagiert haben, wird durch weitere Wasserzugabe die saure Lösung nur noch verdünnt. Dies bewirkt ein Absinken der Leitfähigkeit.

Reaktionen der verdünnten Schwefelsäure. Sie zeigt die typischen Reaktionen saurer Lösungen, wobei zwei Arten von Salzen entstehen können: **Sulfate** und **Hydrogensulfate**.
Mit unedlen Metallen, z.B. Magnesium, entstehen Wasserstoff und Magnesiumsulfat (▷ V 4a), das in Wasser gelöst vorliegt.

$$Mg(s) + 2\,H_3O^+ + SO_4^{2-} \longrightarrow Mg^{2+} + SO_4^{2-} + H_2(g) + 2\,H_2O(\ell)$$

Mit Kupfer, Quecksilber, Silber und Gold, den Edelmetallen, reagiert verdünnte Schwefelsäure nicht (▷ V 4b). Auch mit Metalloxiden entstehen die entsprechenden Salzlösungen; so entsteht z. B. mit Kupfer(II)-oxid eine Lösung von blauem Kupfersulfat (▷ V 5):

$$Cu^{2+}O^{2-}(s) + 2\,H_3O^+ + SO_4^{2-} \longrightarrow Cu^{2+} + SO_4^{2-} + 3\,H_2O(\ell)$$

Bei höheren Konzentrationen der Schwefelsäure und bei Verwendung von Schwefelsäure im Überschuss lassen sich auch die entsprechenden Hydrogensulfate herstellen. Hydrogensulfate und Sulfate entstehen auch bei der Reaktion von verdünnter Schwefelsäure mit alkalischen Lösungen.

Reaktionen der konzentrierten Schwefelsäure. Die Säure reagiert ebenfalls mit unedlen Metallen (▷ V 6, ▷ B 5 links). Dabei entsteht jedoch *kein* Wasserstoff, sondern ein Gemisch aus Schwefeldioxid, Schwefel und einem weiteren Gas, das nach faulen Eiern riecht und das Bleiacetatpapier schwarz färbt: **Schwefelwasserstoff**. Das unedle Metall wird bei der Reaktion mit konzentrierter Schwefelsäure oxidiert. Sie wirkt so stark oxidierend, dass sogar Kupfer reagiert, das von sauren Lösungen nicht angegriffen wird (▷ B 5 rechts). Dabei entstehen Kupferoxid und Schwefeldioxid.

Schwefelwasserstoff. Bei manchen Reaktionen der konzentrierten Schwefelsäure kann als Reaktionsprodukt Schwefelwasserstoff entstehen, ein giftiges Gas mit der Molekülformel H_2S.
Schwefelwasserstoff bildet mit Wasser eine saure Lösung; diese enthält als Säurerestionen HS^-, **Hydrogensulfidionen**, und S^{2-}, **Sulfidionen**. Dementsprechend gibt es zwei Reihen von Salzen, die **Hydrogensulfide** und die **Sulfide**. Der Nachweis von Schwefelwasserstoff mit Bleiacetatpapier beruht auf der Bildung von schwarzem Bleisulfid (PbS).

V 4 a) Gib in ein Reagenzglas mit einigen Zinkgranalien bzw. einigen Stückchen Magnesiumband etwas verdünnte Schwefelsäure. Prüfe das entstandene Gas mit der Knallgasprobe.
b) Wiederhole den Versuch mit einem Kupferblech.

V 5 Gib zu verdünnter Schwefelsäure Kupfer(II)-oxid-Pulver und erwärme, bis keine Reaktion mehr erfolgt (Schutzbrille!). Filtriere die noch heiße Lösung und stelle das Filtrat zum Kristallisieren auf.

V 6 Zu konzentrierter Schwefelsäure wird Zinkpulver gegeben und leicht erwärmt (Abzug! Schutzbrille!). Die entstehenden Gase werden mit einem angefeuchteten Indikator- und einem Bleiacetatpapier geprüft.

A 1 Stelle die Reaktionsgleichungen für folgende Reaktionen auf: a) Zink und verdünnte Schwefelsäure, b) Magnesiumoxid und verdünnte Schwefelsäure.

A 2 Wie kann man eine feuchte, temperaturempfindliche Substanz schonend trocknen?

A 3 Wie kann man zeigen, dass konzentrierte Schwefelsäure aus Molekülen besteht?

B 3 Beim Verdünnen von Schwefelsäure wird viel Wärme frei: Die Temperatur steigt deutlich

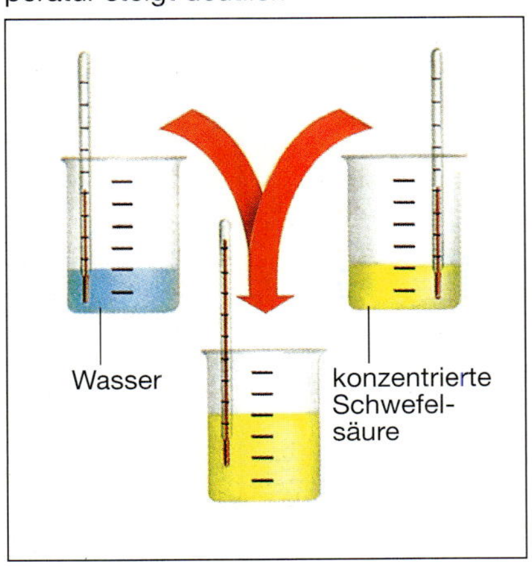

B 4 Veränderung der Stromstärke bei Schwefelsäurelösungen mit unterschiedlichem Massenanteil $w(H_2SO_4)$

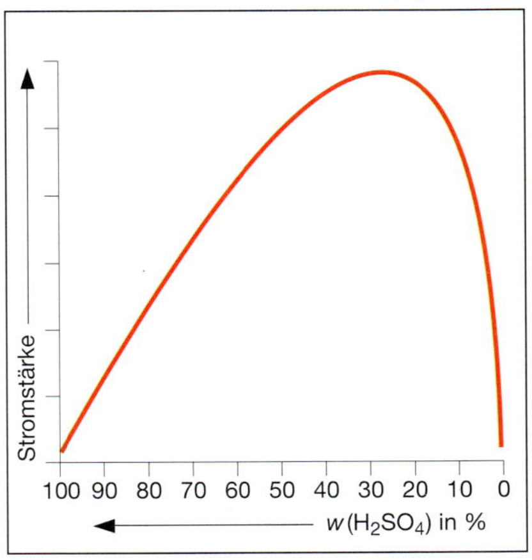

B 5 Reaktionen der konzentrierten Schwefelsäure. Links: mit Zink, rechts: mit Kupfer

18.4 Sulfate – Salze der Schwefelsäure

V 1 a) Erhitze in einem waagerecht gehaltenen Reagenzglas vorsichtig einige Kristalle von blauem Kupfersulfat. Beobachte den kälteren Teil des Reagenzglases und den Feststoff. Lass das Glas in waagerechter Stellung erkalten. Gib danach einige Tropfen Wasser zu. Beobachte die Farbe des Salzes und prüfe die Temperaturänderung.
b) Gib zu 40%igem und 96%igem Alkohol wasserfreies Kupfersulfat und schüttle.

V 2 Erhitze Fasergips oder Marienglas in einem waagerecht gehaltenen Reagenzglas.

V 3 Rühre gebrannten Gips (Stuckgips) mit Wasser zu einem Brei an. Gib den Gipsmörtel in eine Form (z. B. Streichholzschachtel). Drücke eine mit Öl oder Glycerin bestrichene Münze in die Gipsmasse und entferne sie nach etwa 20 min wieder.

A 1 Weshalb wird die Oberfläche von Kupfersulfat weiß, wenn man zu dem kristallwasserhaltigen Salz konz. Schwefelsäure gibt?

Kupfersulfat. Erhitzt man blaues Kupfersulfat, so entweicht Wasserdampf und es entsteht ein weißes Salz (▷ B 1); bei Zugabe von Wasser bildet sich in exothermer Reaktion wieder das blaue Salz (▷ V 1a). Dieser Vorgang beruht darauf, dass blaues Kupfersulfat **Kristallwasser** enthält, d. h. dass Wassermoleküle in einem bestimmten Anzahlverhältnis in das Ionengitter des Salzes eingebaut sind. Da der Kristallwasseranteil für bestimmte Salze typisch ist, wird er auch in der Verhältnisformel angegeben. Sie lautet für das blaue Kupfersulfat $CuSO_4 \cdot 5\,H_2O$ (lies: $CuSO_4$ mit 5 Molekülen Wasser). Das weiße Kupfersulfat ist kristallwasserfrei:

$$CuSO_4 \cdot 5\,H_2O \longrightarrow CuSO_4 + 5\,H_2O$$

Hydratwasserfreie Salze besitzen andere Eigenschaften als kristallwasserhaltige. Bei Kupfersulfat tritt wie bei Cobaltchlorid ein Farbunterschied auf; beide Salze lassen sich daher im kristallwasserfreien Zustand zum Nachweis von Wasser verwenden (▷ V 1b).

Bei wasserhaltigen Salzen – Salzhydraten – sind Wassermoleküle in die Ionengitter der Salze eingebaut. Wassermoleküle und Ionen stehen jeweils in einem bestimmten Anzahlverhältnis.

Calciumsulfat. Das Salz mit der Verhältnisformel $CaSO_4 \cdot 2\,H_2O$ kommt als **Gips** häufig in der Natur vor (▷ B 6). Gips bildet oft schöne Kristalle (▷ B 2), ist aber auch in durchsichtigen Plättchen („Marienglas") anzutreffen. Durch Erhitzen auf ca. 130 °C *(„Gips brennen")* erhält man **gebrannten Gips** oder **Stuckgips** (▷ V 2). Er besitzt nur noch ein Viertel seines Kristallwassers. Angerührt mit Wasser, erhärtet der Brei innerhalb kurzer Zeit (*„der Gips bindet ab"*; ▷ V 3). In einer exothermen Reaktion entstehen durch Aufnahme von Kristallwasser feine nadelförmige Kristalle, die ineinander verfilzt sind. Das Volumen vergrößert sich dabei um etwa 1 %.
Gebrannten Gips verwendet man zur Herstellung von Innenputz, Gipsdielen, Gipsverbänden, Gipsabdrücken u. a. (▷ B 3, ▷ V 3). In der Natur kommt ferner noch kristallwasserfreies Calciumsulfat *(Anhydrit)* vor, das man auch erhält, wenn man Gips auf ca. 1000 °C erhitzt („totgebrannter Gips"). Dieser setzt sich nur schwer mit Wasser um.

B 1 Kristallwasserhaltiges Kupfersulfat verändert beim Erhitzen seine Farbe

B 2 Gipskristalle. Ein Teil davon bildet sog. Schwalbenschwanzzwillinge

B 3 Gipsabgüsse geben komplizierte Formen originalgetreu wieder

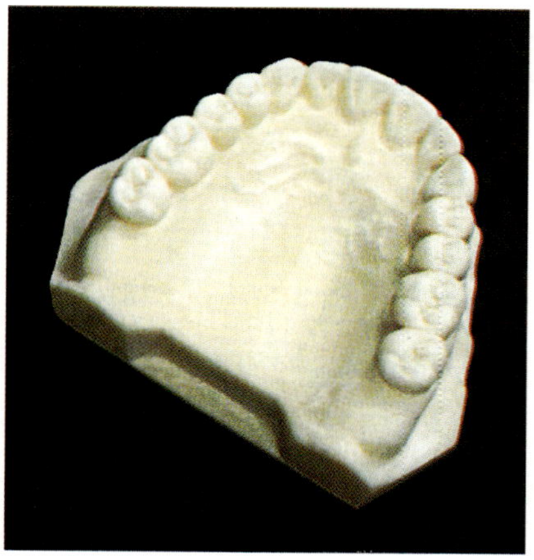

Bariumsulfat. Der Name *Schwerspat* für das in der Natur vorkommende Mineral weist auf die hohe Dichte hin (ϱ(Bariumsulfat) = 4,5 g/cm^3). Bariumsulfat wird als weißes Füllmaterial zur Herstellung von Kunstdruckpapier verwendet. Ferner wird es als Röntgenkontrastmittel benutzt (▷B4). Im Gegensatz zu anderen Bariumverbindungen ist Bariumsulfat wegen seiner äußerst geringen Löslichkeit ungiftig.

Nachweis von Sulfationen. Gibt man Bariumchloridlösung zu Schwefelsäure- oder Sulfatlösungen, so fällt ein *weißer Niederschlag* aus. Man kann diesen von einem ebenfalls weißen Silberchloridniederschlag durch seine feinkristalline Struktur unterscheiden und dadurch, dass er nicht lichtempfindlich ist. Aus Barium- und Sulfationen entsteht schwer lösliches Bariumsulfat (▷V4).

$$Ba^{2+} + SO_4{}^{2-} \longrightarrow BaSO_4(s)$$

Der Nachweis ist so empfindlich, dass auch die im Trinkwasser enthaltenen Sulfationen erfasst werden.

Bariumionen sind ein Nachweismittel für Sulfationen.

Kaliumhydrogensulfat, ein saures Salz. Nicht nur Lösungen von „Säuren", sondern auch manche *Salzlösungen* sind sauer (▷V5). Die die sauren Eigenschaften verursachenden H_3O^+-Ionen müssen demnach durch die Reaktion dieses Salzes mit Wasser entstehen. Wie die verdünnte Schwefelsäure enthält Kaliumhydrogensulfat Hydrogensulfationen, die H_3O^+-Ionen bilden können:

$$HSO_4{}^- + H_2O \longrightarrow H_3O^+ + SO_4{}^{2-}$$

Kaliumhydrogensulfat ersetzt die ehemals als WC-Reiniger verwendete Salzsäure. Eine wässrige Kaliumsulfatlösung ist dagegen nicht sauer.

B5 Zusammensetzung und Verwendung der wichtigsten Sulfate im Überblick

Name	Formel	Verwendung
Kupfersulfat	$CuSO_4 \cdot 5\,H_2O$	Bekämpfung von Pilzkrankheiten (Obst- und Weinbau); Kunstseideherstellung
Calciumsulfat (Gips)	$CaSO_4 \cdot 2\,H_2O$	Stuckarbeiten, Tafelkreide, Gipsabdrücke, Estrichgips
Bariumsulfat	$BaSO_4$	Röntgenkontrastmittel, Füllmaterial für Kunstdruckpapiere
Natriumsulfat (Glaubersalz)	$Na_2SO_4 \cdot 10\,H_2O$	Bestandteil von Heilquellen, Glasherstellung, Färberei
Magnesiumsulfat (Bittersalz)	$MgSO_4 \cdot 7\,H_2O$	Bestandteil von Heilquellen, Herstellung von Düngern und Feuerlöschmitteln
Kaliumhydrogensulfat	$KHSO_4$	WC-Reiniger

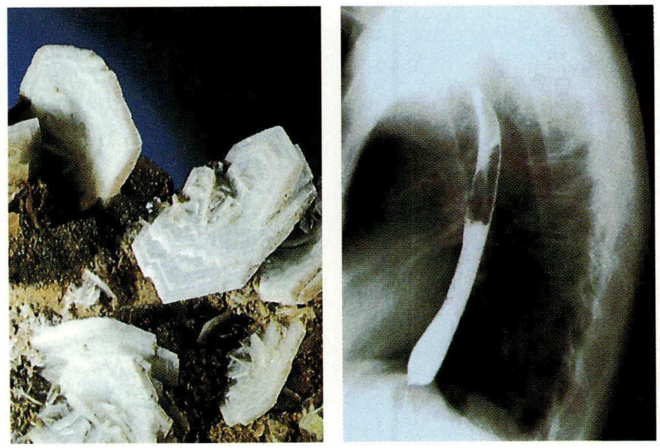

B4 Schwerspat (links), **Bariumsulfat als Röntgenkontrastmittel** (rechts)

V 4 Gib zu Schwefelsäure- bzw. Sulfatlösungen einige Tropfen Bariumchloridlösung. Wiederhole den Versuch mit Leitungswasser.

V 5 Löse etwas Kaliumhydrogensulfat in Wasser (Schutzbrille!) und prüfe die Lösung mit Universalindikator. Wiederhole den Versuch mit Kaliumsulfat.

A 2 Wieso ist Gips zum Fixieren von Wandhaken besonders geeignet?

A 3 a) Wie kann man prüfen, ob Gips in Wasser zu einem geringen Teil löslich ist?
b) Wie könnte man hart gewordenen (abgebundenen) Gips wieder verwendungsfähig machen?

B6 Gipsbruch in Süddeutschland. Das brüchige Gestein lässt sich leicht abtragen

18.5 Salpetersäure und Nitrate

Reine 100%ige **Salpetersäure** (Molekülformel: HNO_3) ist eine farblose Flüssigkeit (Siedetemperatur 84,1 °C), die an der Luft Nebel bildet. Sie wird auch als *rauchende Salpetersäure* bezeichnet. Da sie unter Lichteinwirkung zerfällt, muss sie in braunen Flaschen aufbewahrt werden. Sie ist häufig durch das beim Zerfall entstehende und sich in der Säure lösende braune Stickstoffdioxid gelb gefärbt. Der Massenanteil der *konzentrierten Salpetersäure* liegt zwischen 65 und 69 %. Verdünnt man Salpetersäure mit Wasser, reagiert sie vollständig zu H_3O^+- und hydratisierten Nitrationen (NO_3^--Ionen).

Verwendung. In Deutschland werden jährlich ca. 3 Millionen Tonnen Salpetersäure produziert. Der größte Teil der Salpetersäure dient der Gewinnung von Nitraten für Düngemittel. Ferner wird die Salpetersäure zur Herstellung von Medikamenten, Pflanzenschutzmitteln, Farb-, Kunst- und Sprengstoffen (z. B. Dynamit) verwendet.

V 1 Die Apparatur wird nach ▷B1 zusammengebaut. In der Waschflasche befindet sich Wasser, versetzt mit einigen Tropfen Universalindikatorlösung. Die Kupferelektroden der Reaktionskugel (Abstand ca. 0,5 cm) verbindet man mit den Polen eines Hochspannungstransformators (5000 V bis 6000 V; Vorsicht! Hochspannung!) und erzeugt eine kräftige Funkenstrecke. Sobald sich die Kugel mit braunem Gas gefüllt hat, wird durch das obere Glasrohr ein schwacher Luftstrom gedrückt.

A 1 In der Luft liegt Stickstoff neben Sauerstoff vor, ohne dass eine Reaktion eintritt. In ▷V1 läuft jedoch eine Reaktion ab. Erkläre den Unterschied.

B 1 Luftverbrennung. Stickstoff reagiert mit Sauerstoff im elektrischen Lichtbogen

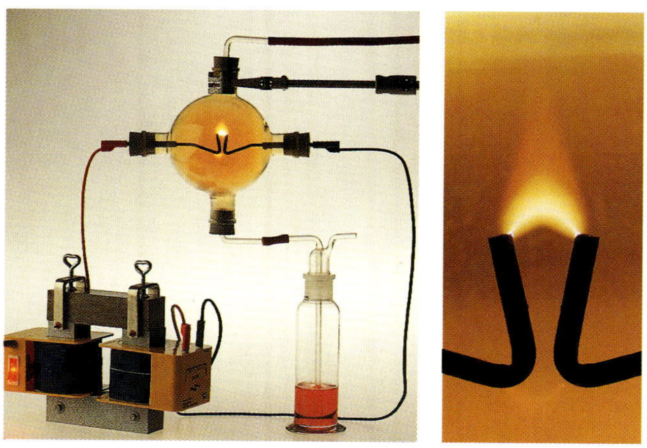

Herstellung von Salpetersäure. Aufgrund des schon gegen Ende des 19. Jahrhunderts stark zunehmenden Bedarfs an Stickstoffdünger wurde nach Verfahren gesucht mit Stickstoff und Sauerstoff aus der Luft Salpetersäure zu gewinnen. Eines dieser Verfahren ist die „Luftverbrennung" (▷B1, ▷V1), bei der der reaktionsträge Stickstoff mit Sauerstoff im elektrischen Lichtbogen bei über 3000 °C in einer stark endothermen Reaktion zu Stickstoffmonooxid reagiert, das weiter zu Stickstoffdioxid oxidiert wird. Es bildet zusammen mit Wasser und Sauerstoff Salpetersäure.

$$4\,NO_2 + O_2 + 2\,H_2O \longrightarrow 4\,HNO_3$$

Das Verfahren hat wegen des hohen Energiebedarfs nur in Ländern mit billiger Wasserkraft (Norwegen, Schweiz) für kurze Zeit eine Rolle gespielt.

Großtechnisch wird Salpetersäure bereits seit 1913 durch katalytische Verbrennung von Ammoniak hergestellt. Dazu wird ein Gemisch aus Ammoniak und Luft in einem Verbrennungsreaktor bei etwa 700 °C durch ein feinmaschiges, rot glühendes Platinnetz geleitet. Das Gemisch reagiert in einer exothermen Reaktion zu Stickstoffmonooxid und Wasser.

$$4\,NH_3 + 5\,O_2 \longrightarrow 4\,NO + 6\,H_2O$$

Vorkommen und Verwendung einiger Nitrate. Es gibt nur wenige bedeutende Nitratlagerstätten. Kaliumnitrat (Salpeter; von lat. sal petrae, Felsensalz) findet man u. a. in Indien und China, Natriumnitrat (Natronsalpeter) vor allem in der Wüste Atacama in Nordchile (Chilesalpeter). Chilesalpeter war lange Zeit ein wichtiges Welthandelsgut, um dessen Lagerstätten zwischen Chile, Bolivien und Peru sogar Krieg geführt wurde (Salpeterkrieg 1879–1883). Früher diente Salpeter vor allem zur Herstellung von Schießpulver; Kaliumnitrat ist der oxidierend wirkende Bestandteil des Schwarzpulvers, das außerdem Kohle- und Schwefelpulver enthält.
Der Chilesalpeter wurde bis zum Beginn des 20. Jahrhunderts mit „Salpeterseglern" um Kap Hoorn nach Europa transportiert. Der Handel kam nach Einführung der großtechnischen Methoden zur Herstellung von Ammoniak, Salpetersäure und den Nitraten vollständig zum Erliegen.

Seit Mitte des 19. Jahrhunderts finden Kalium- und Natriumnitrat sowie später auch Ammoniumnitrat immer stärker Anwendung als Mineraldünger (↗ Kap. 19).

Silbernitrat (Verhältnisformel: $AgNO_3$) ist das Silbersalz zum Nachweis von Chlorid-, Bromid- und Iodidionen. Früher wurde es in der Medizin als „Höllenstein" zur Entfernung von Warzen verwendet.

18.6 Phosphorsäure und Phosphate

Phosphorsäure. Konzentrierte Phosphorsäure ist eine farblose, ölige Flüssigkeit mit einem Massenanteil von etwa 85 % Phosphorsäure. Reine Phosphorsäure ist ein *sehr hygroskopischer Feststoff* (Schmelztemperatur: 42 °C). Wie z. B. Schwefelsäure kann auch Phosphorsäure aus dem entsprechenden Oxid hergestellt werden. Beim Verbrennen von Phosphor entsteht *Phosphoroxid*, eine äußerst hygroskopische Substanz (▷V 1), die vielfach als hochwirksames Trockenmittel eingesetzt wird. Dieser Feststoff ist aus Molekülen aufgebaut, die die Formel P_4O_{10} haben. Phosphoroxid bildet mit Wasser in einer exothermen Reaktion Phosphorsäure (▷V 2a):

$$P_4O_{10} + 6\,H_2O \longrightarrow 4\,H_3PO_4$$

Phosphoroxid bezeichnet man daher als **Anhydrid** der Phosphorsäure. Dementsprechend ist Schwefeltrioxid das *Anhydrid der Schwefelsäure* (von griech. an, nicht; hydor, Wasser).
Phosphorsäure ergibt mit Wasser eine saure Lösung (▷V 2b), die H_3O^+- und Säurerestionen, hier *Dihydrogenphosphat* ($H_2PO_4^-$)-, *Hydrogenphosphat* (HPO_4^{2-})- und *Phosphat*(PO_4^{3-})-Ionen enthält. Die Konzentration der Hydrogenphosphationen in der Lösung ist gering, noch geringer ist die der Phosphationen. Die Lösung zeigt die typische Reaktion saurer Lösungen. Den Säurerestionen entsprechend bildet Phosphorsäure drei Reihen von Salzen, die *Dihydrogenphosphate (primäre Phosphate)*, die *Hydrogenphosphate (sekundäre Phosphate)* und die *Phosphate (tertiäre Phosphate)*. Wegen ihrer Ungiftigkeit wird Phosphorsäure als Zusatz zu Erfrischungsgetränken verwendet, um diesen einen sauren Geschmack zu verleihen. Phosphorsäure wird vor allem zur Herstellung von Düngemitteln und Rostumwandlern (▷V 3, ▷B 1) gebraucht.

Phosphate. Das wichtigste in der Natur vorkommende Phosphat ist das *Calciumphosphat* (Apatit, Phosphorit), das große Lager in Nordafrika (Marokko, Algerien, Tunesien), den USA (Florida) und in der GUS (Halbinsel Kola am Weißen Meer) bildet. Dieses Salz ist der Ausgangsstoff zur Gewinnung anderer Phosphorverbindungen und von Phosphor selbst.
Calciumphosphat ist in Wasser *nur sehr wenig löslich*, leicht löslich sind nur die Alkaliphosphate. Durch „Aufschließen" mit Schwefelsäure kann es in *lösliches Dihydrogenphosphat* überführt werden (▷V 4):

$$Ca_3(PO_4)_2 + 2\,H_2SO_4 \longrightarrow 2\,CaSO_4 + Ca(H_2PO_4)_2$$

Das entstehende Salzgemisch *(„Superphosphat")* ist ein wichtiger Mineraldünger. Für seine Erzeugung werden etwa 60 % der Weltproduktion an Schwefelsäure eingesetzt.

Bedeutung von Phosphaten. Phosphationen sind für alle Organismen lebenswichtig. So enthalten z. B. Knochen und Zähne einen hohen Anteil an Calciumphosphat. Pflanzen entziehen die für ihr Wachstum notwendigen Phosphate dem Boden. Sie müssen daher neben anderen Salzen dem Boden wieder zugeführt werden.
Phosphate wurden früher in großen Mengen zur *Wasserenthärtung* gebraucht. Da die Phosphationen in Gewässern zu einer starken *Förderung des Pflanzenwachstums*, v. a. der Algen, führen („Überdüngung", ↗ Kap. 19.5), werden sie zunehmend durch andere Stoffe ersetzt. Phosphate lassen sich mit *Ammoniummolybdatlösung* nachweisen, wobei ein gelber Niederschlag auftritt (▷V 5).

V 1 Man stellt ein Schälchen mit Phosphoroxid auf eine elektronische Waage und beobachtet die Anzeige.

V 2 a) Roter Phosphor wird in Sauerstoff verbrannt. Nach dem Abkühlen setzt man zunächst nur einige Tropfen, dann mehr Wasser zu und prüft die Temperatur.
b) Die Lösung wird mit Indikator und auf Leitfähigkeit geprüft.

V 3 Streiche Phosphorsäure dünn auf ein rostiges Eisenblech und trockne durch Erwärmen. Versuche, den Belag abzuwaschen. (Schutzbrille!)

V 4 Gib zu einer Spatelspitze Calciumphosphat 10 ml Wasser bzw. 10 ml verdünnte Schwefelsäure. (Schutzbrille!)

V 5 Man lässt Phosphatlösung in salpetersaure Ammoniummolybdatlösung tropfen.

A 1 Nenne Namen und Formeln von Alkalimetallsalzen, die sich von Phosphorsäure ableiten.

A 2 Warum ist Calciumphosphat zur Düngung ungeeignet? Wie lässt sich daraus ein geeigneter Dünger herstellen?

B 1 Rostumwandlung durch Phosphorsäure. Dabei entsteht eine schützende Phosphatschicht

18.7 Saurer Regen – Entstehung und Wirkung

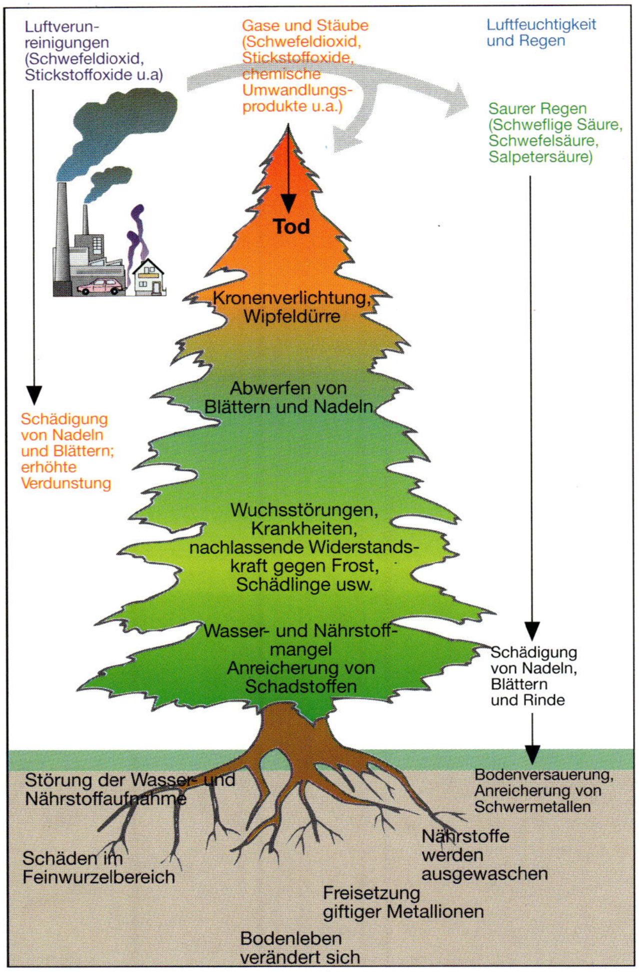

B 1 Entstehung und Wirkung von saurem Regen

Da Kohle, Erdöl und Erdölprodukte (z. B. Benzin, Diesel- und Heizöl) unter anderem Schwefelverbindungen enthalten, entsteht bei deren Verbrennung auch *Schwefeldioxid*. Vor allem bei hohen Temperaturen bilden sich aus dem in der Luft enthaltenen Stickstoff *Stickstoffoxide*.

Diese Oxide reagieren mit der Luftfeuchtigkeit zu *Salpetersäure* bzw. *Schwefliger Säure*, wobei diese unter der katalytischen Einwirkung von Stäuben teilweise zu *Schwefelsäure* weiterreagiert. Diese Säuren liegen dann in feinster Verteilung in der Luft vor (z. B. als winzige Tröpfchen, Aerosole). Durch den Regen werden diese aus der Luft ausgewaschen, sodass eine saure Lösung, der **saure Regen**, entsteht (▷ B 1, ▷ B 2). Der saure Regen stört das biologische Gleichgewicht im Boden und in Gewässern. Die Schadwirkung zeigt sich an Fischen, Pflanzen und auch an Bauwerken.

Saurer Regen und Waldsterben. Der saure Regen gilt als ein Verursacher des *Waldsterbens*. Nach heutigen Erkenntnissen ist die *Gesamtheit der Luftverschmutzungen* für das Waldsterben verantwortlich. Als mögliche Auslöser oder Verstärker werden auch *Schwermetallverbindungen*, *Ozon* und *Fotooxidantien* genannt. Diese oxidierend wirkenden Fotooxidantien entstehen aus Stickstoffoxiden und Kohlenwasserstoffen unter Einfluss des Sonnenlichts. Insgesamt kennt man etwa 3000 Verbindungen, die zur Luftverschmutzung beitragen. Über die genauen Zusammenhänge von Luftverschmutzung und Waldsterben gibt es jedoch verschiedene Theorien. Ziemlich sicher ist, dass beim Waldsterben mehrere Faktoren zusammenwirken, z. B. Luftschadstoffe, Übersäuerung, Nährstoffmangel, tierische Schädlinge (z. B. Borkenkäfer) und Mikroorganismen.

V 1 Man leitet in ein Becherglas mit Kressekeimlingen Schwefeldioxid bzw. Stickstoffdioxid und lässt das Gas längere Zeit einwirken. (Abzug!)

V 2 Man gibt in zwei Petrischalen mit angefeuchtetem Filterpapier je 25 Kressesamen und stellt eine davon in eine Plastiktüte und füllt sie mit Autoabgasen. Nach 60 min nimmt man die Schale heraus. Vergleiche nach 2 bis 3 Tagen die Spross- und Wurzellänge der Keimlinge der beiden Schalen.

B 2 pH-Werte von saurem Regen im Vergleich

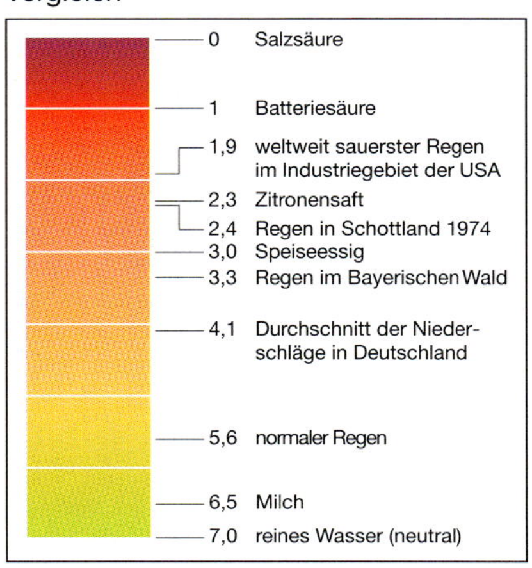

B 3 Waldsterben als Folge des sauren Regens und anderer Luftschadstoffe

Die Wirkung von saurem Regen auf Bäume. Durch die Übersäuerung des Bodens wird zunächst seine natürliche Zusammensetzung gestört. So tötet die saure Lösung nützliche Bodenbakterien ab und setzt über chemische Reaktionen schädliche Stoffe wie z. B. giftige Schwermetallionen frei, die zuvor in Form unschädlicher, nicht löslicher Verbindungen im Boden vorhanden waren. Als Folge dieser Veränderungen sterben die Feinwurzeln ab und es kommt zu Störungen im Wasser- und Nährstoffhaushalt. Die Widerstandskraft der Bäume wird geschwächt, sie werden anfällig für Krankheiten. Natürliche Belastungen wie Trockenperioden, Frost und Schädlingsbefall, die unter normalen Verhältnissen den Bäumen in der Regel wenig anhaben, wirken sich nun wesentlich stärker aus. Durch den sauren Regen werden nicht nur Jungbäume im Aufwachsen behindert, sondern auch ausgewachsene Bäume erheblich geschädigt. Äußerlich sind diese Schädigungen zunächst an Blatt- und Nadelabwurf, dann an Wipfeldürre und Kronenverlichtung zu erkennen. Schließlich sterben die Bäume ab (▷B 1, ▷B 3).

Luftverunreinigungen schädigen mehrfach. Neben der Schädigung durch sauren Regen können gasförmige Schadstoffe auch direkt auf Nadeln und Blätter der Bäume einwirken. So kann über die Spaltöffnungen Schwefeldioxid in das Blattinnere eindringen und sich dort mit Wasser zu Schwefliger Säure verbinden. Diese zerstört den für die Fotosynthese wichtigen Pflanzenfarbstoff Chlorophyll und die Zellmembranen (▷V 1 und ▷V 2).

Die Folgen eines großflächigen Waldsterbens sind unabsehbar, v. a. für den Schutz des Grundwassers, die Speicherung der Niederschläge, das Klima, die Vermeidung von Bodenerosion und die Beschaffenheit der Luft.

Gegenmaßnahmen. Als direkte Maßnahme gegen die Wirkung des sauren Regens wird versucht, z. B. durch „Kalken“ von Böden und Gewässern den pH-Wert anzuheben. Die auf lange Sicht einzige wirksame Maßnahme ist die *Verringerung des Schadstoffausstoßes* bei Verbrennungen. Dies kann z. B. durch Verwendung umweltfreundlicher Brennstoffe und durch Verbesserungen des Verbrennungsvorgangs erreicht werden. Durch neue Verbrennungstechniken in Kraftwerken, wie z. B. die **Wirbelschichtfeuerung**, kann die *Verbrennungstemperatur* und damit der *Ausstoß an Stickstoffoxiden* gesenkt werden. Bei dieser Feuerungsart gelingt es gleichzeitig durch Zugabe von Kalkmehl das Schwefeldioxid zu Gips reagieren zu lassen. Dasselbe Prinzip wird auch in den **Rauchgasentschwefelungsanlagen** angewandt (▷B 4, ▷B 5). In diesen Anlagen werden die schwefeldioxidhaltigen Rauchgase mit einer Suspension von Calciumhydroxid oder Kalk besprüht. Das entstehende Calciumsulfit wird durch Luft zu Calciumsulfat, Gips, oxidiert (▷B 5), der teilweise in Gips- und Zementwerken weiterverarbeitet wird.

Die Stickstoffoxide (NO_x) können in einer **Rauchgas-„entstickungsanlage“** (DENOX-Anlage) weitgehend entfernt werden (▷B 4). Die Stickstoffoxide reagieren mit zugesetztem Ammoniak zu Stickstoff und Wasser. Ferner muss eine deutliche Verminderung der Schadstoffemission bei *Kraftfahrzeugen* erreicht werden. Hierzu werden Autos mit **Abgaskatalysatoren** ausgerüstet. Die Schadstoffe reagieren an einer katalytisch wirksamen Edelmetalloberfläche miteinander bzw. mit Sauerstoff, dessen Anteil über eine Messsonde geregelt wird, zu Wasserdampf, Kohlenstoffdioxid und Stickstoff. Voraussetzung ist *bleifreies Benzin*, da Blei und Bleiverbindungen als *Katalysatorgift* wirken.

B 4 Kohlekraftwerk mit Rauchgasentschwefelungs- und -entstickungsanlage

B 5 Schema der Rauchgasentschwefelung eines Kraftwerks. Aus Schwefeldioxid, Sauerstoff und Kalk entsteht Gips

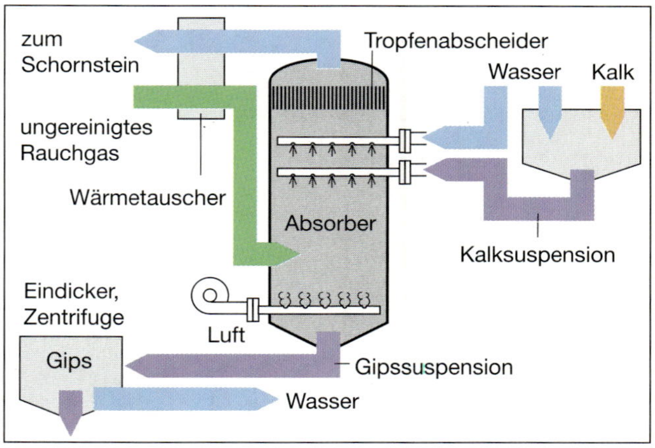

18.8 Überprüfung und Vertiefung

B 1 Zu Aufgabe 1

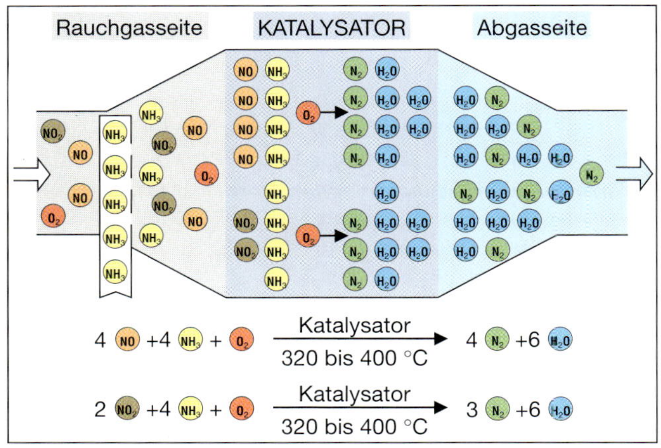

B 2 Zu Aufgabe 2

1 Erkläre, warum es bei Gewittern zur Bildung von Salpetersäure in der Luft kommt (▷ B 1).

2 Zur Verringerung des Gehalts an Stickstoffoxiden in den Abgasen von Kraftwerken werden „Entstickungsanlagen" (DENOX-Anlagen) eingesetzt. ▷ B 2 zeigt ein Funktionsschema einer solchen Anlage. Beschreibe die dabei ablaufenden Reaktionen.

3 Welche Vorgänge laufen beim Brennen und Abbinden von Gips ab?

4 a) Welche Faktoren sind nach heutigem Kenntnisstand Verursacher des Waldsterbens?

b) Durch welche Maßnahmen lässt sich die Schadstoffemission verringern?

c) Welche direkte Maßnahme gegen die Wirkung des sauren Regens auf Böden und Gewässer wird erprobt?

5 Bilde die Verhältnisformeln folgender Salze: Natriumsulfit, Calciumdihydrogenphosphat, Magnesiumnitrat, Aluminiumsulfat.

Wichtige Begriffe

Schwefeldioxid
Schweflige Säure
Hydrogensulfite, Sulfite
Schwefeltrioxid
Schwefelsäure
Hydrogensulfate, Sulfate
Salpetersäure, Nitrate
Luftverbrennung
Oxidation von Ammoniak
saurer Regen, Waldsterben
Rauchgasentschwefelung
Phosphorsäure, Phosphate

E 338	Phosphorsäure
E 339	Natriumphosphate
E 340	Kaliumphosphate
E 341	Calciumphosphate
E 450	Natrium- und Kalium-diphosphate
E 451	Natrium- und Kalium-triphosphate
E 452	Natrium- und Kalium-polyphosphate

Phosphate im Körper. Phosphat ist für den menschlichen Organismus lebensnotwendig und wird mit der Nahrung aufgenommen. Es ist am Aufbau der Erbsubstanz (DNA) und von Zellmembranen beteiligt sowie von Knochen und Zähnen. Außerdem ist Phosphat maßgeblich beteiligt bei der Speicherung und Verwertung von Energie im Organismus.

Da manchen Lebensmitteln Phosphate zugesetzt werden, können bei entsprechender Ernährung sehr viel größere Mengen an Phosphat aufgenommen werden, als zur Deckung des täglichen Bedarfs notwendig ist. Inwieweit eine übermäßige Phosphataufnahme bestimmte Krankheiten (z. B. Osteoporose) begünstigt, ist umstritten. Von den verschiedenen Gesundheitsorganisationen werden unterschiedliche Werte für die tolerierbare tägliche Aufnahme an Phosphat angegeben.

Phosphorsäure und Phosphate in Lebensmitteln. Phosphorsäure und Phosphate werden manchen Lebensmitteln bei der Verarbeitung und Zubereitung zugesetzt. Dies wird auf den Verpackungen mit den entsprechenden E-Nummern angegeben.

Cola-Getränke Phosphorsäure zur Geschmacksgebung (Säuerung).

Backwaren Phosphate begünstigen die Kohlenstoffdioxidentwicklung beim Backen mit Backpulver.

Brühwürste Phosphate als „Kutterhilfsmittel" bei der Verarbeitung von Gefrierfleisch. Sie begünstigen die Wasserbindefähigkeit.

Kondensmilch Phosphate verhindern das Gelieren beim Eindicken.

Schmelzkäse Phosphate als „Schmelzsalze" verhindern das Verklumpen von Eiweiß beim Erhitzen.

Speiseeis Phosphate vermindern die Bildung von Eiskristallen, erhöhen das Volumen und geben die „Standfestigkeit" und „Cremigkeit".

Instantpudding Phosphate erhöhen die cremige Konsistenz.

Pflanzennährstoffe – Düngung – Boden

Angesichts der steil anwachsenden Weltbevölkerung und des immer noch in vielen Teilen der Welt herrschenden Hungers spielt die Ernährung der Menschen eine immer größere Rolle.

Im 19. Jahrhundert erkannte der Chemiker Justus von Liebig, dass die Pflanzen zum Wachsen Mineralstoffe benötigen. Seither konnten durch gezielten Einsatz von Mineraldüngern die Ernteerträge erheblich gesteigert werden.

Die Verwendung von Mineraldüngern birgt aber auch Gefahren. Aus überdüngten Böden können Düngesalze ausgeschwemmt werden. Diese können über das Grundwasser ins Trinkwasser gelangen und so unsere Gesundheit beeinträchtigen. Im Oberflächenwasser führen ausgewaschene Düngesalze zu übermäßigem Algenwachstum, das in der Folge Flüsse und Seen zum „Umkippen" bringen kann.

Wir werden in diesem Kapitel einiges über Pflanzennährstoffe und die Zusammensetzung und Wirkungsweise der Mineraldünger erfahren, uns aber auch mit den Problemen der Belastung der Gewässer mit Düngesalzen beschäftigen.

Bilanz des Hungers in der Welt

Bremen (dpa). Jährlich verhungern auf der Erde 40 Millionen Menschen, fast 1 Milliarde ist unterernährt. Nach Schätzungen von Fachleuten auf dem 4. Welternährungstag in Bremen wird sich die Lage wegen der Bevölkerungsexplosion in den Entwicklungsländern noch drastisch verschärfen.
Die Nahrungsmittelproduktion müsste erheblich gesteigert werden, um die Menschheit ausreichend zu ernähren.

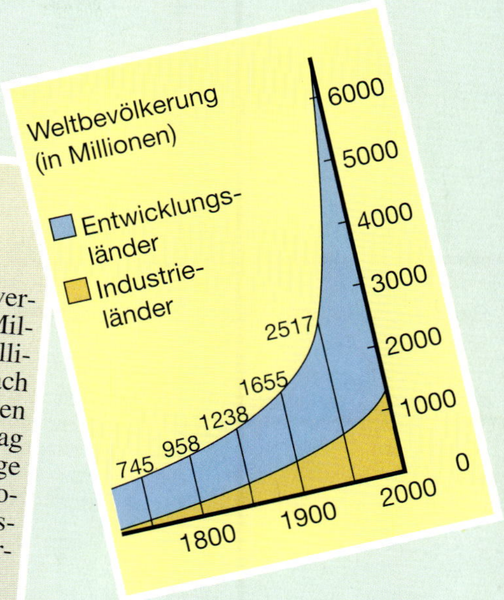

„Als Prinzip des Ackerbaus muß angesehen werden, daß der Boden in vollem Maße wieder erhält, was ihm genommen wurde."

19.1 Pflanzennährstoffe und Düngung

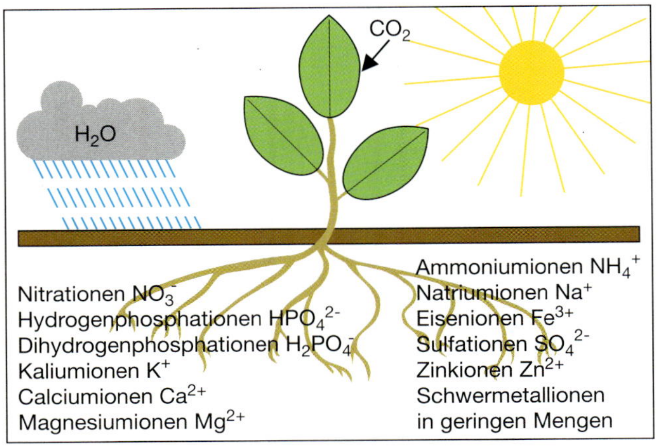

B1 Lebensgrundlage der Pflanze. Neben Licht, Wärme, Wasser und Kohlenstoffdioxid benötigt sie noch Nährsalze

V 1 Gib zu Holzkohlenasche verdünnte Salzsäure und filtriere vom Rückstand ab (Schutzbrille!). Führe mit dem Filtrat Nachweisproben auf Kalium-, Phosphat- und Sulfationen durch. Prüfe mit Teststäbchen auf Calcium- und Eisenionen.

V 2 Schlämme Garten- oder Ackerboden mit dest. Wasser auf und filtriere. Prüfe das Filtrat auf Kalium-, Ammonium-, Nitrat-, Phosphat-, Sulfat- (vorher Salzsäure zusetzen) und Chloridionen (vorher Salpetersäure zusetzen). (Schutzbrille!)
Wiederhole die Nachweisreaktionen mit Teststäbchen bzw. Reagenziensätzen und prüfe zusätzlich auf Eisen- und Calciumionen.

B2 Düngung mit Gülle

Das steile Anwachsen der Erdbevölkerung verschärft zunehmend das Problem der Versorgung mit Nahrungsmitteln. Bereits jetzt verhungern Millionen von Menschen oder leiden an Unterernährung. Eine ausreichende Ernährung kann nur erreicht werden, wenn die nutzbaren Flächen bestmöglich bewirtschaftet werden. Ihr Ertrag hängt u. a. stark vom Ausmaß der **Düngung** ab.

Nährstoffe der Pflanzen. Pflanzen benötigen zum Wachstum neben Licht und Wärme zahlreiche Stoffe: *Kohlenstoffdioxid* aus der Luft benötigen sie zum Aufbau von Kohlenstoffverbindungen. Alle übrigen Substanzen, *Wasser* und *Mineralstoffe*, stammen aus dem Boden (▷V2). Die Mineralstoffe liegen als Salze vor und werden im gelösten Zustand von den Wurzeln aufgenommen (▷B1). Neben Stickstoffverbindungen benötigt die Pflanze *Phosphate (Hydrogenphosphate, Dihydrogenphosphate)*, *Sulfate, Kalium-, Calcium-, Magnesium-* und *Eisenionen*, ferner in geringen Portionen *Schwermetallionen (Spurenelemente)*, z. B. Kupfer-, Mangan-, Zink- und Molybdänionen.

Warum gedüngt werden muss. Die Mineralstoffe durchlaufen in der unberührten Natur *einen geschlossenen Kreislauf*. Aus ihnen wird Pflanzensubstanz aufgebaut, die beim Absterben der Pflanze wieder in den Boden zurückgelangt. Auf landwirtschaftlich intensiv genutzten Flächen werden die Stoffe mit der Ernte diesem *Kreislauf entzogen* (▷B3). Der Boden verarmt rasch an Nährsalzen, die Erträge nehmen ab. Daher müssen ihm die verloren gegangenen Salze durch *Wirtschaftsdünger* (Mist, Jauche, Kompost) oder industriell hergestellte *Mineraldünger* wieder zugeführt werden.

Der Chemiker JUSTUS VON LIEBIG (1803–1873) erkannte, dass hierbei nicht nur die Menge, sondern auch die Art der verwendeten Dünger von entscheidender Bedeutung ist.

B3 Nährsalzentzug in kg/ha durch eine gute Ernte. Unabhängig davon, welche Ionen tatsächlich aufgenommen werden, legen die Zahlenangaben N, P_2O_5, K_2O zugrunde

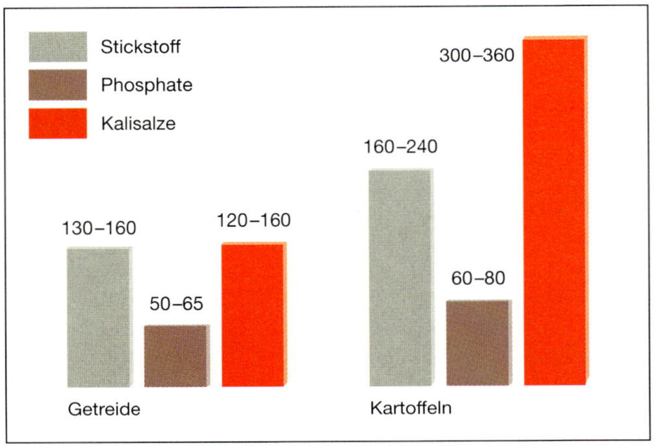

19.2 Der Kreislauf des Stickstoffs

In der Natur existieren zahlreiche Stoffkreisläufe, z. B. für Wasser und Sauerstoff. Auch für Stickstoffatome in ihren Verbindungen kann man solch einen Kreislauf beschreiben.

Wege des Stickstoffs. Stickstoffverbindungen dienen den Pflanzen zum Aufbau von Eiweißstoffen. Nur wenige Pflanzen, die Leguminosen wie z. B. Lupinen oder Klee, können mithilfe von Bakterien in ihren Wurzeln (Knöllchenbakterien) Stickstoff aus der Luft nutzen. Alle anderen sind auf Stickstoffverbindungen (Nitrat- oder Ammoniumionen) aus dem Boden angewiesen. Tiere und Menschen können körpereigenes Eiweiß aus pflanzlicher Nahrung aufbauen.

Ausscheidungen von Tieren und Menschen sowie abgestorbene Pflanzen und Überreste von Tieren werden im Boden durch Bakterien zu Ammoniak und Ammoniumsalzen abgebaut. Diese können wieder zu Nitraten oxidiert werden. LIEBIG beschreibt diesen Prozess in seinem 1840 erschienenen Buch *„Die Organische Chemie in ihrer Anwendung auf Agrikultur und Physiologie“* (▷ B2).

Ein Teil des Ammoniaks wird diesem Kreislauf durch Bakterien entzogen, die Ammoniak zu Stickstoff umwandeln. Der gebildete Stickstoff wird an die Atmosphäre abgegeben. Bei Gewittern können in Blitzen aus Stickstoff und Sauerstoff Stickstoffoxide entstehen. Diese können zu Salpetersäure reagieren und mit dem Regenwasser in den Boden gelangen.

Der Stickstoffkreislauf wird durch die *landwirtschaftliche Nutzung* gestört, da ein großer Teil der Nährstoffe mit den Nahrungspflanzen weggeführt wird. Mit der *Wirtschaftsdüngung* durch Mist oder Gülle wurde früher versucht dem Boden die entzogenen Nährstoffe wieder zuzuführen. Ferner sollte mit der sog. *Dreifelderwirtschaft* (Winter-, Sommergetreide, Brache im dreijährigen Wechsel) eine einseitige Auslaugung verhindert und eine Erholung des Bodens erreicht werden. Daraus entstand später die *Fruchtwechselwirtschaft*, die anstelle der Brache Hack- oder Futterpflanzen zur Bodenverbesserung vorsah.

Seit dem grundlegenden Werk J. VON LIEBIGS gewann die *Mineraldüngung*, vor allem zur Steigerung der Erträge, immer mehr an Bedeutung. Bis zum Anfang des 20. Jahrhunderts stand nur der hauptsächlich in Chile abgebaute Natronsalpeter (Natriumnitrat) zur Verfügung. Über die technische Ammoniak-Synthese aus Wasserstoff und Stickstoff gelingt es heute, aus dem Luftstickstoff Nitrate und andere als Düngemittel verwendete Stickstoffverbindungen herzustellen. Heute werden 85 % der Ammoniakproduktion auf der Welt zu Düngemitteln verarbeitet.

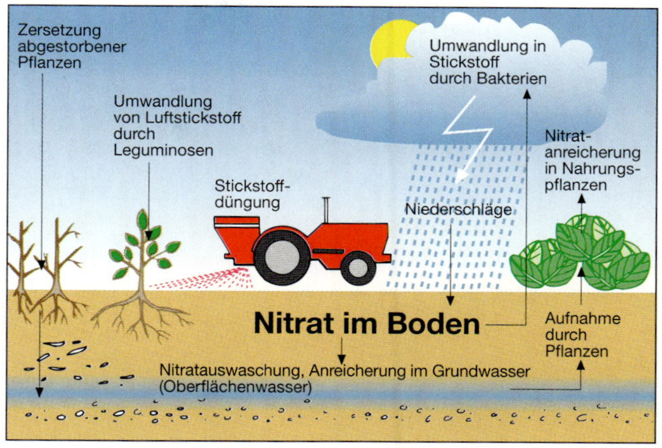

B1 Wege des Stickstoffs

A 1 Beschreibe, auf welchen Wegen Nitrat den Boden verlassen kann.

A 2 Stickstoffoxide in der Luft werden nicht nur in Blitzen erzeugt, sie entstehen auch in Verbrennungsanlagen und Motoren. Der jährliche Anteil des durch sie in den Boden und damit auch in die Flüsse gelangenden Nitrats liegt bei 100 kg pro ha. Erkundige dich nach Möglichkeiten diesen Stickstoffeintrag zu senken.

A 3 In der „ökologischen Landwirtschaft“ verzichtet man weitgehend auf Mineraldünger. Wie kann man dem Boden die notwendigen Stickstoffverbindungen auf andere Weise zuführen?

B2 Text JUSTUS VON LIEBIGS über den Kreislauf der Stoffe aus dem Jahre 1840 (Auszug)

Kohlenſäure, Ammoniak und Waſſer enthalten in ihren Elementen die Bedingungen zur Erzeugung aller Thier- und Pflanzenſtoffe, während ihres Lebens. Kohlenſäure, Ammoniak und Waſſer ſind die letzten Producte des chemiſchen Prozeſſes ihrer Fäulniß und Verweſung. Alle die zahlloſen, in ihren Eigenſchaften ſo unendlich verſchiedenen, Producte der Lebenskraft nehmen nach dem Tode die urſprünglichen Formen wieder an, aus denen ſie gebildet worden ſind. Der Tod, die völlige Auflöſung einer untergegangenen Generation, iſt die Quelle des Lebens für eine neue.

19.3 Mineraldünger

B1 Das Minimumgesetz LIEBIGS. Die kürzeste Fassdaube entspricht dem Element, an dem es am stärksten mangelt

B2 Mineraldünger beim Einsatz in der Landwirtschaft

Die richtige Anwendung von Mineraldüngern soll es ermöglichen, der Pflanze jeweils die Nährsalze zukommen zu lassen, die sie zum Gedeihen braucht. Die Untersuchungen LIEBIGS zeigten, dass es nicht genügt, dem Boden Düngemittel unbestimmter Zusammensetzung zu geben. Das *Minimumgesetz* beschreibt anschaulich die Notwendigkeit gezielter Düngung. Es besagt, dass die Pflanzen nur in dem Maße gedeihen, wie es das am wenigsten vorhandene Element zulässt. LIEBIG hat zur Veranschaulichung seines Gesetzes das Fassbeispiel (▷ B 1) gebraucht. Die kürzeste Daube steht für das im Vergleich zum Bedarf am wenigsten vorhandene Element.

Wichtige Dünger. Mineraldünger (▷ B 4) ermöglichen es, mit den Salzen zu düngen, die die Pflanze braucht und die im Boden fehlen. So werden für das Wachstum der Pflanze *Stickstoffverbindungen* wie Nitrate und Ammoniumsalze benötigt. *Phosphate* sind für die Blütenbildung und die Entwicklung von Früchten und Samen unerlässlich. *Kalium-* und *Calciumionen* haben Einfluss auf den Wasserhaushalt der Pflanze, *Magnesiumionen* werden für die Bildung von Chlorophyll gebraucht. Häufig werden Volldünger wie *Nitro-Phos-Ka* (NPK-Dünger) verwendet. Sie enthalten Nährsalze in einem Mischungsverhältnis, das auf *durchschnittliche Böden* abgestimmt ist.

Richtiges Düngen ist wichtig. In der gewerblichen Bodennutzung ist es zur Verringerung der Umweltbelastung wichtig, durch regelmäßige Bodenuntersuchungen den jeweiligen Düngerbedarf zu ermitteln. Genau dosierte Düngung zum richtigen Zeitpunkt kann die Qualität der Pflanzen erhöhen und den Ernteertrag steigern. Im *Kompost*, der aus abgestorbenen Pflanzen entsteht, liegen die Nährsalze meist in einem ausgewogenen Verhältnis vor. In den Gärten ist Düngen mit Kompost die umweltverträglichste Methode.

B3 Wege zum Mineraldünger

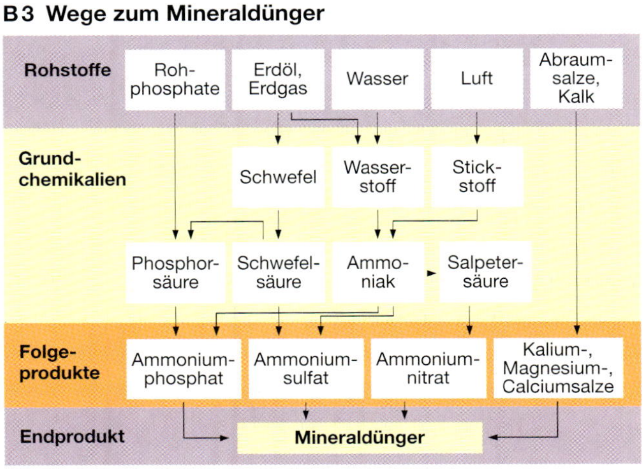

B4 Zusammensetzung einiger wichtiger Mineraldünger

Düngerart Handelsname (Beispiele)	Bestandteile	Massenanteil in % N	P (als P_2O_5)	K (als K_2O)
N-Dünger Ammonsulfatsalpeter 26	$(NH_4)_2SO_4$, NH_4NO_3	26		
P-Dünger Superphosphat	$Ca(H_2PO_4)_2$, $CaSO_4$		18	
K-Dünger Kaliumchlorid	KCl			50
NPK-Dünger Nitrophoska, Rustica usw.	NH_4NO_3, $(NH_4)_2HPO_4$, $CaHPO_4$, KCl, $Ca(H_2PO_4)_2$, $CaSO_4$	13	13	21

19.4 Projekt: Die Untersuchung eines Volldüngers

B 1 **Ein Volldünger**

Ein Volldünger ist ein mineralischer Dünger mit Düngesalzen in einem Mischungsverhältnis, das auf durchschnittliche Böden abgestimmt ist.

Er enthält Stickstoffverbindungen wie Nitrate und Ammoniumverbindungen, Phosphate und Sulfate. Als Kationen liegen in diesen Salzen außer Ammonium- meist Kalium-, Magnesium- und Calciumionen vor.

Die zu Körnern verarbeiteten Gemische enthalten Salze, die sich unterschiedlich gut in Wasser lösen. So lösen sich Ammonium- und Kaliumsalze gut, Magnesium- und Calciumverbindungen meist weniger gut in Wasser.

Wir werden in diesem Projekt einen Volldünger auf die Anwesenheit von Kalium-, Calcium-, Eisen- und Ammonium-Kationen sowie von Nitrat-, Sulfat- und Phosphat-Anionen überprüfen.

Um die Ergebnisse der Analyse in einer Übersicht festzuhalten, sollte man ein *Prüfprotokoll* anfertigen. Dazu schreibt man die durchgeführten Nachweisreaktionen tabellarisch auf und notiert jeweils, ob der Test positiv oder negativ ausfällt.

Bevor man mit der Analyse beginnt, muss man sich eine wässrige Lösung des Düngers herstellen. Dazu löst man eine Probe des Düngers in destilliertem Wasser und filtriert, falls die Flüssigkeit noch trübe ist.

Versuch 1 Nachweis von Kaliumionen
Geräte und Chemikalien: Magnesiastäbchen, Cobaltglas, Brenner
Durchführung: Befeuchte ein Magnesiastäbchen mit der Düngerlösung und halte es in die nicht leuchtende Brennerflamme. Eine violette Flammenfärbung zeigt die Anwesenheit von Kaliumionen an. Ist die Flamme durch Natriumionen gelb gefärbt, betrachte sie durch ein Cobaltglas.

Versuch 2 Nachweis von Calciumionen
Geräte und Chemikalien: Reagenzglas, Essigsäure ($c = 2\,\text{mol}/\ell$), Ammoniumoxalatlösung (gesättigt)
Durchführung: Gib zu ca. 2 ml der Probe 1 ml Essigsäure und versetze mit 5 Tropfen Ammoniumoxalatlösung. Eine sofortige Ausfällung zeigt größere Mengen Calciumionen an, bei geringeren Konzentrationen tritt die Fällung erst nach längerem Stehen oder nach Erwärmen auf.

Versuch 3 Nachweis von Eisenionen
Geräte und Chemikalien: Reagenzgläser, Kaliumhexacyanoferrat(III)-Lösung (Massenkonzentration $\beta = 0{,}5\,\text{g}/(100\,\text{ml})$), Kaliumhexacyanoferrat(II)-Lösung ($\beta = 0{,}5\,\text{g}/(100\,\text{ml})$)
Durchführung: Gib zu 10 ml der Probe 0,5 ml der Kaliumhexacyanoferrat(III)-Lösung. Ein tiefblauer Niederschlag von „Turnbulls Blau" zeigt Eisen(II)-Ionen an.
Gib zu 10 ml der Probe 0,5 ml Kaliumhexacyanoferrat(II)-Lösung. Ein tiefblauer Niederschlag von „Berliner Blau" zeigt Eisen(III)-Ionen an.

Versuch 4 Nachweis von Ammoniumionen
Geräte und Chemikalien: Schutzbrille, Reagenzglas, Brenner, Natriumhydroxidplätzchen, Indikatorpapier
Durchführung: Mische im Reagenzglas eine Probe des Düngers (fest) mit einigen Natriumhydroxidplätzchen (Schutzbrille!). Erhitze das Gemisch. Halte über die Reagenzglasmündung ein Stück angefeuchtetes Indikatorpapier. Blaufärbung zeigt Ammoniak an, der aus den Ammoniumionen entsteht.

Versuch 5 Nachweis von Nitrationen
Geräte und Chemikalien: Reagenzglas, Teststäbchen Nitrat-Test
Durchführung: nach Gebrauchsanweisung

Versuch 6 Nachweis von Phosphationen
Geräte und Chemikalien: Schutzbrille, Reagenzglas, gebrauchsfertige Ammoniummolybdatlösung (1 g Ammoniummolybdat in 10 ml Wasser + 10 ml Schwefelsäure ($w \approx 30\,\%$)), Natriumchlorid, Zinnfolie
Durchführung: Gib zu 10 ml der Probe eine Spatelspitze Natriumchlorid und versetze sie mit 5 Tropfen der Ammoniummolybdatlösung. Nach Zugabe eines Streifens Zinnfolie färbt sich die Lösung bei Anwesenheit von Phosphationen blau.

Versuch 7 Nachweis von Sulfationen
Geräte und Chemikalien: Reagenzglas, Brenner, Salzsäure ($c = 2\,\text{mol}/\ell$), Bariumchloridlösung ($\beta = 10\,\text{g}/(100\,\text{ml})$)
Durchführung: Gib zu ca. 2 ml der Probe 1 ml Salzsäure und 5 Tropfen Bariumchloridlösung. Ein feinkristalliner Niederschlag oder, bei geringeren Konzentrationen, eine weiße Trübung zeigt Sulfationen an. Evtl. muss etwas erwärmt werden.

19.5 Belastung der Umwelt durch Nitrate und Phosphate

Sorgen um Nitrat im Wasser

Stuttgart. Der steigende Nitratgehalt im Grund- und Trinkwasser und die damit verbundene Gefahr für die Gesundheit bereiten zunehmend Sorge. Viele der etwa 4000 Grundwassererfassungen in Baden-Württemberg überschreiten den Grenzwert der Trinkwasserverordnung für Nitrat im Trinkwasser von 50 mg/l zum Teil noch erheblich. Hauptursache ist die intensive Düngung in der Landwirtschaft. Abhängig von Düngermenge, Bodenart und Bepflanzung wird Nitrat aus dem Boden gewaschen und gelangt über das Grundwasser ins Trinkwasser. Ein Forschungsprogramm soll der Nitratbelastung langfristig entgegenwirken. Als Sofortmaßnahmen kommen in Betracht: Mischen mit nitratärmerem Wasser, Anschluss an die öffentliche Wasserversorgung oder Aufbereitung des Grundwassers.

B1 Bericht aus einer Tageszeitung

V 1 Untersuche bei unterschiedlicher Witterung gesammelte Wasserproben aus Bächen und Flüssen mit Teststäbchen bzw. Reagenziensätzen auf den Gehalt von Ammonium-, Nitrat- und Phosphationen.

V 2 a) Stelle mit Teststäbchen den Nitratgehalt von konventionell bzw. „biologisch-dynamisch" erzeugten Karotten bzw. Roten Beten fest. Verarbeite dazu das Material zu einem Brei und nimm ihn mit dest. Wasser auf. Untersuche anschließend das Filtrat. Störende Färbungen können durch Schütteln mit Aktivkohle und anschließendes Filtrieren beseitigt werden.
b) Wiederhole den Versuch mit käuflichem Karotten- bzw. Rote-Bete-Saft.

Wassergefährdung durch Überdüngung. Trotz der großen Bedeutung der Mineraldüngung bringt diese auch Gefahren mit sich, vor allem wenn Düngemittel bei sehr intensiv betriebener Landwirtschaft oder intensiv betriebenem Gartenbau in zu großer Menge eingesetzt werden. Überschüssige Nährsalze können den *Boden versalzen* bzw. werden durch das Regenwasser aus dem Boden ausgewaschen und gelangen ins *Grund- und Oberflächenwasser* (▷V1). Dort können sie u.a. zur *Belastung der Trinkwasserreserven*, z.B. durch die sehr leicht löslichen Nitrate (▷B1 und ▷B2), und zur *Veränderung der Oberflächengewässer* führen (▷B4). Zu einer Auswaschung der Nitrate kommt es vor allem dann, wenn zu viel gedüngt wird oder wenn zu Zeiten gedüngt wird, in denen der Nitratbedarf der Pflanze gering ist (▷B3) bzw. wenn hohe Sickerwassermengen anfallen, z.B. bei Düngung auf stark durchlässigen Böden bei darauf folgenden Niederschlägen.

Ferner kann die Überdüngung zu einer Anreicherung von Nitraten in der Pflanze und somit in unserer Nahrung führen. Bestimmte Pflanzen *können Nitrat speichern* (z.B. Spinat, Rote Bete, Kopfsalat, ▷V2). In Abkehr von einer verstärkten Mineraldüngung sowie Verwendung chemischer Pflanzenschutzmittel hat sich der *„ökologische Landbau"* entwickelt, mit der Absicht weniger belastete Produkte anzubieten. Dabei wird auf Höchsterträge verzichtet.

Durch nitratreduzierende Bakterien entstehen *Nitritionen* (NO_2^-), die mit dem Hämoglobin der roten Blutkörperchen eine Verbindung eingehen. *Dadurch wird eine weitere Sauerstoffaufnahme beeinträchtigt.* Besonders gefährdet sind hierbei Säuglinge. Aus Nitriten können im Körper auch Krebs erregende Stoffe entstehen.

B2 Nitratnachweis in einer Trinkwasserprobe

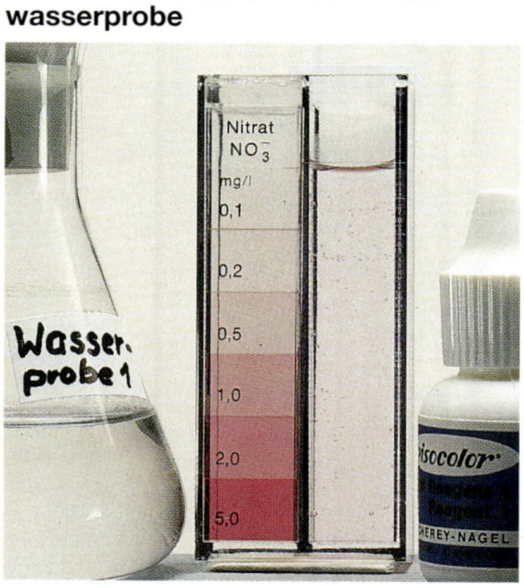

B3 Stickstoffbedarf einiger Pflanzen während des Wachstums

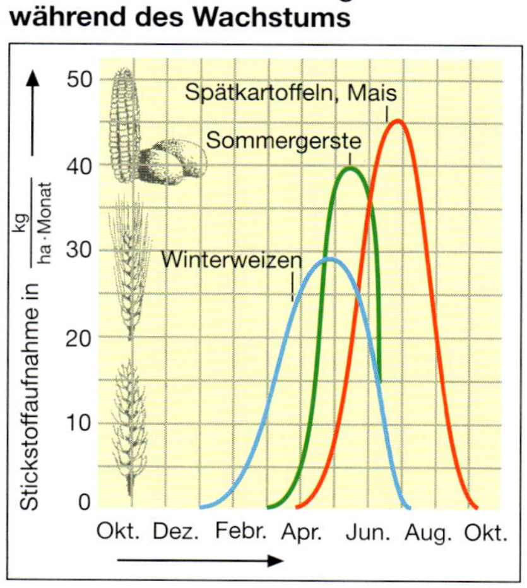

B4 Eutrophierter See mit starkem Algenwachstum

Umweltgefährdung durch Phosphate. Häusliche Abwässer enthalten neben Phosphaten aus Fäkalien häufig noch Phosphate aus Spül- und Reinigungsmitteln (▷V3). In den meisten Kläranlagen werden sie nicht entfernt und gelangen so, wie die ausgewaschenen Phosphate aus überdüngten Ackerböden, in die Gewässer (▷V1). So stammen etwa 25 % der Phosphate, die in unsere Gewässer gelangen, aus Ackerböden, 35 % aus Fäkalien, 20 % aus Gewerbe und Industrie und weitere 20 % aus Spül- und Reinigungsmitteln.

B5 Phosphatfreies Waschmittel

Die große Zufuhr an Nährstoffen hat ein starkes Pflanzenwachstum zur Folge (▷V5). Diesen Vorgang nennt man **Eutrophierung** (Überdüngung, ▷B4). Übermäßiges Pflanzenwachstum aber führt zu übermäßiger Vermehrung tierischer Kleinorganismen, die den Sauerstoff des Gewässers verbrauchen. Pflanzen und tierische Organismen sterben ab und sinken auf den Boden. Bei ihrer Zersetzung wird zusätzlich Sauerstoff verbraucht. Schließlich tritt Fäulnis ein, wobei Giftstoffe, u. a. auch Schwefelwasserstoff, entstehen. Diese bringen *alles Leben zum Absterben* (▷B6). Man sagt, das Gewässer „kippt um".

V 3 Ein Geschirrspülmittel wird mit Salpetersäure gekocht und auf Phosphationen überprüft. (Schutzbrille!)

V 4 Gib zu einer Wasserprobe bzw. zu einer Kaliumdihydrogenphosphatlösung 10%ige Eisen(III)-chlorid-Lösung.

V 5 Bringe zu 100 ml dest. Wasser bzw. zu 100 ml Nährlösung I (1 g Kaliumnitrat; 0,25 g Magnesiumsulfat; 0,015 g Calciumchlorid in 1 ℓ dest. Wasser) bzw. zu 100 ml Nährlösung II (wie Nährlösung I, zusätzlich 0,5 g Natriumdihydrogenphosphat und 0,08 g Dinatriumhydrogenphosphat) je 2 ml Algensuspension. Verschließe die Gefäße mit Watte und stelle sie an Nordfenstern ab. Schüttle täglich kräftig durch (2 bis 4 Wochen).

Die Phosphatbelastung wurde durch Gebrauch *phosphatfreier Waschmittel* eingedämmt. In den Natrium-aluminium-silicaten (z. B. Sasil) wurde ein vermutlich unbedenklicher Ersatzstoff gefunden. *Chemische Reinigungsstufen in Kläranlagen* und zurückhaltende Düngung können den Phosphatgehalt der Gewässer weiter senken.

B6 Eutrophierung eines Gewässers durch Phosphate. Links: Normales Gewässer. Mitte: Starkes Pflanzenwachstum durch eingeleitete Phosphate. Rechts: Das Gewässer ist „umgekippt"

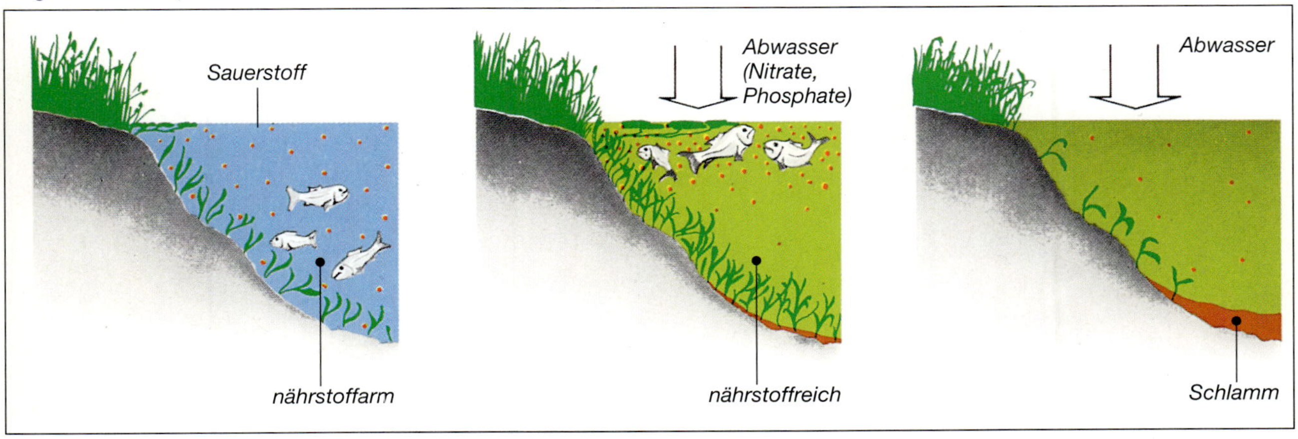

19.6 Projekt: Die Untersuchung eines Bodens

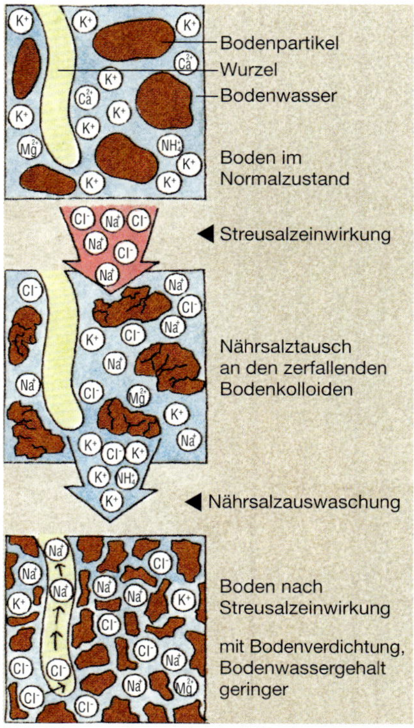

B 1 Streusalz verändert Bodenstruktur und Nährsalzzusammensetzung

B 2 Bodenprofil

Der Boden ist ein Teil der belebten oberen Erdkruste. Er steht in Verbindung sowohl mit den unter ihm liegenden Sand- und Gesteinsschichten und dem darin vorhandenen Grundwasser als auch mit der Atmosphäre. Er ist Lebensraum für viele Pflanzen und Tiere. Der größte Teil der menschlichen Ernährung hängt vom Boden ab.

Eingriffe durch den Menschen beeinflussen die Bodenstruktur und damit auch die Pflanzen, die in und auf ihm wachsen. Ein Beispiel ist der Einfluss des häufig als Streusalz im Winter verwendeten Natriumchlorids auf Bodenstruktur und Nährsalzangebot für die Pflanzen (▷ B 1).

Boden entsteht als Umwandlungsprodukt von Gesteinen und organischen Substanzen durch das Zusammenwirken von Klima, Wasser, Vegetation und Organismen. An seinem Aufbau sind Tonmineralien (Verbindungen von Silicium, Sauerstoff, Aluminium, Eisen, Calcium, Magnesium, Kalium und Natrium) und Humusstoffe (abgestorbene pflanzliche und tierische Stoffe und deren Abbauprodukte) beteiligt (▷ B 2).

In der **Bodenanalytik** werden die Konzentrationen von Nährstoffen der Pflanzen und von Schadstoffen im Boden bestimmt. Sie ist ein wichtiges Mittel zur Beurteilung von Böden in der Landwirtschaft und bei der Bestimmung von „Altlasten".

Die Probenahme. Die Bodenproben werden aus der durchwurzelten Zone entnommen, und zwar bei Grünland aus einer Tiefe bis zu 10 cm, bei Acker- oder Gartenboden aus bis zu 30 cm Tiefe. Zur Probenahme eignet sich ein *Bohrstock* oder ein Spaten. Die Probe wird in einen sauberen, luftdicht verschließbaren Plastikbeutel gegeben und mit *Datum, Nutzungsart* und *Bodentiefe* gekennzeichnet. Mit einer Fingerprobe kann man erste Aussagen über die Bodenart machen (▷ B 3).

Bodenextrakte. Für die Bestimmung der Nährstoffe im Boden müssen diese in Lösung gebracht werden. Dazu stellt man Auszüge (Extrakte) her. Ein Extrakt mit Calciumchloridlösung dient zur Bestimmung von pH-Wert, Nitrit-, Nitrat- und Ammoniumionen, ein Extrakt mit Calciumlactatlösung wird zur Bestimmung von Phosphat- und Kaliumionen verwendet. Die Ionennachweise können mithilfe von Teststäbchen erfolgen. Die Bestimmung des pH-Werts und des Kalkgehalts sowie die Beobachtung der Ionenaustauscherfunktion des Bodens werden in diesem Projekt durchgeführt.

B 3 Erkennen der Bodenart mit der Fingerprobe

Bodenart	Bindigkeit und Verformbarkeit	Aussehen
Sand	nicht bindig/nicht formbar/körnig haftet nicht in Fingerrillen	
lehmiger Sand	nicht bindig/nicht verformbar	
stark lehmiger Sand	bindig/formbar/nicht ausrollbar	stumpf
toniger Sand	bindig/formbar	
Schluff	nicht bindig/schlecht formbar haftet in Fingerrillen/sandig/mehlig	
sandiger Lehm	mittelbindig/ausrollbar	stumpf
toniger Lehm	stark bindig/ausrollbar	stumpf
lehmiger Ton	mittelbindig/ausrollbar	glänzend
Ton	sehr stark bindig/ausrollbar gut formbar/klebrig/plastisch	glänzend
sandiger Ton	bindig/ausrollbar	

Die Untersuchung eines Bodens

Versuch 1 Die Bestimmung des pH-Wertes

Information: Vom Säuregrad des Bodens, also vom pH-Wert, hängt es ab, wie gut die Nährstoffe für die Pflanzen verfügbar sind. Der optimale pH-Wert liegt für die meisten Pflanzen bei pH = 6,5. Ein schwach alkalischer Boden bindet Mangan- und Eisenionen an Phosphat- und Hydroxidionen. Diese Verbindungen sind schwer löslich und somit von der Pflanze nur schwer zu verwerten. Unterhalb pH = 6 werden Phosphationen im Boden fixiert, andere Nährstoffe wie Calcium-, Kalium-, Magnesiumverbindungen werden zum Teil ausgewaschen. Unterhalb pH = 4,5 werden die meisten Pflanzennährstoffe löslich und ausgewaschen. In sauren Böden setzt zudem Vertorfung ein.

Geräte und Chemikalien: Becher(glas), Messzylinder, Waage, pH-Meter oder Teststäbchen, Spatel, Glasstab, Calciumchloridlösung ($c(CaCl_2) = 0{,}0125\,mol/\ell$), Bodenproben

Durchführung: Vermische in einem Becher 100 g Bodenprobe und 100 ml Calciumchloridlösung und rühre das Gemisch ca. 1 min lang mit dem Glasstab. Nachdem die Suspension weitere 5 min gestanden hat, wird filtriert. Bestimme anschließend den pH-Wert.

Versuch 2 Die Bestimmung des Kalkgehalts

Geräte und Chemikalien: Schutzbrille, elektronische Waage (Ablesbarkeit 10 mg), Erlenmeyerkolben (200 ml), Becherglas (100 ml), Spatel, Bodenproben (ca. 1 Std. bei 105 °C im Trockenschrank getrocknet), verd. Salzsäure ($c(HCl) = 2\,mol/\ell$, von der Lehrerin bzw. vom Lehrer vorher durch Zugabe von ca. 1 g gekörntem Marmor pro 100 ml Salzsäure mit Kohlenstoffdioxid gesättigt)

Durchführung: Wiege im Erlenmeyerkolben ca. 20 g der Bodenprobe ab und notiere den genauen Wert. Gib in das Becherglas etwa 50 ml der verd. Salzsäure. Stelle beide Gefäße auf die Waage und stelle die Anzeige auf null. Gieße die Salzsäure zur Bodenprobe, stelle das Becherglas wieder zum Erlenmeyerkolben auf die Waage und verfolge die Massenabnahme. Blase nach Beendigung der Gasentwicklung kräftig in den Erlenmeyerkolben, um das noch im Kolben verbliebene Kohlenstoffdioxid zu entfernen. Notiere anschließend den genauen Wert der Massenabnahme.

Auswertung: Die Massenabnahme ist auf das entwichene Kohlenstoffdioxid zurückzuführen. 1 g Kohlenstoffdioxid entsteht aus 2,27 g Kalk. Berechne die Masse des Kalks in der Bodenprobe und den Massenanteil *w* in Prozent.

$$w = \frac{m(\text{Kalk})}{m(\text{Bodenprobe})} \cdot 100\,\%$$

Versuch 3 Der Ackerboden als Ionenaustauscher

Information: Im Boden werden Kationen an Tonmineralien und Humusstoffen adsorbiert. Versauerung des Bodens führt zu einem Austausch der adsorbierten Ionen gegen Wasserstoffionen. Es kommt zur Auswaschung.

Geräte und Chemikalien: Blumentopf, Watte, 2 Bechergläser (250 ml), 3 Bechergläser (50 ml), Stativ mit Ring, Messzylinder, Bodenprobe, Eisen(III)-chlorid-Lösung ($w(FeCl_3) = 0{,}4\,\%$), Schwefelsäure ($c = 1\,mol/\ell$), Kaliumthiocyanatlösung ($w(KSCN) = 10\,\%$)

Durchführung: Fülle den Blumentopf mit der Bodenprobe, lege zuvor etwas Watte auf das Abflussloch. Hänge ihn in den Stativring und stelle ein Becherglas darunter. Übergieße die vorher angefeuchtete Bodenprobe mit 100 ml Eisen(III)-chlorid-Lösung. Prüfe die durchgelaufene Flüssigkeit mit 2 bis 3 Tropfen Kaliumthiocyanatlösung auf Fe^{3+}-Ionen (eine rote Färbung zeigt Fe^{3+}-Ionen an). Spüle mit ca. 100 ml Wasser nach. Fange die Spüllösung portionsweise in den kleinen Bechergläsern auf, prüfe sie jeweils auf Fe^{3+}-Ionen. Nimm ein neues Becherglas und gib 50 ml Schwefelsäure auf die Probe. Gieße Wasser nach, prüfe die ablaufende Lösung erneut auf Fe^{3+}-Ionen.

B4 Arbeitsschema zur Bodenanalyse

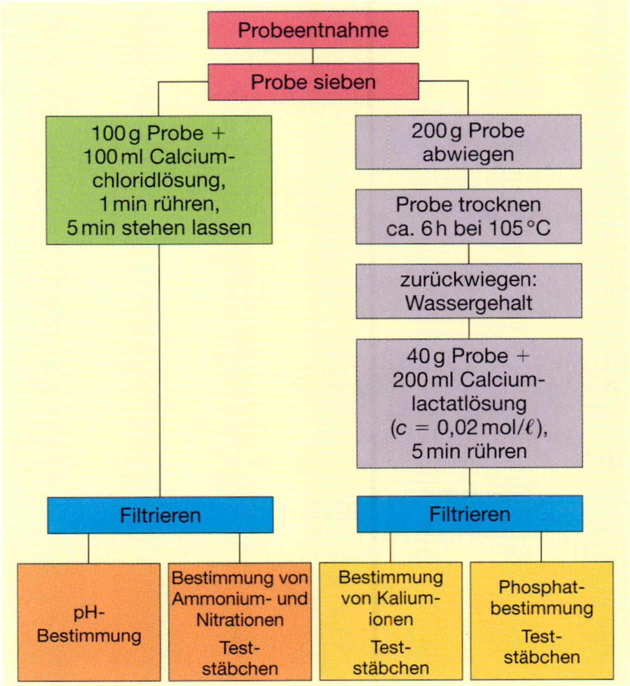

19.7 Überprüfung und Vertiefung

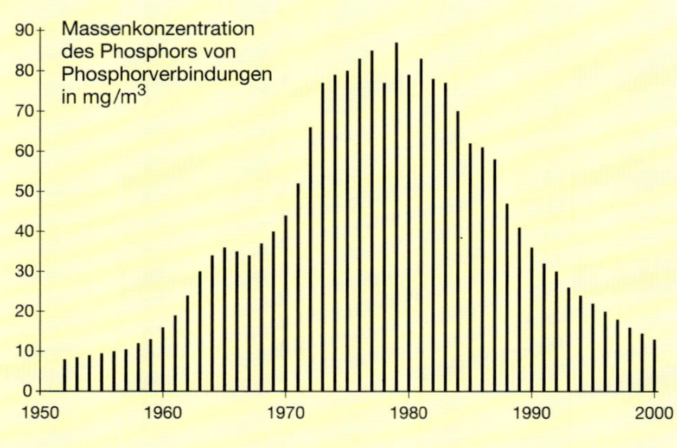

B1 Zu Aufgabe 1: Entwicklung der Phosphatkonzentration im Bodensee

Untersuchung	Befund	
Bodenart	mittlerer Lössboden	
pH-Wert	5,2	
Kalkzustand		
Stufe	A (niedrig)	
Bedarf	68 kg CaO/Ar	
Mineralgehalt (mg/100 g Boden)		Klasse
– Phosphat (als P_2O_5)	7	A
– Kalium (als K_2O)	16	B
– Magnesium	11	B
Empfehlung: Boden kalken, Phosphatdüngung verstärken		

B2 Zu Aufgabe 6

Wird ein Boden nicht oder nicht mehr landwirtschaftlich genutzt, wachsen nur die Pflanzen auf ihm, die bei den vorliegenden Bedingungen bevorzugt gedeihen und sich so gegen Konkurrenten durchsetzen können.

Solche, für bestimmte Böden typische Pflanzen nennt man *Zeigerpflanzen*. Aus ihrem Auftreten lassen sich Rückschlüsse auf den Nährstoffgehalt und die Beschaffenheit des Bodens ziehen. In der Tabelle sind einige Böden mit ihren charakteristischen Pflanzengesellschaften dargestellt.

Bodenzustand	**Zeigerpflanzen**
Nährstoffreicher Boden, vor allem reich an Stickstoffverbindungen	Franzosenkraut Brennnessel Hirtentäschelkraut Melde
Boden arm an Stickstoffverbindungen	Hornkraut Hungerblümchen Mauerpfeffer Ziest
Boden reich an Kaliumverbindungen	Roter Fingerhut Bärenklau
Boden reich an Magnesiumverbindungen	Roter Fingerhut Gamander Nieswurz
Humusreicher Boden	Vogelmiere Ehrenpreis Echte Kamille Brennnessel
Kalkarmer Boden	Stiefmütterchen Sauerklee Hundskamille Adlerfarn
Kalkreicher Boden	Leinkraut Wiesensalbei Löwenzahn

1 In ▷B1 ist die Entwicklung der Phosphatkonzentration im Bodensee von 1952 bis 1993 dargestellt. Interpretiere die entstandene Kurve.

2 In einem natürlichen Pflanzenbestand sind im Boden alle Nährstoffe vorhanden. Wird Ackerbau betrieben, müssen den Pflanzen Nährstoffe durch Düngung des Bodens zugeführt werden. Warum ist Düngen nur beim Eingriff des Menschen in die Natur nötig?

3 Außer Humus bestimmt auch der Kalkgehalt des Bodens das Pflanzenwachstum. Beide fördern die *Krümelstruktur* des Bodens, die ein Verschlämmen verhindert. Kalk wird dem Boden häufig durch Calciumoxid (Branntkalk) zugeführt. Welche Vorsichtsmaßnahmen sind beim Kalken mit Calciumoxid zu beachten? Warum wirkt Calciumoxid schneller als das durch Muschelkalk zugeführte Calciumcarbonat?

4 Stelle die Zusammensetzung handelsüblicher Volldünger fest. Sie ist auf den Säcken abgedruckt. Vergleiche die Zusammensetzung „mineralischer" und „organischer" Dünger.

5 Eine „Großvieheinheit", das entspricht einer Kuh oder sieben Schweinen oder 50 Hühnern, produziert je nach Tierart und Fütterung zwischen 50 und 100 kg Stickstoffverbindungen jährlich. Davon entweichen je nach Gülleart 20 bis 40 kg in Gasform (als Ammoniak) auf dem Weg vom Tier zum Feld. Berechne die Masse der Stickstoffverbindungen, die ein Bauernhof mit 50 Kühen durch Mist oder Gülle auf die Felder ausbringt.

6 Viele Bauern lassen Bodenuntersuchungen (▷B2) durchführen. Warum ist dies für den Ernteertrag und zugleich für die Umwelt wichtig?

7 In dem aus einer neutralen wässrigen Suspension von Ackerboden gewonnenen Filtrat lassen sich nur geringe Mengen an Eisenionen nachweisen. Wird dagegen mit einer stark sauren Lösung extrahiert, so sind die Konzentrationen an Eisenionen in der Lösung um ein Vielfaches höher. Interpretiere diesen Sachverhalt. Warum ist der Nährsalzgehalt eines Bodens nicht in jedem Fall mit dem „pflanzenverfügbaren" Nährsalzgehalt identisch?

Wichtige Begriffe

Düngung, Pflanzennährstoffe, Stoffkreisläufe, Stickstoffkreislauf, Minimumgesetz von LIEBIG, Mineraldünger, Volldünger, Humus, Überdüngung, Nitratproblem, Eutrophierung

Chemische Reaktion und Energieumwandlung

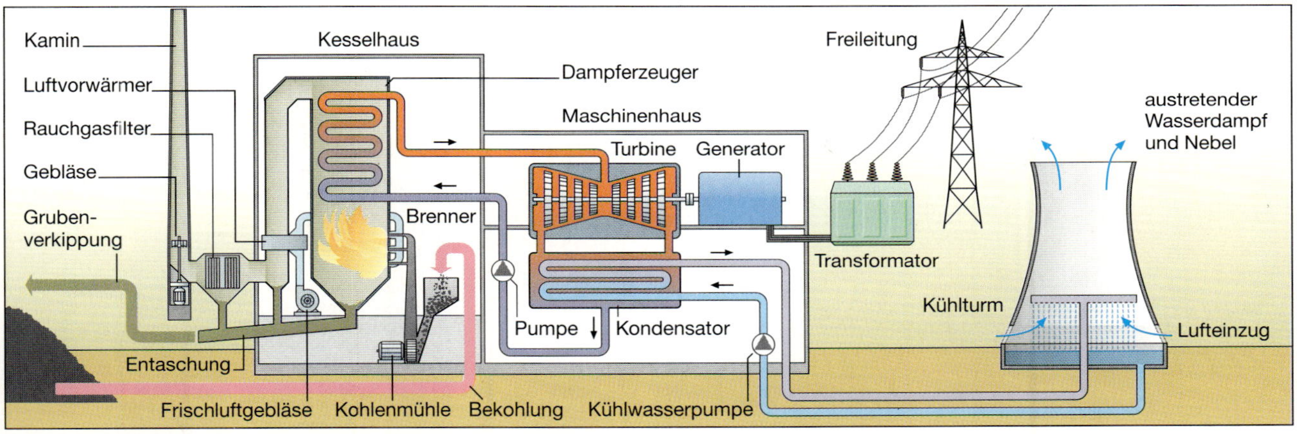

B 1 Gewinnung elektrischer Energie im Kohlekraftwerk

Beinahe jeden Tag hört und liest man, dass wir große Energieverbraucher oder sogar Energieverschwender seien. Ein Naturwissenschaftler aber spricht nicht vom Energieverbrauch; er geht davon aus, dass der folgende Satz allgemeine Gültigkeit hat: Energie kann weder erzeugt noch vernichtet werden. Daraus ergibt sich, dass die Energie des gesamten Universums sich nicht ändert, also erhalten bleibt. Wie lässt sich der scheinbare Widerspruch zwischen Energieerhaltung und „Energieverbrauch" auflösen?

Von der Kohle zum elektrischen Licht. Verbrennt Kohlenstoff, entsteht Kohlenstoffdioxid; gleichzeitig wird Energie in Form von Wärme an die Umgebung abgegeben. Der Energieinhalt von Kohlenstoff und Sauerstoff ist größer als der des Reaktionsproduktes Kohlenstoffdioxid bei gleicher Temperatur. In Deutschland werden etwa 40 % der elektrischen Energie aus Stein- und Braunkohle, die zum größten Teil aus Kohlenstoff bzw. Kohlenstoffverbindungen bestehen, „erzeugt". Dies geschieht in Kohlekraftwerken. Die beim Verbrennen der Kohle frei werdende Wärme erhitzt Wasserdampf. Der Dampf treibt eine Turbine an, sodass Bewegungsenergie vorliegt. Diese wird im Generator in elektrische Energie umgewandelt. Dabei gilt allerdings, dass nur etwa ein Drittel der Differenz zwischen den Energieinhalten des Reaktionsgemisches aus Kohle und Sauerstoff und des Reaktionsproduktes als nutzbare elektrische Energie zum Verbraucher gelangt. Ein großer Teil der bei der chemischen Reaktion frei werdenden Wärme wird z. B. an das Kühlwasser abgegeben. Auch bei der Umwandlung von Bewegungsenergie im Generator erwärmt sich dieser. Fließt die elektrische Energie zu den Haushalten, erwärmen sich die Leitungen. In einer Glühlampe wird elektrische Energie in Licht umgewandelt. Allerdings erwärmt sich die Glühlampe dabei sehr stark. Die Wärme fließt an die umgebende Luft ab. Weniger als 10 % der von der Glühlampe aufgenommenen elektrischen Energie werden in Licht umgewandelt.
Die bei der chemischen Reaktion im Kohlekraftwerk abgegebene Energie ist also nicht verbraucht worden, sondern bei den verschiedenen Umwandlungsstufen letztendlich nur an die Umgebung abgegeben worden. Die Energie kann dann allerdings z. B. nicht mehr zum Betrieb des Generators genutzt werden. Energie kann bei der Umwandlung in eine andere Form entwertet werden.

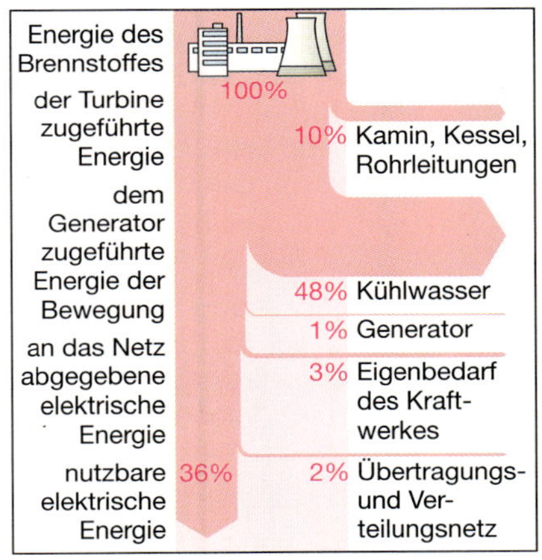

B 2 Verbleib der Energie des Kraftwerks

B 3 Nur ein kleiner Teil der elektrischen Energie wird in Licht umgewandelt

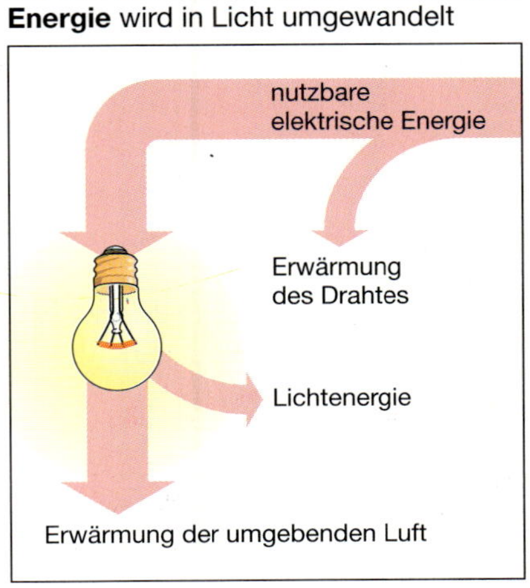

Zeichnerische Darstellung von Versuchsaufbauten

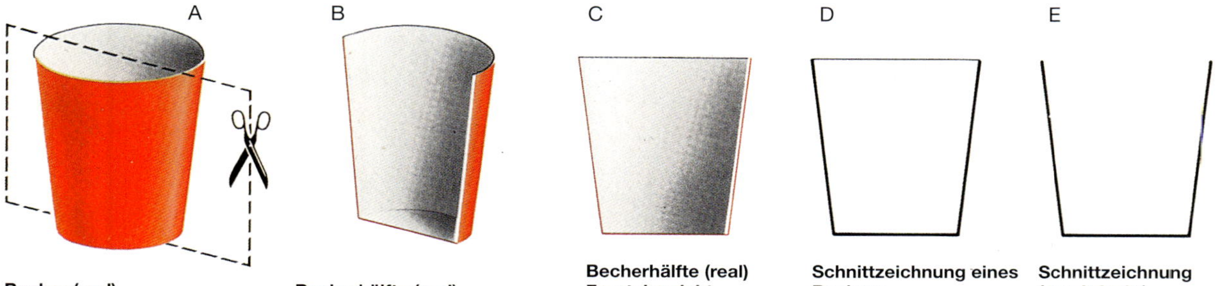

Becher (real) perspektivische Betrachtung mit eingezeichneter Schnittebene (Schnittrichtung)

Becherhälfte (real) perspektivische Betrachtung Innenansicht mit sichtbaren Kanten

Becherhälfte (real) Frontalansicht Nur noch Schnittkanten und oberer Becherrand sichtbar

Schnittzeichnung eines Bechers Schnittkanten werden als dicke Linien, nicht geschnittene Kanten als dünne Linien gezeichnet

Schnittzeichnung (vereinfacht) Nicht geschnittene Kanten entfallen, Gefäßöffnung dadurch besser sichtbar

B 1 Vom realen Gegenstand zur Schnittzeichnung

Chemische Experimente werden mit speziellen **Laborgeräten** durchgeführt. Werden *mehrere* solcher Geräte zu einer **Versuchsapparatur** zusammengebaut, kann eine Skizze den Aufbau und die Funktion der Apparatur verdeutlichen und eine Hilfe bei der Beschreibung und Auswertung des Experiments sein. Im Folgenden wird gezeigt, wie man Geräte und Apparaturen *zweckmäßig zeichnerisch darstellen* kann.

Die Schnittdarstellung (▷ B 1). Schneidet man einen Becher aus Pappe der Länge nach in der Mitte durch (A) und betrachtet die Innenseite einer Hälfte, erkennt man die Schnittkanten und Halbbögen der Becheröffnung und des Bodens (B). Bei *frontaler* Betrachtung (C) sieht man nur noch Schnittkanten und Becherrand (als gerade Linie). Diese Ansicht eignet sich gut für zeichnerische Zwecke: Das Bild ist einfach und enthält alles Wesentliche. Schnittlinien werden dick, die übrigen sichtbaren Kanten dünn gezeichnet (D). Oft lässt man auch noch die dünnen Linien weg (E). Man erhält eine **einfache Schnittdarstellung**.

Zeichnung von Apparaturen. ▷ B 2 zeigt eine Destillationsapparatur als Foto, ▷ B 3 als *einfache Schnittdarstellung*. In der *Zeichnung* ist die Apparatur *nicht mit allen Einzelteilen* wiedergegeben. Das Stativmaterial fehlt ganz, da es nur zur Befestigung dient; die Zeichnung gewinnt dadurch an Übersichtlichkeit. Dagegen müssen die *entscheidenden Geräte* deutlich gezeichnet und benannt sowie ihre Verbindungen untereinander dargestellt sein.
Bei manchen Geräten ist jedoch eine *exakte* Schnittdarstellung unnötig (z. B. Brenner) oder unzweckmäßig (z. B. Keramik-Drahtnetz, Thermometer, Dreifuß). Man stellt diese Geräte ebenfalls frontal betrachtet, aber in einer vereinfachten oder symbolhaften Form dar.

B 2 Foto einer Destillationsapparatur

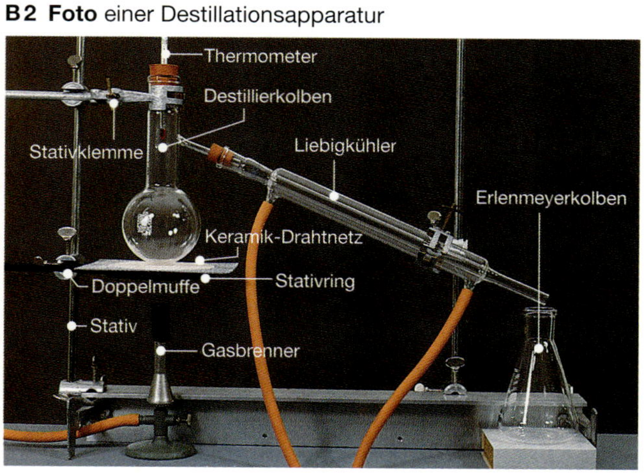

B 3 Schnittzeichnung einer Destillationsapparatur

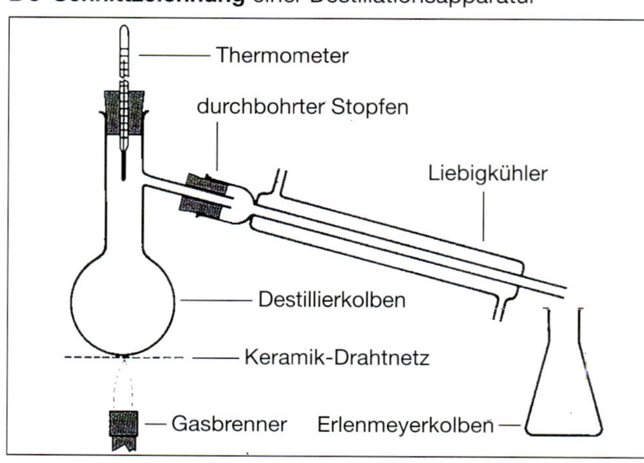

Laborgeräte

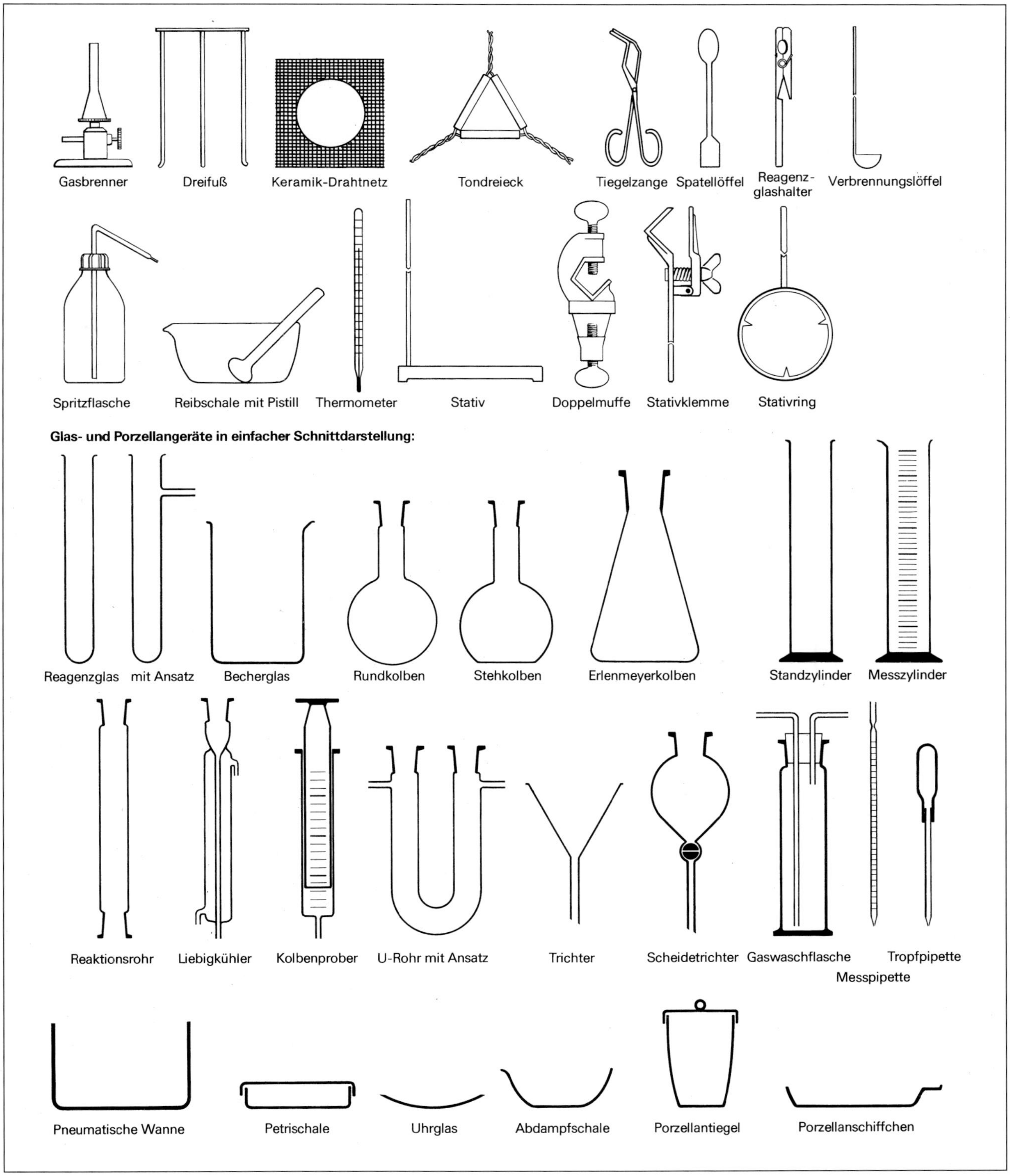

Tabellen

Dezimale Vielfache und Teile von Einheiten		
Vorsatz		Faktor
p	Piko	10^{-12}
n	Nano	10^{-9}
µ	Mikro	10^{-6}
m	Milli	10^{-3}
c	Zenti	10^{-2}
d	Dezi	10^{-1}
da	Deka	10
h	Hekto	10^{2}
k	Kilo	10^{3}
M	Mega	10^{6}
G	Giga	10^{9}

Griechische Zahlwörter (nach chemischer Nomenklatur)	
$\frac{1}{2}$ hemi	11 undeca
1 mono	12 dodeca
2 di	13 trideca
3 tri	14 tetradeca
4 tetra	15 pentadeca
5 penta	16 hexadeca
6 hexa	17 heptadeca
7 hepta	18 octadeca
8 octa	19 enneadeca
9 nona	20 eicosa
10 deca	

Griechisches Alphabet (nach chemischer Nomenklatur)					
Α	α	Alpha	Ν	ν	Ny
Β	β	Beta	Ξ	ξ	Xi
Γ	γ	Gamma	Ο	ο	Omikron
Δ	δ	Delta	Π	π	Pi
Ε	ε	Epsilon	Ρ	ϱ	Rho
Ζ	ζ	Zeta	Σ	σ (ς)	Sigma
Η	η	Eta	Τ	τ	Tau
Θ	ϑ (θ)	Theta	Υ	υ	Ypsilon
Ι	ι	Jota	Φ	φ	Phi
Κ	κ	Kappa	Χ	χ	Chi
Λ	λ	Lambda	Ψ	ψ	Psi
Μ	µ	My	Ω	ω	Omega

Größen und Einheiten

Größe Name	Zeichen	Beziehung	Erläuterungen	Einheit(en) Name	Zeichen
Masse	m			[Kilo]gramm Atomare Masseneinheit	[k]g 1 u = 1,661 · 10^{-24} g
Volumen	V		Produkt aus drei Längen	Kubik[zenti]meter Liter Milliliter	[c]m^3 1 ℓ = 1 dm^3 1 ml = 1 cm^3
Anzahl	N			Eins	1
Stoffmenge	n	$n = \frac{N}{N_A}$	$N_A = 6{,}022 \cdot 10^{23}$/mol (Avogadro-Konstante)	Mol	mol
Dichte	ϱ	$\varrho = \frac{m}{V}$	m: Masse der Stoffportion V: Volumen der Stoffportion		g/cm^3 1 g/ℓ = 0,001 g/cm^3
molare Masse	M	$M = \frac{m}{n}$	m: Masse der Reinstoffportion n: Stoffmenge der Reinstoffportion		g/mol
molares Volumen	V_m	$V_m = \frac{V}{n}$	V: Volumen der Reinstoffportion n: Stoffmenge der Reinstoffportion		ℓ/mol
Stoffmengen-konzentration	c	$c = \frac{n}{V}$	n: Stoffmenge einer Teilchenart V: Volumen der Mischung		mol/ℓ
Massenanteil	w	$w_1 = \frac{m_1}{m_s}$	m_1: Masse des Bestandteils 1 m_S: Summe aller Massen (Gesamtmasse)	Prozent	1 1 % = $\frac{1}{100}$
Volumenanteil	φ	$\varphi_1 = \frac{V_1}{V_s}$	V_1: Volumen des Bestandteils 1 V_S: Summe aller Volumina vor dem Mischen	Prozent	1 1 % = $\frac{1}{100}$
Kraft	F	$F = m \cdot a$	a: Beschleunigung	Newton	$1\,N = 1\,\frac{kg \cdot m}{s^2}$
Druck	p	$p = \frac{F}{A}$	A: Flächeninhalt	Pascal Bar Millibar	$1\,Pa = 1\,\frac{N}{m^2}$ 1 bar = 10^5 Pa 1 mbar = 1 hPa
Energie	E	$W = F \cdot s$	Energie ist die Fähigkeit zur Arbeit W s: Weglänge	Joule Kilojoule	1 J = 1 N · m kJ
Celsiustemperatur	t, ϑ			Grad Celsius	°C
thermodynamische Temperatur	T	$T = t + 273{,}15\,K$		Kelvin	K
elektrische Ladung	Q			Coulomb	C
elektrische Stromstärke	I	$I = \frac{Q}{t}$	Q: Ladung t: Zeit	Ampere	$1\,A = 1\,\frac{C}{s}$

Chemische Elemente

Die Elemente mit den Ordnungszahlen 60 bis 71 und 93 bis 112 sind nicht aufgeführt.
Eine Zusammenstellung aller Elemente befindet sich im Periodensystem am Ende des Buches.

Elementname	Zeichen	Ordnungszahl	Atommasse in u	Dichte[1] in g/cm³ (Gase: g/ℓ)	Schmelztemperatur in °C	Siedetemperatur in °C
Actinium	Ac	89	227,0277 [4]	10,1	1050	3200
Aluminium	Al	13	26,981538	2,70	660	2467
Antimon	Sb	51	121,760	6,68	630	1750
Argon	Ar	18	39,948	1,66	−189	−186
Arsen	As	33	74,92160	5,72	613 s	–
Astat	At	85	219,9871 [4]	—	302	337
Barium	Ba	56	137,327	3,51	725	1640
Beryllium	Be	4	9,012182	1,85	1278	2970
Bismut	Bi	83	208,98038	9,8	271	1560
Blei	Pb	82	207,2	11,4	327	1740
Bor	B	5	10,811	2,34	2300	2550
Brom	Br	35	79,904	3,12	−7	59
Cadmium	Cd	48	112,411	8,65	321	765
Caesium	Cs	55	132,90545	1,88	28	669
Calcium	Ca	20	40,078	1,54	839	1484
Cer	Ce	58	140,116	6,65	799	3426
Chlor	Cl	17	35,4527	2,99	−101	−35
Chrom	Cr	24	51,9961	7,20	1857	2672
Cobalt	Co	27	58,933200	8,9	1495	2870
Eisen	Fe	26	55,845	7,87	1535	2750
Fluor	F	9	18,9984032	1,58	−219	−188
Francium	Fr	87	223,0197 [4]	—	27	677
Gallium	Ga	31	69,723	5,90	30	2403
Germanium	Ge	32	72,61	5,32	937	2830
Gold	Au	79	196,96655	19,32	1064	3080
Hafnium	Hf	72	178,49	13,3	2227	4602
Helium	He	2	4,002602	0,17	−272 p	−269
Indium	In	49	114,818	7,30	156	2080
Iod	I	53	126,90447	4,93	113	184
Iridium	Ir	77	192,217	22,41	2410	4130
Kalium	K	19	39,0983	0,86	63	760
Kohlenstoff	C	6	12,0107	2,25 [2]	3650 s [2]	–
Krypton	Kr	36	83,798	3,48	−157	−152
Kupfer	Cu	29	63,546	8,92	1083	2567
Lanthan	La	57	138,9055	6,17	921	3457
Lithium	Li	3	6,941	0,53	180	1342
Magnesium	Mg	12	24,3050	1,74	649	1107
Mangan	Mn	25	54,938049	7,20	1244	1962
Molybdän	Mo	42	95,94	10,2	2610	5560
Natrium	Na	11	22,989770	0,97	98	883
Neon	Ne	10	20,1797	0,84	−249	−246
Nickel	Ni	28	58,6934	8,90	1455	2730
Niob	Nb	41	92,90638	8,57	2468	4742
Osmium	Os	76	190,23	22,5	2700	5300
Palladium	Pd	46	106,42	12,0	1554	2970
Phosphor	P	15	30,973761	1,82 [3]	44 [3]	280
Platin	Pt	78	195,078	21,4	1772	3827
Polonium	Po	84	208,9824 [4]	9,4	254	962
Praseodym	Pr	59	140,90765	6,77	931	3512
Protactinium	Pa	91	231,03588	15,4	—	—
Quecksilber	Hg	80	200,59	13,55	−39	356
Radium	Ra	88	226,0254 [4]	5,0	700	1140
Radon	Rn	86	222,0176 [4]	9,23	−71	−62
Rhenium	Re	75	186,207	20,5	3180	5627
Rhodium	Rh	45	102,90550	12,4	1966	3727
Rubidium	Rb	37	85,4678	1,53	39	686
Ruthenium	Ru	44	101,07	12,3	2310	3900
Sauerstoff	O	8	15,9994	1,33	−219	−183
Scandium	Sc	21	44,955910	3,0	1541	2831
Schwefel	S	16	32,066	2,07 (rh)	119 (mo)	444
Selen	Se	34	78,96	4,81	217	685
Silber	Ag	47	107,8682	10,5	962	2212
Silicium	Si	14	28,0855	2,32	1410	2355
Stickstoff	N	7	14,00674	1,17	−210	−196
Strontium	Sr	38	87,62	2,60	769	1384
Tantal	Ta	73	180,9479	16,6	2996	5425
Technetium	Tc	43	97,9072 [4]	11,5	2172	4877
Tellur	Te	52	127,60	6,0	449	990
Thallium	Tl	81	204,3833	11,8	303	1457
Thorium	Th	90	232,0381	11,7	1750	4790
Titan	Ti	22	47,867	4,51	1660	3287
Uran	U	92	238,0289	19,0	1132	3818
Vanadium	V	23	50,9415	5,96	1890	3380
Wasserstoff	H	1	1,00794	0,083	−259	−253
Wolfram	W	74	183,84	19,3	3410	5660
Xenon	Xe	54	131,29	5,49	−112	−107
Yttrium	Y	39	88,90585	4,47	1522	3338
Zink	Zn	30	65,409	7,14	419	907
Zinn	Sn	50	118,710	7,30	232	2270
Zirconium	Zr	40	91,224	6,49	1852	4377

1) Dichteangaben für 20 °C und 1013 hPa

2) Angaben gelten für Graphit; Diamant: Schmelztemp. 3550, Dichte 3,51

3) Angaben gelten für weißen Phosphor; roter Phosphor: Schmelztemp. 590 p, Dichte 2,34

4) Atommasse des langlebigsten Isotops

s = sublimiert
p = unter Druck
— = Werte nicht bekannt

Tabellen

Eigenschaften einiger Gase

Name, Formel	Dichte in g/ℓ 1)	Siedetemp. in °C	Löslichkeit in Wasser 1) 2)
Wasserstoff (H_2)	0,090	−253	0,022
Helium (He)	0,178	−269	0,01
Stickstoff (N_2)	1,250	−196	0,024
Sauerstoff (O_2)	1,429	−183	0,05
Chlor (Cl_2)	3,214	−35	4,61
Ammoniak (NH_3)	0,771	−33,4	1175
Schwefelwasserstoff (H_2S)	1,539	−60	4,7
Chlorwasserstoff	1,639	−85	525

Name, Formel	Dichte in g/ℓ 1)	Siedetemp. in °C	Löslichkeit in Wasser 1) 2)
Kohlenstoffdioxid (CO_2)	1,977	−78,5 3)	1,71
Luft	1,293	−194,4	0,03
Schwefeldioxid (SO_2)	2,926	−10	79,8
Methan (CH_4)	0,717	−161,5	0,056
Ethan (C_2H_6)	1,356	−88,6	0,099
Propan (C_3H_8)	2,020	−42,1	0,11
n-Butan (C_4H_{10})	2,703	−0,5	0,25
Ethen (C_2H_4)	1,260	−103,7	0,226
Ethin (C_2H_2)	1,165	−83,6	1,73

1) bei 0 °C und 1013 hPa
2) Quotient aus dem Volumen der (lösbaren) Gasportion und dem Volumen des Wassers (bei 0 °C und 1013 hPa)
3) Sublimationstemperatur

Faktoren zur Umrechnung von Gasvolumina auf Normbedingungen

Temp. (°C)	Druck (hPa) 950	955	960	965	970	975	980	985	990	995	1000	1005	1010	1013	1015	1020	1025	1030	Wasserdampfdruck (temperaturabhängig) Temp. (°C)	Dampfdruck (hPa)
0	0,938	0,942	0,947	0,952	0,957	0,962	0,967	0,972	0,977	0,982	0,987	0,992	0,997	1,000	1,002	1,007	1,012	1,017	0	6
10	0,904	0,909	0,914	0,919	0,923	0,928	0,933	0,938	0,942	0,947	0,952	0,957	0,962	0,964	0,966	0,971	0,976	0,981	10	12
15	0,889	0,893	0,898	0,903	0,907	0,912	0,917	0,922	0,926	0,931	0,936	0,940	0,945	0,948	0,950	0,954	0,959	0,964	15	17
16	0,886	0,890	0,895	0,900	0,904	0,909	0,914	0,918	0,923	0,928	0,932	0,937	0,942	0,944	0,946	0,951	0,956	0,960	16	18
17	0,883	0,887	0,892	0,897	0,901	0,906	0,911	0,915	0,920	0,924	0,929	0,934	0,938	0,941	0,943	0,948	0,952	0,957	17	19
18	0,880	0,884	0,889	0,894	0,898	0,903	0,907	0,912	0,917	0,921	0,926	0,931	0,935	0,938	0,940	0,944	0,949	0,954	18	21
19	0,877	0,881	0,886	0,890	0,895	0,900	0,904	0,909	0,914	0,918	0,923	0,927	0,932	0,935	0,937	0,941	0,946	0,959	19	22
20	0,874	0,878	0,883	0,887	0,892	0,897	0,901	0,906	0,910	0,915	0,920	0,924	0,929	0,932	0,933	0,938	0,943	0,947	20	23
21	0,871	0,875	0,880	0,884	0,889	0,894	0,898	0,903	0,907	0,912	0,916	0,921	0,926	0,928	0,930	0,935	0,939	0,944	21	25
22	0,868	0,872	0,877	0,881	0,886	0,891	0,895	0,900	0,904	0,909	0,913	0,918	0,923	0,925	0,927	0,932	0,936	0,941	22	26
23	0,865	0,869	0,874	0,878	0,883	0,888	0,892	0,897	0,901	0,906	0,910	0,915	0,919	0,922	0,924	0,928	0,933	0,938	23	28
24	0,862	0,866	0,871	0,875	0,880	0,885	0,889	0,894	0,898	0,903	0,907	0,912	0,916	0,919	0,921	0,925	0,930	0,934	24	30
25	0,859	0,863	0,868	0,872	0,877	0,882	0,886	0,891	0,895	0,900	0,904	0,909	0,913	0,916	0,918	0,922	0,927	0,931	25	32
26	0,856	0,861	0,865	0,870	0,874	0,879	0,883	0,888	0,892	0,897	0,901	0,906	0,910	0,913	0,915	0,919	0,924	0,928	26	34
28	0,850	0,855	0,859	0,864	0,868	0,873	0,877	0,882	0,886	0,891	0,895	0,900	0,904	0,907	0,909	0,913	0,918	0,922	28	38
30	0,845	0,849	0,854	0,858	0,862	0,867	0,871	0,876	0,880	0,885	0,889	0,894	0,898	0,901	0,903	0,907	0,911	0,916	30	42
40	0,818	0,822	0,826	0,831	0,835	0,839	0,844	0,848	0,852	0,857	0,861	0,865	0,869	0,872	0,874	0,878	0,882	0,887	40	74
50	0,793	0,797	0,801	0,805	0,809	0,813	0,818	0,822	0,826	0,830	0,834	0,838	0,843	0,845	0,847	0,851	0,855	0,859	50	123
60	0,769	0,773	0,777	0,781	0,785	0,789	0,793	0,797	0,801	0,805	0,809	0,813	0,817	0,820	0,821	0,825	0,829	0,833	60	199
70	0,746	0,750	0,754	0,758	0,762	0,766	0,770	0,774	0,778	0,782	0,786	0,790	0,793	0,796	0,797	0,801	0,805	0,809	70	312
80	0,725	0,729	0,733	0,737	0,740	0,744	0,748	0,752	0,756	0,760	0,763	0,767	0,771	0,773	0,775	0,779	0,782	0,786	80	474
90	0,705	0,709	0,713	0,716	0,720	0,724	0,727	0,731	0,735	0,739	0,742	0,746	0,750	0,752	0,753	0,757	0,761	0,765	90	701
100	0,686	0,690	0,694	0,697	0,701	0,704	0,708	0,712	0,715	0,719	0,722	0,726	0,730	0,732	0,733	0,737	0,740	0,744	100	1013

Beispiel: Bei einer Temperatur von 20 °C und einem Luftdruck von 995 hPa wurde als Volumen *V* einer Gasportion 96 ml abgelesen.
Welches Volumen V_n hätte diese Gasportion bei Normbedingungen (0 °C, 1013 hPa)?

Lösung: $V_n = V \cdot$ Faktor (Tabelle) $= V \cdot 0{,}915 = 87{,}84$ ml (≈ 88 ml)

Hat man das Gas über Wasser aufgefangen, ist vom gemessenen Luftdruck vor Aufsuchen des Faktors der Wasserdampfdruck (rechter Tabellenteil) abzuziehen.

Gefahrstoffe

In der nachfolgenden Liste werden Gefahrstoffe aufgeführt, die in den Versuchsanleitungen des vorliegenden Buches vorkommen. Die in der zweiten Spalte stehenden Kennbuchstaben sind den Gefahrensymbolen zugeordnet (S. 9). Die Bedeutung der Kurzdarstellungen der R- und S-Sätze sind im Anschluss aufgeführt. Aus der Nichterwähnung eines Stoffes darf nicht auf seine Unbedenklichkeit geschlossen werden. Vielmehr ist mit Chemikalien grundsätzlich besonnen umzugehen.

Bezeichnung des Stoffes	Kennbuchstabe des Gefahrensymbols	Gefahrenhinweise (R-Sätze)	Sicherheitsratschläge (S-Sätze)
Aceton	F, Xi	11-36-66-67	(2)-9-16-26
Aluminium, Grieß		10-15	(2)-7/8-43
Aluminium, Pulver (nicht stabilisiert)	F	15-17	(2)-7/8-43
Aluminium, Pulver (phlegmatisiert)		10-15	(2)-7/8-43
Ammoniak, wasserfrei	T, N	10-23-34-50	(1/2)-9-16-26-36/37/39-45-61
Ammoniaklösung, 10 % ≤ w < 25 %	C	34	(1/2)-26-36/37/39-45-61
Ammoniaklösung, 5 % ≤ w < 10 %	Xi	36/37/38	(1/2)-26-36/37/39-45-61
Ammoniumchlorid	Xn	22-36	(2)-22
Ammoniumnitrat	O	8-9	(1/2)-15-16-41
Bariumchlorid	T	20-25	(1/2)-45
Ammoniumoxalat (Diammonium-oxalat-Monohydrat)	Xn	21/22	(2)-24/25
Benzin, siehe Petroleumbenzin			
Benzoesäure	Xn	22-36	24
Blei(II)-acetat-Trihydrat	T, N	61-33-48/22-50/53-62	53-45-60-61
Blei(II)-chlorid	T, N	61-20/22-33-50/53-62	53-45-60-61
Borax (Dinatriumtetraborat)	Xn	22	
Brom	T+, C, N	26-35-50	(1/2)-7/9-26-45-61
Butan	F+	12	(2)-9-16
1-Butanol	Xn	10-22-37/38-41-67	(2)-7/9-13-26-37/39-46
Calcium	F	15	(2)-8-24/25-43
Calciumcarbid	F	15	(2)-8-43
Calciumchlorid	Xi	36	(2)-22-24
Calciumhydroxid	Xi	41	(2)-22-24-26-39
Calciumhypochlorit	C, O, N	8-22-31-34-50	(1/2)-26-36/37/39-45-61
Calciumoxid	Xi	41	(2)-22-24-26-39
Chlor	T, N	23-36/37/38-50	(1/2)-9-45-61
Chlorwasserstoff	T, C	23-35	(1/2)-9-26-36/37/39-45
1,6-Diaminohexan (Hexamethylendiamin)	C	21/22-34-37	(1/2)-22-26-36/37/39-45
Eisen(III)-chlorid	Xn	22-38-41	(1/2)-26-39
Erdöldestillate, C8–12-Fraktion, Crackkerosin	Xn	65	(2)-23-24-65
Essigsäure (Eisessig)	C	10-35	(1/2)-23-26-45
Ethanal	F+, Xn	12-36/37-40	(2)-16-33-36/37
Ethandiol	Xn	22	(2)
Ethanol	F	11	(2)-7-16
Ethen (Ethylen)	F+	12	(2)-9-16-33
Ethin (Acetylen)	F+	5-6-12	(2)-9-16-33
Fehling'sche Lösung II	C	34	(1/2)-26-36/37/39-45
Heptan	F, Xn, N	11-38-50/53-65-67	(2)-9-16-29-33-60-61-62
Hexan	F, Xn, N	11-38-48/20-51/53-62-65-67	(2)-9-16-29-33-36/37-61-62
1-Hexanol	Xn	22	(2)-24/25
Indikator-Puffertabletten	Xn	22	
Iod	Xn, N	20/21-50	(2)-23-25-61
Kalium	F, C	14/15-34	(1/2)-5-8-43-45
Kaliumchromat	T, N	49-46-36/37/38-43-50/53	53-45-60-61
Kaliumhydrogensulfat	C	34-37	(1/2)-26-36/37/39-45
Kaliumnitrat	O	8	16-41
Kaliumpermanganat	O, Xn, N	8-22-50/53	(2)-60-61
Kaliumpermanganatlösung, w ≥ 25 %	Xn	22	(2)
Kaliumsulfid	C, N	31-34-50	(1/2)-26-45-61
Kaliumthiocyanat	Xn	20/21/22-32	(2)-13
Kalkwasser, gesättigt			(2)
Kohlenstoffdioxid			3-7
Kohlenstoffmonooxid	F+, T	61-12-23-48/23	53-45
Kupfer(II)-bromid	C	34	(2)-26-36/37/39-45
Kupfer(II)-chlorid-Dihydrat	Xn, N	22-36/37/38-50/53	(2)-22-26-61
Kupfer(II)-sulfat, wasserfrei	Xn, N	22-36/38-50/53	(2)-22-60-61
Kupfer(II)-sulfat-Pentahydrat	Xn, N	22-36/38-50/53	(2)-22-60-61
Lithium	F, C	14/15-34	(1/2)-8-43-45
Magnesium, Pulver (nicht stabilisiert)	F	15-17	(2)-7/8-43
Magnesium, Pulver (phlegmatisiert)	F	11-15	(2)-7/8-43
Magnesium, Späne	F	11-15	(2)-7/8-43
Methan	F+	12	(2)-9-16-33
Methanol	T, F	11-23/24/25-39/23/24/25	(1/2)-7-16-36/37-45
Methansäure	C	35	(1/2)-23-26-45
Methylenblau	Xn	22	(2)-22-24/25
Natrium	F, C	14/15-34	(1/2)-5-8-43-45
Natriumcarbonat	Xi	36	(2)-22-26
Natriumhydroxid	C	35	(1/2)-26-37/39-45
Natriumhydroxidlösung, w ≥ 5 %	C	35	(1/2)-26-37/39-45
Natriumhydroxidlösung, 2 % ≤ w < 5 %	C	34	(1/2)-26-37/39-45
Natriumhydroxidlösung, 0,5 % ≤ w < 2 %	Xi	36/38	(1/2)-26-37/39-45
Natronlauge, siehe Natriumhydroxidlösung			
Natriumperborat-Trihydrat	Xn	22-36	(2)-25-26
Octan	F, Xn, N	11-38-50/53-65-67	(2)-9-16-29-33-60-61-62
Oxalsäure	Xn	21/22	(2)-24/25
Pentan	F+, Xn, N	12-51/53-65-66-67	(2)-9-16-29-33-61-62
1-Pentanol	Xn	10-20	(2)-24/25
Pentansäure (Valeriansäure)	C	34-52/53	(1/2)-26-36-45-61
Petroleumbenzin: Siedebereich bis etwa 140 °C	F, Xn, N	11-52/53-65	9-16-23-24-33-61-62
Phenolphthaleinlösung (in Ethanol)		10	
Phosphor, rot	F, N	11-16-50	(2)-7-43-61
Phosphorpentaoxid	C	35	(1/2)-22-26-45
Phosphorsäure, w ≥ 25 %	C	34	(1/2)-26-45
Phthalsäureanhydrid	Xn	22-37/38-41-42/43	(2)-23-24/25-26-37/39-46
1-Propanol	F, Xi	11-47-67	(2)-7-16-24-26-39
2-Propanol	F, Xi	11-36-37	(2)-7-16-24/25-26
Propanon, siehe Aceton			
Propansäure	C	34	(1/2)-23-36-45
Propen	F+	12	(2)-9-16-33
Salpetersäure, w ≥ 70 %	O, C	8-35	(1/2)-23-26-36-45
Salpetersäure, 20 % ≤ w < 70 %	C	35	(1/2)-23-26-36-45
Salpetersäure, 5 % ≤ w < 20 %	C	34	(1/2)-23-26-36-45
Salzsäure, w ≥ 25 %	C	34-37	(1/2)-26-45
Salzsäure, 10 % ≤ w < 25 %	Xi	36/37/38	(1/2)-26-45
Sauerstoff	O	8	(2)-17
Schwefeldioxid	T	23-34	(1/2)-9-26-36/37/39-45
Schwefelsäure, w ≥ 15 %	C	35	(1/2)-26-30-45
Schwefelsäure, 5 % ≤ w < 15 %	Xi	36/38	(1/2)-26-30-45
Schweflige Säure ($w(SO_2)$ = 5 bis 6 %)	T	23-24	(2)-26-36/37/39-45
Sebacinsäuredichlorid	C	34-37	(1/2)-26-36/39-45
Seifenlösung nach BOUDRON-BOUDET (in Ethanol)		10	
Silbernitrat	C, N	34-50/53	(1/2)-26-45-60-61
Silber(I)-oxid	Xi, O	8-41-44	(1/2)-26-39
Sorbinsäure	Xi	36/37	(2)-22-24/25
Stickstoffdioxid	T+	26-34	(1/2)-9-26-28-36/37/39-45
Strontiumnitrat	O	8	22-24/25
Thioharnstoff (Thiocarbamid)	Xn, N	22-40-51/53-63	(2)-36/37-61
Wasserstoff	F+	12	(2)-9-16-33
L(+)-Weinsäure	Xi	36	(2)-24/25
Zinkpulver (nicht stabilisiert)	F	15-17	(2)-7/8-43
Zinkpulver (phlegmatisiert)		10-15	(2)-7/8-43
Zinkchlorid	C, N	34-50/53	(1/2)-7/8-28-45-60-61

Hinweise auf besondere Gefahren: R-Sätze

R 1	In trockenem Zustand explosionsgefährlich
R 2	Durch Schlag, Reibung, Feuer oder andere Zündquellen explosionsgefährlich
R 3	Durch Schlag, Reibung, Feuer oder andere Zündquellen besonders explosionsgefährlich
R 4	Bildet hoch empfindliche explosionsgefährliche Metallverbindungen
R 5	Beim Erwärmen explosionsfähig
R 6	Mit und ohne Luft explosionsfähig
R 7	Kann Brand verursachen
R 8	Feuergefahr bei Berührung mit brennbaren Stoffen
R 9	Explosionsgefahr bei Mischung mit brennbaren Stoffen
R 10	Entzündlich
R 11	Leicht entzündlich
R 12	Hoch entzündlich
R 14	Reagiert heftig mit Wasser
R 15	Reagiert mit Wasser unter Bildung hoch entzündlicher Gase
R 16	Explosionsgefährlich in Mischung mit Brand fördernden Stoffen
R 17	Selbstentzündlich an der Luft
R 18	Bei Gebrauch Bildung explosionsfähiger/leicht entzündlicher Dampf-Luft-Gemische möglich
R 19	Kann explosionsfähige Peroxide bilden
R 20	Gesundheitsschädlich beim Einatmen
R 21	Gesundheitsschädlich bei Berührung mit der Haut
R 22	Gesundheitsschädlich beim Verschlucken
R 23	Giftig beim Einatmen
R 24	Giftig bei Berührung mit der Haut
R 25	Giftig beim Verschlucken
R 26	Sehr giftig beim Einatmen
R 27	Sehr giftig bei Berührung mit der Haut
R 28	Sehr giftig beim Verschlucken
R 29	Entwickelt bei Berührung mit Wasser giftige Gase
R 30	Kann bei Gebrauch leicht entzündlich werden
R 31	Entwickelt bei Berührung mit Säure giftige Gase
R 32	Entwickelt bei Berührung mit Säure sehr giftige Gase
R 33	Gefahr kumulativer Wirkungen
R 34	Verursacht Verätzungen
R 35	Verursacht schwere Verätzungen
R 36	Reizt die Augen
R 37	Reizt die Atmungsorgane
R 38	Reizt die Haut
R 39	Ernste Gefahr irreversiblen Schadens
R 40	Verdacht auf Krebs erzeugende Wirkung
R 41	Gefahr ernster Augenschäden
R 42	Sensibilisierung durch Einatmen möglich
R 43	Sensibilisierung durch Hautkontakt möglich
R 44	Explosionsgefahr bei Erhitzen unter Einschluss
R 45	Kann Krebs erzeugen
R 46	Kann vererbbare Schäden verursachen
R 48	Gefahr ernster Gesundheitsschäden bei längerer Exposition
R 49	Kann Krebs erzeugen beim Einatmen
R 50	Sehr giftig für Wasserorganismen
R 51	Giftig für Wasserorganismen
R 52	Schädlich für Wasserorganismen
R 53	Kann in Gewässern längerfristig schädliche Wirkung haben
R 54	Giftig für Pflanzen
R 55	Giftig für Tiere
R 56	Giftig für Bodenorganismen
R 57	Giftig für Bienen
R 58	Kann längerfristig schädliche Wirkungen auf die Umwelt haben
R 59	Gefährlich für die Ozonschicht
R 60	Kann die Fortpflanzungsfähigkeit beeinträchtigen
R 61	Kann das Kind im Mutterleib schädigen
R 62	Kann möglicherweise die Fortpflanzungsfähigkeit beeinträchtigen
R 63	Kann das Kind im Mutterleib möglicherweise schädigen
R 64	Kann Säuglinge über die Muttermilch schädigen
R 65	Gesundheitsschädlich: Kann beim Verschlucken Lungenschäden verursachen
R 66	Wiederholter Kontakt kann zu spröder und rissiger Haut führen
R 67	Dämpfe können Schläfrigkeit und Benommenheit verursachen
R 68	Irreversibler Schaden möglich

Beispielhafte Kombinationen der R-Sätze (Auszug)

R 14/15	Reagiert heftig mit Wasser unter Bildung hoch entzündlicher Gase
R 15/29	Reagiert mit Wasser unter Bildung giftiger und hoch entzündlicher Gase
R 20/21	Gesundheitsschädlich beim Einatmen und bei Berührung mit der Haut
R 20/22	Gesundheitsschädlich beim Einatmen und Verschlucken
R 20/21/22	Gesundheitsschädlich beim Einatmen, Verschlucken und bei Berührung mit der Haut
R 21/22	Gesundheitsschädlich bei Berührung mit der Haut und beim Verschlucken
R 26/27/28	Sehr giftig beim Einatmen, Verschlucken und bei Berührung mit der Haut
R 36/37/38	Reizt die Augen, Atmungsorgane und die Haut
R 39/23	Giftig: ernste Gefahr irreversiblen Schadens durch Einatmen
R 39/24	Giftig: ernste Gefahr irreversiblen Schadens bei Berührung mit der Haut
R 39/25	Giftig: ernste Gefahr irreversiblen Schadens durch Verschlucken
R 39/23/24	Giftig: ernste Gefahr irreversiblen Schadens durch Einatmen und Berührung mit der Haut
R 39/23/25	Giftig: ernste Gefahr irreversiblen Schadens durch Einatmen und durch Verschlucken
R 39/24/25	Giftig: ernste Gefahr irreversiblen Schadens bei Berührung mit der Haut und durch Verschlucken
R 39/23/24/25	Giftig: ernste Gefahr irreversiblen Schadens durch Einatmen, bei Berührung mit der Haut und durch Verschlucken
R 39/26/27	Sehr giftig: ernste Gefahr irreversiblen Schadens durch Einatmen und bei Berührung mit der Haut
R 39/26/28	Sehr giftig: ernste Gefahr irreversiblen Schadens durch Einatmen und Verschlucken
R 39/27/28	Sehr giftig: ernste Gefahr irreversiblen Schadens bei Berührung mit der Haut und durch Verschlucken
R 68/22	Gesundheitsschädlich: Möglichkeit irreversiblen Schadens durch Verschlucken
R 68/20/21	Gesundheitsschädlich: Möglichkeit irreversiblen Schadens durch Einatmen und bei Berührung mit der Haut

Sicherheitsratschläge: S-Sätze

S 1	Unter Verschluss aufbewahren
S 2	Darf nicht in die Hände von Kindern gelangen
S 3	Kühl aufbewahren
S 4	Von Wohnplätzen fern halten
S 5	Unter … aufbewahren (geeignete Flüssigkeit vom Hersteller anzugeben)
S 6	Unter … aufbewahren (inertes Gas vom Hersteller anzugeben)
S 7	Behälter dicht geschlossen halten
S 8	Behälter trocken halten
S 9	Behälter an einem gut gelüfteten Ort aufbewahren
S 12	Behälter nicht gasdicht verschließen
S 13	Von Nahrungsmitteln, Getränken und Futtermitteln fern halten
S 14	Von … fern halten (inkompatible Substanzen vom Hersteller anzugeben)
S 15	Vor Hitze schützen
S 16	Von Zündquellen fern halten – Nicht rauchen
S 17	Von brennbaren Stoffen fern halten
S 18	Behälter mit Vorsicht öffnen und handhaben
S 20	Bei der Arbeit nicht essen und trinken
S 21	Bei der Arbeit nicht rauchen
S 22	Staub nicht einatmen
S 23	Gas/Rauch/Dampf/Aerosol nicht einatmen (geeignete Bezeichnung[en] vom Hersteller anzugeben)
S 24	Berührung mit der Haut vermeiden
S 25	Berührung mit den Augen vermeiden
S 26	Bei Berührung mit den Augen gründlich mit Wasser abspülen und Arzt konsultieren
S 27	Beschmutzte, getränkte Kleidung sofort ausziehen
S 28	Bei Berührung mit der Haut sofort abwaschen mit viel … (vom Hersteller anzugeben)
S 29	Nicht in die Kanalisation gelangen lassen
S 30	Niemals Wasser hinzugießen
S 33	Maßnahmen gegen elektrostatische Aufladung treffen
S 35	Abfälle und Behälter müssen in gesicherter Weise beseitigt werden
S 36	Bei der Arbeit geeignete Schutzkleidung tragen
S 37	Geeignete Schutzhandschuhe tragen
S 38	Bei unzureichender Belüftung Atemschutzgerät anlegen
S 39	Schutzbrille/Gesichtsschutz tragen
S 40	Fußboden und verunreinigte Gegenstände mit … reinigen (vom Hersteller anzugeben)
S 41	Explosions- und Brandgase nicht einatmen
S 42	Beim Räuchern/Versprühen geeignetes Atemschutzgerät anlegen (geeignete Bezeichnung[en] vom Hersteller anzugeben)
S 43	Zum Löschen … (vom Hersteller anzugeben) verwenden (wenn Wasser die Gefahr erhöht, anfügen: „Kein Wasser verwenden“)
S 45	Bei Unfällen oder Unwohlsein sofort Arzt zuziehen (wenn möglich, dieses Etikett vorzeigen)
S 46	Bei Verschlucken sofort ärztlichen Rat einholen und Verpackung oder Etikett vorzeigen
S 47	Nicht bei Temperaturen über … °C aufbewahren (vom Hersteller anzugeben)
S 48	Feucht halten mit … (geeignetes Mittel vom Hersteller anzugeben)
S 49	Nur im Originalbehälter aufbewahren
S 50	Nicht mischen mit … (vom Hersteller anzugeben)
S 51	Nur in gut belüfteten Bereichen verwenden
S 52	Nicht großflächig für Wohn- und Aufenthaltsräume zu verwenden
S 53	Exposition vermeiden. Vor Gebrauch besondere Anweisung einholen
S 56	Diesen Stoff und seinen Behälter der Problemabfallentsorgung zuführen
S 57	Zur Vermeidung einer Kontamination der Umwelt geeigneten Behälter verwenden
S 59	Informationen zur Wiederverwendung/Wiederverwertung beim Hersteller/Lieferanten erfragen
S 60	Dieser Stoff und/oder sein Behälter sind als gefährlicher Abfall zu entsorgen
S 61	Freisetzung in die Umwelt vermeiden. Besondere Anweisungen einholen/Sicherheitsdatenblatt zu Rate ziehen
S 62	Bei Verschlucken kein Erbrechen herbeiführen. Sofort ärztlichen Rat einholen und Verpackung oder dieses Etikett vorzeigen
S 63	Bei Unfall durch Einatmen: Verunfallten an die frische Luft bringen und ruhig stellen
S 64	Bei Verschlucken Mund mit Wasser ausspülen (nur wenn Verunfallter bei Bewusstsein ist)

Beispielhafte Kombination der S-Sätze (Auszug)

S 1/2	Unter Verschluss und für Kinder unzugänglich aufbewahren
S 3/7	Behälter dicht geschlossen halten und an einem kühlen Ort aufbewahren
S 3/14	An einem kühlen Ort entfernt von … aufbewahren (die Stoffe, mit denen Kontakt vermieden werden muss, sind vom Hersteller anzugeben)
S 3/9/14	An einem kühlen, gut gelüfteten Ort, entfernt von … aufbewahren (die Stoffe, mit denen Kontakt vermieden werden muss, sind vom Hersteller anzugeben)
S 3/9/49	Nur im Originalbehälter an einem kühlen, gut gelüfteten Ort aufbewahren
S 7/8	Behälter trocken und dicht geschlossen halten
S 7/9	Behälter dicht geschlossen an einem gut gelüfteten Ort aufbewahren
S 20/21	Bei der Arbeit nicht essen, trinken, rauchen
S 24/25	Berührung mit den Augen und der Haut vermeiden
S 36/37	Bei der Arbeit geeignete Schutzhandschuhe und Schutzkleidung tragen
S 36/39	Bei der Arbeit geeignete Schutzkleidung und Schutzbrille/Gesichtsschutz tragen
S 37/39	Bei der Arbeit geeignete Schutzhandschuhe und Schutzbrille/Gesichtsschutz tragen
S 36/37/39	Bei der Arbeit geeignete Schutzkleidung, Schutzhandschuhe und Schutzbrille/Gesichtsschutz tragen
S 47/49	Nur im Originalbehälter bei einer Temperatur von nicht über … °C (vom Hersteller anzugeben) aufbewahren

Entsorgung von Chemikalienabfällen

B 1 Lagerung von Sondermüll in einer Untertage-Deponie

B 2 Abfälle beim Experimentieren

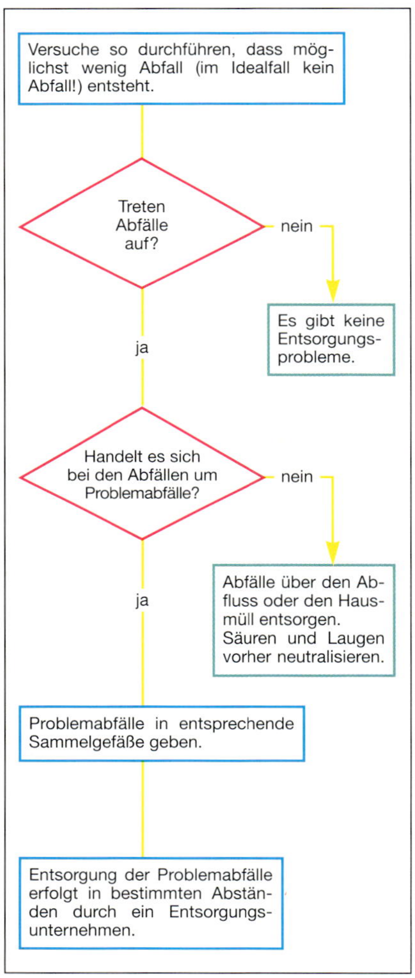

Nach der Durchführung von Experimenten bleiben oft Abfälle (z. B. Chemikalienreste oder Reaktionsprodukte) zurück. Diese Abfälle können gesundheits-, luft- oder wassergefährdend, explosionsgefährlich oder brennbar sein. Nach dem Abfallgesetz werden solche Abfälle als **Problemabfälle** bezeichnet. Zur Entsorgung der Problemabfälle stehen im Chemieraum geeignete Sammelgefäße zur Verfügung.
Bleiben z. B. nach einem Experiment Benzinreste zurück, so dürfen diese nicht einfach in den Ausguss gegeben werden, da sie auf diese Weise über das Abwasser in die Umwelt gelangen würden. Die Benzinreste müssen deshalb in ein Sammelgefäß für organische Lösungsmittel gegeben werden. Die gesammelten Abfälle werden in bestimmten Abständen von einem Entsorgungsunternehmen abgeholt und wiederaufbereitet oder als Sondermüll beseitigt (Müllverbrennung oder Sondermüll-Deponierung ▷ B 1).

Möglichst wenig Abfälle. Besonders im Chemieunterricht gilt der Grundsatz Abfälle möglichst zu vermeiden (▷ B 2). Gerade die Entsorgung von Problemabfällen ist oft schwierig und mit Umweltgefährdungen verbunden. Bei der Versuchsdurchführung sind deshalb nur möglichst kleine Stoffportionen zu verwenden. In der Regel wird ein Versuchsergebnis durch die Verwendung größerer Stoffportionen nicht verbessert. Entscheidend ist die sorgfältige und genaue Durchführung der Versuche.

Wassergefährdungsklassen. Viele Problemabfälle aus dem Chemieunterricht sind flüssig. Werden sie über den Ausguss beseitigt, können sie unterschiedlich stark die Umwelt belasten. Zur Unterscheidung der Wassergefährdung teilt man die Chemikalien in **vier Wassergefährdungsklassen (WGK)** ein. Chemikalien, die ungiftig und biologisch abbaubar sind, gehören der Wassergefährdungsklasse 0 an, alle anderen werden je nach ihrem Gefährdungsgrad in die Klassen 1 bis 3 eingestuft.

WGK 0: im Allgemeinen nicht wassergefährdend, z. B. Alkohol (Ethanol) oder Kochsalzlösung

WGK 1: schwach wassergefährdend, z. B. Säuren oder Laugen

WGK 2: wassergefährdend, z. B. Dieselöl oder Benzin

WGK 3: stark wassergefährdend, z. B. Quecksilber oder Quecksilberverbindungen

Nur Chemikalien, die der Wassergefährdungsklasse 0 angehören, dürfen in kleinen Mengen in den Ausguss gegeben werden. Alle anderen Chemikalien müssen zunächst gesammelt und dann entsorgt werden.

Kennzeichnung der Sammelgefäße. Da viele Chemikalienabfälle Gefahrstoffe sind, müssen die Sammelgefäße mit den international gebräuchlichen Gefahrensymbolen gekennzeichnet werden. Bestehen die Abfälle aus einem Gemisch unterschiedlicher Gefahrstoffe, wird mit dem Gefahrensymbol gekennzeichnet, das den gefährlichsten Stoff des Gemisches angibt.

Entsorgungsplan. Bei der Sammlung der Abfälle ist ein Entsorgungsplan nützlich, der in übersichtlicher Form zeigt, in welcher Weise die Chemikalienreste gesammelt und entsorgt werden. Der abgebildete Entsorgungsplan (rechts) zeigt beispielhaft, wie Chemikalienabfälle gesammelt und weitergeleitet werden können. Fallen im Unterricht noch weitere Abfälle an, muss der Plan ergänzt oder abgeändert werden.

Entsorgung von Chemikalienabfällen

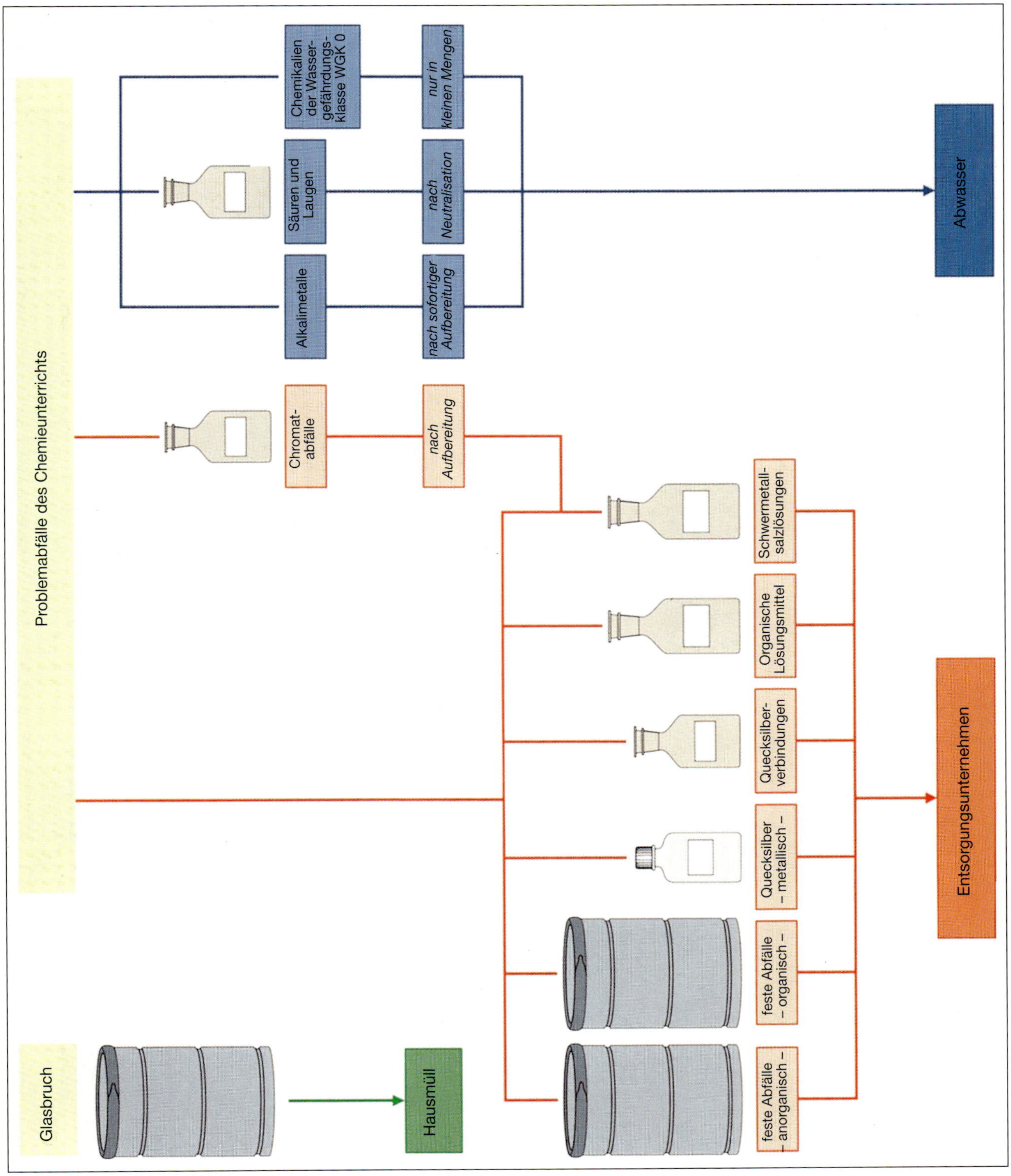

Stichwortregister

Stichwortregister

Stichwortregister

Stichwortregister

Stichwortregister

Bildquellen

7.b) Compur Monitors Sensor Technology GmbH, München; **7.c)** BASF AG, Ludwigshafen; **9.4** Riedel-de Haën, Seelze; **11.3** dpa, Frankfurt/M.; **12** CCC, Horst Haitzinger, München; **13.a)** Helga Lade Fotoagentur (TPH), Frankfurt/M.; **13.b)** Gühring KG, Albstadt; **13.c)** Hüls AG, Marl; **13.d)** IFA Bilderteam (Hasenkopf), München; **14.1, 2** Eberhard Theophel, Gießen; **14.3 a), d)** Hermann Eisenbeiss, Egling; **14.3 b)** Florian Karly, München; **14.4** Eberhard Theophel, Gießen; **15.7** Bernhard Heinze, Stuttgart; **17.1** Mauritius (Hubatka), Mittenwald; **18.2** Toni Angermayer (Pfletschinger), Holzkirchen; **24.1** Bernhard Heinze, Stuttgart; **26.1 a)** Ulrike Medenbach, Witten; **26.1 b)** Otto Hahn, Bopfingen; **28.2** Florian Karly, München; Ulrike Medenbach (Dr. Olaf Medenbach), Witten; **29.1** Mineralogische Staatssammlung, München; **29.2** Archiv für Kunst und Geschichte, Berlin; **30.4** Helga Lade Fotoagentur (H. R. Bramaz), Frankfurt/M.; **30.5** Zinkberatung e. V., Düsseldorf; **30 unten** Deutsches Museum, München; **31.6** Hans-Gert Bachmann, Hanau; **31.7** WMF AG, Geislingen; **31.8** Helga Lade Fotoagentur (M. Rosenfeld), Frankfurt/M.; **31.9** Daimler-Benz AG, Forschung & Technik, München; **32.1** Mauritius (Zak), Mittenwald; **32.1 kleines Bild** Hermann Eisenbeiss, Egling; **32.2** Helga Lade Fotoagentur (BAV), Frankfurt/M.; **32.3** E. Merck, Darmstadt; **34.1** Eberhard Theophel, Gießen; **35.a)** Mauritius (Rawi), Mittenwald; **35.c)** Westfalia Seperator AG, Oelde; **35.e)** Helga Lade Fotoagentur (RAV), Frankfurt/M.; **36.1** Harald Kaiser, Alfdorf; **37.5** Südsalz GmbH, Saline Bad Friedrichshall; **37.6** Bavaria (Rudolph), Gauting; **39.6** Gesellschaft für technische Zusammenarbeit, Eschborn; **43.2** dpa (Ernert), Frankfurt/M.; **46.2** ZEFA (Biedermann), Düsseldorf; **47.a)** Anthony Verlag (Eder), Starnberg; **50.1** Ulrike Medenbach, Witten; **55.a)** Eberhard Theophel, Gießen; **55.b)** Eberhard Theophel, Gießen; **55.c)** dpa (Oldershausen), Frankfurt/M.; **55.d)** Landeshauptstadt Stuttgart, Branddirektion, Stuttgart; **59.7** Drägerwerk AG, Lübeck; **59.9** Linde AG, Höllriegelskreuth; **59.10** Helga Lade Fotoagentur (B. Radelt), Frankfurt/M.; **60.4** Florian Karly, München; **61.6** Messer Griesheim GmbH, Frankfurt/M.; **63.5** Air Liquide GmbH, AGEFKO, Düsseldorf; **63.6** Musik & Show (A. Diesel), Hamburg; **67.5 unten** Anne Schlumbom, Köln; **68.8** Winnendener Foto, Winnenden; **69.4** DVA, Stuttgart; **70.1** Harald Kaiser, Alfdorf; **71.3** Elektro-Thermit, Essen; **72.1** Hermann Huber, Giengen; **73.3a)** Hermann Eisenbeiss, Egling; **75.a)** U. S. Information Service, Bonn; **75.b)** Georg Gerster, Zumikon; **75.c)** Kraftwerke Oberhasli, Innerkirchen; **75.d)** dpa, Frankfurt/M.; **77.4** Claus Kaiser, Stuttgart; **77.6** Walter Moog, Essen; **81.3** Manfred Kage, Lauterstein; **81.4** Mauritius (Dr. Pott), Mittenwald; **83.7** Albrecht Becker, Altenriet; **84.1, 86.3** dpa, Frankfurt/M.; **87.1** Prof. Dr. Peter Menzel, Esslingen; **87.2** Deutsches Museum, München; **88.1** Gerhard Braun, Schwäbisch Hall; **88.3, 89.5** Mercedes-Benz AG, Stuttgart; **91** Deutsches Museum, München; **94.1** The Mansell Collection Ltd., London, Großbritannien; **106.2** Deutsches Museum, München; **111.c)** Okapia (Kiell-Arne Larsson), Frankfurt/M.; **111.d)** Molto GmbH, Löhnberg; **119.3** Mauritius (P. Freytag), Mittenwald; **122.2** Zimmik, Stuttgart; **123. a), 123.c), 123.e), 123.f)** Bernhard Heinze, Stuttgart; **123.b)** dpa (TASS-Fotokhronika), Frankfurt/M.; **123.d)** Weisser, Bräunling; **128.1** Informationsdienst deutsche Salzindustrie, Bonn; **128.2 unten** Südwestsalz, VertriebsGmbH, Bad Friedrichshall; **134.3** Deutsches Museum, München; **134.4** Universitätsbibliothek, Tübingen; **135.5** Bernhard Heinze, Stuttgart; **138.2, 138.3** Deutsches Museum, München; **154.5** Mauritius, Mittenwald; **156 unten** Aesculap AG, Tuttlingen; **158.1, 166.1** Deutsches Museum, München; **166.2** Leitz, Wetzlar; **166.4** Graphitwerk Kropfmühl, München; **170.1** Carl Zeiss, Optisches Museum, Oberkochen; **170.2, 171.6** Franz Lazi, Stuttgart; **175.a)** Realfoto, Simmozheim; **182 oben** dpa, Frankfurt/M.; **188.3** dpa, Frankfurt/M.; **189.5** dpa (Schlereth), Frankfurt/M.; **189.6** Deutsche Luftbild, Hamburg; **190.2** dpa (ADN/Zentralbild), Frankfurt/M.; **202 oben a)** Mauritius (Grafica), Mittenwald; **202 oben b)** Mauritius (Cash), Mittenwald; **203.1** Das Fotoarchiv (Henning Christoph), Essen; **203.5** Deutsche Post AG, Bonn; **206.2** Degussa AG, Frankfurt/M.; **211.a)** Pieroth, Layen/Bingen; **211.c)** Anthony Verlag (Fischer), Starnberg; **212.1** Deutsches Museum, München; **212.2** Manfred Kage, Lauterstein; **212.3** Helga Lade Fotoagentur (Dr. Lorenz), Frankfurt/M.; **215.6** Deutscher Verkehrssicherheitsrat e. V., Bonn; **215.8** Motor-Presse International, Stuttgart; **221.5, 224.1** South American Pictures, Woodbridge, Großbritannien; **224.3** KKH, Hamburg; **225.a)** Haarmann & Reimer, Holzminden; **227.3** Bibliothèque Nationale, Paris, Frankreich; **229.3** Hannelore Gloger, Künzelsau; **230.1** Baumann, Gomadingen; **230.2** Alfred Kemper, Sindelfingen; **240.3** Manfred Kage, Lauterstein; **242.1, 242.2** Margarine Institut, Hamburg; **245.b)** Benckiser GmbH, Ludwigshafen; **245.c)** Revellio GmbH, Villingen-Schwenningen; **245.d)** Tony Stone Worldwide (Paul Chesley), München; **245.e)** Pfeiffer, Wieden; **248.2** Michael Sternberg, Warendorf; **249.3** Focus (Michael Födgen), Hamburg; **253.2** Pfeiffer, Wieden; **253.3** Franz Lazi, Stuttgart; **253.4** Cillichemie, Heilbronn; **254.1 links** Rohrbach Zement (Kai Loges), Dotternhausen; **259. a)** Focus (H. Silvester), Hamburg; **259.b)** Helga Lade Fotoagentur (BAV), Frankfurt/M.; **266.3** FLIR AG, Kriens, Schweiz; **268.2** Focus, Hamburg; **271.10** BASF AG, Ludwigshafen; **273. a)** Tony Stone Worldwide, München; **273.b)** Gebrüder Knauf Westdeutsche Gipswerke, Iphofen; **273.c)** Hans Reinhard, Heiligkreuzsteinach; **273.d)** Archiv für Kunst und Geschichte, Berlin; **278.2** Dr. Werner Lieber, Heidelberg; **279.4 links** Ulrike Medenbach, Witten; **279.6** Gebrüder Knauf Westdeutsche Gipswerke, Iphofen; **282.3** Bernhard Wagner, Breisach; **283.4** Energieversorgung Schwaben, Stuttgart; **284.1** dpa (Binz), Frankfurt/M.; **285. c)** BASF AG, Limburgerhof; **285.d)** Hans Reinhard, Heiligkreuzsteinach; **285.f)** Deutsches Museum, München; **286.2** AgriMedia (Hapo), Pinneberg; **288.2 links** BASF AG, Limburgerhof; **288.2 rechts** Fachverband der deutschen Stickstoffindustrie, Düsseldorf; **289.1** BASF AG, Limburgerhof; **290.4** Silvestris (Daniel Bühler), Kastl; **292.2** AgriMedia (Dr. Schlüter), Pinneberg; **294.2** BASF AG, Ludwigshafen; **304.1** BASF AG, Ludwigshafen

Werkstatt Fotografie, Stuttgart:
7.a), 7.d); 8.1, 8.3c), 18.3, 27.1, 35.b), 35.d), 40.1, 40.2, 44.1, 45.4, 47.b), 63.7, 66.1, 75.e), 98.1, 98.2, 115.4, 119.1, 132.2, 142.1, 148.2, 158.3, 165 rechts, 173.1, 173.2, 176.1, 176.2, 186 rechts, 198.1, 211.d), 211.e), 219.3, 219.4, 224.2, 224.4, 228.5, 228.7, 229.2, 233.1, 234.1, 235.1, 237.1, 238.1, 238.3, 240.4, 243.5, 244.1, 244.2, 250.1, 254.1 rechts, 256.1

Alle weiteren Fotos stammen von Ralph Grimmel, Stuttgart, oder sind aus dem Archiv des Ernst Klett Verlages, Stuttgart.

Bildperiodensystem:
Autor: Prof. Dr. Peter Menzel, Esslingen;
Fotos: Bernhard Heinze, Stuttgart

Umschlagsgestaltung:
Conrad Höllerer, Stuttgart, unter Verwendung eines Fotos „Schneekristall" von Manfred Kage, Lauterstein

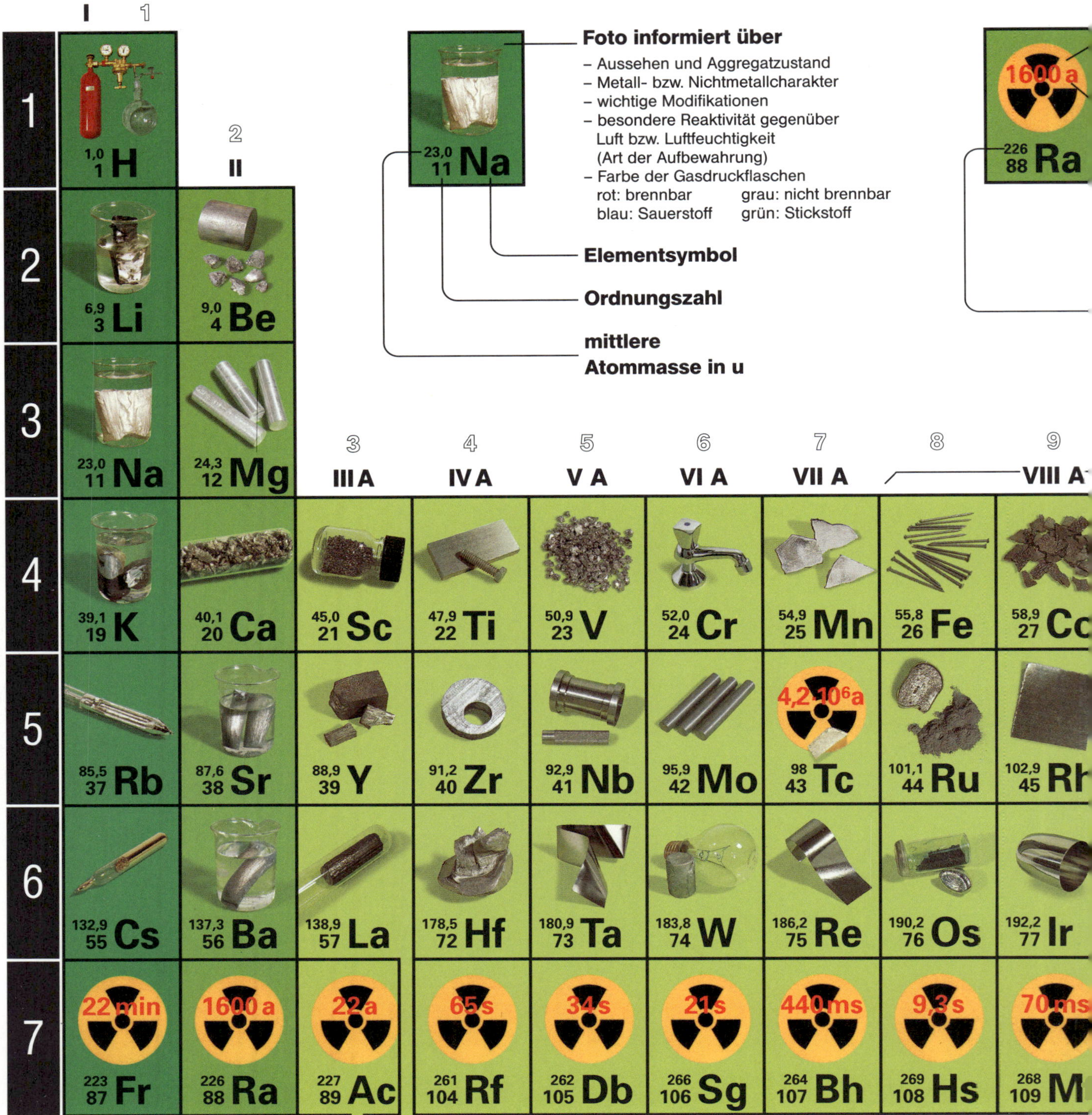

Periodensystem der Elemente